悠香古韵 茶典故

少林木子 编著

内蒙古出版集团有限责任公司
内蒙古文化出版社

图书在版编目(CIP)数据

悠香古韵 : 茶典故 / 少林木子编著 .—呼伦贝尔 : 内蒙古文化出版社，2010.4
ISBN 978-7-80675-807-6

Ⅰ. 悠… Ⅱ. 少…Ⅲ. 茶—文化—中国 Ⅳ. TS971

中国版本图书馆 CIP 数据核字（2010）第 060980 号

悠香古韵：茶典故
YOUXIANGGUYUN : CHADIANGU
少林木子　编著

责任编辑　铁　山
装帧设计　书心瞬意

出版发行　内蒙古文化出版社
地　　址　呼伦贝尔市海拉尔区河东新春街4 - 3号
直销热线　0470 - 8241422　　**邮编**　021008

排版制作　北京鸿儒文轩文化传播有限公司
印刷装订　三河市华东印刷有限公司
开　　本　710mm × 1000mm　1/16
字　　数　350千
印　　张　25
版　　次　2010年5月第1版
印　　次　2022年4月第2次印刷
印　　数　6001—10000 册
书　　号　ISBN 978-7-80675-807-6
定　　价　68.00元

前　言

中国是茶的故乡。茶文化根植于中华文化，经过千载的孕育和发展，它积淀了我们中华民族历史的浑厚，涤荡了我们中华民族不朽的性灵。

“茶香幽远千年史，茗色不减万古情”，茶滋润了中国人几千年，在我国一直有“国饮”之誉。古语说：“文人七件宝，琴棋书画诗酒茶。”中国人为什么爱茶，因为喝茶有益，喝茶有礼，喝茶有道。茶兼六艺，是我国传统文化艺术传承的载体。喝茶是一件雅事，自古以来被视为文人墨客的专利，文士茶道的流行，也是因为这个原因；同样有意思的是，饮茶在我国也是最俗之事，君不见，开门七件事：柴米油盐酱醋茶。有容乃大的茶之本性：宽容平和而随意，高雅大方不脱俗，盏茶浓情妙趣多。

饮茶对我们的身心俱益。人们对茶的认识和利用经历了从药用、食用到饮用的过程。从我们的身体对营养的摄取而言，茶叶中含有的蛋白质和氨基酸、糖类与脂类、多种维生素，以及各种矿物质等各种营养元素，都是人体所不可或缺的营养物质。饮茶又是陶冶心性之举，人们通过茶事活动可以增长知识、修身养性。“和”是茶文化的主体精神之一，所谓“和”是强调人与自然、人与社会、人与人之间的和谐统一，这又与维护生态平衡与人们在工作、生活中互相协作、互相理解、团结奋进的精神相吻合。

本书将中国茶文化分为茶史、饮茶习俗、茶典故、品茶赏艺四部分。我们溯古观今，沿着历史的脉络来介绍茶事在我国各个朝代中所起到的作用和影响；条理清晰地介绍我国茶叶品目的分类以及各种名茶的概况；在饮茶方面的各种讲究和规习，文人雅士对于饮茶的倡导，宗教的茶风以及兄弟民族的饮茶习惯等等；用故事的方式来透析我们这个民族被赋予的茶的精神和韵味。

目　录

第一章　茶　史

中国是世界上最早发现并利用茶叶的国家，是世界茶叶的故乡，也是茶树资源最为丰富的国家。现在世界各国引种的茶树，使用的栽培管理方法，采取的茶叶制作技术，在当地语言里的读音和称谓，甚至茶叶的品饮习俗等等，无不源自于中国。中国作为世界茶叶和茶文化的发祥地，是当之无愧的茶叶大国。中国的茶叶种植、生产制造和茶文化传播，在两千年的漫长历史中，积淀了丰富多彩的茶文化。本章将回顾中国的茶文化史，将这一灿烂的茶文化历史画卷展现在读者面前。

第一节　茶史概述

中国茶业史料记载是从汉朝开始出现的，尤其是汉末三国时期，从那时候开始，有关茶业的文字记载在各个朝代越来越多，随着各朝代经济、政治、文化的发展，逐渐呈现出一幅波澜壮阔的历史画卷。

一、三国两晋

东汉末年，群雄并起，局势混乱，最后魏、蜀、吴三分天下；而吴国位于长江下游，接近茶叶的产地，流行喝茶。据《三国志・吴志・韦曜传》："孙皓饮群臣酒，……或赐茶茗以当酒。"从这件事看来，孙皓（吴国第四代国王）把茶赏赐给韦曜，作为酒的代用品，如此"以茶代酒"则是不争的事实。

西晋时期，张载有诗曰，"芳茶六种清凉冠"；孙楚在所作的歌中也提到："茶，巴蜀出"。这些不仅表明长江流域是中国茶叶的原产地，还可以从中肯定中国人喝茶是从四川省的下游推广到各地去的。

至司马睿在建业（今南京）建立东晋，谢安曾利用茶果招待客人；桓温

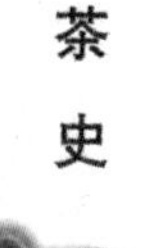

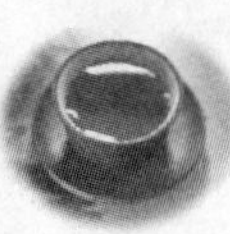

在宴会的时候，经常利用茶果招待宾客。由此可以认定当时用茶果招待普通的客人，已经有一定的规矩了。

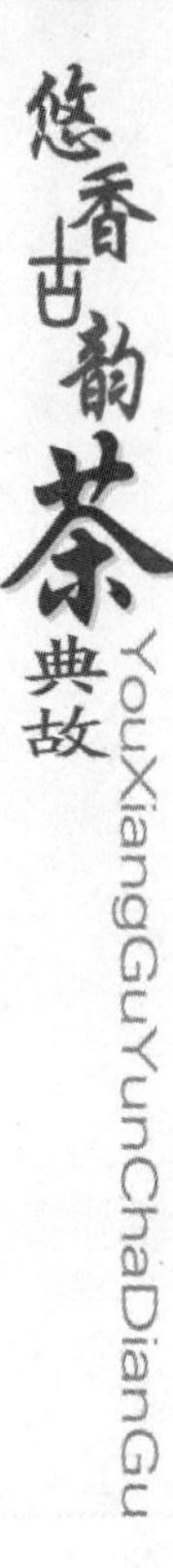

二、南北朝

南朝因为接近茶叶产地的缘故，饮茶更为普遍，几近“日常茶饭事”。至北魏孝文帝实行汉化政策，从南朝归顺的人增多，其中有一位叫王肃的儒者，不喜欢北族风味的羊肉、酪浆，而喜好鲫鱼羹，口渴的时候就喝一点茗汁（茶），后来王肃才渐渐吃惯北方的口味。有一次，他和孝文帝在宴会时吃了很多的羊肉，也喝了不少的酪浆，孝文帝就问王肃说：“中国饮食方面，羊肉和鱼羹、茗饮和酪浆，那一种较好呢？”王肃就回答说：“羊为陆产之最，鱼是水族之长，虽然所好有不同，但都属于美味。羊可比为春秋时的齐、鲁大国，鱼可比为邾、莒小国，唯茗就只能做酪的奴隶了。”孝文帝不禁大笑，因此称茶为“酪奴”；而喝茶的风气也渐渐传播到西北一带了。

王肃曲意附和，遗茶以“酪奴”之名，自然不是茶的过错，但由此我们不难推断出当时饮茶的普及情况。

三、唐代

唐代茶叶的普及与佛事有很大的关系。唐玄宗时有一位名叫封演的进士，在《封氏见闻记》上说：“玄宗开元中，泰山灵严寺之降魔大师普及禅教，当他坐禅时，只喝点茶。于是一般人竞相仿效，都把茶当作饮料用，遂成风俗。”茶因味甘而香，能振奋精神，当然大受欢迎。随后茶从山东传到唐代国都长安，而长安城内开设茶馆者，不问道俗，只要付钱就可以饮用；至于茶叶的来源，都从江淮一带用船车运过去，种类繁多。此外，唐文宗常请学士们进入内廷，研讨经义典籍，下令宫女准备茶饮赐予学士。从这两个例子可以知道，在唐朝，不论是文武百官，还是贩夫走卒，普遍都以茶为饮品。

事实上真正使茶由药用、饮用变为品饮，并且由一种习惯、爱好、生理需要升华为一种文化、一种修养、一种境界的，应该归功于一位伟大的人物和一部伟大的著作，这就是陆羽与他的《茶经》。《茶经》的出版是茶史上最引人注目的事件，它造就了唐人浪漫的生活情调以及丰富浓郁的社会风俗。从此以后，唐代的茶业充满活力，气象万千；茶产日兴，名品纷呈；饮茶之风，遍及朝野；茶叶贸易，十分活跃；封建茶法，应运而生。不仅如此，它也开启了以后茶文化异彩纷呈的局面，对中国乃至世界都产生了巨大的影响。

四、宋代

茶税从唐代开始，至宋代则将茶税改称茶课，并且成为国家财政的重要组成部分。两宋时期茶叶生产飞速发展，“采择之精，制作之工，品第之胜，烹点之妙，莫不胜造其极”（《茶经》）。这一时期，茶叶制作空前活跃，大约有三十多种较具代表性的茶书，详细记载了这一时期茶叶生产的兴盛和对品饮艺术的探索。

饮茶之风“始于唐，盛于宋”。随着茶业的兴盛，饮茶风习深入到社会的各个阶层，渗透到日常生活的各个角落。从皇宫欢宴到友朋聚会，从迎来送往到人生喜庆，到处洋溢着茶的清香，到处飘浮着茶的清风。如果说，唐代是茶文化的觉醒时代，那么宋代就是朝着更高级阶段和艺术化的阶段迈进了，如形式高雅、情趣无限的斗茶，就是宋人品茶艺术的集中体现。

值得一提的是，宋朝斗茶与日本茶道有着明显的承袭关系。斗茶又称茗战，是以竞赛的形态品评茶质优劣的一种风俗。斗茶具有技巧性强、趣味性浓的特点。

斗茶对于用料、器具及烹试方法都有严格的要求，以茶面汤花的色泽和均匀程度、茶盏的内沿与汤花相接处有没有水的痕迹来衡量斗茶的效果。

要想斗茶夺魁，关键在于操作：一是“点”，即把茶瓶里煎好的水注入茶盏；二是“击拂”，即在点汤的同时用茶筅旋转击打和拂动茶盏中的茶汤，使之泛起汤花。而斗茶时所出现的白色汤花与黑色兔毫建盏争辉的外观景象，茶味的芳香随茶汤注入心头的内在感受，该给更为内省、细腻的宋代人带来多么大的愉悦和慰藉啊！

宋代杰出的政治家、文学家范仲淹曾以满腔的激情、夸张的手法、高绝的格韵、优美的文字，写下《和章岷从事斗茶歌》，描述了当时的斗茶风俗和茶的神奇功效。这首脍炙人口的茶诗，被人们认为可与卢仝的《笔谢孟谏议寄新茶》诗相媲美。斗茶艺术至迟在南宋年随着饮茶习俗和茶具等一起传入日本，形成了“体现禅道核心的修身养性的日本茶道”。现代日本茶道文化协会负责人森本司郎先生认为：中国的斗茶哺育了日本的茶道文化。

宋朝的茶业，政府采取的是国营方式经营管理和控制，并且用茶来控制敌人，不使茶来资敌；同时为了维持财政，继续实施茶叶专卖的政策。北宋因要防备辽、西夏、金的侵略，在边疆驻扎了很多军队，于是就派商人负责运送军粮，作为补偿，同时交给他们一种贩卖茶叶的外贸特权，为军队的供给做出了贡献。

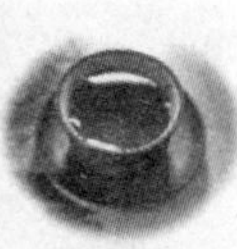
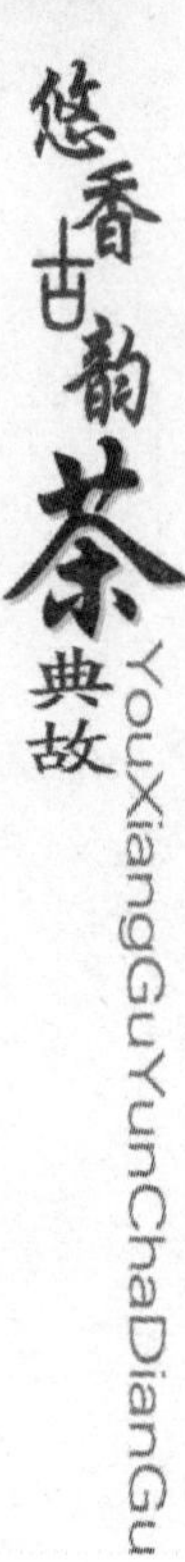

五、元明代

到了元代，茶叶又返璞归真，追求简约，与宋代茶书兴盛的状况相反，元代茶业著作迅速地滑到了谷底。经过千曲百折，明代茶集的编撰再度呈现辉煌，五十多部茶书相继问世，真是“另有奇葩逞风流”，成为中国古代历史上茶书撰写的巅峰时期。元移宋鼎，中原传统的文化精神受到严重打击，茶文化也面临逆境。

与宋代茶艺崇尚奢华、繁琐的形式相反，北方少数民族虽嗜茶如命，但主要出于生活的需要，对品茶煮茗没多大的兴趣，对繁琐的茶艺更不耐烦。原有的文化人希冀以茗事表现风流倜傥，也因故国残破把这种心境一扫而光，转而用茶表现清节，磨砺意志。

刻意追求茶原有的特质香气和滋味，是明代的特色之一。对于前人那种使茶香失去天然、纯真的制作和饮用方法，他们提出了强烈批评。在宋、元时代，中国人所饮用的茶，固形茶是最通行的；到明太祖朱元璋建立明代以后，认为固形茶是奢侈浪费，已经失去了茶的真味，同时要人民节省劳力，于是废止末茶（使固形茶成为粉末的）而鼓励人民喝一种连茶叶的煎茶。这一从固形茶到煎茶的大变化，使得中国茶书的根底发生动摇，但随着煎茶的普及，关于茶的知识的需求也格外提高。

从明代开始设置茶政，正式管理以茶易马的互市，这种机构称为“茶司马”，为官家正式设立管理茶政的大组织。可见茶已在明朝军事与对外贸易中占据了重要地位。

六、清代

清代开始，就废弃了一切茶叶禁令，允许自由种植茶叶，或设捐统收，或遇卡抽厘，以讫于民国的茶政。从此可看出：茶是人民不可缺少的主要饮料，所以才视之为：“开门七件事，油、盐、柴、米、酱、醋、茶。”中国茶道在“康乾盛世”再度辉煌，但是到了清朝后期，随着西方列强的入侵，中国经济不可避免地走上了衰微之路，在这种新的格局下，中国茶文化虽然受到影响，但饮茶却更为平民化、更为普及。只是清代二百六十多年间，茶的著作只有十多种，其中有的还下落不明，与明代的盛大状况相比，简直不可同日而语。

然而，清代的痴茶、爱茶、醉茶之士，并非完全在传统中作茧自缚，他们也有鲜活的思想和勃发的创造。只是他们的真知灼见，大多融会到诗歌、小说、笔记小品和其他著述之中了。

丰富地载录清代茶事的书，首推《清稗类钞》。这部书由清末民初人徐珂采录数百种清人笔记，并参考报章记载而辑成，大多是反映清人的思想和日常生活的。该书中关于清代的茶事记载比比皆是，如“京师饮水”“吴我鸥喜雪水茶”“烹茶须先验水”“以花点茶”“祝斗岩咏煮茶”“杨道士善煮茶”“以松柴活火煎茶”“邱子明嗜工夫茶”“叶仰之嗜茶酒”“顾石公好茗饮”“李客山与客啜茗”“明泉饮普洱茶”“宋燕生饮猴茶”“茶癖”“静参品茶”“某富翁嗜工夫茶”“茶肆品茶”“茗饮时食肴”等等，成为清代茶道与清人“茶癖”的全景写照。

《清稗类钞》还多方面记载了不同阶层的品饮活动：“茶肆饮啜，有盛以壶者，有盛以碗者。有坐而饮者，有卧而啜者。进入茶肆者，终日勤苦，偶于暇日一至茶肆，与二三知己瀹茍深谈者有之，日夕流连，乐而忘返，不以废时失业为可惜者亦有之。清代京师茶馆，茶叶与水之资，须分计之。有提壶以往者，可自备茶叶，出钱买水而已。平日，茶馆中汉人少涉足，八旗人士虽官至三四品，亦厕身其间，并提鸟笼，曳长裙，就广坐，作茗憩，与圉人走卒杂坐谈话，不以为忤也……”

第二节　茶事起源

关于中国茶事的起源，在中国的古代文献里有着种种记载和历史传说，通过这些约略可推测出我们的先人最初从事茶事的概况。

一、六朝以前的茶事

茶树在中国南方有“嘉木”之称，所以，茶业最初也在中国的南方孕育和发展。黄河流域是中国上古经济、政治和文化中心，而广大的南方，至汉朝时还处于“地广人稀，火耕水耨”的落后状况，所以在中国的早期文献中，有关南方特别是茶叶的史料很少，据有限的史料记载，我们可以得出这样一些结论：

六朝（史学界指中国南方三国、晋和南朝的宋、齐、梁、陈这一历史阶段而言的）以前的茶史资料表明，中国茶业，最初兴起于巴蜀。

清初学者顾炎武在其《日知录》中考据说：“自秦人取蜀而后，始有茗饮

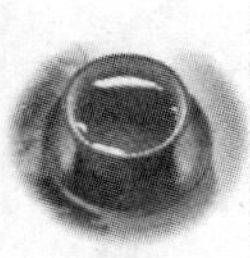

之事。”指出各地对茶的饮用，是在秦国吞并巴蜀以后才慢慢传播开来的。也就是说，中国和世界的茶文化，最初是在巴蜀发展为业的。顾炎武的这一结论，统一了中国历代关于茶事起源上的种种说法，也为现在绝大多数学者所接受。因此，常称“巴蜀是中国茶业或茶文化的摇篮”。

既然中国的饮茶是秦统一巴蜀以后的事情，那巴蜀又是什么时候开始饮茶的呢？对此茶界持有不同见解，有的认为始于史前，有的认为始于西周初年，也有的认为在战国时期已开始，归结起来，就是究竟始于巴蜀建国之前还是建国之后的问题。

所谓巴蜀饮茶“始于战国”的观点，实质上也就否定了上古神农传说的史料价值，认为只有可靠的文字记载才可凭信。其实，说巴蜀茶业始于战国，也是以顾炎武上说为依据，别无其他直接文字记载。史前集农业、医药、制陶等多种发明于一身的神农，未必真有其人、其事，但是他作为后人追念史前上述伟大发明而塑造出来的一种形象，而得到人们的承认，这些应该是有一定的史实根据的。

一般说来，在未进行考古发掘之前，古书关于“神农耕而作陶”“始作耒耜，教民耕种”“始尝百草，始有医药”等传说，同样也是无文字可考的。所以，神农作为史前的一个特定阶段的代表，将农业、医药、陶器，以至茶叶的饮用“发乎”这一时代，应当是可信的。

饮茶是一种物质享受，人们习惯把饮茶和文明联接在一起，所以一提到饮茶的起源，往往认为是进入阶级社会以后才出现的。其实，这是一种误解。利用植物的某部分组织来充当饮料，是氏族社会有的事，1949 年前，生活在大兴安岭的鄂伦春人，还停留在原始氏族社会阶段。当时，他们有“泡黄芹、亚格达的叶子为饮料”的习惯。鄂伦春人能够利用当地的黄芹和亚格达叶子来作饮料，那巴人、蜀人和中国南方有野生茶树分布的其他族人为什么不能在史前就发明以茶为饮呢？这也就是说，中国上古关于“茶之为饮，发乎神农”的论点，不但有传说记载，也有民族志材料的较好印证。说明巴蜀茶业的起始是早的，只可惜见诸文字记载的时间较迟，直至西汉末年的王褒《僮约》中才有记述。

《僮约》有“脍鱼炰鳖，烹荼尽具”和“武阳买荼，杨氏担荷”两句。前一句反映出成都一带，西汉时饮茶不但已成风尚，而且在地主富家，饮茶还出现了专门的工具。其后一句，则反映成都附近由于茶的消费和贸易需要，茶叶已经商品化，还出现了如“武阳”一类的茶叶市场。

西汉时，成都不仅已成为中国茶叶的一个消费中心，从后来的文献可以看出，很可能已形成为中国最早的茶叶集散中心。

其实，鄂西早先属楚国的边境地区，先秦时一度受巴国或巴文化的影响。所以，这条资料实际上介绍的，主要还是巴蜀的制茶方法和饮茶习惯。后一条《出歌》，主要是介绍一些常用饮料、食物产地。把《广雅》、《出歌》和《登成都白菟楼》诗的上述内容联系起来，就能清楚地看出，不只是先秦，从秦汉直至西晋，巴蜀一直是中国茶叶种植和制作技术的重要中心。

二、《茶经》的记载

中国现存文献中有关饮茶的起源，第一个涉及到的是陆羽《茶经·六之饮》中指出："茶之为饮，发乎神农氏。"随后在《七之事》中又进一步指出，所谓"神农氏"，就是指"炎帝"，说明中国茶的饮用，是起源于"三皇"时代。陆羽引《神农食经》"茶茗久服，令人有力悦志"为佐证。陆羽在《茶经》毫不含糊地肯定：称中国饮茶，是始于悠远的史前时代。

对陆羽的"茶之为饮，发乎神农"的观点，历来就有赞同、持疑和否定三种不同的态度。如现在持疑和否定者的文中就提出，"神农是我国上古的传说人物，是由于某些社会需要追塑出来的一种偶像，并非实有其人"；另外，《神农食经》、《神农本草》等一类的"神农书，是汉以后儒生的伪托，并非真的是神农所写"。

是的，上面所说两点，都是事实。如中国一些古籍中，称神农或炎帝"七十四"或"十七世有天下"，有的说"传八世，合五百二十岁"，这里明显把"神农氏"看作为一个时代，而不是看作为一个单个的人。至于在这个时代，如《说文》在序中所讲，神农氏"结绳为治，而统其事"，当时还没有文字，自然也就不会有神农著的书。所以，对于这些，学术界并没有什么分歧。

这里，我们对神农这位人面龙颜的神人的真实性，不妨再作些补充。神农到底是怎样的一个形象呢？如《易·系辞》中载，"神农氏作，斫木为耜，揉木为耒，耒耜之利，以教天下"；再如《周书》"神农耕而作陶"；《史记·补三皇本纪》上说，"神农氏以赭鞭鞭草木，始尝百草，始有医药"等等。

上面这些引文说明什么呢？说明传说中的"神农氏"不但是一位"并耕而王"的氏族或部落领袖，还是一位农业、制陶、医药等众多事物的发明者。神农有这么多发明，那说他确实存在就更有证据了吧？不然，这些资料不但不能证明反而有损或否定神农的真实存在。道理很简单，这许多发明，特别是如农业、医药、制陶等重大发明，决不是某一个人而只能是某一个群体长

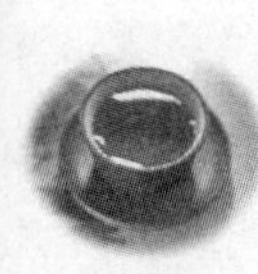

期的经验或智慧结晶。所以，传说愈是把神农的发明创造说得很多，愈是神化，就愈揭示其本身乃是一种对整个神农氏族或时代的拟人化概括。

当然，我们引录上面这些内容，并不是为了否定神农存在的真实性，主要还是为了说明茶的发现、利用是始于史前。这些资料又怎么能够证明饮茶也起源于史前呢？可以的，现在虽然没有获得饮茶起源史前的直接证明，但我们借助有关考古和民族志材料，多少还是可以为饮茶的起源求得某些论据的。上述有关神农的传说，最初均见于中国古代文献，其所反映的内容，都是有文字记载以前有人称为“古史传说时代”的内容。说明白些，这些上古的传说记载，记叙的是史前或原始社会的事情。

上面我们提到了，“神农”不但是农业的创造者，也是制陶、医药等多种事业和文化的发明“人”，这些在古代，在近代考古学和民族学建立以前，一代代的相传，也一代代的未得到证明。自从考古学和民族学建立、发展起来后，这些流传下来的传说，大都陆陆续续为考古发掘所证实了。如上面提到的神农发明农业、陶器、医药等传说，现在除茶以外，都证明为史前即有的内容。

或许有人会说，关于神农的传说距离进入文字时代的时间不远，可能要可靠些，更早的内容，就不一定可靠了。事实并不是这样的，如《庄子·盗跖篇》记称：“古者禽兽多而人民少，于是民皆巢居以避之。”《礼含文嘉》载：“燧人始钻木取火，烤生为熟，令人无腹疾，有异于禽兽。”《尸子》载：“虙牺氏之世，天下多兽，故教民以猎。”这些传说，比神农传说的时代更早，但考古和民族学提供的资料一致证明，这些也正是远古人类经历的不同阶段的生活写照。

有些对传说缺乏研究的人，一听到“传说”这个词语，就将之与虚妄和荒诞联系起来，一律斥之为不可信，这是不对的。事实告诉我们，中国上古的很多传说，虽然经过千载百代，内容中掺杂了大量迷信、失实的成分，但是，只要我们剔除这些掺附的杂质以后，就不难从中多少找出一些确凿的史迹或合理内容来。

因此，基于上面这些，我们有理由提出这样一种看法：即凡是在中国文献中没有记录而只有传说中涉及的事件，大抵都是发生在史前的。所以，尽管神农诸多发明都得到证实，唯独饮茶没有得到考古的证明，但我们仍然可以肯定，饮茶也是起源于史前的。因为从逻辑的角度来看，有关神农的发现、利用茶叶的传说和神农肇创农业、陶器、医药等传说，从性质和流传上说，没有什么大的区别。

关于饮茶起源史前这点，我们也可从中国民族志的材料中获得一定的旁证，如前面讲的鄂伦春人虽处在氏族社会但却知道采摘黄芹和亚格达的叶子冲泡作饮料。

中国有关神农的传说，不但为我们显示了饮茶起源史前的线索，也为茶叶的发现、利用以至发展为饮用的过程，提供了这样一个轮廓：茶的发现和利用，最初不是作为饮料而是作为草药显之于世的。

关于茶由药用再发展为饮用的看法，这在学术界不存在不同的意见。那么，究竟是什么时候，茶由药用发展为饮用的呢？这就众说纷纭了。有近代茶学专家提出："茶由药用发展为饮用，是出现在战国或秦代以后。"不过他也很谦逊，在谈完这一看法以后，又特地用括号附说了这样一句话："关于茶的药用时期和饮用时期，都仅仅是作者的一个推断，希望广大的茶叶工作者今后继续加以研究。"

三、古老的茶文物

茶在中国的历史十分悠久，关于茶的文物十分繁杂，诸如茶人、茶具、茶画、山泉，以及有关的茶文化遗址等等，无一不是茶文物的组成部分。

与茶的发现和利用紧密相关的神农氏，在中原大地留有许多与他有关的遗迹。地处湖北、接近川、陕交界处的神农架，是一个原始森林区，面积3200多平方公里，最高海拔3100多米。据初步估计，这里盛产包括茶叶在内的药材共130余种，这与"神农尝百草，日遇七十二毒，得茶而解之"的传说相符。

唐代陆羽，是中国历史上，也是世界上第一部茶叶专著《茶经》的作者，湖北竟陵（今天门市）人。他所著的《茶经》据传还有33种版本存世。在他的家乡，保存有文学泉、陆子井、陆子泉、陆羽亭和陆公祠，收藏了为纪念茶坛宗师陆羽的"古雁桥"和古雁桥碑刻等。

陆羽故居西塔寺及寺内的陆子井遗址已开始修复。当年，陆羽考察茶情，传授茶风，探寻泉水所到之处，仍留有不少古迹。现存的江苏无锡的惠山泉，传为陆羽品题，号称天下第二泉。苏州虎丘的陆羽井，井口一丈见方，四壁镶石，俗称观音泉，元人顾瑛称其是"雪雯春泉碧"，也是陆羽当年烧水煮茶品茗之处。据资料记载，陆羽与诗僧皎然同居于浙江吴兴杼山妙喜寺，如今杼山还在，苕溪犹存，这一带人民饮茶仍保持着陆羽的遗风。

饮茶风尚和茶种最早传到朝鲜和日本。6世纪下半世纪，中国佛教开创华严宗、天台宗后，这两个宗派相继传入朝鲜，随着佛教僧侣的相互往来，茶

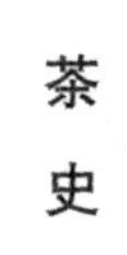

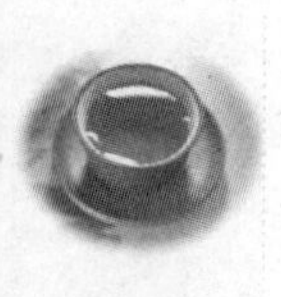

文化也被带到朝鲜半岛。日本开始饮茶最晚是在公元729年，这年日本圣天皇在四月八日，召集僧侣百名在宫廷讲经，次日，又召见赐茶（又称行茶）。至于从中国带回茶籽在日本种植，则是唐代中叶的事了。据历史文献记载，唐德宗贞元年间，日本高僧最澄到中国天台山（在浙江省天台县境内）国清寺拜道邃禅师为师。唐永贞元年（公元805年），从天台国清寺师满回国时带去茶种，种植于日本近江（即贺滋县），这是中国茶种向外传播的最早记载。如今天台国清寺依然存在，经整修后，更是面目一新。中日两国佛教界人士，为纪念这位文化艺术的交流者，在天台国清寺树碑立传，以效后世。

浙江省余杭县境内的径山寺，是唐宋时代的著名寺院。南宋年间，孝宗皇帝曾亲自御笔赐额“径山兴圣万寿禅寺”。宋理宗开庆元年（公元1259年），日僧南浦昭明来径山寺拜虚堂和尚为师学佛。他回国后，把径山茶宴、斗茶等饮茶习俗一并带回日本，在此基础上逐渐形成了日本自己以茶论道的茶道。如今，径山寺虽只存断垣残壁，但御碑“径山兴圣万寿禅寺”，以及池、潭、井、泉、峰、岩、谷、石依然存在，径山古刹已被列为文物保护单位。

中国是世界最早对茶进行研究并撰写为书的国家：最早见到茶名“茶”字字形的第一部字书《尔雅》，以及最早记述中国种茶、饮茶的公元前1100多年的《华阳国志》，尚存于世；最早出现“茶”字字形的汉代玺印，还可在《汉印分韵合编》中找到影踪；世界上第一部茶叶专著——《茶经》，先后有33个版本问世，在北京图书馆还收藏着明代弘治十四年前（公元1501年）华理刻递修本。

此外，在新疆吐鲁番地区的唐代墓代墓葬中，曾出土过一幅《对弈图》，上面画着一个侍女，手捧茶托端着茶。在出土的唐宋其他古墓葬壁画中，也每每可以见到有品茗的图像。唐代官居右相的阎立本的《萧翼赚兰亭图卷》，至今尚存于世，里面也有品茗场面。

中国在发掘长沙马王堆西汉墓时，出土了不少简文、帛书等文物，这些物品距今已有2100多年历史了。墓中一幅敬茶仕女帛画，是汉代皇帝贵族烹用茶饮的写实。在随葬清册中，还有关于茶的简文和木牌文，这是至今发现的最早茶叶随葬品。

1987年，陕西扶风县法门寺塔地宫唐代秘藏的出土，为研究中国茶具历史和饮茶习俗提供了有力的佐证。这批稀世珍宝已在地宫中封存了1100多年，其中，有富丽堂皇、璀璨夺目的金银器茶具；有凝霜澄水、玲珑玉润的琉璃茶具；有失传已久，青中泛白的秘色瓷茶具。

金银器茶具，极少有传世品，至于唐代的金银器茶具，此次发现尚属首次，堪为国之瑰宝。这次出土的唐代金银器茶具，多为唐僖宗（公元 862 ~ 888 年）供奉：有供碾茶用的鎏金壶门座茶碾子，有供碾茶后作筛分用的鎏金仙人驾鹤壶门座茶罗子，有供烘团茶用的金银丝结条笼子和鎏金镂空鸿雁球路纹银笼子，有供贮存茶叶用的鎏金银龟盒，有供放盐和其他调料用的摩羯纹蕾钮三足盐台和鎏金人物画银坛子，有供调茶用的鎏金伎乐纹调达子，有供煮茶用的壶门高圈足座银风炉，有供煮茶时夹炭用的系链银火箸，有供取茶用的鎏金飞鸿纹银匙等。这些表明中国在唐代时宫廷达官显贵饮茶风气已十分盛行，尽管在这以前，中国已有饮茶的茶具和风俗的记载，但并无实物为证，这些出土的文物正是唐代饮茶之风盛行的有力物证。

地宫中收藏的素面圈足淡黄色玻璃茶托和茶盏，是地道的中国产品，虽然造型较为原始简朴，装饰也未见笔墨，质料微显湿浊模糊，但它证明：中国的玻璃茶具的制作，在唐代已经起步。

秘色瓷茶具，以往只见文献记载，却不见实物。这次法门寺出土，由唐懿宗（公元 833 ~ 872 年）供奉的五瓣葵口圈足秘色瓷碗，表明中国青代的瓷茶具已达到很高的水平。以往认为秘色茶具制作可能出现的最早时期在五代，这次的发现把它提早到唐代。这不但揭开了秘色茶具之谜，也改写了秘色茶具的历史。

上述这些世界上最古老的茶文物，从一个侧面证明了中国是茶和茶文化的发祥地，这对研究茶的起源，以及茶树栽培史、茶叶加工史、饮茶史、茶文化史等，都有极其重要作用。

四、中国古代史料中的茶字和世界各国对茶字的音译

在古代史料中，茶的名称很多：公元前 2 世纪，西汉司马相如的《凡将篇》中提到的“荈诧”就是茶；西汉末年，在扬雄的《方言》中，称茶为“蔎”；《神农本草经》（约成于汉朝）中，称之为“茶草”或“选”；东汉的《桐君录》（撰人不详）中谓之“瓜芦木”；南北朝宋·山谦之的《吴兴记》中称为“荈”；东晋裴渊的《广州记》中称之谓“皋芦”；此外，还有“诧”、“奼”、“茗”等称谓，均认为是茶之异名同义字，唐代陆羽在《茶经》中，也提到了茶的五种称谓。

总之，在陆羽撰写《茶经》前，对茶的提法不下十余种，其中用得最多、最普遍的是“荼”。由于茶事的发展，指茶的“荼”字使用越来越多，这就有了区别的必要，于是从多义的“荼”字中衍生出了“茶”字。陆羽在写

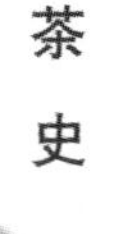

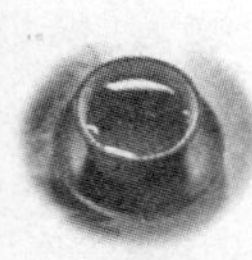
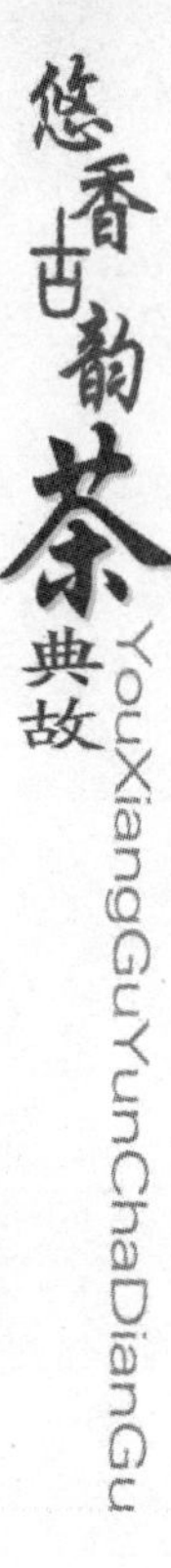

《茶经》时，将“荼”字减少一画，改写为“茶”，从此，在古今茶学书中，茶字的形、音、义也就固定下来了。

在中国茶学史上，一般认为在唐代中期（约公元8世纪）前，“茶”写成“荼”，读作“tu”。据查，荼字最早见之于《诗经》：在《诗·邶风·谷风》中记有，“谁谓荼苦？其甘如荠”；《诗·邶风·七月》中记有：“采荼、薪樗，食我农夫。”但对《诗经》中的荼，有人认为指的是茶，也有人认为指的是“苦荼”，至今看法难以统一。

开始以荼字明确表明有茶字意义的是在《尔雅》（约公元前2世纪秦汉间成书）一书中，其中记有：“槚，苦荼”。东晋郭璞在《尔雅注》中认为它指的就是常见的普通茶树，它“树小如栀子。冬生（意为常绿）叶，可煮作羹饮，“今呼早采者为荼，晚取者为茗”。北宋徐铉等在同书的注中也认为，“此即今之茶字”。而将“荼”字改写成“茶”字的，按南宋魏了翁在《邛州先茶记》所述，乃是受了唐代陆羽《茶经》和卢仝《茶歌》的影响所致。明代杨慎的《丹铅杂录》和清代顾炎武的《唐韵正》也持相同看法。但这种看法，显然有悖于陆羽所撰《茶经》的说法。

陆羽提出：茶字，“其字，或从草，或从木，或草木并。”接着，陆羽在注中指出：“从草，当作茶，其字出《开元文字音义》；从木，……，其字出《本草》；草木并，作荼，其字出《尔雅》。”明确表示，茶字出自唐玄宗（公元712～755年）时期所撰的《开元文字音义》。

不过，从今人看来，一个新文字刚出现之际，免不了有一个新老交替使用的时期。有鉴于此，清代学者顾炎武考证后认为，茶字的形、音、义的确立，应在中唐以后。而陆羽在撰写世界上第一部茶著《茶经》时，在流传着茶的众多称呼的情况下，统一写成茶字，这不能不说是陆羽的一个重大贡献。从此，茶字的字形、字音和字义一直沿用至今，为炎黄子孙所接受。

当然，这只是说，从先秦开始到唐代以前，茶字的字音、字形和字义的尚未定型而已，其实，早在汉代就出现了茶字字形。此后，三国时张辑撰的《广雅》、西晋陈寿撰的《三国志·韦曜传》、晋代张华撰的《博物志》等，也都出现过“茶”字的字形。

可见，汉时荼与茶为一字。再从读音来看，也有将荼字读成与茶字音相近的。如现在湖南省的茶陵，西汉时曾是荼陵侯刘沂的领地，俗称荼王城，是当时长沙国十三个属县之一，称荼陵县。

现在从古代和现代专家学者的研究结果来看，大都认为中唐以前表示“茶”的是“荼”字，虽然，在那时已在个别场合，或见有茶字的字形，或读有茶字的字音，但作为一个完整的茶字，字形、字音和字义三者同时被确定下来，乃是中唐及以后的事。

茶字虽从唐开始被普遍采用，但由于中国是一个多民族的国家，加之地域辽阔，方言各异，因此，同样一个茶字，发音亦有差异，如广州发音为“cha”，福州发音为“ta”，厦门、汕头等地发音为“te”，长江流域及华北各地发音为“chai”，“zhou”或“cha”。至于兄弟民族，发音差别更大，如云南傣族发音为“la”，贵州苗族发音为“chu ta”，等等。

由于茶叶最先是由中国输出到世界各地的，所以，时至今日，各国对茶的称谓，大多是由中国人，特别是由中国茶叶输出地区人民对茶的称谓直译过去的，如日语的“cha”，印度语的“cha”都为茶字原音。俄文的“yau”，与中国北方对茶叶的发音相近似。英文的“tea”、法文“the”、德文的“thee”、拉丁文的“thea”，都是按照中国广东、福建沿海地区人民的发音转译的。

此外，如澳大利亚语、印地语、乌尔都语等的茶字的发音，也都是中国汉语茶字的音译。大致说来，各国对茶的发音可以归纳为两种情况：茶叶由中国海路传播去的西欧等国，茶的语音大多似中国福建等沿海地区的“te”音和“ti”音，如英国的“tea”、法国的“the”、荷兰的“thee”、意大利的“te”、德意的“tee”、南印度的“tey”、斯里兰卡的“they”等；茶叶由中国陆路向北、向西传播去的国家，茶的语音近似中国华北的“cha”音，如俄国的“yau”、土耳其的“chay”、蒙古的“chai”、伊朗的“chay”、波兰的“chai”、阿尔巴尼亚的“chi”等，还有朝鲜的“sa”、希腊的“tsai”、阿拉伯的“chay”等，也与中国华北的茶语音相近。

通过茶字的演变与确立，它从一个侧面告诉人们：“茶”字的形、音、义，最早是由中国确立的，至今已成了世界各国人民对茶的称谓，只是按各国语种变其字形而已。它还告诉人们：茶出自中国，源于中国，中国是茶的原产地。

还值得一提的是，自唐以来，特别是现代，茶是普遍的称呼，较文雅点的才称其为“茗”，但在本草文献，如《新修本草》、《千金翼方·本草篇》、《本草纲目》、《植物史实图考·长编》等，以及诗词、书画中，却多以茗为正名。可见，茗是茶之主要异名，常为文人学士所引用。

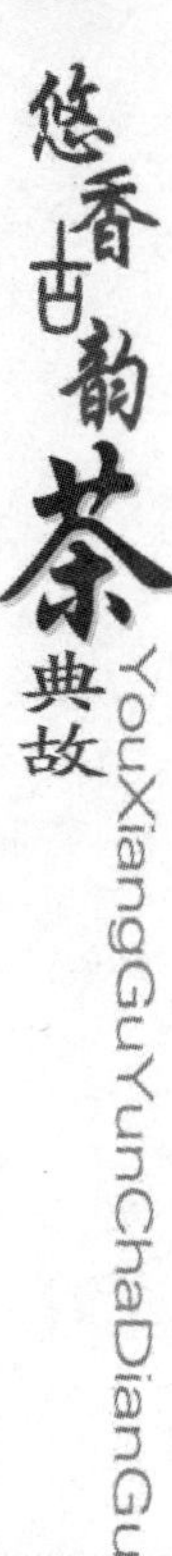

第三节　饮茶起源传说

中国饮茶起源众说纷纭：追溯中国人饮茶的起源，有的认为起源于上古时期，有的认为起源于周，起源于秦汉、三国、南北朝、唐代的说法也都有。造成众说纷纭的主要原因是，唐代以前没有“茶”字，而只有“荼”字的记载，直到《茶经》的作者陆羽，才把“荼”字减去一画，而写成了“茶”，因此有“茶起源于唐代”的说法。其他则尚有“起源于神农”、“起源于秦汉”等说法。

一、神农说

中国古代有一位神农氏，立誓遍尝百草，用来制药，以解除百姓疾病之苦，因此数次中毒，但他都凭借丰富的自救经验而死里逃生了。

有一天，神农氏又进山采药，翻山越岭，不辞辛劳，到了中午，火辣辣的太阳在天上照着，不觉有些口干舌燥起来，便寻找就近的水源，以解口渴之苦。忽然一片树叶飘到眼前，拾起一看，竟不知何物。

神农氏本就有遍尝百草之誓，这次当然也不会错过。但由于几次教训，也不由得慎重起来，看看叶子，颜色清绿可爱，还有一股清香扑鼻而来。凭着丰富的经验，神农氏知道它应该属于无毒的一种，便伸出舌头舔了舔，竟是苦涩异常，神农氏马上断定它是一种止渴提神的药。而正是这种药，衍生出后来品类繁多的茶叶家族和后世博大精深的人类茶文化。这显然是神农氏所始料未及的。

被誉为“茶圣”的陆羽在《茶经》中记载，“茶之为饮，发乎神农氏”，而中国饮茶起源于神农的说法，也因民间传说而衍生出很多不同的观点。神农发现茶的饮用和药用价值，是当中最普遍的说法。

另有一个版本则是从语音上加以附会，说是神农有个水晶肚子，由外观可得见食物在胃肠中蠕动的情形，当他尝茶时，发现茶在肚内到处流动，好像士兵一样地查来查去，把肠胃洗涤得干干净净，因此神农称这种植物为“查”，再转成“茶”字，而成为茶的起源。

二、秦汉说

虽然在唐代以前对“茶”字有多种说法，但按照古书上的记载，可确信是中国人最早发现了茶。由种种史料显示，在西汉时有些地方已经开始喝茶了。如汉宣帝时代，王褒写过一篇《僮约》（买卖奴隶的契约文书），就谈到他从寡妇杨惠家中买进一位仆役叫“便了”，规定“便了”应该服务的几件事：除了炒菜、煮饭之外，还须“烹茶”、“武阳买茶”等。当然，在汉代是没有“茶”字的，但是“武阳买茶”的武阳，今为四川省成都市西南的彭山县，于唐时属于剑南道，而剑南就是茶的著名出产地。我们可以推测：王褒派仆役从驻守的益州到老远的武阳去买当地的物产——茶来待客或自享，是说得通的。由王褒在《僮约》所提到的“烹茶”、“武阳买茶”等事，可知茶已成为当时社会饮食的一环，且为待客以礼的珍稀之物。

三、六朝说

中国饮茶起源于六朝的说法，有人认为是源自孙皓以茶代酒，有人认为是自王肃提倡茗饮开始的，日本、印度则流传饮茶起源于达摩禅定：

传说菩提达摩自印度东使中国，誓言以九年时间停止睡眠进行禅定，前三年达摩如愿成功，但后来支撑不住睡着了，达摩醒来后羞愤交加，遂割下眼皮，掷于地上。不久后，掷眼皮处生出小树，枝叶扶疏，生意盎然。此后五年，达摩相当清醒，但还差一年又遭睡魔侵入，达摩采食了身旁的树叶，食后立刻脑清目明，心志清楚，方得以完成九年禅定的誓言，达摩采食的树叶即为后代的茶。

故事中掌握了茶的特性，并说明了茶提神的效果。然而因为秦汉说具有史料证据，因而削弱了六朝说。

第四节　历朝贡茶

中国贡茶制度的初始，只是各产茶地的地方官吏征收各种特产茶叶作为土特产品进贡皇朝的一种形式，是一种土贡性质。自唐朝开始，贡茶制度有了很大的发展，除土贡外，还专门在重要的名茶产区设立贡茶院，由官府直接参与管理和监督制造，称之为贡焙。但无论是土贡还是贡焙，说来都是官家对茶农的残酷剥削与压迫。贡茶制度作为一种变相的“税制”，使从事茶业者深受其害，而且对茶叶的生产和发展也是弊大于利。

但贡茶制度也有其积极的意义，贡茶制度带来了茶叶生产的不断创新。

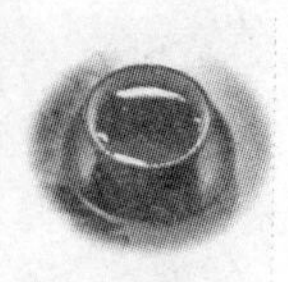

由于历代皇朝对贡茶品质的苛求和求新的欲望，迫使历代贡茶不断创新和发展，从而促进了制茶技术的改进和提高。因此，从某种意义说，贡茶制度的发展为中国名茶的产生和发展奠定了基础。

一、贡茶的起源

据晋朝人常璩在公元350年左右所撰的《华阳国志·巴志》记述，以茶作贡品的历史可追溯至公元前1066年周武王率南方八个小国伐纣时，当时茶叶已作为一种土特产品纳贡。

宋代《本草衍义》记述：东晋元帝时，温峤在宣城为官，曾上表贡茶千斤，茗三百斤。唐代以前，长江以南不少地区都生产茶叶，以茶叶作为贡品是不足为奇的。

二、唐朝贡茶

早在隋朝时期，就有以茶献于帝王的记载：隋炀帝杨广在江都（今江苏扬州）生病，浙江天台山智藏和尚，为了邀宠于这位帝王，曾用天台茶为其治病，隋炀帝的病得茶而治。

到了唐朝开元中（公元713～740年），泰山灵岩寺僧人坐禅，昼夜不眠，又不夕食，但都许其饮茶。从此转相仿效，遂成风俗，从山东、河北的部分地区，直至首都长安，茶道大行，王公朝士没有不饮茶的。很多文学家、诗人，饮茶题诗，以显风雅之趣。由此我们可以看出，唐代贡茶的兴起与当时社会饮茶风俗的普及，帝王将相及文人雅士的提倡有很大的关系。

唐代初期茶叶仍以土贡的形式上贡皇室。后来随着皇室、官吏饮茶范围的扩大，逐渐感到这种土贡形式越来越不能满足需求，于是官营督造专门生产贡茶的贡茶院（贡焙）就产生了。

唐朝最著名的贡茶院设在湖州长兴和常州义兴（今宜兴）交界的顾渚山，每年役工数万人采制贡茶“顾渚紫笋”。每年初春时节清明之前，贡焙新茶制成后，快马专程直送京都长安，呈献皇上。唐代吴兴太守张文规的《湖州焙贡新茶》诗描述了茶到之时宫廷中的欢腾场面，诗云：“凤辇寻春半醉回，仙娥进水御帘开，牡丹花笑金钿动，传奏吴兴紫笋来。”说的是帝王乘车去寻春，喝得半醉方回宫，这时宫女手捧香茗，从御门外进来，牡丹花般的脸上露着笑容，传奏新到的紫笋贡茶来了。

唐代诗人袁高也曾写有一首长诗《焙贡顾渚茶》，又名《茶山诗》，用来反映顾渚紫笋贡茶采制役工的艰辛和对此表示的愤慨。诗的大意是：贡茶限

“清明”日到京，为的是赶上宫廷的清明宴。从长兴顾渚到京都长安行程三四千里，日夜兼程，快马加鞭，十日赶到，所以称之“急程茶”。而修贡的太守在茶山却过着荒淫无耻的生活，每年春季制造贡茶时，湖常两州刺史，首先祭金沙泉的茶神，最后于太湖中浮游画舫十几艘，山上立旗张幕，携官妓大宴，饮酒作乐。如此鲜明的对比，足见贡茶制度的腐败。

唐代除在长兴顾渚山设贡茶院外，还规定在若干特定茶叶产地征收贡茶。据史料记载，当时设贡茶的地区计有十六个郡，即：山南道的峡州夷陵郡、归州巴东郡、夔州云安郡、金州汉阴郡、兴元府中郡；江南道的常州晋陵郡、湖州吴兴郡、睦州新定郡、福州常乐郡、饶州鄱阳郡；黔中道的溪州灵溪郡；淮南道的寿州寿春郡、庐州庐郡、蕲州蕲春郡、申州义阳郡和剑南的雅州卢山郡。这十六个郡，包括今湖北、四川、陕西、江苏、浙江、福建、江西、湖南、安徽、河南十个省的很多县。

由此不难看出，在当时凡是有名的茶叶产区，无一例外地都有进贡之茶，而且贡茶数量大得惊人。

唐代的贡茶品目，据记载有十余品种，即：剑南“蒙顶石花”，湖州“顾渚紫笋”，峡州“碧涧、明月”，福州“方山露芽”，洪州“西山白露”，寿州“霍山黄芽”，蕲州“蕲门月团”，东川“神泉小团”，夔州“香雨”，江陵“南木”，婺州“东白”，睦州“鸠坑”，常州“阳羡”。此外，尚有浙江余姚的“仙茗”，嵊县的“剡溪茶”等。

唐代贡茶绝大部分都是蒸青团饼茶，有方有圆、有大有小。陆羽在《茶经·三之造》中记载了其采制方法：“凡采茶，在二月、三月、四月之间。茶之笋者，笋烂石沃土，长四五寸，若薇蕨始抽，凌露采焉。茶之芽者，发于丛薄之上，有三枝、四枝、五枝者，选其中枝颖拔者采焉。其日，有雨不采，晴有云不采，晴，采之，蒸之，捣之，拍之，焙之，穿之，封之，茶之干矣。……自采至于封，七经目。”

根据解析，唐代饼茶的制造过程是：蒸茶、解块、捣茶、装模、拍压、出模、列茶、晾干、穿孔、解茶、贯茶、烘焙、成穿、封茶。

具体说来就是，用一种叫籝的竹篮子（又称笼）去采茶。采来的叶子放在小篮子中，置于甑（木或瓦制的圆桶）中，甑置锅上，锅内热水，烧水蒸叶。蒸后的茶叶摊凉，再放在杵臼（又叫碓）中添加一定量泉水捣碎。捣后的茶叶倒入铁制的模具中。把模具放到台砧上，模具下垫上油布，经拍压成一定形状的饼后，取出置于籝子上晾干。定型后用锥子打孔，用竹鞭把茶穿成串，一串串的饼茶挂起来，放到焙（烘茶地道）下层棚（又叫竹栈，两层

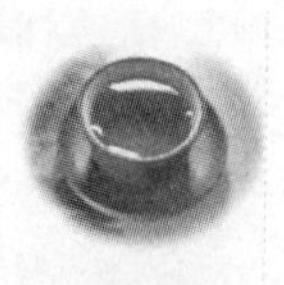

木架）上烘干，基本干后再移至上层棚上。全干后几饼一穿即成。遇阴雨天气，为防止吸湿劣变，将饼茶置育（木框箱，内竹木制层架，中心置一小火盆）中，在微温条件下，保持茶叶干燥。

三、宋元贡茶

宋代饮茶风俗已相当普及，"茶会"、"茶宴"、"斗茶"之风非常盛行。帝王嗜茶，也数宋代最甚，特别是宋徽宗赵佶，他曾亲自撰写《大观茶论》。皇帝嗜茶，必有佞臣投其所好，以求宠幸。因此，宋代贡茶比唐代又有了较大的发展。除保留宜兴和长兴的顾渚山贡茶院之外，在福建建安又设专门采制"建茶"的官焙，规模远远超过顾渚。

建安即现今福建省建瓯县，境内建溪两岸、凤凰山麓盛产茶叶，且天然品质好。宋太宗太平兴国年间，开始设立官焙，专门采制龙凤饼茶，供朝臣享用，其中凤凰山麓北苑的贡茶最为出名。

宋太宗至道初（公元995年），诏造石乳、的乳、白乳（均为茶名）作贡茶。至宋真宗咸平（公元998～1003年）初，丁谓为福建转运使，监造贡茶，专门精工制作了大龙凤团茶，进献皇帝，获得宏幸，升为"参政"，封"晋公"。此后，建州岁贡大龙凤茶各二斤，八饼为一斤。至宋仁宗庆历年间（公元1041～1048年），蔡襄任福建转运使时，又将丁谓创造的大龙团改制为小龙团，更受朝廷赏识。

丁谓和蔡襄如此创制龙凤团茶精品，讨好皇帝，也曾遭到世人的讥讽与鞭挞。宋诗人苏东坡就有诗云："武夷溪（即建溪）边粟粒芽，前丁（丁谓）后蔡（蔡襄）相笼加，争新买宠各出意，今年斗品充贡茶。"

宋神宗元丰年间（公元1078～1085年）依上意又创造了"密云龙"，比小龙团更佳。宋哲宗绍圣年间（公元1094～1097年）又创造了"瑞云祥龙"。至宋徽宗大观（公元1107～1110年）初，皇帝赵佶著《大观茶论》，认为白茶是茶中第一佳品。当此之时，又创制三色细芽等。自创三色细芽后，"瑞云祥龙"又似居细芽之下了。

宋徽宗宣和二年（公元1120年），又一个善于造茶献媚的转运使郑可简，别出心裁，创制了一种"银丝水芽"，即"将已精选之熟芽再剔去叶子，仅存茶心一缕，用珍器贮清泉渍之，光明莹洁，若银线然，以制方寸模型，有小龙蜿蜒其上，号'龙团胜雪'"。龙凤团茶发展到"龙团胜雪"，其精美可算达到极点了。整个北宋王朝的160多年间，北苑贡茶的制造技术不断改进，先后创造出的贡茶品目，就有四、五十种之多。

宋代贡茶的制造，是以焙为单位计算的，同时有官焙也有私焙。据丁谓的统计，宋朝初期从南唐移交下来的茶焙，公私合计共有1336焙。宋子安《东溪试茶录》中记载有建安官焙32所，这些官焙都是专造贡茶的，无论土质、水质、栽培、采摘、拣芽、制茶技术等均属一流，在宋代，确实可称建安茶品甲天下。

北苑贡茶的品目，据记载有40多个，多数是以雅致祥瑞之意命名，以讨得宫廷皇室的欢心。这些贡品茶，一年分十余纲（次）先后运至京师（现河南省开封市）。只有“白茶”和“龙团胜雪”惊蛰前（三月初）即行采制，十日完工，以快马于中春（三月）运抵京师，号曰“头纲”。其他依先后顺序，及至献毕，夏已过半。欧阳修诗中有句云：“建安三千五百里，京师三月试新茶。”建安（建瓯）离京师（开封）三千五百里，每年有制新茶开始时，都要举行官焙仪式，监造官和采制役工，都要向远在京师的皇帝遥拜。造出第一批新茶，快马直送京师。

北苑贡茶的采制技术十分讲究，据宋代赵汝励《北苑别录》介绍，基本过程是：采茶、拣茶、蒸茶、洗茶、榨茶、搓揉、再榨茶再搓揉反复数次，研茶、压模（造茶）、焙茶、过沸汤、再焙茶过沸汤反复数次，烟焙、过汤出色、晾干。

采茶：规定在天亮前太阳未升起时开始采茶，是因为夜露未干时茶芽肥润，制成的茶色泽鲜明。北苑凤凰山上有打鼓亭，采茶时节，每日五更（凌晨时）击大鼓，令群夫在凤凰山集合，监采官发给每人一牌，入山采茶，并规定一律用指尖采摘，以防茶芽受损，到上午八时鸣锣将群夫召回，以防多采。上凤凰山采茶者每日雇有250人。

拣茶：因采来的茶叶有小芽、中芽、紫芽、白合（一芽二叶）、乌蒂等，要选出形如鹰爪的小芽用作制造“龙团胜雪”和“白茶”。制“龙团胜雪”的小芽先蒸熟，浸入水中，剔出似针的单芽称“水芽”。从品质来讲，水芽最佳，小芽次之，中芽再次。紫芽、百合、乌蒂均不用，一旦混入，茶饼表面将有斑驳，且色浊味重。

蒸茶：选用的茶芽经反复水洗清洁，置甑器中，待水沸后蒸之。蒸茶要适度，不宜过熟或者不熟，过熟就会使茶芽色黄而味淡，不熟则色青而容易沉淀，而且会带有一种青草味。

榨茶：榨茶前将蒸熟的茶芽（称茶黄）淋水洗数次，促其冷却后，用布包好置小榨床上榨去水分，再置大榨床，压榨去膏（除去多余的茶汁）。如果是水芽，要用高压榨之。压后取出搓揉，再压榨（称翻榨），反复进行至压不

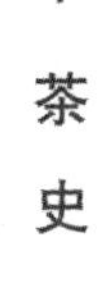

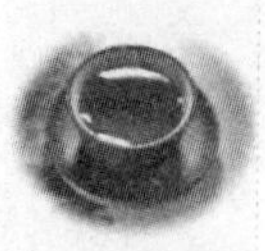
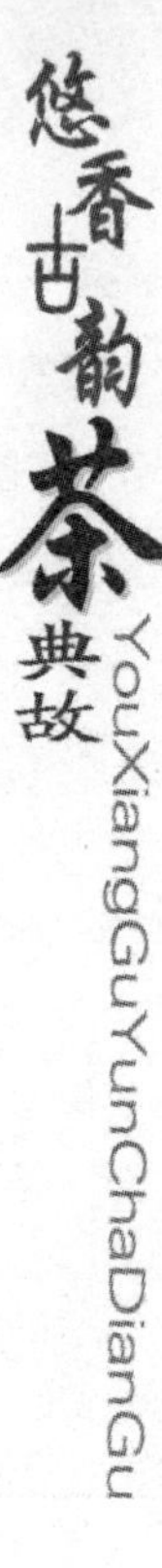

出茶汁为止。这一点与顾渚贡茶制法不同，顾渚茶畏膏流失，而北苑贡茶则畏出膏不尽，否则团饼色浊而味重。

研茶：研茶工具，以椎为杵，以瓦为盆。将榨过的茶叶放入陶盆中，用椎木研之。研之前先加水（凤凰山上的泉水），以每片茶的数量定加水量，如制“龙团胜雪”与白茶，每片加水十六杯，制拣芽加水六杯，小龙凤加四杯，大龙凤加二杯，其余均为十二杯。边加水边研，每杯必至水干茶熟而后研之，茶不熟，茶饼面不匀，且冲泡后易沉淀。

压模（称造茶）：将研好的茶叶装在刻有龙凤花纹的圈（模）中，压紧制造固定形状的茶，取出团饼茶摊在笪（竹席）上，稍干后进行烘焙。

焙茶（称过黄）：先在烈火上焙之，再过沸水浴之，反复三次后，进行文火（烧柴）烟焙数日直至干燥，火不宜大，也不宜烟。烟焙日数依饼茶之厚薄而定，厚者需焙 10 ~ 15 日，薄者 6 ~ 8 日就够。

过汤出色：焙干之饼茶，使其过汤（沸水）上出色，出色后置密室，急以扇扇之，则色泽显自然光莹。

宋代贡茶，以建安北苑贡茶为主，每年制造贡茶数万斤，除福建外，在江西、四川、江苏等省也都有御茶园和贡焙。

元代仍继续保留着宋代留下的一些御茶园和官焙（制茶工场），元大德三年（公元 1299 年），计有茶园 120 处，在武夷设焙局（制茶工场）于四曲溪，称御茶园，焙工数以千计，大造贡茶。据记载，元顺帝至正末年（公元 1367 年），贡茶额达 990 斤，明初仍之，至明世宗嘉靖三十六年（公元 1557 年），建宁太守钱嵘因本山茶枯，御茶改贡延平（福建南平）。

四、明清贡茶

明代御茶生产，茶农负担甚为沉重，除了要完成摊派的贡额之外，每年还要分担喊山供祭费。据记载：“景泰年间（公元 1450 ~ 1456 年）茶久荒，喊山岁犹供祭费，输官茶购自他山。”当时建宁每年惊蛰日，官吏致祭御茶园边的通仙井，祈求井水满而清，用以制贡茶，祭毕鸣金击鼓，台上场声同喊曰：“茶发芽！”称喊山。

至明朝时，蒸青团饼茶渐渐减少，随着炒青芽茶的出现，开始改贡芽茶（即散茶）。据记述，明太祖朱元璋于“洪武二十四年（公元 1391 年）九月，诏建宁岁贡上供茶，罢造龙团，听茶户惟采芽茶以进，有司勿与。天下茶额惟建宁为上，其品有四：探春、先春、次春、紫笋，置茶户五百，免其徭役。上闻有司遣人督迫纳贿，故有是命。”因此自明朝始正式改贡芽茶，芽茶品质优于团饼茶，官吏们趁督造贡茶之机，贪污纳贿，无恶不作。

又载："明太祖时（公元1368～1398年），建宁贡茶一千六百余斤，到朱穆宗隆庆（公元1567～1572年）初，增到二千三百斤。"明朝其他各地贡茶额也都比宋朝增加，其增加的数额中，相当一部分是督造官吏层层加码之故。明孝宗弘治年间（公元1488～1505年），进士曹琥《请革贡共奏疏》，曾揭露了这种贡茶苛政，疏文中又陈述了贡茶的五大害处：其一，采制贡茶正当春耕季节，农民男废耕，女废织，全年衣食无着；其二，早春二麦未熟，农民饿着肚子采茶制茶，困苦不堪；其三，官府收茶百般挑剔，十不中一，茶家只好忍受高价盘剥，向富户购买好茶，以充定额；其四，无法交够定额，只得买贿官校，以求幸免；其五，官校乘机买卖贡茶，敲诈勒索，使得农民倾家荡产。

至清朝，贡茶产地进一步扩大，江南、江北著名产茶地区都有贡茶，有些贡茶还是皇帝亲自指封的。如清圣祖康熙皇帝在康熙三十八年（公元1699年）南巡江苏太湖，巡抚宋荦购朱正元独自精制的品质最好的"吓杀人香"茶进贡，康熙皇帝以其名不雅，即题曰"碧螺春"，从此"碧螺春"茶岁必采办进贡。

清高宗乾隆皇帝在乾隆十六年（公元1751年）南巡时，为搜刮地方名产，诏令曰：进献贡品者，庶民可升官发财，犯人重刑减轻。徽州名茶"老竹铺大方"，就是当时老竹庙和尚大方创制进贡的，乾隆就赐以"大方"为茶名，自此岁岁精制进贡。

浙江杭州西湖龙井村至今还保存着当年乾隆皇帝游江南时封为御茶的18棵茶树。据传，乾隆十八年（公元1753年）乾隆皇帝在杭州游了天竺，览乡民采茶焙制之法以后，又微服私访至龙井狮峰，果然香味尤佳，遂将庙前18棵茶树封为御茶，从此龙井茶名声更大，岁贡更多。然而皇帝的欢心，换来的却是百姓的苦难。

明、清两朝贡茶的采制方法和贡茶品目大致相当，从明朝开始改贡芽茶，炒青技术得到了很大的提高，采摘细嫩芽叶，炒制成形态各异的茶叶。这时蒸青茶、烘青茶、炒青茶并存。至清朝，在明朝贡茶的基础上有了扩大，以烘青茶与炒青茶为主，制工更加精细，外形千姿百态，同时创制了乌龙茶、红茶、黑茶、花茶等，广大茶区形成了多种茶类的贡茶。

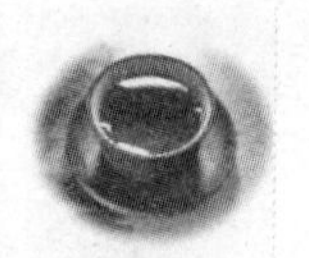

第五节 历代名茶

通常把具有一定知名度的好茶称之为名茶，名茶一般具有独特的外形、优异的色香味品质，一定的历史渊源或一定的人文地理条件，如有风景名胜，或有优越的自然条件和生态环境是名茶形成的外在因素。除外在因素外，茶树品种优良，肥培管理较好，一定的采摘标准，制茶工艺专一、独特。加之茶界“能工巧匠”和制茶工艺师的创造性发挥，这些因素都使得我国历代名茶层出不穷。名茶的长久不衰，既要有独特、优异的品质风格，还得被社会消费者公认。我国历代名茶品目虽多达数百上千种，但长久不衰，至今仍有一定生产数量和市场的不过百余种。

一、唐代名茶

唐代名茶有50余种，这些名茶见于唐代陆羽《茶经》和唐代李肇《唐国史补》等历史资料的记载。

阳羡茶　同紫笋茶，又名义兴紫笋，产于常州（现江苏宜兴）。

顾渚紫笋　又名顾渚茶、紫笋茶，产于湖州（现浙江长兴）。

寿州黄芽　又名霍山黄芽，产于寿州（现安徽霍山）。

蕲门团黄　产于湖北蕲春。

蒙顶石花　又名蒙顶茶，产于剑南雅州名山（现四川雅安蒙山顶）。

神泉小团　产于东川（现云南东川）。

昌明茶、兽目茶　产于绵州四剑阁以南、西昌昌明神泉县西山（现四川绵阳安县、江油）。

碧间、明月、芳蕊、茱萸　产于峡州（现湖北宜昌）。

方山露芽　又名方山生茶，产于福州。

香雨　又名真香、香山，产于夔州（现四川奉节、万县）。

楠木茶　又名枏木茶，产于荆州江陵（现湖北江陵）。

衡山茶　产于湖南省衡山，其中以石禀茶最著名。

邕泡湖含膏　产于岳州（现湖南南岳阳）。

东白　产于婺州（现浙江东阳东白山）。

鸠坑茶　产于睦州桐庐县山谷（现浙江淳安）。

西山白露　产于洪州（现江西南昌西山）。

仙崖石花　产于彭州（现四川彭县）。

绵州松岭　产于绵州（现四川绵阳）。

仙人掌茶　产于荆州（现湖北当阳）。属蒸青散茶，仙人掌状。

夷陵茶　产于峡州（现湖北夷陵）。

茶牙　产于金州汉阴郡（现陕西安康、汉阴）。

紫阳茶　产于陕西紫阳。

义阳茶　产于义阳郡（现河南信阳市南）。

六安茶　产于寿州盛唐（现安徽六安），其中“小岘春”最出名。

天柱茶　产于寿州霍山（现安徽霍山）。

黄冈茶　产于黄州黄冈（现湖北黄冈麻城）。

雅山茶　产于宣州宣城（现安徽宣城）。

天目山茶　产于杭州天目山。

径山茶　产杭州（现浙江余杭）。

歙州茶　产于歙州婺源（现江西婺源）。

仙茗　产于越州余姚瀑布泉岭（现浙江余姚）。

腊面茶　又名建茶、武夷茶、研膏茶，产于建州（现福建建瓯）。

横牙、雀舌、鸟嘴、麦颗、片（鳞）甲、蝉翼　产于蜀州的晋源、洞口、横原、味江、青城等地（现四川温江灌县一带），属著名的蒸青散茶。

邛州茶　产于邛州的临邛、临溪、思安等地（现四川温江地区）。出产早春、火前、火后、嫩绿等散茶。

泸州茶　又名纳溪茶，产于泸州纳溪（现四川宜宾泸县）。

峨眉白芽茶　产于眉州峨眉山（现四川乐山地区）。

赵坡茶　产于汉州广汉（现四川绵竹）。

界桥茶　产于袁州（现江西宜春）。

茶岭茶　产于夔州（现四川秦节、巫溪、巫山、云阳等县）。

剡溪茶　产于越州剡县（现浙江嵊县）。

蜀冈茶　产于扬州江都。

庐山茶　产于江州庐山（现江西庐山）。

唐茶　产于福州。

柏岩茶　又名半岩茶，产于福州鼓山。

九华英　产于剑阁以东蜀中地区。

小江园　产于剑州小江园（现福建南平）。

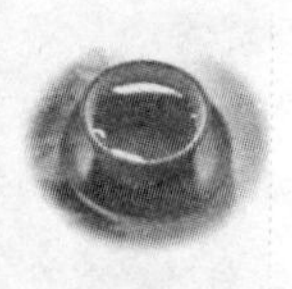

以上所列的名茶，大部分都是蒸青团饼茶，只有少量的是散茶。

二、宋代名茶

宋代名茶计有90余种，这些名茶见于《宋史·食货志》、宋徽宗赵佶《大观茶论》、宋代熊蕃《宣和北苑贡茶录》和宋代赵汝砺《北苑别录》等书的记载。

建茶　又称北苑茶、建安茶，产于建州，宋代贡茶主产地。著名的贡茶有龙凤茶、京铤、的乳、龙团胜雪、贡新銙、试新銙、北苑先春等40余种。

顾渚紫笋　产于湖州（现浙江长兴）。

阳羡茶　产于常州义兴（现江苏宜兴）。

日铸茶　又名日注茶，产于浙江绍兴。

瑞龙茶　产于浙江绍兴。

谢源茶　产于歙州婺源（现江西婺源）。

双井茶　又名洪州双井、黄隆双井、双井白芽等，产于分宁（现江西修水）、洪州（现江西南昌）。属芽茶（即散茶）。

雅安露芽、蒙顶茶　产于四川蒙山顶（现四川雅安）。

临江玉津　产于江西清江。

袁州金片　又名金观音茶，产于江西宜春。

青凤髓　产于建安（现福建建瓯）。

纳溪梅岭　产于泸州（现四川泸县）。

巴东真香　产于湖北巴东。

龙芽　产于安徽六安。

方山露芽　产于福州。

五果茶　产于云南昆明。

普洱茶　又称普茶，产于云南西双版纳，集散地在普洱县。

鸠坑茶　产于浙江淳安。

瀑布岭茶、五龙茶、真如茶、紫岩茶、胡山茶、鹿苑茶、大昆茶、小昆茶、焙烘茶、细坑茶　产于浙江嵊县。

径山茶　产于浙江余杭。

天台茶　产于浙江天台。

天尊岩贡茶　产于浙江分水（现桐庐）。

西庵茶　产于浙江富阳。

石笕岭茶　产于浙江诸暨。

雅山茶、鸟嘴茶　又名明月峡茶，产于蜀州横源（现四川温江一带）。

宝云茶　产于浙江杭州。

白云茶　又名龙湫茗，产于浙江乐清雁荡山。

月兔茶　产于四川涪州。

花坞茶　产于越州兰亭（现浙江绍兴）。

仙人掌茶　产于湖北当阳。

紫阳茶　产于陕西紫阳。

信阳茶　产于河南信阳市南。

黄岭山茶　产于浙江临安。

龙井茶　产于浙江杭州。

虎丘茶　又名白云茶，产于江苏苏州虎丘山。

洞庭山茶　产于江苏苏州。

灵山茶　产于浙江宁波鄞县。

沙坪茶　产于四川青城。

邛州茶　产于四川温江地区邛县。

峨眉白芽茶　又名雪芽，产于四川峨眉山，属散芽茶。

武夷茶　产于福建武夷山。

卧龙山茶　产于越州（现浙江绍兴）。

修仁茶　产于修仁（现广西荔浦）。

宋代名茶仍以蒸青团饼茶为主，各种名目翻新的龙凤团茶是宋代贡茶的主体。当时“斗茶”之风盛行，也促进了各产茶地不断创造出新的名茶，散芽茶种类也不少。

三、元代名茶

元代名茶计有40余种，这些名茶见于元代马端临《文献通考》和其他有关文史资料的记载。

头金、骨金、次骨、末骨、粗骨　产于建州（现福建建瓯）和剑州（现福建南平）。

泥片　产于虔州（现江西赣县）。

绿英、金片　产于袁州（现江西宜春）。

早春、华英、来泉、胜金　产于歙州（现安徽歙县）。

独行、灵草、绿芽、片金、金茗　产于潭州（现湖南长沙）。

大石枕　产于江陵（现湖北江陵）。

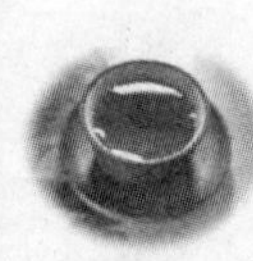

大巴陵、小巴陵、开胜、开卷、小开卷、生黄翎毛　产于岳州（现湖南岳阳）。

双上绿芽、大方　产于澧州（现湖南南澧县）。

东首、浅山、薄侧　产于光州（现河南潢川）。

清口　产于归州（现湖北秭归）。

雨前、雨后、杨梅、草子、岳麓　产于荆湖（现湖北武昌至湖南长沙一带）。

龙溪、次号、末号、太湖　产于淮南（现扬州至合肥一带），均为散茶。

茗子　产于江南（现江苏江宁至江西南昌一带）。

仙芝、嫩蕊、福合、禄合、运合、庆合、指合　产于饶州（现安徽浮梁、贵池、青阳九华山一带）。

龙井茶　产于杭州，属散芽茶。

武夷茶　产于福建武夷山一带。

阳羡茶　产于江苏宜兴。

四、明代名茶

明代名茶计有50余种，这些名茶见于顾元庆《茶谱》、屠隆《茶笺》和许次纾《茶疏》等书的记载。

蒙顶石花、玉叶长春　产于剑南（现四川芽安地区蒙山）。

顾渚紫笋　产于湖州（现浙江长兴）。

碧涧、明月　产于峡州（现湖北宜昌）。

火井、思安、芽茶、家茶、孟冬、銕甲　产于邛州（现四川温江地区邛县）。

薄片　产于渠江（现四川从广安至达县）。

真香　产于巴东（现四川奉节东北）。

柏岩　产于福州（现福建闽候一带）。

白露　产于洪州（现江西南昌）。

阳羡茶　产于常州（现江苏宜兴）。

举岩　产于婺州（现浙江金华）。

阳坡　产于丫山（现安徽宣城）。

骑火　产于龙安（现四川龙安）。

都濡、高株　产于黔阳（现四川泸州）。

麦颗、鸟嘴　产于蜀州（现四川成都、工雅安一带）。

云脚　产于袁州（现江西宜春）。

绿花、紫英　产于湖州（现浙江吴江一带）。

白芽　产于洪州（现江西南昌）。

瑞草魁　产于宣城丫山（现安徽宣城）。

小四岘春　产于六安州（现安徽六安）。

茱萸寮、芳蕊寮、小江团　产于峡州（现湖北宜昌）。

先春、龙焙、石崖白　产于建州（现福建建瓯）。

绿昌明　产于建南（现四川剑阁以南）。

苏州虎丘　产于江苏苏州。

苏州天池　产于江苏苏州。

西湖龙井　产于浙江杭州。

皖西六安　产于安徽六安。

浙西天目　产于浙江临安。

罗岕茶　又名岕茶，产于浙江长兴，与顾渚紫笋类同。

武夷岩茶　产于福建崇安武夷山。

云南普洱　产于云南西双版纳，集散地在普洱县。

歙县黄山　又名黄山云雾，产于安徽歙县、黄山。

新安新罗　又名徽州松萝、瑯源松萝，产于安徽休宁北乡松萝山。

余姚瀑布茶、童家岙茶　产于浙江余姚。

石埭茶　产于安徽石台。

瑞龙茶　产于越州卧龙山（现浙江绍兴）。

日铸茶、小朵茶、雁路茶　产于越州（现浙江绍兴）。

石笕茶　产于浙江诸暨。

分水贡芽茶　产于浙江分水（现浙江桐庐）。

后山茶　产于浙江上虞。

天目茶　产于浙江临安。

剡溪茶　产于浙江嵊县。

雁荡龙湫茶　产于浙江乐清雁荡山。

方山茶　产于浙江龙游。

明代因开始废团茶兴散茶，所以蒸青团茶虽有，但蒸青和炒青的散芽茶渐多。

五、清代名茶

清代名茶计有40余种，清代名茶，有些是明代流传下来的，有些是新

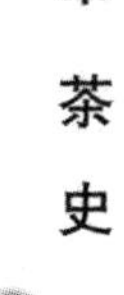

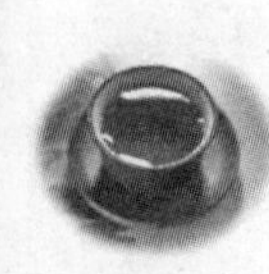

创的。

武夷岩茶　产于福建崇安武夷山，有大红袍、铁罗汉、白鸡冠、水金龟四大名枞，产品统称“奇种”，是有名的乌龙茶。

黄山毛峰　产于安徽歙县黄山，属烘青绿茶。

徽州松萝　又名瑯源松萝，产于安徽休宁，属细嫩绿茶。

西湖龙井　产于浙江杭州，属扁形炒青绿茶。

普洱茶　产于云南西双版纳，集散地在普洱县。有普洱散茶与团茶、饼茶等，前者属绿茶，后者属后发酵黑茶。

闽红工夫红茶　产于福建县。

祁门红茶　产于安徽祁门一带，属工夫红茶。

婺源绿茶　产于江西婺源，属炒青眉茶。

洞庭碧螺春　产于江苏苏州太湖洞庭山，属炒青细嫩绿茶。

石亭豆绿　产于福建南安石亭，属炒青细嫩绿茶。

敬亭绿雪　产于安徽宣城，属细嫩绿茶。

涌溪火青　产于安徽泾县，属圆螺形细嫩绿茶。

六安瓜片　产于安徽六安，属单片形细嫩绿茶。

太平猴魁　产于安徽太平，属细嫩绿茶。

信阳毛尖　产于河南信阳，属针形细嫩细绿茶。

紫阳毛尖　产于陕西紫阳，属针形细嫩绿茶。

舒城兰花　产于安徽舒城，属舒展芽叶型细嫩绿茶。

老竹大方　产于安徽歙县，属扁芽形炒青细嫩绿茶。

泉岗辉白　产于浙江嵊县，属圆形炒青细嫩绿茶。

庐山云雾　产于江西庐山，属细嫩绿茶。

君山银针　产于湖南岳阳君山，属针形黄芽茶。

安溪铁观音　产于福建安溪一带，属著名乌龙茶。

苍梧六堡茶　产于广西苍梧六堡乡，属著名黑茶。

屯溪绿茶　产于安徽休宁一带，属优质炒青眉茶。

桂平西山茶　产于广西桂平西山，属细嫩绿茶。

南山白毛茶　产于广西横县南山，属炒青细嫩绿茶。

恩施玉露　产于湖北恩施，属细嫩蒸青绿茶。

天尖　产于湖南安化，属细嫩芽茶。

政和白毫银针　产于福建政和，属白芽茶。

凤凰水仙　产于广东潮安，属乌龙茶。

闽北水仙　产于福建建阳和建瓯，属乌龙茶。

鹿苑茶　产于湖北远安，属细嫩黄茶。

青城山茶、沙坪茶　产于四川灌县，属细嫩绿茶。

名山茶、雾钟茶　又名蒙顶茶，产于四川雅安、名山，属细嫩绿茶。

峨眉白芽茶　产于四川峨眉山，属细嫩绿茶。

务川高树茶　产于贵州铜仁，属细嫩绿茶。

贵定云雾茶　产于贵州贵定，属细嫩绿茶。

湄潭眉尖茶　产于贵州湄潭，属细嫩绿茶。

严州苞茶　产于浙江建德，属细嫩绿茶。

莫干黄芽　产于浙江余杭，属细嫩绿茶。

富阳岩顶　产于浙江富阳，属细嫩绿茶。

九曲红梅　产于浙江杭州，属细嫩工夫红茶。

温州黄汤　产于浙江温州平阳，属黄茶。

在清王朝近300年的历史中，除绿茶、黄茶、黑茶、白茶、红茶外，还产生了乌龙茶。在这些茶类中有不少品质超群的茶叶品目，逐步形成了我国至今还保留的传统名茶。

六、现代名茶

中国现代名茶有数百种之多，说是现代名茶，其时间背景却是各有不同，分析其历史，有下列三种情况：

有一部分属传统名茶：如西湖龙井、庐山云雾、洞庭碧螺春、黄山毛峰、太平猴魁、恩施玉露、信阳毛尖、六安瓜片、屯溪珍眉、老竹大方、桂平西山、君山银针、云南普洱、苍梧六堡、政和白毫银针、白牡丹、安溪铁观音、凤凰水仙、闽北水仙、武夷岩茶、祁门红茶等；

另一部分是恢复历史名茶，也就是说历史上曾有过这类创新，现代人恢复了原有的茶名：如休宁松萝、涌溪火青、敬亭绿雪、九华毛峰、龟山岩绿、蒙顶甘露、仙人掌茶、天池茗毫、贵定云雾、青城雪芽、蒙顶黄芽、阳羡雪芽、鹿苑毛尖、霍山黄芽、顾渚紫笋、径山茶、雁荡毛峰、日铸雪芽、金奖惠明、金华举岩、东阳东白等等；

还有大部分是属于现代创新名茶：如婺源茗眉、南京雨花茶、无锡毫茶、茅山青峰、天柱剑毫、岳西翠兰、齐山翠眉、望府银毫、临海蟠毫、千岛玉叶、遂昌银猴、都匀毛尖、高桥银峰、金水翠峰、永川秀芽、上饶白眉、湄江翠片、安化松针、遵义毛峰、文君绿茶、峨眉毛峰、雪芽、雪青、仙台大

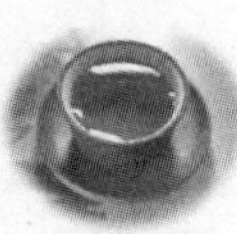
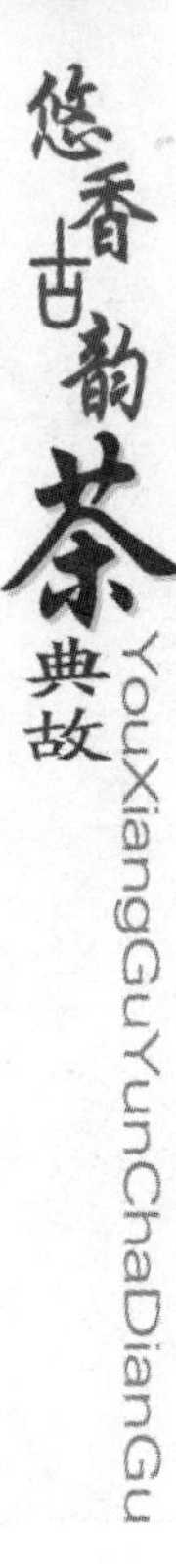

白、早白尖红茶、黄金桂、秦巴雾毫、汉水银梭、八仙云雾、南糯白毫、午子仙毫等等。

近几十年，开发研究名茶被全国各茶区所重视，新创名茶层出不穷，加上全国各地开展的各种名茶评比活动，更是促进了名茶的生产和发展。下面就各主要产茶省生产的名茶品目及各种名茶在国内外获奖情况作一简要介绍。

（一）在国际上获奖的名茶

1915 年获得美国举办的巴拿万国商品博览会和评品会一等金质奖的有：河南的“信阳毛尖”，安徽“祁门红茶”、“太平猴魁”，浙江的“云和惠明茶”，江西的“协和昌珠兰茶精”，福建的“闽北水仙”（詹全圃）。同时获得二等奖银质奖的有：福建的“闽北水仙”（杨端圃、李泉丰），江西的“遂川狗牯脑”，广西的“南山白毛茶”。

1945 年新加坡评奖中获得金牌的有：广西的“南山白毛茶”，江西的“遂川狗牯脑”，福建的“闽北水仙”（杨端圃、李泉丰）。

1950 年泰国评奖中获得特等奖的有：福建安溪的“碧天峰铁观音”乌龙茶。

1954 年在国际莱比锡博览会上获得金质奖的有：湖南的“君山银针”。

1983 年 8 月在意大利罗马举办的第 22 届世界优质食品评选大会上获得金质奖的有：四川的“峨眉牌重庆沱茶”。

1984 年 9 月在西班牙马德里举办的第 23 届世界优质食品评选大会上获得金奖的有：浙江的“天坛牌特级珠茶”。

1985 年 6 月在法国巴黎举办的国际美食旅游协会评选会上获得金桂奖的有：福建的“茉莉花茶”。

1985 年 7 月获得在西班牙马德里举办的《国际商业评论》出版社国际最优质量、服务奖的有：“上海万年青牌特级珍眉绿茶”，上海“龙牌袋泡红茶”。

1985 年 9 月获得在葡萄牙里斯本举办的第 24 届世界优质食品评选大会金质奖有的：四川的“峨眉山竹叶青绿茶”、“峨眉牌早白尖工夫红茶”、“峨眉山峰”绿茶。

1986 年 3 月获得在西班牙巴塞罗那举办的第 9 届食品评选大会金像奖的有：云南下关茶厂生产的“云南沱茶”。

1986 年 9 月获得在瑞士日内瓦举办的第 25 届世界优质食品大会金质奖的有：浙江淳安县郭村茶厂生产的“天坛牌特级珍眉绿茶”，四川南川茶厂生产的“峨眉牌红碎茶”，四川的“峨眉牌早白尖工夫红茶”。

1986 年 10 月获得在法国巴黎举办的国际美食旅游协会金桂奖的有：福建的“新芽牌茉莉花茶袋泡茶”，上海的“龙牌红茶袋泡茶”，上海的“万年青牌特级珍眉绿茶”，上海的“万年青牌凤眉绿茶”，上海的“万年青牌贡熙绿茶”，福建厦门的“新芽牌乌龙茶铁观音”（听装），福建的“熙绿茶”，福建厦门的“新芽牌乌龙茶铁观音”（听装），福建的“鹭江牌保健美天然减肥茶”，浙江的“天坛牌特级珠宝”，广东的“金帆牌英德红袋泡茶”，广东汕头的“宝鼎牌美的青春茶（袋泡茶）”。

1987 年 9 月获得在比利时布鲁塞尔举办的第 26 届世界优质食品评选大会金质奖的有：安徽的“祁门工夫红茶”，上海的“万年青牌特级珍眉绿茶”，广东的高级礼品茶“中国名茶”。

1988 年 9 月获得在希腊雅典举办的第 27 届世界优质食品评选大会金棕榈奖的有：浙江的“狮峰牌极品龙井茶”。同时获得银质奖的有：安徽的“特珍特级绿茶”、“特珍一级绿茶”。

（二）在国内获奖的名茶

近年来各产茶省（区）都开展了名茶评比活动，评为省级名茶的数量逐年增多，这里只选录评上部以上国家级的部分名茶。

1912 年在南京南洋劝业会场和农商部展示获优等奖的有：安徽的“太平猴魁”，福建的“闽北水仙（全圃、泉圃、同芳星诸号）”。

1980 年获国家优质产品金奖的有：安徽的“祁门红茶”。

1981 年全国产品质量评比国家金质奖的有：浙江的“狮峰特级龙井”。

1981 年国家优质产品评选获国家优质产品银质奖的有：浙江的“天坛牌 3505 特级珠茶”、“狮峰特级龙井”，安徽屯溪的“特珍一级绿茶”，云南的“中茶牌沱茶”。

1982 年 3 月商业部在福建省崇安县召开的全国花茶、乌龙茶优质产品评比会议上被评为优质产品的有：福建宁德茶厂的“茉莉天山银毫”、“特级茉莉花茶”、福建政和茶厂的“二级、三级茉莉花茶”，福州茶厂的“二级、三级、四级茉莉花茶”，江苏苏州茶厂的“一级、二级、三级茉莉花茶”，浙江诸暨茶厂的“一级、三级茉莉花茶”，金华茶厂的“一级、二级茉莉花茶”。乌龙茶优质产品有，福建安溪茶厂的“特级铁观音”、“特级黄金桂”，福建永春茶果场的“一级闽南水仙”，福建建瓯茶厂的“一级闽北水仙”，广东汕头的“一级凤凰浪菜”。

1982 年 6 月商业部在湖南长沙召开的全国各省茶评比会上被评为全国名

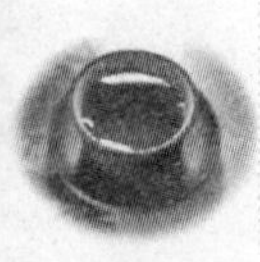

茶的有：绿茶是江苏南京的“雨花茶”、苏州的“碧螺春”，广西贵县的“覃塘毛尖”，福建宁德的“天山清水绿”，浙江的“金奖惠明茶”、“江山绿牡丹”、“顾渚紫笋”、“西湖龙井”，湖南的“古丈毛尖”、“保靖岚针”、“大庸毛尖”、安徽的“太平猴魁”、“涌溪火青”、“黄山毛峰”、“六安瓜片”、湖北的“峡州碧峰”，贵州的“都匀毛尖”，四川的“峨眉毛峰”，江西的“婺源茗眉”、“庐山云雾”，河南的“信阳毛尖”，云南的“南糯白毫”；黄茶是湖北的“鹿苑茶”，湖南的“君山银针”；白茶是福建的“白毫银针”；花茶是福建的“闽毫”、江苏的“苏萌毫”；乌龙茶是福建安溪的“铁观音”、崇安的“武夷肉桂”，广东潮州的“凤凰单枞”。

1982 年获得国家经委授予国家金质奖的有：福建安溪的“凤山牌特级铁观音”。

1982 年评为商业部优质产品的有：福建的“特级黄金桂”。

1985 年 6 月在江苏南京由农牧渔业部和中国茶叶学会联合召开的全国名茶展评会上评为全国名茶的有 11 个：绿茶有安徽潜山县的“天柱银毫”、岳西县的“岳西翠兰”、宁国的“黄花云尖”，浙江开化的“开化龙顶”、余杭县的“径山茶”、长兴县的“顾渚紫笋”，江苏镇江的“金山翠芽”、金坛县的“雨花茶”，湖南岳阳县的“洞庭春”，四川邛崃县的“文君绿茶”。乌龙茶是福建安溪的“黄金桂”。

评为全国优质茶的有 16 个：绿茶有江西上饶的“上饶白眉”、井岗山县的“井岗翠绿”，江苏无锡的“无锡毫茶”、金坛县的“金坛雀舌”、溧阳县的“前峰雪莲”，湖南大庸的“龙虾茶”、桂东县的“玲珑茶”、古丈县的“狮口银芽”，安徽泾县的“泾县特尖”，湖北蒲圻县的“松峰茶”、宜昌的“峡州碧峰”，广西桂林的“桂林毛尖”，浙江淳安县的“鸠坑毛尖”、遂昌县的“遂昌银猴”；乌龙茶是福建永春的“佛手”，广东的“石古坪乌龙”。以上 27 种名优茶获得农牧渔业部 1985 年度优质产品奖。

1985 年中国食品工业协会在江西南昌举办全国优质食品评选，获得国家优质产品称号并获银质奖的有：云南下关茶厂的内销“甲级沱茶”、凤庆茶厂的“一级工夫红茶”、勐海茶厂的“一号红碎茶”，广东英德茶场的“红碎茶”。

1985 年获得国家优质产品银质奖的有：江西修水茶厂的“宁红工夫茶”、江西婺源县的“婺绿雨茶”。同年获农牧渔业部金杯奖的有江西修水茶厂的“宁红工夫茶”。

1986 年 1 月在北京召开的 1985 年国家优质食品授奖会上获得国家金质奖

的有：浙江杭州的“狮峰牌特级龙井”、安徽的“中茶牌特级、一级祁门红茶”。同时获得国家银质奖的有：云南下关茶厂的内销“甲级沱茶”、凤庆茶厂的“一级滇红工夫茶”、勐海茶厂的“一号滇红碎茶”。

同时被授予1985年部优质产品称号的有：云南勐海茶厂的“一号滇红碎茶”、“二级滇红工夫茶”、凤庆茶厂的“一、三级滇红工夫茶”江城农场和普文农场的“二号滇红碎茶”，安徽省的“祁红工夫”一、二、三级，“屯绿”特珍特级、特珍一级、珍眉一级、贡熙一级茶，“舒绿”珍眉一级、二级茶，“芜绿”珍眉四级茶，浙江的嵊县三界茶厂、绍兴茶厂、新昌茶厂的“特级珠茶”，淳安茶厂的“眉茶特珍一级”、“雨茶一级”，温州茶厂的“温绿珍眉一级”。

1989年5月商业部在福建福州召开的名茶评选会上评出43个全国名茶：

绿茶有安徽黄山市的“太平猴魁”、金寨县的“齐山名片”、歙县的“黄山毛峰”、“黄山银钩”、泾县的“特级尖茶”，浙江磐安县的“磐安云峰”、淳安县的“鸠坑毛尖”、云和县的“金奖惠明”、长兴县的“顾渚紫笋”、临海的“临海蟠毫”、杭州的“西湖龙井”，江苏南京市的“雨花茶”、金坛县的“金坛雀舌”、吴县的“碧螺春”、无锡市的“无锡毫茶”，江西婺源县的“茗眉”、九江市的“庐山云雾”、都宁县的“小布岩茶”，湖南安化县的“安化松针”、新华县的“月芽茶”，岳阳县的“洞庭春”，湖北咸宁县的“剑春茶”，随州市的“云雾毛尖”，贵州贵阳市的“羊艾毛峰”，云南勐海县的“云海白毫”，陕西西乡县的“午子仙毫”，四川峨眉县的“竹叶青”、重庆市的“巴山银芽”，广西桂平县的“桂平西山茶”，河南信阳的“信阳毛尖”，福建宁德县的“天山四季春”；

乌龙茶有福建安溪的“铁观音”、“黄金桂”、崇安县的“武夷肉桂”，广东潮州的“凤凰单枞”、饶安县的“岭头单枞”；

红茶有安徽祁门县的“祁红”，云南凤庆县的“滇红”；

黄茶有湖北远安县的“鹿苑茶”；

白茶有福建福鼎县的“白毫银针”；

花茶有福建福州市的“闽毫”、寿宁县的“福寿银毫”，江苏苏州市的“苏萌毫”。

1986年6月在浙江兰溪市召开的“全国味精茶叶优质产品评比会上获轻工业部优质产品奖有的：福建寿宁县的“福寿银毫”。

1987年2月商业部授予部级优质名茶称号的有：安徽歙县的“黄山毛峰”、“黄山银钩”；

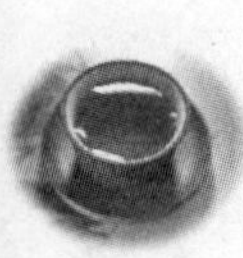

1989年农业部在西安召开了全国名优茶评选会，评出的名茶有：

绿茶是江西婺源的“灵岩剑峰”，江苏宜兴的“荆溪云片”、“阳羡雪芽”、溧阳的“南山寿眉”、“前峰雪莲”、无锡的“二泉银毫”、“无锡毫茶”，浙江安吉的“安吉白片”、临海的“临海蟠毫”、宁波宁海的“望府银毫”、浦江的“浦江春毫”，安徽太湖的“天华谷尖”、霍山的“霍山翠芽”、金寨的“齐山翠眉”、舒城的“白霜雾毫”，湖北随州的“棋盘山毛尖”，四川的“永川秀芽”、陕西南郑的“汉水银梭”，湖南安化的“安全松针”，长沙的“高桥银峰”，广西贵港的“覃塘毛尖”；

红茶是云南昌宁的“滇红功夫一级茶”；

乌龙茶有广东潮州的“凤凰单枞”，福建崇安的“武夷肉桂”；

紧压茶是云南下关的甲级“云南沱茶”。

第二章　饮茶习俗

“千里不同风，百里不同俗”。我国是一个多民族国家，由于各兄弟民族所处地理环境不同，历史文化有别，生活风俗各异，所以，饮茶习俗也各有千秋，方法多种多样，不过，把饮茶看作是一种养性修身的手段和促进人际关系的纽带，在这一点上，却是共同的。

本章围绕饮茶这一主题，从品茶的环境、文人茶情、民间茶风、礼俗与成规以及各民族的饮茶习惯等方面生动具体地阐述了丰富多彩、内容广泛的中国茶俗文化，既注重科学性，又强调趣味性。

第一节　品茶环境与饮茶艺术

中国饮茶的习俗源远流长，是世界上最早学会使用茶的国家，中国饮茶的习俗距今已有两千年的历史，在这漫长的历史长河里，中国饮茶的习俗文化也呈现出由简单到复杂、由单一到多样化的发展历程，并结合各地地方文化习俗的特征，逐步形成了今天丰富灿烂的中国茶俗文化。本章就中国茶俗文化的品茶环境与饮茶艺术作全面的讲述。

一、饮茶概述

自从茶成为饮料，进入人们的生活以来，在漫长的人类生活史上，茶扮演过许多重要的角色。所以，在各个历史时期，不但饮茶方式不一，而且方法有别，最终所起的作用也不尽相同。

（一）饮茶习俗的演变

在4600年前的神农时代，人类还处于母系氏族社会，当最初发现茶具有解毒作用时，人们生吃茶，以作疗疾之用。尔后，又由药用转为食用。我们的先人把茶树上的鲜叶采下来晒干，需要时，烹煮饮用，这就是常说的“原

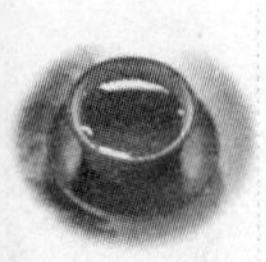
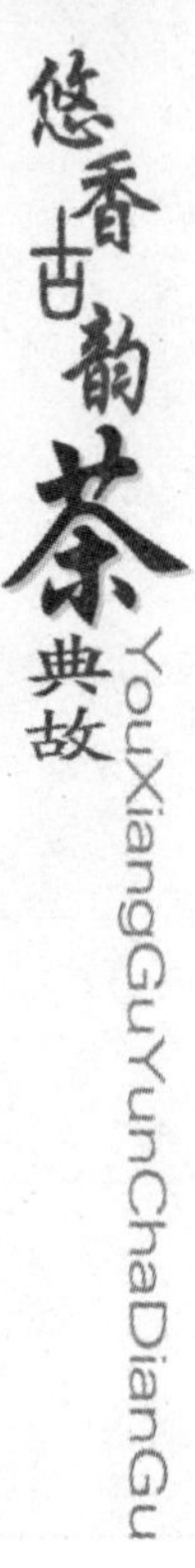

始粥茶法”。如果遇到下雨无法晒干，就把采来的茶树鲜叶摊晾，压紧在容器里，过一段时间，再直接食用，这便成了后来直接食用的腌茶。至今在云南的少数民族中，仍有这种加工腌茶和食用腌茶的习惯。

在汉代的《尔雅·释木篇》中，写到“槚”，也就是“苦荼”，其实，指的就是茶。而把茶煮熟当菜吃，这种习俗一直保持到现在。如在中国西南边陲的兄弟民族中，基诺族有制凉拌茶的习惯；哈尼族、景颇族有制竹筒腌茶作蔬菜食用的做法。这些，就是中国古代用茶熟吃当菜的延续。

后来，随着社会的不断发展，人类生活也有了一定改善，就开始发展为把茶树上采下来的鲜叶经过手工加工后烹煮饮用。这可在三国魏《广雅》的有关记载中找到印证，其中谈到：“荆巴间采叶作饼，叶老者饼成，以米膏出之。若饮，先炙令色赤，捣末置瓷器中，以汤浇覆之，用葱、姜芼之。”表明此时，饮茶已由生叶煮作羹饮，发展到烹煮饮用。

隋唐时，随着饮茶之风的普及，与早先相比，饮茶方法也更加讲究。据《茶经》记载：唐代时，人们喝的是经过蒸压而成的饼茶。在煮茶前，先要进行烤茶，“持以逼火”。冷却后，研成细末。煮茶时，用风炉和釜作烧水器，以木炭或硬柴作燃料，再加鲜活的山泉水煎煮。煮茶时，当烧到水有“鱼目”气泡，“微有声”时，加适量盐调味，并除去浮在水面的水膜，避免“其味不正”。

当水烧到边缘如“涌泉连珠”时，先在釜中舀出一瓢沸水，再用竹夹在沸水中边搅边投入碾好的茶末。如此，当茶水烧到“腾波鼓浪”时，加进原先舀出的一瓢水，使茶水沸腾暂停，以“育其华”，这样才算将茶煮好。同时，唐人还主张热饮，因为“重浊凝其下，精华浮其上”，茶水一旦冷了，则“精英随气而竭”。由此可见，唐代的煮茶和饮茶方法已相当讲究。至于上层社会，不但煮茶精细，而且更讲究意境。当时出现的茶宴和茶会，就是如此。

宋代，饮茶之风尤盛。北宋蔡绦在《铁围山丛谈》中写到：“茶之尚，盖自唐人始，至本朝为盛。而本朝又至祐陵（即宋徽宗）时益穷极新出，而无以加矣！”连宋徽宗赵佶也不无得意地称：“采择之精，制作之工，品第之胜，烹点之妙，莫不胜造其极。”足见宋代饮茶之风的盛行。

不过，唐代饮茶方法是以煮茶为主，而宋时推行的则是“点茶”，这就是“唐煮宋点”。点茶时，先要将饼茶碾碎，过罗（筛）取其细末，入茶盏调成膏。同时，用瓶煮水使沸，把茶盏温热，认为“盏惟热，则茶发立耐久”。调好茶膏后，就是“点茶”和“击沸”。所谓“点茶”，就是把瓶里的沸水注入茶盏。点水时要喷泻而入，水量适中，不能断断续续。而“击沸”，就是用特制的茶筅（形似小扫帚），边转动茶盏边搅动茶汤，使盏中泛起“汤花”。如此不断地运筅击沸泛花，使烹茶进入美妙境地。

元代，饮茶的形式和方法基本上沿袭了宋人的习俗，并起到了下启明、清的作用。

明代，随着茶叶加工方式的改革，已由唐代的饼茶、宋代的团茶改为炒青条形散茶，人们饮茶不再需要将茶碾成细末，而是将散茶放入壶或盏内，直接用沸水冲泡。这种用沸水直接冲泡的沏茶方式，不仅简便，而且保留了茶的清香味，更便于人们对茶的直观欣赏，可以说是中国饮茶史上的一大创举，也为明人饮茶不过多地注重形式而较为讲究情趣创造了条件。所以，明人饮茶提倡常饮而不多饮，对饮茶用壶讲究综合艺术，对壶艺有更高的要求。品茶玩壶，推崇小壶缓啜自酌，是明人的饮茶风尚。

清代，饮茶盛况空前，不仅人们在日常生活中离不开茶，而且办事、送礼、议事、庆典也同样离不开茶，茶在人们生活中占有重要的地位。此时，我国的饮茶之风不但传遍欧洲，还传到了美洲新大陆。

近代，茶已渗透进我国人民生活的每个角落，每个阶层。以烹茶方法而论，有煎茶、点茶和煮茶之分；依饮茶方法而论，有喝茶、品茶和吃茶之别；依用茶目的而论，有生理需要、传情联谊和精神追求多种。总之，随着社会的发展与进步、物质财富的增加、生活节奏的加快以及人们对精神生活要求的多样化，中国人的饮茶尽管沿用了明代开始的以散茶冲泡为主的清饮方法，但已变得更加丰富多彩了。

（二）煎茶、点茶与泡茶

在中国饮茶史上，曾出现过多种沏茶方法，但最有代表性，最终成为主流的是唐代流行的煎茶，宋代时尚的点茶，明代以后直至现今推行的泡茶。

1. 煎茶

煎茶究竟出自何时，难以指实。北宋的苏氏兄弟说煎茶之法，始自他们的家乡西蜀。苏轼《试院煎茶》诗中说：

君不见昔时李生好客手自煎，贵从活火发新泉；

又不见今时潞公煎茶学西蜀，定州花瓷琢红玉。

苏辙有歌和之曰：

年来病懒百不堪，未废饮食求芳甘。

煎茶旧法出西蜀，水声火候犹能语。

不过唐代饮的是饼茶，根据唐代陆羽《茶经》记载：煎茶时，先要炙茶、

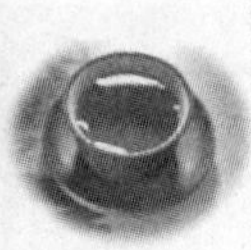

碾茶、罗茶，尔后才煮茶调味。唐人曹邺《故人寄茶》诗中有“开时微月上，碾处乱泉声。”徐夤《尚书惠腊面茶》诗中的“金槽和碾沉香末”。李群玉的《龙山人惠石廪方及团茶》诗中的“碾成黄金粉，轻嫩如松花”等，写的就是煎茶时碾茶的情景。

至于如何煎茶，根据陆羽《茶经》所述，在煎煮饮茶时，先要将饼茶碾碎，就得烤茶，即用高温“持以逼火”，并经常翻动，“屡其翻正”，否则会“炎凉不均”，烤到饼茶呈“虾蟆背”状时为适度。烤好的茶要趁热包好，以免香气散失，至饼茶冷却再研成细末。

煮茶需用风炉和釜作烧水器具，以木炭和硬柴作燃料，再加鲜活的山水煎煮。煮茶时，当烧到水有“鱼目”气泡，“微有声”，即“一沸”时，加适量的盐调味，并除去浮在表面状似“黑云母”的水膜，否则“饮之则其味不正”。接着，继续烧到水边缘有气泡，“如涌泉连珠”，即“二沸”时，先在釜中舀出一瓢水，再用竹夹在沸水中边搅边投入碾好的茶末。如此烧到釜中的茶汤气泡如“腾波鼓浪”，即“三沸”时，加进“二沸”时舀出的那瓢水，使沸腾暂时停止，以“育其华”。

这样茶汤就算煎好了。同时，主张饮茶要趁热连饮，因为，“重浊凝其下，精华浮其上”，茶一旦冷了，“则精英随气而竭，饮啜不消亦然矣”。

书中还谈到，饮茶时舀出的第一碗茶汤为最好，称为“隽永”，以后依次递减，到第四、五碗以后，如果不特别口渴，就不值得喝了。上面说的仅是唐代民间煎茶和饮茶的方法，但已可看出，人们在饮茶技艺上已相当讲究了，至于上层人士，特别是统治阶级，其饮茶的讲究程度就更非民间所可比拟的了。

唐代的煎茶，是茶的早期品饮艺术，此法至唐代陆羽亲自总结实践，已经成熟定型了。所以，唐代赵璘的《因语录》中说陆羽“始创煎茶法”，也就不足为奇了。

如今，煎茶法已基本不复存在，但煎茶之法人们还可以从哈萨克族调制的奶茶、蒙古族煎制的咸奶茶中，找到它的踪影。

2. 点茶

点茶时尚于宋代。它与唐及唐以前盛行的煎茶相比，无论是点茶前对茶的处理方式，煮水的要求，选用的茶器等都有许多相似之处。但点茶的程序与煎茶相比，更加严格，更加精致，更加复杂，以最终达到点茶的最佳效果。

点茶的具体操作方法是先用茶瓶煮水，尔后将研成细末的团茶置入茶盏，用少许沸水调制成膏。接着，一手用茶瓶中的沸水向茶盏有节制的点水，落水点要准，不能破坏茶面；另一手用茶筅打击和拂动茶盏中的茶汤，使茶汤泛起浪花，点水和击沸同时进行。宋人认为，要创造出点茶的最佳效果，一是要注意调膏，二是要有节奏地注水，三是击沸时要掌握好轻重缓急。

点茶的好坏最终取决于：一茶面浪花的色泽和均匀程度，如果汤面色泽鲜白，有淳淳光泽的“冷粥面”，也就是茶汤面要有像白米粥冷后凝结成的形状；二是盛茶盏内沿与汤花相接处有没有水的痕迹，如果点好的茶，汤花散退早，先出现“水脚”，即水痕，就说明没有点好茶。

对此，北宋重臣蔡襄在《茶录》点茶中明白指出：“视其面色鲜白，著盏无水痕为绝佳。”说的就是这个意思。据记载，宋人所说的茶百戏，就是指点茶时进行的一种游戏，传说那时熟练的点茶高手，在茶汤面上不但能点出鱼虫、花草之类图案，而且还能映出诗文语句来。如今在中国，此技已经失传，只有日本的沏抹茶方法，有些像宋代点茶的味道。

3. 泡茶

就全国范围而言，从明代开始，我国的制茶方法，已从唐代的经蒸压而成的饼茶，宋时精雕细刻压成的团茶，改制为以炒为主的散形条茶。这样，沏茶方法也从原先的煎茶、点茶改为将散茶置入盛器，采用直接用沸水冲泡的方法。这种直接用沸水冲泡的沏茶方法，不但简便，还能保持茶的清香，便于对茶的直接观赏，从而使饮茶方法，从过于注重形式变为更讲究情趣。所以说，用泡茶法沏茶，是中国饮茶史上的一大创新，它一直延续至今，为当代茶人所沿用。但要泡好一杯茶，也决非易事，首先要掌握茶的特性；其次要择好水，选好器；第三要把握好茶的冲泡技能，只有这样，才能泡好一杯茶。

（三）品茶与喝茶、吃茶

中国人饮茶，有品茶、喝茶和吃茶之分。一般说来，品茶意在情趣，重在精神享受；喝茶重在解渴，是人体的正常生理需要。那么，其表现形式又有何不同呢？清代曹雪芹在《红楼梦》第四十一回“贾宝玉品茶栊翠庵”中，作了很好的回答。在这一节中，作者先写了妙玉用陈年梅花雪水泡茶待客，并按照来客的地位和身份，乃至性格爱好，选用不同的茶，进而因人、因茶不同，配置不同的茶器。如此这般，泡出来的茶自然赏心悦目，怡情可口了。为此，妙玉还借机说了一句与饮茶有关的妙语，说饮茶是：“一杯为品，二杯即是解渴的蠢物，三杯便是饮驴了。”显然，古人早就认为饮茶有品茶和喝茶之分了。至于吃茶，那就更早了，就是将茶用咀嚼的方式，咽进肚

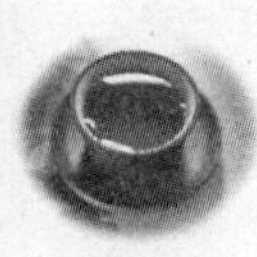

里就是。

这里先说品茶。宋人品茶有“三不点”之说，“点”就是点茶。欧阳修的《尝新茶呈圣俞》诗中，就谈到：“泉甘器洁天色好，坐中拣择客亦佳。”诗中说品茶：一是要新茶、甘泉、洁器；二是要天气好；三是要风流儒雅，情投意合的佳客。苏东坡在扬州为官时，一次在西塔寺品茶，有诗记：“禅窗丽午景，蜀井出冰雪；坐客皆可人，鼎器手自洁。”说的是品茶除了要有好的环境，好的茶器，好的井水外，还要有不俗而可入意的品茶者。

归纳起来，品茶与喝茶相比，两者的区别，主要表现在以下四个方面：

（1）目的不一：喝茶是为了满足人的生理需要，补充人体水分的不足，其目的是为了解渴；而品茶重在精神，把饮茶看做是一种艺术的欣赏，生活的享受。

（2）方式不一：喝茶是采用大口畅饮快咽，如在田间劳动、车间操作、剧烈运动后；品茶要在“品”字上下工夫，要细细体察，徐徐品尝。通常两三知己，围桌而坐，以休闲心态去饮茶。通过观形、察色、闻香、尝味，从中获得美感，达到精神升华。

（3）讲究不一：喝茶，需要充足的茶水，直到解渴为止；而品茶，并非为了补充生理需要，其主要目的在于意境，不在多少，随意适口为止，“解渴”在品茶中已显得无足轻重了。

（4）环境不一：喝茶，对茶叶质量、茶具配置、茶水选择，以及周围环境并无多大要求，只要能达到饮茶的卫生标准就可以了；而品茶，茶要优质，具要精致，水要美泉，周围环境最好要有诗情画意。茶好、水灵、具精和恰到好处的烹茶火候，自然造就成了一杯好茶；加之，有一个幽雅的品茶环境，在这种情况下，茶已不再是单纯的茶了，它已是综合性的生活艺术了。悦目的茶色，甘美的茶味，清新的茶香，精湛的茶具，再配以如诗如画的环境，可谓一个完整的美学境界。

所以，“山堂夜坐，汲泉煮茗，至水火相战如听松涛，清芬满怀，云光滟潋，几时幽趣，故难与俗人言矣。”使品茶的鉴赏情趣，带上了几分神奇的色彩，难怪历代茶人，将茶誉为“瑞草魁”、“草中英”、“群芳最”。

唐代诗人韦应物在《喜园中茶生》中，认为茶是“洁性不可污，为饮涤尘烦。此物信灵味，本自出山原”。说茶有洁性、灵性，饮之可以涤洗尘烦。宋代诗人苏东坡在《次韵曹辅寄壑源试焙新茶》中，誉茶是仙山“灵草”。

元代诗人洪希文在《煎煮茶歌》中写道：“临风一啜心自省，此意莫与他人传。”把领略饮茶真趣的情感表达得一清二楚。如此饮茶，正是元代虞伯生所说"同来二三子，三咽不忍嗽"了。

不过，现今不少人饮茶，往往是几口喝下或一饮而尽，这种饮茶，纯属解渴而已，并无欣赏与趣味可言。例如北方的大碗茶，南方的凉茶，它的主要目的，就是为过路行人解渴消暑。还有设在车船码头、工厂车间、田间工地的茶水供应点，也纯粹为了解渴。喝这种茶，除了要求清洁卫生之外，并无多大讲究。一桶水，几个大碗，在人们口渴舌干之际，喝上一大碗，既可养神，又能止渴。尽管这种饮茶方式，并无品茗雅趣，但它与当代生活节奏比较合拍，而且对茶的冲泡和饮茶方式，也没有较高的要求，具有简便实惠的特点，所以，一直受到人民群众的欢迎。

综上所述，喝茶与品茶，不仅有"量"的差别，而且有"质"的区分，更有"情"和"境"的要求。喝茶主要是为了解渴，满足人的生理要求，强调随意，所以，饮茶时，重在数量，往往采用大口畅饮快咽的方式。而品茶，重在意境，把饮茶看做是一门艺术的欣赏，精神的享受，为此，饮茶时要在"品"字上下工夫，要细细品啜，缓缓体会。透过观其形，察其色，闻其香，尝其味，使饮茶在美妙的色、香、味、形中，感情得到陶冶和升华，这里"解渴"一词已显得无关紧要了。

至于吃茶，与江、浙、沪，以及广东一带称饮茶为吃茶不一样，它是指冲泡后的茶汤，或用茶作料后，连汤带茶，甚至和作料一起吃下去。大概是历史的缘故，这一带百姓，历来有饮茶时，并佐以食料的习惯，故而沿用饮茶为吃茶的称呼。不过，从营养价值的角度保健功能的利用而言，只要茶未受到污染，吃茶优于饮茶，更有益于人体的健康。

二、茶的冲泡

不同的茶类，有不同的冲泡方法，而即使是同类茶叶，由于原料老嫩的不同，也有不同的冲泡方法。也就是说，在众多的茶叶品种中，由于每种茶的特点不同，或重香，或重味，或重形，或重色，或兼而有之，这就要求泡茶有不同的侧重点，并采取相应的方法，以发挥茶叶本身的特色。

（一）绿茶的泡饮方法

绿茶是我国生产地区最广、产量最多、品种最为丰富、销量最大的茶类，绿茶的饮用方法也是多种多样。较为普遍的饮用方法有茶壶泡饮法、单开泡饮法、玻璃杯泡饮法、瓷杯泡饮法四种。

1. 绿茶玻璃杯泡法

首先要准备并清洁茶具。可选择无刻花的透明玻璃杯，至于数量可根据

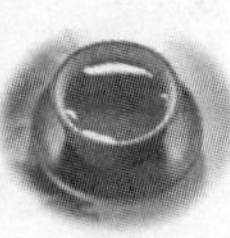

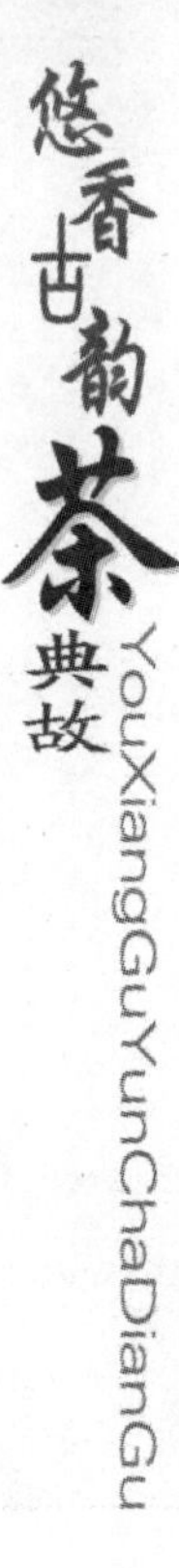

品茶人数而定。将玻璃杯一字摆开，依次倾入1/3杯的开水，然后从左侧开始，右手捏住杯身，左手托杯底，轻轻旋转杯身，将杯中的开水依次倒入废水盂。这样又可让玻璃杯预热，避免正式冲泡时炸裂。

其次，置茶。因绿茶（尤其名绿茶）干茶细嫩易碎，因此从茶叶罐中取茶时，应轻轻拨取，轻轻转动茶叶缸，将茶叶倒入茶杯中待泡。

茶叶投放秩序也有讲究，有三种方法：上投法、中投法、下投法。上投法即先在杯中注入开水，然后再投入适量的茶叶。中投法是先在杯中注入1/3的水，再投入适量的茶叶，再加水。下投法也就是先投茶后加水的方法。夏季冲泡特别细嫩的绿茶可采用上投法；条索松展的名茶如黄山毛峰、六安瓜片等适合中投法；秋冬季冲泡圆炒青绿茶可用下投法。

水烧开后，待到合适的温度，就可冲泡了。执开水壶以“凤凰三点头”法高冲注水：将水高冲入杯，并在冲水时以手腕抖动，使水壶有节奏地三起三落，犹如凤凰在向观众再三点头致意。这样能使茶杯中的茶叶上下翻滚，有助于茶叶内含物质浸出来，使茶汤浓度达到上下一致。一般冲水入杯至七成满即可。

绿茶冲泡也可洗茶。即在冲泡前将开水壶中适度的开水倾入杯中，注水量为茶杯容量的1/4左右，注意开水注不要直接浇在茶叶上，应打在玻璃杯的内壁上，以避免烫坏茶叶。此泡时间掌握到15秒以内。

玻璃杯因透明度高，所以能一目了然地欣赏到佳茗在整个冲泡过程中的变化，所以适宜冲泡名优绿茶。

在欣赏名优绿茶时应先干看外形，再湿品内质。泡饮前先欣赏干茶的色、香、形。茶叶的色泽有碧绿、深绿、黄绿、多毫等；其香气有奶油香、板栗香、锅炒香，还有各种花香夹杂着茶香；其造型有条、扁、螺、针等。当欣赏过干茶的风韵后，就可以冲泡，其操作方法有以下两种：

一是对外形紧结重实的名茶采用“上投法”，如龙井、碧螺春、都匀毛峰、蒙顶甘露、庐山云雾、福建莲芯、苍山雪绿等。冲泡时先将开水冲入水杯中，接着将干茶投入杯中，此时可观赏到茶叶在杯中上下沉浮，千姿百态。然后观察茶汤颜色，有黄绿碧清的，有乳白微绿的，有淡绿微黄的，赏茶后即可品茶。

二是对外形松展的名茶采用“中投法”，如黄山毛峰、太平猴魁等。冲泡时先将干茶投入杯中，冲入开水至杯容量1/3时，稍待2分钟，再冲开水至杯容量的3/4满即可。此时可观赏到茶叶在杯中的徘徊飞舞，或上下沉浮。

2. 绿茶盖碗泡法

赏茶后准备好茶具，即盖碗数只，并洁具。将盖碗一字排开，掀开碗盖。

右手拇指、中指捏住盖纽两侧，食指抵住钮面，将盖掀开，斜搁于碗托右侧，依次向碗中注入开水，三成满即可，右手将碗盖稍加倾斜盖在茶碗上，双手持碗身，拇指按住盖纽，轻轻旋转茶碗三圈，将洗杯水从盖和碗身之间的缝隙中倒出，放回碗托上，右手再次将碗盖掀开斜搁于碗托右侧，其余茶碗同样方法——进行洁具。洁具的同时达到温热茶具的目的，以减少茶汤的温度变化。

然后，将干茶依次拨入茶碗中待泡。通常，一只普通盖碗放上2克左右的干茶就可以了。

接着，将温度适宜的开水高冲入碗，水注不要直接落在茶叶上，应落在碗的内壁上，冲水量以七八分满为宜，冲入水后，迅速将碗盖稍加倾斜，盖在茶碗上，使盖沿与碗沿之间留一空隙，避免将碗中的茶叶闷黄泡熟。

瓷杯较适宜泡软中、高档绿茶，讲究的是品味或解渴，重在适口，不注重观形。冲泡时可用“中投法”或“下投法”，开水冲泡须加盖，以保香和保温，并加速茶叶舒展下沉，待3~5分钟后，即可开盖闻香饮汤，饮至“三开”为止。

3. 绿茶壶泡法

“嫩茶杯泡，老茶壶泡。”对于中、低档的绿茶，无论是外形、内质还是色、香、味都略逊一筹，若用玻璃杯或白瓷冲泡，缺点尽现，有些不雅观，所以，可以选择使用瓷壶或紫砂壶冲泡法进行泡茶。

首先准备好茶壶、茶杯等茶具。将开水冲入茶壶，将茶壶摇晃数下，依次注入茶杯中，再将茶杯中的水旋转倒入废水盂，在洁净茶具的同时温热茶具。

将绿茶拨入壶内。茶叶用量按壶大小而定，一般以每克茶冲50~60毫升水的比例，将茶叶投入茶壶待泡。

将高温的开水先以逆时针方向旋转高冲入壶，待水没过茶叶后，改为直流冲水，最后用“凤凰三点头”将壶注满，必要时还需用壶盖刮去壶口水面的浮沫。

茶叶在壶中浸泡3分钟左右将茶壶中的茶汤低斟入茶杯。

冲泡绿茶，以两到三次为宜，最多不能超过三次。经科学测定，第一次冲泡，绿茶中含有的维生素、氨基酸和多种无机物浸出率为80%，第二次浸出率已达95%以上，可见大部分的营养物质在头两次冲泡中就已浸出，因此第一泡绿茶质量最佳。

如果用茶壶泡茶，由于干茶投入茶壶中冲泡后不但无法欣赏到茶趣，茶

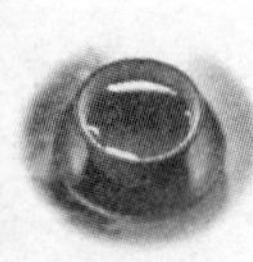

叶还会被闷熟而失去清爽鲜香之感。所以，茶壶泡饮法适合于冲泡中、低档茶叶，适宜众多人饮茶，而不宜冲泡高档细嫩绿茶。

4. 单开泡饮法

单开泡饮法是指冲泡一次就能使茶汁充分浸泡出来，如袋泡茶，袋泡茶中清饮，也可调味后饮用。调味茶是将茶去袋后，取茶汤，并兑入白糖、牛奶、水果等。

（二）龙井茶的泡饮方法

1. 龙井茶的茶具选择

冲泡龙井茶的茶具通常为玻璃杯，或质地坚硬、色彩素雅的有柄瓷杯，在一些茶艺馆，也常采用盖碗冲泡龙井茶。无论用什么杯冲泡，都得配以托子，以衬托龙井茶的高贵与幽雅。

质地坚硬的玻璃杯、瓷杯或瓷质盖碗，一般不易吸水、吸香，能使冲泡的茶香得到很好发挥。为了增加龙井茶冲泡后的观赏性，玻璃杯的杯身不宜过高，还应选择无色、无花纹、无棱角、无盖为宜。瓷杯宜选择内壁白色的青花瓷或青瓷为好，冲泡时不必加盖。如果用盖碗冲泡龙井茶，多选用黑釉盖碗冲泡，因为黑釉盖碗能呈现水的澄澈，衬托茶芽的青翠鲜绿；用盖碗冲泡龙井茶时，碗盖不能平放密封，需要露边斜放，以免焖黄芽叶。

2. 冲泡龙井茶的用量

如果使用大杯、大碗等容器，用大水量冲泡龙井茶，会使细嫩的茶芽叶烫熟，使茶汤失去翠绿而泛黄，茶姿变软而不能挺立，叶底由绿润变得枯黄，滋味会变得不够鲜爽。并且，还会因茶汤一时喝不完，浸泡过久而使茶的色、香、味、形失去观赏性。所以，冲泡龙井茶的容器以小杯为好，最好是个小身矮的玻璃杯、青花瓷杯，或黑釉盖碗更为适宜。

3. 冲泡龙井茶的水温

冲泡龙井茶的水温一定要适宜，如果水温太低，会使茶飘浮在水面，茶汤浓度也达不到品饮要求，从而失去品龙井茶的意义；如果水温太高，会使茶中的叶绿素因高温而遭受破坏，叶底变黄，茶香散失。冲泡龙井茶时，通常可将沸水先注入暖水瓶中，经3～4小时后，当沸水冷却至80℃左右时再进行冲泡。

4. 龙井茶的冲泡程序

龙井茶的冲泡程序如下：

备具：品饮龙井茶，除茶样罐、开水壶、品茶杯（碗）外，还须有茶巾、赏茶盘、茶荷、茶匙等，并将它们一一放于茶盘上。茶具搭配应错落有致，大小相称，色泽相配。一般应将茶样罐放在茶盘中前方，茶巾和赏茶盘放于茶盘下方靠右处，茶荷、茶匙放于茶盘下方靠左处，茶杯倒置，放于茶盘中间有序排开。

赏茶：在冲泡龙井茶前，可先介绍一下龙井茶的品质特征和文化前景。然后打开茶样罐，用茶匙摄取少量茶样并置于赏茶盘中，再端到客人前，用双手奉上，供客人观赏闻香。

置茶：将茶杯一字摆开，或呈弧形排放，然后将茶样罐打开，用茶匙将所需龙井茶拨入茶荷，分 1 ~2 次完成，并将茶样一一拨入茶杯中。

浸润泡：根据冲泡所需水温，倾入茶杯容量 1/4 ~1/5 的开水，提杯逆时针方向转动数圈，以使茶叶浸润，吸水膨胀，便于内含物质浸出。

冲泡：冲泡时，通常用“凤凰三点头”，使茶杯中的茶叶上下翻滚，游移于沉浮之间，不但能使茶汤浓度上下一致，还能观看茶优美的舞姿，一般冲水入杯至七成满为止。

奉茶：给客人奉茶要面带微笑，做到欠身双手奉茶，茶杯的摆放位置要方便客人提取品饮。茶放好后，应向客人伸掌示意，请客人品尝。

5. 龙井茶的品饮

龙井茶以色、香、味、形四绝而誉称“中国十大名茶”之首，是历代文人骚客吟咏讴歌的题材，常用“黄金芽”、“无双品”、“香而清”、“淡而远”等词句来表达对龙井茶的酷爱。

在品饮龙井茶时应先观其形，即冲泡时透过清澈明亮的茶汤，观赏龙井茶在杯中的沉浮、舒展和最终颗颗成朵而又各不相同的茶芽美姿，以及龙井茶汁的浸出、渗透和汤色的显现。当端起茶杯时应先闻其香，然后呷上一口，含在口中，边吸气边使茶汤从舌尖沿舌头两侧来回旋转，反复数次，从中充分体会茶叶的滋味，最后再缓缓咽下。如此往复品赏，自然会产生飘飘欲仙的感觉，难怪清人陆次云品饮龙井茶后说：“龙井茶者真，甘而不冽，齿颊留芳，啜之淡然，似乎无味。饮过后，觉有一种太和之气，弥沦于齿颊之间，此无味之味，乃至味也。”

（三）红茶的冲泡

红茶，也有人称它为迷人之茶，这不仅由于它色泽红艳油润，滋味甘甜可口，更由于它品性温和，广交能容。因此，人们品饮红茶，除清饮外，还

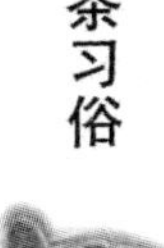

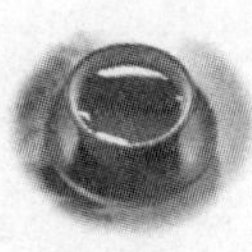

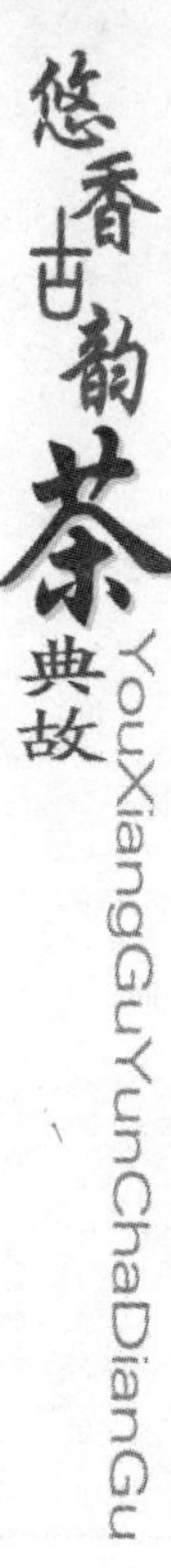

喜欢用它调饮，酸的如柠檬，辛的如肉桂，甜的如砂糖，润的如奶酪，它们交互相融，可谓相得益彰，这也是红茶最讨人喜爱之处。

在中国，人们品饮红茶，最多见的是清饮，本意是追求一个“真”字。在世界范围内，比较多的国家，习惯于调饮，常在红茶汤中加上砂糖、或牛奶、或柠檬、或蜂蜜、或香槟酒等，或择几种相加。但不论采用何种方法品饮红茶，多采用茶杯冲泡。因为品饮红茶，重在领略它的香气、滋味和汤色，所以，通常多直接采用白瓷杯或玻璃杯泡茶。只有少数地方，认为“同饮一壶茶”是亲热的一种表现，故而采用壶泡后再分洒入杯品赏。但也有少数地方，如湖南，认为用壶斟茶待客人是不合礼节的，故应避免使用。

品饮红茶时，通常先闻其香，再观其色，然后尝味。饮红茶须在品字上下工夫，缓缓斟饮，细细品味，在徐徐体察和观赏之中，方可获得品饮红茶的真趣。从而，使饮茶者的心情得到愉悦，精神得到升华。一般说来，大凡作为一个茶人，品茶经验愈丰富，对茶的认知愈深厚，从中获得的美感也就愈多。这就要求人们忙里偷闲，挤时间，花工夫，多实践，才会出真知，才能真正享受到品饮红茶的奇趣。常见红茶的品饮方法以有杯饮法、壶饮法、调饮法、清饮法四种。

1. 红茶的清饮

红茶的清饮泡法也分杯泡和壶泡，清饮杯泡要准备白色带托有柄瓷杯数只。用开水冲杯，以洁净茶具，并起到温杯的作用。

清饮壶泡要准备紫砂壶或咖啡壶。因品饮红茶，观色是重要内容，因此，盛茶杯以白瓷或内壁呈白色为好，而且壶与杯的用水量须配套。用开水注入壶中，持壶摇数下，再依次倒入杯中，以洁净茶具。

倒适量茶叶入壶，根据壶的大小，每60毫升左右水容量需要干茶1克（红碎茶每克需70～80毫升）。

将温度适宜的开水高冲入壶。静置3～5分钟后，提起茶壶，轻轻摇晃，待茶汤浓度均匀后，采用循环倾注法倾茶入杯。

清饮是指在冲泡红茶时不加任何调味品，仅品饮红茶纯正浓烈的滋味。如品饮工夫红茶，就是采用清饮法。工夫红茶分小种红茶和工夫红茶两种，小种红茶中较著名的有正山工夫小种和坦洋工夫小种，工夫红茶中较著名的有祁门工夫、云南工夫、政和工夫。工夫红茶是条形茶，外形条索紧细纤秀，内质香高、色艳、味醇。冲泡时可在瓷杯内投入3～5克茶叶，用沸水冲泡5分钟。品饮时，先闻香，再观色，然后慢慢啜，体会茶趣。

2. 红茶的调饮

中国人大多采用清饮法喝红茶，只有广东少数地区流行加糖、牛奶之类的调味品，目的是为了增加茶的营养价值。相比之下，调饮法在欧美国家更为普遍。冲泡调饮红茶多采用壶泡法，与清饮壶泡法相似，只是要在泡红的茶汤中加入调味品。选用的茶具，除烧水壶、泡茶壶外，盛茶杯多用带柄带托瓷杯。接着将开水注入壶中，持壶摇数下，再依次倒入杯中，以清洁茶具。

然后，按每位宾客 2 克的红茶量将茶叶置于茶壶。用温度适宜后期水，以每克茶 50～60 毫升（红碎茶为每克 70～80 毫升）用水量，从较高处向茶壶冲入。

泡茶后，静置 3～5 分钟，滤去茶渣，并倾茶入杯。随即，再加上牛奶和糖；或切一片柠檬，插在杯沿；或洒上少量白兰地酒；或加入一、二勺蜂蜜等。其调味用量的多少，可依每位宾客的口味而定。

品饮时，须用茶匙调匀茶汤，进而闻香、尝味。

除清饮、调饮外，我国部分少数民族地区还流行一种将红茶放入铜壶中煎煮的煮饮法。在铜壶中放入适量红茶，加水煎煮，煮沸后再从铜壶中倒入杯内，加糖、牛奶等饮用。俄罗斯人还有一种奇怪的红茶饮法，他们将糖粒放在嘴里，喝一杯红茶，便把一颗糖连同茶水一起吞下。

调饮法适合袋泡茶，可先将袋茶投入杯中，用沸水冲 1～2 分钟后，去茶袋，留茶汤。品饮时可依个人喜好兑入糖、牛奶、咖啡、柠檬、蜂蜜，以及各种新鲜水果块或果汁。

3. 杯饮法

杯饮法适合功夫红茶、小种红茶、袋泡红茶、速溶红茶，可将茶投入白瓷杯或玻璃杯内，用沸水冲泡后品饮。功夫红茶和小种红茶可冲 2～3 次，袋泡红茶和速溶红茶均只冲泡 1 次。

4. 壶饮法

壶饮法适合红碎茶和片末红茶，低档红茶也可以用壶饮法。可将茶叶置入壶中，用沸水冲泡后，将壶中茶汤倒入小茶杯中饮用。这些茶也一般冲泡 2～3次，适宜众多人一起品饮。

（四）乌龙茶的冲泡

相比之下，乌龙茶的冲泡方法就讲究得多了，通常称为功夫茶。因为这种冲泡方法不仅要下功夫精心选购茶具、冲泡时要下功夫操作、喝茶时要有闲工夫细细品饮。功夫茶冲泡方法在广东潮汕和福建上州等地区非常流行。

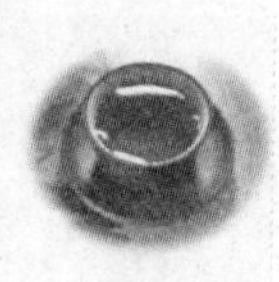

而说乌龙茶讲究，首先就是茶具讲究：

功夫茶的茶具都要配套。以前，一套功夫茶专用器具众多，有煮水、冲泡、品茗三大类。煮水用具有风炉、火炭、风扇、水壶等。风炉叫汕头风炉，在现代生活中，一般家庭都已改用方便清洁的电炉，风炉、火炭、风扇已不多见。煮水用的水壶俗称为玉书（茶）碨，能容水 200 毫升，大约 200 克。闽南、粤东和台湾省人将陶瓷质水壶通称为“碨”，以广东潮安出产的最为著名。“玉书”两字的来源有二：一是水壶的设计制造者的名字；二是由于此壶出水时宛如玉液输出，故称“玉输”，但“输”字不吉利，因而改之为“玉书”。

功夫茶的冲泡用具主要有茶壶、茶船和茶盘。茶壶为宜兴紫砂壶，叫“孟臣壶”。当然，真正的孟臣壶为明代惠孟臣所制，壶底刻有“孟臣”铭记，传世非常少，我们现在所用的大多是仿制品。孟臣壶最大的特点是“壶小如香橼”，即小巧玲珑，只能容水 5 毫升，约 5 克。

茶船和茶盘是用来盛冲泡时流出来的热水的，同时对茶壶茶杯起保温和保护作用，比一般的茶托要大得多，在台湾称茶池。

品茗用具则主要是若琛杯。若琛杯，相传为清代江西景德镇烧瓷名匠若琛所作，为白色敞口小杯，与小巧的紫砂壶十分相配。现代人更追求杯与壶在色调上的协调，将白色的若琛杯制成与紫砂壶同样的颜色。为了观赏汤色，又在杯中涂了一层白釉，与白色杯效果相差无几。

今天，功夫茶具逐渐简化为四件：孟臣壶、若琛杯、玉书碨、汕头风炉（电炉），我们称之为“烹茶四宝”。

乌龙茶冲泡以潮汕功夫茶、福建功夫茶以及台湾乌龙茶泡法为代表。以下我们分别介绍。

1. 潮汕功夫茶冲泡

首先准备茶具，如烧水炉具，即风火炉，用于生火煮水，多用红泥或紫泥制成。当然，为方便快捷，也可用电热壶烧水。盖碗（或紫砂小壶），由于潮汕功夫茶多选用凤凰水仙系茶品，该种茶条索粗大挺直，适合用大肚开口的盖碗冲泡。品茗杯即若琛杯。传统潮汕工夫茶多选薄胎白瓷小杯，只有半个乒乓球大小。茶承，用来陈放盖碗和品茗的工具，分上下两层，上层是一个有孔的盘，下层为钵形水缸，用来盛接泡茶时的废水。

温具。泡茶前，先用开水壶向盖碗中注入沸水，斜盖碗盖，右手从盖碗上方握住碗身，将开水从碗盖与碗身的缝隙中倒入一字排开的品茗杯里。

赏茶。取出适量茶叶至赏茶盘，欣赏茶的外形和香气。

置茶。将碗盖斜搁于碗托上，拨取适量茶叶入盖碗。

冲水。用开水壶向碗中冲入沸水，冲水时，水柱从高处直冲而入，要一气呵成，不可断续。

水要冲至九分满，茶汤中有白色泡沫浮出，用拇指、中指捏住盖纽，食指抵住钮面，拿起碗盖，由外向内沿水平方向刮去泡沫。

第一次冲水后，15 秒内要将茶汤倒出，即温润泡。可以将茶叶表面的灰尘洗去，同时让茶叶有一个舒展的过程。倒水时，应将碗盖斜搁于碗身上，从碗盖和碗身的缝隙中将洗茶水倒入茶承。

然后正式冲泡。仍以高冲的方式将开水注入盖碗中。如产生泡沫，用碗盖刮去后加盖保香。

接着是洗杯。用拇指、食指捏住杯口，中指托底沿，将品杯侧立，浸入另一只装满沸水的品杯中，用食指轻拨杯身，使杯子向内转三周，均匀受热，并洁净杯子。最后一只杯子在手中晃动数下，将开水倒掉即可。

第一泡茶，浸泡 1 分钟即可斟茶。斟茶时，盖碗应尽量靠近品杯，俗称低斟，这可以防止茶汤香气和热量的散失。倾茶入杯时，茶汤从斜置的碗盖和碗身的缝隙中倒出，并在一字排开的品杯中来回轮转，通常反复两三次才将茶杯斟满，俗称“关公巡城”。茶汤倾毕，尚有余滴，须尽数一滴一滴再依次巡回滴入各人茶杯，称其为“韩信点兵”。采用这样的斟茶法，目的在于使各杯中的茶汤浓淡一致，而避免先倒为淡，后倒为浓的现象。

2. 福建功夫茶泡法

冲泡之前，先要煮水。在等候水煮沸期间可将一应茶具取出放好，如紫砂小壶、品茗杯、茶船（茶洗）等。

洁具。用开水壶向紫砂壶注入开水，提起壶在手中摇晃数下，依次倒入品杯中，这一步也称“温壶烫盏”。温壶又叫“孟臣淋霖”，不光要往壶内注入沸水，还要浇淋壶身，这样才能使壶体充分受热，温壶彻底。烫盏也有讲究。茶杯要排放在茶船中，依次注满沸水后，先将一只杯子的水倒出，然后以中指托住杯底，用拇指来转动杯子 360°，使杯沿在盛满沸水的杯子中完全烫洗，既消了毒又烫了杯。其余各杯以此法依次烫好备用。

置茶。拨取茶叶入壶，也称“乌龙入宫”。投放量为 1 克茶、20 毫升水，差不多是壶的三成满。放茶叶入壶之前，可先观赏乌龙干茶的色泽、形状，闻其香味。投茶有一定的顺序，先用茶针分开茶的粗叶、细叶以及碎叶。先放茶末、碎叶，再投粗叶在其上；最后将较匀称的叶子放在最上面。这样做是为了防止茶的碎末或粗条将茶壶嘴堵塞，使茶汤不能畅流。

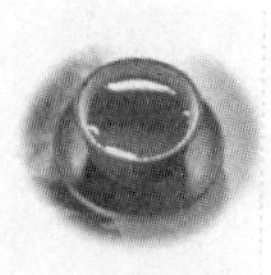
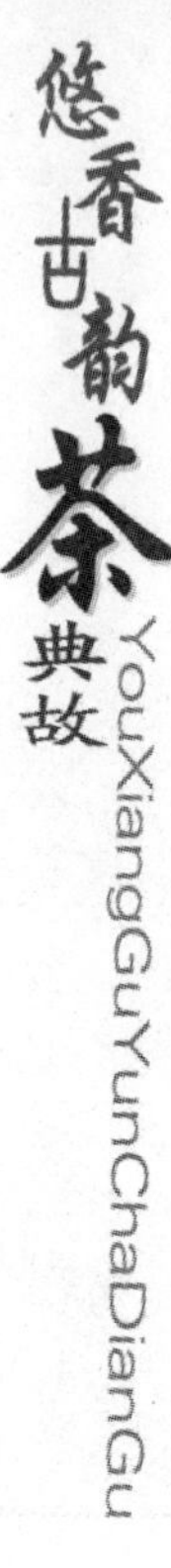

洗茶。用开水壶以高冲的方式冲入小壶，直至水满壶口，用壶盖由外向内轻轻刮去茶汤表面的泡沫，盖上壶盖后，立即将洗茶水倒入废水盂。

正式冲泡时用开水壶再次高冲，并上下起伏以“凤凰三点头”之式将紫砂壶注满，如产生泡沫，仍要用壶盖刮去，为“春风拂面”。然后，盖上壶盖保香。

用开水在壶身外均匀淋上沸水，可以避免紫砂壶内热气快速散失，同时可以清除沾附壶外的茶沫。

大约浸泡 1 分钟后，用右手食指轻按壶顶盖珠，拇指与中指提紧壶把，将壶提起，沿茶船四边运行一周，这叫“游山玩水”。目的是为了避免壶底的水滴落到杯中，这样壶底的水会先落到茶船里。将壶口尽量靠近品茗杯，把泡好的茶汤巡回注入茶杯中。将壶中剩余茶汁，一滴一滴分别点入各茶杯中。杯中茶汤以七分满为宜。

注意，斟第二道茶之前仍要烫盏，将杯子用开水烫后再斟茶，以免杯凉而影响茶的色香味。以后再斟，同样如此。

3. 台湾乌龙茶泡法

准备茶具，有茶盘，用来陈放泡茶用具。一般用木或竹制成，分上下两层，废水可以通过上层的箅子流入下层的水盘中。紫砂壶，可根据品茶人数，选择容量适宜的壶（如 2 人壶、4 人壶等）。还有公道杯、闻香杯、若琛杯等。将茶具摆放好，茶壶与公道杯并列放置在茶盘上，闻香杯与若琛杯对应并列而立。

温壶烫盏，将开水注入紫砂壶和公道杯中，持壶摇晃数下，以巡回往复的方式注入闻香杯和若琛杯中，再把杯中水倒入茶盘。

取出茶叶，可先观赏片刻再投入茶壶中。

洗茶。将沸水注入茶壶中，冲满后盖上茶盖，淋去溢出的浮沫。

正式冲泡时仍以“凤凰三点头”之式将茶壶注满，用壶盖从外向内轻轻刮去水面的泡沫，再用开水均匀淋在壶的外壁上。静候 1 分钟后，将茶汤注入公道杯中。趁茶壶犹烫，再次冲入开水泡茶。

依次将闻香杯和若琛杯中的烫杯水倒掉，并一对对的放在杯垫上，闻香杯在左，若琛杯在右。杯身上若有图案或分正反面，应将有图案的一面或正面朝向客人。

将公道杯中的茶汤均匀注入各闻香杯中。各闻香杯都斟满后，把若琛杯倒扣过来，盖在闻香杯上。接着再依次把扣合的杯子翻转过来，以若琛杯在下，闻香杯在上。

品茶时，先将闻香杯中的茶汤轻轻旋转倒入若琛杯，使闻香杯内壁均匀留有茶香，送至鼻端闻香。也可转动闻香杯，使杯中香气得到最充分的挥发。尔后，以拇指、食指握住若琛杯的杯沿，中指托杯底，以“三龙护鼎”之式执若琛杯品饮。

要提醒大家注意的是，乌龙茶在第一泡后要逐渐增加冲泡的时间，这样才能使茶的有效物质完全浸出。

20 世纪 80 年代以后，在潮州、闽南工夫茶的基础上，台湾人进行了一系列的改革，创造了独具特色的台式乌龙茶泡法。台式乌龙茶与潮州功夫茶最主要的区别在于茶具上的改革，即在原有功夫茶的基础上为了更好地欣赏茶的色泽与香味，增加了闻香杯，与每个若琛杯配套使用。闻香杯杯体又细又高，将茶汤散发出来的香气笼住，使香味更浓烈，更容易让人闻到。

除了闻香杯之外，台式乌龙茶还发明了茶盅，即公道杯。用茶壶泡好茶之后，在斟入若琛杯之前，将茶壶中的茶汤先注入公道杯，再从公道杯中将茶汤倒入各若琛杯中。因为如果用茶壶直接将茶汤倒入若琛杯中，后倒出来的茶汤由于在茶壶中浸泡的时间较长，相对来说比先倒出来的茶汤要浓，这样对饮用先斟出的茶汤的客人不公平。

闻香杯与公道杯的发明，使功夫茶的冲泡过程有了一定的改变。

（五）黄茶泡饮方法

要冲泡好黄茶，首先需要选好茶，好的黄茶冲泡后，会使香气清幽，滋味醇和。品黄茶主要在于观其形，赏其姿，察其色，其次是尝味、闻香。冲泡黄芽茶，通常每克茶的开水用量为 50～60 毫升。冲泡时一般只能用 70℃左右的开水冲泡，如果水温过高会泡熟茶芽，使饮茶者无法观赏茶芽的千姿百态。另外，由于黄芽茶制作时几乎未曾经过揉捻，加上冲泡时水温又低，所以黄芽茶的冲泡时间通常在 10 分钟后才开始品茶。

君山银针是一种较为特殊的黄茶，它有幽香、有醇味，具有茶的所有特性，但它更注重观赏性，因此其冲泡技术和程序十分关键。

冲泡君山银针用的水以清澈的山泉为佳，茶具最好用透明的玻璃杯，并用玻璃片作盖。杯子高度 10～15 厘米，杯口直径 4～6 厘米，每杯用茶量为 3 克，其具体的冲泡程序如下：

赏茶：用茶匙摄取少量君山银针，置于洁净赏茶盘中，供宾客观赏。

洁具：用开水预热茶杯，清洁茶具，并擦干杯，以避免茶芽吸水而不宜竖立。

置茶：用茶匙轻轻地从茶样罐中取出君山银针约 3 克，放入茶杯待泡。

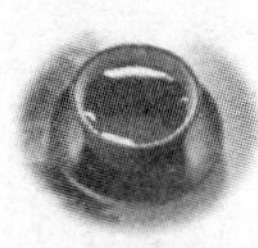

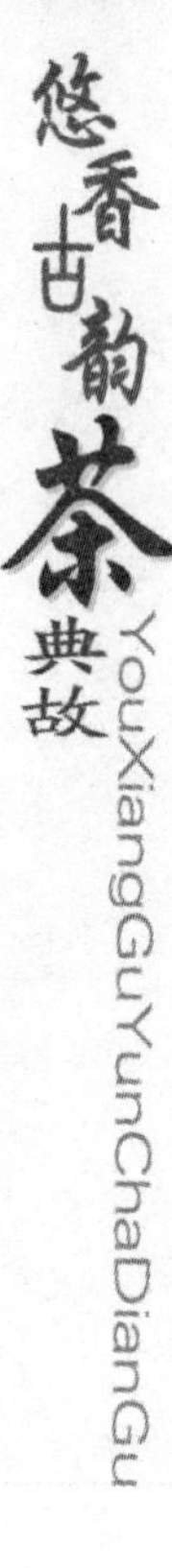

高冲：用水壶将70℃左右的开水，先快后慢冲入盛茶的杯子，至1/2处，使茶芽湿透。稍后，再冲至七八分满为止。约5分钟后，去掉玻璃盖片。

赏茶：君山银针经冲泡后，可看见茶芽渐次直立，上下沉浮，并且在芽尖上有晶莹的气泡。

君山银针这种以赏景为主的特种茶，讲究在欣赏中饮茶，在饮茶中欣赏。刚冲泡的君山银针是横卧水面的，加上玻璃片盖后，茶芽吸水下沉，芽尖产生气泡，犹如雀舌含珠，似春笋出土。接着，沉入杯底的直立茶芽在气泡的浮力作用下，再次浮升，如此上下沉浮，真是妙不可言。当启开玻璃杯盖片时，会有一缕白雾从杯中冉冉升起，然后缓缓消失。赏茶之后，可端杯闻香，闻香之后就可以品饮。

（六）白茶的泡饮方法

白茶是由新梢上多白色茸毛的茶树品种茶叶采制而成，成品茶满披白色茸毛，色白隐绿。冲泡后，茶汤浅淡，滋味醇和。白茶属轻微发酵茶，由单个茶芽制成的称为银针，由1芽1~2叶制成的，称为白牡丹。由于制作时通常将鲜叶经萎凋后，直接烘干而成，加之原料细嫩，所以，白茶的汤色微黄，滋味偏淡。著名的茶品有白毫银针和白牡丹等。

白茶，特别是白茶中的白毫银针具有极高的欣赏价值，是以观赏为主的一种茶品，悠悠的茶香，淡淡的茶色，微微的甘醇，让人倍觉畅快。所以在品饮前，可先观干茶外形，它似银针落盘，如松针铺地，叫人倾倒。考虑到这些茶以观赏为主，所以，盛水容器，以选用直筒无花纹的玻璃杯为宜，以利观赏。又因为茶叶细嫩为芽，所以，冲泡用水以70°C为好。

这样，一来可避免将茶芽泡熟，使茶芽在杯水中上下浮动，最终个个林立，犹如春笋斗艳，一派满园春色景象。接着，就是闻香观色。这些茶通常要在冲泡后10分钟左右才开始尝味。这固然与这些茶注重观赏有关，还与这些茶原料细嫩，加工方法特殊，茶汁很难浸出有关。

白茶因产地、采摘原料不同，有银针、贡眉和白牡丹之分：银针主要产于福建的福鼎和政和两县，是由政和大白茶和福鼎大白茶的壮芽采制而成，所以芽头肥壮，满披白毫，挺直如针，色白如银。政和产的滋味鲜醇，香气清芳；福鼎产的茶芽茸毛厚，色白有光，汤色杏黄，滋味鲜美。贡眉主要产于福建的建阳、建瓯、浦城等县，由一芽二叶为原料加工而成。优质贡眉毫心显露、色泽浅绿，汤色橙黄，叶底匀整明亮，滋味鲜爽，香气鲜纯。

白牡丹主要产于福建的福鼎和政和两地，其原料主要来自政和大白茶和福鼎大白茶的早春芽叶，要求芽和二片叶必须满披白色茸毛。白牡丹两叶抱一芽，叶态自然，色泽呈暗青苔色，叶张肥嫩，叶背遍布白毫，芽叶连枝。冲泡后，汤色杏黄或橙黄，滋味鲜醇，叶底浅灰柔软。

在这里我们着重介绍银针白毫的泡饮方法。冲泡银针白毫的茶具通常是无色无花的直筒形透明玻璃杯，品饮者可从各个角度欣赏到杯中茶的形色和变幻的姿色。冲泡时银针白毫的水温以70℃为好，其具体冲泡程序如下：

备具：多采用有托的玻璃杯。

赏茶：用茶匙取出白茶少许，置于茶盘供宾客欣赏干茶的形与色。

置茶：取白茶2克，置于玻璃杯中。

浸润：冲入少许开水，让杯中茶叶浸润10秒钟左右。

泡茶：接着用高冲法，按同一方向冲入开水100~120毫升。

奉茶：有礼貌地用双手端杯奉给宾客饮用。

品饮：白毫银针冲泡开始时，茶芽浮在水面，经5~6分钟后才有部分茶芽沉落杯底。此时，茶芽条条挺立，上下交错，犹如雨后春笋。约10分钟后，茶汤呈橙黄色，此时方可端杯闻香和品尝。

（七）黑茶的冲泡

下面选取普洱茶为例来介绍黑茶泡饮方法。历史上的普洱茶是用云南大叶种茶树的鲜叶，经杀青、揉捻、晒干而制成的晒青茶，以及用晒青茶以蒸压制成的紧压茶。由于最初是经云南的普洱销售到各地，于是称为普洱茶。人们在茶艺馆中饮用的袋泡普洱茶就是散茶的一个品种，根据普洱紧压茶规格不同，以及压制后的形状差异，又分为心脏形的紧压茶、圆形的饼茶、碗形的沱茶、正方形的方茶等。

现在的普洱茶主要将晒青茶用高温、高湿人工速成发酵处理的方法制成。但优质的普洱茶还需经过自然存放，让其缓慢发酵、陈化处理，才具有普洱茶特有的韵味和陈香。

根据普洱茶的品质特点和耐泡特性，一般选用盖碗冲泡，用紫砂壶作公道杯，最后用小茶杯品茶。其冲泡程序如下：

赏具：赏具又称孔雀开屏，通常选用长方形的小茶杯，上置泡茶用的盖碗和品茶用的若琛杯，多用青花瓷，花纹和大小应配套，公道杯以大小相宜的紫砂壶为上。另外，还有茶匙等。

温茶：温茶又称温壶涤器，即用烧沸的开水，冲洗盖碗、若琛杯。

置茶：置茶俗称普洱入宫，即用茶匙将茶置入盖碗，用茶量为5~8克。

涤茶：涤茶又称游龙戏水，即用现沸的开水呈45度角大小流冲入盖碗中，使盖碗中的普洱茶随高温的水流快速翻滚。

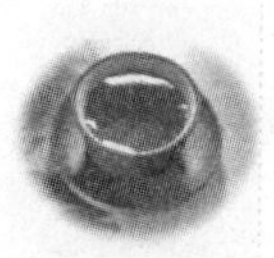

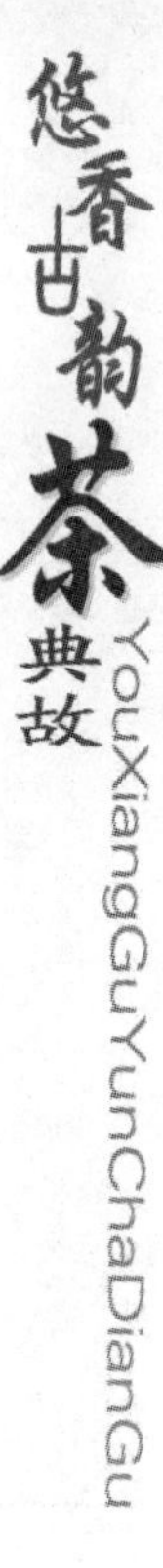

淋壶：淋壶又称淋壶增温，即将盖碗中冲泡出的茶水随即淋洗公道杯。

泡茶：泡茶又称翔龙行雨，即用现沸开水冲泡盖碗中泡茶，开水用量约150毫升。冲泡时间分别为：第一泡10秒钟，第二泡15秒钟，第三泡后依次冲泡20秒钟。

出汤：出汤又称出汤入壶，即将冲泡的普洱茶汤倒入公道壶中，出汤前要刮去浮沫。

沥茶：沥汤又称凤凰行礼，即把盖碗中的剩余茶汤，全部沥入公道壶中，以“凤凰三点头”的姿势向宾客致意。

分茶：分茶又称普降甘霖，即将公道壶中的茶汤倒入杯中，每杯倒七分满。

敬茶：敬茶又称奉茶敬客，即将杯中的茶放在茶托中，举杯齐眉，奉给宾客。

品饮：品饮普洱茶，重在寻香探色，品饮时先观汤色，重在闻香，然后再啜味。

（八）花茶的冲泡

花茶，融茶之味、花之香于一体，堪称茶中珍品。在花茶中，茶的滋味为茶汤的本味，花香为茶汤之精神，它将茶味与花香巧妙地加以融合，构成茶汤适口、香气芬芳的特有韵味，故而人称花茶是诗一般的茶叶，慢慢品嚼，使人回味无穷。

品饮花茶前，首先要欣赏花茶的外观形态。可取一张洁净无味的白纸，放上2~3克干花茶，特别是高级花茶的茶坯，其本身就有很高的艺术欣赏价值，让饮茶者细细察看，观其形，察其色，从中可以增强对花茶的饮欲。而对花茶中蕴含的花香，人们多从三个方面加以品评：一是香气的鲜灵度，即香气的鲜灵清新程度，无陈、闷之感；二是香气的浓度，即香气要浓厚，无浅薄之感；三是香气的纯度，即香气要真纯，无杂味、怪味和浊味之感。

中国人品花茶，常用有盖的白瓷杯或盖碗冲泡，但高级细嫩花茶，也有用玻璃杯冲泡的。高级花茶一经冲泡后，可立时观赏茶在水中的飘舞、沉浮、展姿，以及茶汁的渗出和茶汤色泽的变幻。如此一来，“一杯小世界，山川花木情”，尽收眼底。

这种用眼品茶的方式，人称“眼品”。而当花茶冲泡2~3分钟后，即可用鼻闻香。闻香时，可将杯子送入鼻端，如果用有盖的杯（碗）泡茶，则需揭开杯盖一侧，使花茶的芬芳随着雾气扑鼻而来，叫人精神为之一振。有兴趣者，还可凑着香气作深呼吸，以充分领略花茶的清香。

这种用鼻品茶的方式，人称“鼻品”。一旦茶汤稍凉适口时，喝少许茶汤在口中停留，以口吸气、鼻呼气相结合的方法，使茶汤在舌面来回流动，使之与味蕾结合，口尝茶味和余香。这种用口品茶的方式，人称“口品”。花茶的品饮，只有通过目品、鼻品和口品，方能享受到花茶的多姿多彩和真香实味，从中感受到春天的竟韵。

花茶的冲泡方法与绿茶差不多，不同在于花茶更注重保持茶的外形完好以及防止香气的散发。瓷质有盖茶具密度大，保温性能良好，能有效地保持茶的芳香。特别是盖碗的碗口大，能清楚地观察到茶形。因此冲泡花茶适合用有盖的茶具，以白瓷盖碗或白瓷有盖茶杯为佳。常见的泡饮方法有玻璃盖杯法、茶壶泡饮法和白瓷盖杯法三种：

1. 玻璃盖杯法

玻璃盖杯法适合冲泡上等细嫩花茶，如茉莉银毫、茉莉寿园、茉莉毛峰、茉莉春芽、茉莉东风茶。细嫩的茶叶具有较高的观赏性，通过透明玻璃杯冲泡可以观赏到茶叶在杯中徐徐舒展的过程。通过观赏、闻香、品味，花茶特有的茶味和香韵才能真正体现出来，给人以完美的享受，冲泡后的花茶一开盖便会顿觉香气扑鼻而来，愉悦的心情会油然而生。

准备好茶具后要清洁茶具。花茶以独具花之芳香为特色，因此保有其真香是冲泡的重中之重。使用的茶具，甚至冲泡用水都要洁净无味，以免损害了原有的香味。而且，洁具与温具是同步进行的，事先冲烫茶具使其具有一定的温度能使茶香更快地被激发。冲烫盖碗，要先向碗中注入约 3 成沸水，然后双手托住盖碗，沿顺时针方向旋转碗身，使碗内的水从下到上旋至碗口，让碗内壁充分被水清洗。然后，将碗盖垂直放入碗中，在碗中将碗盖旋转一周，使碗盖全部被水浸洗。最后用碗中热水淋洗碗托。

置茶。将 2 ~3 克茶叶放入碗中，同时可赏茶。

冲泡之前先浸润，即先用些许开水，按同一方向高冲入碗，以浸润茶叶。

约 10 秒钟后，再向碗中冲水至七八分满，随即加盖，避免香气散失。

花茶经冲泡后，需静置 2 分钟左右，方可饮用。品饮前，用左手托起碗托，右手轻轻将碗盖掀开一条缝，先深闻缝隙间香味，再揭开碗盖闻其上“盖面香”。再用碗盖轻轻推开浮叶，从斜置的碗盖和碗沿的缝隙中品饮。

2. 茶壶泡饮法

茶壶泡饮法一般选用低档花茶或花茶末，用沸水冲泡 5 分钟后，将茶汤倒入茶杯中饮用。如冲泡中、低档花茶，茶叶外型无多少观赏价值，可采用壶泡法，即用茶壶泡茶。茶壶一般为白瓷茶壶，冲泡法与杯泡法相同。泡好

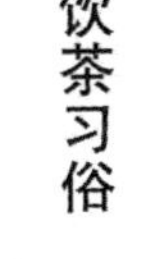

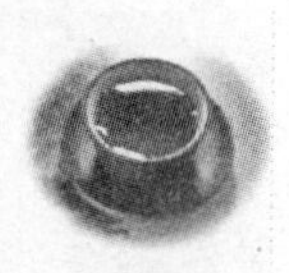

后分茶入杯，可使茶叶外形不与人直接见面，人们看到的只是分茶后的茶汤，依然可以通过对茶汤的闻香和品尝中享受花茶的香和味。而且，壶泡可多次冲泡。农村家庭人口较多，早上泡一壶花茶，全家可以喝上一天，非常方便卫生。

3. 白瓷盖杯法

白瓷盖杯法一般选用中档花茶，强调茶味醇厚、香气芬芳，而不注重观赏性。用沸水冲泡5分钟后，即可揭盖闻香品茶。

三、品茶内容

中国人认为，品茶无疑是一门综合艺术。在幽雅、洁净的环境中，杯茶在手，闻香观色，察姿看形，啜其精华，此情此景，虽“口不能言”，却“快活自省”，个中滋味，无法言传，但可意会，这是品茶赋予人们的一种享受。而品茶升华，则形成一种品茶艺术，它的内容也是很丰富的。

但这里需要说明的是目前的品茶用茶，主要集中在两类：一是特种茶中的高档茶，诸如乌龙茶中的高级茶及其名枞，如铁观音、黄金桂、文山包种、冻顶乌龙，及武夷名枞、凤凰单枞等；二是以绿茶中的细嫩名茶为主，以及白茶、红茶、黄茶中的部分高档名茶。这些高档名茶，或在色、或在香、或在味、或在形、或兼而有之，它们都在一个因子、两个因子或多个因子上，有独特表现，为人们钟情所爱，从而成为品茶的主体。按照中国人的习惯，品茶主要内容如下：

（一）观形

品茶用茶，由于制作方法不同，所以各不相同。加之茶树品种有别，采摘标准各异，使制作而成的茶叶形状显得更加丰富多彩。更由于一些细嫩名茶和艺术茶，大多采用手工制作，从而使得茶的形态，变得更加五彩缤纷，千姿百态，引人入胜。

目前，按茶的造型而言，虽然多种多样，各有特色，但主要的集中在以下几种：

针形：外形圆直如针，如南京雨花茶、安化松针、君山银针、白毫银针等。

扁形：外形扁平挺直，如西湖龙井、茅山青峰、安吉白片等。

条索形：外形呈条状稍弯曲，如婺源茗眉、桂平西山茶、径山茶、庐山云雾等。

螺形：外形卷曲似螺，如洞庭碧螺春、羊岩勾青、普陀佛茶、井冈翠绿等。

兰花形：外形似兰，如太平猴魁、兰花茶等。

片形：外形呈片状，如六安瓜片、齐山名片等。

束形：外形成束，如江山绿牡丹、婺源墨菊等。

圆珠形：外形如珠，如泉岗煇白、涌溪火青等。

此外，还有半月形、卷曲形、单芽形等等。

近年来，还出现艺术造型茶，如女儿环、绣球、海贝吐珠、锦上添花、绿牡丹、麦穗茶等，更使茶的形状变得多姿多彩。再加上色泽的明与暗，叶底的老与嫩，身骨的重与轻，外形的细与粗，更构成了茶外形的一道靓丽风景线，使人从中获得美感，引发联想，平添品茶情趣。

（二）察色

品茶观色，至少可以从三个方面去观察欣赏：即茶色、汤色和底色。

1. 茶色

由于茶的制作方法不同，制作而成的茶叶，其色泽也是不同的，有红与绿、青与黄、白与黑之分，即使是同一种茶叶，采用相同的制作工艺，也会因茶树品种、生态环境、采摘季节的不同，最终使茶的色泽产生一定的差异。如同样是细嫩的高档绿茶，它的色泽就有嫩绿、翠绿、绿润之分；同样是细嫩的高档红茶，它的色泽又有红艳明亮、乌润显红之别。而闽北武夷岩茶的青褐油润，闽南铁观音的砂绿油润，广东凤凰水仙的黄褐油润，台湾冻顶乌龙的深绿油润，都是高级乌龙茶中有代表性的色泽，也是茶人鉴赏乌龙茶质量优劣的重要标志。

观赏茶的色泽，不但能干看，还可在冲泡后进行湿看。由于茶叶经冲泡后，随着茶中可溶于水的内含物质不断浸出，会使茶的色泽，由原来的或绿、或红、或青、或白、或黄，慢慢演变成一种新的色彩。如果将干茶的色泽与冲泡后的茶色联系起来，并细心观察它的变化过程，如同读一篇茶的色彩学，也能使人快活自省。

再则，倘能在观察茶色的同时，将色泽的明与暗、艳与淡、亮与灰联系起来，茶色地变得更加引人入胜，联想翩翩。

2. 汤色

茶的汤色主要是指茶的内含成分溶解于水呈现出的色彩。因此，不但茶类不同，茶汤色彩会有明显区别；而且同一茶类中的不同花色品种、不同级

别的茶叶，也有一定差异。一般说来，凡属上乘的茶品，尽管由于茶叶品种不一、茶的级别各异，色泽会有所不同，但汤色明亮、有光泽却是一致的，具体说来，绿茶汤色以浅绿、黄绿为宜，并要求清而不浊，明亮澄澈；倘是红茶，汤色要求乌黑油润，若能在茶汤周边形成一圈金黄色的油环，俗称金圈，更属上品；倘是乌龙茶，则以青褐光润为好；而白茶，汤色微黄，黄中显绿，并有光亮，当为上品。

不过需要说明的是，由于茶汤中一些溶解于水的内含物质，与空气接触后会发生色变，所以，观赏茶汤需及时进行，不断观察，细看其间变化；其次，茶汤的明暗、清浊、深浅，当然也属观察之列。如此细加品赏，都能给人以一种美的享受。另外，茶汤还会受光线强弱、盛器色彩、沉淀多少等外在因素的影响，对此，品赏时需要引起注意。

3. 底色

就是欣赏茶叶经冲泡去汤后留下的叶底色泽，欣赏时，除看叶底显现的色彩外，还可观察叶底的老嫩、光糙、匀净等。有的茶人，还会用手指揿揿叶的软硬、厚薄等，以便从中获得触觉知趣。

（三）赏姿

茶一旦经开水冲泡浸润后，就会慢慢舒展开来，并在盛器中展示出固有的姿形。这种茶影水，水映茶的情景，在茶汤色彩的感染下，变得更加动人，给人以美感和愉悦。所以，赏姿是人们运用审美观品茶的一种重要内容，是高洁、清雅风尚的一种体现，是人们精神生活的一种追求。

茶在冲泡过程中，经吸水浸润而舒展，或似春笋，或为麦粒，或如雀舌，或若兰花，或像墨菊，使茶的外形变得更加美丽动人。与此同时，茶在吸水浸润的过程中，还会因受重力的作用，产生一种动感。太平猴魁舒展时，犹如一只机灵小猴，在水中上下翻动；君山银针舒展时，好似翠竹争阳，上下有致，针针挺立；西湖龙井舒展时，活像春兰怒开，朵朵绽放。如此美景，映掩在杯水之中，真有“茶醉人、人醉茶”之感。

（四）闻香

茶在干嗅时，不但能闻到特有茶香，清新肺腑；经开水冲泡后，还会随着茶汤散出的微雾或散发出清香、或花香、或果香、或浓香的味道，使人心旷神怡；更有甚者，将茶冲泡后，立即倾出茶汤连杯带叶送至鼻端，用深呼吸方式，去辨别茶香的高低、纯浊和雅俗。这种闻香的感受，常人是很难体会到的，只能用心去领悟了。目前，闻香的方式，多采用湿闻，即将冲泡后的茶叶按茶类不同，经 1 ~ 3 分钟后，将杯送到鼻端，闻茶汤面发出的茶香；若用有盖的杯泡茶，也可闻盖香和面香；倘用闻香杯作过渡盛器的（如台湾人冲泡乌龙茶），那还可闻杯香和面香。另外，随着茶汤温度的变化，茶香还有热闻、温闻和冷闻之分。而同一种茶不同的闻茶方式，又会有不同的感受，可谓闻香之技，奥妙无穷，个中乐处，难以言尽，只能靠自己慢慢体会了。

一般说来，品茗用的茶都是高档茶，绿茶有清香鲜爽感，甚至有果香、花香者为佳；红茶以清香、花香为上，尤以香气浓烈，持久者为上乘；乌龙茶以具有浓郁的熟桃香者为好；而花茶则以具有清纯芬芳者为优。而在闻茶叶香气时，最好做到热闻、温闻和冷闻相结合，但侧重面有所不同：热闻的重点是香气的正常与否，香气的类型如何，以及香气高低；冷闻则可以比较正确地判断茶叶香气的持久程度；而温闻重在鉴别茶香的雅与俗，即优与次。至于倾汤闻叶底，以掌握茶叶叶底温度在 50 ~ 60℃时，其准确性最好。

此外，需要特别说明的是，闻茶香时，要注意避免环境因素干扰，诸如抽烟，擦胭脂，洒香水，用香肥皂洗手，吃葱蒜，空气中夹杂异味等，这些都会影响闻茶香，需尽量避免。

（五）尝味

尝味，通常是指尝茶汤的滋味，它是靠人的味觉器官来区别的。茶是一种风味饮料，不同的茶类固然有不同的风味，就是同一种茶因产地、季节、品种的不同，其味也是不同的。对一些品茶功夫较深的茶人，还能品尝出同一种茶树、同一季节采摘、同一种加工方法制作的茶叶，区别出是阴山（坡）茶，还是阳山茶。一般说来，阴山茶与阳山茶相比，在其他条件相对一致的情况下，鲜叶的持嫩性强，茶叶中氨基酸的含量高，茶多酚的含量较低，这样，茶叶中茶多酚与氨基酸之比，即酚氨就比较小，从而使得加工出来的茶叶，前者经后者香气稍高，鲜爽度较强，再结合叶底相对较嫩，弹性较好。

其实，茶中的不同风味，是由茶叶中呈味物质的数量和比例决定的，可以认为茶汤滋味，是茶叶的甜、苦、涩、酸、辣、腥、鲜等多种呈味物质综合反应的结果。如果它们的数量和比例适合，就会使茶汤变得鲜醇可口，回味无穷。不过，茶是一种嗜好品，各有所爱，但尽管如此，茶汤滋味，仍然有一个相对一致的标准。一般认为，绿茶茶汤滋味鲜醇爽口，红茶茶汤滋味浓厚、强烈、鲜爽，乌龙茶茶汤滋味酽醇回甘，就是上乘茶的重要标志。

茶汤尝味，应按茶类和茶叶老嫩不同，尝味时间也有所不同：红茶、绿茶通常在茶冲泡 3 分钟后立即进行；乌龙茶一般在茶冲泡 1 分钟之内进行；白茶、黄茶中的细嫩（芽）茶在茶冲泡 8 ~ 10 分钟后进行。茶汤尝味时，汤

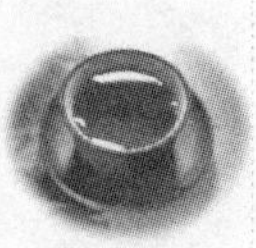

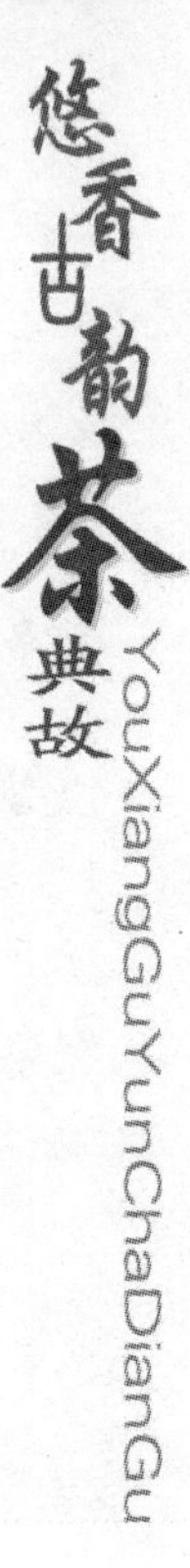

温一般应掌握在50℃左右为宜。温度太高，味觉会受强烈刺激而变得麻木；温度太低，又会降低味觉的灵敏度。不过，潮、汕人啜乌龙茶有所例外，他们主张热饮，这固然与小杯啜茶有关，同时还与品乌龙茶重味求香有关。这样做的结果，不但使茶汤在口中的回味变得更有情趣，而且还增加了刺激味。

实践表明，人的味觉器官，主要是指舌，其不同部位，对滋味的感觉是不一样的。所以，尝味时，要使茶汤在舌头上循环滚动，这样才能正确而全面地分辨出不同茶的汤味来。尝味时，只要细细体味，不但可以区分出茶汤的浓淡和爽涩，还可鉴别出茶汤的鲜滞和纯异。不过，为了正确评味，在尝味前，最好不吃具有强烈刺激味觉的食物，如葱蒜、辣椒、糖果、酒等，以保持味觉不受外界干扰，以便能真正尝到茶的真味。

四、品茶环境的塑造

好茶、好水、好器，以及科学的冲泡技艺，这是品茶的基本条件。但要使品茶从物质生活提升到精神享受和艺术品赏，品茶与周围环境的关系就显得相当重要了，这也是人们把品茶环境当作一门艺术，看做一门文化的道理所在。所以，选择饮茶环境，造就最佳的品茶气氛，就显得十分必要。

（一）品茶环境

中国人说的品茶环境，不仅指人们品茶时所处的周围环境，如地域风情、自然景色、房屋建筑、室内的陈设等；还包括人际关系，品茶者的心理素质，以及与泡茶相关的几个基本条件。明代的冯可宾在《茶录·宜茶》中提出品茶的13个条件，分别是：一要“无事”：即超脱凡尘，悠闲自得，无心无事；二要“佳客”：人逢知己，志同道合，推心置腹；三要“幽坐”：环境幽雅，平心静气，无忧无虑；四要“吟诗”：茶可引思，品茶吟诗，以诗助兴；五要“挥翰”：茶墨结缘，挥毫泼墨，以茶助兴；六要“徜徉”：青山翠竹，小桥流水，花径信步；七要“睡起”：睡觉清醒，香茗一杯，净心润口；八要“宿醒”：酒后破醉，饭饱去腻，用茶醒神；九要“清供”：杯茶在手，佐以果点，相得益彰；十要“精舍”：居室幽雅，摆设陶情，平添情趣；十一要“会心”：品尝香茗，深知茶事，心有灵犀；十二要“赏鉴”：精于茶道，懂得鉴评，善于欣赏；十三要“文僮”：茶僮侍候，烧水奉茶，得心应手。

与此相反的是，冯氏还提出7个不适宜品茶的环境条件：一是“不如法”：指烧水、泡茶不得法；二是“恶具”：指茶具选配不当，或质次，或玷污；三是“主客不韵”：指主人和宾客，口出狂言，行动粗鲁，缺少涵养；四是“冠裳苛礼”：指戒律严多，为官场间不得已的被动应酬；五是“荤肴杂陈”：指大鱼大肉，荤菜腻杂，有损茶性；六是“忙冗”：指忙于事务，心乱意烦，无心品茗；七是“壁间案头多恶趣”：指室内杂乱，令人生厌，俗不可耐。

综上所述，归纳起来，品茗环境的构成因素，就大范围而言，应包括四个方面，即饮茶所处的周围环境、品饮者的心理素质、冲泡茶的本身条件，以及人际间的相互关系。其结果完美，必然使品茗情趣上升到一个新的境界。

品茗的环境构成，因素很多，但关键是营造好一个温馨的品茗境界，特别是要选择一个和谐的自然环境。这是因为无论是东方人，还是西方人，都主张“天人合一”，认为人与自然是一个整体，把握好自然，使品茗与自然环境相契合，使心与大自然相互感应，从而使品茶达到无我、忘我的境界，这正是茶人寻就的乐土。至于人际关系，说的是人与人之间，须有一种心灵上的默契。所谓“酒逢知己千杯少，话不投机半句多”，品茶又何尝不是如此呢！

还有品尝者的心理素质，是客观造就的，得由品饮者自己去改善。而冲泡茶的本身条件，可以经过努力，通过在生活中不断“练习”得到解决。因此，人们常说的品茗环境，通常指的并非是小环境，而是品茗场所的周围大环境。

（二）品茶环境的塑造

有了一杯好茶，如果还有一个舒心的品茶周围环境，那么这时已不再单纯是饮茶了，已上升为一门综合的生活艺术了。有人称：“和尚吃茶是一种禅，道士吃茶是一种道，知识分子吃茶是一种文化。”所以，中国人认为品茶是一种品格的表现，也是一种情操的再现。因此，茶的品饮，除了需对茶“啜英咀华”外，品茶环境的塑造，也是十分重要的。

一般说来，人们对公共饮茶场所，因层次、格调，以及饮茶的目的不一，要求当然也不一样，如层次较高的聚会茶宴，不但要求室内摆设讲究，而且力求居室、建筑富有特色，周围自然景色美观；如果是举行茶话会，因这是一种简朴、庄重、随和的集会形式。可以一边品茗尝点，一边互吐衷情，在这里品茗成了人们交流的媒介。所以，它既不用像中国古代茶宴那样隆重豪华，也不用像日本茶道那样循规蹈矩，只要有一间宽敞明亮的场所，有一种整洁大方的陈设就可以了。

但对一些高档的茶艺馆、茶室、茶楼等，要求就高了。如上海的城隍庙湖心亭茶室，建筑是上下两层，楼顶有 28 只角，屋脊牙檐、梁栋门窗，雕有栩栩如生的人物故事、飞禽走兽、花鸟草木。室内陈设着红木八仙桌，大理石圆台面；天花板上装有古色古香的宫灯，墙上嵌有壁灯，挂有书画；桌上

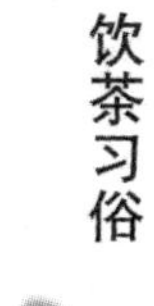

放着古朴雅致的茶具，富有艺术珍玩价值。茶室四周，一泓碧水，九曲长桥，旖旎风光，尽现眼底。再如北京的老舍茶馆，建筑富有浓重的清代风格，室内搭有一个戏台，由名角弹唱。墙上挂有名家书画，周围缀以四时花鲜。人们可以在茶馆品饮各地香茗，南北茶点，还可观看曲艺演出。

"天堂"杭州的湖畔居茶室，座楼三层，飞檐翘角，画楼精雅，三面临湖，这里占尽了"天下景"风光。在此品茶，独揽西湖秀色。湖畔居室内布置，雅致而不失朴素，墙上是表现茶事的仿古画，桌上是古色古香的茶具，其中一楼、二楼，汇集了具有江南特色的各种茶宴，诸如红楼茶宴、秦淮茶宴、江南茶宴等；三楼为音乐茶吧，有茶艺演示，使人能尽情享受生活情趣。

所以，凡高档专业品茗场所，对周围环境都是经过选择的，它们或占山，或傍湖，或临江，或掩没在绿树竹林之中，即便选择在闹市中心，交通要道之边，也总要营造一个幽静舒适的环境；而且建筑别致，室内装饰典雅，自然是品茗的佳处。

而设在车船码头、大道两旁、工厂车间、田间工地的茶水供应点，诸如北方的大碗茶，南方的凉茶，饮茶在于消暑解渴。因此，除了要求供应茶点整洁卫生外，并无多大讲究。尽管这种饮茶方式缺少品茶情趣，但它与现代生活比较合拍，同样受到人民的欢迎。

家庭品茶，环境较难选择，一般说来是相对固定的。但在有限空间内，通过努力，同样可营造一个适宜的品茶环境。例如可选择在向阳靠窗的地方，配以茶几、台椅，临窗摆设一些盆花，就会增加一些品茗情趣。倘若这些条件也不具备，那么，把室内之物放得整洁有条，做到窗明几净，尽量营造一个安静、清新的环境，同样也能成为舒心悦目的品茶之处。

时下，随着人们生活水平的不断提高，人们对生活的品味要求也日益提高，特别是在大中城市，一些经济条件好的家庭，除了生活起居外，还设有书房，有的还把书房的一半辟为茶室，形成一个书斋式的茶室。在此，以茶促思，成了文化人的一大时尚。

品茶与周围环境的关系是很密切的，但也要强调随遇而安的，如在闽南、广东潮汕地区品工夫茶就是如此。因在当地，人不分男女老幼，地不管东南西北，品工夫茶一般依实际情况而定，或在客厅，或在田野，或在水滨，或在路旁，或在舟中……无固定位置，也无固定格局。他们认为凭着茶座周围环境变化的随意性，茶人在色彩纷呈的生活面前，才能使品茶变得更有主动性，才能使品茶平添无穷乐趣。

其实，品工夫茶的最大情趣，是重在冲泡程序的艺术构思，它运用概括而又形象的语言，总结出高冲低斟、刮沫淋壶、关公巡城、韩信点兵等口诀，使品饮者未曾品尝，已为之倾倒，一往情深，这样“意境美”或多或少地替代了茶人对“环境美”的需求。当然，品工夫茶的周围环境也如上所述一样，也是有适当选择的，只是在当地并没有过多的刻意强调罢了。

（三）茶（艺）馆布置特色

中国现今的茶（艺）馆的布置，固然要考虑美观、舒适、大方，但更要有自己的地方文化特色，如江、浙的吴越文化，川、渝的巴蜀文化，广东的岭南文化，山东的齐鲁文化，云贵的民族文化等，在当地都有着深厚的沉积。这些文化特色都能在当地的茶艺馆中显现出来，或者兼而有之。总之，中国茶艺馆的布置，要求做到既能展示审美情趣和艺术气氛，又能符合饮茶者的心理需求。因此，确切地说，中国人认为，茶艺馆的布置，是茶艺馆文化品位的突出反映，也是茶艺馆文化的综合表现。从现代茶艺馆的布置来看，主要有以下几种布局，可供选择。

1. 回归自然型

这种布置，重在渲染野趣，强调自然美，所以，品茶室的四壁和家具多采用竹、木、藤、草制品而成。房顶缀以花、草，墙上挂着蓑衣、箬帽、渔具，甚至红辣椒、宝葫芦、玉米棒之类，让人仿佛置身于田间旷野、渔村海边，有回归自然之感。

2. 民族风情型

中国乃至世界，有着众多的民族，而每个民族又有着自己的民族文化和饮茶风情。如我国藏族的木楼、壁挂和酥油茶，蒙族的帐篷、地毡和咸奶茶，傣族的竹楼、天棚和竹筒茶等；又如富有南国风光的热带林风情品茶室，具有江南乡土风情的苏杭水乡品茶室，以木制长方桌、竹制高背椅和三件套（茶碗、茶盖和茶托）为特色的四川品茶室等；再如以木板房、槽门，室内铺榻榻米，进门需脱鞋席地而坐，且简洁明快的日本和式品茶，以及类似于音乐茶座具有欧洲风情的欧式品茶室等。这些品茶室，或具有民族特色，或具有地方风光，或具有异国情调，使饮茶者身临其境，尽管还是品茶，但能产生异样的情趣和新鲜的感觉。

3. 文化艺术型

大抵说来，文化艺术型品茶室，最能受到知识型茶人喜欢。这是因为品茶本身是一种文化，若能使品茶室的周围环境再造就一种文化气氛，就更能使饮茶文化上升到精神世界。在这种境况下品茶，理所当然地为文化人所

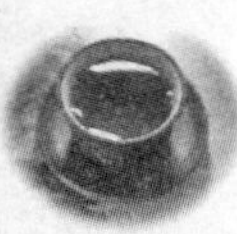

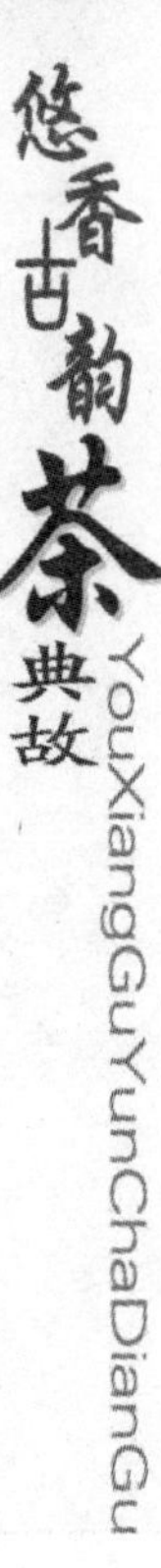

青睐。

文化型品茶室建筑要有较高的艺术感，四壁多缀以层次较高的书画和艺术装饰物，室内摆设以艺术品为主，即使是品茶用的桌椅、茶具之类，也要从功能和艺术两方面去加以选择。但室内的布置与陈设，需有程式和章法，切忌有艺术堆积之感，否则，会显得纷杂零乱，同样会影响品茶者情趣，反而达不到目的。

4. 仿古追忆型

这是为了满足一部分茶人的怀古心理。中华茶文化沉淀深厚，饮茶历史悠久，每个朝代都有自己的饮茶特色。从目前我国以冲泡为主的品茶技艺来看，主要还是从明清开始的，所以，仿古型品茶室的布置，大多是参照明、清形式。通常是品茶室的大门敞开，正中壁上悬挂与茶有关画轴，两侧为茶联。其下摆放一张长条形画桌，上置花瓶等饰物。画桌前正中，放八仙桌一张，两侧各放太师椅一把。整个结构，庄重严谨，充满大家气派。在此品茶，追古忆今，自然喜在心头。

5. 其他类型

此外，品茶室的设计类型还有不少，诸如宫廷型、豪华型等，这与经营者的投资多少有关。不过，对一个具有较大规模并拥有较多品茶室的茶艺馆来说，品茶室的设计，应是多种类型的，这样方能满足不同层次、不同心态饮茶者的需求，使品茶者有较大的选择余地。

第二节　文人茶情

自茶进入人们日常生活以后，特别是从唐、宋开始，饮茶成了一门艺术，成为文人士大夫日常生活中的一项重要内容。与此同时，这些酷爱饮茶的文人墨客，也为饮茶技艺的提高和普及，以及改粗放饮茶为艺术品饮，做出了贡献。

一、饮茶寄情

饮茶寄情，是文人的惯用手法，“茶圣”陆羽是一个一生坎坷，但又富有传奇色彩的人物。他原本是一个被父母遗弃的幼婴，后被智积禅师收养，在为寺中做杂役的同时，也教以识字。稍大后，仍无名无姓，只得求助于《易》

卦，卦辞是："鸿渐于陆，其羽可用为仪"，此辞正合他的出身，于是以陆为姓，以羽为名，以鸿渐为字。

以后，陆羽又不堪忍耐杂役之苦，最终逃离寺院。后当过优伶，做过伶师，"作诙谐数千言"，并"独行野中，诵诗击木，徘徊不得意，或恸哭而归"。但他结交的多为名人，如李齐物、颜真卿、释皎然、李季兰、张子和等。

但他逃离寺院后，并未忘记收养和抚育过他的恩师智积禅师。据唐代李肇的《唐国史补》载："羽少事竟陵禅师智积。异日，在他处，闻禅师去世，哭之甚哀，乃作诗寄情。"这就是常被后人传颂的茶诗《歌》："不羡黄金罍，不羡白玉杯。不羡朝入省，不羡暮入台。千羡万羡西江水，曾向竟陵城下来。"诗中陆羽说他不羡荣华富贵，惟羡的是：只有西江之水，长流在竟陵城下；能陪伴恩师，就足矣！

陆羽一生游历天下，著《茶经》三卷。唐代皮日休在《茶中杂咏》序中，说它"分其源，制其具，教其造，设其器，命其煮"。深入茶区，采茶制茶，推广茶艺。唐代皇甫冉的《送陆鸿渐栖霞寺采茶》诗中，"旧知山寺路，时宿野人家"；皇甫曾的《送陆鸿渐山人采茶回》"幽期山寺远，野饭石泉清"，描写的就是陆羽深山采茶的情景。由于陆羽为茶和茶文化做出的杰出贡献，后人为纪念他，奉陆羽为"茶神"。

据唐代李肇在《唐国史补》记载：当时，江南郡有一个管物资供应的官员，很会办事。一次来了一个刺史，他请刺史视察他主管的库房物资。这位库官刺史认为，奉陆羽为茶神，以镇茶库；奉夏代的杜康为酒神，以镇酒库。但因东汉的文学家蔡伯喈（蔡邕）的"蔡"字与"菜"字谐音，奉他为神，认为俗不可耐，不必置此！

《唐国史补》亦有载，陆羽"有文学，多意思"；还说，当时，"巩县陶者多为瓷偶人，号陆鸿渐"。不少茶商，买陆羽"瓷偶人"，供若神明。唐代的李德裕，官居宰相，说到品茶时，津津乐道，认为品茶给他带来了无限情趣。

北宋重臣蔡襄，著有《茶录》，长于当时流行的斗茶技艺，斗茶可谓是茶品饮艺术的极致。当时，斗而饮之，习以为常。蔡襄到晚年时，虽"老病而不能饮"，但还是"日烹而玩之"，认为饮茶能带给他带来最大的"乐趣"！

宋代大诗人苏东坡于茶中寄情，思求超脱，都可从他的许多茶诗中找到踪影。在他的《试院煎茶》诗中写道："君不见昔时李生好客手自煎，贵从活火发新泉。又不见今时潞公煎茶学西蜀，定州花瓷琢红玉。我今贫病长苦饥，

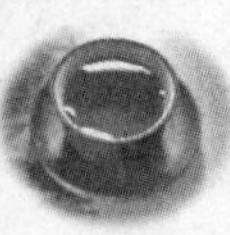

分无玉碗捧峨眉。且学公家作茗饮，砖炉石铫行相随。不用撑肠拄腹文字五千卷，但愿一瓯常及睡足日高时。”

苏辙《和子瞻煎茶》诗，也流露出了一种作者对宦游生活的厌倦，盼望回家以后，能读书吟诗，叫儿女们拾柴煎茶供他生活。所以，他在诗中结尾时，就感叹道：“铜铛得火蚯蚓斗，匙脚旋转秋萤光。何时茅檐归去炙背读文字，遣儿折取枯竹女煎汤。”羡慕有一天，能获得辞官回家，烤茶读书的生活。

特别值得一提的是，明代还有不少反映劳动人民疾苦、讥讽时政的咏茶诗。如高启的《采茶词》：

雷过溪山碧云暖，幽丛半吐枪旗短。
银钗女儿相应歌，筐中采得谁最多？
归来清香犹在手，高品先将呈太守。
竹炉新焙未得尝，笼盛贩与湖南商。
山家不解种禾黍，衣食年年在春雨。

诗中描写了茶农把茶叶供官享用，其余只得全部卖给商人，自己却舍不得尝新的痛苦，表现了诗人对人民生活极大的同情和关怀。又如明代正德年间任浙江按察佥事的韩邦奇，写了一首根据民谣加工润饰而成的《富阳民谣》：

富阳江之鱼，富阳山之茶。
鱼肥卖我子，茶香破我家。
采茶妇，捕鱼夫，官府拷掠无完肤。
昊天胡不仁？此地亦何辜？
鱼胡不生别县？茶胡不生别都？
富阳山，何日摧？富阳江，何日枯？
山摧茶亦死，江枯鱼始无。
山难摧，江难枯，我民不可苏。

民谣揭露了当时浙江富阳贡茶和贡鱼扰民害民的苛政，这两位同情民间疾苦的诗人，后来都因赋诗作谣而惨遭迫害，高启腰斩于市，韩邦奇罢官下狱，几乎送掉性命。但这些诗篇，却长留人民心中。清人陆次云，在品饮龙井茶后，发出感人肺腑而又细致入微之言，说龙井茶有一种“太和”之气，弥沦于齿颊之间，称其是“至味”之味，难怪当时有的诗人发出肺腑之言，要“诗人不做做茶农”。

清代还有许多文人，如郑板桥、金田、陈章、曹廷栋、张日熙等的咏茶诗，亦为著名诗篇。特别值得一提的是清代爱新觉罗·弘历，即乾隆皇帝，他六下江南，曾四次为杭州西湖龙井茶作诗，其中最为后人传诵的是“观采茶作歌”诗：

火前嫩，火后老，惟有骑火品最好。
西湖龙井旧擅名，适来试一观其道。
村男接踵下层椒，倾筐雀舌还鹰爪。
地炉文火续续添，干釜柔风旋旋炒。
慢炒细焙有次第，辛苦工夫殊不少。
王肃酷奴惜不知，陆羽茶经太精讨。
我虽贡茗未求佳，防微犹恐开奇巧。

皇帝写茶诗寄情，这在中国茶叶文化史上是少见的。

如今，饮茶广行于世，茶叶已成为消费最多、流行最广、最受人民群众欢迎的一种世界性保健饮料。口干时，喝杯茶能润喉解渴；疲劳时，喝杯茶能舒筋消累；心烦时，喝杯茶能静心解烦；滞食时，喝杯茶能消食去腻……不仅如此，细斟缓饮“啜英咀华”，还能促进人们思维。手捧一杯微雾萦绕，清香四溢的佳茗，你可以透过那清澈明亮的茶汤，看到晶莹皓洁的杯底，朵朵茶芽玉立其间，宛如春兰初绽，翠竹争阳。一旦茶汤入口，细细品味，浓郁、甘甜、鲜爽之味便应运而生；若再慢慢回味，又觉得有一种太和之气从胸中冉冉升起，使人耳目一新，遐想联翩。

君不见，中国的不少军事家，在深算熟谋战略之际，边饮茶，边对弈，看似清雅闲逸，实则运筹帷幄。陈毅同志诗曰：“志士嗟日短，愁人知夜长。我则异其趣，一闲对百忙。”中国著名诗人、文学家郭沫若在品饮名茶高桥银峰后，于1964年初夏赋七律诗一首，诗云：

芙蓉国里产新茶，九嶷香风阜万家。
肯让湖州夸紫笋，愿同双井斗红纱。
脑如冰雪心如火，舌不怠来眼不花。
协力免教天下醉，三闾无用独醒嗟。

伟大的科学家爱因斯坦组织的“奥林比亚科学院”每晚例会，用边饮茶边学习议论的方式研讨学问，被人称为“茶杯精神”。法国大文豪巴尔扎克赞美茶叶“精细如拉塔基亚烟丝，色黄如威尼斯金子，未曾品饮即已幽香四溢”。英国女作家韩素音女士谈饮茶时说：“茶是独一无二的文明饮料，是礼貌和精神纯洁的化身；我还要说，如果没有杯茶在手，我就无法感受生活。人不可无食，但我尤爱饮茶。”

总之，饮茶已成了文人生活不可缺少的一部分，以茶抒情，用茶寄情；加之，饮茶又能益思，如此，更加促发文人的激情。

二、饮茶与喝酒、吟诗

饮茶与喝酒、吟诗，在人类生活史上有相同之处，又有相异之点，在许多场合，还相互联结，相映成趣，从而丰富了人们的艺术生活。

首先，说说茶与酒。在日常生活中，有"茶思益，酒壮胆"之说。喝酒多了，会给人以刺激、兴奋和激动，几大碗酒落肚，终使喝酒者吐所欲吐，怒所欲怒；遂后是猜拳行令，借酒浇愁。把酒骂座，激发起对现实以外事物的向往，这就叫"酒后吐真言"。酒甚至给人以幻觉，把人带入神奇的世界之中。

不过，文人饮酒的结果表达出来的往往是美丽的诗句。

东晋诗人陶渊明的"悠悠迷所留，酒中有深味"。

唐代大诗人李白的"天子呼来不上船，自称臣是酒中仙"。

北宋大诗人苏东坡的"明月几时有，把酒问青天"。

所有这些美丽的诗篇，几乎把喝酒看作是进入天堂的云梯，使人有飘飘欲仙之感。但随之而来的又是"举杯浇愁，愁更愁"，"拔剑四顾心茫然"的悲怆、失落之感，最后只落得"但愿长醉不复醒"的境地，痛哭于穷途末路，所以，民间有"喝酒误事"之说。

饮茶多了，也能给人以刺激兴奋，但它与酒不同，更多是乐而不乱，嗜而敬之，一切在有条不紊地进行，使人在冷静中反思现实，在深思中产生联想，在联想中把自己带到生活的彼岸。

唐代诗人卢仝，好茶与陆羽并称，别号玉川子，一生著作颇丰，但却贫困潦倒，以至"宿春连晓不成米，日高始进一碗茶"，以茶代食。他的咏茶诗篇《走笔谢孟谏议寄新茶》，人称《七碗茶诗》，常被人引为典故，他每饮一碗茶，都有一层更深的体会，虽一连品茶七碗，仍不乱性，有诗曰：

日高丈五睡正浓，军将打门惊周公。
口云谏议送书信，白绢斜封三道印。
开缄宛见谏议面，手阅月团三百片。
闻道新年入山里，蛰虫惊动春风起。
天子须尝阳羡茶，百草不敢先开花。
仁风暗结珠琲瓃，先春抽出黄金芽。
摘鲜焙芳旋封裹，至精至好且不奢。

至尊之余合王公，何事便到山人家？

柴门反关无俗客，纱帽笼头自煎吃。

碧云引风吹不断，白花浮光疑碗面。

一碗喉吻润；两碗破孤闷；

三碗搜枯肠，惟有文字五千卷；

四碗发轻汗，平生不平事，尽向毛孔散；

五碗肌骨清；六碗通仙灵；

七碗吃不得也，唯觉两腋习习清风生。

诗中既没有喝多酒后的那种亢奋，也没有“呼天嚎地”式的激愤，一切处在冷静和淡泊中，最后甚至回归现实，“安得知百万亿苍生命，堕在颠崖受辛苦”，忧及种茶人的辛苦。

从上可知，茶和酒虽然都能给人以刺激，但刺激的结果不同，酒使人产生“狂热”，茶使人“冷静”，这是茶文化与酒文化的重要区别之一。

由于饮茶和喝酒的结果往往不一，于是有人提议，在生活中要“多饮茶，少喝酒”。说来奇怪，在中国人民的生活史，确实出现过“茶酒之争”，这就是记于宋开宝三年（公元970年）的《茶酒论》，作者以流畅的笔调，拟人的手法，流露出来对茶、酒的褒和贬，该文读起来朗朗上口，看起来“入木三分”，颇有意趣，也能说明问题。现摘录如下：

“窃见神农曾尝百草，五谷从此得分。轩辕制其衣服，流传教示后人。仓颉致其文字，孔丘阐化儒因。不可从头细说，撮其枢要之陈。暂间茶之与酒，两个谁有功勋？阿谁即合卑小，阿谁即合称尊？今日各须立理，强者先饰一门。……酒店发富，茶坊不穷。长为兄弟，须得始终，若人读之一本，永世不害酒颠茶风。”

不过，茶的刺激，又能解除酒的昏沉与呆滞，所以，茶和酒往往出现在同一诗人手迹，唐代大诗人白居易《萧员外寄新蜀茶》诗曰：

蜀茶寄到但惊新，渭水煎来始觉珍。

满瓯似乳堪持玩，况是春深酒渴人。

宋代有许多文人，他们提倡以茶解酒渴、醒宿醉，汉代辞赋家司马相如与才女卓文君双双私奔，在成都邛崃卖酒，后来司马相如因饮酒过度，患消渴病，恹恹而死的典故中，出现了不少要用茶去疗他酒疾的诗句，如王令的“与疗文园消渴病，还招楚客独醒魂”；惠洪的“道人要我煮温山，似识相如病里颜”，苏东坡的“列仙之儒瘠不腴，只有病渴同相如”。

特别值得一提的宋代黄庭坚的《品令·咏茶》词，说：

“风舞团团饼，恨分破，教孤零，金渠体重，只轮慢碾，玉尘光莹，汤响松风，早减了，二分酒病。味浓香永，醉乡路，成佳境，恰似灯下，故人万里，归来对影，口不能言，心下快活自省。”

在词中，黄氏首先说他自己在醉眼朦胧之中，碾煎小龙凤团茶，虽未入口，但在煎茶声中，已减酒病。接着，作者又说烹茶饮茶的感触，犹如游子万里归来，虽相对无言，恰如灯下故人。

南宋诗人陆游，非常喜欢喝酒，也酷爱饮茶，但在茶与酒之间，如果只能选其一的话，陆游则在诗中明确表示：“难从陆羽毁茶论，宁和陶潜止酒诗。”在他的另一首茶诗中，还说：“饭囊酒瓮纷纷是，难尝蒙山紫笋茶。”在茶和酒之间，要选择的话，陆游说，宁可要茶而不要酒。

柴米油盐酱醋茶，茶是人民生活的必需品；琴棋书画诗酒茶，茶还是文化生活的精神“食粮”。诗、酒、茶虽有区别，但又有着紧密的联系。

三、居士好饮茶

居士，乃是对在家信佛，且又有学问的文人的雅称。自古居士好饮茶，这是文人的个性使然。

（一）居士多茶人

在中国古代，有许多爱茶的文人学士，其中号称居士的人是相当多的。如茶人中的唐代诗人白居易，自号香山居士，平生爱茶，一生共写过50多首茶诗，又称“别茶人”。在他的《琴茶》诗中，说弹琴需茶，吟咏需茶，生活中离不开茶。在其代表作《琵琶行》中，记录的江西景德镇北的浮梁县，唐时已是著名的茶叶集散地。他的《夜闻贾常州，崔湖州茶山境会亭欢宴》诗，是描写两郡太守欢宴贡茶——阳羡茶和紫笋茶的名篇，常为后人所传诵。欧阳修自号六一居士，毕生尚茶，最推崇洪州（今江西修水）双井茶，写有《归田录》，记有颇多茶事。又写过许多茶诗，其中以《双井茶》最令人喜爱，双井茶也因欧阳修公的推崇而蜚声京师。

苏轼自号东坡居士，精于煎茶、饮茶，在岭南还种过茶，著有《漱茶说》，又写有咏茶诗词数十首。其中，尤以《次韵曹辅壑源试焙新芽》最为茶界称道，特别是“从来佳茗似佳人”一句，后人把它与东坡所作的《饮湖上初晴后雨》中的“欲把西湖比西子”一句并提，集成茶联，用来尚茶。

明代书画家唐寅自号六如居士，一生嗜茶。他创作的《事茗图》，青山绿水，茅屋竹篱，人物传神，动静结合，颇具隐逸脱俗之感。明代书画家文徵明自号衡山居士，平生好茶，由他创作的《惠山茶会图》，描写了无锡惠山茶会的情景，为现存古茶画中的佳作。此外，文氏还有《是夜酌泉宜兴吴大本所寄茶》等20余首茶诗，现存于世。他不愧是一位精茶画善茶诗的居士。

大诗人李白自号青莲居士。他的《答族侄僧中孚赠玉泉仙人掌茶》，是中国以名茶入诗的最早诗篇。南宋女诗人李清照，自号易安居士，她与丈夫、金石学家赵明诚，提倡用茶令的方式，论理对书学文，为后人传为佳话。

南宋诗人范成大，自号石湖居士，也懂茶技，精茶艺。他在《夔州竹枝歌》描写繁忙的采茶景象，但却充满生活气息。在他的《田园四时杂兴》中，在描写农村风光的同时，还不忘写到去农村买茶行商。明代戏曲家屠隆，自号鸿苞居士，平生尚茶，又精茶道、茶艺。他著的《茶笺》，至今仍不乏实用价值。明代书画家丁云鹏，自号圣华居士，平生好茶。他以唐代卢全品“七碗茶”为题材，创作的《玉川烹茶图》，成为茶文化史上的茶画名作之一。

现在，仍有一些爱茶的文人学者，钟爱居士之名。最为人称道的就是赵朴初，他在佛学、史学、文学艺术等方面颇有建树，是一个对国家有贡献的居士。不但如此，他对茶学也深有研究。在峨眉报国寺，他题写“茶禅一味”匾额，将茶理与佛学的关系，作了高度的概括。他还引用赵州从谂禅师“吃茶去”的典故，作茶诗一首。诗曰：“七碗受至味，一壶得真趣。空持百年偈，不如吃茶去。”所以，在中国，自古以来，就有茶人多居士之说。

（二）居士因何爱茶

1. 尚茶爱佛，相兼不误

居士者，据《法华经玄赞》曰：“守道自恬，寡欲蕴德，名为居士。”他可以在家静心做事，不必剃度出家，而茶理是与禅机相通的，故才有“茶禅一味”之说。四川蒙山的永兴寺，在宋代所订的《寺院食规》中，明确记有以蒙茶供佛的寺规。所以，信佛与尚茶，在佛教哲理上是相通的。禅宗历来认为，平常心即是道，挑水劈柴，穿衣吃饭，寻常起居，人来人往，皆为佛法。而茶，它“精行俭德之人”，它与一心避开现实，幽居冥想是不相通的。

居士在嗜茶、尚茶的同时，可以探究佛道之妙，也可以做包括茶学在内的诸多学问，所以，在众多居士的茶学文献中，留下了茶理与佛道情结。唐代诗人白居易，一生嗜茶，与茶相伴，特别是晚年，与琴茶结缘，在弹琴饮茶中，享乐人生和佛教的淡泊，以保高雅的情操。北宋文学家欧阳修喜饮双井茶，说孔子听一妙曲，可以余音绕梁，三日不进肉味。而欧阳氏尝一口双井茶，可以赞赏三日。宋代诗人苏东坡赞同唐人陈藏器“茶为万病之药”的说法，说“何需魏帝一丸药，且尽卢仝七碗茶。”

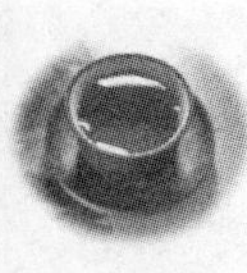

2. 茶如参禅，禅可悟性

“茶益文人思”，文人理当与茶为友。而茶还能悟性，道原的《景德传灯录》载：“‘问如何是和尚家风?’师曰：‘饭后三碗茶!’”佛教认为饮茶不但能长生，而且能使人开悟。而参禅作文都需要悟性与灵感，只有这样，才能登入上乘和顶峰。所以，历史上的高僧，不泛茶人，诸如唐代诗僧皎然、齐己、灵一、从谂，宋代名僧惠洪、子安等，他们都可与同时代的文人相媲美，编入史册流芳百世。

至于历代爱茶居士，也不泛其人，在他们的饮茶诗文中，也常常透出一些佛气来。唐代诗人李白，既作酒仙，又是茶人。他写的《答族侄僧中孚赠玉泉仙人掌茶》诗，其实就是一首佛茶诗，间杂道家思想。李白似乎一心向佛，可他也是位不着青衣的道士，史称他“五岁诵《六甲》，十五游神仙，成年后又常与道士为友”。

北宋著名文学家欧阳修即“集古录一千卷，书一万卷，琴一张，棋一局，酒一壶，鹤一双”，并终老于山林，选择的是禅家生活方式，平生好学，一生著有许多茶诗。北宋文坛巨匠苏东坡，还常与禅宗斗机锋，《五灯会友》载有他与释了印斗机锋的一段话，曰：

“印云：‘这里无端明坐处’。坡云：‘借师四大作禅床。’印云：‘老僧有一问，若答得，即与四大作禅床；若答不得，请留下玉带。’坡即解腰间玉带置案上，云：‘请师问。’印云：‘老僧四大皆空，五阴非有，端明问其坐处。’坡无语。印召侍者：‘留下玉带。’”

所以，在苏东坡的众多茶诗中，总会透露出浓厚的禅宗思想，可谓宋代文人中的迷禅典范。

其实，在中国历代居士茶人中，不少是由儒入佛的茶人。特别是唐代，天宝后多寄兴于江湖僧寺，更多走的是儒、道、佛三教调和的路。他们在介入茶事的同时，也以佛修性，使茶文化注入了佛教文化的色彩。

3. 茶禅相融，颐养天年

唐宣宗大中年间（公元847~859年）有东都进一僧，以饮茶长寿著称。据《南部新书》载：大中三年，东都进一僧，年一百二十岁。宣皇问服何药而致此?僧对曰：“臣少也贱，不知药。性本好茶，至处惟茶是求，或出日过百余碗，如常日亦不下四五十碗。”因赐茶50斤，令居保寿寺。这是因为饮茶能养身修性，颐养天年之故。

而居士茶人，深具平常心，又吟诗作文，神动天随，寄托情思，如此多享大年。如唐代香山居士白居易，青年时期家境贫困，接触社会生活，德宗贞元年间考上进士，后官至刑部尚书，但却具有一颗平常心。他做的诗文，提倡语言通俗，相传连老妪都能听懂。平日喜欢琴和茶，尤喜弹奏《渌水曲》和品尝蒙顶茶，以琴茶自娱，享年75岁，在古代，已算得上是一位寿星居士茶人了。

南宋诗人范成大，信佛，历任处州知府、知静江府兼广南西道安抚使、四川制置使、参知政事等。他平生爱茶、尚茶，写有许多茶诗；晚年退居故乡石湖，享年86岁。其间，品茶、吟诗、参禅，怡性养神，淡泊人生，把大自然与自己融为一体，无论在心态、精力，都大有益于养身修性，延年益寿。

四、饮茶重情趣

文人饮茶，解渴是一个方面，但更重要的是创造一种意境，更注重于饮茶的情趣。“茶圣”陆羽曾作有一首《六羡歌》，将功名富贵视为敝屣，却将一杯西江水视若珍宝。唐代诗僧释皎然诗曰：“越人遗我剡溪茗，采得金牙爨金鼎。素瓷雪色飘沫香，何似诸仙琼蕊浆。一饮涤昏寐，情思爽朗满天地，再饮清我神，忽如飞雨洒轻尘。三饮便得道，何须苦心破烦恼。”

宋代诗人黄庭坚，则将品茗的乐处，写得妙不可言。他在一首茶诗中将茶比做“故人”，万里归来与自己秉烛谈心，虽口不能言，却快活自省。他的这种比喻，实是对品茗的极好赞美。此外，在我国的饮茶史上，还有许多嗜茶文人，从不同角度，抒发了品茗的感受。

（一）千里致水，松风自煎

自从茶进入人们的物质生活、精神享受和文化艺术领域以后，文人饮茶就更加讲究起来。“采取龙井茶，还烹龙井水，一杯入口宿酲解，耳畔飒飒来松声。”有了好茶，还须好水，而且强调竹炉松声自煎茶，使煎茶更有情趣。清人梁章钜在《归田琐记》中认为茶品可以分为四等，但好的茶品，“然亦必瀹以山中之水，方能悟此消息”。也就是说，只有身入山中取甘泉沏香茗，方能真正品尝“香、清、甘、活”的茶品。

因此，在中国饮茶史上，许多文人墨客，常常不遗余力为赢得烹茶一泓美泉，千里致水也不在话下，并被后人传为美谈。且不说历史上有多少文人学士，登庐山品谷帘泉水，赴济南汲珍珠泉水，去镇江尝中泠泉水，以“天下第一泉水”沏茶为快，即使被唐代刘伯刍、陆羽评为“天下第二泉”的无锡惠山泉水，也是文人不可多得的心爱之物。唐武宗时，官居相位的文学家李德裕，就职于京城长安，为取得惠山泉水，专门设立从无锡到长安的送水运输机构——“水递”，为他输送惠山泉水，劳民伤财，怨声载道。

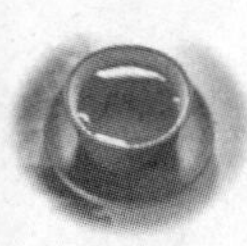

宋时的骚人墨客，也十分推崇惠山泉水，不惜工本，将惠山水用舟车运载，送到京城开封烹用。如欧阳修花了18年时间，编成《集古录》千卷，写好序文后，请当时的大书法家蔡襄用毛笔书就。欧阳修看后，十分赞赏，称“字尤精劲，为世珍藏”。为酬谢蔡襄，欧阳修特选用惠山泉和龙团茶作润笔费馈赠。蔡襄接到酬礼后，十分高兴，认为是“太清而不俗”。此后，蔡襄又特地选用惠山泉水沏茗与苏轼斗茶，也正说明了惠山泉水之珍。

苏轼对惠山泉水也爱之成癖，多次赶到惠山，写下了“踏遍江南南岸山，逢山未免更留连；独携天上小团月，来试人间第二泉”的脍炙人口的诗句，苏东坡离开无锡后，还在《寄无锡令焦千之求惠山泉》诗中，要焦千之寄惠山泉水给他。后来，苏东坡流放到现在的海南，当地有一间“三山庵”，庵内有一泉，苏东坡品评后，认为此泉水与无锡惠山泉水不相上下。为此，苏东坡感慨万千，说：“水行地下，出没于数千里之外，虽潭海不能绝也。”

更有甚者，惠山泉水还受到宋徽宗赵佶的赞赏。在他著的《大观茶论》中，有一篇专论“择水”把惠山泉水列为首品，定为贡品，由当时的两淮两浙路发运使赵霆发月进贡100坛，运至汴梁城。据蔡京的《太清楼特宴记》载，政和十二年（公元1112年）四月八日，在皇宫后苑太清楼内，宋徽宗赵佶为蔡京举行盛大宫廷宴会时，由王子赵楷陪宴劝酒，亲用惠山泉水烹新贡佳茗，再用建溪黑釉兔毫盏盛茶，招待群臣。更值得一提的是南宋高宗赵构被金人逼得走投无路仓皇南逃时，路过无锡，还特地去品茗惠山泉。可见惠山泉水在宋皇室中的影响。

元代，翰林赵孟頫慕惠山泉之名，在品茗惠山泉时，还专为惠山泉书写了“天下第二泉”5个大字，至今犹在。诗人高启，江苏吴江人氏，客居浙江绍兴，平生嗜茶，一次家乡好友来访，特地为他捎去惠山泉水。高启为此爱不释手，心喜之余，欣然命笔，作《友人越贶以惠泉》诗一首：

汲来晓冷和山雨，饮处春香带间花。

送行一斛还堪赠，往试云门日铸茶。

诗中，对惠山泉珍爱之情表达得淋离尽致。

明代，爱茶诗人李梦阳，也有与高启相似的经历，有他的《谢友送惠山泉》诗为证：

故人何方来？来自锡山谷。

暑行四千里，致我泉一斛。

清代，乾隆皇帝为取得品茗佳泉。命人精制小银斗一只，用银斗“精量各地泉水”，然后精心称重，按水的比重从轻到重，依次排出优次，得出惠山泉水虽比北京玉泉水稍重，但亦在优等之列。在南巡时，还在惠山泉品茗赋诗：

惠泉画麓东，冰洞喷乳糜。

江南称第二，盛名实能副。

流为方圆池，一倒石栏甃。

圆甘而方劣，此理殊难究。

对泉三间屋，朴断称雅构。

竹炉就近烹，空诸大根囿。

这首诗刻在惠山泉前的景徽堂墙上，一直为今人所念诵。

从今人看来，惠山泉是地下水的天然露头，所以，免受环境污染，水质自然清澈、晶莹；另外由于水流通过山岩，更使泉水富含对人体有益的多种矿物质。用如此泉水烹佳茗，自然成为“双绝”，难怪历代茶人都如此钟情惠山泉。特别是宋代诗人王禹偁因留恋惠山的泉美、茶香、鱼乐，曾作诗一首：

甃石封苔百尺深，试茶尝味少知音。

惟余半夜泉中月，留照先生一片心。

就是这“半夜泉中月”，孕育了一首名传天下的二胡名曲，这就是清光绪年间由无锡雷遵殿小道士，即瞎子炳，以惠山泉为素材创作的《二泉映月》，更增添了惠山泉品茗的情趣。

饮茶择水，是文人饮茶的一大特点，与此同时，文人饮茶崇尚“野泉烟火”，松风自煎，从中领略美学情趣。唐代高僧灵一，他与无居士饮茶时，选择在白云深处的清山潭，相对而坐，在品尝饮茶之乐的同时，也不忘体验山水之乐。为此，他在《与无居士青山潭饮茶》诗中写道：

野泉烟火白云间，坐饮山茶爱此山。

岩下维舟不忍去，青溪流水暮潺潺。

而唐代诗人刘言史，与好友孟郊，选择在洛北的野泉去自煎茶。在刘氏的《与孟郊洛北野泉上煎茶》诗中，为求得茶的“正味真”，他俩“敲石取鲜火，撇泉避腥鳞。荧荧爨风铛，拾得坠巢薪”如此摆脱人世间的纷扰与烦恼，创造一个新的心灵世界。

苏东坡忘情于茶，当年流放海南时，贫病交加，但以煎茶自慰。他在《汲江煎茶》诗中写道：

活水还须活火烹，自临钓石取深清。

大瓢贮月归春瓮，小杓分江入夜瓶。

茶雨已翻煎处脚，松风忽作泻时声。

枯肠未易禁三碗，坐听荒城长短更。

诗人在流放中，“汲江煎茶”，以茶为友，以茶慰藉。

爱国诗人陆游，一生坎坷，忧国忧民，但他以“卧石贩松风，萧然老桑蒙”自喻，“从汲水自煎茗”中感受茶的乐处。他在《夜汲井水煮茶》诗中云：

夜起罢观书，袖手清夜水。
四邻悄无语，灯火正凄冷。
山童已睡熟，汲水自煎茗。
锵然辘轳声，百尺鸣古井。
肺腑凉清寒，毛骨亦苏省。
归来月满廊，惜踏疏梅影。

诗人深夜汲井水自煎，用品茗度过他的不眠之夜。此外，在宋代的文人学士中，梅尧臣的《答建州沈屯田寄新茶》，欧阳修的《送龙井与须道人》，杨万里的《舟泊吴江》，洪希文的《煮土茶歌》等等，都谈到汲水自煎茶的乐处。

明代文学家高濂，认为用杭州虎跑泉水自烹西湖龙井茶，不但“香清味洌”而且“凉沁诗脾”。在他的《四时幽赏录》中称：“每春高卧山中，沉酣香茗一月”真是品茗到了极点。明代大画家徐渭对饮茶深有研究，写有《煎茶七类》。在他作的《某伯子惠虎丘茗谢之》诗中，他用谷雨前青箬包装的虎丘茶，用宜兴产的紫砂新罐，吹着《梅花三弄》乐曲细搅松风，酌着“玉壶冰”一般的茶水，以此孤芳自赏。而他的好友文徵明，是“踏遍阳春情未已，山窗煮茗坐忘归。”直到89岁时，还“宾客清闲尘土远，晓窗亲沃案头茶”，一生汲水煎茶不息。

清代的郑板桥，更以煎茶品茗自娱，认为“坐小阁上，烹龙凤茶，人间一大乐事”。文学家廖燕在《半幅亭试茗记》中写道：

“客之来，勇于谈，谈渴则宜茗。汲新泉一瓶，箅动炉红，听松涛飕飕，不觉两腋习习风生，举瓷徐啜，味入襟解，神魄俱韵。”

诗人在“汲新泉”、“听松声”、“举瓷徐啜”中，最终获得的是“神魄俱韵”的美学情趣。这种情况古代如此，现代亦然。如果君能抽时间到闽南或潮（州）汕（头）一带，领略一下啜工夫茶的情景，那么，这种千里致水，松风自煎的趣味就会应运而生了。

（二）茶竹为友，竹下品茗

文人以追求高洁之风，淡泊人生为乐，而竹骨格清奇，刚直不阿，清白可人，正好体现了君子之风。所以，苏东坡言："可使食无肉，不可居无竹；无肉使人瘦，无竹令人俗。"因此，文人饮茶，总喜将自己与茶、竹结缘，饮茶共竹，与之进行心灵的交流。

1. 竹下品茗

三国时，有"竹林七贤"，常宴请于竹林之下。其实这种情况在文人士子中，也比比皆是。如唐代顾况在《茶赋》中称："杏树桃花之深洞，竹林草堂之古寺，乘槎海上来，飞锡云中至，此茶下被于幽人也。"竹林是品茗的清幽之处。

宋代诗人王令，他在获得友人张和仲赠送的杭州宝云茶后，便邀请好友去竹林下煎茶同乐。为此，他还写了一首《谢张和仲惠宝云茶》诗，诗中写道：

故人有意真怜我，灵荈封题寄荜门。
与疗文园消渴病，还招楚客独醒魂。
烹来似带吴云脚，摘处应无谷雨痕。
果肯同赏竹林下，寒泉犹有惠山存。

王氏邀友品茶，不但地点选择在竹林下，而且还将保存的惠山泉水，用来煎谷雨前的宝云茶，如此爱茶及竹，真是竹香茶亦香。

宋代理学家朱熹，在他的诗中曾说过：

"客来莫嫌茶当酒，山居偏与竹为邻。"

爱茶与爱竹之情，深深流露于笔端。明代诗人陆容，在《僧茶诗》中，说：

"江南风致说僧家，石上清香竹里茶。"

把竹里煎茶说成是江南僧侣的茶风。

明代文学家张岱在《斗茶檄》中，写道："七家举事，不管柴米油盐酱醋，一日何可少此，子犹竹庶可齐名。"说茶和竹一样齐名，"一日何可少此"。

清代的郑板桥，在他的书画生涯中，有不少是颂竹品茗之作，特别是他的画题诗中，见者更多，其中有一首写道：

不风不雨正晴和，翠竹亭亭好节柯。
最爱晚凉佳客至，一壶新茗泡松萝。
几枝新叶萧萧竹，数笔横皴淡淡山。
正好清茗连谷雨，一杯香茗坐起间。

郑氏将画竹品茗的情和趣，以及两者之间的和谐关系说得合情合理，惟

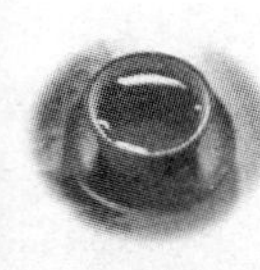

妙惟肖。

2. 竹炉煎茶

唐代时，竹炉煎茶，已为文人采用。明代以后，用竹炉煎茶，更为文人所推崇。这是因为明代改龙凤团饼为炒青散茶，从而使瀹茶方法，由“唐煮宋点”改为直接用沸水冲泡，也使饮茶更有情趣可言。所以从明代开始，一些文人学士不但爱好竹下品茗，还崇尚竹炉煎茶。

明代无锡惠山寺住持、诗僧普真，请浙江湖州竹工制作了一个竹茶炉，又请名画家王绂画图、文学家王达作文、名流题诗，装帧成《竹炉茶图卷》。图卷后来为明代文人秦夔获得，又为此作了《听松庵炉茶记》，现刻石于惠山泉旁的惠山寺内。其中写到：

> “炉以竹为之，崇俭素也，于山房为宜。合炉之具其数有六：为瓶之似弥明石鼎者一，为茗碗者四，为陶碗者四，皆陶器也；方而为茶格一，截斑竹为之，乃洪武间惠山寺听松庵真公旧物。”

清代的乾隆皇帝，巡幸江南时，曾亲驾惠山寺领略过“竹炉煎茶”的韵味，为此，他写了一首《汲惠泉烹竹炉歌》，其前又写了一段序文，曰：

> “惠山名重天下，而听松庵竹炉为明初高僧性海所制，一时名流传咏甚盛。中间失去，好事者妨为之，已而复得……辛未二月二十日，登惠山听松庵。汲惠泉，烹竹炉，因成长歌，书竹炉第三卷，援笔洒然，有风生两腋之致。”

而对在惠山听松庵煎茶之事，乾隆终生难以忘怀，为此，他先后写过许多首追忆惠山竹炉煎茶的诗歌。

古人不但崇尚用竹炉煎茶，还有推崇用竹子烹茶的，时为“扬州八怪”的清代书画家、文学家郑板桥写过一副茶联，“扫来竹叶烹茶叶，劈碎松根煮菜根”，就是一例。

总之文人雅士崇尚观竹品茗，用茶与竹寄托情思，实是一种对情操的追求。

3. 竹水益茶

明代许次纾在《茶疏》中称：“精茗蕴香借水而发，无水不可与论茶也。”明人张大复在《梅花堂笔谈》中也说：“茶性必发于水，八分之茶遇十分之水，茶亦十分矣。八分之水试十分之茶，茶之八分耳。”所以，在历史上，特别是文人骚客，有“汲水煎茶”之举。

唐代诗人陆龟蒙有《谢山泉》诗云：“决决春泉出洞霞，石坛封寄野人家，草堂尽日留僧坐，自向前溪摘茗芽。”陆氏识茶知水，当他的朋友用“石坛封”寄山泉水给他时，他喜出望外，感激之情溢于言表。

宋代杨万里《以六一泉煮双井茶》为题，赋诗云：“细参六一泉中味，故有涪翁（即宋人黄庭坚）句子香。”美誉家乡的六一泉与黄氏家乡的双井茶齐名。苏东坡汲水十分挑剔，他常用惠山泉水煮茗。惠山东观泉内有两井，一圆（井）一方（井），因方动圆静，为此，苏氏只汲方而不汲圆。传说他爱玉女河水煎茶，但远程汲水，又怕茶童偷梁换柱，有“石头城下之伪”。为此，他嘱僧人：凡他的茶童汲水时，连水发竹符（水牌），以牌为记，表明确系所取真水。

这种文人饮茶取水的方法，在宋及宋以后，还一直为文人学士所效仿。

与竹符提水相关的，甚至在饮茶史上还时兴在提水时，主张用竹桶盛水，直至在水桶里放上一个竹圈，既养水，又防水晃出盛器外。更有甚至还有用竹沥水煎茶斗茗的。苏蔡斗茶就是一例：它说的是北宋苏舜之（苏才翁）与蔡君谟（即蔡襄）斗茶，苏氏用茶虽不及蔡氏，但水精，最终获胜的事。

茶人大都知道，斗茶是综合技艺的体现，它与茶、火、器等紧密相关，如果客观条件相同，则取决于水的优劣。而当时，对苏、蔡二人来说，正是“茶逢对手”，不相上下，于是双方便在择水上进行较量。而结果表明，蔡君谟选的尽管是御用江苏无锡的惠山泉水；但苏舜之汲的是“竹沥水”，它不但弥补了“茶劣”，而且还略胜一筹，最终取胜。它告诉我们，自从饮茶进入文人的生活艺术领域以后，对茶的色、香、味、形的体现者水来说，有着更高的要求，这是很自然的事。

五、用茶取名作号

在历史上，中国人对一个人的命名都是十分讲究的，决不随意而立。“一保之立，旬月踟蹰”指的就是这个意思。所以，从古至今，一个人的姓名、别号，乃至书斋堂屋、书集画册，无不刻意求精，决无半点马虎，他们或寓意、或托志、或祝愿，特别是名人，更是引经据典，抒发情怀，寄托情思。而在中国饮茶史上，大凡名人总是与茶结缘，他们爱茶嗜茶、崇茶尚茶，以茶洁身自好。明代孙一元有诗云：“平生于物元（原）无取，消受山中水一杯。”表达的就是这种心态。所以，在历史上有许多名人，他们有用茶做自己的别号、书斋名，甚至文集名的。

茶人别号，始于唐代“茶圣”陆羽。他毕生事茶，不仕不娶，开天辟地写了世界上第一部茶叶专著《茶经》。“自从陆羽生人间，人间相学事新茶”。始有“天下益知饮茶”之事。他晚年曾居江西上饶茶山寺，亲自开山植茶，

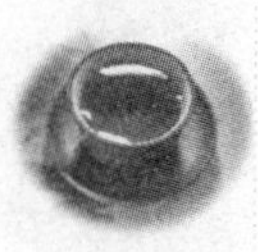
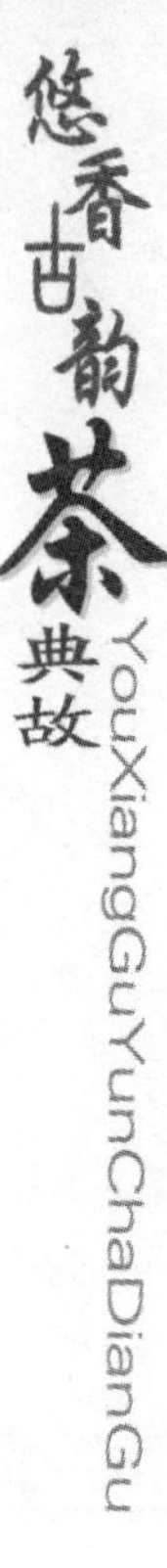

号“茶山御史”。唐代杰出的现实主义诗人白居易，他酷爱饮茶，并且对茶、水、器的选择配置和火候定汤很有讲究，自称自己为“别茶人”。

宋代，江西提刑曾几因遭奸相秦桧排斥，隐居于当年陆羽居住的江西上饶茶山，他爱慕茶的精行俭德，也追慕陆羽的高风亮节，故而步陆羽之尘，自号“茶山居士”，并将所著文集亦定名为《茶山集》。宋代理学家朱熹，他好茶尚茶，还在福建做过茶官，提倡种茶，追求茶的质朴无华，平淡自然。在福建武夷山紫阳书院讲学时，总爱与茶人品茶论理。他在《茶坂》诗中还谈了亲自上山采茶煮饮的情景，对茶的情感溢于言表。他曾为避免“庆元学案”的迫害，在给文人的书信和题诗中，不写真名，题款“茶山”，这是朱熹为政治斗争需要所取的一个别号，以淡泊人生。

元代名士卢廷璧，嗜茶成癖，被明代小说家冯梦龙收入《古今谭概·癖嗜部》，可见他癖茶之深。他的别号“茶庵”。据书载，他平生嗜茶，收藏有僧人讵可庭的十件茶具，将它奉若神灵，经常穿着整齐，向它跪地作揖。

明代戏剧家汤显祖，深谙茶事，平时以茶自好，一生写过许多茶诗，他的剧作中也常常提到茶事，后来，又将他的书斋命名为“玉茗堂”，并自号为“玉茗堂主人”，将所著的文集亦题名为《玉茗堂集》。“玉茗”一词，实为茶的雅称。汤显祖以“玉茗”命名、命斋、命集，《宇内琐闻记》解释此为寓意汤显祖的高洁流芳。有鉴于此，时人称他所创的艺术流派为“玉茗堂派”，其创作的剧作《南柯记》、《邯郸记》、《紫钗记》和《牡丹亭》，后人合称其为“玉茗堂四梦”，亦是人们对汤显祖爱茶的赞颂。

明代文学家王浚，毕生爱好茶，为此他将自家的屋名定名为“茗醉庐”。其祖王无功（绩），性嗜酒，号称“斗酒学士”，作有《醉乡记》。明代吴宽《匏翁家藏集》卷二十一作有《题王浚之茗醉庐》曰：

昔闻尔祖王无功，曾向醉乡终日醉。
醉乡茫茫不可寻，后世惟传《醉乡记》。
君今复作醉乡游，醉处虽同游处异。
此间亦自有无何，依旧幕天而席地。
聊将七碗解宿酲，饮中别得真三味。
茅庐睡起红日高，书信先回孟谏议。
陆羽卢仝接迹来，仍请（张）又新论水味。
不从卫武歌抑诗，初筵客散多威仪。
无功先生安得知，醉乡从来分两歧。

王浚和王绩，虽为一门相承，但醉乡有别，一是茗醉，一是酒醉，当属两歧了。

明代文学家沈贞，常是茶不离口，笔不离手，饮茶和写作是生活的两大爱好，为此他的别号为“茶山老人”，他的文集亦题名为《茶山集》。明代的屠隆，性嗜茶，还精于烹茶，喜以茶会友，居处常高朋满座，四壁贮有各地香茗，经常饮茶与朋友分享快乐，为此，他索性将自家的居处定名为“茶居”。

此外，明代还有与沈周同时代的书画家王涞，别名“茗醉”；文学家姚咨的室名为“茶梦庵”，别号是“茶梦主人”；文学家钱促毅的室名为“煮茗轩”。

明末清初文学家彭孙贻，工诗，嗜茶，他将自己的书斋命名为“茗斋”，传世之作有《茗斋杂记》、《茗斋诗余》等。清初常州词派创始人张惠言，是嘉庆进士，官居翰林院编修，平日与茶结缘，洁身自重，自号“茗柯”，将书斋定名《茗柯集》。自此，“茗柯”就成了这饱通经学大家张惠言的别号、书斋和文集之名。

“茶癖”杜溶也是明末清初人，为明著名诗人，明亡后，不愿做“两截人”出任清廷，寓居江宁（今南京）鸡鸣山，深居山乡，以茶相伴，工诗作文，自号“茶星”，还嫌不足，又号“茶村”。他喜品茶，谓茶有“四妙”：湛、幽、灵、远。自述“家中有绝粮，无绝茶”。说他与茶的关系是：“吾之于茶也，性命之交也。”平日连剩茶也不忍舍去，集于净处，用土封存，名曰：“茶丘”，并作《茶丘铭》记文。

清代的沈皞日，工诗词，为“浙西六家”之一。平日用茶思益，以茶究学，遂将自己的书斋取名为“茶星阁”。清代的何焯，长于考订，家有藏书万卷。平日杯茶在手，研读学问，以茶、书相伴自荣，号称“茶仙”。

清代戏曲家李渔，能为小说，尤精谱曲，又不善酒，好品茗，他曾作《不载果实茶酒说》，提出检验茗客与酒客之法：果者酒之仇，茶者酒之敌，嗜酒之人必不嗜茶与果，此定数也。凡有新客入座，平时未经共饮，不知其酒量浅深者，但以果饼及糖食验之：取到即食，食而似有踊跃之情者，此即茗客，非酒客也。取之不食，及食不数四而即有倦色者，此必巨量之客，以酒为生者也。以此法验嘉宾，百不失一。接着，李氏自言：“予系茗客而非酒人，性似猿猴，以果代食，天下皆知之矣。”李渔以“茗客”自称，反映了他对茶的钟爱之情。

清代大学者俞樾，为道光进士，学问渊博，对群经、诸子、语言、训诂以及小说、笔记，皆有撰著，这样一位大学问家，也经不住茶香的诱惑，其

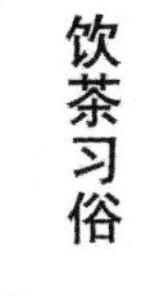

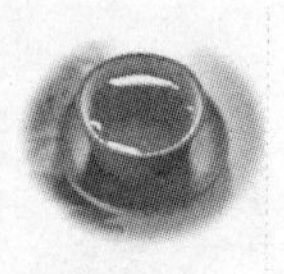
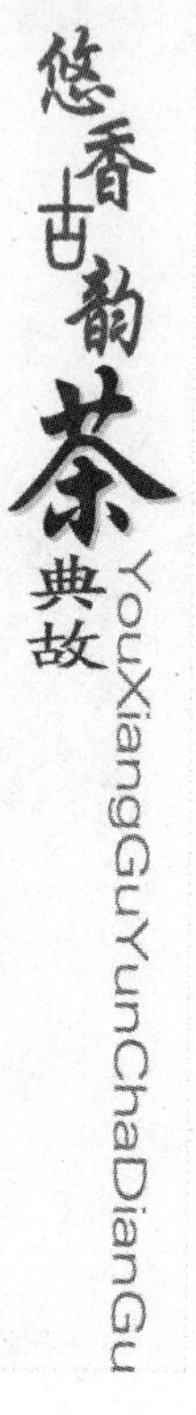

妻姚氏也以品茗自好。为此，他将自己的住处定名为“茶香室”，将所著的文集冠以《茶香室丛钞》、《茶香室经说》。此外，还有清人靳应升，别号“茶坡樵子”，居室取名“茶坡草堂”；杨伯润，其号为“茶禅”；闻元晟的别号叫“茗崖”；张深的别号是“茶农”。这种以茶命名的作法，在清代最为时髦。更引人入胜的清代满铁保的室名，为“茶半香初之堂”，长达六字，其名意味深长。

其实，这种以茶命名之举，古人有之，今人又何尝不是如此呢？如近代文化名人周作人，自言“常到寒斋吃苦茶”，竟将他的书斋命名为“苦茶庵”，自称“苦茶庵主”，以后，又有人称其为“苦茶上人”。又如近代著名茶学家庄晚芳教授，毕生事茶，终身与茶为伴，生前签名题词，常以“中华茶人”作闲章，以“茗叟”落款。至于以“茶人”、“良茗”、“茶夫”为别称的更是常见，这充分体现了茶在人们心目中的地位，也是历代文人墨客对茶崇拜和爱茶之情的一种反映。在农村，老人常常爱称小孩为“茶茶”，就是例证。仿佛以茶入名，自有茶气长存，茶香缠身之感。

第三节　饮茶的社会风尚

几千年来，中国人饮茶，世代相沿，遂成习俗。同时又由于自然条件的不同和社会环境的各异，久而久之，形成了多种多样的饮茶风尚和习俗。这种风尚和习俗，尽管在形成过程中，在各个时期会有不同的表现，但往往世代相传，影响深远。本章分家庭饮茶之道、饮茶与斗茶、点茶与分茶、茶宴和茶话会四个小节来讲述中国社会的饮茶风尚。

一、家庭饮茶之道

饮茶原本是生活的必需品，“柴米油盐酱醋茶”，人们生活离不开茶。不仅如此，饮茶还可“细啜咀华”，促进人的思维，细斟缓咽，唤起人的愉悦心情，把握茶艺，升华人的精神；敬奉杯茶，拉近人们的感情距离……所以茶与人民的生活休戚相关，无处不在，人的生活是离不开茶的。

（一）客来要敬茶

中国人认为，客来敬茶是常礼。在一杯茶中，既凝聚着中国传统文化的基本精神，又充满着中国传统文化的艺术气息。“柴米油盐酱醋茶”，指出茶是人们生活的必需品，不可缺少；而“琴棋书画诗酒茶”，指出茶是人们精神生活和艺术文化的享受。路边一角钱一碗的大碗茶，固然受到过往行人的欢迎，而在茶艺馆中高达百元以上的一杯茶，同样为爱茶人所喜爱，心甘情愿掏钱。两者价值相差千倍之多，这里虽然有物质投入的差别，但主要还是因为后者包含了众多的茶文化内容的艺术品味。

客来敬茶，它在体现物质和文化的内涵同时，更汇聚着一种情谊，这种精神的“东西”是无价的。这一传统礼仪，在中国流传，至少已有一千年历史了。据史书记载：早在东晋时，中书郎王蒙用“茶汤待客”、太子太傅桓温“用茶果宴客”、吴兴太守陆纳“以茶果待客”。唐虞世南《北堂书钞》还记载了晋惠帝用瓦盂饮茶之事。据史料记载，惠帝司马衷，是武帝次子，为人愚蠢，即位以后，贾后大权独揽，毒死了太子，引起了“四王”（即赵王伦、齐王同、长沙王义、成都王颖）起事，惠帝避难出逃时，近臣随侍，即黄门散骑官用瓦盂盛茶，敬奉惠帝，被惠帝视为患难之交。

又据记述南朝史实的《宋录》载，居住在安徽寿县八公山东山寺的昙济道人，是一个很讲究饮茶的人，宋朝宋孝武帝的两个儿子去拜访昙济时，昙济道人设茶招待“新安王子鸾，鸾弟豫章王子尚”。唐代颜真卿的“泛花邀坐客，代饮引清言”；宋代杜来的“寒夜客来茶当酒，竹炉汤沸火初红”；清代高鹗的“晴窗分乳后，寒夜客来时”等诗句，更明白无异地表明了中国人民，历来有客来敬茶和重情好客的风俗。

从这些诗句中，人们不难看出，中国人不仅有客来敬茶的习惯，而且还有用茶留客之意。因此，客来敬茶，实际上是中国人的一种礼俗。客人饮与不饮，无关紧要，它表示的是一种待客之举。所以，按中国人的礼俗，敬茶是不可省的。

（二）奉茶讲礼仪

客来敬茶，要讲究文明礼貌，即通过敬茶，体现出文明与礼貌。有条件的应做到饮茶的客厅窗明几净，整洁有序，桌上铺好台布，插上鲜花，使环境显得更加幽雅可亲。

按中国人的饮茶习惯，客来敬茶时，如果家中藏有几种名茶，还得一一介绍。如果是特别名贵的茶，主人还会向客人介绍一下这种茶的由来和与茶有关的故事。当然，也有的会同时拿出几种茶，让客人品尝比较，以引起客人对这些茶的兴趣与好感。从中，也增加了主客之间的亲近感。

至于泡茶用的茶具，最好富有艺术性，即使不是珍贵之作，也要洗得干干净净。倘有污迹斑斑，则被视为不文明的表现，是对客人的“不恭”。如果

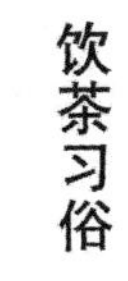

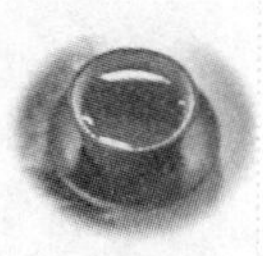
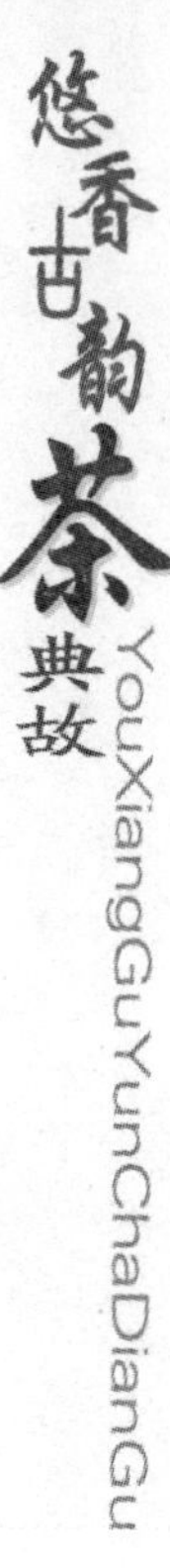

用的是珍稀或珍贵的茶具，那么，主人也会一边陪同客人饮茶，一边介绍茶具的历史和特点，制作和技艺，通过对壶艺的鉴赏共同增进对茶具文化的认识，使敬茶情谊得到升华。

敬茶时，无论是客人坐在你的对面，还是坐在你的左边或右边。按中国人的礼节，都必须恭恭敬敬地用双手奉上。讲究一些的，还会在饮茶杯下配上一个茶托或茶盘。奉茶时，用双手捧住茶托或茶盘，举至胸前，轻轻道一声："请用茶!"这时客人就会轻轻向前移动一下，道一声："谢谢!"或者是用右手食指和中指并列弯曲，轻轻叩击桌面，表示"双膝下跪"！同样是表示感谢之意。倘若用茶壶泡茶，而又得同时奉给几位客人，那么，与茶壶匹配的茶杯，其用量宜少不宜大，否则无法一次完成，无形中造成对客人的亲疏之分，这是要尽量避免的。如果壶与杯搭配相宜，正好"恰到好处"，那么说明主人茶艺不凡，又能引起客人的茶兴与共鸣，实在是两全其美。

（三）沏茶重技艺

客来敬茶，在注重礼节的同时，还要讲究泡茶的技艺。在泡茶时，最好避免用手直接抓茶，可用金属、瓷器、角质、竹木等制作的茶匙，逐壶（杯）添加茶叶。如果客人是体力劳动者，或是老茶客，一般可以泡上一杯饱含浓香的茶汤；如果客人是文人学士，或无嗜茶习惯的，一般可以泡上一杯富含清香的茶汤；倘若主人并不知道客人的爱好，又不便问时，那么，不妨按一般要求，泡上一杯浓淡适中的茶汤。这种根据来客需要而进行泡茶的作法，用茶学界的行话来说，叫做"因人泡茶"。

泡茶用水必须是清洁无异味的。泡茶时，不宜一次将水冲得过满。也可分两次冲水，第一次冲至三分满，待几秒钟后，茶叶开始展开时，再冲至七八分满。无论用茶壶泡茶，还是用茶杯直接泡茶，切不可将壶盖或杯盖口沿朝下放在桌子上，而必须将盖沿朝上，以免玷污盖沿。送茶时，也切不可单手用五指抓住壶沿或杯沿递与客人，这样做既不卫生，又缺少礼貌。

如果是宴请宾客，那么，还得敬上餐前茶和餐后茶。餐前茶一般选饮的是清香爽口的高级绿茶或花茶，以清淡一些为宜，目的在于清口；餐后茶一般选饮的是浓香甘洌的乌龙茶或普洱茶，以浓厚一些为宜，目的在于去腻助消化，还可起到解酒的作用。不过，在饭店和宾馆，用得最普遍的是餐前茶；在家庭，用得最普遍的是餐后茶。

在中国，对饮茶有"一人得神，二人得趣，三人得味，七八人是施茶"的说法。认为在工作之余，约上一二知己，一边饮茶品茗，一边促膝谈心，自有情趣在其中。中国有句俗语，叫做"酒逢知己千杯少"，饮茶又何尝不是如此呢？老朋友在一起，细啜慢饮，推心置腹，无所不谈，自然有“饮不尽的茶，说不完的话”之趣。如果七八人在一起，大杯喝茶，那只好天南地北、高谈阔论，要相互交心，则难以办到。明人冯可宾在《岕茶笺》中写道：“茶壶以小为贵，每一客壶一把，任其自斟自饮方为得趣，何也，壶小则香不涣散，味不耽搁。”所以，那种大碗急饮，通常只有在经过强体力劳动，口渴唇干时才会见到。

中国人遇到喜事常以一醉方休为快！有趣的是：茶喝得过多过浓，也会“醉”。这一是因为茶叶中含有较多的咖啡碱，它能刺激中枢神经系统，使人精神兴奋。如有的人与老友重逢，促膝长谈，频频饮茶，毫无倦意，“莫道清茶不是酒，情到浓时也醉人”，这种超乎寻常的兴奋状态，其实就是一种“茶醉”的表现；二是有的人平日不甚饮茶，一旦饮茶多了，或是在空腹时饮了浓茶，身体一时适应不过来，会觉得恶心、头晕，甚至冒虚汗等，也是“茶醉”的表现。遇到这种情况，只要吃上几块糖果，再喝几口白开水，就可以解醉了。

客来敬茶，在做到技熟艺美的同时，对敬茶者来说，还要有良好的气质和风姿，一个人的长相是天生的，是父母的遗传因子决定的，并非自己可以选择。但自己可以通过努力，不断加强自我修养，即使自己容貌平平，客人也可从他（她）的言行举止，甚至衣着打扮中发现自然纯朴之美，甚至变得更有个性和魅力，从而使客人变得更有情趣，很快进入饮茶的最佳境界。

得体的行为、举止，以及对茶文化知识的了解和掌握，做到神、情、技动人，当然会给客人以舒心之感。一般说来，敬客的是女性，则以素静、整洁、大方、淡妆为上，切忌浓妆艳抹，举目轻浮失常。如果是男士，则以仪表整洁，言行端正为好，切忌言笑粗鲁。总之，客来敬茶，要体现出以茶为“媒”，使主客之间焕发出自内心的情感，而最终达到亲近有加。

（四）送茶为敬客

中国人不但有客来敬茶的习惯，而且还有送茶敬客的做法。倘若“有朋自远方来”，主人敬茶时，发现客人对冲泡的茶情有独钟时，只要家中藏茶还有富余，一定要分出茶来，当即馈赠给客人。或者是亲朋好友，常因远隔重洋，关山阻挡，不能相聚共饮香茗，引为憾事，于是千里寄新茶，以表怀念之情。唐代大诗人白居易的：“蜀茶寄到但惊新，渭水煎来始觉珍”；宋代梅尧臣的“忽有西山使，始遗七品茶”；明代徐渭的“小筐来石埭，太守尝池州”；清代郑板桥的“此中蔡（襄）丁（渭）天上贡，何期分赐野人家”等诗句，都充分表现了亲朋间千里分享新茶佳茗的喜悦之情。其实，这种远地

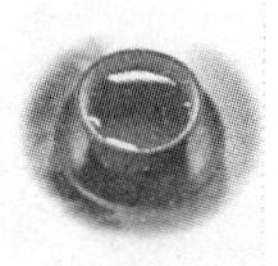

送茶寄亲人的风俗，时至今日，依然如故。它通过送茶这一形式，使远方的亲朋好友体察到朋友的情谊，进一步增加亲近感，最终达到敬客之意。

二、斗茶习俗

斗茶，又称茗战，它是古代以饮茶的形式，用战斗的姿态，品评茶叶优劣的一种方法。斗茶时，既要讲究茶品，又要注意水质，还要重视技艺，可谓是中国古代饮茶的集大成。这种品饮茶的方式，一直流传至今，仍常为民间采用。

（一）斗茶的兴起

斗茶的兴起，在很大程度上，与中国推行的贡茶有关。贡茶是指古代进奉给包括皇帝在内的皇室饮用之茶。晋代常璩的《华阳国志·巴志》载，周武王伐纣时，巴国已将茶与其他珍贵产品纳贡给周武王。但据宋代寇宗奭《本草衍义》载，贡茶始于晋代，说："晋温峤上表，贡茶千斤，茗三百斤。"南朝宋时，山谦之的《吴兴记》则记有：乌程县二十里有温山，出产御茶。

不过，在唐以前，虽有贡茶之说，但并未形成一种制度。而唐时，不但各地名茶入贡，而且还于唐大历五年（公元770年），在浙江长兴顾渚山设贡焙；至会昌中，贡额达18400斤。《新唐书·地理志》中提及唐代贡茶产地达17州之多，最有名的是江苏宜兴的阳羡、浙江长兴的紫笋茶和四川雅州的蒙顶茶。宋代贡茶更盛。入宋以后，宋太祖首先移贡焙于福建建州的北苑。据《宋史·食货志》载："建宁腊茶，北苑为第一。其最佳者曰社前，次曰火前，又曰雨前，所以供玉食、备赐予。太平兴国始置。大观以后制愈精，数愈多，胯式屡变而品不一。"明洪武初，明太祖朱元璋罢团茶改贡茶。据明代谈迁《枣林杂俎》载：明代有44州县产贡茶。这种贡茶制度一直承沿到清代。

由于贡茶制度的出现，它带给人民群众深重苦难的同时，却在一定程度上促进了名茶的开发和茶采制技术的提高，甚至还为一部分人投机取巧、讨好皇上提供了机会。北宋蔡襄在《茶录》中亦谈到：斗茶之风，先由唐代名茶、南唐贡茶产地建安兴起。于是这样就出现了斗茶。用斗茶斗出的最佳产品，作为贡茶。所以说，斗茶是在贡茶兴起后才出现的。

（二）因何斗茶

因何斗茶，北宋范仲淹的《和章岷从事斗茶歌》说得十分明白："北苑将斯献天子，林下雄豪先斗美。"为了将最好的茶献给皇室，达到晋升或邀宠，斗茶也就应运而生。北宋苏东坡《荔枝叹》诗曰："武夷溪边粟粒芽，前丁后蔡相笼加；争新买宠各出意，今年斗品充官茶。”这里的“前丁后蔡”，说的是北宋太平兴国初，福建漕运使丁谓和福建路转运使蔡襄。自唐至宋，贡茶的进一步兴起，茶品愈益精制。再通过斗茶，将最好的斗品，充做官茶。据北宋欧阳修《归田录》载：“茶之品，莫贵于龙凤，谓之团茶，凡八饼重一斤。庆历中，蔡君谟（襄）为福建路转运使，始造小片龙茶以进，其品绝精，谓之小团，凡二十饼重一斤，其价直金二两。然金可有，而茶不可得，每因南郊致斋，中书、枢密院各赐一饼，四人分之。宫人往往镂金花于其上，盖其贵重如此。”

宋时，贡茶称之为龙凤团饼，又有大小之分，还镂花于其上，精绝至止。大龙团初创人为丁谓，曾在北苑督造贡茶。而其后的蔡襄，为了博得皇帝的喜欢，在督造福建贡茶时，又在大龙团的基础上，改造小龙团。大龙团原本已是8饼一斤，小龙团却是20饼一斤，其目的正如苏东坡所说，为的是“相宠加”。结果丁谓终于官至为相，封晋国公。蔡襄召为翰林学士、三司使。

不仅如此，还有人因献茶得官了。为了博得皇上欢心，更有到处斗茶搜茗，掠取名茶进贡，为此升官发财的。据宋代胡仔《苕溪渔隐丛话》载：“郑可简以贡茶进用，累官职至右文殿修撰、福建路转运使。”后来其侄也仿效郑可简“千里于山谷间，得朱草香茗，可简令其子待问进之。因此得官”。其时，又遇宋徽宗赵佶好茶，宫中斗茶之风更盛。为迎合皇室，郑可简还督造“龙团胜雪”（茶），他儿子将朱草（茶）送进宫廷，走升官捷径。这件事，一直被后人讥讽：“父贵因茶白（宋代茶以白为贵），儿荣为草朱。”

（三）斗茶的方式

如北宋的范仲淹《和章岷从事斗茶歌》，专门有一段写斗茶情景的：“鼎磨云外首山铜，瓶携江上中冷水。黄金碾畔绿尘飞，紫玉瓯心雪涛起。斗茶味兮轻醍醐，斗茶香兮薄兰芷。其间品第胡能欺，十目视而十手指。胜若登仙不可攀，输同降将无穷耻。”这里明白无异地告诉大家：因为斗茶是在众目睽睽之下进行的，所以茶的品第高低都会有公正的评论。而斗茶的结果，胜利者得意“如登仙”，而失败者犹如“降将”一般，则是一种耻辱。对如何斗茶，宋代唐庚在《斗茶记》中写得十分清楚：斗茶者二三人聚集在一起，献出各自珍藏的优质的茶品，烹水沏茶，依次品评，定其高低，表明斗茶是评定茶叶的一种方法。

综合宋代有关茶著斗茶的方式，其方法大致如下：

1. 炙茶：陈饼茶用“沸汤渍之”，去除膏油，再用微火炙干。新茶，则可免去炙茶。

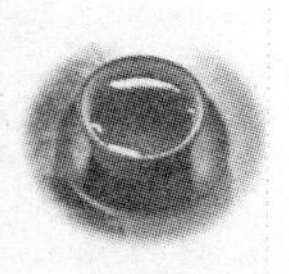

2. 碾茶：用纸包住茶饼，槌成小块，再用茶碾碾成细末。

3. 罗筛：即过筛，粗粒重新碾后再筛，直至茶全部过筛。

4. 候汤：要掌握烧水程度，汤嫩则“沫浮”；汤老则“茶沉”。

5. 烘盏：加热茶盏，以发挥“点茶”的最佳效果。

6. 点茶：先投茶，后注汤，再调膏。

7. 品比：按宋代对茶品的要求，斗茶胜负的标准决定于两条：一是比茶汤的色泽，以白为上；二是比汤花紧贴盏壁“咬盏”时间的长短。

斗茶不同于唐代以陆羽为代表，以精神享受为目的的品茶。在宋代斗茶都是饮茶大盛的集中的表现，上达皇室，下至百姓，都乐于此道。宋徽宗赵佶，他以皇帝之尊，写就《大观茶论》一册，开创了世界以一国之尊，撰写茶书的先河。他在书的序中写道：“天下之士，励志清白，竞为闲暇修索之玩，莫不碎玉锵金，啜英咀华，校箧笥之精，争鉴裁之妙，虽下士于此时，不以蓄茶为羞，可谓盛世之清尚也。”在这种情况，不仅帝王将相、达官贵人斗茶，骚人墨客斗茶，市井细民、浮浪哥儿同样也爱斗茶。宋代的李嵩、史显祖，元代的赵孟頫、明代的唐寅均绘有斗茶图，这些画卷，均展现了斗茶的风采。

与此同时，一些与斗茶有关的轶事，也为后人传闻，最为人传颂的，就是有关“苏蔡斗茶”的故事。这里，苏是指北宋福建路提点刑狱苏舜之，即才翁。“蔡”是指北宋福建转运使蔡襄，即蔡君谟。苏蔡两人均爱斗茶。宋人江休复《嘉祐杂志》记有蔡襄与苏舜之斗茶的一段故事：蔡襄斗试的茶精，选用的水是天下第二泉一惠山泉；苏舜之所取茶劣于蔡襄，却是选用了天台山竹沥水煎茶，结果苏舜之胜了蔡襄。

蔡襄还善于茶的品评和鉴别。他在《茶录》中说：“善别茶者，正如相工之瞟人气色也，隐然察之于内。”他鉴定建安名茶石岩白，一直为茶界传为美谈。彭乘《墨客挥犀》记：“建安能仁院有茶生石缝间，寺僧采造，得茶八饼，号石岩白，以四饼遗君谟，以四饼密遣人走京师，遗内翰禹玉。岁余，君谟被召还阙，访禹玉。禹玉命子弟于茶笥中选取茶之精品者，碾待君谟。君谟奉瓯未尝，辄曰：‘此茶极似能仁石岩白，公何从得之？’禹玉未信，索茶贴验之，乃服。”北宋欧阳修深知君谟嗜茶爱茶，在请君谟为他书写《集古录目序》时，以大小龙团和惠山泉水作为润笔费。蔡襄称此举是“太清而不俗”。蔡襄年老因病忌茶时，仍“烹而玩之”，茶不离手。

（四）斗茶的影响

不过，斗茶也促进了茶类的发展，以及茶叶品质的不断提高，所以，这种做法，自宋以来，一直流传至今。近代，只是由于生活节奏的加快，人们忙于奔波，特别是在一些青少年中，难以有较多时间去享受玩味品茗的乐处。尽管如此，人们还是愿意忙里偷闲，在休闲日约上二三知己，或全家聚坐，品味一下茶中极品，也别有一番情趣。当今，我国各产茶省区召开的名茶评比会，其实就是古代斗茶会的延续。所以，有的就干脆称作斗茶会，这对创制和发掘名茶，改进制茶工艺，提高茶品，都有着积极的作用。

另外，斗茶对东邻日本和韩国的饮茶也产生了重要的影响。特别是日本，据记载，其斗茶之始，以辨别本茶和非茶为主，这可能是受当时宋代斗茶中辨别北苑贡茶和其他茶区别的影响。当时，日本斗茶有10种方法，赢者可以得到从中国产的“文房四宝”。

又据日本《元亨释书》载：在延德三年（公元1491年），还进行过“四种十服法”斗茶。就是在斗茶前，先有三种茶让斗茶者品尝一下，以后在十次品尝斗茶过程中反复出现，品有第四种茶只出现过一次。最后看谁能分辨清楚。这种方法与中国的斗茶相比，更有情趣，也更加复杂化，它对以后日本茶道的形成，也产生了重要的影响。

三、点茶与分茶

古代烹茶方式，有“唐煮宋点”之说，即唐人品茶以煮茶为主，而到宋代时，茶的品饮技艺，已由唐代的煮茶发展为点茶。而点茶是一项技艺性很强的沏茶方式。在点茶过程中，茶汤浮面出现的变幻，又使点茶派生出一种游戏，古人称之为分茶，亦称茶百戏，实是一种沏茶游戏。所以，点茶与分茶（茶百戏），可以说是一根藤上的两个瓜，是相互联系在一起的。

（一）点茶及其要领

点茶的要求很严，技术性也很强，所以，古人有“三不点”之说，即点茶时，泉水不甘不点，茶具不洁不点，客人不雅不点。宋代胡仔《苕溪渔隐丛话》载：

“六一居士（欧阳修）《尝新茶诗》云：‘泉甘器洁天色好，坐中拣择客亦佳。’东坡守维扬，于石塔寺试茶，诗云：‘禅窗丽午景，蜀井出冰雪。坐客皆可人，鼎器于自洁’。正谓谚云三不点也。”

至于点茶技艺要求很高，苏东坡有诗云：“道人晓出南屏山，来试点茶三昧手。”

说北宋杭州南屏山净慈寺中，高僧谦师妙于茶事，品茶技艺高超，达到得之于心，应之于手，非言传可以学到者。因此，人称谦师为“点茶三昧

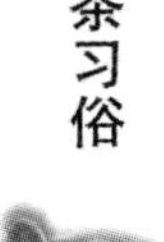

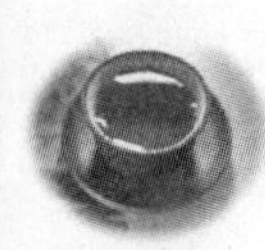

手”。

北宋史学家刘贡父也有赠谦师诗一首，曰：“泻汤点茶三昧手，觅句还窥诗一斑。”明代韩奕亦有诗曰：“欲试点茶三昧手，上山亲汲云间泉。”表明点茶比唐人的煮茶，更加讲究技艺。虽然宋代品茶方式也有采用煮茶的，但凡“茶之侍者，皆点啜之”。这种技艺高超的点茶方式，是宋代品茶大成的集中表现。

点茶时，先要选好茶饼的质量，要求“色莹澈而不驳，质缜绎而不浮，举之凝结，碾之则铿然，可验其为精品也”。也就是说，要求饼茶的外层色泽光莹而不驳杂，质地紧实，重实干燥。点茶前，先要炙茶，再碾茶过罗（筛），取其细末，再候汤（选水和烧水），尔后将细末入茶盏调成膏。同时，用瓶煮水使沸，把茶盏温热，认为“盏惟热，则茶发立耐久”。调好茶膏后，就是“点茶”和“击沸”。

所谓点茶，就是把茶瓶里的沸水注入茶盏。点水时，要喷泻而入，水量适中，不能断续。而点沸，就是用特别的茶筅，形似小扫把，边转动茶筅，边搅拌茶汤，使盏中泛起“汤花”。如此不断地运筅、击沸、泛花，使点茶进入美妙境地，时人称此情此景为“战雪涛”。这是因为宋人崇尚茶汤白色，所以，“战雪涛”其实就是通过点茶和击沸，使茶汤面上浮起一层白色浪花。凡盏内茶汤表层白色有光泽，且均匀一致，而汤色保持时间久者，当为“上品”；若汤花隐散，茶盏内出现“水痕”的为“下品”。

据蔡襄《茶录·点茶》载：“钞茶一钱七，先注汤，调令极匀；又添注入，环回击沸，汤上盏可四分则止。”按晚唐称量1钱约4克计，则点茶的用茶量约为7克。点茶的茶器有茶焙、茶笼、砧椎、茶铃、茶碾、茶罗、茶盏、茶匙、汤瓶等，在整个点茶过程中，其中候汤最难，据罗大经《鹤林玉露》载：“汤欲嫩，而不欲老。”“盖汤嫩，则茶味甘，老则过苦矣！”而最为关键的则是点茶。据宋徽宗赵佶《大观茶论》载，点茶要做到：“量茶受汤，调如融胶”，点茶之色，以纯白为上；追求茶的真香、本味，不掺任何杂质；注重点茶的动作优美，协调一致。但凡精于点茶者，称之为“善点茶”或“点茶三昧手”。

（二）分茶及其影响

分茶，在唐及唐以前，原本是一种烹茶时的待客之礼。到了宋代时，斗茶大行。斗茶融入了分茶技艺，使茶汤表面变幻出各种纹饰，于是又出现了一种点茶游戏，这就是分茶，又称茶百戏。茶百戏的影响，几乎波及全国，而且还影响到东邻日本等国，可谓影响深远，名声远播。

1. 何谓分茶

分茶一词，最先见于唐代韩翃《为田神玉谢茶表》：“吴主礼贤，方闻置茗；晋臣好客，才有分茶。”表明分茶是一种待客之礼。宋初，沿袭唐人习俗，煎茶用姜、盐，不用者则称分茶。以后，又逐渐将分茶演变成为一种游戏。

宋代胡仔《苕溪渔隐丛语》载：“分试其色如乳，平生未尝曾啜此好茶。”进行时，表明分茶结合点茶同时进行。“碾茶为末，注之以汤，以筅击沸”，使茶汤表层浮液幻变成各种图形或字迹。陶谷《荈茗录》载：“近世下汤运匕别施妙诀，使汤纹水脉成物象者，禽兽、虫鱼、花草之属，纤巧就画，但须臾即就散灭。此茶之变也，时人谓之茶百戏”。

这表明分茶是宋人点茶时派生出来的一种茶艺游戏，原先主要流行于宫廷闺阁之中，后来扩展到民间，上至帝王下至庶民都玩。据宋代重臣蔡京《廷福宫曲宴记》载：宴会上宋徽宗亲自煮水点茶，击沸时运用高超绝妙的手法，竟在茶汤表层幻画出“疏星朗月”四字，受到众臣称颂。不过，分茶虽出自斗茶中的点茶，着重点不在于斗出好的茶品，而通过“技”注重于“艺”，这个“艺”，就是使茶汤表面显现出变幻的纹饰。但又不同于纯艺术的游戏，似乎两者的因素都有，即游戏中进行沏茶，沏茶中包含有游戏。

2. 分茶造成的影响

分茶，主要流行于宋、元时期，也可以说是一种茶艺术。分茶带来的影响是很大的，特别是给佛教造成了深远的影响。

相传，古时有一名叫福全的和尚，善于点茶注汤，能使茶汤表面变幻出诗句来。倘若四盏并点，则会使四盏汤面各现一句诗，最终凑为一首绝句。一次，有人求教，他当场分茶，结果在四个茶盏中，各现诗一句，凑起来即是：“生成盏里水丹青，巧画功夫学不成。欲笑当年陆鸿渐，煎茶赢得好名声。”他笑人间“学不成”此等功夫，还暗自讥讽了唐代“茶圣”陆羽也无此功夫。表明分茶虽以点茶为基础，不过其“技”应在点茶之上。

宋代杨万里曾在《澹庵坐上观显上人分茶》一诗中，记述了宋代高僧显上人的高超分茶技艺。他说：

分茶何似煎茶好，煎茶不似分茶巧。
蒸水老禅弄泉手，隆兴元春新玉爪。
二者相遭免瓯面，怪怪奇奇真善幻。
纷如擘絮行太空，影落寒江能万变。
银瓶首下仍尻高，注汤作字势嫖姚。

不须更师屋漏法，只问此瓶响作答。

紫薇仙人乌巾角，唤我起看清风生。

京尘满袖思一洗，病眼生花得再明。

叹鼎难调要公理，策励茗碗非公事。

不如回施与寒儒，归续《茶经》传纳子。

这首诗表明佛教对分茶有更深的了解和掌握。

不仅如此，佛教还将分茶加以佛化。就是将分茶时茶盏内茶汤表面出现的泡沫景象和特异情景，与佛教的意念融洽在一起。最富灵验的是浙江天台山的“罗汉供茶”。

宋景定二年（公元1261年），宰相贾似道命万年寺妙弘法师建昙华亭，供奉五百罗汉。分茶时，供茶杯汤面浮现出奇葩，并出现“大士应供”四字。后来，众多诗人吟咏这一“罗汉供茶”奇事。宋代诗人洪适称：“茶花本余事，留迹示诸方。”元瑞曰：“金雀茗花时现灭，不妨游戏小神通。”

这种“罗汉供茶”出现的神灵异感，传至京城汴梁（今河南开封），连仁宗皇帝赵祯也感动不已，认为这是佛祖显灵，下诏：“闻天台山之石桥应真之灵迹俨存，慨想名山载形梦寝，今遣内使张履信赉沉香山子一座、龙茶五百斛、银五百两、御衣一袭，表朕崇重之意。”表明分茶的声誉影响之深。

北宋天台山国清寺高僧处谦，还将天台山方广寺内的分茶灵感带到杭州，给时任杭州太守的苏东坡察看，苏氏大为赞叹，赋诗曰：“天台乳花世不见，玉川（卢仝）风腋今安有？东坡有意续《茶经》，会使老谦名不朽。”苏东坡也感为观叹！

天台山分茶，也影响到东邻日本。宋乾道四年（公元1168年），日本佛教临济宗创始人千光荣西法师来天台山学佛，对石桥“罗汉供茶”作了考察记录。宋淳熙十四年（公元1187年），荣西第二次来天台山，师从天台山万年寺虚庵怀敞法师，在长达两年多的时间里，每年总要深入万年寺和石桥茶区，考察茶事。宋绍熙二年（公元1191年），荣西回国，后经精心研究，写成日本国第一部茶书《吃茶养生记》。他对天台山石梁“罗汉供茶”亦有记载：“登天台山，见青龙于石桥，穆罗汉于饼峰，供茶汤现奇，感异花于盏中。”

宋宝庆元年（公元1225年），日本高僧道元来天台山万年寺求法，回国时又将天台山石梁“罗汉供茶”之法，带回日本曹洞宗总本永平寺。据《十六罗汉现瑞华记》载：“日本宝治三年（公元1249年）正月一日，道元在永平寺以茶供养十六罗汉，午时，十六尊罗汉皆现瑞华。现瑞华之例仅大宋国天台山石梁而已，本山未尝听说。今日本数现瑞华，实是大吉祥也。”

日本佛教界，把中国天台山分茶法带回日本的同时，在分茶时，茶盏茶汤表层浮现的异景，称之为瑞华（花），誉之为吉祥，所以，分茶的影响，不仅波及全国，而且还产生了深远的国际影响。

四、茶宴、茶会与茶馆

茶宴，本是朋友间品茗清淡之举，在此基础上，又演绎出茶话会，这是一种“以茶引言，用茶助话”的习俗，至今已成为中国，乃至世界最时尚的集会方式之一。茶馆与茶摊都是指用来专门饮茶的场所。不过，茶馆有固定的场所。坐茶馆是人们休闲、议事叙谊、买卖交易的好去处。而茶摊往往没有固定的场所，是流动式的或季节性的，主要是为过往行人提供解渴之便。更有甚者，由民间出资，专为过往行人提供免费饮茶的施茶会，这在中国，它们都是人们生活不可缺少的组成部分，可以称得上是一种特殊的服务行业，受到人们的喜爱。

（一）古今茶宴

以茶为宴，首见于唐代。唐代“大历十才子”之一的钱起有一首茶宴诗，名曰《与赵莒茶宴》，诗载：“竹下忘言对紫茶，全胜羽客醉流霞。尘心洗尽兴难尽，一树蝉声片影斜。”诗中说的是钱起与赵莒一道举行茶宴时的愉悦心情，一直饮到夕阳西下才散。这表明茶宴，原本只是亲朋好友间的品茗清谈的聚会形式，这在其他一些唐人留下的墨迹中，也可得到印证。

唐代鲍君徽的《东亭茶宴》诗曰：“闲朝向晓出帘栊，茗宴东亭四望通。远眺城池山色里，俯聆弦管水声中。幽篁映沼新抽翠，芳槿低檐欲吐红。坐久此中无限兴，更怜团扇起清风。”在唐代李嘉祐的《秋晓招隐寺东峰茶宴，送内弟阎伯均归江州》诗中，也写道：“幸有香茶留稚子，不堪秋草送王孙。”都写出了与至友茶宴时的快慰和令人留恋的心境。

至于茶宴，参加的人数可多可少。如果说钱起和赵莒茶宴只限于二人的话，那么，唐代白居易诗《夜闻贾常州、崔湖州茶山境会想羡欢宴因寄此诗》，则是一次盛大的欢乐茶宴。诗中写道：“遥闻境会茶山夜，珠翠歌钟俱绕身。盘下中分两州界，灯前合作一家春。青娥递舞应争妙，紫笋齐尝各斗新。自叹花时北窗下，蒲黄酒对病眠人。”

这首诗的前半部是写新茶品评，常州的阳羡茶和湖州的紫笋茶，互相比美；后半部写歌舞之乐。作者因伤病在床，不能亲自参加这次盛大的茶宴，不胜感慨，遗憾万千。又如唐代吕温写到的三月三日茶宴，它是一篇以茶代

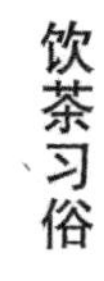

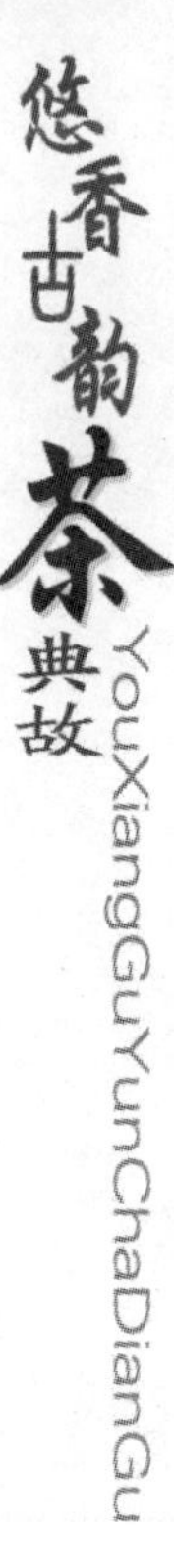

宴的聚会形式。他在《三月三日茶宴序》一文中提到：

> "三月三日上巳，禊饮之日也。诸子议以茶酌而代焉。乃拨花砌，憩庭阴，清风逐人，日色留兴。卧指青霭，坐攀香枝，闲莺近席而未飞，红蕊拂衣而不散，乃命酌香沫，浮素杯，殷凝琥珀之色。不令人醉，微觉清思，虽五云仙浆，无复加也。座右才子南阳邹子、高阳许侯，与二三子顷为尘外之赏，而曷不言诗矣。"

吕氏在这篇序是既写了茶宴的缘起，又写了茶宴的幽雅环境，茶宴的令人陶醉。

自唐以后，茶宴这种友人间的以茶代宴的聚会形式，一直延绵不断。如五代时的朝臣和凝，与同僚"以茶相饮"，轮流做东，相互比试茶品，把这种饮茶之乐，美称为"汤社"。自宋开始，由于与这种文人雅士引茶聚会的形式相仿，但更加接近民众的茶馆业的大兴，使茶宴开始淡化，不再引人注目。

到了近代，随着人们对物质、精神和文化生活要求的提高，茶宴一词又开始较多的见诸人们的日常生活。不过，今日茶宴，大多泛指以茶配点作宴，或以茶食、茶菜形式作为宴请客人的方式。与古人的茶宴相比，虽然形式大抵相同，但内容已经有所改善和提高。

（二）茶话会

与茶宴平行于世，但不像茶宴那样豪华，并经常为世人所采用的还有茶话会，这也是一种以茶叙谊、联络感情的集会形式，它简朴、庄重、随和，受到大家的欢迎。

茶话会，既不像茶宴那样隆重显富，又不像日本茶道那样循规蹈矩，它质朴无华，吉祥随和，因而受到中国人民的喜爱，广泛用于各种社交活动，上至欢迎各国贵宾，商议国家大事，庆祝重大节日；下至开展学术交流，举行联欢座谈活动，庆贺工商企业开张。在中国，特别是新春佳节，党政机关、群众团体、企事业单位，总喜欢用茶话会这一形式，清茶一杯，辞旧迎新。所以，茶话会成了中国最流行、最时尚的集会社交形式之一。

在茶话会上，大家用茶品点，不拘形式，叙谊谈心，好不快乐。在这里，品茗成了促进人民交流的一种媒介，饮茶解渴已经无关重要。

一般认为茶话会是在古代茶宴、茶话和茶会的基础上逐渐演变而来的。而"茶话"一词，据《辞海》称饮茶清谈，方岳《入局》诗："茶话略无尘土杂。"今谓备有茶点的集会为茶话会，表明茶话会是指用茶点招待宾客的一种社交性集会，而"茶会"一词，最早见诸于唐代钱起的《过长孙宅与郎上人茶会》：

偶与息心侣，忘归才子家。

言谈兼藻思，绿茗代榴花。

岸帻看云卷，含毫任景斜。

松乔若逢此，不复醉流霞。

诗中表明的是钱起、长孙和郎上人三人茶会，他们一边饮茶，一边言谈，他们不去欣赏正在开放的石榴花，只神情洒脱地饮着茶，甚至连天晚归家也忘了，茶会欢乐之情，溢于言表。如此看来，茶话会与茶宴一样，它的形式已有千年以上的历史了。

茶话会在中国出现以后，这种饮茶集会的社交风尚，也慢慢地传播到世界各地。在欧美，根据历史记载，17 世纪中叶，荷兰商人把茶运往英国伦敦，引起英国人的兴趣。当时，英国社会上酗酒之风很盛，在上层社会和青年中间则更为严重。

公元 1662 年葡萄牙公主凯瑟琳嫁给英王查理二世，她把饮茶之风带到英国，推崇饮茶风尚，还在皇宫举行茶会，请群臣入席，逐渐成了朝廷的一种礼仪。其时，显贵人家都辟有茶室，用茶待客，以茶叙谊，成为主妇们的一种时尚。自此，英国人也尊称凯瑟琳为“饮茶王后”。

18 世纪时，茶话会已盛行于伦敦的一些俱乐部组织。至今，英国的学术界仍经常采用茶话会这种形式，边品茶，边研究学问，其名为“茶杯精神”。

在荷兰，17 世纪末 18 世纪初饮茶成风，主妇们以品茶聚会为乐事，甚至达到了着迷的程度。当时荷兰上演的戏剧《茶迷贵妇人》说的就是这件事。在日本，更是特别推崇茶道；在韩国，讲究茶礼；在东南亚各国，时尚以茶敬客。在这些国家里，商界和社团，也常喜欢用茶话会的形式，进行各种社交活动。

就是由于茶话会廉洁、勤俭，简单朴实；又能为社交起到良好的作用，所以很得人心。在中国目前仍很流行，已被机关团体、企事业单位普遍采用。特别是 20 世纪 90 年代以来，茶话会已成为中国，以及世界上众多国家最为时尚的社交集会方式之一。

（三）坐茶馆

茶馆，又称茶楼、茶坊、茶肆等。中国的茶馆遍及大江南北，无论是城镇，还是乡村，几乎随处可见。在这里，不分职业，不讲性别，不论长幼，不谈地位，都可以随进随出，广泛接触到各阶层人士。在这里，可以探听和传播消息，抨击和公断世事，并进行思想交流、感情联络和买卖交易；在这里，可以品茗自乐、休闲。所以，坐茶馆，是人们生活的需要，符合中国人

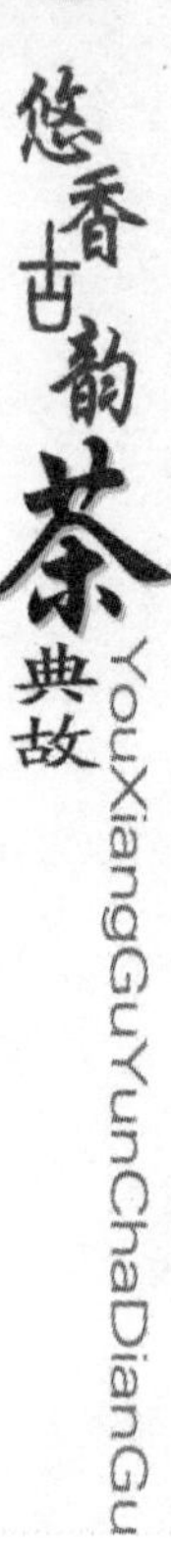

历来的风习，这也是中国人喜欢坐茶馆的原由之一。

在中国，茶馆的形成是有一个过程的。晋时，已有在市上卖茶水的。南北朝时，品茗清谈之风在中国兴起。当时已出现茶寮，是专供人喝茶歇脚的，这种场所，称得上是中国茶馆的雏形。而真正有茶馆记载的是在唐朝，那时在许多城市，已开设有许多煎茶卖茶的店铺。这种店铺，已称得上是茶馆了。

宋代时，茶馆业开始繁华兴盛，当时北宋的京城汴京，除由白天营业的茶馆外，还有供仕女们吃茶的夜市茶馆和人们进行交易的早市茶馆。此外，在汴京还有从清晨到夜晚，全天经营的茶馆。

至南宋，京城临安（今杭州）有“大茶坊张挂名人书画，在京师只熟食店挂画，所以消遣久待也。今茶坊皆然。冬天兼卖擂茶，或卖盐豉汤，暑天兼卖梅花酒……茶楼多有都人子弟占此会聚，习学乐器，或唱叫之类，谓之挂牌儿。人情茶坊，本非以茶汤为正，但将此为由，多收茶钱也。又有一等专是娼妓弟兄打聚处；又有一等专是诸行借工卖伎人会聚行老处，谓之市头。水茶坊，乃娼家聊设桌凳，以茶为由，后生辈甘于费钱，谓之干茶钱。”

由此可见，南宋杭州的茶馆，形式多样，在“都人”大量流寓以后，较北宋汴京的茶馆更加排场，数量也更多了。

南宋时杭州“处处各有茶坊”，“今之茶肆，列花架，安顿奇松异桧等物于其上，装饰店面，敲打响盏歌卖。止用瓷盏漆托供卖，则无银盂物也……大凡茶楼，多有富室子弟、诸司下直等人会聚。”接着，《梦粱录》还对“花茶坊”和其时杭州的几家有名茶店，也特别作了详细介绍：

“大街有三五家开茶肆，楼上专安著妓女，名曰‘花茶坊’，如市西坊南潘节干、俞七郎茶坊，保佑坊北朱骷髅茶坊，太平坊郭四郎茶坊，太平坊北首张七相干茶坊，盖此五处多有吵闹，非君子驻足之地也。更有张卖面店隔壁尖嘴蹴球茶坊，又中瓦内王妈妈家茶肆名一窟鬼茶坊，大街车儿茶肆、蒋检阅茶肆，皆士大夫期朋约友会聚之处。”

这表明当时杭州的茶馆，自宋室南渡后，由于王公贵族、三教九流云集临安，为应顺社会的需要分别开设了供“富室弟子、诸司下直等人会聚”的高级茶楼；供“士大夫期朋约友会聚”的清雅茶肆；供“为奴打聚”、“诸行借工卖伎人会聚”的层次较低的“市头”；更有“楼上安著妓女”，楼下打唱卖茶的妓院、茶馆合一的“花茶坊”。

总之，在杭州城内，各个层次的人都可以找到与自己地位相适应的茶馆，开展各种各样的较为广泛的社交活动。

明代，茶馆又有进一步的发展，当时茶馆对茶叶质量、泡茶用水、盛茶器具、煮茶火候都很讲究，以精湛的茶艺吸引顾客，使饮茶者流连忘返。与此同时，京城北京卖大碗茶兴起，列入三百六十行中的一个正式行业。

清代，茶馆业更甚，遍及全国大小城镇。尤其是北京，随着清代八旗子弟的入关，他们饱食之余，无所事事，茶馆成了他们消遣时间的好去处。为此，清人杨咪人曾作打油诗一首：

胡不拉儿（一种鸟）架手头，镶鞋薄底发如油。

闲来无事茶棚坐，逢着人儿唤“呀丢”。

特别是在康（熙）乾（隆）盛世之际，由于“太平父老清闲惯，多在酒楼茶社中”使得茶馆成了京城上至达官贵人，下及贩夫走卒的重要生活场所。

当时北京茶馆主要分为有两类：一是“二荤铺”，大多酒饭兼营，很有些广东茶楼的味道，品茶尝点，喝酒吃饭，实行一条龙经营。著名的有天福、天禄、天泰、天德等茶馆。这种茶馆，座位宽敞，窗明几净，摆设讲究，用的茶多为香片，盛具是盖茶碗，当属上乘。二是清茶馆，它只卖茶不售食，但多备有“手谈”（即象棋）和“笔谈”（指谜语），下午听评书大鼓的。因此，在某种意义上说，茶馆还是中国文化艺术的发祥地。

茶馆在京城如此，其他城市也相继效仿。在广州，清代同治、光绪年间，“二厘馆”茶楼已遍及全城。这种每位茶价仅二厘钱的茶馆，深受广东人特别是当地劳动大众的欢迎。他们常于早晨上工之前，泡上一壶茶，买上两件美点，权作曰早餐，这种既喝茶又进餐的“一盅两件”的生活习惯与生活方式，可以说是广东人所特有的。

在上海的茶馆，兴于同治初年，早期开设的有一同天、丽水台等。清末，上海又开设了多家广州茶楼式的茶馆，如广东路河南路口的同芳居、怡珍居等；在南京路、西藏路一带先后又开设有大三元、新雅、东雅、易安居、陶陶居等多家，都天天满座。除普通市民外，商人在这里用暗语谈买卖，记者在这里采访新闻，艺人在这里说书卖唱，三教九流，无所不有。

《儒林外史》的作者吴敬梓在乾隆年间游览西湖时，对杭城茶馆的描述着墨颇多，说到马二先生步出钱塘门，过路圣因寺，上苏堤，入净寺，四次到茶馆品茶，一路上“卖酒的青楼高扬，卖茶的红炭满炉”。在吴山上，“单是卖茶的就有三十多处”。虽然这是小说，不能据以为史，但清代饮茶之风，茶馆之盛，暴露无遗。

现代，在中国，东南西北中，无论是城市，还是乡村或集镇，几乎都有规模不等的茶馆。特别自 20 世纪 80 年代以来，茶馆业在全国范围内兴起，有饮茶文化发源地之称的中国成都，有茶馆 3500 余家；京城北京和大都市上

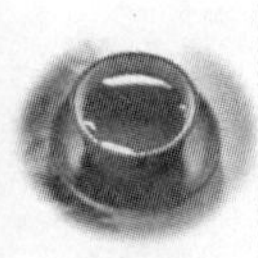

海，茶馆已超过千家；羊城广州的早茶楼遍及城市的每个角落；有茶都之称的杭州，目前已有茶馆700余家，遍及大街小巷和西湖各处景点。在杭州的南山路、少年宫、曙光路一带，茶馆鳞次栉比，形成了茶馆一条街。在西湖之滨盛产龙井茶的龙井村和梅家坞，家家都开设农家茶馆，成了茶馆村。它们既是交流叙谊、经贸洽谈之处，也是休闲、文化娱乐之地，如今又成了中外游人旅游的一个好去处，构成了茶文化的一个新景观。

目前杭州的茶馆，大致可以分为四类：

一是历史悠久的老茶馆，还保存有较多的旧时风貌，多开设在社区内，乡土和生活气息比较浓厚，是普通百姓特别是老年人的天地。

二是20世纪90年代以来新建的，建筑风格独特，四周辅以假山、喷泉，室内陈设考究，有鲜花、字画相托，文化性强，讲究茶艺，适合业界人士光顾，是朋友叙谊，商贸洽谈和节假日小憩的好地方。

三是陈设简朴，配合象棋、扑克、麻雀等娱乐用品；除饮茶外，还配有各种茶食、点心之类，是普通百姓娱乐的聚集地。

四是露天茶室，多设在湖滨绿阴丛中，摆的是砖瓦小桌，用的是细瓷或透明玻璃杯，在此饮茶，既可品茶休息，还可远眺湖光山色，受到游人的特别喜爱。

此外，还有一类与茶馆相类似的供茶场所，也有人称之谓野茶馆，习惯上称它为茶摊。它们多见诸城市的车船码头，或郊外乡镇，或车道两旁，通常凉棚高搭，或索性在绿阴树下，在那里，一张桌子，一块白台布，二根条凳，盛的是粗砂陶碗，喝的是大口大口的凉茶。在这里喝茶的，大多是过往行人，饮茶多为解渴而已，不过，细细体验，也别有一番野趣。

（四）施茶会

施茶会，也称茶会，它主要流行于中国江南农村，多是民间慈善组织所为。一般由地方上乐善好施、或热心于公益事业的人士自愿组织，民间共同集资，在过往行人较多的地方，或在大道半途，设立凉亭，或建起茶棚，公推专人管理，烧水泡茶，供行人免费取饮。出资者的姓名及管理实施公约，大多刻于石碑上，以明示大众。这种慈善活动，在旧日中国江南民间，极为常见。

中国旧时多建有茶庵，它大多建在大道旁，其实是作施茶或作供茶用的佛寺，这类佛寺以尼姑庵居多。暑日备茶，供路人歇脚解渴，是茶庵的主要任务之一，性质与茶亭基本相同。特别是江南一带，茶庵很多浙江江山万福庵就是众多茶庵之一。据清乾隆《景宁县志·寺观》载，浙江景宁全县有四个茶庵："惠泉庵，县东梅庄路旁"；"顺济庵，一都大顺口路旁"；"鲍义亭，一都蔡鲍岸路旁"；"福卢庵，在三都七里坳"。明、清时，屈大均的《广东新语》亦载：河南之洲，"有茶庵，每岁春分前一日。采茶者多寓此庵"。江山万福庵茶会碑，碑记的就是当地僧尼与民间集资施茶行善之事，它对研究中国江南民间茶俗有着重要的作用。茶会碑现珍藏在江山市文物管理委员会内。

第四节　饮茶礼俗与成规

中国人最早饮茶，因此也最懂得饮茶的情趣。在长期的饮茶实践中，从茶性出发，根据茶对水的要求，结合茶器特性，形成了许多茶艺方面的约定与成规。这些约定与成规，既符合茶艺冲泡和品饮的要求，还可引发饮茶者对品茶的情趣，又可密切主宾双方的亲近感。因此，在茶艺过程中常被运用，收到较好的效果。下面就将一些各地常见的饮茶约定与成规，分类概述如下。在实践过程中，各地还可根据当地的风土人情，加以发掘和运用。

一、礼仪与风俗

几千年来，中国人的饮茶习惯世代相沿，由于自然条件的不同，社会环境的各异，久而久之，形成了许多饮茶的风尚和习俗。这种风尚和习俗，尽管在形成过程中，在各个时期会有不同的表现，但往往世代相传，影响深远。

（一）饮茶之礼

中国是礼仪之邦，这在茶艺过程中，同样得到了充分的显示，在饮茶过程中，也有许多茶仪和茶俗。但中国又是一个多民族的国家，"千里不同风，百里不同俗"。茶艺过程中的以下动作，就是示意礼仪和风俗的。

1. 摆器示意

在饮茶过程中，有一些约定成规，它是无须用语言去表述的，只需用一种手势、一个眼神，就能表达出来。这种情况，在中国西部一带的饮茶礼俗中最为常见。"摆器示意"就是其中之一。

在西南、西北地区，当地多用盖碗饮茶，俗称饮盖碗茶。由于盖碗是由

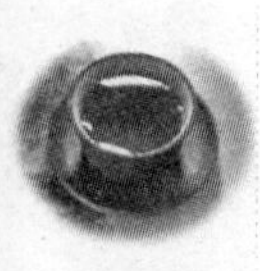

盖、碗、托三件组成的，所以盖碗，当地也称之为“三炮台”，称喝盖碗茶为喝三炮台（茶）的。

品饮盖碗茶时，首先用左手托住茶托，托上盛有冲沏好茶的盖碗，而右手则用拇指和食指夹住盖纽，食指抵住盖面，一旦持盖后，即可用盖里朝向自己鼻端，先闻盖面茶香。而后，持盖在碗面的茶汤面上，由里向外撇几下，目的在于使茶汤面上飘浮的茶叶下沉，同时，也有均匀茶汤的作用。如果此时品饮者觉得温热适口，则可将盖碗放回桌上，并将碗盖斜搁于碗口沿，它告诉侍者，茶汤温热适中。如果将碗盖斜搁于碗托一侧，表明茶汤温度太高，冲水时要降低水温，待茶汤降温后再饮。如果将盖碗的纽向下，盖里朝天，表示我的茶碗里已经没水了，请赶快给我冲水。如果将盖碗的托、碗、盖分离，排成一行，它告诉侍者，或是茶不好，或是泡茶有问题，或者服务不周到：总之，一句话，我有意见，请主管赶快出来，说明情况，做出回答。所以，一个有一定服务经验的侍者，一旦看到盖、碗、托分离成三，就知道情况不妙，总会赶紧上前，听取意见，并好言相劝，说明情况，表示歉意。

2. 茶三酒四

茶三酒四，其表示的意思是品茶时，人不宜多，以二三人为宜；而喝酒则不然，与品茶相比，人可以多一些。这是因为品茶追求的是幽雅清静，注重细细品啜，慢慢体会；而喝酒追求的是豪放热烈的气氛，提倡大口吞下，一醉方休。这也是茶文化与酒文化的重要区别之一。明代屠本畯在《茗笈》中称：“饮茶以客少为贵。”明人陈继儒也在《岩栖幽事》中提出：“品茶，一人得神，二人得趣，三人得味，七八人是名施茶。”七八个人在一起饮茶，环境繁杂，人心涣散，要做到静心品味，谈何容易，仅仅是喝茶解渴而已，这就是施茶。而喝酒就不一样，人多，气氛显得比较热烈。猜拳行令，把壶劝酒，使喝酒的场面显得更加热烈。

其次，茶与酒的属性不一样，因为茶性不宜广，能溶解于水的浸出物有限，即使按茶与水正常比例冲泡的茶水，通常续水 2～3 次，茶味也淡了。如果人多，一壶之茶，后饮者只能喝到既淡薄，又无味的茶汤了；而酒则不然，只要酒缸中存有足量的酒，是不怕人多的。

由此可见，茶三酒四，其实它表达的是一样意思，说品茶，人不宜多；而相对品酒而言，喝酒的人，或许多一些，反而更有气氛。

3. 叩桌行礼

人们在饮茶时，能经常看到冲泡者向客人奉茶、续水时，客人往往会端坐桌前，用右手中指和食指，缓慢而有节奏地屈指叩打桌面，以示行礼之举。

在茶界，人们将这一动作俗称为“叩桌行礼”，或叫“曲膝下跪”，是下跪叩首之意。这一动作的寓意，还有一则动人的故事：史载，清代乾隆皇帝曾六次巡幸江南，四次到过杭州龙井茶区，还先后为龙井茶作过四首茶诗。

相传，有一次，乾隆为私察民情，乔装打扮成一个伙计模样来到龙井茶区暗访。一天，避雨而到路边小店歇息。店小二因忙于杂事又不识这位“客官”身份，便冲上一壶茶，递与乾隆，要他分茶给随从饮用。而此时，乾隆又不好暴露身份，便起身为随从斟茶。此举可吓坏了随从，皇帝给奴才分茶，那还了得！情急之上，奴才便以双指弯曲，示“双腿下跪”，不断叩桌，表示“连连叩头”。此举传到民间，从此以后，民间饮茶者就用双指叩桌，以示对主人亲自为大家泡茶的一种恭敬之意，沿用至今。

如今，这一寓意动作，又有了新的发展。有的茶客也会用一个食指叩桌，表示我向你叩首；倘用除大拇指以外的其余四指弯曲，连连叩桌，寓意我代表大家或全家向你叩首。这种情况，多用于主人敬茶时运用。

4. 以茶代酒

在中国民间，东西南北中，都有以茶代酒之举，无论在饭席、宴请间，还是为朋友迎送叙谊时，凡遇有酒量小的宾客，或不胜饮酒的宾客，总会以茶代酒，以饮茶方式用来代替喝酒。这种做法，不但无损礼节，反而有优待之意，所以，在中国，此举随处可见。宋人杜来诗曰：“寒夜客来茶当酒，竹炉汤沸火初红。寻常一样窗前月，为有梅花便不同。”说的就是这个意思。

史载，在中国历史上，以饮茶代替喝酒，由来已久，最早可以追溯到周代。据《尚书·酒诰》记述，商纣是个暴君，酗酒误事，朝政腐败，民皆恨之。周武王兴兵伐纣，执政后为整朝纲，严禁饮酒。人民为感谢武王治国有方，南方各地遂选最好的茶进贡给武王。如此一来，上至朝廷，下及百姓，纷纷以茶代酒。这一廉洁、勤俭的好传统，直流传至今。

其间，还涌现出不少以茶代酒的轶事。据《三国志·吴志》记载：三国时代的吴国（公元 222 ~ 280 年）国君孙皓，原为乌程侯，他每次宴请时，坐客至少要饮酒 7 升，即使不完全喝进嘴里，也都要斟上并亮盏说干。而孙皓的手下有位博学多闻，深为孙皓所器重的良才韦曜，酒量不过 2 升。孙皓对他优待，就暗中赐给韦曜茶水，以饮茶水代替喝酒。这是因为茶自从被人发现利用以来，一直被视为是一种高尚圣洁的饮料。

“茶圣”陆羽称茶为“精行俭德之人”。南宋诗人陆游《试茶》诗中明确表示，若要从茶和酒之间做出选择，宁要茶而不要酒。既然如此，以茶代酒，也就是一种高雅之举了。君不见，佛教坐禅修行，一不准喝酒，二不准进点，

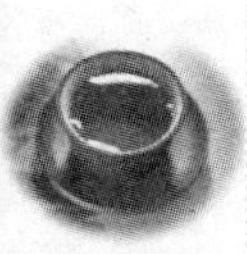

三不能打盹，却准许饮茶。伊斯兰教教规很严，在严禁喝酒的同时，却提倡饮茶。天主教在倡导爱主的同时，也倡导饮茶，并为爱茶的传播和推广做出了自己的贡献。这就是以茶代酒之所以能历数千年而不衰的缘由。今天随着社会的发展，人们生活不断提高，可以茶代酒，却有愈来愈旺之势。

5. 捂碗谢茶

在中国民间，凡有客进门，无须客人问话，是否需要饮茶主人总会冲上一杯热气腾腾的热茶，面带笑容，恭敬地送到客人手里。至于客人饮与不饮，无关紧要，这只是一种礼遇，一种“欢迎”的意思。按中国人的习惯，当客人饮茶时，茶在杯中仅留下 1/3 时，就得续水。此时，客人若不想饮茶，或已经饮得差不多了，或不再饮茶想起身告辞，客人就会平摊右手掌，手心向上，左手背朝上，轻轻移动手臂，用手掌捂在茶杯（碗）之上按一下。它的本意是：谢谢你，请不必再续水了！主人见此情景，也不用言传，已经意会，停止续水。用这种方式，既有示意，又有感意，有时甚至比用语言去挑明显得更有哲理，更富有人情味。所以，无论在广大汉民族居住区，还是少数民族居住地，都有“捂碗”谢茶的做法。

6. 茶分三等

在中国饮茶史上，出现过按身份施茶的习俗。相传，浙江雁荡山，历史上是佛教参禅的好去处。东晋永和年间，这里就有佛门弟子三百，终年香火不断，朝山进香的施主和香客甚多。其时，产茶不多，很难用茶招待所有的施客，要用上等茶招待更是困难。为此，雁荡寺院采用因人施茶的办法，并用暗语传话。凡有客人进院，若是达官贵人、大施主，负责接待的和尚就喊：“好茶、好茶！”于是端上来的就是一杯香茗上品；若是上等客人，小施主，就喊：“用茶、用茶！”端上来的则是一杯上好的茶；若是普通香客，就喊：“茶、茶！”那端上来的就是一杯较普通的茶了。

在电视剧《宰相刘罗锅》中，有一段刘罗锅刘墉与郑板桥的茶事叙述，这个故事的出处是郑板桥题词讥人。相传：

有一次，清代大书画家郑板桥去某寺院，方丈见他衣着俭朴，如同一般俗客。为此，双方略施小礼后，方丈根据本寺院俗规，就淡淡地说了声：“坐！”又回头对小和尚说：“茶！”小和尚随即送上一杯普通茶；坐下后双方一经交谈，方丈感到此人谈吐不凡，颇有学问。于是引进厢房，说：“请坐！”回头又对小和尚说：“敬茶！”这时小和尚送来一杯上好的香茗；尔后再经深谈，方知来者乃是“扬州八怪”之一的大书画家郑板桥。随即请到方丈室，连声说：“请上坐！”并立即吩咐小和尚说：“敬香茶！”于是小和尚连忙奉上一杯极品珍茗。告别时，方丈一再恳求，请郑板桥题词留念。郑氏略加思索，当即提笔写了一副对联：

上联是：坐，请坐，请上坐

下联是：茶，敬茶，敬香茶

方丈一看，满面羞愧，从此以后，这个寺院看客施茶的习惯也就改了。不过，这种习俗，如今虽有淡化，但对一些特别尊贵的客人，或好友久别重逢，或小辈见长辈来到时，取出一包平时舍不得吃的极品茶，与其同享，也是时有所见，它是出于一种待客的礼遇。

（二）吉祥与祝福

在茶艺过程中，有些寓意，是通过动作的“形”表示其意的，如“凤凰三点头”；但也有的是无形的，它是通过有形的茶艺动作，以最终的结果去说明其意的，如浅茶满酒、七分茶三分情等。

1. 浅茶满酒

在中国民间，有一种习俗，叫做“茶满欺人，酒满敬人”，或者说“浅茶满酒”。它指的是，在用玻璃杯或瓷杯或盖碗直接冲泡茶水，用来供宾客品饮时，一般只将茶水冲泡到品茗器的七八分满为止，这是因为茶水是用热水冲泡的，主人泡好茶后，一般会马上奉茶给宾客，倘若满满的一杯热水，既无法用双手端茶敬客，一旦茶汤晃出，又颇失礼仪。其次，人们品茶，通常采用热饮，满满一杯热茶，会烫坏嘴唇，这不是叫人无法饮茶吗？这就会使宾客处于尴尬场面。再次是茶叶经热水冲泡后，总会有部分叶片浮在水面。

所以，人们饮茶时，常会用嘴稍稍吹口气，使茶杯内浮在表面的茶叶下沉，以利于品饮；如用盖碗泡茶，也可用左手握住盛有茶汤的碗托，右手抓住盖纽，顺水由里向外推去浮在碗中茶水表面的茶叶，再去品饮茶汤。如果满满一杯热茶，一吹一推，岂不使茶汤洒落桌面，又如何使得！而饮酒则不然，于大口畅饮显得更为豪放，所以在民间有“劝酒”的做法。加之，一般饮酒不必加热，提倡的是温饮。即使加热，也是稍稍加温就可以了，因此，大口喝酒，也不会伤口。所以说浅茶满酒，既是民间习俗，又符合饮茶喝酒的需求。

2. 七分茶、三分情

七分茶、三分情，其实就是浅茶满酒的另一种体现。其做法是主人在为宾客分茶，或直接泡茶时，做到茶水的用量正好控制在品茗杯（碗）的七分满为止，而留下的三分空间，当作是充满了主人对客人的情意。其实这是泡

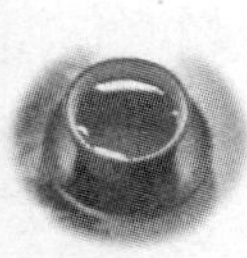

茶和品茶的需要，而在民间，则已成为融洽主宾的一种礼仪用语。

3. 凤凰三点头

对细嫩高档名优茶的冲泡，通常是采用两次冲泡法：第一次采用浸润法；第二次采用“凤凰三点头”法。它们指的都是泡茶的动作与要领，泡茶的技巧与艺术。具体做法是，当茶置入杯或盖碗中后，把水壶中的开水用旋转法按逆时针方向冲水，用水量以浸湿茶叶为度。通常约为容器的1/5。再用手握茶杯（碗），轻轻摇动杯（碗），目的在于使茶叶在杯（碗）中翻动，浸润茶叶，使叶片舒展，这样既能使茶叶容易浸出，更好地溶解于水；又可使品茶者在最大限度内闻到茶的真香。

这一动作，在茶艺界称之为浸润泡。整个泡茶过程的时间，掌握在20～30秒之间完成。紧跟浸润泡后的第二次冲泡，采用的方法就是“凤凰三点头”，即再次向杯（碗）内冲水时，将水壶由低向高，连拉3次，俗称“凤凰三点头”，使杯（碗）中的冲水量恰好达到七八分满为止。

采用凤凰三点头法泡茶，一是可以使品茶者观察到茶在杯（碗）中上下翻滚，犹如凤凰展翅的美姿；二是可以使浸出的茶汤上下、左右回旋，使整杯（碗）茶汤浓度均匀一致。不过，这个动作还蕴藏着一个重要的含义，那就是主人为迎接客人的到来，有向客人“三鞠躬”之意，以示对客人礼貌和尊重。所以，这个泡茶动作，在茶馆中常被运用。如果茶艺小姐穿着大方，风度有加；再加上泡茶时，能从茶性出发，在技巧到位的同时，又能达到艺美，那么，像凤凰三点头之类的泡茶技艺，就既能融洽宾主双方的情感，又能收到以礼待人的效果了。

（三）饮茶中的拟人与比喻

在泡茶技艺中，还有些约定和成规，是通过形象的手法，用拟人的方法和比喻的动作去说明问题的，最明显的例证，前者如关公巡城、韩信点兵；后者如内外夹攻、端茶送客。

1. 关公巡城

在茶艺过程中，关公巡城既是寓意，又是动作，多在福建及广东汕头、潮州地区冲泡工夫茶时运用。因为这些地方冲泡工夫茶，与台湾地区目前流行冲泡工夫茶的方法是不一样的，后者先将冲泡好的工夫茶倒入一个叫公道杯的盛器内，尽管从壶中倒入公道杯中的茶汤前后浓度是不一样的，但当全部茶汤统统倒入公道杯后，已经是均一的了。

而福建、广东人冲泡工夫茶时，用茶量通常要比冲泡普通茶高出2～3

倍，这样大的用茶量，冲泡浸水后，茶叶几乎占据了整个茶壶，使壶中的茶汤上下浓度不一。如将壶中的茶水直接分别洒到几个小小的品茗杯中，往往这样使前面几杯的茶汤浓度偏淡，后面几杯的茶汤浓度偏浓，不能同等对客，在客观上不符合茶人精神。在福建和广东的汕头、潮州一带，通过长期的饮茶实践，总结出了一套能解决这一矛盾的工夫茶冲泡方法，“关公巡城”就是其中之一。

具体做法是，一旦用茶壶或冲罐或盖碗冲泡好工夫茶后，在向几个品茗小茶杯中倒茶汤时，为使各个小茶杯的茶汤多少，以及茶汤的颜色、香气、滋味前后尽量接近，做到平等待客。为此，在分茶时，先将各个小品茗杯，按宾客多少，“一”字形排列，再采用来回提壶倒茶法洒茶，尽量使各个品茗杯中的茶汤浓度均匀。

因为在冲泡工夫茶时，选用的通常是紫砂壶或紫砂做的冲罐和盖碗泡茶。而在茶壶（罐、碗）中的茶汤，又是用现烧开水冲泡的，热气腾腾。在人们的心目中，就好像三国时的武将关公（关云长）是紫红色的脸面。如此，提着紫红色的冲茶器，在热气腾腾条形排列的城池（一排小品茗杯）上来回巡茶，犹如关公巡城一般，故而将这一动作称之为“关公巡城”。它既生动，又形象，还道出了动作的连贯性。但关公巡城这道茶艺程序，其目的在于使分茶时，各个品茗杯中的茶汤多少浓度能达到一致，称之为关公巡城，只不过是拟人化的美称。

2. 韩信点兵

韩信点兵，与关公巡城一样，既是饮茶的需要，又是一种拟人的比喻，更是一种美学的体现。这在小杯啜工夫茶时常被运用，特别是冲泡福建工夫茶和广东潮（州）汕（头）工夫茶时，最为常见。这一茶艺程序是紧跟关公巡城进行的。因为经巡回分茶（关公巡城）后，还会有少许茶汁留在冲泡器中，而冲泡器中的最后几滴茶汁，往往是最浓的，也是茶汤的精髓所在，弃之可惜。但为了将这少许茶汁均匀分配在各个品茗杯中，所以，还得将冲泡器中留下的几滴茶汤，分别一滴一杯，一一滴入每个品茗小杯中，这种分茶动作，被人形象地称之为“韩信点兵”。

其实，韩信乃是西汉初的一位名将，他足智多谋，善于用兵、点兵。因此，用“滴滴茶汁，一一入杯”之举，比做“韩信点兵”实在是惟妙惟肖，使人回味无穷。不过，就茶艺而言，“韩信点兵”，其关键是使一壶茶汤，通过分茶，使各个品茗杯中的茶汤，达到均匀一致。而形象的拟人动作，只是工夫茶冲泡中的一种美学展示。

3. 内外夹攻

内外夹攻本是出于对冲泡某些茶的需要而采用的一道程序，诸如一些采摘原料比较粗老的茶叶，最典型的是特种名茶乌龙茶，它最佳的采摘方法是从茶树新梢上采下“三叶半”，即待茶树新梢长到顶芽停止生长，新梢顶上的第一叶刚放半张叶时，采下顶部“三叶半”新梢，是为上品。这与采摘单芽或一芽一二叶新梢加工而成的茶相比，原料显得粗老。对这种茶，茶汁很难冲泡出来，所以，冲泡时水温要高。

为提高泡茶时的水温，不但泡茶用水要求现烧现泡，泡茶后当即加盖，加以保温；在泡茶前，要先用热水温茶壶，以免泡茶用水被壶吸热而降温；而且，还得在泡茶后用滚开水淋壶的外壁追热。这一茶艺程序称之为“内外夹攻”，它的寓意是淋在壶里，热在心里，给品茶者以温馨之感。其实，这一程序在很大程度上是出于泡茶的需要，目的有二：一是为了保持茶壶中的水温，促使茶汁浸出和茶香透发；二是为了清除茶壶外溢出的茶沫，以清洁茶壶。这一程序，对冬季或寒冷地区冲泡乌龙茶而言，更是必不可少。

4. 游山玩水

采用壶泡法泡茶，通常在冲泡后，难免会有水滴落在壶的外壁，特别是冲泡乌龙茶时，不但泡茶冲水要满出壶口，还有淋壶之举，这就会使壶的外壁附着许多水珠。而将壶中的茶汤再分别倒入各个品茗杯中，这一过程，就称分茶。分茶时，常用右手拇指和中指握住壶把，食指抵住壶的盖纽，再提起茶壶，为了不使溢在壶表顺势流向壶足的小水流（滴）落在桌面上，往往在分茶前，先把茶壶底足在茶船上沿逆时针方向荡一圈，再将壶底置于茶巾上按一下，这样就可以除去附在壶底上的水滴了。在这一过程中，由于把壶沿着“小山”（茶船）荡（玩）了一圈，目的又在于除去游动着的壶底之水，因而，美其名为“游山玩水”。

5. 端茶送客

茶可用来敬客，但在中国历史上，也有用茶逐客的。这种做法，过去多见于官场中。如大官接见小官时，大官都堂堂正正地摆好架子，端坐大堂上，侍从在两边，一字排开。然后传令，“请”！于是小官进堂拜谒，旁坐进言，倘若有言语冲撞，或遇言违而意不合，或言繁而烦心，大官就会严肃地端起茶杯，以一种端茶的特定方法，示意左右侍从“送客”。而侍从此时就会心领神会，齐呼“送客”。在这种情况下，端杯就成为一种“逐客令”。

人们可曾记得，在《官场现形记》和《二十年目睹之怪现状》中，就有关于“端茶”逐客的描述。据查，“端茶送客”的做法，首见于宋普济的《五灯会元》，这是一本佛教书，其本意并非是“逐客”之意。内载有公案一则：“问：还丹一粒，点铁成金。至理一言，转凡成圣。学人上为，请师一点。师（翠岩会参）曰：不点。曰：为什么不点。师曰：恐汝落凡圣。曰：乞师至理。师曰：侍者，点茶来。”

其实，在这则公案中，师是以一种特殊的方式，点茶来，接引学人自悟禅理，意思是说：“你不必说了，你可以走了！”因为禅是要靠“自悟”的。但以后在官场上进一步引申，最终成为了一种“端茶逐客”之意。

端茶逐（送）客，与客来敬茶的美德是背道而驰的，特别是在提倡社会文明进步的今天，此风更不可长。

二、方圆与规矩

在茶艺过程中，有些方圆与规矩，是在总结泡茶技艺的基础上才形成的，不成方圆，也就是没有规矩可言，所以，这种茶艺程序，是在泡茶实践中逐渐总结出来，又在实践中得到提高与升华的。以下这些约定与成规，就是如此。

（一）老茶壶泡和嫩茶杯泡

这里说的是比较粗老的茶叶，需用有盖的瓷壶或紫砂茶壶泡茶；而对一些较为细嫩的茶叶，适用无盖的玻璃杯或瓷杯冲泡。这是因为：对一些原料较为粗老的鲜叶加工而成的中、低档大宗红、绿茶，以及乌龙茶、普洱茶等特种茶来说，因茶较粗大，处于老化状态，茶纤维含量高，茶汁不易浸出，所以泡茶用水需要有较高的温度，才能出味。而乌龙茶，由于茶类采制的需要，采摘的原料新梢，已处于半成熟状态，冲泡时，就既要有较高的水温，又要在一定时间内保持水的温度，只有这样，才能透香出味。

所以这些茶一般选用茶壶冲泡，这样不但保温性能好，而且热量不易散失，保温时间长。倘若用茶壶去冲泡原料较为细嫩的名优茶，因茶壶用水量大，水温不易下降，会“焖熟”茶叶，使茶的汤色变深，叶底变黄，香气变钝，滋味失去鲜爽，产生“熟汤”味。如改用无盖的玻璃杯或瓷杯冲泡细嫩名优茶，既可避免对观赏细嫩名优茶的色、香、味带来的负面效应，又可使细嫩名优茶的风味得到应有的发挥。

对一些中、底档茶和乌龙茶、普洱茶而言，它们与细嫩名优茶相比，冲泡后外形显得粗大，无秀丽之感，茶姿也缺少观赏性，如果用无盖的玻璃杯或瓷杯冲泡，会将粗大的茶形直观地显露眼底，一目了然，有失雅观，或者

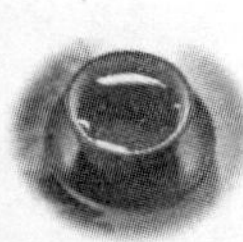

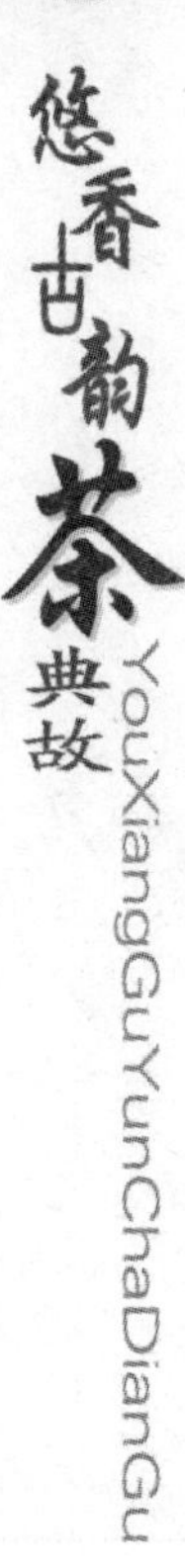

使人“厌食”，引不起品茶的情趣来。所以，一般不用无盖玻璃杯或瓷杯冲泡。

由上可见，老茶壶泡，嫩茶杯泡，既是茶性对泡茶的要求，也是品茗赏姿的需要，符合科学泡茶的道理。

（二）高冲和低斟

高冲与低斟，是针对泡茶与分茶而言的。前者是指泡茶时，采用壶泡法泡茶，尤其是用提水壶向泡茶器冲水时，落水点要高。冲泡时，犹如“高山流水”一般。因此，也有人称这一冲泡动作为“高山流水”。

冲泡工夫茶（乌龙茶）时，就更加讲究，要求冲茶时，一要做到提高水壶，使沸水环茶壶（冲罐）口边缘冲水，避免直接冲入壶心；二要做到注水不可断续，不能迫促。

那么，泡茶为何要用高点注水呢？这是因为：高冲泡茶，能使泡茶器内的茶上下翻动，湿润均匀，有利于茶汁的浸出。同时，高冲泡茶，还能使热力直冲泡茶器底部，随着水流的单向流动和上下旋转，有利于泡茶器中的茶汤浓度达到相对一致。另外，高冲泡茶，特别是首次续水，对乌龙茶来说，随着泡茶器中茶的旋转和翻滚，能使茶的叶片很快舒展，除去附着在茶片表面的尘埃和杂质，为乌龙茶的洗茶、刮沫打下基础。

茶经高冲泡茶后，通常还得进行适时分茶，即斟茶。具体做法是将泡茶器（壶、罐、瓯）中的茶汤一一斟入各个品茗杯中。但斟茶与泡茶不一样，斟茶时，提起茶壶分茶的落水点宜低不宜高，通常以稍高品茗杯口为宜。在茶艺过程中，相对于“高冲”而言，人们将之称为“低斟”。这样做的目的在于：高斟会使茶汤中的茶香飘逸，降低品茗杯中的茶香味；而低斟，可以在一定限度内，尽量保持茶香不散。高斟会使注入品茗杯中的茶汤表面泡沫丛生，从而影响茶汤的洁净和美观，会降低茶汤的欣赏性。同时还会使分茶时产生“滴答”声，弄得不好，还会使茶汤翻落桌面，使人生厌。

其实，高冲与低斟，是茶艺过程中两个相连的动作，它们是人们在长期泡茶实践中的经验总结，有利于提高茶的冲泡质量。

（三）恰到好处

恰到好处，这是泡茶待客时的一个吉祥语。其做法是泡茶选器时，要根据品茶人数，在选择泡茶用的茶壶或茶罐，应按泡茶器容量的大小，配上相应数量的品茗杯，使分茶时，每次在泡茶器中泡好的茶，不多不少，总能刚刚洒满对应的品茗杯（通常为品茗杯的七八分满）。其实恰到好处，既是喜庆吉祥之意，又是茶人精神的一种体现，它表达的意思是：人与人之间是平等的，不分先后，一视同仁，没有高低贵贱之分。

不过，在我国某些地区，诸如闽南与广东潮州、汕头一带，冲点（分茶时）用的泡茶器，容水量有1~4杯之分。而根据宾客多少，泡茶时有意选用稍小的泡茶器泡茶。若3人品茶则用2杯壶，4人品茶用3杯壶，5人以上品茶用4杯壶。这样做的结果，就使每次泡茶完毕时，总有一位甚至几位宾客轮空，在每斟完一轮茶后，会出现主人让客人，小辈敬长辈，同事间相互谦让的场面，从而使祥和、互敬的气氛充满整个茶座，使“和”、“敬”的精神得到充分的体现，这也是茶德的一种体现。

（四）上投法、下投法和中投法

这三种投茶方法，讲的是茶的冲泡过程中如何投茶。在实践过程中，要有条件、有选择地进行。如果运用得当，不但能掩盖不足，还能平添情趣。

1. 上投法

它指的是在茶叶冲泡时，先按需在杯中冲上开水至七分满，再用茶匙按一定比例取出适量茶叶，投入盛有开水的茶杯中。上投法泡茶，多用在泡茶时开水水温过高，而冲泡的茶又是紧细重实的高级细嫩名茶时。诸如高档细嫩的径山茶、碧螺春、临海蟠毫、前岗辉白、祁门红茶等。但用上投法泡茶，虽然解决了冲泡某些细嫩高档名茶时，因水温过高而造成的对茶汤色泽和茶姿挺立带来的负面影响，但也会造成茶汤浓度上下不一的不良后果。因此，品饮用上投法冲泡的茶叶时，最好先轻轻摇动茶杯，使茶汤浓度上下均一，茶香透发后再品茶。另外，用上投法泡茶，对茶的选择性也较强，如对条索松散的茶叶，或毛峰类茶叶，都是不适用的，它会使茶叶浮在茶汤表面。不过，用上投法泡茶，在某些情况下，若能主动向宾客说明其意，有时反而能平添饮茶情趣。

2. 下投法

这是在冲泡用得最多的一种投茶方法，它是相对于上投法而言的。具体方法是：按茶杯大小，结合茶与水的用量之比，先在茶杯中投入适量茶叶，尔后，按茶与水的用量之比，将壶中的开水高冲入杯至七八分满为止。用这种投茶法泡茶，操作比较简单，茶叶舒展较快，茶汁较易浸出，且茶汤浓度较为一致。因此，有利于提高茶汤的色、香、味。目前，除细嫩、高级名优茶外，多数采用的是下投法泡茶。但用下投法泡茶，也会因不能及时调整泡茶水温，而影响各类茶冲泡时对适宜水温的要求。

3. 中投法

它是相对于上投法和下投法而言的。目前，对一些细嫩名优茶的冲泡，多数采用中投法冲泡，具体操作方法是：先向杯内投入适量茶叶，尔后冲入少许开水（以浸没茶叶为止）；接着，右手握杯，左手平摊，中指抵住杯底，稍加摇动，使茶湿润；再用高冲法或凤凰三点头法，冲开水至七分满。所以，中投法其实就是用两次分段法泡茶。中投法泡茶，在很大程度上解决了上投法和下投法对泡茶造成的不利影响，但操作比较复杂，这是美中不足。

（五）巡回倒茶

北方人泡茶，喜欢多人用一把壶，认为这样饮茶，富有亲近感。泡茶后的茶壶，经游山玩水除去壶底水滴后，就可以将茶壶中的茶汤，分别倒入一字排开的各个品茗杯中。但茶壶中的茶汤，在上下层之间，浓度不会很一致的。这样，茶壶中倒出的茶汤，前后浓淡就会有差异。

为了使各个品茗杯中的茶汤浓度达到相对一致，各个品茗杯中的茶汤色泽、滋味，乃至香气不致有明显的差异，就要把好分茶这一关。尤其是冲泡乌龙茶，因用茶量大，茶壶中的茶汤更难以均匀，所以，分茶多采用“关公巡城”之法，它就是巡回倒茶法的一种展示。不过，除乌龙茶外，其他茶类，如绿茶、红茶、花茶等等，虽分茶时，不能像乌龙茶那样采用关公巡城法使各个品茗杯中的茶汤达到均匀一致，也有采用循环倒茶法去解决茶汤均匀度的问题。以 4 杯分茶法为例，总容量以七分满为止。具体操作如下：

第一杯倒入总容量的 1/4，第二杯倒入总容量的 2/4，第三杯倒入总容量的 3/4，第四杯倒入七分满为止。尔后，再依次 1/4、2/4、3/4 的容量逆向追加茶汤容量，直到茶汤至七分满为止。这种分茶方法，它能最大限度地使各个品茗杯中的茶汤的色、香、味达到均匀一致。它体现了茶人的平等待人精神，使饮茶者的心灵达到“无我”的境地，这也是“天下茶人是一家”的一种体现。

（六）其他寓意和礼俗

“千里不同风，百里不同俗。”中国地大，又有 56 个民族。由于各地历史、环境、文化、习俗不一，因此，民间在饮茶风俗和礼仪上，除了上面提到的冲茶用“凤凰三点头”的方法表示主人向客人“三鞠躬”；分茶用“七分满”，表示留下的是“三分情”；泡茶用“内外夹攻”，表示“暖在心里”外；还有泡茶、烫壶时的回转动作，即用右手提水壶时，冲水需用逆时针方向回转；用左手提水壶冲水时，用顺时针方向回转，它的寓意是欢迎客人来赏茶。

另外，茶壶放置时，壶嘴不能对准品茗的客人，否则，有要客人离席之嫌，是不礼貌之举。

其实，在茶艺过程中，民间还有不少寓意和礼俗动作。各地可以结合当地风习，加以挖掘和运用。只要使用恰当，不但可以透发饮茶者的品茶情趣，还可以增加宾主双方的亲近感，能收得较好的效果。

三、饮茶与婚丧祭祀

在中国茶的历史上，茶被看做一种高尚的礼品，纯洁的化身，吉祥的象征，这就使茶的内涵上升到精神世界。吃茶与婚配的关系就是一例。清代郑板桥的《竹枝词》便是反映茶与婚姻的一个例证，其中写道："溢江江口是奴家，郎若闲时来吃茶。黄土筑墙茅盖屋，门前一树紫荆花。"写的是一个纯情的农村姑娘，邀请郎君来自家"吃茶"，可谓是一语双关：它既道出了姑娘对郎君的钟情，又说出了要郎君托人来行聘礼，送去爱的信息。又如，清代曹雪芹的名著《红楼梦》里，凤姐笑着对黛玉道："你既吃了我们家的茶，怎么还不给我们家作媳妇?"这里说的"吃茶"，就是订婚行聘之事。其实，"吃茶"一词，在古代的许多场合，指的都是男女婚姻之事。喝茶不仅与婚配有关，也与丧葬和祭祀有关，本节就这三个方面的习俗简单介绍。

（一）饮茶与婚配

吃茶与婚配的关系，在中国由来已久。唐太宗贞观十五年（公元 641 年），文成公主嫁给吐番松赞干布时，带去了茶叶，并由此开创了西藏饮茶之风。《藏史》也记载，藏王松赞干布之孙时，"为茶叶输入西藏之始"。宋代时，著名诗人陆游在《老学庵笔记》中，对湘西少数民族地区男女青年吃茶订婚的风俗，更有详细记载："辰、沅、靖各州之蛮，男女未嫁娶时，相聚踏唱，歌曰：'小娘子，叶底花，无事出来吃盏茶。'"宋代的吴自牧在《梦粱录》中也谈到了当时杭城的婚嫁习俗："丰富之家，以珠翠、首饰、金器、销金裙褶，及缎匹、茶饼，加以双羊牵送。"明末冯梦龙在《醒世恒言》中，也多次提到青年男女以茶行聘之事。在《陈多寿生死夫妻》一文中，就写到柳氏嫌贫爱富，要女儿退还陈家聘礼，另攀高亲时，女儿说："从没见过好人家女子吃两家茶。"由此可见，茶与婚姻的关系是十分密切的。

1. 因何以茶为聘

为何中国人要以茶为聘定亲呢？这是有它的道理的。对此，明代郎瑛的

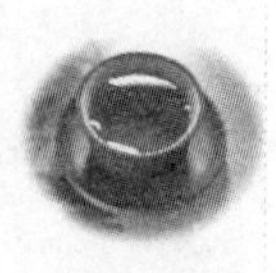

《七修类稿》说得十分明白："种茶下籽，不可移植，移植则不复生也，故女子受聘，谓之吃茶。又聘以茶为礼者，见其从一之义。"这种说法在明代许次纾的《茶疏》考本中，也有类似记载。尽管古人认为茶树只能用种子繁殖，移植就会枯死，这显然是一种误解，但祝愿男女青年爱情"从一"，有"至死不移"的意思，这是符合我国传统道德的。这种观念，在清代曹廷栋的《种茶子歌》中得到了充分的阐述："百凡卉木移根种，独有茶树宜种子。茁芽安土不耐迁，天生胶固性如此。"

茶树是常绿树，古人借此比喻爱情之树常绿，爱情之花"从一"，以茶为聘，则是将茶作为一种吉祥物，寄托着人们的祝愿。它象征着新郎新娘永不变心，白首偕老。结婚以后，也像茶树那样，枝繁叶茂，果实累累，以示婚后子孙满堂，合家兴旺发达。时至今日，在中国还有许多地方，在男女婚礼中，有馈赠茶礼和饮茶的风习。在江浙一带，新郎新娘在拜过天地，见过父母之后，就要按宾客辈分大小，向大家一一敬茶，一则感谢父老兄弟，二则表明爱情专一。

洞房花烛夜，新郎新娘再饮一杯交杯茶，表示永结同心。在江南水乡，杭州、嘉兴、湖州一带，年轻姑娘出嫁之前，家里总要备些上等好茶，对看中的小伙子，姑娘就会以最好的茶相待，这就是"毛脚女婿茶"。一旦男女双方爱情关系确定下来后，就要行定亲仪式，除聘金外，互赠茶壶，还要用红纸包上花茶，分别赠送给各自的亲朋好友，俗称"定亲茶"。

有些地方，还将女方接受男方送来的聘金和聘礼，谓之"受茶"。此时，女方还得给男家带回一包茶和一袋米。以"茶代水，米代土"，表示将来女方嫁到男家后，能服"水土"。女子结婚时，由娘家准备好咸茶。咸茶是由茶和芝麻、烘青豆、橙子皮、豆腐干、笋干等十几种作料配制而成的咸味茶，分别送给男方亲朋邻里，俗称"大接家茶"。按照当地民风，女儿出嫁后第二天，父母要到女婿家去看望女儿，还得随身带去一包配有烘青豆、橙子皮、野芝麻等高级雨前茶，称为"亲家婆茶"。接着，男方的母亲，要到新娘家，请亲家的亲戚朋友和长辈，到自己家中来喝"新娘子茶"。此后新娘子的亲邻，也得在新娘子出嫁的当年或新娘子回娘家的头一个春节期间，作为回礼喝"请新娘子茶"。

在福建的福安农村有一种婚俗，凡未婚少女出门，不能随便喝别人家茶水，倘若喝了，就意味同意做这家人的媳妇。

在湖南农村，男女订婚，要有"三茶"，即媒人上门，沏糖茶，表示甜甜蜜蜜之意。男青年第一次上门，姑娘送上一杯清茶，以表真情一片。结婚入洞房时，以红枣、花生、桂圆和冰糖泡茶，送亲友品尝，以示早生贵子跳龙门之意。

在安徽贵溪地区，青年男女订婚相亲之日，会用大红木盆，盛上佐茶果品，传送至相亲的人家，把各家送来的礼物摆在桌上，款待亲家，俗称此为“传茶”，有传宗接代之意。倘有夫妻不和，双方又碍于面子不便开口时，这时，只要有一方邀请邻里好友前来吃茶，于吃茶中再加劝说，这对夫妻往往就会重归于好。吃茶在这里就成了夫妻重归于好的一种形式。

这种婚俗，在我国北方农村也有。在父母之命，媒妁之言，决定男女终身大事的年代，经媒人转告男女生辰八字后，男方便用茶代币行聘，称之为“行小茶礼”。一旦女方收礼，就称之为“接茶”。在将要结婚之前，还得行备有龙凤喜饼、衣服和酒的“大茶礼”。相传，清代光绪皇帝大婚的礼品中，就有精美茶具：金海棠花福寿大茶盘一对，金福寿盖碗一对，黄地福寿瓷茶盅一对和黄地福寿瓷盖碗一对。

现在，这种男女婚姻以茶为信物的做法，虽然已不普遍，但经世未绝，特别是在农村，仍习惯称之为“茶礼”。

2. 兄弟民族的以茶为聘

以茶为聘联姻，在兄弟民族地区更为常见。

藏族同胞一向将茶看做是珍贵的礼品。在青年男女订婚时，茶是不可缺少的礼品。结婚时，总要熬煮许多酥油茶来招待客人。并以茶的红艳明亮的汤色，比喻婚姻的美满幸福。

在西藏，对茶与婚姻的关系，还有一个美丽动人的传说呢。据说在很久以前，在一河之隔的两山之巅，有一对青年男女结成同心。男的叫文顿巴，女的叫美梅措，他们每日遥相对歌，哪知遭到姑娘母亲、女土司的反对，她指使打手一箭射死文顿巴。为此，美丽善良的美梅措悲痛欲绝，最终在火化文顿巴的遗体时，跳入火海，与文顿巴一起化为灰烬。狠毒的女土司仍不肯罢休，又将他们的骨灰分开埋葬。可是第二天，在埋葬骨灰的地方长出两株树，而后树枝相连，树桠相抱。

为此，女土司又命人将树砍断，于是他们又变成一对鸟，比翼双飞，一个乘祥云飞到藏北，变成一摊白花花的盐；一个腾云驾雾飞到藏南，变成一片茶林。而盐又是藏族喝酥油茶和咸奶茶的主要作料。从此以后，喝茶便成了青年男女结婚以后，生死不离的吉祥之举了。

而蒙族姑娘在结婚后的第一件事，就是当着众多亲朋好友的面，熬煮一锅咸奶茶，一则表示新娘心灵手巧，技艺不凡；二来比喻姑娘对爱情的“从

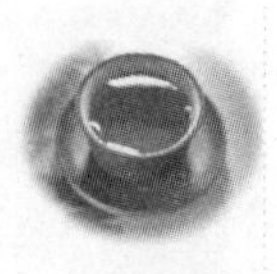

一”与甜蜜。拉祜族青年男女求爱时，男方去女方家求亲，礼品中须有一包自己亲手制作的茶叶，另加两只茶罐，女方通过品尝茶叶质量好坏来了解男方的劳动本领和对爱情的态度。

布朗族兄弟结婚时，一般要举行三次婚礼，特别是第一次婚礼，虽然鸡、肉、酒等礼品众多，但茶叶是不可缺少的。白族新女婿第一次上门，或女儿出嫁时，做父母的，总要请他们喝“一苦、二甜、三回味”的三道茶，以茶喻世，告诫晚辈，今后做人要好好品味“先苦后甜”的道理。

居住在内蒙、辽宁一带的撒拉族青年男女相爱后，就由男方择定吉日，由媒人去女方家说亲，送“订婚茶”，其中包括砖茶和其他一些礼品。一旦女方接受“订婚茶”，表明婚姻关系已定。

在西北地区的东乡族、保安族聚居地，有送茶包的婚俗，即男方看准女方后，先请媒人去女方家说亲。若女方家长同意，男方就会用茯砖茶或毛尖茶、沱茶等包封大红纸，外贴喜庆剪花，再用红盒装上冰糖、红枣等，扎上红线，由媒人送往女方家中，称之为“送茶包”。女方一旦收了茶包，婚姻就算告成。

贵州的侗族，男女青年相爱，并征得家长同意后，就会择定吉日，由女方家长带上一包糖和茶，请寨上族长和亲朋好友一起品尝，表示自家闺女已经订婚。倘有别的人再来提亲，则告之：“我家的妹崽子已经吃过细茶了。”

云南的瓦族，待男女青年确定恋爱关系后，男方家里先要杀鸡敬神，求神灵保佑联姻顺利；再向女方赠送茶叶、酒等礼品，女方长辈分享，取得族人认可。

云南的德昂族，则以茶求婚，就是当小伙子征得姑娘同意后，约定好时间和地点，把姑娘接到自己家中，并把一包茶悄悄地挂到女方家门口，以示姑娘已离家去男方家。一般两天后，男方会请媒人去女方家说媒，并再带上一包茶叶、一串芭蕉和两条咸鱼。此时，如果女方家收下礼品，表示同意这门亲事；否则，只得将姑娘送回家。德昂族青年男女，一旦双方家长同意婚配后，在女方的陪嫁中，还有陪茶树的习惯，将女方陪嫁的茶树种在男方家中，生根开花，永远和睦。

甘肃裕固族青年男女结婚后第二天天亮之前，新娘第一次到婆家点燃灶火，并用新锅煮酥油茶，称为“烧新茶”。当新媳妇烧好茶后，新郎就会请全家老少就坐，新娘按辈分大小，一一舀上一碗奶茶，以示尊老爱幼，全家幸福。

云南的景颇族青年男女结婚时，新郎新娘还会被亲友拉到楼下石臼前，共持一根木杵舂茶，而且不捣完十下不罢休，以祈求男女双方生活美满。

新疆的塔吉克族青年男女新婚一周后，新郎需在好友陪同下，去向岳父母请安。而当新女婿告辞时，岳父母回赠的礼品中，必定有一个精美的茶叶袋。这是因为塔吉克人爱饮茶，茶是富裕的象征，它是岳父母祝女婿成家后兴旺发达的意思。

浙江的畲族，在青年男女喜结良缘时，要行婚礼茶，即新郎新娘拜堂后，则由新娘向长辈及来宾一一敬上甜茶。宾客在饮茶后，大都会在空茶杯中放上一个小红包，在新娘收回空茶杯时，以回敬新娘。

3. 以茶为聘看今朝

在中国，吃茶与婚姻古今有缘。自唐代起，把茶叶作为高贵礼品伴随女子出嫁后，宋代又有以“吃茶”订婚的风俗。明代以后，“吃茶”几乎成了男女订婚求爱的别称。

时至今日，不但我国不少地方仍保留着这种风习，还有新的发展。现今，在中国海峡两岸，虽然结婚是人生大事的观念并无改变，但时兴采用茶话会、茶宴等方式举行婚礼的，也不乏其例。这种方式，既符合古代茶与婚姻的传统观念，又体现了现代的精神文明境界。

近年来，中国台湾省“格调高雅、情意深长”的结婚茶宴，受到了各界人士的欢迎。通常在举行茶宴婚礼时，礼堂会先进行精心布置，并缀以香道和花道作品，以增加欢乐气氛和艺术感。在礼堂的一端，有主位茶车一辆，陪衬茶车两辆。婚礼开始之前，由“六仙子”吹奏乐曲，手提香炉，捧着鲜花和果供，在门口迎宾客。客人在礼桌上签名贺喜后，鱼贯入席。一旦宾客到齐，就由报喜花童，手提花篮进入，并分发糖果，祝贺婚姻甜甜蜜蜜。此时，唱诗班就唱起《美丽的约定》来助兴。在乐曲歌声中，在诸亲友的祝福下，新郎、新娘由“六仙子”尾随，踏着红色的地毯，带着满脸的喜悦，一步一步走进礼堂。等到新郎新娘就位，结婚典礼随即开始，整个程序与由一般亲友征婚的方式类同。当婚礼结束后，茶宴立即开始。但见“六仙子”将一对新人引入泡茶区，新娘泡茶招待亲友，新郎担任奉茶司礼。同时，在茶宴会场中，亦有烹饪名厨，制作精美的茶食点心，招待嘉宾。最后在茶香、乐声中圆满结束婚礼。

在中国江南农村及香港、澳门一带，在婚俗中流行饮新娘茶。新娘用上等茶叶冲泡，茶中放有红枣，以示早生贵子吉庆红火之意。青年男女结婚后，新娘首次叩见公婆时，必用新娘茶恭请公婆，公婆接茶品尝，连呼“好甜!”并回赠红包答礼。然后，按辈分、亲疏依次献茶。现代婚礼虽然与古代相比，

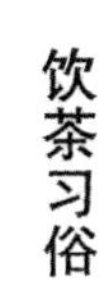

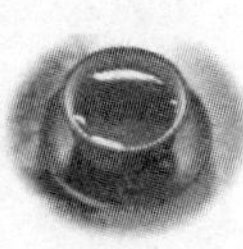
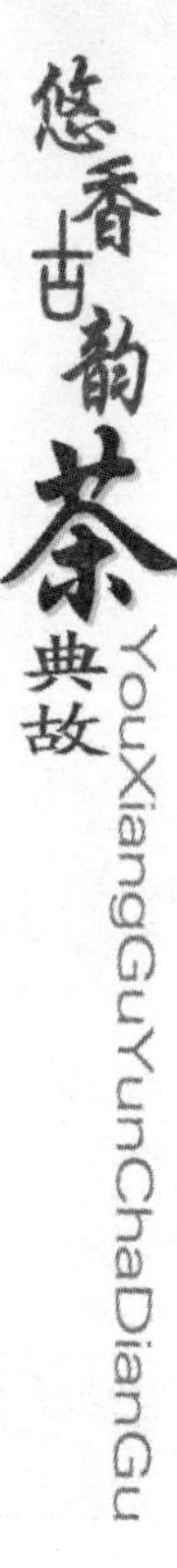

日趋简化，但奉新娘茶的习惯，一直保留至今。

在国外，茶与婚姻结缘，且不说在华人较多的一些东南亚国家里保留着这些习俗，早在17世纪中期的英国，葡萄牙凯瑟琳公主就曾携茶嫁给英王查理二世，并针对英国社会的酗酒之风，在宫廷中推行以茶代酒，推崇饮茶风尚。在皇后的影响下，不久茶取代了酒，成了朝廷的一种礼仪，茶逐渐成了豪门世家养身保健的“灵丹妙药”，风行于上层社会。

在欧美一些国家，有的年轻人为了适应现代生活的快节奏和新观念，结婚形式已从繁琐的传统，规范化的礼仪，向自由个性发展，如音乐茶会已成为英国青年人盛行的婚宴形式。这种音乐会既无菜肴，又无酒品，只备有上等佳茗及少量糕点、水果之类。前来贺喜的宾客带上一束鲜花，或具有纪念意义的工艺品，以示祝贺。大家随便入座，新娘先向各位敬上香茶一杯，大家品茶尝点，边饮边谈，歌声、笑声不绝于耳。在非洲的毛里塔尼亚等国，用茶作结婚礼品的习俗，亦广为流行。

可见茶与婚姻，中外古今，概莫能外。在这里，或以茶为礼，或以茶为吉祥物，如此送茶、受茶，已超出茶的原来作用，如此饮茶，也不是一般的饮茶了。

（二）茶与祭天祀神

茶，精行俭德，本是高洁之物。因此，古往今来，常被用来作为祭天祀神之物品。祭祀活动有祭祖、祭神、祭仙、祭物等，它与以茶为礼相比，显得更加虔诚和讲究，还蒙上一层神秘的色彩。

1. 用茶祭祀

用茶祭祀，在中国茶业史上，可以追溯到两晋南北朝时期。东晋干宝的《搜神记》载：夏侯恺因病死，“宗人儿苟奴，素见鬼。见恺数归，欲取马，并病其妻，著平上帻、单衣，入坐生时西壁大床，就人觅茶饮”。这是一个鬼异故事，当然不可信。但它告诉人们，茶可以作为祭品。

而比《搜神记》稍后的神怪故事集《神异记》则写得更有意思，说浙江余姚人虞洪上山采茶，遇见一位道士，牵着三头青牛。道士带着虞洪到了瀑布山，对他说：“予丹丘子也。闻子善具饮，常思见惠。山中有大茗，可以相给，祈子他日有瓯牺之余，乞相遗也。”以后，虞洪就用茶来祭祀，后来经常叫家人进山，果然采到大茶。在这里，古人认为即使是“仙人”，同样也是爱茶的，这就是用茶祭仙的延伸。

又据梁萧子显的《南齐书》记载：南朝时齐世祖武皇帝在他的遗诏里说，

"我灵上慎勿以牲为祭，唯设饼、茶饮、干饭、酒脯而已。"在这里作为武皇帝的萧赜，他是佛教信徒，这显然与他的信仰有关系。

有关这类记载中，说得最详细的要算南宋刘敬叔著的《异苑》，其中谈到：剡县（今浙江嵊州）人陈务的妻子，年轻守寡，和两个儿子住在一起，很喜欢喝茶。因为住宅里有一个古墓，她每次在喝茶之前，总要先用茶祭先人。她的两个儿子很讨厌这种做法，对她说："古冢何知？徒以劳意？"要把古墓掘掉，经母亲苦苦劝说，才算作罢。

那一夜，她梦见有个人对她说："吾止此三百余年，卿二子恒欲见毁，赖相保护，又享吾佳茗，虽潜壤朽骨，岂忘翳桑之报。"天亮后，她在院子里发现有铜钱十万，好像很久以前埋在地下的，只是穿钱的绳子是新的。为此，她把这件事告诉两个儿子，他们都感到惭愧。此后，他们一家祭奠得更加虔诚了。这个故事显然是虚构的，但它反映了当时中国的饮茶风俗，在民间已有用茶祭祖的做法。

明代道士思璀在江西南城外麻姑山修建麻姑庵，每天在庵中以茶供神，称之为"麻姑茶"。而据载，台湾种茶始于清代。早期制茶师父多从福建聘请，每年春季大批制茶工从福建渡海去台湾。为此，他们用茶祈求航海保护神妈祖保佑，并将妈祖香火带到台湾后寄挂在茶郊永和兴的回春所内，秋季带回家乡。后来，从福建迎去神祖，称为"茶郊妈祖"，供在台湾回春所内，每年农历九月二十二日（据传是茶圣陆羽生日），闽、台茶人共同祭拜"茶郊妈祖"，至今不改。

用茶祭祀，有的还是沿袭民间传说而形成的，如中国著名黄山毛峰茶的产地黄山一带农村，有的农户，往往在堂屋的香案上供奉着一把茶壶。相传明代时，徽州府有个知县，闻说黄山云雾茶不仅清香扑鼻，滋味甘醇；而且在泡茶时能出现奇景：在雾气缭绕的茶壶上，似能见到有个美丽的姑娘，左脚跪地，面对旭日；右手前伸，犹如一只飞翔的天鹅。知县为了讨得皇帝欢心，匆匆赴京禀报皇上，哪知皇帝要在金殿面试，不料一试，未能形成奇观，于是龙颜大怒，将知县立即问斩，并追查制造"胡言邪说"的人，一同处罪。徽州知府闻听此言，大惊失色。他虽听过此传说，但未曾想到知县会瞒着他进京献茶，落得杀身之祸。如今又要给茶乡百姓带来灾难，不知要杀多少无辜。

为此，他只得将个中原由告诉百姓，问众位父老，如何是好？结果，黄山百姓告诉他，用黄山云雾茶泡茶，确有这等景观，但必须有4个条件，这就是必须用谷雨前采制的茶叶，盛在紫砂壶中，再用栗树炭烧的山泉水冲泡，

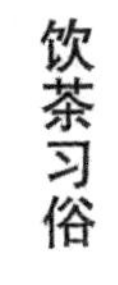

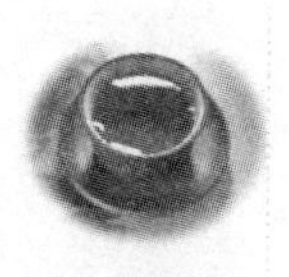

才能有此奇观。至此，知府才明白其中奥妙，于是他亲自带着一位有丰富泡茶经验的老汉，带着谷雨茶、紫砂壶、山泉水、栗树炭，来到金殿之上，当场验证。

这一着，果然有效，使龙颜大悦，文武百官见了也山呼“神奇！神奇！”于是皇帝重赏了知府，撤销前旨，终于避免了一场大灾难。从此之后，黄山百姓把知府上京用过的紫砂茶壶、扁担、绳索等物奉若珍宝，特别把茶壶看做是“救命壶”。此后，黄山的家家户户，都置上茶壶一把，作为供物。这种习俗，一直流传至今。

在我国民间，还有信神拜佛的，尤其是一些善男信女常用“清茶四（种）果”或“三（杯）茶六（杯）酒”，祭天谢地，期望能得到神灵的保佑。特别是上了年纪的人，由于他们把茶看做是一种“神物”，用茶敬神，便是最大的虔诚。所以，在中国古刹禅院中，常备有“寺院茶”，并且将最好的茶叶用来供佛。

据《蛮瓯志》记载：觉林院的僧侣，“待客以惊雷荚（中等茶），自奉以萱带草（下等茶），供佛以紫茸茶（上等茶）。盖最上以供佛，而最下以自奉也。”寺院茶按照佛教规制，还要每日在佛前、祖前、灵前供奉茶汤。以茶供佛这种习惯，一直流传至今。一些虔诚的佛教徒，常以茶为供品，向寺院佛祖献茶，这在西藏寺院中最为常见。

在兄弟民族地区，以茶祭神，更是习以为常。湘西苗族居住区，旧时流行祭茶神。祭祀分早、中、晚三次：早晨祭早茶神，中午祭日茶神，夜晚祭晚茶神。祭茶神仪式严肃，如果说茶神穿戴褴褛，闻听笑声，茶神就不愿降临。故白天在室内祭祀时，不准闲人进入，甚至会用布围起来。倘在夜晚祭祀，也得熄灯才行。祭品以茶为主，也放些米粑及纸钱之类。住在云南景洪基诺山区的一些兄弟民族，每年夏历正月间要举行祭茶树，其做法是各家男性家长，在清晨时携公鸡一只，在茶树底下宰杀，再拔下鸡毛连血粘在树干上，并口中念念有词，说：“茶树茶树快快长，茶叶长得青又亮。神灵多保佑，产茶千万担。”说这样做，会得到神灵保佑，期待茶叶有个好收成。

总之，用茶祭天祀神，在中国许多民族地区，都有这种习俗，期盼天下太平，五谷丰登，国泰民安。

2. 岁时茶祭

岁时茶祭，逢年过节，尤其如此。在江浙一带，一些老年人，说农历七月初七是地藏王菩萨生日；农历七月十五日，是阴间鬼放假的鬼节；农历十二月二十三日，是灶神一年一度的上天之日，等等。在这些节日里，就得用三茶六酒拜天谢地，泼洒大地，以告慰神灵，保佑平安，寄托未来。这种经世未绝的做法，虽然有逐年减少的趋势，但在一些老年人中，至今时有所见。

在民间，农历正月初一有“新年茶”，二月十二有“花朝茶”，四月有“清明茶”，五月有“端午茶”，八月有“中秋茶”。这种民间吉日茶祭，热烈亲和，意在寻求吉利、祥和的气氛。

在中国，不同地区，还有不同的岁时茶祭。在江南一带，每逢春节期间，有客进门习惯于在泡茶时放上两颗青橄榄，代表“元宝”之意。吃这种茶，称之为吃“元宝茶”，意在祝客人新年发财。浙江杭州一带，每逢新茶上市，祭罢祖先，有将新茶和糕团馈赠亲友、乡邻的做法，谓之为“七家茶”。

据明代田汝成《西湖游览志余》载：“立夏”之日，人家各烹新茶，配以诸色细果，馈送亲戚、比邻，谓之“七家茶”。在江浙、闽台等地，在端午节时，多选用红茶、苍术、柴胡、藿香、白芷、苏叶、神曲、麦芽等原料，煎成“端午茶”饮用，说是可以逢凶化吉，百病消散。因此，有钱人家用“端午茶”作为一种施舍；穷人集资配料，也以能喝上一碗端午茶为乐事。

这种岁时祭茶的做法，在中国少数民族地区，也时有所见。在贵州的侗族居住区，每年正月初一，用红漆茶盘盛满糖果，一家围坐火塘四周喝“年茶”，这样做，表示可以获得全年合家欢乐。另外，侗族还有“打三朝”的风习，就是在小孩出生后第三天，家中请人唱歌、喝茶，以保平安。当夜，宾客满屋，主人会将桌子拼成“长龙席”，桌上放满茶水、茶点、茶食，众亲友团团围坐，边唱歌、边喝茶，认为这样做，上苍会保佑孩子长命百岁，聪明智慧。

（三）茶与丧葬

用茶作为殉葬品，古已有之。在湖南长沙马王堆西汉 1 号墓（公元前 160 年）和 3 号墓（公元前 165 年）出土的随葬清册中，有记载茶的文字，表明至少在 2100 多年前，茶已作为丧事的随葬物。这种风习，在中国不少地区，一直沿袭至今。长辈死后，若生前爱茶，做晚辈的就用茶作随葬品，以尽孝心慰藉长辈在天之灵。至于根据故人生前遗嘱作为随葬物的更是时有所闻。

用茶作为殉葬品，在我国民间有两种说法：一种认为茶是人们生活的必需品，人虽死了，但阴魂犹在，衣食住行，如同凡间一般，饮茶仍然是不可少的。前面提及的几则神异故事，就是这种意念的反映。它虽有迷信色彩，但也表明晚辈对长辈的一片孝心。如流行于云南丽江地区的纳西族居住区鸡鸣祭就是一例。纳西族办丧事吊唁，通常在五更鸡叫时进行，故名鸡鸣祭。吊唁时，家人会备好米粥、糕点等物品供于灵前。若是逝者为长辈，子女会

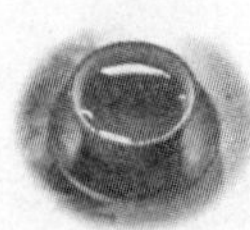

用茶罐泡好茶，倒入茶盅祭亡灵。因为纳西族生前个个爱茶，死后也离不开茶，这是晚辈表示对长辈的孝心和怀念。

一种人认为茶是“洁净”之物，能吸收异味，净化空气，用今人的话来说，就是用茶作随葬物，有利于死者的遗体保存和减少环境污染。如湖南丧俗中使用茶枕就是一例。旧时，在湖南中部地区，一旦有人亡故，家人就会用白布，内裹茶叶做成一个三角形的茶枕，随死者入殓棺木。这样做，一则表示茶是洁净之物，可以消除死者病痛；二则可以净化空气，消除异味。还有一种意思就是表示活着的人对死者的一种寄托，如云南丽江地区纳西族的含殓。

纳西族人在长辈即将去世时，其子女会用小红包内装茶叶、碎银和米粒，放在即将去世的人的口中，边放边嘱托：“你去了不必挂牵，喝的、用的、吃的都已为您准备好了。”一旦病人停止呼吸，则将红包从死者口中取出，挂在他的胸前，以寄托家人对死者的哀思。所以，用茶作为丧葬物，既有象征意义，又有功能作用，其意是多方面的。

第五节　各民族饮茶的不同风尚

中国是一个多民族国家，汉族是中国的主体民族，是一个懂礼仪，讲文明、重情好客的民族，也是当今世界上人口最多的民族。汉族遍布整个中国，但主要聚居在黄河、长江、珠江三大流域和松辽平原。而中国的少数民族主要分布在周边地区，于是形成了以汉族为文化中心的多民族饮茶文化。本节就汉族和中国主要的少数民族的饮茶习俗做个介绍，从中我们不难体会到他们在饮茶文化上的传承与差异。

一、汉族习俗简述

汉民族人民饮茶，方式多样，内容也丰富多彩。凡有客进门，不问你是否口渴，也不问是否要茶，总会用茶敬客，以茶示礼。所以，汉民族饮茶，不但形式多样，而且内容丰富，饮茶有品茶、喝茶和吃茶之分，有清饮、混饮和调饮之别。诸如品龙井、喝大碗茶和吃早茶，啜乌龙、呷香片和打擂茶等。汉民族饮茶，虽然方法不同，目的不同，但多数推崇清饮。就是将茶直接用热开水冲泡，无须在茶（汤）中加入糖、奶、盐、椒、姜等作料或果品之类，属纯茶原汁本味饮法。汉民族认为，清饮最能保持茶的“纯粹”，体现茶的“本色”。但也有少数地方，出于各种不同的原因，有采用混饮或调饮法饮茶的。

茶与其他食品一样，在很大程度上以人们的嗜好与习惯为转移，所以，不但不同的民族有不同的饮茶习俗，就是同一民族的不同地区，同一地区的不同人群，饮茶习俗也是不相同的。加之，中国地广人多，各地历史文化有别，地理环境各异，从而使得国人的饮茶变得千姿百态。

（一）饮茶风尚迥异

客来敬茶，这是中国人的礼俗，但什么客，哪里来，怎么敬茶，用何种茶，却是要分不同对象的，这样在全国范围而言，就使中国的饮茶风俗，变得丰富多彩。

1. 茶因地而异

中国地域辽阔，各地风土人情不一，因此，饮茶习俗也各不相同。在中国的北方，大多喜爱饮花茶，用有盖瓷杯冲泡，认为这样有利于保持花香。在北方农村，有客人来，更喜欢用大瓷壶泡茶，尔后将茶汤分别倒入茶盅，供人饮用，认为这样做，更有亲近感，主客共饮一壶茶，其乐融融，共同分享饮茶欢乐之趣。

在长江三角洲沪、杭、宁和华北的京、津一带，人们爱饮细嫩的名优茶，既要闻其香，啜其味；还要观其色，赏其形，因此，特别喜爱用无盖的玻璃杯或白瓷杯泡茶。品茶时，既强调物质享受，又注重精神欣赏。

在江、浙一带的许多地区，饮茶是生活中必不可缺少的一个环节。饮茶时，注重茶的香气和滋味，因此，除细嫩名优茶外，多采用紫砂或小瓷壶泡茶，一人一把（壶），随遇而安，悠悠自乐。

福建及广东潮州、汕头一带，习惯用小杯啜乌龙茶，所以，选用“烹茶四宝”，即用潮汕风炉、玉书碨、孟臣罐、若琛瓯泡茶，以品赏乌龙茶的特有韵味。在这里，潮汕风炉是指产于广东潮州、汕头一带的粗陶炭炉（如今也有用电茶炉代替的），专作烧炭加热之用。

玉书碨是一把缩小了的瓦陶壶，高把柄、长嘴巴，架在风炉上，专作泡茶之用。孟臣罐是一把比普通茶壶小一些的江苏宜兴产的紫砂壶，其容量与若琛瓯配套，专作泡茶之用。若琛瓯小如香橼，有的甚至只有半个乒乓球大小，其实是只饮茶杯，专供饮茶之用。啜乌龙茶时，一人主泡，其余围坐，

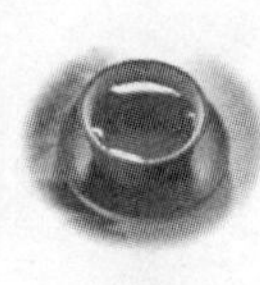

一壶一泡一巡。冲泡讲究艺术，既符合冲泡要求，又深具文化内涵。

饮茶讲究品赏，啜其“精华”，努力使物质提升到精神。所以，小杯啜乌龙，与其说解渴，还不如说是在闻香玩味中追求享受之乐。

川、渝一带的人们，喜欢上茶馆，用盖碗泡茶。饮时，左手托茶托，不烫手；右手摄碗盖，用来拨去浮在茶汤表面上的茶片。加上盖，保茶香；掀掉盖，可观茶的姿色。如此品茶，既有文雅之气，又具古代遗风，特有一番风情。

西北地区的陕、甘、宁一带的人们饮茶，主要饮的是炒青绿茶，也有用当地一些特产和茶拼配而成的八宝茶。泡茶器具习惯于用三泡台作饮茶器，长颈壶作冲水器。当地的长嘴壶，有的壶嘴长达一米以上，上细下粗，冲水时，“茶博士”从两米之外将水准确冲入碗中，一点也不溢出外面，犹如杂耍一般，动作优美利索，使人未曾尝茶，先得其惊，好生叫人称绝。

至于边疆地区，聚居着众多的少数民族，饮茶习俗更是异彩缤纷，使人观叹。

2. 因人制宜

在脍炙人口的中国古典文学名著《红楼梦》中，对饮茶要因人制宜，有过深入细致的描写。在第四十一回“贾宝玉品茶栊翠庵”中，写栊翠庵尼姑妙玉，因对象地位和与客人的亲近程度，在东禅堂用“海棠花式雕漆填金云龙献寿的小茶盘”，外加“成窑五彩小盖钟（盅）”，再选用“老君眉”茶，“旧年蠲的雨水”泡茶，并亲自“捧与贾母”。

在耳房内，宝钗坐在榻上，黛玉坐在蒲团上，妙玉用镌有晋“王恺珍玩”的“𤫩斝”烹茶，奉与宝钗；用镌有垂珠篆字的“点犀”泡茶，捧给黛玉；用自己日常吃茶的那只“绿玉斗”，后又换成一只“九曲十环一百二十节蟠虬整雕竹根的一个大盏”斟茶，赐给宝玉。这些饮茶器具，虽然都是古玩奇珍，但因人而异，男女有别。而泡茶用水则是“五年前在蟠香寺收的梅花上的雪”水，用好茶、好水、好器泡的“体己茶”，当然“清纯无比，赏赞不绝”，但给其他众人饮茶，却用的是“一色的官窑脱胎填白盖碗”，至于给下等人用的则是“有油腌膻气”的茶碗来泡茶。

现代人饮茶，也会因职业、性别、年龄、兴趣有别，饮茶习俗不一，会对选茶、配具、用水、择境，乃至对茶艺的要求等方面都会有所不同。如老年人讲求茶的韵味，要求茶叶香高、味浓，重在物质享受，因此，选用茶壶泡茶，以“摆龙门阵”的方式，边聊天、边饮茶；年轻人“以茶会友”，要求茶叶香清味醇，婀娜多姿，因此，多选用玻璃杯或白瓷杯泡茶，重在精神欣赏；男人喜欢用较大素净壶或杯斟茶，女人喜欢用小巧精致的杯泡茶，饮茶重幽香醇和；体力劳动者习惯于用碗或杯，大口急饮，饮的大多是大宗茶，而脑力劳动者，崇尚的则是富含文化的壶或杯，采用小口缓咽，饮茶既重茶的香气和滋味，又重茶的叶姿和汤色。总之，饮茶也要因人制宜。

3. 随季节变化饮茶

在中国，特别是长江流域一带，一些讲究饮茶的人们，有按季节饮茶的习惯。这是因为茶类不同，茶性是不一样的；而季节不同，人的生理需求也是不尽一致的。

一般认为，红茶性温，绿茶性凉，乌龙茶处于红茶和绿茶之间，性平。采用以天然中草药为主的中药药理表明：热（温）性与凉性，与中药的色泽往往有很大的关系，而红茶的红色，绿茶的绿色，乌龙茶的“三分红，七分绿”，显然是热性、凉性和性平的标志。中药中，还认为药性与药的滋味有关，一般认为味甜的属热性，味苦的属凉性，而茶原本就是一味中草药，自然也不例外。

具体说来，红茶由于在内含物质中，茶多酚物质较少，糖分含量却较多，当属热性的；而绿茶含有较多的茶多酚类物质，不常饮茶的人们就会感到饮绿茶的苦涩味比红茶重，因此，认为绿茶是凉性的。乌龙茶是处于红茶与绿茶之间的一种茶，自然是性平了。所以，非洲热带国家的人们，大多爱饮清凉的绿茶，如薄荷绿茶、柠檬绿茶等；而处于温带的北欧等国家的人们，则喜欢饮暖胃的红茶，如牛奶红茶、糖红茶等。

此外，在人们生活中，色彩也会对人的感觉产生不同的影响：红色使人有暑热感，绿色则有凉爽之意，尤其对饮红茶和绿茶，也会产生不同的心理感觉。据此，根据春夏秋冬四季变化，结合茶的属性，在经济条件好的家庭，如果能做到因季节变化而饮不同的茶，对人体无疑更为有益。具体来说，春季，严冬已经过去，气温开始转暖，这时饮些香气馥郁的花茶，一是可以去寒邪，二是有助于理郁，促进人体阳刚之气的回升；夏天，天气炎热，饮上一杯清汤碧叶的绿茶，可给人以清凉之感，还能起到降温消暑之效；秋天，天高气爽，喝上一杯性平的乌龙茶，不寒不热，取其绿茶和红茶两种功效，以清除夏天余热，又能恢复津液；冬天，天气寒冷，饮杯味甘性温的红茶，可给人以生热暖胃之感。如此安排四季饮茶，对人体健康大有裨益。

4. 按体质不同饮茶

古人认为，茶是养生之仙药，延年之妙术。所以，民间提倡多饮茶，少喝酒，不吸烟。鲁迅先生还认为有好茶饮，饮好茶，实是一种清福。茶是中

国的国饮，在日常生活中，几乎人人都在饮茶，但要做到科学饮茶，却不是一件容易的事，因为，饮茶同样有个适度和择茶的问题。

在民间有按人的不同体质饮茶的说法。如人体平日畏寒，或胃多不适的人，宜选择饮红茶，因红茶性温，喝了有暖胃之功能。若平时惧热，那自然选择饮绿茶，绿茶性寒，饮了有清凉之感。这是因为绿茶中茶多酚的含量高，特别是喝浓的绿茶，会对人的胃产生一定的刺激作用。所以，有的人饮了绿茶会感到胃部不舒，则改饮红茶，如果能在红茶中加些糖和牛奶之类，效果更好。如果身体肥胖的人，则爱饮去腻消脂力强的普洱茶或乌龙茶。

而对儿童来说，不宜提倡饮过量和过浓的茶。因为儿童饮过量的茶或浓茶，因茶中的茶多酚会与食物中的铁结合，影响肠胃对铁质的吸收，从而导致儿童缺铁性贫血的发生。加之，过多饮茶，还会因茶中的咖啡碱促使儿童大脑兴奋，减少睡眠，小便频繁，甚至尿床。

因此，儿童不宜饮过量或过浓的茶。但儿童若能做到适度饮茶，同样有利健康，特别是对牙齿，能起到很好的防龋牙作用。又如，儿童往往比较贪食，常常饮食过饱，适当饮茶，茶中有丰富的茶多酚类物质能消食去腻，促进肠胃蠕动和消化液的分泌，可帮助消化，解除油荤带来的不适之感。又如小孩“火”旺，经常大便干结，茶“苦而寒”，有明显的“清火”功效，其“上清头目，中消食滞，下利两便”，正能解除这种苦痛。特别是儿童正处于生长发育阶段，茶中的维生素、氨基酸以及众多的矿物质元素和微量元素大多能溶于茶汤，为儿童所利用。尤其是矿物质元素，对维持人体平衡具有重要的作用，有的还是构成人体骨架、牙齿、毛发、指甲不可缺少的。例如茶中的微量元素能调节儿童贪玩多汗而造成身体虚弱，锌能促进儿童生长发育，铁能提高造血功能，防止贫血。

中国人还认为，尽管饮茶是有益而无害的，特别是茶的营养成分和药理功能表明，茶能对人体起到强身和防病的作用。但不同体质的人，其生理需要是不同的，如妇女三期，即孕期、哺乳期和经期，民间就有提倡饮清淡之茶，而强调不宜多饮茶，忌讳饮浓茶的做法。对于一些疾病患者，还要控制饮茶。如心动过速的冠心病患者，神经衰弱的患者，脾胃虚寒者，缺铁性贫血患者就是如此。

另外，中国人还认为，饮茶不得法，还有损于人体健康。所以，在饮茶时，还得注意以下避忌。

1. 忌饮烫茶：它会对人的咽喉、食道、胃产生强烈刺激，直至引起病变。一般认为茶以热饮或温饮为好。茶汤的温度不宜超过60℃，以25～50℃为最好，在此范围内，可以根据个人习惯加以调节。

2. 忌饮冷茶：冷饮同样会对人的口腔、咽喉、肠胃产生副作用。另外，饮冷茶，特别是饮10℃以下的冷茶，对身体有滞寒、聚痰等不利影响。所以，烫饮不好，冷饮也不好，要提倡温饮。

3. 忌饭前大量饮茶：这是因为饭前大量饮茶，一则冲淡唾液，二则影响胃液分泌。这样，会使人饮食时感到无味，而且使食物的消化和吸收也受到影响。

4. 忌食后立即饮茶：饭后饮杯茶，有助于消食去脂。但不宜饭后立即饮茶。因为茶叶含有较多的茶多酚，它与食物中的铁质、蛋白质等会发生凝固作用，从而影响人体对铁质和蛋白质的吸收，使身体受到影响。

5. 忌饮冲泡次数过多的茶：一般说来，除少数特种茶外一杯茶，经三次冲泡后，90%以上可溶于水的营养成分和药效物质已被浸出。第四次冲泡时，基本上已无什么可利用的物质了。如果继续多次冲泡，茶叶中的一些微量有害元素就会被浸泡出来，不利于身体健康。

6. 忌饮冲泡时间过久的茶：这样会使茶叶中的茶多酚、芳香物质、维生素、蛋白质等氧化变质变性，直至成为有害物质，而且茶汤中还会滋生细菌，使人致病。因此，茶叶以现泡现饮为上。

7. 忌空腹饮茶：饮"空心茶"，会影响肺腑，刺激脾胃，进而使食欲不振，消化不良。长此以往，有碍身体健康。

8. 忌饮浓茶：由于浓茶中的茶多酚、咖啡大碱的含量很高，刺激性过于强烈，会使人体的新陈代谢功能失调，甚至引起头痛、恶心、失眠、烦躁等不良症状。

（二）饮茶追求不一

汉民族是中国的主体民族，占全国人口的94%左右，是全世界人口最多的民族，遍布全国各地。汉民族饮茶，方法多种多样，方式各不相同，要求也不尽相同，同样，追求也各有千秋。

1. 生活需要茶，茶是生活的必需品

20世纪30年代，林语堂先生在《我的祖国和人民》一书中指出："中国人最爱品茶，在家中喝茶，上茶馆也是喝茶；开会时喝茶，打架讲理也要喝茶；早饭前喝茶，午饭后也要喝茶。有清茶一壶，便可随遇而安。"

所以，中国人认为，人生在世，一日三餐茶饭是不可省的。在平时，中国人习惯在口干时用杯茶润喉解渴；心烦时，用杯茶静心解闷；滞食时，用

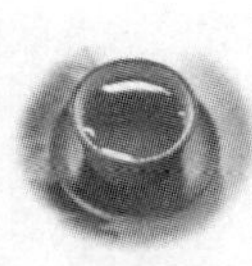

杯茶消食去腻；疲劳时，用杯茶舒筋消累；会友时，用杯茶联络情谊；写作时，用杯茶清醒引思……总之，中国人在日常生活中离不开茶。口渴了，固然需要饮茶；但待客时，用不上问候，就得用茶待客。

其实，中国人认为有杯茶在手，就能感受生活。所以，在生活中，中国人饮茶有很大的随意性。一般说来，以解渴为目的的饮茶，渴了就饮，有随意性。若在宴后饮茶，可以促进脂肪消化，解除酒精毒害，消除肠子胀饱不适和去除有害物质。有口臭和爱吃辛辣食品的人，若在与人交谈前，先喝一杯茶，可以消除口臭；嗜烟的人，倘能在抽烟时，适当喝点茶，可以减轻尼古丁对人体的毒害；如果在看电视时喝点茶既能帮助恢复视力，还能消除电视荧屏微弱辐射而对人体的危害。

"茶能引思"，脑力劳动者边思考，边饮茶，可以保护清醒头脑，有利于提高工作效率。工人倘能在工间喝杯茶，可以消除疲劳，增强机体活力，提高工作效率。早晨起来，喝上一杯茶，可以帮助洗涤肠胃，醒脑提神，更好地全身心投入工作。因此，只要根据茶的品性，结合人们所处环境条件，做到科学饮茶，无疑对工作、对身体都是大为有益的。

2. 追求享受，注重饮茶情趣

这种饮茶方式，乃是社会发展的产物，它既是对中国饮茶文化传统的继承，又包含了许多新文化和现代精神文明的新鲜内涵，是一种多层次、多功能、多享受的饮茶习俗。最典型的例子，是20世纪80年代以来，各大、中小城市新开设的茶艺馆。这些茶艺馆，大多周边环境幽雅，楼馆建筑格调别致，室内陈设富含文化色彩，或琴棋书画，或田园风光，或古色古香，或花草满园，或富丽堂皇，或庭园流水，还有音乐相伴。身临其境，坐在茶馆里，未曾品茶，心已陶醉，使人流连忘返。加之，沏茶讲究茶、水、火、器"四合其美"，泡茶注重技艺"双全"，这样一来，饮茶也就会被品赏替代。

所以，上茶艺馆品茶，老人见了亲切，年轻人感觉"新鲜"，外国人把它看做是中国的"国粹"，这的确是一种精神的综合性文化享受。特别是在节假日，约上三五知己，或一家人上茶艺馆休闲小憩，别有一番情趣在里头。如今，一些房子宽敞的家庭，还辟有一间茶室；也有的与书房合一，开辟成为书斋式的茶室，有朋自远方来，主人沏茶相待，谈事叙谊，不亦乐乎！

上茶艺馆品茶，或坐在自家书斋式的茶室品茶，主要追求的是一种格调、一种享受、一种情趣。

3. 清饮雅赏，力求原汁原味

在汉民族居住地区，由于饮茶注重清饮雅赏，追求真香实味，所以，饮茶多采用开水冲泡，一般不在茶汤中加糖、薄荷、柠檬、牛奶等调料。汉人多崇尚清饮法饮茶，认为清茶一杯，原汁原味。如此饮茶，最能保持茶之纯粹，使人能真正体会到茶的本色，领略到茶的真趣。而茶者，“草木之中的人也”；“天人合一”，原本就是茶的本性。中国人饮茶，倡导的就是这种氛围。

汉民族饮茶，既不像欧洲人那样匆匆忙忙，一饮而尽；亦不像日本茶道那样，循规蹈矩，更趋于生活化和大众化，这就是汉民族的饮茶之道。而最能体现清饮雅赏，香真味实的就是品龙井和啜乌龙。

品龙井，首先要选择一个幽雅的品茗环境。在品饮时，还得讲究技和艺，喝乌龙茶也是这样。

清人袁枚在《随园食单》中曾对小杯啜乌龙茶的情趣作了生动的描写：

“杯小如胡桃，壶小如香橼，每斟无一两，上口不忍遽咽，先嗅其香，再试其味，徐徐咀嚼而体贴之，果然清香扑鼻，舌有余甘。一杯以后，再试一二杯，令人释燥平矜，怡情悦性。”

所谓“咀嚼”，指的就是乌龙茶汤酽、香郁，饮之有物，闻之有香。如此啜茶，追求的当然是真香实味了。

4. 名茶配名点，总能相得益彰

品名茶，尝名点，在汉民族中，这种饮茶习俗，由来已久，至今仍随处可见，不但在茶艺馆中品茶如此，就平日在家中饮茶，也时有可见；而且由此还演变成一种茶餐，广东人的早茶，就是这类饮茶习俗的典型代表。早晨起来，人们在匆忙上班之前，上个茶楼，选个好坐去处，要上一盅茶，三两件点心，如此，“一盅两件”，既润喉，又充饥。

在工作节奏日益加快的今天，这样茶餐式的饮食方式，自然受到人民大众的欢迎。如今，这种饮早茶的习俗，除南方广东外，已流行到中国的其他大中城市，成了各地普通市民的一种生活追求。有鉴于此，自 20 世纪 80 年代以来，在不少新开设的茶艺馆中，顺应时代发展需要，开成茶餐饮式的茶艺馆，在饮茶时，不仅在中、晚餐时，提供餐饮，而且提早开门供应早餐茶饮，为上班族开辟了一处提供早餐的好去处，它既省心，又省时，还富有营养与保健的作用，怎不叫人称赞！

在汉民族地区，名茶配名点，还有其他表现形式，这就是湖南长沙的芝麻香茶和浙江杭（州）嘉（兴）湖（州）地区的薰烘豆茶。湖南长沙的芝麻香茶中，含有芝麻、花生仁、黄豆粉等，可称得上是一种茶食品。这种茶，茶和食品已融为一体，它香甜甘醇，美味可口，又能充饥饱肚，吃了不会感到腹胀，所以，时至今日，在长沙农村，仍然作为一种待客首选的茶饮。而

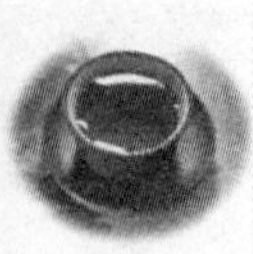

杭嘉湖一带的农家薰豆茶，它选用荒山野茶作原料，再拼和橙子皮、野芝麻、野笋丝、薰青豆等辅料。

这种茶，一经冲泡，饮起来，甘醇之味一应俱全，吃起来鲜爽可口，又耐咀嚼。如今，在杭嘉湖一带农村，不但平时以能吃到薰豆茶为荣；而且在婚嫁喜事之日，或亲朋上门之际，倘无薰豆茶相待，还会受人讥笑，认为不懂礼貌。

5. 用茶作药，古风依存

在中国，茶最早是作为药用开发的，在中国的古代医药学中，记载着茶具有的多种药效。宋代著名诗人苏东坡诗云："何须魏帝一丸药，且尽卢仝七碗茶。"他是指茶是一种奇妙的药品。以后，茶虽逐渐由药用、食用发展成为饮料，但它防病治病，为人体健康所作出的贡献并未因此而逊色。如今，随着现代科学技术的发展，在中国人的心目中，茶不仅是一种营养型和风味型的食品，而且也是一种生活调节型和保健型的食品，特别是饮茶对以下疾病具有一定的预防和治疗效果。

（1）杀菌抗病毒

这主要是茶中的儿茶素对许多有害细菌具有杀菌和抑菌作用。所以，在中国一些深山僻岭，交通不便的山村，民间还有用煎浓茶汁喝治痢疾的做法。

（2）防龋齿

这是因为茶树是一种富集氟素的植物，而饮茶所摄入的氟素，可以达到预防龋齿发生的效果。所以，在中国，一些有经验的家长，早晨起床后，叫儿童用茶水漱口或刷牙，可以起到大大降低龋齿对儿童的危害。

（3）降血压、预防冠心病

茶是一味重要的治疗高血压和冠心病的中药方剂。民间的实践也证明，常饮茶的人，其高血压和冠心病的发病率要比不饮茶的人大大降低。

（4）降血脂、防治动脉粥样硬化

因茶叶中含有儿茶素，具有降低胆固醇的作用。在中国的西南地区，高血压患者，认为喝沱茶具有明显的降脂效果。民间历来认为饮茶不但能降脂减肥，还能防治动脉粥样硬化。如今，这种说法，已为实验所证实。

（5）抗癌、抗辐射

茶的提取物和有效成分，对活体的各种癌症，能起到有效的预防和抑制作用，这已为许多医药实验所证实，而且在中国民间，还有饮茶抗突变，升高白血球的说法。所以，与射线接触较多的人饮茶，有助于减轻因射线照射而引起白血球下降而带来的不利。因此，认为茶是电视食品，因为它能消除电视荧光屏微弱辐射而造成对人体的危害。

（6）降血糖、防治糖尿病

在中国许多传统医学的处方中，都有以茶为主要原料为配方，用来防治血糖升高。时至今日，在民间仍有用绿茶罗汉果汤、绿茶石斛汤、绿茶玉米须汤去血糖和防治糖尿病的做法。

此外，在中国民间，还认为饮茶有助消化，防积食，以及明目、利尿、抗衰老等多种作用。茶，乃是上天赐予民间的一服天然良药。用茶作药，在中国已承传了数千年。

6. 用茶作礼，以示敬意

在中国的汉民族居住区，凡有客进门，决不问你是否需要饮茶，主人总会奉上一杯热气腾腾的茶，用双手恭恭敬敬地奉上，以表示欢迎。茶在中国人心中，被看做是一种传统的礼俗。在生活中，几乎在所有场合，都离不开茶，不但探亲访友、谈心叙事需要奉茶，就是一些重要场合，如接待贵宾、主宾会谈、重要会议、春节团拜、直至许多高层次的重要活动等，在主宾席上，均会摆上一杯茶，以示高规格、重礼仪。而在这种情况下，主客双方，饮茶是随意的，但却是一种不可缺少的举措，因为在中国人的心目中，这是一种礼仪之举。

所以，几乎在所有场合，奉茶都是中国人的一种重情好客之举。在这种情况，奉茶仅仅是一种点缀而已，在于亲近之感也。所以，奉茶固然要讲究茶的质量，注意冲泡技艺，更要把它作为一种礼仪，通过奉茶，在体现出人的文明与礼貌的同时，还要做到窗明几净，环境幽雅，整洁有序，使奉茶成为拉近人们之间感情的桥梁。

二、汉族饮茶例说

现将在中国汉民族居住地中，一些富有代表性的饮茶方式、方法，现简要介绍如下。

（一）含口缓咽品龙井

在江、浙、沪的一些大、中城市，最流行品龙井茶。龙井茶主产于浙江杭州的西湖山区。“龙井”一词，既是茶名，又是茶树种名，还是村名、井名和寺名，可谓“五龙合一”。西湖龙井茶，向以“色翠、香郁、味醇、形美”著称，“淡而远”、“香而清”。历代诗人以“黄金芽”、“无双品”等美好词句来表达人们对龙井茶的酷爱。

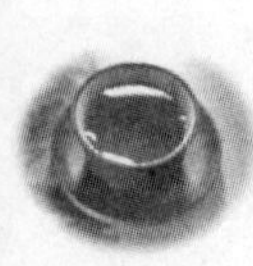

品饮龙井茶，除要茶美外，还要做到：一要境恰，自然环境、装饰环境和茶的品饮环境相恰；二要水净，指泡茶用水要清澈洁净，以山泉水为上，用虎跑水泡龙井茶，更是杭州一绝；三要具精，泡茶用杯以白瓷杯或玻璃杯为上。倘若盖碗冲泡，则无须加盖；四要艺巧，即要掌握龙井茶的冲泡技艺，以及品饮方法。五要适情，即要有闲情雅致，抛却公务缠身，烦闷琐事，方可有兴品茶。

一般说来，冲泡龙井茶的开水，习惯以摄氏80°左右为宜。茶和水的比例，大致掌握在1克茶冲50～60毫升水。通常一个可盛200毫升水的杯子，放置3克左右的龙井茶就可以了。冲泡时，先用少量开水，高冲入杯，以湿润茶叶，使茶舒展，内含物容易浸出，这叫做浸润泡；大约过10～15秒钟，再冲水至七分满，这叫正泡。杯子上部留下三分空间，表示“七分茶，三分情”。同时，也符合民间的“浅茶满酒”之说，因为东南沿海一带，在历史上，向有“酒满敬人，茶满欺人”说法。

在沪、杭一带，“龙井茶，虎跑水”有口皆碑。“龙井”问茶，“虎跑”品茗，更是盛事。所以，品龙井茶，无疑是一种美的享受。品龙井茶时，先应慢慢提起杯子，举杯细看翠叶碧水，察看多变的叶姿，尔后，将杯送入鼻端，深深地嗅闻龙井茶的嫩香，使人舒心清神。看罢、闻罢，然后缓缓品味，清香、甘醇、鲜爽应运而生。此情此景，正如清代陆次云所说：“龙井茶真者，甘香如兰，幽而不冽，啜之淡然，似乎无味。饮过之后，觉有一种太和之气，弥漫于齿颊之间，此无味之味，乃至味也。”这就是对品龙井茶的真实写照。

如今，杭城大街小巷，西湖名胜景点，茶艺馆已遍布林立，特别是湖边景点甚多，人文历史丰富；若在揽山水之胜地，能品茗其间，更是趣味横生，别有一番情意。不过，今人品龙井茶，与古人相比，虽然多采用清饮，但清饮龙井茶时，也有奉茶点的。茶点以清淡，或略带咸味的食品为佳。不过，由于高级龙井茶采摘细嫩，只采一芽一叶或一芽二叶初展新梢加工而成。所以，泡茶续水二三次已足矣，再续水就无味了，得重新置茶冲泡才是。所以，按照杭城人品龙井茶的习惯，这叫一二不过三。如果一杯龙井茶续水三次，还想再泡，习惯上则须重新置茶，再次冲泡。否则有失礼仪，似有叫客人饮白开水之嫌！

（二）小杯细啜功夫茶

广东、福建、台湾等地，习惯用小杯啜乌龙茶。乌龙茶，在广东潮汕地区和闽南一带，又叫工夫茶或功夫茶。所以，啜乌龙茶，又称为啜功夫茶。

何谓功夫茶，有两种说法：

一是认为功夫茶是广东潮州、汕头一带人们品茶的一种风俗。《辞源》称："功夫茶：广东潮州地方品茶的一种风尚。其烹治方法本于唐代陆羽《茶经》。器具精致……见清代俞蛟《潮嘉风月记》，也作功夫茶。"

二是如清代蔡伯龙《官话汇解便览》所称，是指好茶而言的。清陆廷灿《续茶经》也称："武夷茶在山上者为岩茶……其最佳者曰功夫茶。"清代梁章钜《归田琐记》说，武夷名种茶"山以下不可多得，即泉州、厦门人所讲功夫茶"。说功夫茶是指武夷岩茶中的上品而言，是清时由福建泉州、厦门人给叫出来的。

上述两种说法，都说出自清初。作为茶艺，两地啜功夫茶都具有器具精巧，技艺精致，物料精绝，礼仪周全的特点。目前，全国不少大、中城市，也开始对啜功夫茶感兴趣。不过，啜功夫茶最为讲究的要数广东的潮汕地区，不但冲泡讲究，而且颇费工夫。台湾人啜功夫茶虽出闽、粤，但已加进了新的内容，使饮茶更有情趣。实践表明，要真正品尝到啜功夫茶的妙趣，升华到艺术享受的境界，需具备多种条件。主要取决于三个基本前提，即上乘的功夫茶，精巧的功夫茶具，以及富含文化的瀹饮法。下面，以广东潮汕地区啜功夫茶为例，结合闽南和台湾啜功夫茶的风俗，简述如下。

首先，要根据饮茶者的品味，选好优质的乌龙茶，如凤凰单枞、武夷岩茶、冻顶乌龙等。其次，泡茶用水应选择甘洌的山泉水，而且强调现烧现冲。接着，是要备好茶具，比较讲究的，从火炉、火炭、风扇，直到茶洗、茶壶、茶杯、冲罐，等等，备有大小十余件。

人们对啜乌龙茶的茶具，雅称为"烹茶四宝"：即潮汕风炉、玉书碨、孟臣罐、若琛瓯。通常以三个为多，专供啜茶用。一般啜功夫茶世家，也是收藏功夫茶具的世家，总会珍藏有好几套功夫茶具。

冲泡乌龙茶时，先要用沸水把备好的茶具淋洗一遍，然后，按需将功夫茶倒入白纸，轻轻抖动，把茶粗细分开。将细末填入壶底，其上盖以粗条茶，以免填塞茶壶内口。冲泡时，要提高水壶，再缓慢冲水入壶，俗称"高冲"。并将沸水满过茶叶，溢出壶口，尔后用盖刮去茶汤表面浮沫。也有将头遍茶冲泡后的茶汤立即倒掉，这叫"洗茶"。

其实，刮沫和洗茶，目的是一样，都是有洗茶的作用。功夫茶冲泡后，应立即加盖，其上再淋一次沸水，以提高壶中茶水温度，即"内外夹攻"。约1～2分钟后，注汤入杯，即"斟茶"。但斟茶宜低，即"低斟"。为了使几个杯中茶水浓度均匀一致，斟茶时要来回往复注茶汤入杯，即"关公巡城"。若

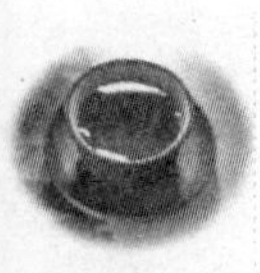

一壶茶汤，正好斟完，即“恰到好处”。讲究点，还要将茶壶中的最后几滴茶汤，分别一滴一滴地将它注入各个杯中，使各杯茶汤浓度不致有浓淡之分，即“韩信点兵”。

一旦茶叶冲泡完毕，主人示意啜茶，啜茶时，一般用右手食指和拇指夹住茶杯口沿，中指抵住杯子圈足，这叫“三龙（手指）护鼎”。品茶时，要先看汤色，这叫眼品；再闻其香，这叫鼻品；尔后啜饮，这叫口品。如此三品啜茶，不但满口生香，而且韵味十足，这样就使人领悟到啜功夫茶的妙处了。

按广东潮汕地区啜功夫茶的风习，凡有客进门，主人必然会拿出珍藏的茶具，选上最好的功夫茶，或在客厅，或在室外树阴下，主人亲自泡茶，品茗叙谊。如果客人也深通功夫茶理，这叫“茶逢知己，味苦心甘”。酽酽工夫茶，浓浓人情味。说话投机，足足可以坐上半天，也不厌多。另外，按潮汕人喝茶的习惯，认为啜功夫茶，可随遇而安。因在当地人不分男女老少，地不分东南西北，啜功夫茶已成为一种风俗。

所以，啜功夫茶无须固定位置，也无须固定格局，或在客厅、或在田野、或在水滨、或在路旁、或在船舟中，都可随着周围环境变化的随意性，茶人在色彩纷呈的生活面前，使啜茶变得更有主动性，变得更有乐处。“一壶好茶，一片浓情。”他（她）们还认为，啜乌龙茶最大的乐处，是在乌龙茶冲泡程序的艺术构思，其中概括出的形象语言和动作，啜茶者未曾品尝，已经倾倒，这种“意境美”，已或多或少地替代了茶人对“环境美”的要求。当然，有好的啜茶环境也是求之不得的，只是当地并没有刻意追求罢了。

闽南人啜功夫茶的习惯和方式，与广东潮汕地区相差不大。台湾人啜功夫茶的方法，与潮汕人啜功夫茶大致相同，但有些操作程序不尽相同，如将功夫茶泡好后，在斟入杯前，先把茶汤倾入到一个公道杯中，尔后斟茶入筒状的闻香小杯中，再分别注入对应的茶杯品啜。它以公道杯为载体，使茶汤浓度达到一致；而闻香杯，顾名思义，当然是闻香的专门茶器了。用闻香杯闻香时，习惯于将两手手掌相对摊开，用手掌不断滚动闻香杯，以手掌的热量，催促闻香杯中的香气散发出来，灌进鼻腔，愉悦胸腔，从中获得美感。所以，这种啜功夫茶的方法，虽然与潮汕地区相比，冲泡方式有些区别，但品啜的要求和内容却是基本相同的。

（三）技艺双全盖碗茶

喝盖碗茶的习俗，在中国汉民族居住地都可见到，但用得最普遍的要数西南地区的四川和重庆，西北地区的宁夏和甘肃。而最有代表性的则要数四川成都人的喝盖碗茶。人称：中国茶馆数四川，成都茶馆甲四川。据清宣统《成都通鉴》载：1909年成都有街巷514条，却有茶馆454家，可以说茶馆遍布成都大街小巷。如今据不完全统计，成都有茶馆3500家左右，而每家茶馆几乎是清一色的用盖碗泡茶，即使成都市民在家饮茶，也习惯用盖碗作饮杯泡茶，所以，喝盖碗茶，几乎成了成都市民生活中的一道靓丽的风景线。

成都人所说的喝盖碗茶，其实就是用盖碗泡的茶。用盖碗泡茶，碗盖盖着，可以保温；启盖后，可以凉茶；撮住盖纽，还可推去茶汤表面的悬浮叶片，搅匀茶汤浓度。而提起碗托喝茶，可以不烫手；将茶碗放在桌上，有茶托保护，不会灼伤桌面。用盖碗饮茶，既是一种传统的饮茶方法，又不失当代的风雅情趣。因此，这种饮茶方法，长期以来，受到成都人的欢迎。

成都人饮盖碗茶，通常先用温水将“三件套”一一洗干净，称为净具。尔后，视茶碗大小，通常放上2~3克香茶，其中尤以茉莉花茶最为普遍。接着就是沏水，成都人沏茶用水，大都出自锦江，“锦江春色来天地”。

早年，用锦江九眼桥下以唐代女诗人薛涛命名的薛涛井水泡茶，沏出来的盖碗茶格外清香。清人有一首竹枝词：“同庆桥旁薛涛水，美人千古水流香；茶坊酒肆争先汲，翠竹清风送夕阳。”称颂用锦江薛涛井水泡出来的盖碗花茶，更能使人领略到茶的风味来。待盖碗茶泡好后，则用左手提起碗托，右手掀盖闻香。闻香后，倘见茶汤表面浮有茶片，则用碗盖由里向外刮去，随即倾碗将茶汤徐徐送入口中，清香鲜爽便会应运而生。

四川和重庆一带，古称巴蜀，是茶的原产地，也是中国最早饮茶的发祥地，源远流长，以致形成了独具地方特色的茶文化。在茶馆、在庭院、在家居，成都人多用四方小木桌，背靠竹椅去品尝盖碗茶。喝盖碗茶的另一特色是从茶具配置到服务格调，都有讲究，最为叫人称绝的是盖碗茶的冲泡技艺。

冲泡盖碗茶，用的是铜茶壶、锡碗托、青花瓷或彩瓷带盖的茶碗，用这种风格冲泡出来的盖碗茶，人称正宗巴蜀风味，它被当地人称赞，外地人叫绝。旧时，成都锦春楼茶馆茶博士周麻子，他的泡盖碗茶技艺最让人称绝。通常，周麻子大步流星出场，右手握一把紫铜茶壶，左手一扬，“哗”的一声，一串茶托飞出，几经旋转，不多不少一人前面一个。

接着，每个茶托上面放好一个茶碗，动作之神速，使人眼花缭乱。至于各人点的什么茶，一一放入茶碗，绝不会出错。尔后，茶博士在离桌1米外站定，挺直手臂，茶壶“刷刷刷”，犹如蜻蜓点水，一点一碗，却无半点水冒出碗外。为确保服务质量，周麻子还口中念念有词：“请各位客官放心，倘出半点差错，我今生今世不再卖茶。”

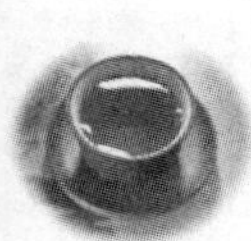

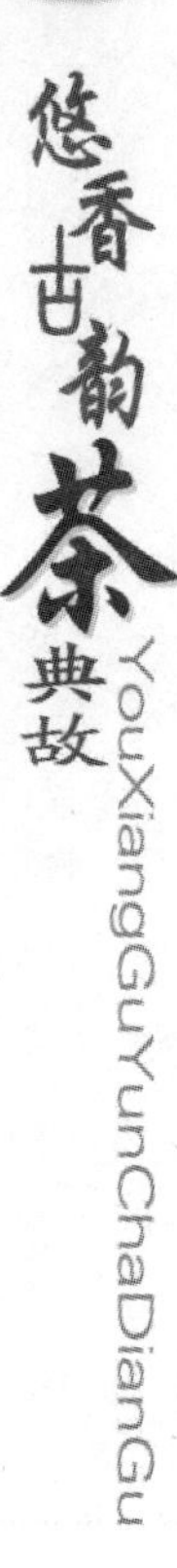

话音落地，他又抢先一步，用小拇指把碗盖一挑，一个一个碗盖像活了似的跳了起来，把茶碗盖得严严实实。如此一来，盖碗茶就大功告成。所以，尝盖碗茶，使品尝者不但可以领略茶的风味，还是一种艺术的享受，这就叫做“人醉茶，茶醉人”。纵然未曾品尝，品饮者也已达到“茶不醉人人自醉”的境地。

成都人喝盖碗茶还有一个特色，就是喜欢坐在茶馆里，一边喝茶，一边看川剧。1912 年，由一批著名的川剧茶人组建的“悦来茶园”，就是当年最负盛名的川剧茶馆。

如今，随着城市的现代化改造，那些地域文化浓郁的老茶馆，已大都为新型的现代茶馆所替代，但喝盖碗茶的风习，依然不改。

（四）“一盅两件”吃早茶

在中国南方，有吃早茶的风俗，尤其是岭南，吃早茶的风气更盛。吃早茶，既能充饥补营养，又能补水解渴生津。目前中国的一些大中城市都有供应早茶的，而最具代表性的，则是羊城广州和香港、澳门特区的早茶。

早茶具有茶饮、茶食和茶文化的共性。说它是茶饮，就在于它保留着饮茶的基本内容；说它是吃茶，就在于它在饮茶同时，还结合佐点食品；说它是吃早茶，是因为那里的人们特别注重早晨上茶楼吃茶。而茶楼的建筑布局、室内装饰以及娴熟的沏茶技艺，又都饱含着茶文化的丰富内涵。

因此，上茶楼吃早茶，总能使人感到生活色彩的斑斓和生活情趣的幽雅，所以，人们无论在早晨上工前，还是在工余后，抑或是商务洽谈、朋友聚会，总爱去茶楼。泡上一盅茶，要上几件点心，边品茶，边尝点，润喉充饥，妙趣横生。其实，广州人吃茶，大都一日有早、中、晚三次，但特别喜欢吃早茶，早茶风气最盛。

广州人上茶楼吃早茶的习俗，至少有百年以上历史。据考证，广州茶楼的前身是“二厘馆”，在清代咸丰、同治年间，二厘馆在广州城乡已很普遍，每位茶客只要交出二厘钱，就可喝到清茶，吃到松糕、大包之类的食品。这种经济实惠的吃茶方式，自然受到劳苦大众的欢迎。

清末，广州开始建起金碧辉煌的“三元楼茶楼”，继而又有陶陶居、陆羽居、天然居等茶楼问世。这些茶楼与原先的茶馆相比，建筑上别具一格，食谱上异彩缤纷，以致形成了广州茶楼的明显的地方特色，即楼层高，便于通风送爽；座位舒适，环境布置清雅；茶好水滚，能品尝茶的真香实味。

而最具广州饮茶风味的要算数以百计的精美点心。广州茶楼的点心，小巧雅致，滋味鲜爽，融南北之精华，中西之所长，所以，去广州的人几乎很少有人不上茶楼吃早茶的。如清代，康有为在广州讲学时到陶陶居品茶，并题写“陶陶居”三字。在20世纪30年代，毛泽东与柳亚子先生曾在广州上过茶楼，事隔多年后，于1941年11月，柳亚子赋诗寄呈毛泽东，说：“粤海难忘共品茶。”1949年4月，毛泽东和诗柳亚子，曰：“饮茶粤海未能忘。”为后人留下了千秋佳话。民国时期，鲁迅先生在广州中山大学讲学期间，常与许寿裳、许广平到茶楼品茗尝点，说广州的茶楼清香可口，一杯在手，可以和朋友作半日谈。20世纪60年代，郭沫若到广州北园茶楼，即席题诗：“声味色香都具备，得来真个费工夫。”

如今，随着社会的发展，人们生活的提高，广州不仅茶楼星罗棋布，上茶楼吃茶，特别是吃早茶的习惯也更加兴盛。上茶楼吃茶成了广州人社会活动的重要载体，也是生活中不可缺少的重要组成。

广州人除了吃早茶，还有吃午茶、吃晚茶的。总之，上茶楼吃茶，这种方式，在广州乃至整个华南地区，已被看作是充实生活和社交联谊的一种手段。

（五）趁热畅饮大碗茶

喝大碗茶的习俗，主要流行于中国的北方，在车船码头、道路两旁，直至车间工地、家居农舍，随处可见。尤其是北京的大碗茶，更为出名。据金受申的《老北京的生活》记载：旧时，北京人喝茶，“茶具不厌其大，壶盛十斗，碗可盛饭，煮水必令大沸，提壶浇地听其声有‘噗’音，方认为是开水，茶叶则求其有色、味苦，稍进焉者，不过求其有鲜茉莉花而已”。表明大碗茶是因用大号碗装茶而得名的，而对茶品，则以普通大宗茶就可以了，有茉莉花的茶片，就已经是算上等的了。

对于大碗茶的冲泡，当然要用现沸的开水去冲泡。对如何冲泡大碗茶，金氏也有详细的记述：“至于沏茶工夫，以极沸之水烹茶犹恐不及，必高举水壶直注茶叶，谓不如是则茶叶不开。既而酌入碗中，视其色淡如也，又必倾入壶中，谓之‘砸一砸’。更有专饮‘高碎’、‘高末’者流，即喝不起茶叶，喝生碎茶叶和茶叶末。”由此可见，大碗茶者，它通常用大桶装水，大壶泡茶，大碗畅饮，特别是在天气严寒的北方，如此趁热拿来，趁热饮下，提神解疲劳。

这种大碗清茶的喝茶方式，虽然比较粗犷，甚至有点野意，但它随意，价廉物美，自然受到人民大众的欢迎。在山东的商河、临邑、临清、惠民等地农村，当地农民身高体壮，性情亦豪放，男女皆有豪饮大碗茶的习惯。他（她）们一日三壶茶，一人一把壶，饮茶用大碗。当地自称：“情愿舍牛头，

不舍‘二货头’。”二货头，指的就是一壶茶中，第二次续水的茶，说这种茶滋味正浓，茶味最好，即使旧时作为农民生活“命根子”的牛，也无法相抵，表明鲁北农民对喝大碗茶的钟情之感。

喝大碗茶的场所，一般比较简单，无须在楼堂、馆所，摆设也比较简便，往往是一张方桌，几根条凳，一把大茶壶，两只大木桶，几只粗瓷大碗。因此，通常在门前屋檐下，或搭个简易棚，以茶摊形式出现，主要为过往客人去寒解渴提供方便。正是由于大碗茶方便随意，贴近民众生活，所以，时至今日，仍然为人民所乐道，为人民所钟爱，大碗茶仍不失为一种重要的饮茶方式。特别是对那些匆匆过路，无心休闲的人来说，更是如此。

（六）止渴生津喝凉茶

喝凉茶的习俗，多见于南方，在两广（广东、广西）及海南等地最为常见。在中国南方地区，凡过往行人较为集中的地方，如公园门前，半路凉亭、车船码头、街头巷尾，直至车间工地、田间劳作等地，都有凉茶出售和供应。茶者，本性寒，具有清凉、止渴、生津之功效。在南方湿热之地，喝一杯凉茶，当是享受的事。

不过，南方人喝的凉茶，除了清茶外，还会在茶中掺入一些具有清热解毒作用的其他清凉饮料植物，如野菊花、金银花、薄荷、生姜、橘皮之类，还有冬青科的岗梅根、苦丁茶，海金科的金沙藤，蝶形科的金钱草，梧桐科的山芝麻等，使茶的清热解毒功能，得到充分的互补和发挥。所以，凉茶严格说来，很有点药茶的味道，除有消暑解毒的作用外，还有预防疾病的功效。不过严格说来，药茶有两种：一种是含有茶的凉茶，一种是不含茶的凉茶。

在岭南，天气湿热，人们易患燥热、风寒、感冒诸症，所以在夏天，卖凉茶就成了华南地区的一道景观。凉茶始于何时，不得而知。不过清代钦差大臣林则徐当年微服入粤，查禁鸦片，时值暑天，因劳累中暑，一病不起，后知广州王泽邦（小名：阿吉）以治感冒出名，为此前去求医。才知阿吉开出凉茶一帖，药到病除，自此以后，“王老吉凉茶”成了广州凉茶中的名牌。这样说来，凉茶至少已有近200年的历史了。

制作凉茶的茶叶，一般都用比较粗老的茶叶煎制而成。凉茶的供应点，一般分为两种，一种是固定式的，但也并非楼馆，而是类似于茶摊。另一种是流动式的，上放着各种已经配制好的凉茶，盛在大茶壶，人们可以依照凉茶的性质，随便挑选。特别是在暑天，人们在匆忙劳作或赶路之际，大汗淋漓，喉干口燥，此时，若在凉茶点上歇脚小憩，喝上一杯凉茶，就会感到心旷神怡，暑气全消，精神为之一振。南方的半路凉亭，往往是免费供应凉茶之地。有些凉亭还刻着茶联，劝君喝茶小憩，以示关怀。在此摘录几首，与读者共享：

“为名忙，为利忙，忙里偷闲，且喝一杯茶去；劳心苦，劳力苦，苦中作乐，再倒一碗茶来。”

“山好好，水好好，开门一笑无烦恼；来匆匆，去匆匆，饮茶几杯各西东。”

如此喝着凉茶，品味茶联，心态平和，自有清凉在心头。

南方的凉茶，其实它的喝茶方式和北方的大碗茶几乎大同小异，有许多互同之处，如只要一张木方桌、两个木茶桶、一个竹茶勺，几把竹椅子，便可随遇而安。唯有一南（方）一北（方），一冷（茶）一热（茶），一（茶）杯一（茶）碗，有此差别而已。

（七）精心细泡九道茶

汉民族饮茶，古代重于品，讲究意境，着重程式，追求情趣。近代随着人们生活节奏的加快，既有要求快速、简便的，重在物质的；也有刻意美感，重在精神的，特别是一些文化人，更是如此。在这方面，以云南昆明地区的九道茶，最具代表性。

九道茶，多见诸于昆明地区城镇书香门第的家庭，他们接待嘉宾时，不但要求品茗环境的整洁和美观，墙上有书画，四周有鲜花；还讲究佳茗美泉，将准备的各种名茶，任君挑选；同时，更需要沏茶有道，泡茶有艺，做到茶、水、火、器“四合其美”，一点马虎不得。

冲泡九道茶时按照当地人的习惯，一旦有客从远方来，主人便会立即迎宾入坐，少加寒暄，主妇便会立即选茶备器，准备冲沏九道茶。九道茶冲泡程序较为繁复，重在技艺和意境。

首先，主妇会选上几种名茶，由主人或主妇作简要介绍，说说名茶的产地和品质特点，对特殊的名茶，也许会介绍一下有关典故。习惯的做法是客从主便。如果主客间是多年至交，那么，也可以按需点茶。待定好茶后，主妇就会当着客人的面，用温开水冲洗洁净茶器。冲泡九道茶的茶器，一般为紫砂壶和几只茶杯，茶壶多为紫砂壶，茶杯按客人多少，数量不等。这样泡出来的茶汤，势必是几人共享一壶茶，如此一来，备感亲切，意在融洽气氛。而用温水净器的结果，不但达到清洁消毒的目的，而且提高了茶器的温度，以免因冲泡时温度的骤变，而对茶汤质量产生影响。

洁器后，主妇会立即投客人选好的茶，除客人事先声明，要不，主妇就会按常规投入适量茶叶于紫砂壶中。第四道程序就是冲泡。泡茶用水，通常

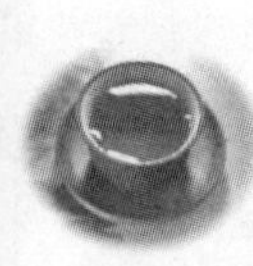

选用的是山泉水或其他佳水，烧水时注重掌握火候，讲究以初沸水冲泡，认为用这种水泡茶，香正味醇，最为精当。冲泡时，茶壶的冲水量，一般以冲到茶壶容量的六七分满为止。冲茶后的一道程序便是加盖，就是盖好壶盖，让茶汁慢慢浸出溶解于茶汤中，一般加盖5分钟后，这时的茶汤，既有鲜醇，又有刺激味时，称之为“恰到好处”时，就要进行匀茶。

匀茶，就是再次向茶壶续水，将泡茶冲水时留下的三四分空间，加水至满茶壶口沿。匀茶时冲水要从高处落下，让茶壶中的茶汤，通过高冲，茶水上下翻滚和左右旋转，使壶中茶水达到浓淡一致。匀茶后就是敬茶。敬茶时，通常将几个小茶杯一字排开，先从左到右，再从右到左，分两次斟茶，使茶汤容量达到茶杯的七八分满即可，并要求各杯茶之间的茶水容量一致，这叫做来的都是客，对客人不分大小“一视同仁”。

斟好茶后还要敬茶。敬茶可由主人亲自奉茶，也可由小辈敬茶，但要先长后幼，依次有序的进行。最后一道程式，就是呷茶。呷茶一般是先闻香，后尝味，呷茶之乐，留在口里，享受在心里。因为呷这种茶，费时，讲技，多程式，当地人称之“九道茶”，就是享受这种茶需有九道程式，即选茶、温器、投茶、冲茶、瀹茶、匀茶、斟茶、敬茶和呷茶。严格说来，九道茶当为文士茶之列，可谓是古代文人品茶的遗风。

（八）桃花源里喝擂茶

桃花源擂茶，又名三生汤，是用生叶（指从茶树上采下的新鲜茶叶）、生姜和生米仁等三种生原料，经混合研碎加水后，烹煮而成的汤，故而得名。

擂茶，既是充饥解渴的食物，又是祛邪去寒的良药。相传三国时，蜀将张飞带兵进攻武陵壶头山（今湖南省常德境内）乌头村（今桃花源）时，正值炎夏酷暑，当地正在蔓延瘟疫，张飞部下数百名将士病倒，连张飞本人也不能幸免。正在危难之际，乌头村中一位草医郎中有感于张飞部属纪律严明，秋毫无犯，非常感动，便献出祖传除瘟秘方——擂茶。

张飞见状，便问道：“老人家，这是何药？”

老人答道：“此谓擂茶，又名三生汤，是本家祖传秘方。”

张飞连忙作揖道谢，并吩咐将士都来喝擂茶。结果，茶（药）到病除。

其实，茶能提神祛邪，清火明目；姜能理脾解表，去湿发汗；米仁能健脾润肺，和胃止炎，所以，说擂茶是一帖治病良药，是有一定科学道理的。

如今，在湖南中、西部一带，都有吃擂茶的茶俗，特别是湖南沅江流域一带，更是如此。尤其是当有客人进门，好客的主人便会用擂茶来招待客人。此外，在渝西、鄂西南、黔东北、赣南等地也有喝擂茶的习俗。但随着时间的推移，与古代相比，现今擂茶，在原料的选配上已发生了较大的变化。

如今制作擂茶，通常除用茶叶外，还要加上炒熟的花生、芝麻、米花等；另外，还要加些食盐、胡椒（粉）之类。制作时，通常将茶和多种食品，以及作料放在特制陶制擂茶钵内，然后用硬木擂棍用力旋转，使各种原料互相混合，再取出倾入碗中，用沸水冲泡，用调匙轻轻搅拌几下，即成擂茶。

少数地方也有省去擂研，将多种原料放入碗内，直接用沸水冲泡的，但冲茶的水必须是现沸现泡的。这种擂茶，它稠如粥，咸中带香，软里有硬。每碗擂茶，有喝的，有嚼的，如此吃上二三碗，即便一餐不吃饭，也不会觉得饥饿。

在喝擂茶的地区，一般人们中午干活回家，在用餐前总喜欢喝几碗擂茶为快。有的年轻人倘若一天不喝擂茶，就会感到全身乏力，精神不爽，视喝擂茶如同吃饭一样重要。不过，倘有亲朋好友进门，那在喝擂茶的同时，还必须备有几碟茶点。

茶点以清淡、香脆食品为主，诸如花生、薯片、瓜子、米花糖、炸鱼片之类，以增加喝擂茶的情趣。但按照湘西的习惯，在一些重要场合喝擂茶时，不但擂茶宜用 8 种食品调制而成，而且桌子需用古色古香的八仙桌，同时桌上要放 8 碟茶点。他们认为，八仙桌有 8 个座位，能容纳 8 个人喝擂茶，表示每人有一份，“来的都是客，不分你我他”。另外，认为 8 是个吉祥数字，这叫“桌摆八，有财发”。

喝擂茶还有一个规矩，就是当主人向客人奉上一碗擂茶时，倘不懂规矩，马上喝下去时，主人就会眼明手快，操起勺子，给你添上第二碗，如此继续，会使你不堪忍受。其实，如果你不想再喝，可千万别喝下去，只要将碗中的擂茶保持满碗，到临走时一喝而尽就是了。

三、少数民族茶俗

中国地广人多，又是一个多民族的国家，各兄弟民族之间由于所处地理环境和历史文化的不同，以及生活风俗的各异，使每个民族的饮茶习俗各不相同，风尚迥异。即使是同一民族，在不同地域，或者说同一地域的不同人群，其饮茶方法也是各有不同。不过把饮茶看做是健身的饮料、纯洁的化身、友谊的桥梁、团结的纽带，在这一点上却是共同的。下面，将一些兄弟民族中有代表性的饮茶习俗，分别介绍如下。

（一）蒙古族的代用奶茶和咸奶茶

蒙古族主要居住在内蒙古自治区和新疆及其边缘的一些省、自治区。蒙

古族牧民以食牛、羊肉及奶制品为主，粮、菜为辅。砖茶是牧民不可缺少的饮品，喝由砖茶煮成的咸奶茶，是蒙古族人们的传统饮茶习俗。蒙古族如今喝的咸奶茶，大约始于13世纪以后。在砖茶还未进入内蒙古草原之前，森林草原上的许多药用植物都曾替代过茶，作为制作奶茶的原料。如今，依然可见的苏顿茶、玛瑙茶、乌日勒茶、曾登茶等，就是古之奶茶的遗风。

现代蒙古族多以青砖茶或黑砖茶作为熬咸奶茶的原料。在牧区他们习惯于“一日三餐茶，一顿饭”。所以，喝咸奶茶，除了解渴外，也是补充人体营养的一种主要方法。每日清晨，主妇的第一件事就是先煮一锅咸奶茶，供全家人整天享用。蒙古族喜欢喝热茶，早上，他们一边喝茶，一边吃炒米，将剩余的茶放在微火上暖着，以便随时取饮。通常一家人只在晚上放牧回家时才正式用一次餐，但早、中、晚3次喝咸奶茶，一般是不可缺少的。

蒙古族喝的咸奶茶，煮茶的器具是铁锅。煮咸奶茶时，用砍茶刀将砖茶劈成小块；再用石臼把砖茶块砸碎成末，随即将洗净的铁锅置于火上，盛上2~3千克刚打上来的新鲜活水；烧水至刚沸腾时，加入打碎的砖茶50~80克随即用文火熬3~5分钟后，掺入几勺鲜牛奶。用奶量为水的1/5左右，稍加搅拌，再加入适量盐巴。等到整锅咸奶茶开始沸腾时，才算把咸奶茶煮好了，即可盛在碗中待饮。

煮咸奶茶的技术性很强，茶汤滋味的好坏，营养成分的多少，与用茶、加水、掺奶，以及加料次序的先后都有很大的关系，如茶叶放迟了，或者加茶和奶的次序颠倒了，茶味就会出不来。而煮茶时间过长，又会丧失茶香味。蒙古族同胞认为，只有器、茶、奶、盐、温五者相互协调，才能制出咸香可宜，美味可口的咸奶茶。为此，蒙古族妇女都练就了一手煮咸奶茶的好手艺。大凡姑娘从懂事起，做母亲的就会悉心向女儿传授煮茶技艺。当姑娘出嫁时，在新婚燕尔之际，也得当着亲朋好友的面，显露一下煮茶的本领，否则，就会有缺少家教之嫌。

蒙古族是个好客的民族，喝茶也十分重视礼节。如果家中来了尊贵的客人，首先要让客人坐在蒙古包的正首。在客人面前，摆上低矮木桌，端上大盘炒米花以及糕点、奶豆腐、黄油、奶皮子、红糖等各式食品。上奶茶时，通常有长儿媳双手托举着带有银镶边的杏木茶碗，举过头顶，敬献给客人，次敬家族长辈，一旦客人起身用双手接过奶茶，一般先用口唇咂一下奶茶，以示对主人的敬意。碗中奶茶一般以七、八分满为度。

随后，宾主即可根据各自的口味，选用桌上食品随意调饮。如果朋友从远方来蒙古族同胞家中作客，不敬奶茶和饮奶茶用的食品，视为有失礼仪和脸面，意为“无茶无脸”。即使在蒙古族自己家中饮茶，也有一定规矩：一旦熬好奶茶放在桌上后，儿媳妇总要将第一碗奶茶用双手奉给长辈，然后按照辈分，再依年龄大小依次一一奉给。它充分反映了蒙古族同胞“尊老尚德”的道德规范，至今依然如故。

（二）回族的罐罐茶和八宝盖碗茶

回族，又称“回回”。主要聚居于宁夏回族自治区，以及甘肃、青海、新疆等省、区，与汉族杂居。在西北地区居住最为集中，住在宁夏南部和甘肃东部六盘山一带的回族，还有与回族杂居的苗族、彝族、羌族同胞，有喝罐罐茶的习俗。罐罐茶有清茶和面茶之分。在当地，每户农家的堂屋地上，都挖有一只火塘（坑），上置一把水壶，或烧木炭，或点炭火，这是熬罐罐茶必备的器皿。清晨起来，主人的第一件事，就是熬罐罐茶。

喝罐罐茶，以喝清茶为主，少数也有先用油炒茶或在茶中加花椒、核桃仁、食盐之类的。回族认为，喝罐罐茶有四大好处：提精神，助消化，去病魔，保健康。熬罐罐茶使用的茶具，通常是一家人一壶（铜壶）、一罐（容量不大的小土陶罐）、一杯（有柄的白瓷茶杯）；也有一人一罐一杯的。熬煮时，通常是将罐子围放在壶四周火塘边上，放水半罐，待壶中的水煮沸时，放上茶叶8~10克，使茶、水相融，茶汁充分浸出，再向罐内加水至八分满，直到罐中的茶叶又一次煮沸时，才算将罐罐茶煮好了，即可倾茶汤入杯开饮。若有远方来的尊贵客人时，主妇还会用最高级的细作清茶招待你。制作时先将茶烘烤或用猪油翻炒后再煮，目的是增加焦香味。在煮茶过程中，还有加入核桃仁、花椒、食盐之类的。但不论何种罐罐茶，由于用茶量大，煮的时间长，所以，茶的浓度很高，一般可续水3~4次。

另外，还有一种称之为面茶的罐罐茶，在接待礼遇较高的宾客时饮用。制作时，一般选用核桃、豆腐、鸡丁、肉丁、黄豆、花生等，分别用油，加上五香调和炒好，以备调茶。然后，在火堂上煨好茶罐，放上茶叶、花椒叶等，再加水煮沸；接着，再调面粉，并用筷子搅拌，使之呈稠状。最后女主人向茶碗内加一层茶料，一层调料，通常重复三次，使之成为形成三层面茶。如此吃来，每层面茶都具有不同的风味。面茶既是茶饮料，能生津止渴；又是食料，可充饥，可谓“一举两得”。

由于罐罐茶的浓度高，喝起来有劲，会感到又苦又涩，好在倾入茶杯中的茶汤每次用量不多，不可能大口大口地喝下去，但对当地少数民族而言，因世代相传，也早已习以为常了。

喝罐罐茶还是当地迎宾接客不可缺少的礼俗，倘若有朋友进门，他们就

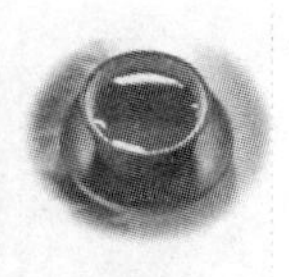

会一同围坐在火塘边，一边熬罐罐茶，一边烘烤马铃薯、麦饼之类，如此边喝茶、边嚼食，此情此景，终身难忘！在一首古老而纯朴的罐罐茶民谣中，说得情深意长："好喝莫过罐罐茶，火塘烤香'锅塌塌'（玉米粉制成的饼子）；客来茶叶加油炒，熬茶的罐罐鸡蛋大。"

回族同胞除了喝罐罐茶，还时尚喝八宝盖碗茶。八宝盖碗茶的用料很多，除主料茶叶外，辅料有桂圆肉、桃仁、红枣、柿饼、果干、葡萄干、枸杞、芝麻等，有的还放些白糖或红糖。由于这种茶用盖碗冲泡，茶的内含物品种又多，故而称之为八宝盖碗茶。俗语称："回民家里三件宝：盖碗、汤瓶、白孝帽。"他们说，喝茶可以不吃饭，吃饭不离盖碗茶。可见茶在回民心中的分量。八宝盖碗茶通常用现烧的沸水冲泡，由于碗内的各种食品汁液溶解于水的速度是不一样，因此，每泡八宝盖碗茶的滋味也是不相同的。一碗茶，多种味，慢慢品来，细细体察，别有风味，难怪回民如此钟情饮八宝盖碗茶了。

（三）藏族的酥油茶和奶茶

藏族主要聚居在我国的西藏自治区，在四川、青海、云南、甘肃的部分地区也有居住，茶是藏族同胞生活中的头等大事。当地有句俗语，叫做"饭可以一天不吃，茶却不能一天不喝"。把茶和米看得同等重要，无论男女老幼，都离不开茶，成年人每天喝几十碗并不稀奇，有的老年人因茶喝得不够而感到四肢无力，甚至卧床不起。所以，藏族认为能喝上茶就是幸福。当地有一首民谣这样唱道："麋鹿和羚羊聚集在草原上，男女老幼聚集在帐篷里；草原上有花就有幸福，帐篷里有茶就更幸福。"

藏族同胞一般每天要喝四次茶：第一次，称之为"斗麻"。通常是清早起来，先在碗底放上一些炒面和干酪或奶油，然后倒上茶水，续水数次，喝足以后，最后碗底食物搅成面糊吃净，为早餐；第二次在中午，除了喝奶茶，还要吃一些烤饼、灌肠之类；第三次是傍晚，喝奶茶后，还得再拌上一碗"糌粑"充食；第四次便是晚茶，通常在晚餐后，围着火坑，端着色泽红润、透着乳香的热奶茶或酥油茶，一直喝到睡觉才休。

据查，藏族同胞与茶结缘，始于公元 7 世纪初，当时藏族英雄松赞干布战胜其他部落，统一了辽阔的青藏高原，定都于现今的拉萨，建立了吐番王朝。由于松赞干布十分敬仰唐代文化，早在唐贞观八年（公元 634 年）就派使臣入唐都长安，受到唐太宗李世民的优礼。这时，他们才知茶是一种很好的饮料。唐贞观十五年（公元 641 年）文成公主入藏嫁给松赞干布，并带去茶叶，首开西藏喝茶之风。据传，文成公主在带去茶叶，提倡饮茶的同时；还亲手将带去的茶叶，用当地的奶酪和酥油一起，调制成酥油茶，赏赐给大臣，获得好评。自此敬酥油茶便成了赐臣敬客的隆重礼节，并由此传到民间。

据《新唐书》记载，中唐以后，汉地产的茶叶已在吐番境内面市。宋时，在接近藏区的地方设立马市，专门建立了以内地的茶叶换取藏族马匹的场所，这就是茶业史上所称的“茶马互市”。据史料记载，公元14世纪末，明太祖朱元璋在现今的青海省会西宁等地设立了四个茶马司，一年内就以内地茶，换取过马匹一万三千余头。

茶因何会受到藏族同胞的如此青睐？这是因为藏族居住地，地势高，有“世界屋脊”之称，空气稀薄，气候高寒干旱，他们以放牧或种旱地作物为生，当地蔬菜、瓜果很少，常年以奶肉糌粑为主食。“其腥肉之食，非茶不消；青稞之热，非茶不解。”茶成了当地人们补充营养的主要来源；同时，热饮酥油茶还能抗御寒冷，增加热量，所以，喝酥油茶便与吃饭一样重要了。

藏族的奶茶制作比较简单，历史上多选用四川的边茶，茶叶比较粗大，一般用50克，放2升水在锅里或茶壶里熬煮，当10～15分钟后，茶水变成赤红色时，滤去茶渣，再加四分之一量的牛奶煮开就是了。喝的时候，还会放上适量的盐，使奶茶的味道更加鲜美。奶茶能使人醒脑提神，消困解乏，生津止渴；还有滋润喉咙，消食去腻的作用，所以，受到藏族同胞的欢迎。但在节日、喜庆以及招待宾客时，藏族同胞会用酥油茶待客。

酥油茶是一种在茶汤中加入酥油等作料，再经特殊加工而成的茶汤。至于酥油，乃是把牛奶或羊奶煮沸，经搅拌冷却后凝结在溶液表面的一层脂肪，而茶一般选用的是紧压茶中的康砖茶、普洱茶或金尖。制作时，先将紧压茶打碎加水在壶中煎煮15～20分钟，滤去茶渣，把茶汤注入长约1米，直径为20厘米的长柱形的打茶筒内，同时，加入适量酥油。此外，还可根据需要加入事先已炒熟研碎的核桃仁、花生米、芝麻粉、松子仁之类。最后还可放上少量食盐、鸡蛋等。接着，用木杵在圆筒内上下抽打。根据藏族同胞经验，当抽打时，打茶筒内发出的声音由“伊啊、伊啊”转为“嚓伊、嚓伊”时，表明茶汤和作料已混为一体，酥油茶才算打好了，随即将酥油茶倒入茶瓶待喝。

由于酥油茶是一种以茶为主料，并加有多种食料经混合而成的液体茶饮料，所以，滋味多样，喝起来咸里透香，甘中有甜，它既可暖身御寒，又能补充营养。在西藏草原或高原地带，人烟稀少，家中少有客人进门。偶尔，有客来访，可招待的东西很少，但因酥油茶有独特作用，所以，敬酥油茶便成了西藏人款待宾客的珍贵礼仪。

又由于藏族同胞大多信奉喇嘛教，当喇嘛祭祀时，虔诚的教徒要敬茶，

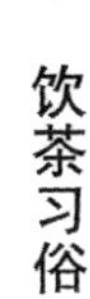

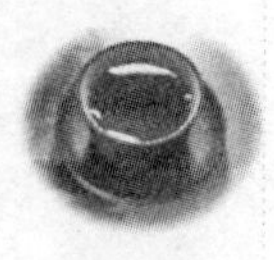
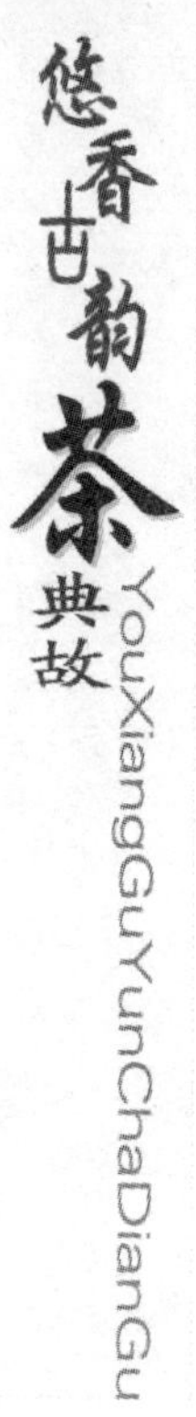

有钱的富庶要施茶，他们认为，这是“积德”、“行善”，所以，在西藏的一些大喇嘛寺里，多备有一口特大的茶锅，通常可容茶数担，遇上节日，向信徒施茶，算是佛门的一种施舍，至今仍随处可见。如以拥有3000众僧著称的青海塔尔寺，就有能供千人饮茶的大锅，烧煮一锅茶水，就得用上50多千克茯砖茶。

这里，值得特别一提的是藏族同胞喝茶的茶碗，它是饮茶者身份高低的一种象征。这种茶碗，无盖无托，犹如盛饭用的碗大小，用木头雕刻而成，称之为贡碗。最上等的茶碗，碗的外壁以灿黄为底色，其上有雕刻成龙和凤的，也有八瓣莲花座的，这种茶碗专门用来供活佛、有威望的僧侣，以及地位相当的人使用；二等的茶碗，多以浅蓝为底色，外壁雕刻有雄狮图案，或有半透明的花纹，这种茶碗专供一般僧侣、老年人和部落知名人士使用；三等的茶碗，一般以白色为底色，外壁雕刻有牡丹一类的大花朵，通常为牧民帐篷主人，或者是做酥油茶的主妇自己使用的，所以，在藏民族家庭成员中，哪个人使用哪只碗是固定不变的。许多藏民，将茶碗随身携带。若到别的帐篷去作客，客人从怀中取出茶碗，请主人赐茶，并非是失礼之举。

（四）维吾尔族的香茶和奶茶

维吾尔族是新疆维吾尔自治区的主体民族，特别是新疆南部，更为集中。然而，处于非产茶区的维吾尔族人民，却在很早以前就与茶结下了不解之缘，并在漫长的历史中，形成了本民族独具特色的茶俗。他们主要从事农业劳动，主食面粉，最常见的是用小麦面烤制而成的馕，色黄，又香又脆，形若圆饼。此外，还食奶制品。由于维吾尔族的食物中含油多、奶多、烤炸食物多的特点。因此，进食时，总喜与茶水伴食，平日也爱喝茶。这是因为饮茶可以消暑清热去火；茶又有养胃提神的作用，还能补充上述食品维生素的不足，是一种富有营养的饮料，自然受到维吾尔族人民的欢迎。

所以，在民间办喜事或丧事而相互赠送的礼物中，往往有茶和馕。由于茶是维吾尔族人民生活的必需品，在日常生活中有“宁可一日无粮，不可一日无茶”、“无茶则病”之说。从而使茶在生活中更大范围内得到引申，例如把请客吃饭说成“给茶”，请吃一顿饭说成“请喝一碗茶”，希望对方原谅或向对方赔礼道歉说成“倒茶”，把时间不长说成“煮一碗茶时间”，将吃饭时间说成“喝茶时间”等，总之，在习惯上，多与茶相连。

维吾尔族是一个十分好客的民族，凡有客人进门，不但热情接待还要请客人坐在上席，主妇会立即给客人献茶，献给客人的第一碗茶，一般都由女主人来做，并按照客人辈分和资格，从大到小，依次献茶；第二碗开始，由男主人倒茶。你如果有幸在维吾尔族老乡家用茶，一般喝前一、二碗茶时，不可推却。如果在第三杯以后，不想再喝，可用手在碗口上捂一下，以示茶喝足了，这时主人就不会再给你倒茶了。喝完茶后，往往由年长者作“都瓦”：就是将两手手掌伸开，手心向上，手掌合一，默祷几秒钟，然后用手在脸庞两侧，从上到下摸一下脸面。进行时，要诚心专一，不能东张西望。待主人收拾好茶具和餐具后，客人方可离去，否则有失礼仪。

维吾尔族人民最喜欢喝香茶。煮香茶时，使用的是铜制的长颈茶壶，也有用陶质、搪瓷或铝制长颈壶的，而喝茶用的是小茶碗，这与北疆哈萨克族人民煮奶茶时，使用的茶具是不一样的。制作香茶时，先将茯砖茶敲成小块状，同时，长颈壶内放水七八分满加热，当水刚沸腾时，抓一把碎块砖茶放入壶中，当水再次沸腾约 5 分钟时，则将预先准备好的适量姜、桂皮、胡椒等香料，放入煮沸的茶水中，轻轻搅拌，经 3 ~5 分钟即成。为防止倒茶时茶渣、香料混入茶汤，他们会在煮茶的长颈壶口上套一个过滤网。

南疆维吾尔族喝香茶，习惯于一日三次，与早、中、晚三餐同时进行，通常是一边喝茶，一边吃馕，这种饮茶方式，与其说把茶看做是一种解渴的饮料，还不如把它说成是一种佐食的汤料，实是一种以茶代汤，用茶作菜之举。

维吾尔族人民除喜喝香茶外，还爱吃炒面茶和喝奶茶。吃炒面茶多在冬天进行，制作时，先用植物油或羊油将面粉炒熟，再加入刚煮好的茶水和适量的盐拌匀即成。其实，这是一种富含营养的茶食品。至于奶茶，通常饮用时，先将茯砖茶打碎，放在铝壶中，加水煮沸后，再放入茶汤用量 1/5 ~1/4 的鲜奶和适量盐，搅匀即成。喝奶茶多采用温饮，与吃馕或面食同时进行，犹如汉族同胞吃饭喝汤一样。

（五）侗族的油茶

侗族，主要分布在贵州、湖南、广西的毗连地区，他们自称“甘”，与当地的汉族、壮族、瑶族、苗族兄弟一起，除喝用沸水直接冲泡的清茶外，还喜喝一种类似菜肴的油茶。这是一种特殊的饮茶法，俗称打油茶。认为喝油茶可以充饥健身、祛邪去湿，还能预防感冒，对一个长期居住在山区的民族而言，油茶实在是一种健身饮料。因此，在有的地方，油茶已成为生活中的一种必需饮料，又是侗族用于聚会、议事、娱乐、待客时的最好饮食，所以，凡在喜庆佳节，或亲朋贵客进门，总喜欢用做法讲究、作料精选的油茶款待大家。

打油茶时，先生火，待锅底发热，放入适量茶油（油茶籽榨的油）入锅，

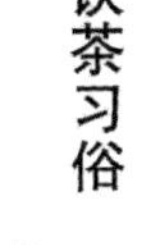

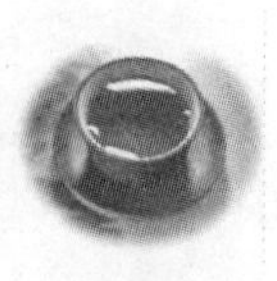

待油面冒青烟时，立即放入一撮生糯米翻炒。待糯米发出焦香时，再投入刚从茶树上采下来的幼嫩新梢入锅翻炒，当茶叶发出清香时，加上少许食盐，随即放水加盖，煮沸3～5分钟，再将茶叶用捞（茶滤）捞起，油茶汤置入茶壶盛碗待喝。一般家庭自已喝油茶，这又香、又爽、又鲜的油茶就算打好了。

如果打的油茶是供作庆典或宴请用的，那还得配茶。配茶就是将事先准备好的食料，先炒熟，取出放入茶碗中备用。常见的食料有米花、花生米、黄豆等，然后用壶中的油茶汤，趁热倒入备有食料的碗中，供客人吃茶。

一般当主妇快把油茶打好时，主人就会招待客人围桌入座。由于喝油茶时，碗内加有许多食料，因此还得用筷子相助，所以，说是喝油茶，还不如说吃油茶更为贴切。吃油茶时，常由主妇一碗一碗地递给大家，然后，边喝边吃，吃完第一碗，将碗放下，由主妇收回。接着，再煮第二碗茶汤。吃完第二碗，再煮第三碗。一般以三碗为快，这叫“三碗不见外”。吃完第三碗后，可以将筷子放在茶碗上，表示已经喝饱。否则，主妇会继续让你吃第四碗、第五碗。此外，客人为了表示对主人热情好客的回敬，赞美油茶的鲜美可口，称道主人手艺不凡，总是边喝、边啜、边嚼，在口中发出“啧，啧”声响。

由于油茶加有许多配料，所以，与其说是一碗茶，还不如说它是一道菜。有的家庭，每当贵宾进门时，还得另请村里打油茶高手制作。由于制油茶费工、费时，技艺高，所以，给客人喝油茶，是一种高规格的礼仪。

最有趣的是“吃油茶”一词，还是侗族未婚青年向姑娘求婚的代名词。倘有媒人进得姑娘家门，说是“某某家让我来你家向姑娘讨碗油茶吃”。一旦女方父母同意，那么，男女青年婚事就算定了。所以，“吃油茶”一词，其意并非单纯的喝茶之意。如今，在广西三江县的一些侗族，在结婚时，还有用末茶制作油茶的风俗。制作时，先用石臼将制好的干茶，碾成粉末后再做成油茶。他们认为，吃末茶制作的油茶，是为了使新媳妇进门后不忘祖先，这种吃茶法，很有点像日本抹茶法的味道；同时，也保存有中国古代饮茶方法的痕迹。

（六）白族的三道茶和响雷茶

白族，有80%聚居于云南省的大理白族自治州，其余散居于云南的碧江、元江、昆明、昭通，以及贵州省的毕节、四川省的凉山等地。

白族是一个十分好客的民族，不论逢年过节，生辰寿诞，男婚女嫁，或是有客登门造族，都习惯于用三道茶款待客人。三道茶，白族称它为“绍道兆”。这是一种祝愿美好生活，并富于戏剧色彩的饮茶方式。喝三道茶，当初只是白族用来作为求学、学艺、经商、婚嫁时，长辈对晚辈的一种良好祝愿。

说到它的形式，还有一个富有哲理的传说：早年在大理苍山脚下，住着一个木匠，他的徒弟已学艺多年，却不让出师。他对徒弟说：“你已会雕、会刻，不过还只学到一半的工夫。如果你能把苍山上的那棵大树锯下，并锯成木板，扛得回家，才算出师。”

于是徒弟上山找到那棵大树，立即锯起来。但未等将树锯成板子，徒弟已经口干舌燥，便恳求师父让他下山喝水解渴，师父不依，一直锯到傍晚时，徒弟再也忍不住了，只好随手抓了一把新鲜茶树叶，咀嚼解渴充饥。师父看到徒弟吃茶树叶时，语重心长地说：“要学好手艺，不吃点苦怎么行呢?”

这样，直到日落西山，总算把板子锯好了，但此时徒弟已精疲力竭，累倒在地。这时，师父从怀里取出一块红糖递给徒弟，郑重地说：“这叫做先苦后甜!”徒弟吃了糖，觉得口不渴，肚子也不饿了。于是赶快起身，把锯好的木板扛回家。此时，师父才让徒弟出师，并在徒弟临别时，舀了一碗茶放上蜂蜜和花椒，让徒弟喝下去。进而问道：“这碗茶是苦是甜?”徒弟说：“这碗茶，甜酸苦辣五味俱全。”

从此以后，白族就用喝“一苦二甜三回味”的三道茶作为子女学艺、求学，新女婿上门，女儿出嫁，以及子女成家立业时的一套礼俗。以后，应用范围日益扩大，成了白族人民喜庆迎宾时的饮茶习俗。

白族三道茶，以前一般由家中或族中长辈亲自司茶。如今，也有小辈向长辈敬茶的。制作三道茶时，每道茶的制作方法和所需原料都是不一样的。

习惯的做法是：第一道茶，称之为“清苦之茶”，寓意做人的哲理：“要立业，先要吃苦。”制作时，先将水烧开，司茶者先把一只粗糙的小砂罐置于文火上烘烤，不停地转动罐子，待罐烤热后，随即取出适量的茶叶放在罐内，不停地转动砂罐，使茶叶受热均匀，待罐内茶叶发出“啪啪”声响，茶的叶色转黄，并发出焦糖香时，立即注入已经烧沸的开水。少顷，主人将沸腾的茶水倾入一种叫“牛眼睛”盅的小茶杯内，再用双手举盅献给客人。由于这种茶经烘烤、煮沸而成，因此，看上去色如琥珀，闻起来焦香扑鼻，喝下去滋味苦涩，故而谓之苦茶，通常只有半杯，一饮而尽。

接着，泡制第二道茶。这道茶，称之为“甜茶”。当客人喝完第一道茶后，主人重新用小砂罐置茶、烤茶、煮茶，与此同时，还得在茶盅放人少许红糖，待煮好的茶汤倾入八分满为止。这样沏成的茶，甜中带香，甚是好喝，它寓意“人生在世，做什么事情，只有吃得了苦，才会有甜香来!”最后一道茶，称之为“回味茶”。其煮茶方法虽然相同，只是茶盅中放的原料已换成适

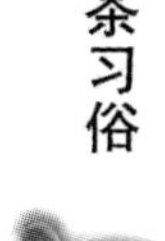

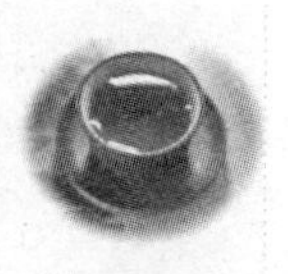

量蜂蜜，少许炒米花，3～5粒花椒，一撮核桃仁，茶汤容量通常为六七分满。

饮第三道茶时，一般是一边晃动茶盅，使茶汤和佐料均匀混合；一边口中“呼呼”作响，趁热饮下。这杯茶，喝起来甜、酸、苦、辣各味俱全，回味无穷。因此，白族称它为“回味茶”，意思是说，凡事要多“回味”，切记“先苦后甜”的哲理。通常主人在款待三道茶时，一般每道茶相隔3～5分钟进行。另外，还得在桌上放些瓜子、松子、糖果之类，以增加饮茶情趣。如今，白族三道茶的料理已有所改变，内容更加丰富，但“一苦二甜三回味”的基本特点依然如故，是白族人民的传统风尚。

此外，在白族居住地区，还盛行喝响雷茶，这是一种十分富有情趣的饮茶方式。饮茶时，主宾团团围坐，主人将刚从茶树上采回来的芽叶，或经初制而成的毛茶，放入一只粗糙小砂罐内，用钳夹住，在火上烘烤。烘烤时，要翻滚罐子，以防茶叶烤焦，罐内茶叶“劈啪”作响，并发出焦糖香时，立即向罐内冲入沸腾的开水，这时罐内就会传出似雷鸣般的声音，与此同时，客人们惊讶声四起，笑声满堂。由于这种煮茶方法能发出似雷响的声音，响雷茶也就因此而得名。据说，这还是一种吉祥的象征。当响雷茶煮好后，主人就提起砂罐，将茶汤一一倾入茶盅，再由小辈女子用双手捧盅，奉献给各位客人，在一片赞美声中，主客双方一边喝茶，一边叙谊，预示着未来生活的幸福美满、吉祥如意。

（七）土家族的打油茶和擂茶

土家族，自称“毕兹卡”。在土家族语言中，毕兹卡即为本地人的意思，主要分布在湘西、鄂西、黔东北和渝东一带，世代与苗、汉民族同胞杂居，友好相处。历史上，土家族以男耕女织，勤劳朴素，能歌善舞，热情好客，性格奔放著称，向来有爱好吃茶的习惯。

土家族最崇拜的是传说中的“八部大王”，说他是土家族的民族首领，茶的“化身”。据土家族的《梯玛神歌》称：八部大王的母亲，是土家人最敬重的女神——苡禾娘娘，当苡禾娘娘还是姑娘时，一天上山采茶，因天热口渴难忍，随手抓了一把茶叶解渴，结果就腹中有孕，怀胎整整三年又六个月，且一胎生下了八个男孩。可苡禾娘娘哪有钱养活八个孩子呢！只好听天由命，让其在深山自生自灭。哪知天助人愿，八个兄弟在一只白虎的哺育下，见风就长，且武艺高强，终成武将，后因作战有功封为龙山“八部大王”。

它虽是传说，但表明土家族与中华民族早期流传的神农氏、伏羲氏等母系氏族社会的发展一脉相承。而茶理所当然地作为一种生存的生活必需品，与土家族“生死共存”。所以，时至今日，在土家族居住的湘、鄂、渝、黔交界区，还保存吃打油茶的风习，其实，这就是古代吃茶遗风的延续。

土家族的打油茶，并不复杂。这里“打”，其实是“制作”的意思。制作时，通常先用一只小土陶罐，在火塘上加热后，加上适量茶油或猪油。待茶叶色变黄，发出焦香时，加水煮沸即成。喝这种油茶汤时，主人往往还会备上几碟花生米、炸黄豆、炒薯片等茶点，以助谈兴。也有的索性在制作油茶时，待油茶罐发热时，先放上花生米、黄豆之类，经轻轻抖、烤和炸，待作料熟后，再放上自制的绿茶，尔后加水煮沸即成。油茶汤即将喝完时将花生米和黄豆，连同茶叶一道吃下去。

另外，土家族和汉族、苗族、侗族、瑶族一起，还有吃擂茶（三生汤）和油茶汤的习惯。擂茶以生茶、生姜、生米仁为原料，在擂罐中经研磨后，再用沸水冲泡而成。有关擂茶和油茶汤的制作方法，在其他章节中已经谈及，这里不再赘述。一般土家族人中午干活回家，在用餐前总要吃几碗油茶汤或擂茶。有的老年人，倘若一天不喝几碗油茶汤或擂茶，就会感到“手发抖，脚发软，头发昏，眼发花，心发慌”。按当地的说法是：“天天围着油茶罐，海阔天空不疲倦”。

由于土家族酷爱吃茶，视茶与吃饭一样重要，所以，在土家族的婚丧嫁娶等日常生活中，总是以茶为礼，并把吃茶作为招待至亲好友的必需品。这在土家族同胞最爱唱的《采茶歌》中，就能得到证实“山坡巅上一窝茶，年年采来年年发。头道摘了斤四两，二道摘来八两八。买把剪茶作陪嫁，打发姑娘到婆家”。一句话，在土家族心目中，离不开茶。吃茶，成了土家族人生存的必要条件之一。

（八）苗族的八宝油茶汤和虫茶

苗族多数居住在贵州省，此外，在湖南、湖北、云南、海南、广西等省、市也有分布，与其他民族大杂居，小聚居。所以，苗族同胞的饮茶方式很多，最使人称奇的是，他们吃八宝油茶汤和饮虫茶。

苗族吃八宝油茶汤的习俗，由来已久。他们说：“一日不吃油茶汤，满桌酒菜都不香。”倘有宾客进门，他们更会用香脆可口，滋味无穷的八宝油茶汤款待。其实，八宝油茶汤，其意思是在油茶汤中放有多种食物之意。所以，与其说它是茶汤，还不如说它是茶食更恰当。

制作油茶汤的关键工序是炸茶时要掌握火候，其做法是：点火后待锅底发热时，倒入适量茶油，待油冒青烟时，再放上一撮茶叶和少许花椒，用铲急速翻炒茶叶和花椒。一旦茶叶色转黄，发出焦香味时，加上少量凉水，放上姜丝，尔后用铲挤压，以便榨出茶汁、姜汁。待锅内水沸腾时，加上适量

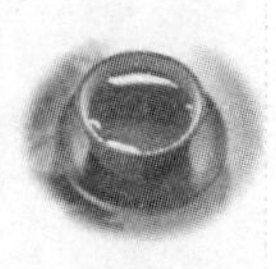

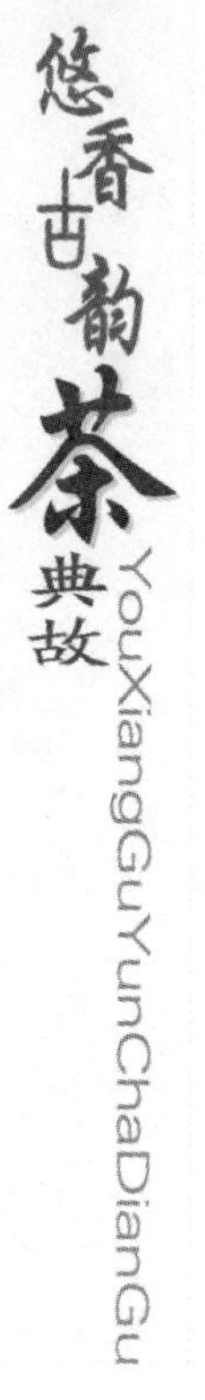

食盐、大蒜和胡椒之类，翻几下；再徐徐加水足量，当水再次沸腾时，就算将油茶做好了。讲究一点，或是为了招待客人，就得制作成八宝油茶汤，好制作方法就比较复杂了，通常先将玉米（煮后再晾干）、黄豆、花生米、核桃、团散（一种米薄饼）、豆腐干丁、粉条等分别用油茶炸好，形成油炸物，分装入碗待用。

接着是炸茶，特别要掌握好火候，这是制作的关键技术。具体做法是：放适量茶油在锅中，待锅内的油冒出青烟时，放入适量茶叶和花椒翻炒，待茶叶色转黄发出焦糖香时，即可倾水入锅，再放上生姜。一旦锅中水煮沸，再徐徐掺入少许冷水，等水再次煮沸时，加入适量食盐和少许大蒜之类，用勺稍加拌动，随即将锅中茶汤连同作料，一一倾入盛有油炸物的碗中，这样就算将八宝油茶汤制好了。

待客敬八宝油茶汤时，基本是主妇用双手托盘，盘中放上几碗八宝油茶汤，每碗放上一只调匙，彬彬有礼地敬奉给客人。这种油茶汤，由于用料讲究，烹调精细，一碗到手，清香扑鼻，沁人肺腑。喝在口中，鲜美无比，满嘴生香。既解渴，又饱肚子，还有特异风味，堪称中国饮茶技艺中的一朵奇葩。苗族吃油茶汤的另一习俗，是在任何时候都不用筷子。更有甚者，有的连调羹也不要，饮用者手捧一碗滚烫的油茶汤，就用嘴在碗沿按顺时针方向转喝，不一会儿即可连干带汤吃得干干净净，决不会在碗底留下油炸物，可谓是土家族吃油茶汤的一个特殊技能。

苗族的虫茶，主要流行于湖南的城步苗族自治县和广西的桂林地区的苗族，这是一种十分奇特的茶。虫茶，又称虫屎茶，制作方法非常奇异，通常在每年4~5月间进行，制作时先将茶树嫩枝从树上采下来置于竹篓之中，尔后，浇上清洁的淘米泔水，再将竹篓连同茶枝一道搁在通风的楼阁上。数日后，由于新鲜的茶枝上附有淘米泔水，于是很快就在茶枝上长出米蛀虫。这些米蛀虫以幼嫩茶枝为食料，又加繁殖很快，数天后，就把茶枝吃个精光，这时就在茶篓的底部，留下一层厚厚的虫屎。这时，只要筛去杂物，留下的就是虫屎茶了。虫屎茶通常装在瓷瓶内，随需随用。

苗族兄弟饮虫屎茶时，通常用手抓一撮虫屎茶放在碗中，冲入滚开水，虫屎茶就会释放出丝状红茶汁，飘于水中，并缓缓落入碗底。少顷，轻轻晃动茶碗，整个茶碗中的茶水，当即成为深红色，这就算将虫屎茶冲泡好了。

苗族兄弟认为，虫屎茶与普通茶相比，色泽更加红艳，滋味更加甘美，香气更加馥郁，倘若有机会，能到苗家喝上一碗虫屎茶，肯定会给你留下难忘的饮茶记忆。

（九）哈尼族的土锅茶和土罐茶

哈尼族，主要居住在云南省的红河地区，以及普洱、澜沧等县。喝土锅茶是哈尼族的嗜好，也是一种古老而简便的饮茶方式。

哈尼族居住地区，气候温和，雨量充沛，终年云雾缭绕，为茶树生长提供了得天独厚的自然条件，其地种茶历史悠久，是普洱茶的重要产茶区，也是云南茶叶的主要产地，西双版纳州的勐海南糯山，还生长有树龄在800年以上人工栽培的大茶树。

说起哈尼族发现茶和种植茶，以及喝土锅茶，还有一个动人的故事。传说在很久以前，有一位勇敢而憨厚的哈尼族小伙子，在深山里猎到一头凶豹，用大锅煮好后，分给全村男女老幼分享。大家一边吃豹子肉，一边高兴地跳起舞。如此通宵达旦，跳了一晚，顿觉口干舌燥。为此，小伙子又请大家喝锅中煮沸的开水，正当这时，一阵大风吹来，旁边一株大树上的叶片纷纷落入锅中。大家喝了锅里的树叶水，感觉苦中有甜，还带有清香，非常爽口，自此，哈尼族就称这种树叶为“老拔”，即汉语里“茶”的意思，后来就开始种茶树，喝土锅茶也就由此开始，一直延续到现在。

哈尼族煮土锅茶的方法比较简单，一般有客人进门，主妇会用土锅（或瓦壶）将水烧开，在沸水中加入适量茶叶，待锅中茶水煮沸3~5分钟后，将茶水倾入用竹制的茶盅内，就算将土锅茶煮好了。随即一一敬奉给客人。平日，哈尼族同胞也总喜欢在劳动之余，一家人围着土锅喝茶叙家常，以享天伦之乐。

哈尼族的土罐茶比较简单。煮茶用的为土陶罐，通常是单耳、鼓腹、口沿有流，小的只有拳头大小，腹的直径和罐高约为5厘米；大的有三四个拳头那么大，可供八九个人同时喝茶。

煮茶时，先在土陶罐中放上七八分满水，再直接抓一把初制青毛茶加在罐内，接着在火塘上烧煮，待罐中茶水煮沸2~3分钟后，就算把土罐茶煮好了。随即，将土罐茶倒入杯中饮用。这种茶，既浓又香，茶劲十足。如果趁热喝下，备感精神饱满，意气焕发。

（十）傈僳族的油盐茶和糖茶

傈僳族，主要聚居于云南省的怒江一带，散居于云南省的丽江、大理、德宏、楚雄、迪庆等地。境内的高黎贡山、碧罗雪山对峡东西，形成南北两大峡谷，落差达3000米以上。傈僳族大多与汉族、白族、彝族、纳西族等交错杂居，形成大分散、小聚居的特点，是一个质朴而又十分好客的民族，喝

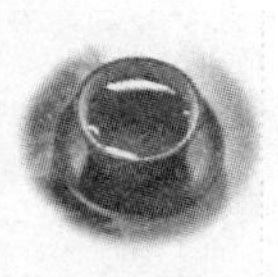

油盐茶和糖茶是傈僳族广为流传而又十分古老的饮茶方法。

油盐茶制作方法奇特，首先将小土陶罐在火塘（坑）上烘热，然后在罐内放入适量茶叶，在火塘上不断翻滚，使茶叶烘烤均匀。待茶叶变黄，并发出焦糖香时，再加上少量食油和盐。稍时，再加水适量，煮沸 3 分钟左右，就可将罐中茶汤倾入碗中待喝。油盐茶因在茶汤制作过程中加入了食油和盐，所以，喝起来，香喷喷，油滋滋，咸兮兮，既有茶的浓醇，又有咸的回味。

傈僳族的糖茶，制作方法与油盐茶相似，就是只在茶汤中只放糖而不放盐和食油，故而称之为糖茶。这种茶喝起来，既有茶的浓醇味，又有糖的甜香味，苦中有甜，别有滋味。

此外，还有只放盐而不放其他作料的，这就叫做盐茶了。它与糖茶滋味不同，却是甘中带咸。但无论是油盐茶，还是糖茶或盐茶，傈僳族同胞都用它来招待客人，这些茶也是家人团聚时常喝的茶。

（十一）傣族的竹筒茶和茶泡饭

傣族，主要聚居于云南的西双版纳州和德宏地区，在云南省的其他县、市，也有分布。

傣族多数居住在群山环抱的河谷低坝地区，是一个能歌善舞而又热情好客的民族。这里山川秀丽，雨量充沛，土壤肥沃，呈现一派热带风光。傣族人民种茶、制茶和饮茶，有着源远流长的历史，茶是生活中不可缺少的一部分。这可从祖辈开始留传下来的一首《采茶歌》中得到印证：

采茶采遍每座茶林，就像知了（蝉）远离了粘粘的树浆，

无忧无虑好开心。我们要以茶为本，年年都是这样欢欣。

据傣历 204 年写成的贝叶经《游世绿叶经》载，西双版纳发现茶叶并开始种茶，是在佛祖游世传教时开始的，距今约有 1200 年历史。经中写道：

“有青枝绿叶，白花绿果生于人间，佛祖曾告说，在攸乐和易武、曼岗和曼撒有美丽的嫩叶，在热地的倚邦、莽枝和革登，依佛经所言，是甘甜的茶叶，生于大树荫下。”

接着，还写了男女老少，吃了这种叫做“茶”的“天下好东西，先苦后回甘，好吃又润喉。你等拿去种，日后定有益……”这里，尽管后写经谈茶时不免带有宗教色彩，但也不难看出，傣族饮茶历史之久。

在《游世绿叶经》中，还记载了傣族先民，烤茶、煮茶和吃茶泡饭的由来，说佛祖游世时，从易武山上下来，在山脚边见到两个放骡马的傣家人时，两位傣家人当即向佛祖献上开水，佛祖见水中无佛，喝水无味，便在附近采来几片嫩叶，经烘烤后，放入煮开水的竹筒中，顿觉清香四溢，水味甘甜，

告之乃“天下好东西”。茶叶，“能生津解渴，在没有菜时，还能用来烧泡饭吃。两位傣家人当即尝试，果然味道鲜美。于是记住佛祖之言，每日采来茶树上鲜嫩叶，烘烤煮吃……”从此，傣族人民就有煮竹筒香茶和吃茶泡饭的风习，并一直流传至今。

竹筒香茶，傣语称为“腊跺”。按傣族的习惯，烹饮竹筒茶，大致可分两个步骤，它的制作也甚为奇特。

首先是装茶：用晒干的春茶，或经初加工而成的毛茶，装入刚砍回来的生长期为一年左右的嫩香竹筒中。接着是烤茶：将装有茶叶的竹筒，放在火塘三脚架上烘烤 6 ~ 7 分钟后，竹筒内的茶叶便软化。这时，用木棒将竹筒内的茶压紧，尔后再填满茶，继续烘烤。如此边填、边烤、边压，直至竹筒内的茶叶填满压紧为止。这样，才算将竹筒香茶烤好了。随后用刀剖开竹筒，取出圆柱形的竹筒茶，以待冲泡。

冲泡竹筒香茶时，一般大家围坐在小圆桌四周。先掰下少许竹筒香茶，放在茶碗中，冲入沸水至七八分满，大约 3 ~ 5 分钟后，就可开始饮茶。竹筒香茶饮起来，既有茶的醇厚滋味，又有竹的浓郁清香，非常可口，所以，饮起来有耳目一新之感。

至于傣族在过节亲人聚会时，吃的茶泡饭。烧制时，先要在锅中放上水，再加上一撮茶叶，待水煮沸，茶汁浸出时，捞起茶渣，加入已煮好的饭，捣散结块的饭团即成。在傣族民间，茶泡饭还有一种特殊的意义，就是傣族姑娘有用茶泡饭送给情郎吃，表达爱慕之意，把它作为投情的风俗。

在平日，傣族民间还有一种喝茶的风习，就是招待客人时，多喜欢用大叶茶泡在一个大器皿中，当茶汁浸出后，再倒入杯中送给客人品尝。待续水二三次，茶味变淡后，还会捞出茶叶，在茶水中加上适量青果汁，这样，就在淡淡的茶味中融入了酸甜的回味，如此饮茶，倒也别致。

（十二）哈萨克族的马奶子茶和奶皮子茶

哈萨克族，主要居住在新疆维吾尔自治区天山以北的伊犁、阿尔泰，以及巴里坤、木垒等地，少数居住在青海省的海西和甘肃省的阿克塞。以从事畜牧业为生，饮食大部分取自牲畜，以肉、奶为主，最普遍的食物是手抓羊肉和马奶子茶。

哈萨克族喝茶历史久远，早在南北朝宋元徽年间（公元 473 ~ 476 年），突厥商人至西北边境，以物易茶，茶叶开始从陆路对外贸易，“回鹘汗国”直接从中原地区采购茶叶，运至天山南北、中亚诸地，包括哈萨克族在内的当地民族兄弟，开始饮茶，使茶逐渐成为生活必需品。茶在哈萨克族人民的生

活中，占有很重要的位置，把它看成与吃饭一样重要。他们的体会是："一日三餐有茶，提神清心，劳动有劲；三天无茶下肚，浑身乏力，懒得起床。"他们还认为，"人不可无粮，但也不可少茶"。这与哈萨克族人民食牛羊肉和奶制品，少吃蔬菜有关。所以，喝马奶子茶是当地生活的重要组成部分。

马奶子茶，对以从事畜牧业为生的哈萨克族，以及当地的维吾尔族等同胞来说，已是家家户户，长年累月，终日必备的饮料。哈萨克族煮马奶子茶使用的器具，通常用的是铝锅壶或铜锅壶，喝茶用的是大茶碗。煮马奶子茶时，先将茯砖茶打碎成小块状。同时，盛半锅或半壶水加热沸腾，随即抓一把茯砖茶入内，待煮沸 5 分钟左右，加入马奶子，用奶量约为茶汤的五分之一，轻轻搅拌几下，使茶汤与奶充分混合，再投入适量盐巴，重新煮沸 3 分钟左右即成。讲究一点的人家，也有不加盐巴而加食糖和核桃仁的。这样，才算把一锅（壶）热乎乎、香喷喷、油滋滋的马奶子茶煮好了，可随时饮用了。

哈萨克族牧民习惯于一日早、中、晚三次喝马奶子茶，平日用餐时，通常是吃早饭时要喝马奶子茶，午饭和晚饭后要喝马奶子茶，劳动解渴时也要喝马奶子茶。中老年人还得在上午和下午各增加一次。但哈萨克族的主食通常是馕（一种用小麦面烤制而成的饼），在这种情况下，总以马奶子茶相伴。不过有时也吃肉或油炸食品，这时，就会喝上几碗用茯砖茶烧煮的清茶，以助消化。如果有客人从远方来，那么，主人就会立即迎客入帐，席地围坐。好客的女主人，会当即在地上铺一块洁净的白布，献上烤羊肉、馕、奶油、蜂蜜、苹果等招待，再奉上一碗马奶子茶。如此，一边谈事叙谊，一边喝茶进食，饶有风趣。

喝马奶子茶对初饮者来说，会感到滋味苦涩而不习惯，但只要在高寒、缺蔬菜、食奶、肉的北疆住上十天半月，就会感到喝马奶子茶实在是一种补充营养和去腻消食不可缺少的饮料，对当地牧民"不可一日无茶"之说，也就充分理解了。

哈萨克族人民除喝马奶子茶外，也有喝奶皮子茶的习惯，具体做法是：先将捣碎的茶叶放在铝锅或壶里，加水煮沸后，再加入已经熬好带奶皮的牛奶，用量是茶汤的 1/5 左右。

此外，还有一些哈萨克族的老汉和妇女，有吃茶渣的习惯，就是喝完奶茶后，把残存在锅底或壶底的茶渣咀嚼吃进肚里，即便有多余的茶渣，他（她）们也会用来喂马，这样马会身强力壮，鬃毛油润发光。由此可见，哈萨克族人民，对茶的爱好，决非一般。

（十三）佤族的苦茶和土锅茶

佤族，主要聚居于云南省的沧源、西盟等地，在澜沧、孟连、耿马等地也有居住。佤族居住的地区，习惯上称之为阿佤山，他们至今仍保留着一些古老的生活习惯，将茶与祖先和鬼神连在一起。他们的谚语是："你喝了茶叶水，你见到了鬼魂。"茶树就是鬼魂，就是祖先。因此，世代相传，生活中不可无茶，朋友进门也不可无茶，否则，就是对祖先和神的不恭。但他们的喝茶方式比较原始，苦茶就是其中之一。

佤族的苦茶，冲泡方法别致，通常先用茶壶将水煮开；与此同时，另选一块清洁的薄铁板，上放适量茶叶，移到烧水的火塘边烘烤。为使茶叶受热均匀，还得轻轻抖动铁板。待茶叶发出清香，叶片转黄时随即将茶叶倾入开水壶中进行煮茶，约沸腾 3～5 分钟后，即将茶汤置入茶盅，以便饮喝。由于这种茶是经过烤煮而成，喝起来焦中带香，苦中带涩，故而谓之苦茶。如今，佤族仍保留这种饮茶习俗。住在比较开放地区的佤族，也有开始采用沸水冲泡法，直接饮清茶的。采用的茶叶，大多为当地已加工好的青茶。泡茶用的饮器，大多为陶瓷碗或陶杯。这种茶饮用起来，有返璞归真之感，饶有情趣。

此外，佤族同胞还有饮土锅茶的习惯，就是直接用锅将水烧沸，尔后将直接从茶树上采摘来的鲜嫩茶枝，在土锅茶的火塘边烘烤至发出清香时，直接放进土锅的沸水中，经煮沸 3～5 分钟即成。

（十四）拉祜族的烤茶和糟茶

拉祜族，清代以后，史籍称之为"倮黑"。他们主要分布在云南澜沧地区和双江、孟连等县，其余散居在思茅、临沧等地。在拉祜语中，"拉"是捕获猛虎，"祜"是在家分食的意思，因此，猎猛虎共享是拉祜人对自己的称呼。拉祜族同胞，20 世纪 50 年代前，被历代统治阶级视为"野人"，困居于原始森林之中，因此，在生活中保留着不少较为原始的风习。饮烤茶就是拉祜族古老而传统的普遍饮茶方式，拉祜语中称之为"腊扎夺。"

按拉祜族的习惯，烤茶时，先要用一只小土陶罐，放在火塘上用文火烤热，然后放上适量茶叶抖烤，使茶受热均匀，待茶叶叶色转黄，并发出焦糖香为止，接着用沸水冲满装茶的小陶罐，随即泼去茶汤面上的浮沫，再注满沸水煮沸 3～5 分钟待饮，然后倒出少许，根据浓淡，决定是否另加开水，再就是将在罐内烤好的茶水倾入茶碗，奉茶敬客。

喝茶时，拉祜族兄弟认为，烤茶香气足，味道浓，能振精神才是上等好茶。因此，拉祜族喝烤茶，总喜欢喝热茶。同时，客人喝茶时，特别是第一

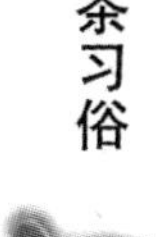

口喝下去后，啜茶，就是用口啜取茶味，口中还得“啧啧”有声，以示主人烤的茶有滋有味，实属上等好茶。这也是一种客人对主人的赞赏与回礼。

此外，傣族、基诺族、德昂族等同胞也有喝烤茶的风俗和习惯。

喝糟茶也是拉祜族同胞的一种古朴而简便的饮茶方式。喝糟茶，先得制糟茶，就是先将茶树的鲜嫩新梢采下来，在沸腾的开水锅中煮上1~2分钟，相当于茶叶加工过程中的“杀青”。新梢半熟时，随即将茶叶取出，放入竹筒内。3~5天后待竹筒内的茶叶缓慢氧化发酵，并微有酸味后，即可饮用。饮用时，只要将水烧开，从竹筒中取出适量茶叶，煮上3~5分钟即成。这种茶，拉祜族同胞称之为糟茶。糟茶喝起来，略带苦涩，并有一定酸味，但有解渴舒胃之功效。

（十五）纳西族的“龙虎斗”和盐茶

纳西族，主要聚居于云南省的丽江，部分散居在云南省的香格里拉、维西、宁蒗等县，以及四川省的西昌地区。由于纳西族聚居于滇西北高原的雪山、云岭、玉龙山和金沙江、澜沧江、雅砻江三江纵横的高寒山区，用茶和酒冲泡调和而成的“龙虎斗”茶，被认为是解表散寒的一味良药，因此，“龙虎斗”茶一直受到纳西族的喜爱。

纳西族喝的“龙虎斗”茶，在纳西语中称之为“阿吉勒烤”，是一种富有神奇色彩的饮茶方式。饮茶时，首先用水壶将水烧开。与此同时，另选一只小陶罐，放上适量茶，连罐带茶烘烤，为免使茶叶烤焦，还要不断转动陶罐，使茶叶受热均匀。待茶叶发出焦香时，罐内冲入开水，再烧煮3~5分钟。同时，准备茶盅，再放上半盅白酒，然后将煮好的茶水冲进盛有白酒的茶盅内。这时，茶盅内就会发出“啪啪”的响声，纳西族同胞将此看做是吉祥的征兆，声音愈响，在场者愈高兴。响过之后，茶香四溢。有的还会在茶水中放进1~2只辣椒，这种茶不但刺激味强烈，而且“五味”俱全。纳西族认为，茶和酒，好似龙和虎，两者相冲（斗），即为“龙虎斗”。它还是治感冒的良药，因此，提倡趁热喝下，准能使人额头发汗，全身发热，去寒解表，再甜甜地睡上一觉，感冒也就好了。

喝“龙虎斗”茶，还有香高味酽，提神解渴的作用，喝起来甚是过瘾！不过，纳西族同胞认为，冲泡“龙虎斗”茶时，只许将热茶倒入在白酒中，切不可将白酒倒入热茶水内，否则，效果大不一样。

纳西族同胞还好喝盐茶，盐茶的泡制方法，大致与“龙虎斗”茶的制作方法相似，不同的是在预先准备好的茶盅内，放的不是白酒而是食盐。这种茶喝起来既有茶味，又有盐味。

此外，纳西族同胞也有在喝的茶汤中，不放食盐而改用糖的茶，称之为糖茶。

（十六）景颇族的腌茶和鲜竹筒茶

景颇族，主要聚居于云南省的德宏地区，少数分布在云南省的怒江一带。它是由唐代“寻传”部落的一部分发展而来，近代文献多称其为“山头”，自称为“景颇”。景颇族大多居住在高山区，是一个土著民族。在20世纪50年代前，还基本过着母系社会的生活，所以，当时他们称自己是舅舅的后代。景颇族同胞至今仍保留着以茶做菜的古老食茶法，吃腌茶和鲜竹筒茶就是例证。

腌茶一般在雨季进行，所用的茶叶是不经过加工的鲜叶，用清水洗净，沥去鲜叶表面附着的水后待用。

腌茶时，先用竹匾将鲜叶摊开，稍加搓揉，再加上辣椒、食盐适量拌匀，放入罐或竹筒内，层层用木棒舂紧，再将罐（筒）口盖紧，或用竹叶塞紧。静置两三个月，到茶叶色泽开始转黄，就算将茶腌好。

接着，将腌好的茶从罐内取出晾干，然后装入瓦罐，随食随取，讲究一点的，食用时还可拌一些香油，也有加蒜泥或其他作料的。所以说，腌茶其实就是一道茶菜。

另外，还有一些景颇族，喜欢饮用“鲜竹筒茶”。做法是先劈一个有碗口粗细，并有竹节作底的新鲜竹筒，下部削尖，插入土中，再将山泉水装入鲜竹筒内，放在火塘的三脚架上烧开，再将刚采下的鲜嫩茶枝，在火塘上翻烤，待发出茶香时，将茶投入竹筒内煮2~3分钟即成。这种茶饮起来，既有山泉水的甘甜，鲜竹的清香，还有茶的滋味，饮起来别有一番风味。

（十七）布朗族的青竹茶和腌茶

布朗族是个古老的民族，主要居住在云南省的西双版纳，以及临沧、双江、澜沧、景东、墨江等地的部分山区居住。大多从事农业，善于种茶。生活习俗大多与茶、竹子有关：布朗人祭火神、请佛爷念经时，在祭品中必须有竹笋和茶；办婚事时，得用茶作礼品。如男青年向女青年求婚时，就得请一位长者带上茶和烟去女方家提亲；举行婚礼时，主婚人总要吟念一段颇有情趣的祝婚词：“你们是天生的一对，祖先让你们结合在一起，生下儿子力气大，会挖竹鼠会捕鱼，会打马鹿会种地，旱谷、茶叶吃不完；生下女儿最机灵，会捕鱼虾会养禽，会舂白米会织布，日子越过越顺心。”祝婚词也离不开茶，布朗人爱饮的青竹茶，富有粗犷、野趣和古意，但又不乏情理，堪称饮

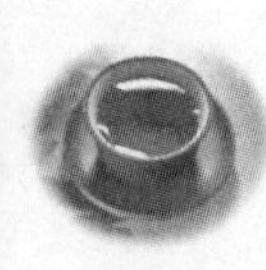
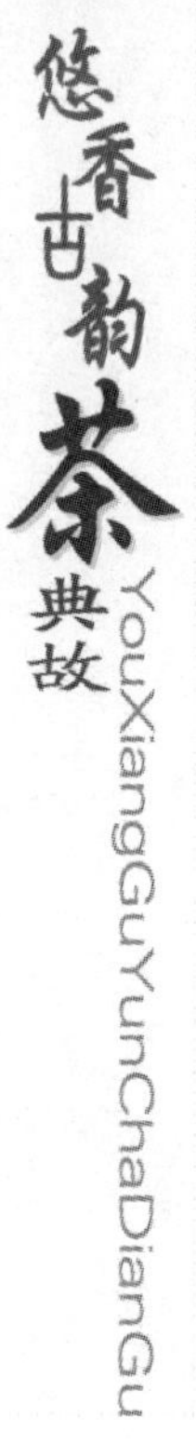

茶文化中的一朵奇葩。

布朗族的青竹茶，是一种既简便，又实用，并贴近生活的饮茶方式，常在离开村寨进山务农或狩猎时饮用。

布朗族喝的青竹茶，烧制方法较为奇特。因在当地有“三多”：茶树多、泉水多和竹子多。烧制时，首先砍一节碗口粗的鲜竹筒。一端削尖，盛上洁净泉水，斜插入地，当作烧水器皿，再找根略细些的竹子，依人多少，做成几个可盛水的小竹筒作茶杯，为防止烫手，底部也削成尖状，以便插入土中。然后找些干枝落叶，当作燃料点燃于竹筒四周，待竹筒内的水煮沸。与此同时，在茶树上，采下适量嫩叶，用竹夹钳住在火上翻动烤焙，犹如茶叶加工时的“杀青”一般，去其青草味，焙出青香。烤到茶枝柔软时，用手搓几下，权作茶叶加工时的“揉捻”，使之溢出茶汁，待竹筒茶壶内的泉水煮沸时，随即将揉捻后的茶枝放进竹筒内再煮 3 分钟左右，一筒鲜香的竹筒茶便煮好了。接着，将竹筒内的茶汤分别倒入竹茶杯中，人手一杯，便可饮用。

布朗族的竹筒香茶，具有三个鲜明的特点：一是茶汤新鲜：它从采摘茶树鲜枝，加工成茶，再到烧制成茶汤，通常只需 10 ~ 15 分钟时间。二是泉水洁活：煮茶用水，是就近山野取来的流银溅珠般的山泉活水，中间又无需经过其他盛器倒腾，最大限度地避免了污染。三是茶具清洁：新砍下的鲜竹筒制成的茶壶和茶杯，没有粘附任何不洁之物。这三个条件，在当代饮茶过程中是难以做到的。

总之，布朗族喝的青竹茶，粗粗一看，似觉有点原始，但喝起来却别有风味；将泉水的甘甜，竹子的清香，茶叶的浓醇，融为一体。特别是布朗族喝青竹茶时用的青竹茶杯，虽然古老原始，野趣横生，但细细观察，造型艺术，颇有民族特色。这种青竹茶杯，不但有削尖的杯足，可以插在地上，不至于捧着烫手。而且在青竹茶杯的口沿，还挖有一个平滑磨光半圆形鼻位缺口，这样，在喝茶时，可将鼻子嵌在缺口内，口唇对针杯口的另一方，饮用起来，甚为方便。如此喝茶，饮茶者无须抬头仰脖子喝茶，正常坐姿即可舒坦喝完筒中滴滴茶汤，而鼻孔深入竹筒内，又可充分闻到茶香。如此饮茶，不是亲眼目睹，是难以令人相信的。只有身临其境，才能享受到这种悠哉之乐，具有回味无穷的野趣。

此外，布朗族还有普遍食用腌茶的习惯。按照布朗族的做法：食腌茶先要制腌茶，制腌茶先要采去茶树新梢枝头的芽头，或一芽一叶，用来制茶。然后，将新梢上剩下的二、三叶鲜叶采下，将水烧开，把采来的鲜叶在滚开水中“杀青”；随即捞出摊开在篾竹帘上，使鲜叶失去表面水分后，用手搓揉

5～7 分钟；接着，撒上适量食盐、辣子粉、生姜末等，经拌匀后，装入口径为 10 厘米左右的竹筒中。装满塞紧后，筒口用棕叶封好，棕叶上面再加上粘黄泥筑紧封口，然后将装有茶的竹筒埋入土中，通常经半个月后，取出竹筒，去掉封口的黄泥和棕叶，根据情况，再沾些食盐和辣子，即可食用当菜吃。这种茶，看上去色泽发黄，吃起来犹如酸菜一般。但是布朗族同胞，不管男女老少，普遍爱吃。

（十八）撒拉族的碗子茶

撒拉族，自称“撒拉尔”，史称“沙喇簇”、“撒拉回”、“撒拉”等。他们是由元代迁入青海的中亚撒马尔罕人，与周围藏、回、汉、蒙古等族同胞长期友好相处，发展而成。他们分布在青海省的循化、化隆和甘肃省的积石山、临夏等地，讲汉语，用汉文，多信奉伊斯兰教，喝刮碗子茶是撒拉人的共同爱好。喝刮碗子茶用的碗子，又称“三炮台”，指的就是底有座托（碗子托），中有茶碗，上有碗盖的三件一大套的盖碗，因形如炮台，故名。至于称刮碗子茶，那是因为在喝茶时，一手提碗，一手握碗盖，并有一个用碗盖随手顺碗口由里向外刮几下的过程，目的是用碗盖刮去茶汤面上的漂浮物；同时，还能促使茶汤和添加物的汁水相融。有鉴于此，在撒拉族集中的循化一带，喝碗子茶又称为刮碗子茶。

按照撒拉族的习惯，喝刮碗子茶，最好选用循化骆驼水冲泡，当地堪称“一绝”。冲泡刮碗子茶，一般不用茯砖茶，而是多用晒青绿茶。冲泡时，习惯于在茶汤中再加上冰糖、枸杞、红枣、葡萄干、桂圆、苹果干之类，有的还会加上菊花、芝麻之类，故也有人美其名为“八宝茶”，即多样化的茶。撒拉族人认为，喝刮碗子茶，次次有味，次次不同味。这是因为在刮碗子茶中，加进了许多食物配料，而各种食物配料中，能浸出的汁水，其溶解的速度是不一样的。一般说来，刮碗子茶需用沸水冲泡，经 5 分钟后，方可开饮。头汁以茶香味为主；二汁时甜味已掺杂其中，故有浓醇透甜之感；三汁开始，虽然茶的滋味已有所减退，但各种干果的滋味已应运而生。一杯刮碗子茶，通常能冲泡 5～6 次，几乎能喝上半天。但次次有新鲜感，使人回味无穷。若能在撒拉人家作客，喝上一杯刮碗子茶，实在也是人生一乐事也！

（十九）基诺族的凉拌茶和煮茶

基诺族，主要聚居于云南省的西双版纳州，其中以景洪最多。他们主要从事农业，更善于种茶，其所居境内，即为普洱茶的原产地。说起基诺族种茶、好茶，还流传着一个女始祖尧白的故事。传说在远古时尧白开天造地，

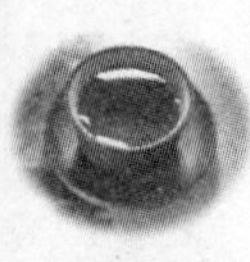

召集各民族去分天地，但基诺族没有参加。尧白请汉族、傣族去请，基诺族也不去参加。最后，尧白亲自去请，基诺族还是不去。最后，尧白气得拂袖而去。当尧白走到一座山上时，想到基诺族不参加开天造地，以后生活怎么办？于是，尧白抓了一把茶籽，撒在基诺山下的龙帕寨土地上，从此茶树在此生根、开花。此后，基诺族在居住的地方便开始种茶，与茶结下不解之缘。基诺族喜爱吃凉拌茶，其实是中国古代食茶法的延续。所以，这是一种较为原始的食茶法，基诺族称它为“拉拔批皮”。

凉拌茶以现采的茶树鲜嫩新梢为主料，再配以适量黄果叶、芝麻粉、元荽（香菜）、姜末、辣椒粉、大蒜末、食盐等经拌匀即可食用。作料品种和用量，可依各人的爱好而定。按基诺族的习惯，制作凉拌茶时，可先将刚采下的鲜嫩茶树新梢用手稍加搓揉，放在沸腾的滚水中泡一下，随即捞出，放在清洁的碗内，再将新鲜的黄果叶揉碎，辣椒、大蒜切细，连同作料和适量食盐投入盛有茶树新梢的碗中。最后，加上少许泉水，用筷子拌匀，静止一刻钟左右，即可食用。所以，说凉拌茶是一种饮料，还不如说它是一道菜，它主要是在基诺族同胞吃米饭时当作菜吃的。

基诺族的另一种饮茶方式，就是喝煮茶，这种方法在基诺族中也较为常见。其方法是先用茶壶将水煮沸，随即在陶罐内取出适量已经过加工的茶叶，投入到正在沸腾的茶壶内，经 3 分钟左右，当茶叶的汁水已经溶解于水时，即可将壶中的茶注入到竹筒，供人饮用。

竹筒，基诺族既用它当盛具，劳动时可盛茶带到田间饮用；同时，还有用它作饮具的。作饮具的竹筒，较短小，因它一头平，便于摆放；另一头斜削，顶部呈半圆形，便于用口吮茶。所以，就地取材制作的竹筒，便成了基诺族喝煮茶的重要器具。如此就地取材制作而成的盛茶筒和饮茶杯，喝起来倒也别有风味。

（二十）彝族的烤茶和清茶

彝族，不同地区有不同称呼，诸如“诺苏”、“米撒”、“撒尼”、“阿西”等，它与隋唐时的乌蛮有渊源关系，元、明以来史藉称之为“罗罗”、“倮罗”，主要居住在四川的凉山彝族自治州，其余是大分散，小聚居，在四川各地，以及云南、贵州、广西等省区也有居住。

彝族同胞称茶为“拉”，是最早发现和利用茶的民族之一。据四川凉山彝文《茶经》记载：“彝人社会初始，已在锅中烤制茶叶。”在日常饮食生活中，彝族总是将茶放在酒和肉之前，形成了“一茶二酒三肉”的饮食文化的特色。彝族在举行婚礼时，要诵《寻茶经》；在办丧事时，要诵《茶的根源》；祭祖祀天时，要用茶水献祭祖先和诸神；在诅咒凶邪、招魂超度时，要设“茶祭坛”……茶已渗透到彝族同胞的精神生活之中。

彝族饮茶，饮用方法有两种：一是喝烤茶，二是喝清茶。喝烤茶时，先选用一个土陶罐，也有用铜制作的，拳头大小，肚微突，有护手。先将茶罐在火塘上烤热，然后放上适量绿茶焙烤，边焙边翻动茶罐，使茶焙烤均匀，待茶叶色转黄，发出缕缕焦香时，冲入热水至八分罐满，沸腾2～3分钟后，将茶渣滤去，茶水倒入预先置有盐、炒米、核桃、芝麻等作料的木质或铜质茶碗中即成。烤茶的特点是茶食合一，看起来色如琥珀，尝起来滋味酽甘，闻起来浓香扑鼻。

清茶的制法比较简单，通常是选用清澈的山泉水，盛在铜茶壶内置于火塘边烧热，至沸水壶内的水面冒气时，倒入适量热水至小土陶茶罐，到火塘上烧煮。当茶罐内水沸腾时，再在茶罐内放上适量的茶叶，稍加搅拌，待罐内茶汤呈金黄色并发出茶香时，便用钳取出茶罐，当茶罐内茶水停止沸腾时，即可倾出茶汤于茶杯内饮用，而罐中的残茶，还可续水再煮一次。这种清茶与汉族冲泡的头泡茶相比，滋味显然要浓醇得多。

彝族同胞饮茶，通常是早、晚各一次。与其他许多民族不同的是，早茶通常由男主人烧煮。清晨，男主人在煮茶的同时，还会置土豆于火炭中。不多时，茶煮好了，土豆也差不多熟了。于是，一家人便会围在火塘边，一边喝茶（清茶或烤茶），一边吃土豆。其实，早茶是和早餐合二为一的。不过由于第一个茶罐的容量有限，烧煮的一罐茶水只能够3～4人喝。何况，第一杯茶得祭灶神爷，祈求家神保佑平安，六畜兴旺，茶粮丰收。而按照彝族的礼规，接下来喝茶，还得先长后幼，按辈分饮用。

因此，对于大户人家而言，除头开茶外，还得烧煮二开茶或三开茶。对饮尽尚需续饮者，可以交回茶杯，继续添加。早茶毕，一家人外出干活，各行其是。对于上山狩猎的男人们，因需在山上度过一些日子，还得带上茶和荞麦粑粑。饥饿时，将茶和粑粑一同煮食，如此既充饥，又解渴，一举两得。晚茶一般只老人和男子饮用。

彝族饮茶，旧时还有许多规矩，如喝茶时，土司、头人、家长或年长者，可以坐着喝茶，而平民、奴隶则须躬着身子站着喝茶，以表恭敬。如今，这种饮茶礼俗已不多见，通常是男女老少，围着火塘，坐着边饮、边食、边叙，显示出一派和睦气象。

（二十一）畲族的二道茶和宝塔茶

畲族，自称“山客”，古称“畲民”，主要住在福建、浙江两省。以从事

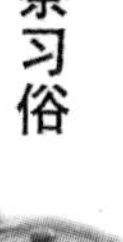

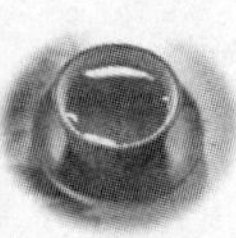
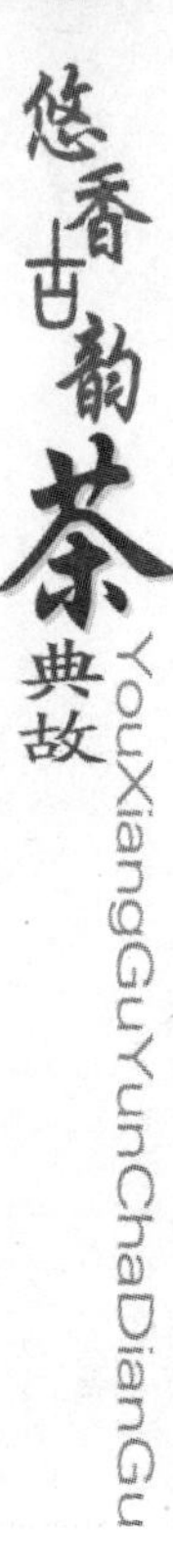

农业为生，长期与汉族杂居，关系十分密切。但有不少生活方式，畲族仍保持本民族的习俗。

畲族是个好客的民族，不论生人熟人，不管客家自家，凡有客进门，总会以茶相待。他们视茶为灵物，认为茶有茶神。所以，平日泡茶前必须洗手，以免玷污茶神。畲族同胞酷爱饮茶，无论男女老少，一日三餐，总是离不开茶。姑娘小伙子找对象，也选择在茶山对歌，互吐衷情，以求百年好合。即便是对待逝者，也忘不了要让他带一根茶枝归阴间，在举行告别仪式时，有意让逝者手执一根茶枝，以供归阴后作开路转世之用。按照畲族同胞的说法，因为茶枝是神的化身，所以，只要逝者手持一根茶枝，轻轻一拂，即可驱散妖魔，使黑暗变为光明，如此尽快通过阴间归路，早日转生，投个好胎。

按照畲族的风习，有客进门，茶是待客的必需礼物，即使客人要在家吃饭，也必须是先饮茶后再上桌就餐。他们认为茶与饭是哥弟的关系，故广泛流传"茶哥米弟"之说，这叫哥弟不分家，可见，茶在畲族同胞中的重要地位。

畲族同胞饮茶方式与汉民族并无异样，只是饮茶的习俗有所不同罢了。一是凡有客进门，不论亲属生疏，不分男女老少，主人都会主动向客人泡茶敬客，不问客人要与否，都要奉茶以示敬意。在一些喜庆场合，一旦贵宾临门，人们还会唱起敬茶歌，以表欢迎。而客人喝茶，必须茶过"二道"：就是主人奉茶时，第一次称冲，二次谓之泡，一冲一泡，才算向客人完成奉茶仪式。倘若客人不饮二道茶就走，则视为失礼。倘若客人确实不饮茶，也得预先说明道歉。第三道茶则主随客便。若三道茶后客人还想喝，则主人会重新换茶续水，这称之为二道茶。因为畲族同胞认为，茶是"头碗苦，二碗补，三碗洗洗肚。"因此，以喝二道茶为准。

畲族同胞在红白喜事或节庆时，也离不开茶。祭灶神要"敬神茶"，订婚"用茶礼"，迎亲要喝"宝塔茶"。这里，最有情趣的当推为饮宝塔茶。饮宝塔茶多在喜庆之日举行，如每当娶亲嫁女办喜事时，在新娘过门之前，一旦花轿进门，哥嫂们就要向来接亲的亲家伯和轿夫敬献宝塔茶。这时只见哥嫂们手捧红漆樟木八角茶盘，盘子上巧妙地将五碗茶叠成三层。具体做法是一碗作底层；上放一片红漆小木片，找准重心，木片上再放上三碗茶；其上再放上木片做填片，填片上放一碗茶作顶，这样将五小碗茶放置在盘子，造型好似一座宝塔，故名宝塔茶。

哥嫂将宝塔茶端上后，就会献给亲家伯。这时，亲家伯就会在众宾客面前，先用牙齿咬住顶端那一碗茶；紧接着用双手挟起中间的三碗茶，连同底层的一碗茶，分别转送给同来的四位轿夫。奉毕，亲家伯自己则当着众人的面，一口喝干用口咬住的那碗热茶：要是茶水一滴不外溅，显示亲家伯的喝茶工夫到家，其时会享得满堂喝彩声；要不就会遭到嗤声。其实，喝畲族的宝塔茶，与其说喝茶，还不如说它是一次技巧的较量，当然寓意也就在其中了。

（二十二）德昂族的腌茶

德昂族，主要居住在云南的潞西和镇康，其余分布在云南的盈江、瑞丽、陇川、保山、梁河、耿马等地。德昂族以茶为始祖，认为茶不但生育了人，还生育了日月星辰。因此，德昂人无论居住在何处，都要先种上茶。在历史上，德昂族的先民“濮人”或“茫蛮”，他们以茶为图腾崇拜，认为这是一种超自然力量的使然，是对祖先和神的崇拜。所以，德昂人将茶与祖先、鬼神连在一起，世代相传，一直将茶用于祭祀。敬鬼神要用茶，祀祖宗要用茶，办婚事丧事时也离不开茶，至于日常生活，更是离不开茶。

德昂族至今仍保留以茶当菜的原始吃茶法。这种茶，其地称之为腌茶。腌茶一般在四、五月间的雨季进行：先将采回的茶树幼嫩鲜叶洗净，拌上辣椒和适量盐巴后，放入陶缸，层层压紧。在最上面加盖重压，存放数月后，即成腌茶，取出当菜食用。平时，也可作零食吃。

此外，也有部分德昂族人，有喜欢饮砂罐茶的习惯。饮用时，先用大铜壶将水烧开，另选一只小砂罐，将茶烤至有焦香味时，再将小砂罐中的烤茶，倒入铜壶，冲上开水，烧煮3~5分钟，即可倾入茶碗饮用。这种茶，不但浓香扑鼻，而且滋味强烈，还能提神、解渴、消除疲劳。

（二十三）普米族的油茶和茶汤

普米族，主要分布在云南的兰坪、宁蒗、维西、丽江等地，多数以从事农业为生。

普米族是一个爱茶的民族，茶是普米族人民家家必备的生活必需品。他们喝茶的方式至今仍保留着古老吃茶法的痕迹。平日，他们饮茶的方式，主要有两种：一是用油炒茶，一种是用茶做汤料。

普米族煮油茶多数先用一个比拳头大一些的土陶罐，放在火塘上烤热后，随即向罐内加些猪油或香油，再加上一撮米，使罐转动；待米煎黄时，还须加入茶叶抖炒；当茶叶发出焦香时，冲入热开水，煮沸2~3分钟，就可将茶汁滤入茶碗内。按照普米族的茶俗，这时还得在茶碗里加入适量盐巴，以及一种叫火麻子和草果的混合粉，经搅匀后，即可饮用。这种炒制的油茶，其

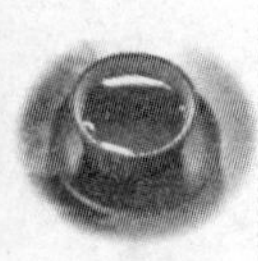

味多样，但仍不失有浓浓的茶香。

另一种炒制油茶的方法也很特别，他们会先将诸如芝麻、黄豆、花生米、糯粑、蕨巴、干笋等分别用油炒黄、炒熟，一一放入碗中待用。尔后，再在锅中放些油，把茶叶也放在油锅中翻炒。待茶叶微黄，并发出焦香时，立即按比例加入清泉水，经煮沸 2～3 分钟后，捞出茶叶，把茶汤一一倒入已放有各种作料的茶碗中，便成了一碗浓香扑鼻，既解渴又充饥，连（茶）汤带（食品）料的炒油茶。

普米族人民除了喜欢喝炒油茶外，还习惯喝米面茶。这种茶，除了茶是主料外，还需加入米面。当地有些人还用米面茶当作菜汤吃。米面茶的做法并不复杂：先将做菜的锅或土罐加热，另加入少许猪油或香油，待油加热开始冒烟时，再加上糯米或面翻炒，待糯米或面发出焦香，立即加上水以及适量的茶和盐。待水煮沸 2～3 分钟后，即成了既当茶、又作菜的米面茶。

（二十四）布依族的姑娘茶

布依族，旧称“仲家”，由古代百越的一个分支发展而来，大多居住在贵州省的南部和西南部，与汉族、苗族长期友好相处，主要从事农业生产，妇女善纺织和蜡染，这是一个好客的民族。

茶在布依族人民心中，是一种最普通和最必需的饮料。凡有客进门，客来敬茶是不可缺少的礼节。布依族自饮和待客的茶，大多是自制的混合茶。每当春季来临时，布依族妇女都会背上竹篓，上山采茶；然后，还会采上一些具有保健功能的其他植物的嫩枝，然后与茶叶一起加工成茶。冲泡时，他（她）们还会加上一些具有清凉作用的金银花干，如此喝来，既有芬芳醇美之感，又有清热生津的作用，别有一番情趣。住在贵州北盘江畔的布依族兄弟，还生产一种驰名省内外的坡柳茶，历史上曾作为地方名茶进贡给皇帝。但在布依族加工的茶叶中，最有特色、又相当名贵的则要数姑娘茶了。

姑娘茶的制作加工，也另有一番情意。每当早春清明节前，必须由未出嫁的布依族姑娘亲自上山采茶，采的茶必须是刚冒尖的嫩芽。采回来后，布依族姑娘要亲自精心细制，先要通过热炒，当炒到茶叶仍有一定湿度，叶质还处在柔软状态时，就将茶压成为圆锥体状。布依族称这种茶为姑娘茶。每卷茶重约 50～100 克，但每卷茶的形状必须整齐划一，优美中看，当然质量也要格外优良。

所以，姑娘茶那是布依族的茶中精品所在。平日，这些茶都由当家人保管着，不轻易饮用。只有当贵客进门，或者作为礼品送给要员时，才会取出来。不过，还有一条那是非用不可的，就是当布依族姑娘定亲时，姑娘家一定会以姑娘茶作信物，由姑娘亲手送给情郎。布依族小伙子，也只有在你得到姑娘亲手提给你的姑娘茶时，才表明你已经得到了姑娘的“一片情”。所以，姑娘茶其实就是用纯真精心真情制作的名茶，来象征布依族姑娘的高尚情操和纯洁的爱情。

至于布依族人平时饮茶，已成习俗，所以，一进布依族人的家门，家家都有火塘，户户都在火塘上悬挂着一把热气腾腾的茶壶，它明白的告诉你，布依族人不可一日无茶。

（二十五）裕固族的“三茶一饭”

裕固族，是由古代河西回鹘后裔与蒙古、汉等族长期相处发展而成，聚居在甘肃的肃南裕固族自治县和酒泉县等地，主要从事畜牧业，兼营农业。由于裕固族人以畜牧为生，所以，茶在生活中占有重要地位。

裕固人通常只吃一顿饭，却喝三次茶。特别是裕固族牧民家，主妇早晨起床后的第一件事，就是煮茶。煮茶用的是铁锅，先将铁锅内的水烧开，放入捣碎后的茯砖茶，一般 2 升水加 50 克茯砖茶。通常煮上 5 ~ 10 分钟后，调入两成奶和适量食盐，再用勺子反复搅匀。与此同时，再按需在瓷碗中一一加上酥油和炒面，加上茶汤即成。这时，全家人就席地而坐，共享早茶。中午饮茶，有的还在奶茶里加上用面做的烙饼，此谓午茶。下午傍晚时再饮一次奶茶，称之为三茶。裕固族牧民，如此一日三次茶是不可省的。其实，早茶和午茶，严格地说来，是掺茶食品，三茶则是一种含奶的调饮茶。裕固族只有晚上放牧归来时，全家人才共进一顿晚餐。在这里，人们才真正体会到在兄弟民族地区流行的一句话：“宁可三日无米，不可一日无茶。”

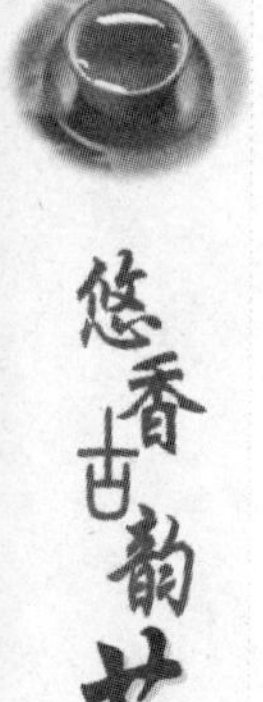

第三章　茶典故

中国饮茶历史悠久，关于茶的故事可谓比比皆是。一段段脍炙人口的茶情传奇，一幅幅感人至深的世故情态，生动地揭示了善恶的本质，讴歌了正义的真谛。从某种角度上，我们可以说，是茶升华了我们中华民族的情感品位，茶的特质属性就是我们中华民族价值观的响亮的音符。

我们从众多的茶故事中整理出一些精彩有趣的内容，并加以简单分类和编排，以供读者阅读。这些故事通俗易读，并包含一定的思想和寓意。从故事中，我们不仅能够了解到中国茶文化的悠久与博大，更能领略到人生的哲理和社会意义，益智亦乐，情趣无限！

第一节　帝王与官员们的茶故事

在古代，饮茶不仅是百姓们的乐事，更是上层社会的爱好。早期贡茶的出现就反映了宫廷对饮茶的浓厚兴趣，而朝廷的官员们同样把茶叶当作日常用品。中国古代社会是个上行下效的社会，上层饮茶的风气进一步推动了民间茶文化的发展。

1. 茶与神农

中国茶源自神农。神农，就是远古三皇之一的炎帝，是中草药、茶叶、谷物的“发明者”，是传说中的农业神。他能让太阳发光，让天下雨，他教人们播种五谷，又教人们识别各种植物，“神农尝百草”的传说历史久远。神农的种种丰功伟绩使他成为了中华民族文明的开山鼻祖之一。

古时候，人们吃东西都是生吞活剥的，因此经常因为乱吃东西而生病，甚至丧命。神农决心尝遍所有能吃的东西，能吃的放在身子左边的袋子里，给大家吃；不能吃的就放在身子右边的袋子里，作药用。传说他的肚子是透明的，能看到肠胃和吃进去的东西。

神农为了给人治病，经常到深山野岭去采集草药，不仅要走很多路，而且还要亲口尝试，从而体会、鉴别草药的功能。据西汉初年的古书《淮南子》记载："神农尝百草之滋味，一日而遇七十毒。"

有一天，神农在采药中尝到了一种有毒的草，顿时感到口干舌麻，头晕目眩，他赶紧背靠着一棵大树坐下，闭目休息。这时，一阵风吹来，树上落下几片绿油油的带清香味的叶子，神农信手拣了两片放在嘴里咀嚼，没想到一股清香油然而生。这种叶子吃进肚子里后，在肚子里面走来走去，像是士兵在进行搜查，不一会儿，整个肠胃便像洗过一样干净清爽，顿时感觉舌底生津，精神振奋，不适感一扫而空。

他好生奇怪，于是，再拾起几片叶子仔细观察。发现这种树叶的叶形、叶脉、叶缘均与一般的树木不同。神农便采集了一些带回去细细研究。后来，神农记住了这种叶子，并给它起了个名字叫"茶"。以后每当吃进有毒的东西，便立即吃点茶，让它搜查搜查，把毒物消灭掉。就这样，神农辛苦地尝遍百草，每次中毒，都靠茶来解救。后来，他左边的袋子里有花草根叶四万七千种，右边有三十九万八千种。

还有一种说法说茶是天神所赐，神农发现。当时神农氏给人治病，不但需要亲自爬山越岭采集草药，还要对这些草药进行熬煎试服，以亲身体会、鉴别药剂的性能。有一天，神农氏采来了一大包草药，把它们按已知的性能分成几堆，就在大树底下架起铁锅，放入溪水，生火煮水。当水烧开时，神农打开锅盖，转身去取草药时，忽见有几片树叶飘落在锅中，立刻闻到一股清香从锅中发出。神农好奇地走近细看，只见有几片叶子漂浮在水面上，水中汤色渐呈黄绿，并有清香随着蒸气上升而缓缓散发。他用碗舀了点汁水喝，只觉味带苦涩，清香扑鼻，喝后回味香醇甘甜，而且嘴不渴了，人不累了，头脑也更清醒了，不觉大喜。于是从锅中捞起叶子细加观察，似乎锅边没有此树，心想："一定是天神念我年迈心善，采药治病之苦，赐我玉叶以济众生。"自此，一边继续研究这种叶子的药效，一边爬遍群山寻找此种树叶。

一天，神农终于在不远的山坳里发现了几棵野生茶树，其叶子和落入锅中的叶片一模一样，熬煮汁水黄绿，饮之味道也相同，神农大喜，遂定名为"茶"，并取其叶熬煎试服，发现确有解渴生津、提神醒脑、利尿解毒等作用。因此在百草之外，被认为是一种养生之妙药。据说，当年神农发现的这种"茶"，就是今天被人们称作茶的树叶。

但有一天，神农尝到了"断肠草"，这种毒草太厉害了，眼见水晶肚里在

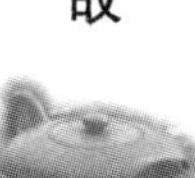

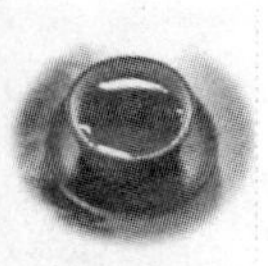

断肠，还来不及吃茶解毒就死了。他是为了拯救人们而牺牲的，人们称他为“药王菩萨”，永远地纪念他。

神农的传说有很多，其实，神农是中国古代先民的典型代表，神农传说中的种种发现和发明，也就是那个时期广大人民的劳动智慧的集中体现。神农时代，原始的畜牧业和农业已逐渐趋于发达，茶叶的解毒功能在日常采集劳动中已被认同。

2. 周武王茶称贡品

唐人陆羽在《茶经》中说“茶之为饮，发乎神农氏”，并且还引述了《神农食经》说，常常饮茶，使人精力充沛，身心舒畅。但有关神农氏之事毕竟太遥远，仅仅是传说而已，而且《神农食经》为何人所作、何时所写，也无从查考，所以，饮茶始于神农氏之说，还需进一步考证。就现在已知的可信文献史料来看，第一个把茶当回事的要算是周武王姬发了。

据《华阳国志·巴志》记载，大约在公元前1025年，周武王姬发率周军及诸侯伐灭殷商的纣王后，便将其一位宗亲封在巴地。这是一个疆域不小的邦国，它东至鱼凫（今四川奉节东白帝城），西达僰道（今湖北宜宾市西南安边场），北接汉中（今陕西秦岭以南地区），南极黔涪（相当今四川涪陵地区）。巴王作为诸侯，理所当然要向周武王（天子）上贡。《巴志》中为我们开具了这样一份“贡单”：五谷六畜、桑蚕麻纻、鱼盐铜铁、丹漆茶蜜、灵龟巨犀、山鸡白鷁、黄润鲜粉。

既是贡品，一定珍贵，但巴王上贡的茶却是珍品中的珍品。《巴志》在这份“贡单”后还特别加注了一笔：“其果实之珍者，树有荔枝，蔓有辛蒟，园有芳蒻香茗。”上贡的茶不是深山野岭的野茶，而是专门有人培植的茶园里的香茗。

《华阳国志》是我国保存至今最早的地方志之一，作者是东晋时代的常璩，字道将，蜀郡江原（今四川崇庆东南）人，是一个既博学、又重实地采访的司马迁式的学者，他根据宏富的资料，于公元350年左右撰写了这本有十二卷规模的书。

周武王接纳了茶这宗贡品后是用来品尝、药用，还是别有所为，目前还不得而知。但我们从《周礼》这本书中似可探知这茶还有别的用处。《周礼·地官司徒》中说：“掌荼。下士二人，府一人，史一人，徒二十人。”“荼”即古“茶”字。掌荼在编制上设二十四人之多，干什么事呢？该书又称：“掌荼：掌以时聚荼，以供丧事；征野疏材之物，以待邦事，凡畜聚之物。”原来茶在那时不仅是供口腹之欲，还是邦国在举行丧礼大事时的必不可缺的祭品，必须要有专门一班人来掌管。

此外，《尚书·顾命》中说道："王（指成王）三宿、三祭、三诧（即茶）。"这说明周成王时，茶已代酒作为祭祀之用。

由此可见，茶在三千年前的周代时，即已有了相当高的地位。而在《诗经》中，"荼"字屡屡出现在像《谷风》、《桑柔》、《鸱鸮》、《良耜》、《出其东门》等诗篇中，便不足为奇了。

3. 蜀王封邑名"葭萌"

我国现在以茶和茗命名的山、村、集、镇等地名约有 30 多处，在县名中唯一出现"茶"字的是湖南省茶陵县。

茶陵古称"荼陵"。陆羽《茶经》中引述《茶陵图经》（已佚）的记载说："茶陵者，所谓陵谷生茶茗焉。"

茶陵的命名始于西汉，当初是茶陵侯刘沂的封地，所以又俗称为茶王城。据古代《汉书·地理志》记载，当时长沙国有十三个属县，茶陵便是其中一个。茶陵县在隋代被取消，其地并入湘潭，直到唐高祖时才得以复置。但随即在唐太宗时被再度取消，一直到武则天时又再度复置。

但茶陵并不是最早的和唯一的以茶命名的县，相比之下，四川省的葭萌历史更加悠久，只不过因为它用了茶的另外一个称呼来命名，所以易被人们所忽视。

葭萌位于今四川省剑阁的东北。成书于古代西汉的《方言》记载说："蜀人谓茶曰葭萌。"但在公元前 4 世纪时，"葭萌"还曾为人名和城邑之名。

据古代《华阳国志》记载，战国中期在周显王二十二年（公元前 347 年）时，蜀王把他一个名叫"葭萌"的弟弟分封于汉中地区，号苴侯，并把苴侯所在的那个城邑称作"葭萌"。

当时，蜀人的政治中心在成都，而东边的巴人则以重庆为中心，两个部族居相错，行相仿，但相互之间并不和睦相处，向为敌国。

葭萌封疆裂土后，不知出于什么动机和原因，竟与世仇巴王修好，友善往来。这一下触犯了兄长蜀王的禁忌，蜀王一怒之下向葭萌兴师问罪。葭萌以区区一侯的实力，哪打得过蜀王，只好逃往巴国避难。蜀王又岂肯善罢甘休，一不作二不休，挥师直捣巴国。对这次战争毫无提防的巴王这时犯了一个大错，为了抵抗蜀兵，他和葭萌慌不择路地向北方秦国求援。

秦国世称虎狼之国，此时的秦惠王在谋士张仪的辅佐下，正大肆扩张兼并邻国。见巴国求援，秦惠王乘机出兵，于周慎王五年（公元前 316 年）攻灭了蜀国。接着也是一不作，二不休，又挥师东进，一举灭了巴、苴两国。

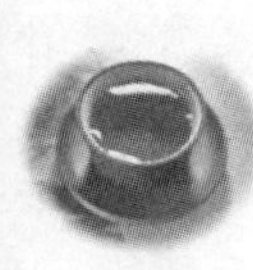

在这场战争中，秦国是渔翁得利者，大大扩展了领土，另外它还得到了一项好处，那就是秦人从此以后知道了茶的作用，正如清代顾炎武在《日知录》中所说的，“自秦人取蜀后，始有茗事”。

从巴人早在周武王时即已以茶为贡，蜀人后来又以茶名地的史实来看，先秦时期在巴蜀两国饮茶不但已经约定俗成，这时的茶也已成为两国一项比较普遍的生产事业。

此外，根据古蜀的历史传说，蜀王的名号往往与其业绩有关，比如“蚕丛王”，相传是一位驯育野蚕为家蚕的君主。又如“鱼凫王”，相传是驯养鱼鹰以助捕鱼的创始者。那么，这位以茶为名、以茶名地的葭萌，是否该是中国最早的一位茶叶学者呢？也许值得考证。

4. 以茶为廉

晏婴是春秋时期著名的政治家，字平仲，后人称之为晏子，曾在齐灵公、齐庄公时为官，在齐景公时任国相。

晏婴在植物研究上看来是颇下了点功夫的，譬如“橘过淮南是为枳”的故事和“二桃杀三士”的故事，就足以证明了这一点。前者以橘枳之事回击了楚王对齐人的讥讽，取得了外交上的成功，后者则仅仅以两枚桃子就为齐王除掉了三个飞扬跋扈的武士，取得了内政上的成功。这种智谋让后人钦佩不已。

晏子任国相时，力行节俭，这点有茶为证。采集了晏子事迹及其诤谏言词的作品《晏子春秋》中说，晏婴担任齐景公国相时，吃的是糙米饭，除了三五样荤菜以外，只有“茗菜”而已。唐代“茶圣”陆羽把《晏子春秋》这段文字引入了《茶经》中的“七之事”里。

有人认为，“茗菜”就是一种菜，而不是茶和菜，也就是说，晏婴不是饮茶，而是吃一种叫“茗菜”的菜。这一说法的依据是至今云南西双版纳的基诺族等少数民族仍爱吃“凉拌茶菜”。这种茶菜叶色黄绿鲜翠，有咸辣之味，又有茶香，用以佐食蕉叶糯米饭，非常爽口。另外，还有南方的名菜“龙井虾仁”、“碧螺虾仁”、“樟茶鸭子”等茶菜。远的如果不说，近在山东的孔府名菜“茶烧肉”也是一例。

不过，茶在周武王时为贡品，在晏婴却为低廉之物，一珍一廉，真是天差地别。但其实今天的茶人既求珍，也讲廉，品质上求珍，茶礼、茶道中讲廉，一点不偏颇，这是今人胜古人之处。

5. “茶祖”的传说

中国茶农、茶人一般都祭祀茶圣陆羽，可是在云南西双版纳，人们把三国时期的诸葛亮（孔明）称为“茶祖”，这是怎么回事呢？

这还得从诸葛亮南征说起。云南攸乐茶山的基诺族传说，他们是诸葛亮南征时遗留下来的。诸葛亮给他们茶籽，让他们安居下来，种茶为生。基诺族自称“丢落”，世代尊奉孔明。大茶山中有孔明山（孔明山在勐腊县象明乡西 50 公里处），巍峨壮观，是诸葛亮射箭处（民间传说射箭处是普洱府城东南无影树山），上面还有祭风台旧址。

清人阮福在《普洱茶记》中描绘道：“其治革登山有茶王树，较众茶树高大，土人当采茶时，先具酒醴礼祭于此。”每年农历七月二十三日诸葛亮诞辰这天，茶山各村寨都要举行集会，称为“茶祖会”。

另外的传说是，诸葛亮带兵南征、七擒孟获时，曾经到过云南南糯山。由于部队将士水土不服，害眼病的不少，无法行军作战。诸葛亮就拿出一根拐杖，插在南糯山石头寨的石上。说来奇怪，那拐杖转眼间变成一棵茶树，长出青翠的茶叶。士兵欢喜雀跃，摘下茶叶煮水喝。喝下茶汁，眼病就好了。这样，南糯山出现了第一株茶树。至今，人们还把石头寨旁的那座茶山叫做“孔明山”，山上的茶树称为“孔明树”，诸葛亮也就鬼使神差地被尊为“茶祖”了。孔明山周围的六座山，也鸡犬升天，一齐出了名，成了出产普洱茶的六大茶山。

当地还有个风俗，每当农历七月二十三诸葛亮生日这天，老百姓都要饮茶赏月，放“孔明灯”，跳民族舞蹈，称之为“茶祖会”。连那株八百年树龄的“茶树王”，也被讹传为诸葛武侯的遗种，每逢采茶时节，百姓总是“先具酒醴礼祭于此”。其实，云南是世界茶叶之乡，诸葛亮出生之前，早已有茶树，但人们信奉诸葛亮，便将茶的发明权移到他名下，好像普洱茶反而沾了诸葛亮的光，其实并非如此。

普洱是云南南部的一个县，原先并不产茶，只是滇南的重要贸易集镇和茶叶市场。澜沧江沿岸各县，包括西双版纳（古属普洱府）所产的茶叶，都集中于普洱县加工，运销各地，故以“普洱茶”为名。

南宋李石的《续博物志》云“西藩之用普茶，已自唐朝”，普洱茶之名，首见于此。唐代樊绰的《蛮书》也说：“茶出银生城界诸山，散收，无采造法，蒙舍蛮以椒、姜、桂和烹而饮之。”银生城界诸山即如今的西双版纳地区，看来当地少数民族饮用普洱茶，确实在唐代就开始了，不过饮法比较原始、粗放。明代起，普洱茶加工成团茶。清代是普洱茶的极盛时期，名重天下，入山做茶者达数十万人。

清代的普洱茶品种多样，普洱还有一种“人头茶”，大小不等，大的一团

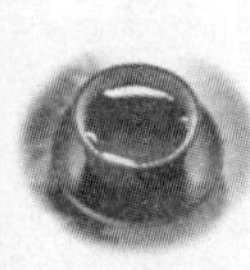

五斤，形如人头。此茶以春尖等嫩芽制成，入贡皇室。中国农业科学院茶叶研究所至今还保存着大小“人头茶”标本数团，为清代皇宫之孑遗，至今完整无损，质地不变。

普洱茶采自乔木型大叶种，多酚类、咖啡碱，水浸出物含量高。清代赵学敏的《本草纲目拾遗》指出：“普洱茶清香独绝也，醒酒第一，消食化痰，清胃生津，功力尤大也。”据研究，长期饮用普洱茶对治疗痢疾、降低血脂和胆固醇含量，药效比较明显，还有一定的减肥作用。

如今的普洱茶大多经蒸压，制成形态各异、名称不同的紧压茶，包括沱茶、饼茶、方茶、紧茶等，其中沱茶为上品。紧压茶便于运输、保存，所以，普洱茶主要远销西藏、四川，以及出口东南亚一带。

6. 孙皓赐茶代酒

吴国的第四代国君孙皓，是一个暴君，他是吴国的末代君主，在位之前被封为乌程侯，景帝死后他继为国君，性嗜酒，又残暴好杀。但他对韦曜颇为欣赏时，可以在酒席之间暗中作弊，偷偷地用茶换下韦曜的酒，使之得过“酒关”。但是当韦曜一旦违逆其意，便翻脸不认人，拔刀相对。

韦曜为人却是耿直磊落，他可以在酒宴上暗地里玩些“偷梁换柱”、“暗渡陈仓”的把戏，但一旦事关国事，则一是一，二是二，实事求是。于是当他在奉命记录关于孙皓之父南阳王孙和的事迹时，因秉笔直书了一些见不得人的事，触怒了孙皓，竟被杀头送了命。

但是，“以茶代酒”一事直到今天仍被人们广为传诵，并称得上是一件大方之举、文雅之事，这无论是孙皓还是韦曜，都是始料未及的。

孙皓早先被封为乌程侯的乌程（今浙江湖州南），也是我国较早的茶产地。据南朝刘宋山谦之《吴兴记》说，乌程县西二十里有温山，出产“御荈”。荈即茶也。一般学者认为，温山出产“御荈”可以上溯到孙皓被封为乌程侯的年代，即吴景帝永安七年（公元264年，是年景帝死，孙皓立）前后，并且在当时已有御茶园的推断。

7. “水厄”与“酪奴”

两晋南北朝时期，茶在中国大部分人心目中的地位与今天截然不同。在南方名声不振，被称之为“水厄”，在北方则被称作“酪奴”。这两个不雅的名字，背后都有典故。

“水厄”一典出自东晋王濛，王濛是晋代人，官至司徒长史，他特别喜欢茶，以至于饮茶成癖。并且是已所癖好，必施于人，于是凡有客来，无论是谁，王濛必敬之以茶，一定要与客同饮。当时，士大夫中许多人不知茶事，不惯茶饮，难忍其涩，但又碍于情面，不能不饮，深受其苦。因此，去王濛家时，大家总有些害怕，每次临行前，就戏称“今日有水厄”。意即今天又要遭遇那强饮苦涩茶水的厄运了！

《世说新语》如实地记载了这件事：

“晋司徒长史王濛，字仲祖，好饮茶。客至辄饮之。士大夫甚以为苦，每欲候濛，必云今日有‘水厄’。”

这个典故也不是什么人都懂得，甚至有人因不知此典闹出笑话来。如梁武帝之子西丰侯萧正德投奔北魏后，有一次宗室元义打算以茶招待他，先问他道：“卿于‘水厄’多少?”意谓你的茶量怎么样。却不料萧却不知“水厄”之意，答非所问说：“下官虽生于水乡，而立身以来，未遭阳侯之难。”元义和满座宾客闻言皆捧腹大笑，这也说明了饮茶在当时并不为人们所普遍喜好。“水厄”，这是茶在中国历史上得到的第一个贬称。

值得一提的是，西晋人张载去四川成都游览了名胜白菟楼后，在所赋的《登成都白菟楼》诗中赞道：“芳荼冠六清，溢味播九区。”这是说在水、浆、米酒等六种饮料中，茶最为芳香，且蜀地茶香早已飘溢各地了。在成都人们称赞茶为“芳荼”，誉其“溢味播九区”的几十年之后，在东晋之都建康（今南京）的许多官吏，居然对饮茶还深以为苦，这充分反映了茶在不同地区的发展情况。

由于从三国到两晋这两个世纪中，天下你割我据，战事不断，阻碍了文化的传播和相融，所以各地区之间的茶文化相距甚远，差异非常显著。自“水厄”之事以后半个多世纪，到了南朝刘宋之初，女文学家鲍令晖（鲍照之妹）写出了《香茗赋》，极言茶之香，茶苦之说在江南这才少有市场了。

而在北方，茶的命运也好不到哪儿去，那是和一个叫做王肃的人连在一起的。

王肃字恭懿，南齐琅邪临沂（今山东临沂）人，是雍州刺史王奂之子，赡学多通，才辞美茂，任秘书丞之职。太和十八年（公元494年），王肃因父兄被齐武帝杀害而投奔北魏。魏孝文帝随即授他为大将军长史，后来，王肃为魏立下战功，得“镇南将军”之号。魏宣武帝时，官居宰辅，累封昌国县侯，官终扬州刺史。北魏杨炫之的《洛阳伽蓝记》中记载了这样一件事：

“肃初入国，不食羊肉及酪浆等物，常饭鲫鱼羹，渴饮茗汁。京师士子见肃一饮一斗，号为漏卮，经数年已后，肃与高祖殿会，食羊肉酪粥甚多。高祖怪之，谓肃曰：‘卿中国之味也，羊肉何如鱼羹，茗饮何如酪浆?’肃对曰：‘羊者是陆产之最，鱼者乃水族之长，所好不同，并各称

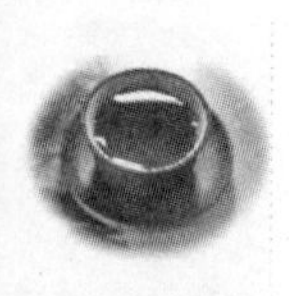

珍。以味言之，是有优劣，羊比齐鲁大邦，鱼比邾莒小国，惟茗不中与酪作奴。'"

王肃在南齐时便极好喝茶，到了北方，初仍不改旧习，饭菜偏爱鲫鱼羹，对羊肉和奶酪之物碰也不碰。他因善饮，据说一次能喝茶一斗，所以洛阳（北魏之都）人给他取了个绰号，叫"漏卮"，意谓这张嘴好像破漏的杯子，喝了还要喝，老添不满，永无厌足。

几年以后，王肃对羊肉、奶酪之类已能接受。有一次，他在宫里用餐，居然吃了很多的羊肉和酪粥。魏孝文帝元宏见状甚感奇怪，于是问他："以你汉人的口味比较，羊肉和鲫鱼羹，茶和奶酪，究竟哪个味道好？"

王肃就做了上述的回答，把茶说成它最多只能给奶酪当个奴仆。这番"精彩"的奇谈怪论引得孝文帝哈哈大笑。当时在一旁的彭城王元勰对王肃说："你不怎么看重'齐鲁大邦'，而偏爱于'邾莒小国'，这是为什么？"王肃仿佛乡情难忘似的说："这是我们家乡最好的东西，我不得不偏好啊。"元勰又对他说："那么你明天到我府上来，我专门为你摆一'邾莒之食'，还有'酪奴'。"

"酪奴"作为茶的一个别称，因此而传开了。王肃如此这般地贬茶，在当时曾产生了很大的影响。孝文帝是一个较为开明的皇帝，尤其心仪汉民族文化，如改原来的姓氏拓跋为汉姓元，请汉人做官，与汉人通婚等等。当时朝廷大臣中已有不少汉人，为了照顾像王肃这种喜好饮茶的人的习惯，朝中宴会上都设有茶水。但是因为有"酪奴"之比，居然所有的人都视茶为耻，决不再喝，只有一些新近从江南投奔来的人因不知此典才好饮茶。

当时有位叫刘缟的朝臣钦慕于王肃的好饮之风，也专门研究起喝茶来。元勰知道后，对他冷嘲热讽了一番，说："你不去仰慕席设八珍的王侯之风，而去追求奴才下人的'水厄'之事，太没出息了！古时候海上有逐臭的蠢夫，村里有学颦的丑妇，而现在你就是这种人。"把刘缟说得脸上红一阵、白一阵，极为尴尬。

王濛嗜茶而被人称为"水厄"，王肃嗜茶又曲意逢迎自贬茶为"酪奴"，可见其时无论南方、北方，茶之境地都"苦"不堪言，但从中不难发现当时饮茶的习惯正在逐步普及，这也是不争的事实。

8. 隋文帝饮茶治头痛

南北朝之前，从目前已知的文献记载来看，饮茶之事以四川和江南地区相对为多，这与我国茶叶生产以长江流域以南地区为主有关。而在黄河流域，尽管三千多年前蜀人曾向周武王贡茶，还有春秋时齐国晏婴食茶之说，但从很多文献来看，北方黄河流域的茶事相对要落后一些。

那么，黄河流域饮茶要到何时才比较普遍呢？隋文帝杨坚是个关键人物。

杨坚，弘农华阴（今陕西华阴东）人，北周武帝时袭爵隋国公，大定元年（公元581年）代周称帝，国号“隋”，改元开皇，是为隋文帝。开皇九年（公元589年），隋朝大军渡过长江天险，攻占陈都建康（今南京），俘获后主陈叔宝，陈朝灭亡。至此，西晋末年以来延续近三百年的南北分裂局面宣告结束，这是隋文帝的一大历史功绩。

茶之行世，常以廉俭为本。而据史籍记载，隋文帝勤于政务，自奉甚俭，茶却随时侍于左右。《隋书》中曾记有一个颇为怪诞的事：某夜，隋文帝做了个噩梦，梦见有位神人把他的头骨给换了，梦醒以后便一直头痛。后来遇一僧人，告诉他说：“山中有茗草，煮而饮之当愈。”

隋文帝服了以后果然见效，于是重重奖励了那个和尚。上有好者，下必甚焉，所以当时人们竞相采掇，并有一赞云：“穷春秋，演河图，不如载茗一车。”意为做人苦心钻研孔子的《春秋》，殚精竭虑去演绎谶书《河图》想出人头地、升官发财还不如向皇帝送一车茶叶来得快。

南朝齐武帝也是一个尊茶的君主，并明文规定天下无论贵贱，有祭奠必须供茶，但因南齐地偏南方，其上行下效的影响和成效却远不如隋文帝。隋文帝一统天下，结束了南北朝长期的对峙局面，南北的饮茶等风俗文化才得以迅速交融。而且他以帝王之尊而嗜茶（《隋书》的记载过于神化），于是普天之下（尤其是黄河流域）茶不再被鄙视为“酪奴”。从茶文化角度来看，隋文帝同样立有一大历史功绩，尽管他当时对此并未察觉。

9. 武则天茶喻祸福

饮茶之风盛于唐代。传世的一幅唐代名画《唐后从行图》（张萱作）中，在雍容华贵的武则天被前呼后拥的出行场面里，画家“安排”了一个手捧茶托的侍女跟从在后。在宫廷里帝后的走动已离不开茶，需要有专人司掌茶具，饮茶在当时已成习俗由此可见一斑。

武则天名曌，唐高宗李治的皇后，天授元年（公元690年）代唐称帝，国号周，是中国历史上唯一的女皇帝。

武则天是否雅好饮茶，正史并无记载。但据明代屠隆《考槃余事》说，武则天博学有著述之才，但是对茶却生性讨厌，曾诋毁说：“释滞消壅，一日之利暂佳；瘠气侵精，终身之害斯大。获益则收功茶力，贻患则不为茶灾，岂非福近易知，祸远难见。”

从茶在短时间内对调理人体有益和长期饮茶可能导致耗损体质出发，来

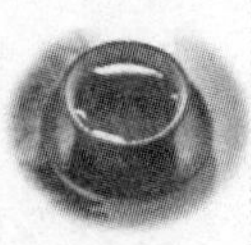

比喻福易见而祸难见，茶已不再停留在品饮的层次，而成为像武则天这样的帝王者在政治上的鉴戒。

在此须说明的一点是，北宋赵令畤《侯鲭录》也记有类似的言论，作者却是唐右补阙毋旻，而非武则天，说他也是博学有著述之才，因不喜欢饮茶而曾著有《伐茶饮序》，说："释滞消壅，一日之利暂佳；瘠气耗精，终身之累斯大。获益则归功茶力，贻患则不咎茶灾。岂非为福近易知，为祸远难见欤。"

两段记载意思完全相同，文字小有差异，似《侯鲭录》所载较为确切。但从历史记载来看，所谓"福近易知，祸远难见"，更符合素多智计、明于朝纲、通晓文史、卓有主见的武则天的口吻。

关于饮茶的利弊，唐以后有多人论及，如苏东坡的《茶说》云："除烦去腻，世故不可无茶，然暗中损人不少，空心饮茶入盐直入肾经耳，且冷脾胃，乃引贼入室也。惟饮食后，浓茶漱口，既去烦腻，而脾不知，且若能坚齿、消蠹。"

明代高濂在《遵生八笺》中也有同样的论说："人固不可一日无茶，然或有忌而不饮，每食已，辄以浓茶漱口，烦腻顿去，而脾胃自清。"

明代顾元庆在《茶谱》中引《梦余录》的一段话对苏东坡的"损人不少"一说反驳道："东坡以茶性寒，故平生不饮，惟饮后浓茶涤齿而已。然大中三年（公元849年），东都（今洛阳）一僧一百三十岁，（唐）宣宗问服何药？云：性惟好茶……以坡言之，必损寿，反得长年，则又何也？"

从现代科学而言，饮茶利多弊少是毫无疑问的。

武则天在论饮茶的利弊时，显而易见认为弊大于利，这是她的局限之处，但从饮茶利弊之论引申到对祸福隐显的理解，这却是她的过人之处，让人领略到一个政治家的思辨功力。

10. 煎茶圣手

唐朝代宗皇帝李豫喜欢品茶，宫中也常常有一些善于品茶的人供职。有一次，竟陵积公和尚被召到了宫中。

积公和尚来到宫中后，皇帝命宫中煎茶能手拿上等茶叶煎出一碗茶来，赐给积公品尝。积公接茶在手，饮了一口放下碗来，再也不尝第二口了。皇帝问他为何不饮，积公说："我所饮之茶，都是弟子陆羽为我煎的，饮过他煎的茶后，再饮旁人煎的，就寡淡如水了。"

皇帝听罢，问陆羽现在何处，积公摇摇头说："他遍游海内名山大川，品察天下茶叶山泉，现在不知到何处去了。"

皇帝听了，派人四处寻访陆羽。在吴兴县苕溪的杼山上找到了他，把他召进宫去。

皇帝见到陆羽后，见他其貌不扬，说话有点结巴，但学识渊博，出言不凡，非常高兴，当即命他煎茶。陆羽取水极为讲究，煮茶必佳泉。他将煮水分为三个阶段：一沸、二沸、三沸。认为一沸、二沸之水不可取，三沸之水最佳，即是当锅边缘水像珠玉在泉池中跳动时取用。陆羽将自己清明前采摘的茶饼煎好后，献给皇帝。皇帝接茶在手，揭开盖碗，一阵清香扑鼻；仔细一看，碗中之茶淡绿清澈，饮来香甜满口，不觉点头称赞好茶，并让陆羽再煎一碗，让宫女给积公和尚送去。

积公端起茶来，喝了一口，连叫好茶，于是一饮而尽。他放下茶碗后，走出书房，连喊："渐儿（陆羽的字）何在？"

皇帝问道："你怎么知道陆羽来了呢？"积公答道："我刚才饮的茶，只有他才能煎得出来，当然是他到宫中来了。"

皇帝见他们师徒如此相知，于是命陆羽出来和积公和尚相见。

11. 良马千匹换《茶经》

唐朝末年，各路藩王纷纷割据，与朝廷对抗。唐皇为了平息叛乱，急需军用马匹。北方的回纥国，出产宝马，每年派使者到唐朝来，以马换茶。

这一年，时值金秋，唐使按照过去的惯例，带上一千多担上等好茶叶，囤积边关。

过了两天，回纥的使者到了，他们带来了马匹也囤积在边关。

唐使站在边城箭楼上远眺，只见远处白马似白云飘扬，黄马似黄金流动，黑马似乌龙搅水，红马似火球翻滚。好一批战马，果然名不虚传。

唐使心中大喜，打开边关大门，迎接回纥使臣。

只听回纥使臣说道："今年想与天朝上国换一种制茶的书——《茶经》。"唐使没有见过这本书，又不好言明，只好顺水推舟地问道："贵国打算用多少马匹换我们这本书呢？"回使说："千匹良马，换取《茶经》。"唐使大吃一惊，忙问："这是不是国王的旨意？"回使说："我身为使者，自然代表国王旨意。"两位使者写好国约，画了押。

唐使星夜赶回朝廷，向唐皇禀奏此事。唐皇急传集贤殿众学士找那本书。那些文人学士翻遍了书库，也没有找到《茶经》这本书。

这一下唐使急了，因为双方订的协议是有期限的。日期一到，换约者受罚不说，唐皇急用的马匹也会因此泡了汤。唐皇赶紧聚集群臣商议。太师出班奏本说：

"十几年前，曾听说有个陆羽，他是品茶名士，因为他是山野之人，谁也没有重视他，《茶经》也许是他写的，如今只有到江南陆羽住地去查访了。"

唐皇准了奏，立刻派官员先到湖州苕溪边上。只见陆羽寓居的茅庐早已破败，追问当地茶农，经茶农指点，官员就赶到杼山妙喜寺去访问，因为那里有个和尚和陆羽交游甚密。到了妙喜寺，才知道那个和尚早已圆寂。寺中青年方丈说："听师父讲过这本《茶经》，陆茶神活着时，就带到家乡竟陵去了。"

官员听后，只得星夜上路，奔赴竟陵。一到竟陵城，就到西塔寺访问。

西塔寺的和尚说："茶神在世时，是写过不少书，听说他带到了湖州。"官员连日奔波，一听，又转回去了，好不丧气，一点法子也没有，只好准备回京师复命。

他骑在马上，正准备动身。这时候，只见一秀才拦住马头，高声说："我是竟陵皮日休，来向朝廷献宝。"官员问他："你有何宝可献?"皮日休捧出《茶经》三卷，官员真像得了天上星星，连忙滚鞍下马，双手捧住，揣在怀里。

官员说："我到京师后，向朝廷推举你，这个《茶经》你可有底卷?"皮日休说："还有抄本，正在请匠人刊刻。"

官员回朝交了旨。唐使来到边关，把《茶经》递给回纥使者。回纥使者得了无价之宝，立刻将千匹良马如数点交给唐使。从那以后，《茶经》就传到外国，有多种文字译本，直到现在还在研究它呢!

12. "水递"惠山泉

李德裕，字文饶，真定赞皇（今河北赵县）人。其父是唐宪宗的宰相李吉甫。李德裕先后任浙西观察使、西川节度使等职。在文宗和武宗时为相。他在政治上竭力强化朝廷权威，在抑制不服朝命的藩镇割据势力、抵御北方回鹘的扰掠方面，取得了重大的军事胜利。他反对牛僧孺集团，为"牛李党争"中李派首领。宣宗时，被贬为崖州（今海南岛）司户参军。卒于任所。

李德裕曾于822年、835年、836年三次任润州刺史共十余年。最长的是第一次（公元822~829年），历时7年。在此期间，正值王国清兵乱后，他安定军心，反对迷信，大力提倡节俭并自己带头，下令墓葬不许用金银锦绣，鼓励保护生产，几年后润州出现了民物富庶、府库充盈的景象。

他敢于批评朝政，劝谏君主，曾在润州写了一组《丹房颂》诗派人呈唐敬宗以规劝，并于唐武宗时支持了著名的"会昌废佛"行动，遏制了寺院经济的恶性膨胀。他对北固山的建设有很大贡献。敬宗宝历二年（公元826年）

三月，他建成新的寺庙并定名为“甘露寺”，“因甘露之降瑞，建仁祠于高标”，这是李为该寺取名的自述。他还在甘露寺长廊入口处造了一座石塔，即现在铁塔的前身。宋代建造的被米芾称为“天下江山第一楼”的多景楼的楼名就是取自李德裕题北固山临江楼的诗中“多景悬窗牖”一句（多景楼是在原临江楼的基础上改建的）。

史载，李德裕少好学，精通《汉书》及《左氏春秋》，是一个颇有才学的人，而在饮茶一事上，他鉴水的精明程度，似更为突出。五代南唐尉迟偓《中朝故事》记述了李德裕精辨长江水的故事：

李德裕饮茶对水特别讲究，身在长安京都，却嗜好江南之水。有一天，他的一位好友要去京口（今江苏镇江市）公干，李德裕知道后喜形于色，便对他说：“你哪天回来的时候，请为我取一壶金山（在镇江江边，当时的金山尚在江心）附近的南零水。”

那人答应而去。至京口数日以后办完事便欲溯江而上，赶回长安。没想到那人兴许事情办得顺当，上船后便开怀畅饮，贪杯而醉，早把宰相所托之事抛于脑后。及至船抵建业（今南京），他才醉梦方醒，猛然想起为宰相取水的事还没办呢！咋办？那人向舱外望去，但见一江春水向东流，自忖此时此地的长江水，要不了多久即是下游方向的金山南零水，又何苦再返舟取水！反正都是一江水，在此灌上一壶得了，只要没人看见，李大人不会知道。于是，他赶忙汲了一壶建业石头城下的江水，返京送给李德裕交差。

李德裕见水取到，即刻烹茶品茗。谁知他呷了一口，顿露惊讶之色，叹道：“唉！江南的水怎么大不同于往年，其味差多了。”俄顷又说：“这水太像建业石头城下的江水了！”

那人闻言也吃了一惊，看来在李德裕跟前卖不得“谎秤”，便吐露真相，一再谢罪。

宋代唐庚在《斗茶记》中讲述了一则李德裕嗜惠山之泉成病，而不惜代价以求的故事：

无锡惠山寺石泉水曾被陆羽列为天下第二泉，仅次于庐山康王谷水帘泉水（见张又新《煎茶水记》）。这李德裕除了雅好南零水外，还特别“垂青”于惠山泉。但无锡与京师长安远隔数千里，惠山之泉如何能得？像南零水那样请人顺便捎带则机会不常有，还得防人偷懒，弄些假冒伪劣品搪塞。也许李德裕想起在唐德宗贞元五年（公元 789 年）时，宫廷里为了能喝到上等的吴兴紫笋茶，曾传旨吴兴地方官，每年贡茶必须一日兼程，赶在清明节前到京，是为“急程茶”。

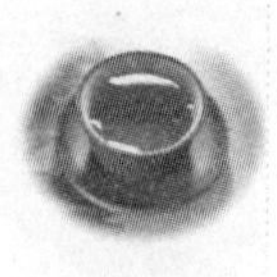

后来，李郢有诗道："一日王程路四千，到时须及清明宴。"终于，李德裕看到了自己身为宰相的权势，便传令在两地之间设置驿站，建起了一条惠山泉的特快专递线，从惠山汲泉后，即由驿骑站站传递，停息不得。时人称之为"水递"。这也真有点像唐玄宗时杨贵妃的千里快骑送荔枝的穷奢极欲。

后来有位僧人对李德裕说："我已为相公通了一条'水脉'，在京师长安城里有一眼井，其水与惠山泉泉脉相通，汲之以烹茗，那味道没一点差异。"

李德裕听罢十分惊异，问："这井在城里什么地方？"

那僧人说："昊天观常住库后面的那口井就是。"

李德裕将信将疑，为了一辨僧人之言的真伪，他派人取来惠山泉和昊天观井水各一瓶，混杂在其他八瓶水中，让僧人辨认。这僧人颇有些本事，他只取装有惠山泉和昊天观井水的两只瓶子，使李德裕大为叹奇。

僧人通"水脉"自然荒诞，"水递"之事古人亦多有微词。如此取水，虽然清致可嘉，却有损茶德，不足效仿。所以诗人皮日休有诗讥讽道："丞相长思煮茗时，郡侯催发只忧迟。吴关去国三千里，莫笑杨妃爱荔枝。"明代屠隆在《考槃余事》中对此事更是一针见血地指出："清致可嘉，有损盛德！"

13. 茶痴皇帝

中国历代皇帝，大都有好茶之痴：有的嗜茶如命，有的好取茶名，有的专为茶叶著书立说，有的还给进贡名茶之人晋官加爵。一个个所谓的真龙天子，就为这大自然恩赐的片片绿色植物，显现给世人形形色色的茶痴态。

宋朝徽宗皇帝赵佶（公元1082～1135年）为神宗赵顼的第十一子，是我国历史上出了名的骄侈淫逸的帝王之一，他对茶艺颇有见地，称得上是茶痴皇帝。宋徽宗元符三年（公元1100年）即位，1101年改元建中靖国。赵佶执政期间不问朝政，但他自己却生性风流，颇有才气，书、画、词、文都有所精，通音律，善书画，晓百艺，存世有真书、草书《千字文卷》以及《雪江归棹》、《池塘秋晚》等画卷。他以九五之尊，未留下半点治国安邦之策，却绞尽脑汁，写了一部洋洋洒洒的《大观茶论》而为后人称道。在中国历史上以皇帝的身份撰写茶叶专著，赵佶恐怕是空前绝后的一个。皇帝倡导茶学，大力提倡人们饮茶，这对当时"茶盛于宋"具有颇大的影响。

《大观茶论》是赵佶关于茶的专论，成书于大观元年（公元1107年）。全书共二十篇，对北宋时期蒸青团茶的产地、采制、烹试、品质、斗茶风尚等均有详细记述。其中《点茶》一篇，见解精辟，论述深刻，从一个侧面反映了北宋以来我国茶业的发达程度和制茶技术的发展状况，也为我们认识宋代茶道留下了珍贵的文献资料。

《大观茶论》约3000字，包括序、地产、天时、采择、蒸压、制造、鉴辨、白茶、罗碾、盏、筅、瓶、杓、水、点、味、香、色、藏焙、品名和外焙等二十目，比较全面地论述了当时茶事的各个方面。从茶叶的栽培、采制到烹煮、鉴品，从烹茶的水、具、火到品茶的色、香、味，从煮茶之法到藏焙之要，从饮茶之妙到事茶之绝，无所不及，一一记述。徽宗在序中说，“至若茶之为物，擅瓯闽之秀气，钟山川之灵禀，祛襟涤滞，致清导和，则非庸人孺子可得知矣。中澹闲洁，韵高致静，则非遑遽之时可得而好尚矣”，对茶与人的情性的陶冶和饮茶的心境作了高度概括。

《大观茶论》对当时的贡茶及由此引发的斗茶活动，以及斗茶用具，用茶要求，花了不少的笔墨，这反映了宋代皇室的一种时尚，同时也为历史保留了宋代茶文化的一个精彩片断。书中有的论点至今尚有值得借鉴和研究的价值。

14. “茶博士”品鉴茶茗

蔡襄（公元1012～1067年），字君谟，兴化仙游（今福建仙游）人，先后任大理寺评事、福建路转运使、三司使等职，并曾以龙图阁直学士、枢密院直学士、端明殿学士出任开封、泉州、杭州知府，故人称蔡端明，卒后谥忠惠。蔡襄是宋代茶史上一个重要的人物。他精于品茗、鉴茶，也是一位嗜茶如命的茶博士，称得上是古代的茶学家。

蔡襄还是著名书法家，擅长正楷、行书、草书，是北宋著名的书法家，与苏轼、黄庭坚和米芾并称“宋四家”。据说作为书法家的蔡襄，每次挥毫作书必以茶为伴。欧阳修深知蔡襄嗜茶爱茶，在请蔡襄为他的《集古录目》作序时，以大小龙团及惠山泉水作为“润笔”，蔡襄笑称是“太清而不俗”。蔡襄年老因病忌茶时，仍“烹而玩之”，茶不离手，正是“衰病万缘皆绝虑，甘香一事未忘情”。

蔡襄的另一个杰出之作，是撰写了《茶录》。其文虽不长，但自成系统。全书分为两篇，上篇论茶，下篇论茶器。上篇“论茶的色、香、味、藏茶、炙茶、碾茶、罗茶、候汤、盏、点茶”；下篇“论茶焙、茶笼、砧椎、茶铃、茶碾、茶罗、茶盏、茶匙、汤瓶”。《茶录》对制茶用具和烹茶用具的选择，均有独到的见解。

《茶录》最早记述制作小龙团掺入香料的情况，提出了品评茶叶色、香、味的内容，介绍了品饮茶叶的方法。值得注意的是，全书各条均是围绕着“斗试”这一内容展开的，其上篇各条，与下篇各条均一一对应，形成一个完整的体系。因而，《茶录》应是一部重要的茶艺专著，是继唐代陆羽《茶经》

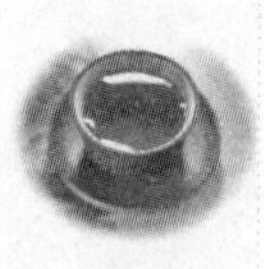

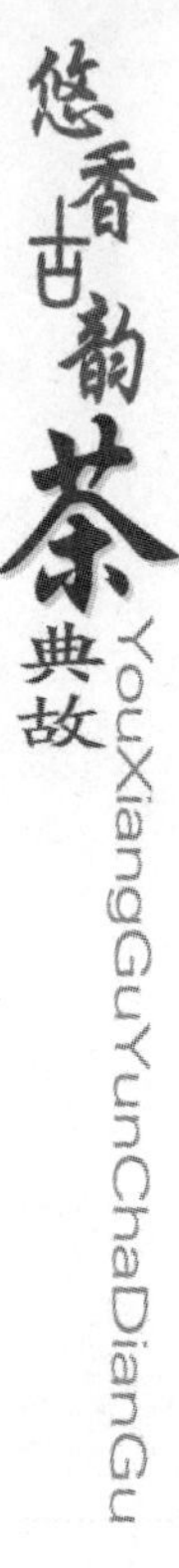

之后最有影响的茶书。

宋代在中国茶史上是一个大发展的重要时期，饮茶尚好技巧，追求精致，故尔茶人辈出。在众多茶人中，蔡襄是一位既懂得制茶，又精通品饮，更有茶事艺文和茶学论著留给后人的茶博士。

宋代最著名的茶为龙凤茶，有“始于丁谓，成于蔡襄”之说。开始时，一斤八饼，后来，庆历年间，蔡襄任福建转运使时，开始改造成小团，一斤有二十饼，名曰“上品龙茶”。苏轼有首茶诗说：“武夷溪边粟粒芽，前丁后蔡相宠加。争相买宠各出意，今年斗品充官茶。”诗中说的“前丁后蔡”即指丁谓和蔡襄，意谓两人为争宠皇上，各出绝招，研制大、小龙团茶作贡茶。龙凤团茶因制成团饼状，饰有龙凤图案，故冠名“龙凤团茶”。

蔡襄善制茶，也精于品茶，具有高于常人的评茶经验。宋人彭乘撰写的《墨客挥犀》记载说：

一日，有个叫蔡叶丞的人邀请蔡襄共品小龙团。两人坐了一会儿后，忽然来了位不速之客。侍童端上小龙团茶款待两位客人，哪晓得蔡襄啜了一口便声明道：“不对，这茶里非独只有小龙团，一定有大龙团掺杂在里面。”

蔡叶丞闻言吃了一惊，急忙唤侍童来问。侍童也没想隐瞒，直通通地道明了原委。原来侍童原本只准备了自家主人和蔡襄的两份小龙团茶，现在突然又来了位客人，再准备就来不及了，这侍童见有现成的大龙团茶，便来了个“乾坤混一”。

蔡襄的这种精明使蔡叶丞佩服不已，另一方面也说明他对大、小龙团茶的特性早已“吃透”，惟其吃透，方能研造出更精于大龙团的小龙团来。

《茶事拾遗》中记载着蔡襄的另一件品鉴茶茗的轶事：

建安（今福建建瓯）能仁寺院中，有株茶长在石缝中间。这是一株称得上优良品种的茶树，寺内和尚采制了八饼团茶，号称“石岩白”。他们以四饼送给蔡襄，另四饼密遣人到京师汴梁送给一个叫王禹玉的朝臣。

过了一年多，蔡襄被召回京师任职，闲暇之际便去造访王禹玉。王禹玉见是“茶博士”蔡襄登门，便让人在茶桶中选最好的茶来款待蔡襄。

这回，蔡襄捧起茶瓯还未尝上一口，便对王禹玉说：“这茶极似能仁寺的‘石岩白’，您何以也有此茶？”

王禹玉听了还不相信，叫人拿来茶叶上的签帖，一对照，果然是“石岩白”。见此情形，王禹玉只有钦佩的份了。

蔡襄在当时称得上是茶学大师，在茶界具有极高的威望，精于论茶的人谁碰到蔡襄都缄口不敢吭声了。

但有一位女子却不让蔡襄这位须眉。治平二年（公元 1065 年），蔡襄出任杭州知府。在杭期间，他遇到了一位叫周韶的妓女的“挑战”。周韶颇能写诗，又嗜好收藏一些“奇茗”。听说这位蔡知府茶学绝顶，她便倾其所藏，竭其才智，与蔡襄题诗品茗，斗茶争胜。结果令人大为惊异：“君谟屈焉！”

不说强中自有强中手，却可见宋代茶人之多，学问之深。

15. 王安石品茶鉴水

王安石（公元 1021 ~ 1086 年），字介甫，号半山，江西临川（今江西抚州）人，世称临川先生。他是宋代著名的改革家、思想家和文学家，熙宁二年（公元 1069 年），他在朝野上下大力推行了旨在富国强兵、扭转北宋积弱积贫局势的变法改革，史称“王安石变法”。王安石是北宋一代名相，即使放在整个中国史上，也是知名度极高的宰相之一。此公有个外号叫“拗相公”，可见其脾性之倔。

一次，时任翰林学士的王安石，拜访当时颇负盛名的点茶大师蔡襄。蔡襄久仰王安石大名，自然不会放过这个增进友谊的良机，他选择“极品茶”，亲自洗涤茶具，烹水点茶，招待王安石。

王安石呷了一口茶，蔡襄正想得到他的嘉许，没想到王安石随手掏出一包名叫“清风散”的药，投入茶盏中，摇晃了几下痛饮起来。蔡襄目瞪口呆，王安石却怡然自得，边喝边漫声说“大好茶叶”，蔡襄无奈，只得“大笑，且叹公之真率也”。

这是怎么回事呢？后人只能猜想。王安石的人品个性，一是可能对点茶小道不以为意；二是可能对蔡襄人品有看法，因而“拗相公”才有如此惊人之举。

其实，王安石对茶道是颇有研究的，尤其对水，简直到了出神入化的境地。冯梦龙《警世通言》中的《王安石三难苏学士》，讲了这样一个故事：

王安石老年患有痰火之症，虽服药，却难以除根。太医院嘱饮阳羡茶，并须用长江瞿塘中峡水煎烹。苏轼被贬为黄州团练副使时，王安石曾请他到府上饮酒话别。临别时，王安石托他：“倘尊眷往来之便，将瞿塘中峡水攒一瓮寄与老夫，则老夫衰老之年，皆子瞻所延也。”

苏轼从四川返回时，途经瞿塘峡，其时重阳刚过，秋水奔涌，船行瞿塘，一泻千里。苏轼此时早为两岸峭壁千仞、江上沸波一线的壮丽景色所吸引，哪还记得王安石中峡取水之托！过了中峡苏轼才想起王安石的嘱托。苏轼是位洒脱的人，心想上、中、下三峡相通，本为一江之水，有什么区别？再说，王安石又如何分辨得出？于是汲满一瓮下峡水，送到王安石家。

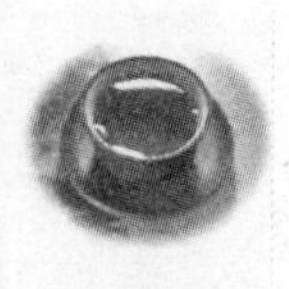

王安石大喜，亲以衣袖拂拭，纸封打开，又命侍儿茶灶中生火，用银铫汲水烹之。先取白定瓷碗一只，投阳羡茶一撮于内。候汤如蟹眼，急取起倾入，然而其茶色半晌方见。王安石眉头一攒，问苏轼道："这水——取于何处？"苏轼慌忙搪塞道："是从瞿塘中峡取来的。"王安石又看了看茶汤，厉声说道："你不必骗瞒老夫，这明明是下峡之水，岂能冒充中峡水！"苏轼大惊，并请教王安石是如何看出破绽的。

王安石说："这瞿塘峡的上峡水性太急，下峡则缓，惟有中峡之水缓急相半。太医院以为老夫这病可用阳羡茶治愈，但用上峡水煎泡水味太浓，下峡水则太淡，中峡水浓淡适中，恰到好处。但如今见茶色半晌才出，所以知道这是下峡水了。"

这等鉴水能力，我们似曾相识，那就是陆羽品中冷水，李德裕明辨建业水，而王安石的鉴水能力肯定不在二人之下。前二者鉴水，都是凭感觉，而王安石对瞿塘三峡之水的判断，却是有让人口服心服的道理。虽然冯梦龙的小说之言不足为凭，但至少说明王安石是精于茶艺的，这从他一生曾写了不少咏茶、饮茶的诗文也可以互相佐证，同时也从一个侧面反映了宋代茶文化的进步。

16. 东坡巧设提梁壶

宋代宜兴已有各种各样的茶壶，可是苏东坡不中意，因此，就自己设计了一种提梁式的紫砂壶。这种紫砂壶造型圆钝端重、提梁设计简巧虚空、布局安排恰到好处，不仅外形美观独到，而且烹茶格外有味。后来，为了纪念他，就将这种提梁式的紫砂壶称为"东坡壶"，又称"提壶"。

传说苏东坡晚年不得志，弃官来到蜀山，闲居在蜀山脚下的凤凰村，他喜欢喝茶，对喝茶也很讲究。此地既产素负盛名的"唐贡茶"，又有玉女潭、金沙泉好水，还有"海内争求"的紫砂壶。有了这三样东西，苏东坡喝喝茶、吟吟诗，倒也觉得比在京城做官惬意，但美中不足的是紫砂茶壶都太小，苏东坡想：我何不按照自己的心意做一把大茶壶？于是，他叫书童买来上好的天青泥和几样必要的工具，开始动手了。谁知一做做了几个月，还是不能让人满意。

一天夜里，小书童提着灯笼送来夜点心，苏东坡手捧点心，眼睛却朝灯笼直转，心想：我何不照灯笼的样子做一把茶壶？吃过点心，说做就做，一做就做到鸡叫天亮。等到粗壳子做好，毛病就出来了：因为泥坯是烂的，茶壶肩部老往下塌。苏东坡想了个土办法，劈了几根竹片撑在灯笼壶肚里头，等泥坯变硬一些，再把竹片拿掉。

灯笼壶做好，又大又光滑，但不好拿，只能再做个壶把。苏东坡思量：我这把茶壶是要用来煮茶的，如果像别的茶壶那样把壶把装在侧面肚皮上，火一烧，壶把就烧得乌漆墨黑，而且烫手。怎么办？他想了又想，抬头见屋顶的大梁从这一头搭到那一头，两头都有木柱撑牢，灵机一动，赶紧动手照屋梁的样子来做茶壶。经过几个月的细作精修，茶壶做成了，苏东坡非常满意，就起了个名字叫“提梁壶”。

因为这种茶壶别具一格，后来就有一些艺人仿造，并把这种式样的茶壶叫做“东坡提梁壶”，或简称“提壶”。

其实这只是个传说。“东坡提梁壶”的传统定型款式创制是在1932年春天。当时为准备参加百年一度的美国芝加哥博览会展品，宜兴职校校长（陶校前身，紫砂职业教育创始人）王世杰多次邀集丁蜀山陶业粗、溪、黑、黄、砂、紫砂六大行业工会代表、窑业主代表、艺人代表、地方名士、校董出谋策划，群策群力。座谈会期间，在讨论展品的题材时，有人讲起了“东坡提梁壶”的故事传说。王世杰很感兴趣，认为这是绝好的题材，就组织紫砂艺人专门讨论故事传说中的“东坡提梁壶”。

王世杰根据清末传统单把提梁的款式，结合清末双梁横竖架接提梁的架势，设计出初步图稿，正式定名为“东坡提梁壶”，并由民初制壶名艺人汪宝根制作成功。当今好手范洪泉的“东坡提梁壶”创制于20世纪80年代。宜兴紫砂工艺厂著名高级工艺师范洪泉，在20世纪80年代设计制作了这把高105厘米，壶身直径为70厘米，可容水100千克，该壶造型古韵，朴雅坚致。这把可同时供600人品饮的特大“万寿东坡提梁壶”的壶中珍品，有相当高的观赏价值，也充分体现了紫砂艺术的魅力，可谓创了“东坡提梁壶”之最。

17. 范仲淹与《斗茶歌》

在茶文化的发展过程中，斗茶以其丰富的文化内涵，为茶文化增添了灿烂的光彩。

斗茶具有很强的胜负的色彩，其活动的活跃，促使人们不断切磋茶叶色、香、味和饮茶的方法，因而对推动名茶品类增加和质量的提高有着重要作用。

决定斗茶胜负的标准，主要有两方面：一是汤色，一是汤花。

斗茶始于唐代，据考创始于出产贡茶闻名于世的福建建州茶乡。每年春季是新茶制成后茶农、茶客们比新茶优良次劣排名顺序的一种比赛活动。有比技巧、斗输赢的特点，富有趣味性和挑战性。一场斗茶比赛的胜败，犹如今天一场球赛的胜败，为众多市民、乡民所关注。

斗茶是在茶宴基础上发展而来的一种风俗。南北朝时，“每岁吴兴、毗陵

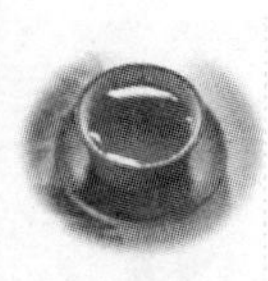

二郡太守采茶宴于此。”（山谦之《吴兴记》）“茶宴”一词正式出现。

唐代贡茶制度建立以后，湖州紫笋茶和常州阳羡茶被列为贡茶，两州刺史每年早春都要在两州毗邻的顾渚山境会亭举办盛大茶宴，邀请一些社会名人共同品尝和审定贡茶的质量。宋代茶宴之风盛行，与最高统治者嗜茶是分不开的，尤其是宋徽宗对茶颇有讲究，曾撰《大观茶论》20 篇，还亲自烹茶赐宴群臣，蔡京在《太清楼侍宴记》、《保和殿曲宴记》、《延福宫曲宴记》中都有记载。当时，禅林茶宴最有代表性的当属径山寺茶宴。

浙江天目山东北峰径山（今浙江余杭市境）是山明水秀茶佳的旅游胜地和著名茶区，山中的径山寺建于唐代。自宋至元有“江南禅林之冠”的美誉，每年春季都要举行茶宴，品茗论经，磋谈佛理，形成了一套颇为讲究的礼仪。径山寺还举办鉴评茶叶质量的活动，把肥嫩芽茶碾碎成粉末，用沸水冲泡调制的“点茶法”，就是在这里首创的。

“从来名士爱评水，自古山僧爱斗茶”。这是“扬州八怪”郑板桥写的一副对联，十分精确地道出文人与僧人评水斗茶的殊好。僧人为什么爱斗茶呢？这当与佛教盛行有关。因为各大寺庙皆兴植茶、制茶，称之为“佛茶”。僧人亦善茗，称为“茶佛一味”，也即“茶宴”的由来，而文人历来喜游名山大川，佛寺是他们足迹必到之处，且寺庙高僧又不乏工于诗画者，称为“诗僧”，这使文人与山僧结为诗文茶友就有了共同的基础。

品茶在宋朝是一种风气，对茶事愈精研的人，愈是喜欢品。苏舜之与蔡襄的品茶便是一例：苏舜之是煮茶的能手，而蔡襄就是著作《茶录》而创制“小龙团”的名人。据说，苏、蔡斗茶时，蔡襄冲泡的茶叶是名种，用的是惠山泉水，而苏轼用的茶叶较劣，用的是天台山的竹沥水。这次斗茶比赛，不知是谁担任裁判，结果判蔡襄输了，总令人觉得有点意外。

宋人玩茶有两种方法，一为干玩，一为湿玩。干玩就是欣赏极品的外观，动眼不动手；湿玩则手眼并用、研膏焙乳、鼻闻口尝。五代时，福建建安一带就有“斗茶”活动，入宋，建安成了当时最负盛名的茶区，北苑又是太宗圈定的贡茶区，为决出进贡品种，斗茶便在建安兴隆起来，每年新茶上市，各茶区的茶家携带珍品，身怀绝招，前来比试。当地职官在福建转运使的率领下，充当评判，做出裁决。

范仲淹有《和章岷从事斗茶歌》以记此事：

年年春自东南来，建溪先暖冰微开。

溪边奇茗冠天下，武夷仙人从古栽。

新雷昨夜发何处，家家嬉笑穿云去。

露芽错落一番荣，缀玉含珠散嘉树。

终朝采掇未盈襜，惟求精粹不敢贪。

研膏焙乳有雅制，方中圭兮圆中蟾。

以上写得天独厚的建茶生长环境、建茶的采摘和研焙制作过程。

北苑将期献天子，林下雄豪先斗美。

鼎磨云外首山铜，瓶携江上中泠水。

黄金碾畔绿尘飞，紫玉瓯心雪涛起。

斗茶味兮轻醍醐，斗余香兮薄兰芷。

其间品第胡能欺，十目视而十手指。

胜若登仙不可攀，输同降将无穷耻。

以上写斗茶过程。因为是要献给天子的茶，十目所视十手所指，斗茶不敢有诈。

吁嗟天产石上英，论功不愧阶前蓂。

众人之浊我可清，千日之醉我可醒。

屈原试与招魂魄，刘伶却得闻雷霆。

卢仝敢不歌，陆羽须作经。

森然万象中，焉知无茶星。

商山丈人休茹芝，首阳先生休采薇。

长安酒价减千万，成都药市无光辉。

不如仙山一啜好，泠然便欲乘风飞。

君莫羡花间女郎只斗草，赢得珠玑满斗归。

以上写参加比试的茶有优良的品质和神奇功效。它胜过饮酒、吃药。假使卢仝、陆羽在世，他们也会赞美斗茶，写入《茶经》。其中，作者抒发了感慨，作了独到的评价。

这是一首脍炙人口的茶诗，古人把它和卢仝的《走笔谢孟谏议寄新茶》诗相媲美。卢仝的诗以浪漫主义手法抒发了对茶饮的身体感受与心灵感受，符合当时玄说茶道的风尚；同时，又对茶农寄予同情，是一首极言茶功、超脱飘逸的好诗。范仲淹的诗则由斗茶揭示世态：

“胜若登仙不可攀，输同降将无穷耻。”

“君莫羡花间女郎只斗草，赢得珠玑满斗归。”

刻画了这些人物的神态与心理。同时，范诗拓展茶饮感受至做人的气节：

“众人之浊我可清，千日之醉我可醒。”

不无讥讽地指出醉心茶功的社会时弊：

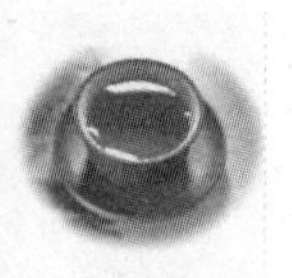

“不如仙山一啜好，泠然便欲乘风飞。”

“商山丈人休茹芝，首阳先生休采薇”。

君臣神会茶域，国计民生休要过问了！借咏斗茶暗示对国事的忧虑，展现了一个政治改革家的胸怀。

18. 文思因茶而泉涌

耶律楚材（公元1190～1244年），字晋卿，号湛然居士，因住在玉泉山一带，所以又称玉泉居士，蒙古名吾图撒合里（意为长髯人）。契丹族，生于燕京（今北京），系皇族子孙。耶律楚材是我国著名的政治家，出生时，他父亲感到金的大势已去，取《左传》中“虽楚之才，晋实用之”之典，给他取名耶律楚材。

燕京被元军破后，他应召会见成吉思汗，并作为顾问留在朝中。后随成吉思汗西征，以擅长医卜、律历等，深受信用。元太宗窝阔台时，任中书令，主持制定仪礼，并多次谏阻蒙古军屠城，阻止蒙古贵族改农田为牧场的企图。在他的建议下，中原设立十路课税所，实行赋税制。他进言：“制利器必用良工，守成者必用儒臣。”

奏行科举取士，尊孔重儒，设置编行儒学经籍的经籍所、编修所等措施，对恢复和发展中原文化卓有贡献。他强调“以儒治国”，为治理国家、维护民族团结、发展经济文化作出了卓越贡献。被后人称为“功德塞天地”，是位“大有造于中国之人”。

耶律楚材是历史上有名的清官。成吉思汗攻打西夏时，将领们纷纷抢夺金玉财宝，他却收集、保存了许多文集和大量的药材。后来军中疫病流行，这些药材救活了好几万人。1227年，他奉命到燕京整顿秩序。当时京畿之内，许多权势人家的子弟，一到黄昏就驾着牛车出来结伙抢劫、行凶杀人。耶律楚材不畏强暴，不为利害所动，秉公而断，公开斩首十六名这类罪犯，为社会除了大害。他病死后，有人诬陷他藏有私囊，检查以后，发现除了琴棋书画金石遗文之外，别无所有，足见他的清廉。

耶律楚材还是一位有名的学者，他追述随军生活的《西游录》，记载了在新疆和中亚细亚的见闻，是研究历史地理的重要著作。他的诗文集《湛然居士文集》流传至今。他精通汉文化，是位饱学之士，擅长用汉语写诗。

耶律楚材颇爱品茶、品泉之道，所作的茶诗意境清新，是咏茶诗中的上乘之作。诗人随元太祖西征时，在西域向正在岭南的好友王君玉乞茶期间，撰有《西域从王君玉乞茶因其韵》七律组诗，共有七首。

诗歌开首便道：“积年不啜建溪茶，心窍黄尘塞五车。”诗人长期没喝到好茶，感到心窍阻塞，文思久困，分外思念佳茗，心里好像塞了五车黄土一样。未曾想到，身在西域，居然获得了建溪名茶，“碧玉瓯中思雪浪，黄金碾畔忆雷芽”，碧玉瓯，是诗人言其崇尚越窑生产的青瓷茶碗。黄金碾，茶碾一般宜用铜铁铸造，金碾是言其茶碾之精美。

这两句诗含有诗人追忆他于某年春天惊蛰时节，与友人共品春茶时的美好情景，嫩蕊新芽，惹人生爱。“卢仝七碗诗难得，谂老三瓯梦亦赊。敢乞君侯分数饼，暂教清兴绕烟霞。”这里借用卢仝“七碗茶”和从谂“吃茶去”的典故，是作者恳切叮嘱君玉，切不可忘记连在梦中都渴望品尝江南香茗的老友啊！

在另一首中，诗人写到：“长笑刘伶不识茶，胡为买锸谩随车。”刘伶为晋沛国（今安徽省萧县）人，字伯论。与阮籍、嵇康等友好，称竹林七贤。纵酒放达，乘鹿车，携一壶酒，使人荷锸相随，说：“死便埋我。”在诗人眼中，酒是俗物，刘伶是可笑之人，而茶是天地精华的产物，为什么舍茶而就酒呢？“萧萧暮雨云千顷，隐隐春雷玉一芽。”

身处西域的诗人，遥想友人所在的岭南早春，已经是春雨潇潇，惊雷隐隐，正是采制春茶的季节了。有好茶还要有美器好水，诗人索性继续“奢侈”下去：“建郡深瓯吴地远，金山佳水楚江赊。”金山佳水指镇江金山中泠泉，唐刘伯刍品评其为“天下第一泉”。楚江指长江。因中泠泉又名扬子江南零水，扬子江水亦是经楚地流来，故曰楚江；这里均指用来烹茶的质地优良的水。万事俱备，“红炉石鼎烹团月，一碗和春吸碧霞。”茶品自宋代崇尚龙团凤饼茶以来，品茗者多以能啜饮形如满月的龙团凤饼为快事，诗人也不例外，如能品啜一瓯清醇的建溪茶，不胜似享受仙酒流霞。

“啜罢江南一碗茶，枯肠历历走雷车。笔阵陈兵诗思涌，睡魔卷甲梦魂赊。”诗人终于喝到了江南建溪的茶，多日来文思几近枯竭，如今已有“雷车”滚动，笔阵兵阵，铁马冰河，在诗人的脑海里形成了波澜壮阔的画面，诗思泉涌，毫无倦意。“精神爽逸无余事，卧看残阳补断霞。”概括出诗人品茶后的绝佳效果和至上享受。

茶，给诗人带来无尽的精神享受，令诗人诗兴大发，“顿令衰叟诗魂爽，便觉红尘客梦赊。两腋清风生坐榻，幽欢远胜泛流霞。”诗人饮茶顿觉气清神爽，如沐春风，这是何等惬意爽快！在另一首中，诗人写到：“试将绮语求茶饮，特胜春彩把酒赊。啜罢神清淡无寐，尘嚣身世便云霞。”在诗人看来，诗为茶而作，求茶而作诗；又因茶而文思泉涌，神清气爽，才啜几口，便无寐，似乎已远离尘嚣浊世，羽化而成仙，这是何等境界。

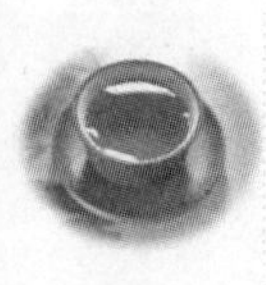

19. 朱元璋与灵山茶

明朝开国皇帝朱元璋，因当过和尚，特别是在家乡皇觉寺当和尚，受到世人的歧视。当皇帝后对和尚、秃、光头、贼等字眼讳莫如深。曾下令让全国一半和尚还俗，可是独对罗山县的灵山寺另眼相看，亲临上香，拨巨款进行修缮，亲封陈大同为金碧禅寺并任住持僧，赐半副辇驾，亲笔题写“圣寿禅寺”横匾。这当中的奥妙是什么？

在灵山方圆几百里流传着一个关于朱元璋三上灵山寺，赞美灵山茶的神奇而动人的传说。

朱元璋是濠州（今安徽凤阳）人，兄弟姊妹五人，他排行老五。在他17岁那年，父母和三个哥哥因遇上灾荒和瘟疫相继死去，姐姐出嫁，贫穷到极点的朱元璋只好到皇觉寺去当和尚。寺庙虽然以济善为本，但因朱元璋赤贫，他在寺庙里只能当仆人，整日打水扫地。后来庙里也缺粮断炊，老和尚只好让他芒鞋托钵到淮西一带（今信阳一带）化缘。

当时官场腐败，“盗贼”横行，他如同飘萍一样到处流浪。第二年农历三月初一来到了灵山寺，灵山寺和尚对他还算不错，不管白天化缘有无收获，都让他吃好穿暖，在这里他第一次喝到了灵山茶。云游七年，有四年是在灵山寺度过的，身体也慢慢壮实起来。24岁时天下已经大乱，胸怀大志的朱元璋又回到濠州。他的好友汤和劝他参加起义军，正欲去寺庙占卦，不料寺庙起火，走投无路，于农历闰三月初一加入了郭子兴的起义队伍。

由于他身强力壮，作战勇敢，很快便得到提拔，同时郭子兴将义女马氏嫁他为妻。郭死后不久，他便成了起义军队伍的首领。

在转战江淮时，又是农历三月初一，义军吃了败仗，幸好离灵山不远，他便只身逃往灵山寺。因他穿一身戎装，与和尚又分离几年，和尚们看见他，似曾相识，但又不敢贸然相认，只得不厌其烦地问他姓甚何名，朱元璋此时哪里敢透露真名实姓，见问得不耐烦，提笔在寺庙的墙上题诗一首：

战罢江南百万兵，腰间宝剑血犹腥。

山僧不识英雄主，只管叨叨问姓名。

这首诗向和尚们说明了他就是当年的朱元璋，现是义军首领，和尚们一看心里都明白了，于是以礼相待。赶忙准备饭菜，敬上一杯灵山茶。和尚们看他身上还有几处刀伤，便按医书上介绍的方法，用九龙潭中水，浸泡灵山茶，替朱元璋擦洗伤口。说也奇怪，朱元璋在连续擦洗后，疼痛逐渐消失，经过一夜的休息，伤口全部痊愈。第二天清晨，由和尚指点从马放沟到天花板桥投奔自己的主力部队去了。

当上皇帝的第三年，想起自己能有今天，应该好好感谢灵山寺的菩萨保佑，因灵山寺曾使他体魄强壮，吃败仗遇难时又得到庇护和茶水治伤，他虽然因当过和尚这段不光彩的经历而痛恨寺庙，并下令让全国一半和尚还俗，但灵山寺应该特殊。又一想，我如今是天子，我当年题的诗不知和尚们保存没有，如果保存下来了，寺里的和尚更要优待。他心想，或许菩萨真的能保佑。

为了巩固帝业，他决心亲往灵山上香。于是派一使者先到灵山调查那首诗的情况，并对那使者交代："如果那首诗还保存着，立即回应天府禀报，那首诗如果被毁无存，将当年毁诗和尚和住持僧一并押进京城。"

使者接旨后很快来到灵山。原来朱元璋题诗后，和尚们怕元军过来找麻烦，赶快用暗红色石灰涂抹一层，搜捕朱元璋的人没有搜到，更没有见到题诗，灵山寺也就在兵荒马乱中保存了下来。但当年参与涂抹的和尚听使者的来意后一个个都吓跑了，唯有一个有才华的和尚陈大同未走，他吩咐其他和尚赶快用水冲去表层暗红色的灰层，隐隐约约地露出原来题诗的痕迹。并指着这些痕迹向使者介绍："朱洪武皇上的题诗是天子题诗，我们这个小庙岂敢保留，就是留下来鬼神也要犯愁，所以我们才施以法水，涂抹一层予以保护，但仍然盖不住天子的旨意，所以至今还有痕迹像龙泉冲斗牛一样。"说完也题诗一首交给使者：

御笔题诗岂敢留，留时恐惹鬼神愁，
故施法水轻抹去，至今龙泉冲斗牛。

使者查清情况后，立即赶回京城向朱元璋汇报，这就更加坚定了朱元璋亲往灵山寺上香的决心。于是向所辖的府、州、县发出圣旨，各级地方官员依旨做了迎接准备。罗山县令还专门去灵山向老和尚打听朱元璋的饮食爱好，和尚们也准备好朱元璋爱饮的灵山茶。

至于选什么日子到灵山，因前两次去灵山寺，均是三月初一，而且起兵讨元也是三月初一。三月初一，洪武发迹，便决定仍在三月初一上灵山。

洪武三年，为了不让世人留下他求菩萨保佑江山的话柄，朱元璋只带几个心腹秘密前来。三月初一，朱元璋第三次来到灵山寺，这次上香与前二次自然不同，不吃斋饭，而是山珍海味。和尚们拿出灵山一枪一旗的灵山茶，这茶是朱元璋过去未曾见过，更没有喝过的。当汝宁府派来的巧厨师精心地用九龙潭中的泉水沏泡好灵山茶送到朱元璋面前时，朱元璋打开茶杯盖，一股沁人肺腑的清香直扑口鼻，未曾入口，便有飘飘欲仙之感，一口茶进去，舌尖便有一种浓郁的醇厚之味。

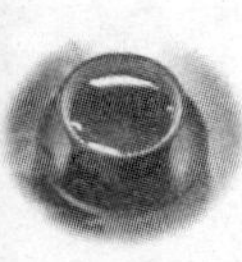

朱元璋虽说当了皇帝，有天下各种贡茶，但此时只觉得哪一种名茶也赶不上灵山茶。一杯茶没喝完便对身边人的说："这杯茶是哪位官员沏泡的，给他连升三级。"跟随他的一个贴心师爷忙说："那是汝宁府派来的厨师沏泡的。"意思是他不是什么官员，无法升官。朱元璋也听出了那位师爷的意思，但这杯清香甘甜的茶水使他兴奋得无法克制，再次传旨："他是厨师也要升三级。"那位师爷只好照办。一边嘟哝着发牢骚："十年寒窗苦，何如一盏茶。"

朱元璋一听这位师爷的嘟哝，知其因为没有给他这位有才者升官有意见，便对他说："你刚才像是吟诗，只吟了前半部分，我来给你续上后半部分：'他才不如你，你命不如他。'"就这样，那位厨师连升了三级。朱元璋上香后即下旨拨一笔巨款，将灵山寺原来的三层殿修成七层大殿，外带厢房，亲笔写下"圣寿禅寺"横匾，封陈大同为金丘峰禅师住持僧，赐他半副辇驾到京城免费游览。并命州县要在灵山一带大种茶叶，每年贡必须是一枪一旗的灵山茶。从那以后灵山周围大种其茶，当地不少山因种茶改为茶山（彭新）、茶沟（李家寨）、茶坡等。明朝修的《河南通志》载有河南地方唯一名茶："罗山茶产在汝宁府信阳州。"明代灵山茶在淮南独占鳌头，与朱元璋的提倡不无关系。

20. 太祖斩婿缘私茶

明代之初，朱元璋非常重视茶马之法，把借茶叶贸易以巩固边防当作一项国策，茶法严格，任何人不得违犯。据《明史·食货志》载："律例：私茶出境与关隘失察者，并凌迟处死。盖西陲藩篱，莫切于诸番，番人恃茶以生，故严法以禁之，易马以酬之，以制番人之死命，壮中国之藩篱，断匈奴之右臂，非可以常法论也。"

为了有更多的战马保卫边疆，在洪武四年（公元1371年），明朝政府确定了以陕西、四川茶叶来与少数民族进行马匹交易。并且特别在寿州、洮州、河州、雅州等地设立了茶马司，专门管理这种贸易。为了垄断茶马交易，朝廷发出通告，禁止茶叶走私。但是，由于马贱茶贵，不少商人看到以茶易马的利润很丰厚，于是不顾禁令，纷纷贩卖私茶，一些边镇守官也利用权力参与走私。这样，就使朝廷的茶马互市受到了很大冲击，马匹越来越少。

洪武三十年（公元1397年），明太祖朱元璋下决心，一定要刹住茶叶走私之风，他派遣官员四处巡查，调集军队层层设防。同时，再次宣布，对偷运私茶出境与关隘失察者，都将处以极刑。然而，也有人不以为然，继续我行我素，这个胆大包天的人，就是朱元璋的乘龙快婿、驸马都尉欧阳伦。

欧阳伦是朱元璋女儿安庆公主的夫婿，他自恃皇亲国戚，认为法律不能约束他，多次派手下人到陕西偷运私茶，然后贩出境外，牟取暴利。那年，欧阳伦瞒着朱元璋，命令陕西布政司发文通告所属各府县，派遣车辆和人员为他前往河州运送私茶。这支贩茶大军一路上浩浩荡荡，不断向茶农小商敲诈勒索，臭名远扬，终于有人一张状纸，层层递到了朝廷之上。

朱元璋正为禁茶之事犯头痛，一闻此事，勃然大怒。他决心要对驸马严惩不贷，以肃纲纪。1397 年 6 月，朱元璋下旨，对驸马欧阳伦及其一帮爪牙一并赐死。欧阳伦是历史上第一个因走私茶叶掉脑袋的人。驸马一杀，贩私茶者惶惶不可终日，炽烈的走私之风也减了许多。

朱元璋还下诏改团为散，使饮茶这种日常习俗返璞归真，发生了巨大的变化。明洪武二十四年（公元 1391 年）九月，明太祖朱元璋下诏废团茶，改贡叶茶花（散茶），其时人于此评价甚高。明代沈德符撰《野获编补遗》载：“上以重劳民力，罢造龙团，惟采芽茶以进……按茶加香物，捣为细饼，已失真味……今人惟取初萌之精者，汲泉置鼎，一瀹便啜，遂开千古饮之宗。”从此，两宋时的斗茶之风消失了，饼茶为散形叶茶所代替。碾末而饮的唐煮宋点饮法，变成了以沸水冲泡叶茶的瀹饮法，品饮艺术发生了划时代的变化。明人认为这种品饮方法“简便异常，天趣悉备，可谓尽茶之真味矣”。

这种瀹饮法应该说是在唐宋时就已存在于民间的散茶饮用方法的基础上发展起来的。早在南宋及元代，民间“重散略饼”的倾向已十分明显，朱元璋“废团改散”的政策恰好顺应了饼茶制造及其相关之法日趋衰落，而散茶加工及其品饮风尚日盛的历史潮流，并将这种风尚推广于宫廷生活之中，进而使之遍及朝野，直到今天。

21. 一瓯足可通仙灵

朱权是明太祖朱元璋第十六子，自号大明奇士、涵虚子、丹丘先生。生于洪武十一年（公元 1378 年），13 岁封藩于大宁，世称宁王。卒谥献，故世称“宁献王”。永乐元年（公元 1403 年）改封南昌。他神姿秀朗，慧心聪悟，有智谋远略，曾威镇北方，是靖难功臣。于书无所不读，一生致力于研读著述，并多有成就。

他才华横溢，满腹经纶，精于史学，旁通释老，是明初著名的琴学大家、戏曲理论家和剧作家。喜欢研习医药针灸，搜采群书秘本刊布于世，洪熙元年（公元 1425 年），曾命刘谨编辑《神应经》，并为之作序。自撰有《乾坤生意》、《寿域神方》（又作《延寿神方》）等，均属针灸著作，另有《癯仙活人心法》等。后来与明世祖朱棣（永乐皇帝）政见不同，渐生嫌隙，终受诽谤，虽查无实据，但他身心俱累，于是归隐南方，深自韬晦，托志释老，以

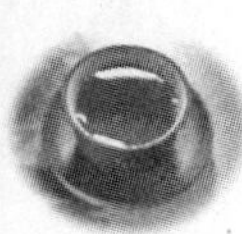
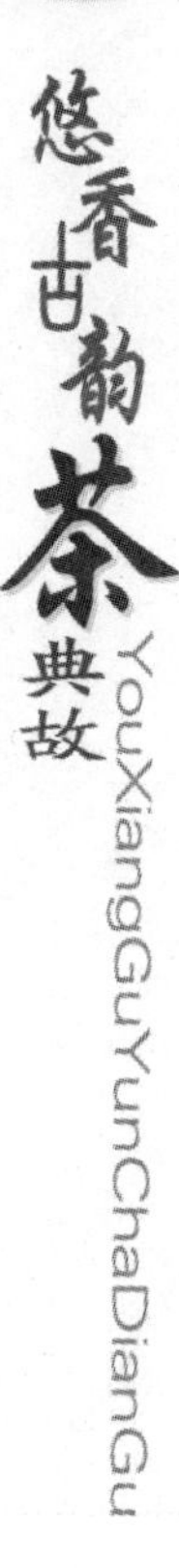

茶明志，鼓琴读书，醉心于学术音乐道教仙术，不问世事。

朱权在音乐方面的主要著作有《神奇秘谱》、《太和正音谱》，主要琴曲作品有《平沙落雁》和《秋鸿》等。《神奇秘谱》原名《癯仙神奇秘谱》，是我国现存最早的琴谱，在古代音乐研究上，具有极高的学术价值。朱权呕心沥血，整整花了十二年的时间，反复加以校正才写成。该书收录的琴曲，历史很悠久，编者一一加以详解，体现了严谨的治学风范。《太和正音谱》又称为《北雅》，是现存最早的一部记载北曲的重要戏曲著作，具有极高的学术价值。《平沙落雁》和《秋鸿》是琴乐中非常重要的曲目，二者取意大体相同，"借鸿鹄之远志，写逸士之心胸"，格调高远，不同凡响，备受世人推崇。

朱权曾自构精舍一庐，终日鼓琴读书其间，去追求飘然出世的精神世界。为了追求身心与自然的完美结合，茶成了他的托志之物。他以茶明志，专心茶事，写就《茶谱》一篇，详细介绍了品茶品水、茶艺茶具等内容。他将点茶法加以改进，突出了茶人与山间林泉的契合。他在《茶谱》序中对茶道理念作了全面阐述，完美地将茶道与释道结合在一起，奠定了朱权茶道的基本框架。这对以后中国乃至日本茶道的发展，都产生了很大的影响。

朱权认为，取涓涓而流的南涧之水，用铿然而鸣的东山之石，击灼燃火，以烹森然而列的北园之茶，虽是林下一家生活，却也是傲物玩世之事。有形的茶事活动，折射出无形的精神世界。他对茶的理解是：

"予尝举白眼而望青天，汲清泉而烹活火，自谓与天语以扩心志之大，符水火以副内炼之功。得非游心于茶灶，又将有裨于修养之道矣，其惟清哉。"又说："凡鸾俦侣，骚人羽客，皆能志绝尘境，栖神物外，不伍于世流，不污于时俗。或会于泉石之间，或处于松竹之下，或对皓月清风，或坐明窗净牖。乃与客清谈款话，探虚玄而参造化，清心神而出尘表。"表明他饮茶并非只是浅尝于茶本身，而是将其作为一种表达志向和修身养性的方式。

朱权不仅在茶中倾注了满腔的情怀，而且对日常生活中茶的功效也有透彻的理解。他说："茶之为物，可以助诗兴而云山顿色，可以伏睡魔而天地忘形，可以倍清谈而万象惊寒，茶之功大矣！"在与友人相聚时，他命童子举瓯奉客，说："为君以泻清臆。"

在他的生活中，或鼓琴，或弈棋，都离不开茶，一瓯茶在手，便能寄形物外，与世相忘。他对茶的定性是："茶之为物，可谓神矣。"他与茶，极易产生共鸣，他说："卢仝吃七碗，老苏（指苏轼）不禁三碗，予以一瓯，足可通仙灵矣。"单凭朱权对茶的理解，想必一瓯茶在手，不啜也成仙了。

朱权改革了传统的品饮方式和茶具，提倡从简行事，开清饮风气之先，为后世建立一整套简便新颖的烹饮法打下了坚实的基础。他认为团茶“杂以诸香，饰以金彩，不无夺其真味。然天地生物，各遂其性，莫若叶茶，烹而啜之，以遂其自然之性也”。主张保持茶叶的本色、真味，顺其自然之性。

朱权构想了一些行茶的仪式，如设案焚香，既净化空气，又有净化心灵，寄寓通灵天地之意。他还创造了古来无有的“茶灶”，此乃受丹神鼎之启发。茶灶以藤包扎，后改用竹包扎，明人称为“苦节君”，寓逆境守节之意。朱权的品饮艺术，后经顾元庆等人的多次改进，形成了一套简便新颖的叶茶烹饮方式，对于后世影响深远。自此，茶的饮法逐渐变成如今直接用沸水冲泡的形式。

22. 御笔亲题“碧螺春”

明清时期是我国茶文化步入鼎盛的阶段。这期间，由于清代几位皇帝对茶文化的推崇，使得团茶、饼茶逐渐被散形叶茶所代替，后茶几近衰落，而叶茶和芽茶开始成为我国茶叶生产和消费的主导方向。

清代康熙帝对“碧螺春”的题名，可以说是品味叶茶和芽茶成为世风时尚的一个标志。

据清代王应奎《柳南随笔》、陈康祺《郎潜纪闻》和《清朝野史大观》等书的有关记载说，“碧螺春”原是一种野生茶，产于江苏吴县太湖洞庭东山的碧螺峰石壁缝隙间，此茶清香幽幽，飘忽不散，时浓时淡，若有若无。某年春天，茶叶长得特别茂盛，一群姑娘到这儿采茶，大家一个劲儿地采，采多了筐装不下，只好把茶放在怀里。没想到茶受到体内热气蒸熏，突然爆发出浓烈的异香，姑娘们不约而同地惊叫：“吓煞人香!”这是吴地方言，意思是香到极点了，于是，这茶便叫做“吓煞人香”。

康熙三十八年（公元1699年）春，清圣祖康熙皇帝南巡到洞庭东山，江苏巡抚宋荦派人购置了当地制茶名手朱正元精制的品质最好的“吓煞人香”进奉皇上。此茶条索紧结，卷曲成螺，白毫显露，银绿隐翠，煞是可爱；冲泡出来，恰似白云翻滚，雪花飞舞，清香袭人；品饮下来，更觉鲜爽生津滋味殊佳。康熙龙颜大悦，便问此茶何名，宋荦奏曰：“此乃当地土产，产于洞庭东山碧螺峰，百姓称之为‘吓煞人香’。”康熙有点闹不明白，宋荦解释说，就是香极了的意思。

康熙皇帝非常熟悉古代文人的一些咏茶诗词，“武林春”，“一瓯春”，都是用来指代茶叶的，再看此茶色泽澄绿如碧，外形卷曲如螺，恰好又在春天采制于碧螺峰上，就道：“茶是佳品，但名称却不登大雅之堂。朕以为，此茶既出自碧螺峰，茶又卷曲似螺，就名为‘碧螺春’吧!”这一改，确实富有诗

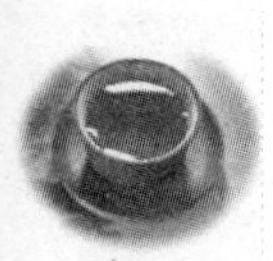

意，文雅得多，也贴切得多。“碧螺春”从此成为贡茶，当地官吏每年必采办朝贡进京。

洞庭东山湖光山色交相辉映，每到春天，碧螺春采摘必须十分及时，高级碧螺春在春分前后便开始采制，清明时正是采制的黄金时节，谷雨后只能加工成一般绿茶了。碧螺春采摘标准为一芽一叶初展，称为“雀舌”。这样的嫩度，心灵手巧的姑娘每天也只能采一至二斤鲜叶，采来的嫩叶，还得去粗取精，剔除大叶、杂质以及变色芽叶，使芽叶长短均匀，大小一致。制作一斤碧螺春，需要细嫩雀舌六七万个，名列国内高级名茶之首。

23. “君不可一日无茶”

乾隆帝即清高宗爱新觉罗·弘历。乾隆六十年（公元1795年），84岁的乾隆帝“知老让位”，决定次年传位十五子颙琰（即后来的嘉庆）。一位老臣不无惋惜地劝谏道：“国不可一日无君啊！”乾隆帝却端起御案上的一杯茶说：“君不可一日无茶也！”嘉庆四年（公元1799年），乾隆帝卒时享年88岁，如此高寿与嗜茶养性不无关系。

乾隆帝秉承乃祖康熙帝的爱好，经常巡游江南，既是为了威慑南方，加强统治，也是为了游山玩水。民间流传着很多关于乾隆与茶的故事，涉及到种茶、饮茶、取水、茶名、茶诗等等与茶相关的方方面面。

传说乾隆皇帝下江南时，来到杭州龙井狮峰山下。这天，乾隆皇帝看见乡女正在十多棵绿阴阴的茶篷前采茶，心中一乐，也学着采了起来。刚采了不一会儿，忽然太监来报太后有病，请皇上急速回京。乾隆随手把茶叶向袋内一放，日夜兼程赶回京城。

其实太后一时双眼红肿，胃里不适，并无大病。此时见皇儿来到，只觉一股清香传来，便问带来什么好东西。她随手一摸，原来是杭州狮峰山的茶叶，几天过后已经干了，浓郁的香气就是它散出的。太后想尝尝茶叶的味道，宫女将茶泡好，茶送到太后面前，果然清香扑鼻。太后喝了一口，双眼顿时舒适多了，喝完了茶，红肿消了，胃不胀了。太后高兴地说杭州龙井的茶叶，真是灵丹妙药。乾隆见太后这么高兴，立即传旨下去，将杭州龙井狮峰山下胡公庙前那十八棵茶树封为御茶，每年采摘新茶，专门进贡太后。至今，杭州龙井村胡公庙前还保存着这十八棵御茶。

乾隆南巡有四次到西湖茶区，并为龙井茶作了四首诗。第一次南巡到杭州，去天竺观看了茶叶的采制，作了《观采茶作歌》诗，诗中对炒茶的“火功”作了很详细的描述，其中“火前嫩，火后老，惟有骑火品最好”、“地炉文火徐徐添，干釜柔风旋旋炒，慢炒细焙有次第，辛苦工夫殊不少”几句，十分贴切准确。皇帝能够在观察中体知茶农的辛苦与制茶的不易，也算是难能可贵。

乾隆第二次到杭州去了云栖，又作《观采茶作歌》诗一首，诗中吟道："今日采茶我爱观，关民生计勤自然。雨前价贵雨后贱，民艰触目陈鸣镳。"对茶农的艰辛有较多的关注。五年以后，乾隆第三次南巡，这次来到了龙井，品尝了龙泉水烹煎的龙井茶后，欣然成诗一首，名为《坐龙井上烹茶偶成》，诗中有句："龙井新茶龙井泉，一家风味称烹煎。"

时隔三年，他第四次南巡又来到龙井，再次品饮香茗，也再次留下了他的诗作《再游龙井》："清跸重听龙井泉，明将归辔启华旃。问山得路宜晴后，汲水烹茶正雨前。入目景光真迅尔，向人花木似依然。"对龙井的景色和龙井茶都有高度的评价。

乾隆足迹遍及大江南北。他在湖南品尝到洞庭湖名茶"君山银针"后，即御封贡茶，令当地每年进贡十八斤。在福建崇安品尝乌龙茶"大红袍"，初嫌其名不雅，知其由来后欣然为之题匾。在福建安溪品尝乌龙茶后，又御题赐名为"铁观音"。这些名茶至今名声响亮，香播遐迩，而且今人还每每端出乾隆故事，以助畅销。

至今流传的一种茶礼，即主人敬茶或给茶杯中续水时，客人以中指和食指在桌上轻轻点几下，以示谢意，相传这也源于乾隆下江南的故事。因在前面讲过，此处不再赘述。

乾隆帝在许多茶事中，以帝王之尊，至高无上的权力，穷奢极欲，倍求精工，甚至奢靡铺张。他首倡在重华宫举行的茶宴，豪华隆重，极为讲究。据徐珂《清稗类钞》记载："乾隆中，元旦后三日，钦点王公大臣之能诗者，宴会于重华宫，演剧赐茶，命仿柏梁体联句，以记其盛，复当席御诗二章，命诸臣和之，岁以为常。"他还规定，凡举行宴会，必须茶在酒前，这对于极为重视先后顺序的国人来说其意义是很大的。乾隆六十年举行的千叟宴，设宴八百桌，被誉为"万古未有之盛法"。

乾隆晚年退位后仍嗜茶如命，在北海镜清斋内专设"焙茶坞"，悠闲品尝。乾隆嗜茶如命，到了晚年，更是到了病茶的地步。他在世 88 年，如此长寿，喝茶是他很重要的养生法。

24. 荷露煮香茗

乾隆皇帝善于品水，还别出心裁地评水。陆羽在他的专著《茶经》中曾把煮茶用水分为二十等，其中无锡惠泉名列第二。乾隆不以为然，乾隆认为水质轻的品质最好，并赐北京玉泉为"天下第一泉"，镇江的泠泉为"天下第

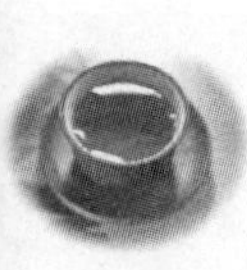

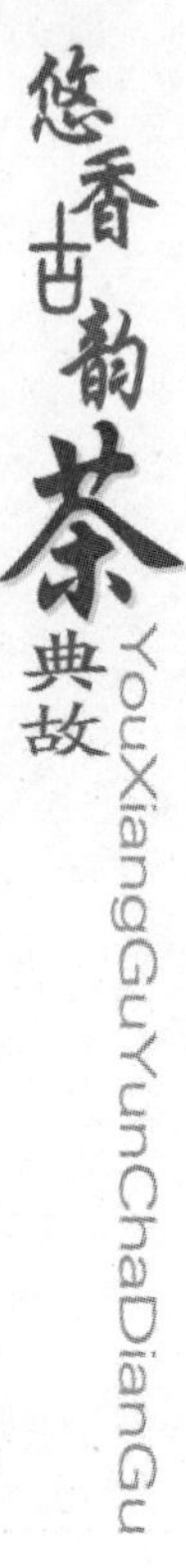

二泉”，无锡的惠泉为“天下第三泉”，而且，他还用自己发明的独特方法来为泉水重新排座次。

用一个特制的银斗，测量同体积的水的轻重，以此来分上下，排次序。通过银斗测量后，北京玉泉山之水每斗重一两，塞上伊逊之水（伊逊河即古索头河，一名伊松河，在河北承德避暑山庄一带）也是每斗重一两，济南的珍珠泉重一两二厘，镇江金山泉重一两三厘，无锡惠山泉和杭州虎跑泉都是重一两四厘，等等。按照水以轻为贵的准则，乾隆帝遂定京师玉泉为第一，并御制《玉泉山天下第一泉记》，讲述了这次耗时耗力耗财的品泉过程。

乾隆对玉泉水情有独钟，每次出行，都带玉泉水随行。但是，随身携带的玉泉水经过长途颠簸，滋味总不免有所下降。乾隆便采用了以水洗水之法，来“再生”玉泉水。他的方法是，用一大器皿，放上玉泉水，做好刻度记号，再加入其他同样量的泉水，搅拌。待搅定之后，有些不洁之物沉淀水底，而上面的水，清澈明亮。由于其他泉水比玉泉水重，所以，在上者就是玉泉水，倒出之后，仍然有一种新鲜感，而下层之水弃去。据说，用这个以水洗水的方法来使泉水“复活”的效果还不错呢。

按乾隆品水的原则是越轻越好，所以乾隆到处搜求。他曾对雪水进行了测定，认为雪水最轻，可与玉泉媲美，但雪水不属于泉水，不常有，又非地下所出，所以没有列入品位。他还测量过露水，并有一首《荷露煮茗》诗云：“平湖几里风香荷，荷花叶上露珠多。瓶罍收取供煮茗，山庄韵事真无过。”诗前还有一段小序道：“水以轻为贵，尝制银斗较之，玉泉水重一两……轻于玉泉者惟雪水及荷露。”于是乾隆帝除了玉泉水之外，又常在夏秋之际选取荷露以作烹茶之水。

《荷露煮茗》写于承德避暑山庄。承德避暑山庄是清朝皇帝的行宫，群山环抱，风景秀丽，建筑精巧，规模宏大。乾隆帝每年五月至九、十月间，都要来此避暑，处理政务。而此时正是山庄湖区莲荷茂盛的时候，乾隆帝嫔妃相从，坐于“烟波致爽”，行于“云山胜地”，赏荷风莲香，品荷露清茗，何等惬意！只苦了仆役们，捧着瓶罍，为他一滴一滴汲取荷叶上的露珠。

第二节 古代文人们的茶故事

关于古代文人墨客们的饮茶故事就更多了，古代文人们读书、写字、作画、交谈之时，茶似乎是一种如影随形的必备品和待客之物，而关于茶的故事和诗文也颇为丰富多彩。

1. 王褒《僮约》武阳买“茶”

茶为贡品、为祭品，在周武王伐纣时或者在先秦时就已出现。而茶作为商品，是在西汉时才出现。

西汉宣帝神爵三年（公元前59年）正月里，资中（今四川资阳）人王褒寓居在成都安志里一个叫杨惠的寡妇家里。杨氏家中有个名叫“便了”的仆奴，王褒经常指派他去买酒。便了因王褒是外人，替他跑腿很不情愿，又怀疑他可能与杨氏有暧昧关系，有一天，他跑到主人的墓前倾诉不满，说：“大夫，您当初买便了时，只要我看守家里，并没要我为其他男人去买酒。”

王褒得悉此事后，当时就气不打一处来，一怒之下，在正月十五元宵节这天，以一万五千钱从杨氏手中买下便了为奴。便了跟了王褒，极不情愿，却也无可奈何，但他还是在写契约时向王褒提出：“既然事已如此，您也应该像当初杨家买我时那样，将以后凡是要我干的事明明白白写在契约中，要不然我可不干。”

王褒这人擅长辞赋，精通六艺，为了教训便了，使他服服帖帖，便信笔写下了一篇长约六百字题为《僮约》的契约，列出了名目繁多的劳役项目以及干活时间的安排，使便了从早到晚不得空闲。契约上繁重的活儿使便了难以负荷，他痛哭流涕向王褒求情说，若是照此干活，恐怕马上就会累死埋进黄土，早知如此，情愿天天给您去买酒。

这篇《僮约》从文辞的语气看来，不过是作者的消遣之作，文中不乏揶揄、幽默之句。但王褒就在这不经意中，为中国茶史留下了非常重要的一笔。

《僮约》中有两处提到茶，即“脍鱼炰鳖，烹茶尽具”和“武阳买茶，杨氏担荷”。“烹茶尽具”意为煎好茶并备好洁净的茶具，“武阳买茶”就是说要赶到邻县的武阳（今成都以南彭山县双江镇）去买回茶叶。

对照《华阳国志·蜀志》“南安、武阳皆出名茶”的记载，则可知王褒为什么要便了去武阳买茶。

从茶史研究而言，茶叶能够成为商品上市买卖，说明当时饮茶至少已开始在中产阶层流行，足见西汉时饮茶已相当盛行。

美国茶学权威威廉·乌克斯在其《茶叶全书》中说：“5世纪时，茶叶渐为商品”，“6世纪末，茶叶由药用转为饮品。”他如果看到王褒的这篇《僮约》，恐怕不会说如此武断的话，因为《僮约》提到“武阳买茶”这件涉及商品茶的事实的确切时间是公元前59年的农历正月十五，比《茶叶全书》所

谓的5世纪要提前五个世纪。

2. 李白与仙人掌茶

长江西陵峡附近的玉泉寺是一座古寺，始建于三国时候，寺中出产一种名叫“仙人掌茶”的名茶，提起它，还有一段悲壮的故事。

传说很早以前的一场战乱中，玉泉寺遭到洗劫，二百余名和尚死伤一半。此时，恰逢大慈大悲观世音派遣的一位仙人视察三峡水情路过这里，见此惨景很伤心。当时仙人就伸出右掌，口含仙水向前喷去，随着手掌向上抬，便渐渐地从地里长出了一株株、一窝窝青翠的茶树来，随着茶树的生长，那些在大火中丧命的和尚竟也一个个死而复生了。寺院里的和尚顿时明白，这死而复生肯定与茶树有关，便立即采茶煮汤给受伤的和尚服用，不久喝了“仙茶”的和尚身体就好了。于是大家跪地向南海观世音派来的那位仙人祷告。从此玉泉寺有了茶园，那茶树是仙人伸掌召唤出来的，制出的茶叶形状似掌，为了纪念那位仙人，寺里和尚就把这种茶叫“仙人掌茶”。同时还将观世音菩萨和仙人的佛像都刻在石碑上，至今仍在。

唐代大诗人李白也是饮茶和茶文化爱好者，他的诗：“生怕芳茸鹰嘴芽，老郎封寄谪仙家。今夜更有湘江月，照出霏霏满碗花。”这些脍炙人口的诗篇，有如茗茶之芳润，千古留余香。《答族侄僧中孚赠玉泉仙人掌茶并序》是他于天宝三年（公元744年）在金陵与族侄僧人中孚相遇，其侄赠诗与仙人掌茶，诗人即以此诗为谢。在唐代的诗歌中，这是早期的咏茶诗，为茶文化史留下了一段宝贵的资料。《序》中写道：

余闻荆州玉泉寺近清溪诸山，山洞往往有乳窟。窟中多玉泉交流，其中有白蝙蝠，大如鸦。按仙经，蝙蝠一名仙鼠。千岁之后，体白如雪，栖则倒悬。盖饮乳水而长生也。其水边处处有茗草罗生，枝叶如碧玉。惟玉泉真公常采而饮之。年八十余岁，颜色如桃花。而此茗清香滑热，异于他者。所以能还童振枯，扶人寿也。余游金陵，见宗侄僧中孚，示余茶数十片。拳然重叠，其状如手，号为仙人掌茶。盖新出乎玉泉之山，旷古示觌，因持之见遗，兼赠诗，要余答之，遂有此作。后之高僧大隐，知仙人掌茶发乎中孚禅子及青莲居士李白也。

常闻玉泉山，山洞多乳窟。
仙鼠如白鸦，倒悬清溪月。
茗生此中石，玉泉流不歇。
根柯洒芳津，采服润肌骨。
丛老卷绿叶，枝枝相接连。

曝成仙人掌，以拍洪崖肩。

举世未见之，其名定谁传。

宗英乃禅伯，投赠有佳篇。

清镜烛无盐，顾惭西子妍。

朝坐有余兴，长吟播诸天。

此诗是一首咏茶名作，字里行间无不赞美饮茶之妙，被历代咏茶者赞赏不已。著名的仙人掌茶是一种佛茶，其形如仙人掌，产于荆州当阳（今湖北当阳）。中孚禅师仅给李白送了数十片，可见当时玉泉仙人掌茶之稀贵；李白的足迹遍及大江南北，对于茶亦可谓见多识广，唯独对玉泉仙人掌茶如此青睐，足以证明仙人掌茶的品质魅力。

李白在诗中生动描写了仙人掌茶的独特之处。前四句写景，得天独厚，以衬序文，后八句写茶，生于石中，玉泉长流，“根柯洒芳津，采服润肌骨”，好的生长环境培养了上乘的品质。最后八句写情，以抒其怀。李白获得玉泉仙人掌茶简直是欢喜若狂，在序文中声称，以后的高僧大隐能够知道这种茶，就是由于中孚禅师和我青莲居士啊！

玉泉山早在战国时期就被誉为“三楚名山”，山势巍峨，磅礴壮观，翠岗起伏，溪流纵横。这里山间云雾弥漫，地下乳窟暗生，山麓右侧有一清泉喷涌而出，清澈晶莹，喷珠漱玉，名为珍珠泉。泉旁有玉泉寺，是我国佛教的著名寺院。在隋代开皇年间，由智者国师创建，是天台宗的重要祖庭，也是禅宗北宗神秀大师传禅的道场，它与江苏南京的栖霞寺，浙江天台的国清寺，山东长清的灵岩寺，素称为“天下四绝”。寺僧李英法名中孚，通佛理又喜饮茶。

这样一个神仙洞府居然还产茶，真是上天赐福！中孚每年在乳窟采茶，制成仙茗，以形名之“仙人掌”，以茶待四方宾客，以茶供佛。他云游金陵栖霞寺，幸逢族人李白，以仙人掌茶相赠，李白以诗作答。茶因人名，于是仙人掌茶也便沾光入了唐代名茶谱。

3. 陆羽与《茶经》

陆羽字鸿渐、季疵，一名疾，号竟陵子、桑苎翁、东冈子。唐复州竟陵（今湖北天门）人。陆羽一生嗜茶，精于茶道，以著世界第一部茶叶专著《茶经》而闻名于世，因而被后人誉为“茶圣”，奉为“茶仙”，祀为“茶神”。

在中国茶文化史上，陆羽所创造的一套茶学、茶艺、茶道思想，以及他所著的《茶经》，是一个划时代的标志。

在我国封建社会里，研究经学坟典被视为士人正途。像茶学、茶艺这类

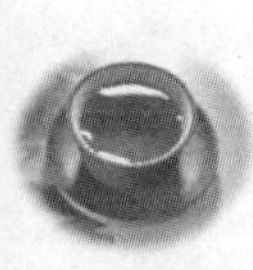

学问，只是被认为难入正统的“杂学”。陆羽与其他士人一样，对于传统的中国儒家学说十分熟悉并悉心钻研，深有造诣；但他又不像一般文人被儒家学说拘泥，而能入乎其中，出乎其外，把深刻的学术原理融于茶这种物质生活之中，从而创造了茶文化。

陆羽一生富有传奇色彩。他原是个被遗弃的孤儿，他三岁的时候，被竟陵龙盖寺主持僧智积禅师在当地西湖之滨拾得。一天清晨，智积禅师在西湖之滨散步，忽然听到一阵雁叫，转身望去，不远处有一群大雁围在一起，他匆匆赶去，只见一个弃儿蜷缩在大雁羽翼下，瑟瑟发抖，智积禅师念一声阿弥陀佛，快步把他抱回了寺庙里。随后，智积禅师为给他起名，就以《易》占卦辞，“鸿渐于陆，其羽可用为仪”。于是就给他定姓为“陆”，取名为“羽”，用“鸿渐”为字。

智积为唐代名僧，据《纪异录》载，唐代宗时曾召智积入宫，给予特殊礼遇，可见是个饱学之士。在龙盖寺，陆羽不但学得了识字，还因智积好茶，所以陆羽很小便得艺茶之术，学会了烹茶事务。

晨钟暮鼓对一个孩子来说毕竟过于枯燥，况且他自幼志不在佛，不愿皈依佛法，削发为僧，而有志于儒学研究。9 岁那年，有一次智积禅师要他抄经念佛，他却问智积曰：“释氏弟子，生无兄弟，死无后嗣。儒家说不孝有三，无后为大。出家人能称有孝吗?”并公然称：“羽将授孔圣之文。”智积恼他桀骜不驯，藐视尊长，就用繁重“贱务”磨练他，迫他悔悟回头，要他“扫寺地，洁僧厕，践泥污墙，负瓦施屋，牧牛一百二十蹄”。

陆羽并不因此气馁屈服，求知欲望反而更加强烈。他无纸学字，以竹划牛背为书，偶得张衡《南都赋》，虽并不识其字，却危坐展卷，念念有词。智积知道后，恐其浸染外典，失教日旷，又把他禁闭寺中，还派年长者管束。

12 岁那年，他乘人不备，逃出龙盖寺到了一个戏班子里学演戏，作了优伶。他虽其貌不扬，又有些口吃，但却幽默机智，很有表演才能，演丑角很成功，正好掩盖了生理上的缺陷，后来还写了三卷笑话书《谑谈》。

唐天宝五年（公元 746 年）成为陆羽一生中的重要转折点。这一年竟陵太守李齐物在一次州人聚饮中，看到了陆羽出众的表演，十分欣赏他的才华和抱负，当即赠以诗书，并修书推荐他到隐居于火门山的邹夫子那里读书，研习儒学。

天宝十一年（公元 752 年），礼部郎中崔国辅贬为竟陵司马。是年，陆羽揖别邹夫子下山。崔国辅与陆羽相识，两人常一起出游，品茶鉴水，谈诗论文。天宝十三年（公元 754 年）陆羽为考察茶事，出游巴山峡川，行前，崔国辅以白颅乌犎（即白头黑身的大牛）、白驴、乌犎牛及“文槐书函”相赠。

21 岁的陆羽，从此开始了对茶的考察游历。他一路风餐露宿，饥食干粮，渴饮茶水，经义阳、襄阳，往南漳，进入四川巫山。一路之上，他逢山驻马采茶，遇泉下鞍品水，目不暇接，口不暇访，笔不暇录，期间常身披纱巾短褐，趿着藤鞋，独行野中，深入农家，采茶觅泉，评茶品水，或诵经吟诗，杖击林木，手弄流水，迟疑徘徊，每每至日黑兴尽，方号泣而归，时人称谓之“楚狂接舆”。每到一处，他都与当地村叟讨论茶事，详细记入“茶记”。还将各种茶叶制成大量标本，随船带回竟陵。

陆羽最后隐居苕溪，从事对茶的研究著述。他历时 5 年，以实地考察茶叶产地三十二州所获资料和多年研究所得，写成世界上第一部关于茶的研究著作《茶经》的初稿，以后又经增补修订，于 5 年后正式出版，时年已 47 岁，历时 26 年完成这部巨著。这是我国第一部茶学专著，也是中国第一部茶文化专著。

陆羽为人正直，讲义气，守信用，多诙谐，善言谈，生性淡泊，不慕名利，四处云游，随遇而安。陆羽一生鄙夷权贵，不重财富，酷爱自然，坚持正义。《全唐诗》载有陆羽的一首歌，正体现了他的品质：“不羡黄金罍，不羡白玉杯，不羡朝入省，不羡暮登台，千羡万羡西江水，曾向竟陵城下来。”

在他任职期间，以俸禄所得积了一些钱。有了钱，他也知道享受，可他的享受与众不同。他不求生活奢侈，而是买了最好的茶叶和茶具，烹煮香茗与朋友同享，这是他唯一的乐趣。这与从小就在龙盖寺受智积泡茶的影响分不开。他由嗜茶而对茶进行研究，终于形成了一种向社会推广的学问。

陆羽 72 岁时病逝于湖州杼山，后人尊其为“茶神”，大概始于晚唐。唐时曾任过衢州刺史的赵璘，其外祖与陆羽交契至深，他在《因话录》里说，陆羽“性嗜茶，始创煎茶法。至今鬻茶之家，陶为其像，置于炀器之间，云宜茶足利”。唐李肇撰《唐国史补》也说到，陆羽“茶术尤著，巩县陶者，多为瓷偶人，号陆鸿渐，买数十茶器，得一鸿渐。市人沽茗不利，辄灌注之”。

陆羽多才多艺，《茶经》之外，其他著述亦颇丰。据陆羽所作的《陆文学自传》载：“自禄山乱中原，为《四悲诗》，刘展窥江淮，作《天之未明赋》，皆见感激当时，行哭涕泗。著《君臣契》三卷，《源解》三十卷，《江西四姓谱》八卷，《南北人物志》十卷，《吴兴历官记》一卷，《占梦》上、中、下三卷。”又据《咸淳临安志》载，陆羽寓居钱塘（今浙江杭州）时作有《天竺灵隐二寺记》和《武林山记》。可惜这些著述传世甚少。

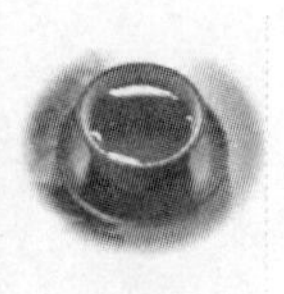

《茶经》问世不仅使“世人益知茶”，陆羽之名亦因而传布，以此为朝廷所知，曾召其任“太子文学”，徙“太常寺太祝”，但陆羽无心于仕途，竟不就职。陆羽晚年，由浙江经湖南而移居江西上饶，至今上饶有“陆羽井”，人称陆羽所建。

陆羽的《茶经》，是他躬身实践，笃行不倦，取得了茶叶生产和制作的第一手资料，是广采博收茶家采制经验的结晶，是唐代和唐代以前有关茶业科学知识和实践经验的系统总结。《茶经》一问世，即为历代人所宝爱，盛赞他为茶业的开创之功。宋代陈师道为《茶经》做序道：“夫茶之著书，自羽始。其用于世，亦自羽始。羽诚有功于茶者也！”

4. 诗僧皎然乐咏茶

皎然，俗姓谢，字清昼，湖州（今浙江吴兴）人，是南朝大诗人谢灵运的十世孙。活动于唐上元至贞元年间（公元760～804年），是唐代著名的诗僧。他不仅知茶、爱茶、识茶趣，更写下许多饶富韵味的茶诗。与茶圣陆羽诗文酬赠，成为“缁素忘年之交”，共同探讨饮茶艺术，并提倡“以茶代酒”的品茗风气，对唐代及后世的茶艺文化的发展有莫大的贡献。

皎然早年信仰佛教，天宝后期在杭州灵隐寺受戒出家，后来徙居湖州乌程杼山山麓妙喜寺，与武丘山元浩、会稽灵澈为道友。陆羽于唐肃宗至德二年（公元757年）前后来到吴兴，住在妙喜寺，与皎然结识，并成为忘年之交。后来陆羽在妙喜寺旁建一茶亭，由于皎然与当时湖州刺史颜真卿的鼎力协助，乃于唐代宗大历八年（公元773年）落成，由于时间正好是癸丑岁癸卯月癸亥日，因此名之为“三癸亭”。皎然并赋《奉和颜使君真卿与陆处士羽登妙喜寺三癸亭》以为志。其诗记载了当日群英齐聚的盛况，并盛赞三癸亭构思精巧，布局有序，将亭池花草、树木岩石与庄严的寺院和巍峨的杼山自然风光融为一体，清幽异常。时人将陆羽筑亭、颜真卿命名题字与皎然赋诗，称为“三绝”，一时传为佳话，而三癸亭更成为当时湖州的胜景之一。

佛教禅宗强调以坐禅方式彻悟自己的心性，禅宗寺院十分讲究饮茶。皎然善烹茶，作有茶诗多篇，并与陆羽交往甚笃，常有诗文酬赠唱和。在诗中对茶饮的功效、地方名茶的特点都有详尽的记载，特别是与陆羽的交往记载，对后来研究陆羽的生平有莫大的帮助。

皎然寻访、送别陆羽和聚会的诗作、联句，仅《全唐诗》就载有20首，在唐代诗人中无出其右。这是他的《访陆处士羽》诗：“太湖东西路，吴主古山前。所思不可见，归鸿自翩翩。何山尝春茗，何处弄春泉。莫是沧浪子，悠悠一钓船。”皎然与陆羽情谊深厚，可从皎然留下的寻访陆羽的茶诗中看出，《往丹阳寻陆处士不遇》：“远客殊未归，我来几惆怅。叩关一日不见人，绕屋寒花笑相向。寒花寂寂偏荒阡，柳色萧萧愁暮蝉。行人无数不相识，独立云阳古驿边。凤翅山中思本寺，鱼竿村口忘归船。归船不见见寒烟，离心远水共悠然。他日相期哪可定，闲僧着处即经年！”

陆羽隐逸生活悠然自适，行踪飘忽，使得皎然造访时常常向隅，诗中传达出皎然因访陆羽不遇的惆怅心情，以情融景，更增添心中那股怅惘之情。

皎然淡泊名利，坦率豁达，不喜送往迎来的俗套。品茶是皎然生活中不可或缺的一种嗜好，诗《对陆迅饮天目山茶，因寄元居士晟》中对友人元晟送来天目山茶，皎然高兴地致谢，叙述了他与陆迅等友人分享天目山茶的乐趣。《湖南草堂读书招李少府》中叙及的饮茶、读书、饭野蔬，生活形态虽然简单，却是皎然养生的秘诀。

皎然是这一时期茶文学创作的能手，皎然的茶诗、茶赋鲜明地反映出这一时期茶文化活动的特点和咏茶文学创作的趋向。

《九日与陆处士羽饮茶》：

“九日山僧院，东篱菊也黄；俗人多泛酒，谁解助茶香。”

诗中提倡以茶代酒的茗饮风气，俗人尚酒，而识茶香的皎然似乎独得品茶三昧。

《晦夜李侍御萼宅集招潘述、汤衡、海上人饮茶赋》：

晦夜不生月，琴轩犹为开。

城东隐者在，淇上逸僧来。

茗爱传花饮，诗看卷素裁。

风流高此会，晓景屡徘徊。

描写了隐士逸僧品茶吟诗的闲雅情趣。他有一首《饮茶歌送郑容》，诗云：

丹丘羽人轻玉食，采茶饮之生羽翼。

名藏仙府世莫知，骨化云宫人不识。

云山童子调金铛，楚人茶经虚得名。

霜天半夜芳草折，烂漫缃花啜又生。

常说此茶祛我疾，使人胸中荡忧栗。

日上香炉情未毕，乱踏虎溪云，高歌送君出。

诗中皎然推崇饮茶，强调饮茶功效不仅可以除病祛疾，涤荡胸中忧虑，而且会踏云而去，羽化飞升。他的《饮茶歌诮崔石使君》诗云：

越人遗我剡溪茗，采得金芽爨金鼎。

素瓷雪色飘沫香，何似诸仙琼蕊浆。
一饮涤昏寐，情思爽朗满天地；
再饮清我神，忽如飞雨洒轻尘；
三饮便得道，何须苦心破烦恼。
此物清高世莫知，世人饮酒多自欺。
愁看毕卓瓮间夜，笑向陶潜篱下时。
崔侯啜之意不已，狂歌一曲惊人耳。
孰知茶道全尔真，惟有丹丘得如此。

此诗为皎然同友人崔刺史共品越州茶时的即兴之作，诗中盛赞剡溪茶（产于今浙江嵊县）清郁隽永的香气，甘露琼浆般的滋味，并生动描绘了一饮、再饮、三饮的感受，与卢仝《饮茶歌》有异曲同工之妙，全诗亦旨在倡导以茶代酒，探讨茗饮艺术境界。皎然在茶诗中探索品茗意境的鲜明艺术风格，对唐代中晚期的咏茶诗歌的创作，产生了潜移默化的积极影响。

皎然是陆羽的一生中交往时间最长、情谊亦最深厚的良师益友，他们在湖州所倡导的崇尚节俭的品茗习俗对唐代后期茶文化的影响甚巨，更对后代茶艺、茶文学及茶文化的发展产生了莫大的作用。

5. “且尽卢仝七碗茶”

对爱喝茶的人而言，对卢仝的印象一定是他那首脍炙人口的《七碗茶歌》。

卢仝号玉川子，济源（今河南济源）人，祖籍范阳（今河北涿州），唐代诗人。年轻时家境清寒，刻苦读书，隐居少室山，无意仕途，朝廷两度召为谏议大夫，均辞而不就。卢仝寓居洛阳时，韩愈为河南令，对其文采极为赏识而礼遇之。有《玉川子诗集》一卷传世，由此诗集中，可以看出他个性分明和悲天悯人的襟怀。卢仝一生爱茶成癖，他的一曲《茶歌》，自唐以来，历经宋、元、明、清各代传唱，千年不衰，至今诗家茶人咏到茶时，仍屡屡吟及。兹将《走笔谢孟谏议寄新茶》诗全引如下：

日高丈五睡正浓，军将打门惊周公。
口云谏议送书信，白绢斜封三道印。
开缄宛见谏议面，手阅月团三百片。
闻道新年入山里，蛰虫惊动春风起。
天子须尝阳羡茶，百草不敢先开花。
仁风暗结珠琲瓃，先春抽出黄金芽。
摘鲜焙芳旋封裹，至精至好且不奢。

至尊之余合王公，何事便到山人家？

柴门反关无俗客，纱帽笼头自煎吃。

碧云引风吹不断，百花浮光凝碗面。

一碗喉吻润，二碗破孤闷，

三碗搜枯肠，惟有文字五千卷。

四碗发轻汗，平生不平事，尽向毛孔散。

五碗肌骨清，六碗通仙灵。

七碗吃不得也，惟觉两腋习习清风生。

蓬莱山，在何处？玉川子，乘此清风欲归去，

山上群仙司下土，地位清高隔风雨。

安得知百万亿苍生命，堕在巅崖受辛苦！

便为谏议问苍生，到头合得苏息否？

此诗将卢仝饮茶的生理与心理感受抒发得淋漓尽致，诗里头许多名句足堪玩味，更为后人耳熟能详，描写饮七碗茶的不同感觉，步步深入，极为生动传神。然而此诗最后又引发他悲天悯人的襟怀，顾念起天下亿万苍生百姓。

卢仝诗中，诗人点视孟谏议白绢密封并加三道印泥的新茶，在珍惜喜爱之际，自然想到了新茶采摘与焙制的辛苦，得之不易。接着，诗人以神乎其神的笔墨，描写了饮茶的感受。茶对他来说，不只是一种口腹之饮，茶似乎给他创造了一片广阔的精神世界，当他饮到第七碗茶时，只觉得两腋生出习习清风，飘飘然，悠悠飞上青天。

《茶歌》的问世，对后人的影响颇大，对于传播饮茶的好处，使饮茶风气普及到民间，起了推波助澜的作用。所以后人曾认为唐朝在茶业上影响最大最深的三件事是：陆羽《茶经》，卢仝《茶歌》和赵赞“茶禁”（即对茶征税）。宋胡仔在《苕溪渔隐丛话》中说：

“玉川之诗，优于希文之歌（即范仲淹《和章岷从事斗茶歌》），玉川自出胸臆，造语稳贴，得诗人句法。”

诗人作这首《茶歌》的本意其实并不仅仅在夸说茶的神功奇趣。诗的最后一段忽然转为苍生请命：岂知这至精至好的茶叶，是多少茶农冒着生命危险，攀悬在山崖峭壁之上采摘的，此种日子何时才能到头啊！卒章而显其志，在一番看似“茶通仙灵”的谐语背后，隐寓着诗人极其郑重的责问。

卢仝《茶歌》自宋以来，几乎成了人们吟唱茶的典故。诗人骚客嗜茶擅烹，每每与“卢仝”、“玉川”相比：“我今安知非卢仝，只恐卢仝未相及”（明胡文焕）；“一瓯瑟瑟散轻蕊，品题谁比玉川子”（清汪巢林）。品茶赏泉

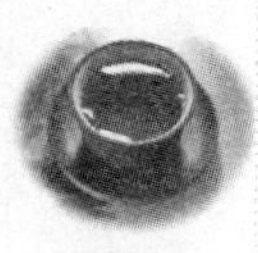
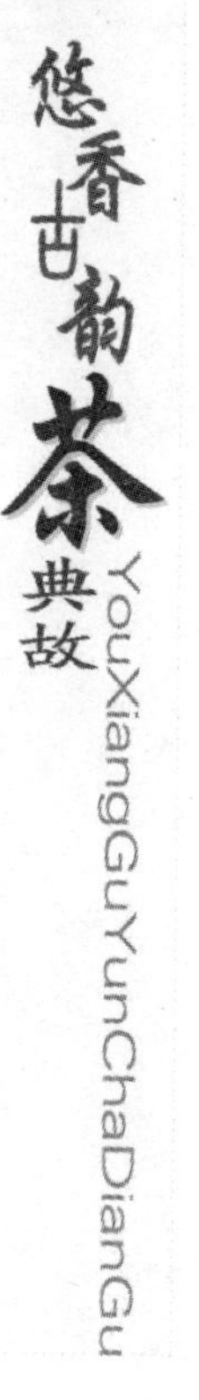

兴味酣然，常常以“七碗”、“两腋清风”代称：“何须魏帝一丸药，且尽卢仝七碗茶”（宋苏轼）；“不待清风生两腋，清风先向舌端生”（宋杨万里）。

北京中山公园的来今雨轩，民国初年曾改为茶社，有一楹联云：“三篇陆羽经，七度卢仝碗。”1983年春，北京举行品茶会，会上88岁的老书法家肖劳即席吟茶诗一首，亦引卢仝《茶歌》为典，有句云：“嫩芽和雪煮，活火沸茶香。七碗荡诗腹，一瓯醒酒肠。”

卢仝在太和九年（公元835年）遭逢“甘露之变”，当时他正留宿长安宰相兼领江南榷茶使王涯家中，被误捕遇害。据贾岛《哭卢仝》句：“平生四十年，惟著白布衣。”可知他死时年仅40岁左右。另据清乾隆年间萧应植等所撰《济源县志》载：在县西北二十里石村之北，有“卢仝别墅”和“烹茶馆”，在县西北十二里武山头有“卢仝墓”，山上还有卢仝当年汲水烹茶的“玉川泉”。卢仝自号“玉川子”，乃是取其泉名。

6. 饮茶行家白居易

白居易，字乐天，晚年号香山居士，其祖籍为太原（今属山西），后来迁居陕西境内（今陕西渭南东北）。白居易自幼聪颖绝人，出生六七月便能分辨“之”、“无”二字；五六岁学作诗，九岁时已熟谙声韵；十五岁得“进士”之名后，便勤奋苦读：昼课赋，夜课书，间又课诗，不遑寝息矣，以至于口舌成疮，手肘成胝。他的用功程度，古今罕见，令人佩服。

白居易虽文采早发，资质过人，却因家境贫苦，直到28岁才到长安应试，登进士第；31岁再应吏部试，中甲科进士，任秘书省校书郎，因而认识元稹。元和二年（公元807年）入为翰林学士，并与元稹、李绅等人提倡新乐府运动，主张诗歌不在“嘲风雪，弄花草”而是在“救济人病，裨补时阙”，并提出“文章合为时而著，歌诗合为事而作”的文学理论。

白居易不仅是著名的现实主义诗人，而且是饮茶的行家。他对自己的爱茶、烹茶技艺十分自信，这从他的诗中可以得到印证，诗中多处提到茶与酒、琴的关系。

元和十年（公元815年），自居易因直言被贬江州司马，写下了有名的《琵琶行》。次年，他游庐山香炉峰，见到香炉峰下“云水泉石，绝胜第一，爱不能舍”，于是盖了一座草堂。后来更在香炉峰的遗爱寺附近开辟一圃茶园，“长松树下小溪头，斑鹿胎巾白布裘；药圃茶园为产业，野麋林鹤是交游。云生涧户衣裳润，岚隐山厨火竹幽；最爱一泉新引得，清泠屈曲绕阶流。”（《香炉峰下新卜山居草堂初成偶题东壁》）悠游山林之间，与野麋林鹤为伴，品饮清凉山泉，真是人生至乐。

白居易终生、终日与茶相伴，早饮茶、午饮茶、夜饮茶、酒后索茶，有时睡下还要索茶。他爱茶，每当友人送来新茶，往往令他欣喜不已，《谢李六郎中寄新蜀茶》：“故情周匝向交亲，新茗分张及病身。红纸一封书后信，绿芽十片火前春。汤添勺水煎鱼眼，末下刀圭搅曲尘。不寄他人先寄我，应缘我是别茶人。”

收到红纸包封的新蜀茶，白居易立即添水煮茶尝新，并写诗致谢友人，同时也不忘自夸是识茶之人。既可看到他收到友人寄来的新茶时的兴奋心情，也可从“不寄他人先寄我”句看出两人之间深厚的情谊。此外从《食后》：“食罢一觉睡，起来两瓯茶。”《何处堪避暑》：“游罢睡一觉，觉来茶一瓯。”《闲眠》：“尽日一餐茶两碗，更无所要到明朝。”这些诗中，知道茶已经成了白居易生活的第一需要，“醒后饮茶”似乎成了白居易的一种生活习惯。

白居易晚年好与释道交往，自称“香山居士”，贬江州以来，仕途坎坷，心灵困苦，为求精神解脱，他开始接触老庄思想与佛法，并与僧人往来。所谓“禅茶一味”，信佛自然更是与茶分不开的，“或吟诗一章，或饮茶一瓯；身心无一系，浩浩如虚舟。富贵亦有苦，苦在心危忧；贫贱亦有乐，乐在身自由。”（《咏意》）他吟诗品茶，与世无争，忘怀得失，以茶沟通儒、道、释，从中寻求哲理，修炼出达观超脱、乐天知命的境界。

长庆二年（公元 822 年），白居易上疏论事，天子不能用，乃求外放，七月任杭州刺史。到杭州后，白居易修筑西湖白堤，以利蓄水灌溉，又浚深李泌旧凿六井，以便人民汲饮，因此受到杭州百姓的爱戴、感念。杭州任期，也是他生活最闲适、惬意的时刻，由于公事不忙，遂能“起尝一瓯茗，行读一卷书”，独自享受品茗、读书之乐，而“坐酌泠泠水，看煎瑟瑟尘。无由持一碗，寄与爱茶人”。诗人更进而欲以好茶分享好友。

在杭州任内，他迷恋西子湖的香茶甘泉，留下了一段与灵隐韬光禅师汲泉烹茗的佳话。白居易以茶邀禅师入城，“命师相伴食，斋罢一瓯茶”，而韬光禅师则不肯屈从，以诗拒之：“山僧野性好林泉，每向岩阿倚石眠……城市不堪飞锡去，恐妨莺啭翠楼前。”诗中婉然带讽，白居易则豁达大度，亲自上山与禅师一起品茗。杭州灵隐韬光寺的烹茗井，相传就是白居易与韬光的烹茗处。

白居易晚年已无意仕途，遂辞官隐居洛阳香山寺，每天与香山僧人往来。“琴里知闻惟渌水，茶中故旧是蒙山，穷通行止长相伴，谁道吾今无往还。”“鼻香茶熟后，腰暖日阳中。伴老琴长在，迎春酒不空。”诗人在此暮年之际，茶、酒、老琴依然是与他长相守左右的莫逆知己。

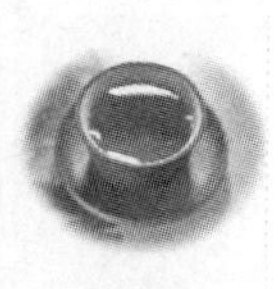

7. “皮陆”茶诗千古传

皮日休（约公元834～883年），字袭美，自号鹿门子，又号间气布衣、醉吟先生，襄阳人（今属湖北）人。唐代文学家，咸通八年（公元867年）登进士第，次年东游到苏州，咸通十年（公元869年）为苏州刺史从事，其后又入京为太常博士，出为毗陵（今江苏常州）副使。僖宗乾符五年（公元878年），黄巢军下江浙，皮日休为黄巢所得。黄巢入长安称帝，皮日休任翰林学士。

陆龟蒙（？～约公元881年），字鲁望，自号江湖散人、甫里先生，又号天随子，长洲（今江苏吴县）人。唐代文学家，早年举进士不中，曾任苏湖二郡从事，后隐居甫里。陆龟蒙喜爱茶，爱到可以整天坐在堂屋里观看小溪对岸的人们在采茶，有他自己的诗可证：“草堂尽日留僧坐，自向溪边摘萌芽。”他在顾渚山下辟一茶园，每年收取新茶为租税，用以品鉴，日积月累，编成《品第书》，可惜今已不存。

自古以来，文人也都是爱茶人，茶成了文人间友谊的纽带。皮日休在苏州与陆龟蒙相识后，两人经常诗歌唱和，评茶鉴水，是一对亲密的诗友和茶友。世以“皮陆”相称。在他们的诗歌唱和中，皮日休的《茶中杂咏》和陆龟蒙的《奉和袭美茶具十咏》最令人注目。

皮日休在《茶中杂咏》诗的序中写道：

> “自周以降，及于国朝茶事，竟陵子陆季疵言之详矣。然季疵以前称茗饮者，必浑以烹之，与夫瀹蔬而啜者，无异也。季疵始为经三卷，由是分其源、制其具、教其造、设其器、命其煮。饮之者除痛而去疠，虽疾医之不若也。其为利也，于人岂小哉。余始得季疵书，以为备之矣，后又获其《顾渚山记》二篇，其中多茶事。后又太原温从云、武威段碣之各补茶事十数节，并存于方册。茶之事由周至今，竟无纤遗矣。昔晋杜育有《荈赋》，季疵有《茶歌》，余缺然于怀者，谓有其具而不形于诗，亦季疵之余恨也，遂为十咏，寄天随子。”

这篇序概述了茶的史实和自周至唐的茶事，对茶叶的饮用历史作了简要的回顾，并认为历代包括《茶经》在内的文献中，对茶叶的各方面的记述都已是无所遗漏，但在自己的诗歌中却没有得到反映实在引以为憾。这也就是他创作《茶中杂咏》的缘由。

皮日休将诗送呈陆龟蒙后，便得到了陆龟蒙的唱和。内容包括茶坞、茶人、茶笋、茶籝、茶舍、茶灶、茶焙、茶鼎、茶瓯、煮茶十题。其中：《茶人》表达了对茶人的疾苦深表同情；《茶舍》描述茶人居住、劳动及环境，很有生活气息；《茶灶》记述了制茶的情景。他们的唱和诗几乎涵盖了茶叶制造和品饮的全部。他们以诗人的灵感、丰富的词藻，艺术、系统、形象地描绘了唐代茶事，对茶叶文化和茶叶历史的研究，具有重要的意义。

8. 醉翁之意亦在茶

欧阳修（公元1007～1072年），字永叔，号醉翁，晚年号六一居士，卒谥文忠，吉州永丰（今属江西）人。北宋著名政治家、文学家，在散文、诗、词、文学理论等方面，成就卓著，是北宋古文运动的领袖，为唐宋八大家之一。在历史学和考据学方面，也有重要贡献。著作有《欧阳文忠集》一百五十三卷、《六一词》一卷、曾与宋祁合修《新唐书》、独撰《新五代史》、编《集古录》等。

欧阳修论茶的诗文不算多，但却很精彩，从诗文中也可窥见他对茶的钻研功夫。例如，他特别推崇修水的双井茶。双井茶产于宋洪州分宁县（今江西省修水县）城西双井，故名。古时当地土人汲双井之水造茶，茶味鲜醇胜于他处，从宋时起渐有名气。治平三年（公元1067年），欧阳修与韩琦同罢，出知亳州，作《归田录序》。欧阳修在他那开了宋代笔记文学创作先声的《归田录》里也谈到双井茶，说："腊茶出于福建，草茶盛于两浙，两浙之品，日注（又作铸）第一。自景祐以后，洪州双井白芽渐盛，近岁制作尤精，囊以红纱，不过一二两，以常茶十数斤养之，用辟暑湿之气，其品远出日注上，遂为草茶第一。"双井茶之所以能"名震京师"，与欧阳公的颂赞及《双井茶》诗有关。

《双井茶》详尽述及了双井茶的品质特点和与人品的关系：

"西江水清江石老，石上生茶如凤爪。穷腊不寒春气早，双井芽生先百草。白毛囊以红碧纱，十斤茶养一两芽。宝云日铸非不精，争新弃旧世人情。君不见建溪龙凤团，不改旧时香味色。"

此诗作于欧阳修晚年辞官隐居时，借咏茗以喻人，抒发感慨。对人间冷暖，世情易变，作了含蓄的讽喻，他从茶的品质联想到世态人情，批评那种"争新弃旧"的世俗之徒，阐明君子应以节操自励，即使犹如被"争新弃旧"的世人淡忘了"建溪"佳茗，但其香气犹存，本色未易，仍不改平生素志。一首茶诗，除给人以若许茶品知识外，又论及了处世做人的哲理，给人以启迪。

欧阳修对蔡襄创制的"小龙团"十分关注，他在为蔡襄《茶录》所作的后序中论述到当时人们对小龙团茶的珍视，已成为后人研究宋代贡茶的宝贵资料。"茶为物之至精，而小团又其精者，录序所谓上品龙茶是也。盖自君谟

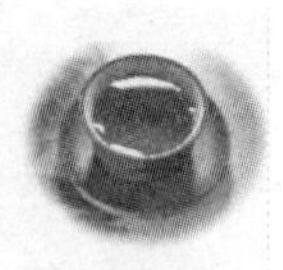

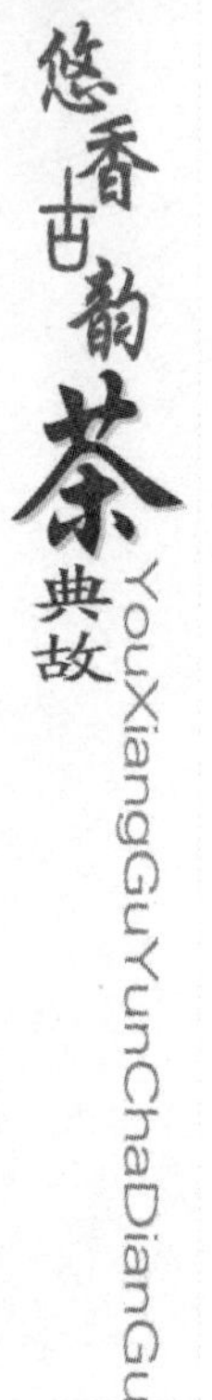

始造而岁供焉。仁宗尤所珍异，虽辅相之臣，未尝辄赐。惟南郊大礼致斋之夕，中书枢密院各四人共赐一饼，宫人剪为龙凤花草贴其上，两府八家分割以归，不敢碾试，相家藏以为宝，时有佳客，出而传玩尔。至嘉祐七年，亲享明堂，斋夕，始人赐一饼，余亦忝预，至今藏之。"

蔡襄所造的小龙团茶不仅制作精细，品质优异，更难得的是这种茶产量极少，第一年只造出十斤，主要是进贡给皇上享用，朝野臣民罕得其茶。小龙团茶当时估价为每斤黄金二两。可是在朝的高官权贵却说，黄金易得，而其茶不可得。当时的仁宗皇帝赵祯对小龙团茶也极为珍爱，虽宰相之臣也不曾轻易赏赐，只有在每年的南郊祭天地的大礼中，中书省和枢密院两府中各有四位大臣，才共赐一饼。

八个人将这一点点黄金般的茶带回家后，还不舍得品饮，都当作传家之宝珍藏着，偶尔有贵客嘉宾临门，仅拿出观赏一阵子，便算是极大的礼遇了。直到嘉祐七年，欧阳修才得到完完整整的一饼小龙团茶的赏赐。欧阳修以谏官之职入朝供奉，到官至枢密副使、参知政事，凡历二十余年，方才获得一饼小龙团茶，企盼已久，一朝见赐，令他百感交集，在家中时常拿茶观赏，而每一次捧玩，都令他涕泣不已。

欧阳修爱茶，是品茶高手，除了写下多篇有关茶事文章和诗作外，还与梅尧臣等诗友互相切磋诗文，也一起共品新茶，并交流尝茶心得。欧阳修作《尝新茶呈圣谕》，诗云：

"建安三千五百里，京师三月尝新茶。年穷腊尽春欲动，蛰雷未起驱龙蛇。夜间击鼓满山谷，千人助叫声喊呀。万木寒凝睡不醒，惟有此树先萌发。"

这是一首建安龙凤团茶的赞美诗，诗中凸显了一个"新"字，从建安到汴京（开封）相隔三千五百里，却在三月能尝到新茶，可见采摘之早。诗中又云："泉甘器洁天色好，坐中拣择客亦嘉。"欧阳修认为品茶须是茶新、水甘、器洁，再加上天朗、客嘉，此"五美"俱全，方可达到"真物有真赏"的境界。

欧阳修还有《和原父扬州六题·时会堂二首》，咏赞的是扬州茶。诗中显示扬州亦曾采制过贡茶，而且时间要早于蒙顶和建溪两地，欧阳修还曾亲自前往察看过春茶的萌发情况。

"吾年向老世味薄，所好未衰惟饮茶。"这是欧阳修晚年诗作，借咏茶来感叹世情之崎岖多变，当看尽人世沧桑之后，唯独对茶的喜好未曾稍减。

9. "从来佳茗似佳人"

苏轼（公元1037~1101年），字子瞻，号东坡居士，眉山（今四川眉山县）人。苏东坡是中国宋代杰出的文学家、书法家，而且对品茶、烹茶、茶史等都有较深的研究，在他的诗文中，有许多脍炙人口的咏茶佳作流传下来。

苏轼一生爱茶，自称“爱茶人”，创作了几十首茶诗、茶联，可谓茶缘深厚。

苏东坡喜爱游山玩水。某日他和仆从来到一座山脚下，只觉口渴难忍。这时，他放眼望去，只见半山腰有一座寺院，院内香火缭绕，便命仆从戴好草帽，穿上木屐，到院内去取东西。仆从问取什么东西，苏东坡只是微微一笑；没有直说。仆从知他在作谜语游戏，也就不再问了，就径自去寺院找老和尚。老和尚见是东坡仆从，就问有何贵干？仆从将东坡要他头戴草帽、脚穿木屐前来取物一事说出。老和尚听后哈哈大笑，立即拿出东坡所需之物，让仆从带回。原来这个谜语的谜底就是“茶”。

古代曾有人在茶壶上镂刻“可以清心也”五个字，顺序读去，均成文理，然失之粗浅，未算上佳回文。苏轼曾以回文的形式，写过两首茶诗，这就是《记梦回文二首并叙》。更为有趣的是，这两首诗是在梦中作的，梦醒之后，二首共有八句的诗，只记住了其中一句：“乱点余花唾碧衫”，其余七句忘了，怎么办？补上七句就是了。

诗人常常托词梦中做诗，醒来笔录，这不过是自说自话而已，其实都是清醒时作的。但苏轼梦中品茗作诗，倒是说明他茶瘾很大了。诗是这样的：

其一：酡颜玉碗捧纤纤，乱点余花唾碧衫。歌咽水云凝静院，梦惊松雪落空岩。

其二：空花落尽酒倾缸，日上山融雪涨江。红焙浅瓯新火活，龙团小碾斗晴窗。

这两首诗，如分别由“岩”字和“窗”字倒读过去，可成另两首七绝：

其一：岩空落雪松惊梦，院静凝云水咽歌。衫碧唾花余点乱，纤纤捧碗玉颜酡。

其二：窗晴斗碾小团龙，活火新瓯浅焙红，红涨雪融山上日，缸倾酒尽落花空。

苏轼因为茶，相传还有这样一则颇为著名的民间故事。

熙宁四年（公元 1071 年），苏轼任杭州通判。在杭为官三年中，他经常微服以游。

一日，他到某寺游玩，方丈不知底细，把他当作一般的客人来招待，简慢说道：“坐”，叫小沙弥：“茶。”小和尚端上一碗很一般的茶。

方丈和这位来客稍事寒暄后，感到这人谈吐不凡，并非等闲之辈，便急

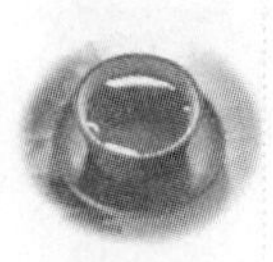

忙改口道："请坐"，重叫小沙弥："泡茶。"小和尚赶忙重新泡上一碗茶。

及至最后，方丈终于明白来人就是本州的官长、大名鼎鼎的苏轼，便忙不迭地起座恭请道："请上座"，转身高叫小沙弥："泡好茶。"

这一切，苏轼都看在眼里。

临别时，方丈捧上文房四宝向苏轼乞字留念。苏轼心里一转，即爽快地答应了，提笔信手写了一副对联。

上联为：坐请坐请上座；

下联为：茶泡茶泡好茶。

方丈见此，羞愧难当。

客来敬茶本是表达一种尊敬、友好、大方和平等的意思，而这位方丈不是不明苏轼之身份，而是不明这一"茶道"之理，所以为苏轼所讥，真是尴尬人难免尴尬事。

10. 苏鉴水梦泉

宋代时，苏东坡学士非常讲究饮茶，还讲究茶叶和烹茶的水。茶叶一定要是阳羡唐贡茶，烹茶的水一定是金沙泉的水。

宜兴蜀山有座庙，叫金沙寺，寺里有一眼泉，叫金沙泉，水质醇厚甘美，有人曾计算过，同样一担水要比其他河里的水重两斤左右。正因为这样，苏东坡经常派小书童到金沙寺去挑水。

相传有一年夏天，苏东坡家里来了几个客人，想请他们饮茶，就叫小书童快去挑金沙泉的水。小书童刚出门，就碰到几个要好的伙伴，邀他一起去捉知了。小书童不肯，后来几个伙伴好说歹说，他才答应玩一会儿。一玩就忘了辰光，等到他"哎哟"一声叫起来，太阳已经快落山了。小书童心想，这下糟了，再到金沙泉去挑水，往返十多里路，怕来不及了，怎么办呢？心里一急，就要哭出来了。

小伙伴们知道了，也都着急起来，其中有一个比较机灵的想了一想，说："有了！"小书童一听有办法了，忙问："什么办法？"那个伙伴说："你何不就在附近的井里挑两桶水回去呢？反正你家先生也不知道。"小书童想想，没有更好的主意，只有这么办了。

说也奇怪，苏东坡尝了这井水烹的茶，马上发觉味道不对，就把小书童叫来，问："这是金沙泉的水吗？"小书童一愣，知道瞒不过去了，就只好把事情的前前后后都说了。苏东坡一听，心想小孩子贪玩，也是情有可原，就教训他一番算了。

后来，有几次小书童因为贪玩，又用其他井里的水，挑来给苏东坡烹茶。

苏东坡气坏了，想要严厉地教训教训他，转念又一想，与其让他皮肉受苦，倒不如设法让他改正这种坏习惯。苏东坡想啊想啊，一夜之间终于想出了一个办法：他事先和金沙寺老和尚商量好，备下两种不同颜色的竹制桃符一种交给老和尚，一种交给小书童，并关照小书童去金沙寺取水，必须同老和尚调换桃符。这样，小书童就没法再偷懒了。

这种竹制的桃符，和今天开水店里使用的上面烫有火烙印的竹制水筹相似，据说今天的水筹就是当年桃符的化身。

苏东坡对饮茶泉水的追求可以说到了“魂牵梦绕”的境地。在任杭州通判时，有幸结识了道潜（号参寥子），并保持了二十余年的交情，两人最喜欢品茶论诗。

道潜，字参寥钱塘人，是中国历史上有名的诗僧。苏东坡特爱其诗，说它“无一点蔬笋气，体制绝似储光曦，非近诗僧可比”。苏东坡在彭城时，参寥专程自余杭往谒苏东坡。

一日，宾朋同僚聚会，苏东坡当众说；“今天参寥不留下点笔墨，令人不可不恼。”

遂遣官妓马盼盼持纸笔就近参寥求诗。参寥意走神驰，一挥而就，其中两句是：“禅心已作沾泥絮，不逐东风上下狂。”

苏东坡见之大喜：“我尝见柳絮落泥中，私谓可以人诗，偶未收拾，遂为此老所先。”

苏东坡曾以彩笺作墨竹赠官妓，参寥因之而作《题东坡墨竹赠官妓》：

小凤团笺已自寄，谪仙重扫岁寒枝。

梢头余墨犹含润，恰似梳风洗雨时。

苏东坡从参寥处获益不少。苏东坡在黄州时，参寥从之游，士大夫致函诋毁苏东坡，说：“闻日与诗僧相从，岂非‘隔林仿佛闻机杼’者乎？真东山胜游也。”

苏东坡将来函展示道潜（参寥），指着“隔林仿佛闻机杼”说：“此吾师字号也。”

苏东坡尊参寥为师，不可谓不器重参寥。据说苏东坡《浣溪沙》“村南村北响缫车”即取意于参寥的这一名句。苏东坡曾写过《送参寥师》（《苏轼诗集》卷十七），其中数句云：

欲令诗语妙，无厌空且静。

静故了群动，空故纳万境。

阅世走人间，观身卧云岭。

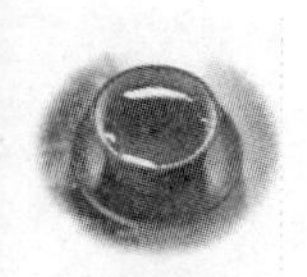

咸酸杂众好，中有至味永。

诗法不相妨，此语更当请。

元丰三年（公元1080年），苏东坡遭贬，谪居黄州。有一天，东坡梦见参寥携诗来访，两人唱和甚欢，参寥子有不少好诗。但东坡一觉醒来，只记得其中的两句“寒食清明都过了，石泉槐火一时新”。梦中苏东坡问：“火可以说新，但泉为什么也能称新呢？”参寥回答说：“因为民间清明节有淘井的习俗，井淘过了，泉就是新的。”

元祐四年（公元1089年），苏东坡又一次来到杭州，此时，参寥卜居孤山的智果精舍。东坡在寒食节那天去拜访他，只见智果精舍下有一泉水从石缝间汩汩流出，是刚刚凿石而得到的。泉水清澈甘洌，参寥便撷新茶，钻火煮泉，招待苏东坡。此情此景，不由得使苏东坡又想起了九年前的梦境及诗句。感慨之下，苏东坡作了一首《参廖泉铭》铭文曰：

在天雨露，在地江湖。

皆我四大，滋相所濡。

伴哉参寥，弹指八极。

退守斯泉，一谦四益。

予晚闻道，梦幻是身。

真即是梦，梦却是真。

石泉槐火，九年而信。

夫求何信，实弊汝神。

11. 奇茶·妙墨·美德

宋人饮茶的一个显著特点便是更讲究“茶道”，饮茶不仅仅为品味解渴，而已嬗变显现出诸如朴素、廉洁、宁静、清雅、淡泊、无欲、无争等意义来。宋人追求的素雅清韵的风尚，使茶的这种特定的精神内涵得以约定俗成。而宋代的文人在这嬗变过程中，是主要的推波助澜者，其中尤以苏轼（苏东坡）功勋卓著。

苏轼在文学上声名显赫，但是在政治上却不合时宜，因而一辈子不得志。王安石执政时，他跟着司马光反对新法，屡屡被贬，甚至莫名其妙卷入“乌台诗案”，打进天牢，差点遭杀身之祸。

司马光执政后，苏轼连升三级，担任礼部侍郎，这是他一生中最高的官职。可是，当司马光将王安石新法全部废除时，苏轼却认为新法不可尽废，应该参酌新旧，因时制宜，择善而从，结果被旧党贬出汴京。哲宗亲政，恢复新党的执政地位，苏东坡的处境不但没有改善，反而被一贬再贬，远至海南天涯海角。

苏轼一生不得志，但却一生嗜茶。他写诗作文要喝茶，睡前睡起要喝茶，夜晚办事要喝茶，还热心于采茶、制茶、烹茶、点茶的钻研，甚至对茶具、烹茶之水和烹茶之火也都有研究。他对茶的理解，并不仅仅是品其味，而是升华至品其理，这是苏轼的不同凡响之处，也是他对茶文化的突出贡献。

明人屠隆在《考盘余事》中记有这样一件事：

一天，苏东坡、司马光等一批墨人骚客斗茶取乐，苏东坡的白茶取胜，免不了乐滋滋的。当时茶汤尚白，司马光便有意难为他，笑着说：

“茶欲白，墨欲黑；茶欲重，墨欲轻；茶欲新，墨欲陈；君何以同时爱此二物?”

苏东坡想了想，从容回答说：

“奇茶妙墨俱香，公以为然否?”

司马光问得妙，苏东坡答得巧，众皆称善。

这类话题宋朝人叫“机锋”，出个难题，看看你能否随机应变，机智、准确、幽默地回答问题。这的确是一个非常难回答的问题，司马光问得有道理（他敏锐细致地观察到了两者截然不同之处），同时也问得没道理（两者的不同之处与人的好恶毫无必然联系）。

当然，这个小小的难题问不倒苏大学士，他从茶和墨虽有截然不同之处，但只要臻于完美，都会有令人陶醉的魅力的共同点来进行反击，把球又踢给司马光。同时，借茶喻德，其中况味不难品味。他政治上失意了，道德上却成功了。推而广之，黑与白，正与反，武夫和文人，新党和旧党，虽相去甚远，但尺有所短，寸有所长，都有过人之处。

在苏轼眼里，茶和墨（及书法）都有一种相同的哲理和道德内涵，事茶与事书最终是对人的品行道德的一种修炼。就茶而言，这就是“茶道”所追求的一种境界。短短一席语，让司马光钦佩不已。

12. 分宁茶客黄庭坚

黄庭坚（公元1045～1105年），字鲁直，号山谷道人，又号涪翁，洪州分宁（今江西修水）人，宋代杰出的诗人，宋代“江西诗派”的创始人；又是著名的书法家，擅行书和草书，与苏轼、米芾和蔡襄并称书坛上的“宋四家”。黄庭坚聪颖早慧，小时候读书一目五行，读几遍就能记住。对舅舅李公择的提问，常能对答如流。李公择十分惊异，称赞他“一日千里”。同时，黄庭坚又是一位不可多得的茶艺专家。

黄庭坚的家乡在分宁双井村，这里是茶产区，茶名双井，此地“绿丛遍

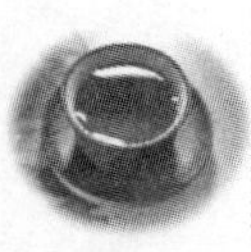
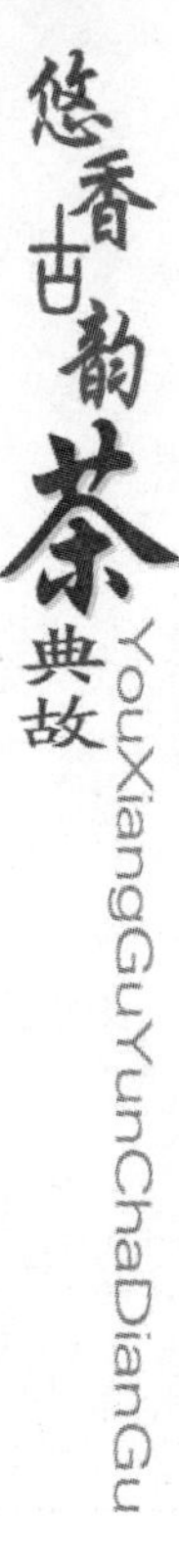

山野，户户有茶香”。双井茶细者有白毛，状如银须，色碧味隽，故又有“白茶”、“龙须”、“云腴”、“凤爪”、“雪芽”等佳誉，名噪天下，遂为贡茶。欧阳修曾在《归田录》中这样说：

“自景祐以后，洪州双井白茶渐盛，近岁制作尤精，囊以红纱，不过一二两，以常茶十斤养之，用避暑湿之气，其品远在日注上，遂为草茶第一。”

但双井茶的扬名，还得力于黄庭坚。据南宋叶梦得的《避暑录话》记载：“双井在分宁县，其地属黄氏鲁直家也。元祐间，鲁直力推赏于京师，族人交致之，然岁仅得一二斤。”可以看出，黄庭坚对家乡的茶不仅嗜爱，而且极力推崇、推广之，这在他的诗词中屡见不鲜，他的《双井茶送子瞻》这样写道：

人间风月不到处，天上玉堂森宝书。
想见东坡旧居士，挥毫百斛泻明珠。
我家江南摘云腴，落皑霏霏雪不如。
为君唤起黄州梦，独载扁舟白玉湖。

苏东坡是黄庭坚的老师，诗歌称赞了苏轼的道德人品与潇洒风度，他将双井茶奉献给恩师，也希望优异的茶质与苏轼的品格珠联璧合，相映生辉。茶以诗名，茶以人名，从此，双井茶便一举闻名。在黄庭坚的竭力推荐下，双井茶终于受到朝野士大夫和文人们的青睐，最后还被列入朝廷的贡茶，奉为极品，盛极一时。

黄庭坚嗜茶，早时就以“分宁一茶客”名闻乡里。《宋稗类钞》记载了这样一个故事，当时有位宰相叫富弼，听说年轻的黄庭坚多才多艺，很想与他会会面。有一天，他俩见了面，也许是黄庭坚其貌不扬，富弼见到他后并不喜欢，两人便不欢而散。富弼还对人说：“我以为黄某如何了得，原来，不过是分宁一茶客罢了！”富弼是位元老重臣，思想上政治上都比较保守，他看不惯黄庭坚，可能和黄庭坚年少气盛、抱负远大有关。“分宁一茶客”是富弼对黄庭坚的诋毁之言，但以今天的眼光来看，黄庭坚这一“茶客”却是很值得为之大书一笔的。

黄庭坚早年嗜酒，中年时因病停饮，他在40岁时，写下了《发愿文》，发誓戒酒戒肉：“今者对佛发大誓，愿从今日尽未来也，不复淫欲、饮酒、食肉。设复为三，当堕地狱，为一切众生代受头苦。”那么，黄庭坚戒酒后喝什么？喝的就是茶，他对茶从此更加热爱，常常是“煮茗当酒倾”，从此，黄庭坚与茶更是须臾不离，以茶代酒度过了20余年，堪称茶人佳话。

这位“分宁一茶客”还是一位痴于吟茶颂茶的诗人，在他的笔下，摘茶、碾茶、煎水、烹茶、品茶以及咏赞茶功的诗和词比比皆是。从他留传至今的数十首茶诗来看，除了引茶入诗，抒发情怀之外，字里行间分明渗透着一位品茶高手所追求的茶艺和茶道。如他的茶词《品令》，对饮茶的欢悦心情作了细腻的刻画："凤舞团团饼，恨分破，教孤零。金渠体净，只轮慢碾，玉法光莹。汤响松风，早减了，二分酒病。味浓香永。醉乡路，成佳境。恰如灯下，故人万里，归来对影，口不能言，心下快活自省。"《煎茶赋》对烹茶的过程，品茶的审味，佐茶的宜忌，以及饮茶的功效，作了集中的描述。

黄庭坚的书法也负盛名，作为"宋四家"之一的他，在书法作品中也留给了我们珍贵的宋代茶事信息。"茶宴"，这是他在元祐四年正月初九的茶宴上和御制诗而书写的遗迹，又如行书《奉同公择尚书咏茶碾煎啜三首》，描写了碾茶、煎茶和饮茶破睡之功效。

13. 武夷精舍隐"茶仙"

朱熹（公元1130～1200年），字元晦，一字仲晦，号晦翁，又称紫阳先生，徽州婺源（今属江西）人，侨居福建。朱熹学问渊博，广注典籍，在哲学上发展了程颢、程颐的思想，建立了客观唯心主义的理学体系，世称"程朱理学"，对宋以后的阶级统治和社会发展起到了很大的作用。

朱熹也是一位嗜茶爱茶之人。他自幼在茶乡长大，对"建茶"十分熟悉。后又当过茶官，任浙东常平茶盐公事，更与茶结下了不解之缘。他曾写《劝农文》，提倡广种茶树。他自己也是身体力行，躬耕茶事，把种茶、采茶当作是讲学、做学问之余的休闲修身之举。

乾道六年（公元1170年），他在建阳芦峰之巅云谷，构筑"竹林精舍"（晦庵），在北岭种植茶圃，取名"茶坂"，亲自耕种、采摘、制作、品饮；并写有《咏武夷茶》、《茶坂》等诗。其中《茶坂》诗云："携籝北岭西，采撷供茗饮。一啜夜窗寒，枷趺谢衾枕。"自产自啜，佳茗伴夜读，正可谓是意味深长啊。

淳熙十年（公元1183年），朱熹于武夷五曲隐屏山麓建"武夷精舍"，四周有茶圃三处，植茶百余株，讲学之余，行吟茶丛。其《咏茶》诗云："武夷高处是蓬莱，采取灵芽手自栽。地僻芳菲镇长在，谷寒蜂蝶未全来。红裳似欲留人醉，锦幛何妨为客开。咀罢醒心何处所，远山重叠翠成堆。"现在的"武夷名枞"之一的"文公茶"，正是朱熹所植茶树繁衍而成的。

朱熹嗜茶，尤喜茶宴。他与开善寺住持圆悟长老是一对茶中知己，常一起品茗论道。圆悟长老圆寂后，朱熹还专门写诗吊唁："灶香瀹茗知何处，十二峰前海明月。"朱熹曾两次回祖籍地扫墓，每次他都带去武夷茶，在祖宅里

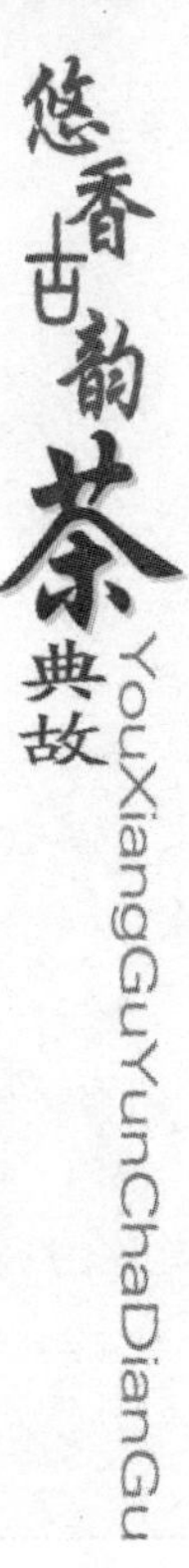

设茶宴招待老家的亲朋故旧。

淳熙五年（公元1178年），朱熹去建阳东田培村表兄邱子野家赴茶宴，曾赋诗："茗碗瀹甘寒，温泉试新浴"、"顿觉尘虑空，豁然洗心目。"更具诗情画意的是，在"武夷精舍"旁的五曲溪中流，有"巨石屹然，可以环坐八九人，四面皆深水，当中有凹自然为灶，可以瀹茗"，朱熹常与友人携茶具环坐石上烹茶品茗，吟诗论道，其乐融融，至今石上还留有朱熹手迹：茶灶。他的《茶灶》诗云："仙翁遗石灶，宛在水中央。饮罢方舟去，茶烟袅细香。"

朱熹爱茶，自然不忘将茶与自己的思想融为一体。他以茶穷理，将茶性与中庸的道德标准联系在一起。《朱子语类·杂说》中说：

> "茶本苦物，吃过却甘。问：此理何如？曰：也是一个道理，如始于忧勤，终于逸乐，理而后和。"

这是说品茶与求学问一样，在学的过程中，要狠下功夫，苦而后甘，始能乐在其中。朱熹还把饮茶与治家联系在一起讨论，认为治家宜严，就像吃酽茶，苦而后甜；如果治家放松，就会像喝淡茶，味如嚼蜡，家人行为会失去娴雅。

宋代福建的龙凤团茶名冠天下，精雕细琢，岁岁入贡。有人认为建茶身居台阁，珠光宝气，富贵味重，不如草茶闲逸高雅。朱熹提出了不同见解，他说：

> "建茶如'中庸之为德'，江茶如伯夷叔齐。《南轩集》曰：'草茶如草泽高人，腊茶如台阁胜士。'似他之说，则俗了建茶，却不如适间之说两全也。"

武夷茶色泽澄亮，香气馥郁，滋味醇厚，是纯洁、中和、清明之象征，这才是建茶的"理"所在，不论它是否入贡，都是不带富贵气的。至于后来建茶的地位、名声和过分地人工雕琢等，都是"气"的变化。理才是本，气仅为形。建茶处草泽乃是佳品，处台阁亦为名茶。这种品质与儒家的"中庸之为德"是吻合的。

朱熹认为，君子应"素其位而行"，富贵贫贱不能移，要"喻于义"，而不"喻于利"。这也是他自己的人生准则。他学问盖世，但并不用于敛财，安贫乐道，廉退可嘉。他"衣取蔽体，食取充腹，居止取足以障风雨。人不能堪，而处之裕如也"。《宋史·本传》说他"箪瓢屡空，晏如也。诸生之自远而至者，豆饭藜羹，卒与共之"。朱熹正如他所写的茶联："客来莫嫌茶当酒，山居偏隅竹为邻"，清贫而不失其志。

智者乐水，仁者乐山。朱熹把追求思想境界当作人生的崇高目标，而茶正是他精神生活中的良师益友。他在题匾赠诗时，曾用“茶仙”署名，也当是名副其实了。

14. “易安居士”角茶助学

李清照（公元 1084 ~ 1151 年），宋代著名女词人，号易安居士，山东济南人。父亲是文学家李格非，母亲是状元王拱辰之女，也工文章，由于家庭的熏陶，清照年少时就有了诗名。她的诗词清丽婉约，饱含着丰富的情感。她前期的词章，多数是描写闺中的生活情趣及大自然的绮丽风光，风格清新明丽。

北宋灭亡后，她经历了国破家亡的痛苦，后期的作品多反映战乱痛苦的生活，感时伤怀，怀旧思乡，风格沉郁凄怆。李清照词的艺术特色，主要在于运用朴实的白描手法，写细腻的感情变化，语言明白如话。除了婉约，李清照的词风也有鲜为人知的一面。她敢于发表政见，关心国家民族命运，深切同情陷于外族入侵铁蹄下的人民。她不甘屈辱投降，忧国伤时，悲愤交加，写下了掷地有声的铿锵诗句：“生当作人杰，死亦为鬼雄。至今思项羽，不肯过江东。”在宋代词人中，卓然自成一家。

宋徽宗靖国元年（公元 1101 年），18 岁的才女李清照与 21 岁的太学生赵明诚结为伉俪，婚后的李清照，在爱情的感召下，文思泉涌。她是幸福的，她在两首《如梦令》写到，“常记溪亭日暮，沉醉不知归路”，“昨夜雨疏风骤，浓睡不消残酒”，抒发的是幸福之情。

同时，她又是“孤独”的，做太学生的赵明诚往往一个月才能回家两次，李清照便常常在相思中度过。思念化作了千古名句：“红藕香残玉簟秋，轻解罗裳，独上兰舟。云中谁寄锦书来，雁字回时，月满西楼。花自飘零水自流，一种相思，两处闲愁。此情无计可消除，才下眉头，却上心头。”（《一剪梅》）

金石学家的赵明诚，才学较妻子略逊一筹。一年的重九，李清照填了一阕《醉花阴》词，寄给赵明诚。赵明诚接到这阕词后，闭门数日，穷三日夜之力，填了五十阕，把妻子的那一阕也杂抄在里面，不写作者，拿去给好友陆德夫品评，陆德夫玩诵再三，以为有三句最佳：“莫道不消魂，帘卷西风，人比黄花瘦。”这三句正是李清照所作。明诚自此以后，对妻子甘拜下风。

他们婚后的家庭生活并不富裕，但精神生活却非常充实。夫妇二人填词吟诗，时相唱和，赏玩书画，研究金石，生活充满诗情画意，十分美满。他们为“尽天下古文奇字之志”，明诚竟辞官不做，夫妇“屏居乡里”十多年。

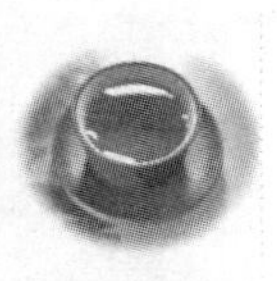

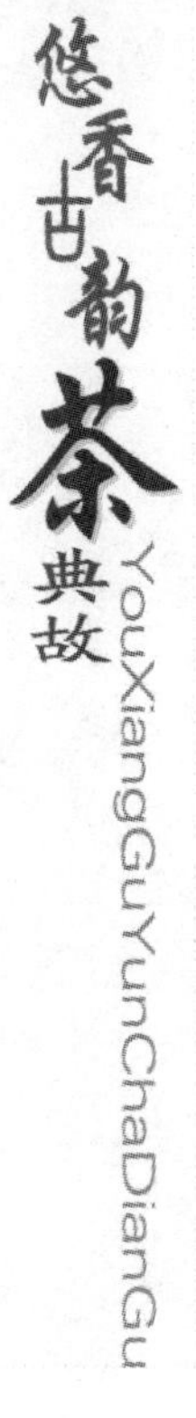

清照常常雪天“顶笠披蓑，循城远览以寻诗”，明诚常为搜集金石名画四处奔走，每得佳句或真迹，常摆宴祝贺，举杯畅饮。李清照对这一时期的乡居生活非常满意，“甘心老是乡矣”。这从她把自己的居室称“易安室”、自号“易安居士”中可以感受到她那恬适的心境。青州老家隐居的时期，他们共同讨论诗词，研究金石，收集书画，校对古册，真是其乐融融。常常是夫妻俩一边做学问，一边品茶，雅趣横生。每当饭后，他们就坐于藏书满屋的“归来堂”书屋里，煮上茶，然后随便讲一件史事，谁先说出这件事在某书、某卷某页，谁就可以先饮茶。

李清照博闻强记，才思敏捷，常常胜丈夫一筹。每当这时，李清照便得意地开怀大笑，然后夫妻对饮，以茶助学。夫妇治学严谨，青灯黄卷之中，孜孜以求，相互激励。一杯清茶，成了他们辛勤向学的见证；一杯清茶，为夫妻间的挚爱、共同的理想与追求平添了一段清奇的风韵；一杯清茶，更显现出这对年轻夫妇在艰苦的生活环境下，相濡以沫、挑战自我的高尚人格。

清代大戏剧家洪升有《四婵娟》杂剧，共四折短剧组成，其中一折就是《李易安斗茗话幽情》，写的就是李清照和赵明诚烹茶捡书的故事。这个故事就是出自李清照为其夫君赵明诚编著的《金石录》写的《后序》中：“每获一书，即同共校勘、整集、签题。得书、画、彝、鼎，亦摩玩舒卷，指摘疵病，夜尽一烛为率。故能纸札精致，字画完整，冠诸收书家。余性偶强记，每饭罢，坐归来堂烹茶，指堆积书史，言某事在某书某卷第几页第几行，以中否角胜负，为饮茶先后。中即举杯大笑至茶倾覆怀中，反不得仕而起甘心老是乡矣！故虽处忧患图穷而志不屈。”

公元1129年8月18日，对李清照来说是一生中最痛苦的一天，赵明诚离她而去，死时没有留下任何话语。她忍受着国破家亡、离乡背井的巨大痛苦，写下了《祭赵湖州文》和充满伤感和悲愤的词章，并在颠沛流离之中，带病坚持整理、校勘了《金石录》，因为这些金石彝器是夫妇两人28年来共同欢乐的源泉。

15. 桑苎家风竟陵翁

陆游（公元1125～1210年），字务观，号放翁，山阴（今浙江绍兴）人。他是南宋的爱国诗人，一部《剑南诗稿》，存诗九千三百多首。他自言，“六十年间万首诗”。人们在这些诗中看到的是诗人不忘统一，雪耻御侮，收复失地的战斗精神和报国决心。陆游也是一位嗜茶诗人，作品中涉及茶事的就有三百首之多，为历代咏茶诗人之冠。

陆游一生对茶怀有深情。他的茶诗包括的面很广，从中可以看到他对江南茶叶，尤其是故乡茶的热爱。他出生茶乡，当过茶官，后又归隐茶乡。晚年，由于政局、年龄、健康等各方面的原因，他已不可能再从事政治活动了，可对诗歌、书艺和茶一直没有放弃过。

陆游一生曾出仕闽、苏，又曾入蜀、赴赣，辗转各地，当了十年茶官，有机会品尝天下名茶，并裁剪熔铸入诗，留下不少有关名茶的绝妙诗句。这些诗作大大丰富了中国历史名茶的记载，且多为《茶经》所不载。茶孕诗情，裁香剪味，陆游的茶诗情结，可以说是历代诗人中最突出的一个。

"饭囊酒瓮纷纷是，谁赏蒙山紫笋香"——是人间第一的四川蒙山紫笋茶；

"遥想解酲须底物，隆兴第一壑源春"——是福建隆兴的"壑源春"；

"焚香细读《斜川集》，候火亲烹顾渚春"——是浙江长兴顾渚茶；

"嫩白半瓯尝日铸，硬黄一卷学兰亭"——是绍兴的贡茶日铸茶；

"春残犹看小城花，雪里来尝北苑茶"——是贡茶北苑茶；

"建溪官茶天下绝，香味欲全试小雪"——是另一个贡茶福建建溪茶；

"峡人住多楚人少，土铛争饷茱萸茶"——是湖北的茱萸茶；

"何时一饱与子同，更煎土茗浮甘菊"——是四川的菊花土茗；

"寒泉自换菖蒲水，活水闲煎橄榄茶"——是浙江的橄榄茶。

陆游一生嗜茶，恰好又与陆羽同姓，尽管陆游未必是陆羽的后裔，但他却非常崇拜这位同姓茶圣。多次在诗中直抒胸臆："曾著《杞菊赋》，自名桑苎翁"、"卧石听松风，萧然老桑苎"、"我是江南桑苎翁，汲泉闲品故园茶"、"《水品》、《茶经》常在手，前生疑是竟陵翁"、"桑苎家风君勿笑，他年犹得作茶神"，最后两句是陆游在开禧三年（公元 1207 年）春作的《八十三吟》中的诗句，这首七律一改其金戈铁马、壮怀激烈的气概，显得平和而宁静，充满闲适的心情。

诗人置身茶乡，只求承袭"茶圣"陆羽的家风，在汲泉品茗之中，度过寂寞清贫的残岁。陆游在赴福建任提举常平茶事之职时，他的好友兼同僚周必大曾写诗："暮年桑苎毁《茶经》，应为征行不到闽。今有云孙持使节，好因贡焙祀茶人。"意思是当年陆羽由于没有到名茶产地福建，到了晚年恨不得毁了自己的力作《茶经》；如今云孙（也就是六世孙）陆游到福建当官去了，他完全可以精心制作好茶，来祭祀自己的祖先。对周必大这首送行诗，并把自己当作陆羽的后人，陆游欣然接受。诗中"桑苎"、"茶神"、"竟陵翁"均为陆羽之号，字里行间可以看到陆游心仪神往的内心世界。

陆游早年嗜酒，入闽为茶官以后，"宁可舍酒取茶"；直至晚年"毕生长

物扫除尽，犹带笔床茶灶来”。他常以茶神自比，自称生平有四嗜：诗、客、茶、酒。以诗会友，以茶待客。陆游嗜茶、爱茶，尤喜建茶。隆兴元年（公元1163年）他从福建宁德主簿任满回临安，孝宗皇帝赐进士出身，迁枢密院编修，获赐“样标龙凤号题新，赐得还因作近臣”的北苑龙团凤饼茶，在《饭店碾茶戏作》诗云：“江风吹雨暗衡门，手碾新芽破睡昏。小饼龙团供玉食，今年也到浣溪村。”小饼龙团是福建转运使蔡襄督造入贡的“上品龙茶”，供皇帝所专用或恩赐大臣的御茶。如今居然得赐分享，放翁感到十分高兴，所以碾茶时乘兴写下这首赞誉建茶的诗。

陆游爱茶嗜茶，谙熟茶的烹饮之道。常常身体力行，自己动手，因此，在他的诗里有许多饮茶之道。

如“囊中日铸传天下，不是名泉不合尝”，又如“汲泉煮日铸，舌本方味永”。

言日铸茶务必烹以名泉，方能香久味永。“眼明身健何妨老，饭白茶甘不觉贫”，则更是进入了茶道的至深境界，甘茶一杯涤尽人生烦恼。

他特别中意茶有驱滞破睡之功：

“手碾新茶破睡昏”，“毫盏雪涛驱滞思”。

常常是煎茶熟时，正是句炼成际：

“诗情森欲动，茶鼎煎正熟”，“香浮鼻观煎茶熟，喜动眉间炼句成”。

他不仅“自置风炉北窗下，勒回睡思赋新诗”，在家边煮泉品茗，边奋笔吟咏；而且外出也“茶灶笔床犹自随”，“幸有笔床茶灶在，孤舟更入剡溪云”，真是一种官闲日永的情趣。

晚年他更是以“饭白茶甘”为满足，他说：

“眼明身健何妨老，饭白茶甘不觉贫。”

在《试茶》诗里，明白唱出：“难从陆羽毁茶论，宁和陶潜止酒诗。”酒可止，茶不能缺。

“矮纸斜行闲作草，晴窗细乳戏分茶”，陆游在《临安春雨初霁》一诗中提到当时的茶艺“分茶”和分茶时须有的好天气、好心境。陆游在诗中还对“分茶游戏”作了不少描述。分茶是一种能使茶盏面上的汤纹水脉幻化出各种图案来的冲泡技艺，技巧性很强，有“水丹青”之说。汤纹水脉会幻变出各式图样来，形若山水云雾，状花鸟虫鱼，类画图，如草书。陆游常与自己的儿子进行分茶，调剂自己的生活，表露出的闲散和无聊，间接地反映出多事之秋爱国志士被冷落的心境。

陆游爱茶成癖，活到老、喝到老。晚年的《啜茶示儿辈》诗曰：

围坐团栾且勿哗，饭余共举此瓯茶。

粗知道义死无憾，已迫耄期生有涯。

小圃花光还满眼，高城漏鼓不停挝。

闲人一笑真当勉，小榼何妨问酒家。

已经将喝茶和淡泊名利、舍生取义的精神联系在一起，完全进入了一个新的境界。

“遥遥桑苎家风在，重补茶经又一篇。”陆游的咏茶诗词，实在也可算得一部“续茶经”。

16. 杨万里嗜茶如命

杨万里（公元1127～1206年），字廷秀，号诚斋，吉州吉水（今属江西）人。他一生作诗两万多首，传世者仅一部分。其诗与尤袤、范成大、陆游齐名，称“南宋四家”，而其诗体则自成一家，称“诚斋体”。

杨万里有关茶的诗文和陆游的诗作有一明显差异，就是非常浓郁地表现了一种嗜茶如命的心境。

杨万里有一首《武陵春》词，在词中小序中他说：“老夫茗饮小过，遂得气疾”，词中又说：“旧赐龙团新作祟，频啜得中寒。瘦骨如柴痛又酸，儿信问平安。”由于嗜茶，“茗饮小过”，“频啜得中寒”，弄得人“瘦骨如柴”，但他仍不愿与茶一刀两断，他在另一首诗中说：“老夫七碗病未能，一啜犹堪坐秋夕。”虽病不绝，只是少喝点罢了。

此外，杨万里由于夜里也好饮茶，故常常引起失眠，但他决不责怪饮茶。他在《三月三日雨，作遣闷十绝句》中说：“迟日何缘似个长，睡乡未苦怯茶袍。春风解恼诗人鼻，非菜非花只是香。”其《不睡》诗又说：“夜永无眠非为茶，无风灯影自横斜。”其嗜茶如命可见一斑。

杨万里嗜茶如命绝非是贪口腹之贪，他追求的是茶的味外之味。杨万里在《习斋论语讲义序》中说：

“读书必知味外之味，不知味外之味而曰‘我能读书’者，否也！《诗》曰：‘谁谓荼（即茶）苦，其甘如荠。’吾取以为读书之法焉。”

将读书与饮茶作比较，由饮茶而想到读书，从这段话中可看出杨万里深得饮茶的味外之味，因此，即使他病得瘦骨如柴，仍不愿放下茶杯。

杨万里嗜茶如命，更难能可贵的是他从清澄如碧的茶水中悟出了为人处世之正道。宋人罗大经《鹤林玉露》中记载说，杨万里从常州知府调任提举广东常平茶盐时，将万缗积钱弃于常州官库，两袖清风而去。他致仕回乡后，“清得门如水，贫惟带（皇帝所赐的玉带）有金。”故居老屋三代未加修葺，

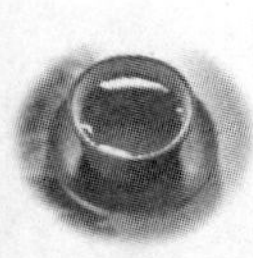

只能挡挡丝风片雨。

杨万里一生清廉，其子杨伯儒也以清廉著称，在广东任官时，曾以自己的七千俸钱代贫户纳税；而杨伯儒病入膏肓、临终之际，却连入殓的衣衾也没有。

“故人气味茶样清，故人丰骨茶样明。”这是杨万里《谢木韫之舍人赐茶》中的诗句，他将茶的清雅、明澈，来称道知心朋友的气质、风骨，把茶在精神方面的地位、作用和价值推到了一个新的境界；而即以其诗还颂其人，杨万里也当之无愧！

17. 虞集妙诗颂龙井

虞集（公元1272～1348年），字伯生，世称邵庵先生，祖籍仁寿（今属四川），侨居于江西临川。虞集是元代延祐至顺间最负盛名的文学家、书法家，工真、行、草、篆，皆圆婉而有法度。早年受家学熏陶，通晓宋儒“性理之学”。大德初至京师，任大都路儒学教授。后历官至翰林直学士兼国子祭酒、奎章阁侍书学士，曾奉旨修撰《经世大典》。晚年告病回江西，著有《道园学古录》等。

虞集诗文皆负盛名，“宗庙朝廷之典册，公卿士大夫之碑板，咸出公手，粹成一家之言，如获拱璧。”他虽出身于名门世族，但早年随父母饱受离乱的经历及亡国的哀愁，离乱的痛苦，贫困的生活，穷途潦倒的处境，使他受到了人生磨练。他在艰苦中奉养父母，无不尽其力，深为时人所称赞；他的博学多识，词章典雅，更使他声名鹊起。

虞集一生著述甚丰，除编修《经世大典》外，另著有《道国学古录》、《道源类稿》等传世，他最擅长的是典册之作。作为一个文学家，虞集一生勤于笔耕，著述宏富，仅散文方面，《元史》就说他“平生为文万篇，稿存者十二三”。今存《道园学古录》五十卷，收录其诗、文、词作。尽管其作品的社会内容不够广阔，但在艺术上则别具特色，堪称元代第一流的诗文大家。

就诗歌而言，虞集与杨载、范梈、揭傒斯并称“元诗四大家”，在诗词界也极有地位。陶宗仪《南村辍耕录》记载说，虞集的诗作见称一时，“故国朝之诗，称虞、赵、杨、范、揭焉”，认为虞集是元诗五大家之首。他的词，历来也受到很高的评价。

《词学通论》评论说：“极险窄之苦，而能挥翰自如，不为韵缚。才大者亦工小技，信为一代宗匠也。”虞集的词作“豪婉兼苏秦，高旷若陶谢”，是“诗人之词”，“一洗铅华”，“不以文字工拙论，而寄托幽旷，亦时有可观”。

虞集是最早用诗歌来吟颂龙井茶的人。杭州产茶，唐代陆羽《茶经》只记钱塘生天竺、灵隐二寺；宋代吴自牧《梦粱录》也只记“宝云茶”、“香林茶”和“白云茶”。虞集在《游龙井》诗中对“龙井茶”及其环境作了这样的描述：“……徘徊龙井上，云气起晴昼。入门避沾洒，脱屐乱苔甃。阳岗扣云石，阴房绝遗构。澄公爱客至，取水挹幽窦。坐我薝蔔中，余香不闻嗅。但见瓢中清，翠影落群岫。烹煎黄金芽，不取谷雨后。同来二三子，三咽不忍嗽……”

虞集的诗，第一次对龙井茶的采摘时间、品质特点和文人品饮情态都作了生动的描绘，此后，明清两代，龙井茶名声越来越响。如明代田艺蘅在《煮泉小品》中记到“今武林诸龙泓人品，而茶亦惟龙泓山为最……其他产茶，为南北山绝品……宝云、香林、白云诸茶，皆未若龙泓之清馥隽永也”。

18. “铁笛道人”夜梦茶

杨铁崖（公元 1296 ~ 1370 年），原名杨铁崖，字廉夫，号铁崖，抱遗老人，元末文学家，出身进士，诸暨人，曾任天台府尹，因善吹铁笛，故又名铁笛道人。他的铁崖体诗文，清秀隽逸，别具一格。他诗学李贺，驰骋异想，好用奇辞，有“文妖”之称，特点是比兴迭出，奇想联翩，既渲染气氛，又注重情调；既有绚丽的色泽，又有奇谲的意境。其文思泉涌、妙绪纷披之作，洋溢着浪漫主义气息；其绘神写形，借扬寓意之中，表现出现实主义特色。特别是古体和乐府，奇诡多变，人称铁崖体。他能文善书，系元末诗坛领袖。当时闻名于海外的学者宋濂、倪瓒等都与他结成诗文知友。有《东维子文集》、《铁崖先生古乐府》等。

元末农民起义爆发，杨避寓富春江一带，张士诚屡召不赴，后隐居江湖，在松江筑园圃蓬台。门上写着榜文：

“客至不下楼，恕老懒；见客不答礼，恕老病；客问事不对，恕老默；发言无所避，恕老迂；饮酒不辍车，恕老狂。”

于是江南一带，才俊之士登门拜访者络绎不绝，每日客满。他又周游山水，头戴华阳巾，身披羽衣，坐于船上吹笛，或呼侍儿唱歌，酒酣以后，婆娑起舞，以为神仙中人。他有铁笛一支，铁笛来自洞庭湖畔，当地一位铁匠在湖中掘得一把古剑，无所用，才铸为铁笛，笛长二尺九寸，凿有九孔，进于杨维祯。维祯吹之，皆合律吕，于是大喜，作《回波引》曲，与江人、渔父和唱为乐，自号“铁笛道人”。

有一张姓富豪，雅爱诗书，喜欢结交文人。他听说杨铁崖有盛名，便前去拜谒。杨铁崖厌恶那些胸无点墨的富绅，便托辞不见。这位富绅受此刺激，痛下决心，拜了一位老师，学习诗书。过了一段时间，他觉得自己有了长进，

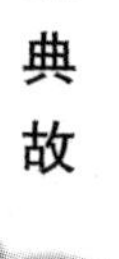

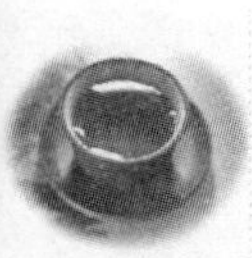

便又一次给杨铁崖下请帖，请杨铁崖到家中做客。杨铁崖知道情况后十分感动，欣然前往。席间，张富豪让一位名叫芙蓉的妓女敬酒，酒的名字叫“金盘露”。

铁崖即兴出句道：“芙蓉掌上金盘露。”

芙蓉应声答道：“杨柳楼上铁笛风。”

杨铁崖又名铁笛道人，芙蓉的对句巧用此典，非常贴切。杨铁崖十分高兴，拍手笑道：“妓女尚能对句，其主可想而知。”

于是与富豪相谈甚洽。后来杨铁崖离任，这位张姓富豪送了几车粮食给他，说是鹄粮，因为杨铁崖十分爱鹄。杨铁崖盛情难却，只好将这些粮食分给贫苦百姓。

杨铁崖对茶可以说独有心得。有一年冬天，杨铁崖读书至夜里二更，窗前月光微明，一枝梅影摇曳不息。他茶兴勃发，唤来小书童，从山后汲来自莲泉水，燃起竹炉。并从茶囊中取出一种叫凌霄芽的茶叶，让书童烹煮，他在一旁欣赏，借以放松一下伏案之倦。

随着竹炉的火温和渐渐响起的水声，杨铁崖不知不觉地感到浑身轻飘，似乎有一股仙气，把他送到一个“清真银辉”的堂上，这里有垂地的香云廉，精巧的紫桂榻，流金溢彩，烟霞缭绕。他不觉做了一首《太虚吟》，唱道：“道无形兮兆无声，妙无心兮一以贞……”

这时，他又看到许多仙子来见他，其中有一位穿着绿衣服的仙子，前来自我介绍，自称名叫淡香，小字绿花。她捧着太元杯，杯中盛着“太清神明之醴”，奉给杨铁崖，称此汤能增寿。杨铁崖接而饮之，并作了一首词来回赠绿衣仙子。词曰：“心不行，神不行，无而为，万化清。”绿衣仙子拿来纸笔，作歌赠铁崖，歌曰：

> 道可受兮不可传，天无形兮四时以言。
>
> 妙乎天兮天天之先。天天之先复何仙。

这时，祥云消退，绿衣仙子化作一阵白烟。杨铁崖忽然醒来，发觉是一个梦。这时，月光仍然隐隐于梅花之间，只听得小书童在喊他：“凌霄芽熟了。”

后来，杨铁崖为了记录这段神奇的境遇，便写了《煮茶梦记》这篇优美的散文。

19. 绝俗清雅的“清泉白石茶”

倪瓒（公元1301～1374年），字符镇，号云林，常州无锡（今江苏无锡）人，元代著名的书画家，以清雅出名。倪云林不仅精于书画，而且擅长园林建筑设计，苏州名园“狮子林”就出自他的构想。明代顾元庆《云林遗事》记录了一个故事：

倪云林曾居住在惠泉之侧，借此研茶鉴水。一天，他忽发奇想，用核桃、松子，和上一些米粉，做成一小块一小块像石子样的点心，做成园林假山盆景，置于茶汤中，取名为“清泉白石茶”，别出新意，又十分雅致，一时名声大噪。

某日，有个名叫赵行恕的宋朝宗室来访，他一向倾慕倪云林的清雅风致，特意来叙谈。坐定之后，云林命童子供上“清泉白石茶”一盅。此茶之雅，在于赏“石”之白，品泉之清，味茗之香，尤其要以一颗宁静淡泊之心，体验林泉中的闲情逸趣。可是，那位宋家王孙绝非雅士，更非茶人，他大口喝茶，连吞带啖，贪婪的目光还不时地盯住层叠的假山白石，恨不得把这些核桃、松子肉统统吞下去。

盛情雅意换来粗俗不堪，倪云林实在看不下去，拂袖离案，指责赵行恕道：“我因为你是宋家王孙，所以特出此品，谁知你竟不知风味，真是个俗物。”说着，下了逐客令。从此两人再也不相往来。

倪云林就是这样，绝不会因金钱权势而改变自己的爱好、个性，因此人们称他为“倪迂”。倪云林还有一个特点，就是有点“洁癖”，这一特点也与饮茶有关。有这样一个传说：

一天，倪云林来了茶瘾，就让人到山中汲取七宝泉水来瀹茶。仆人辛辛苦苦从山里挑来了七宝泉水，准备给主人煎水品茶。没想到倪云林只取前一桶水烹茶，将后一桶水倒在脚盆里，哗啦哗啦洗起脚来。众人大惑不解，七宝泉水质地绝佳，得来不易，为什么随意暴殄天物？倪云林解释说：“前一桶水不会碰到什么脏东西，所以用来瀹茶；后一桶水说不定会被挑担人的屁污秽，所以只能用来洗脚。”

20. 唐伯虎诗画写茶情

唐寅（公元1470～1523年），吴县（今江苏苏州）人，字伯虎，号六如居士，桃花庵主是他的别号。在绘画上，唐寅擅长山水，又工画人物，尤其精于仕女，画风既工整秀丽，又潇洒飘逸，被称为“唐画”，为后人所推崇。书法源自赵孟頫一体，俊逸秀挺，颇见功夫。此外，他还能作曲，多采民歌形式。

唐寅为“吴门画派”中的杰出代表，绘画与沈周、文徵明、仇英齐名，合称“明四家”。传世之作有《簪花仕女图》等。又与祝允明、文徵明、徐祯卿切磋诗文，蜚声吴中，世称“吴中四才子”，有《六如居士全集》传世，

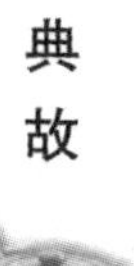

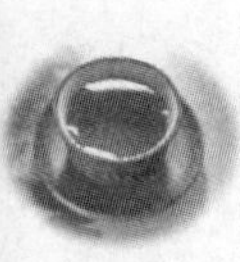

是一位有才华，有成就的艺术家，他的诗、书、画被誉为“三绝”。

唐寅祖籍晋昌，即现在山西晋城一带，所以在他的书画落款中，往往写的是“晋昌唐寅”四字。他出生在苏州府吴县一个商人家庭，自幼天资聪敏，熟读四书五经，并博览史籍，16岁秀才考试得第一名轰动了整个苏州城，29岁到南京参加乡试，又中第一名解元。后因牵涉科场舞弊案而交噩运，从此唐寅绝意仕途，纵酒浇愁，游历名山大川，决心以诗文书画终其一生。

明弘治十三年（公元1500年），唐寅离开苏州到镇江，先游扬州瘦西湖、平山堂，然后登庐山，看黄州赤壁，入湖南登岳阳楼，游洞庭湖，再南行登南岳衡山，入福建漫游武夷诸名山，由闽转浙，游雁荡山、天台山，渡海游普陀，再沿富春江、新安江上溯，抵达安徽，上黄山与九华山。

唐寅千里壮游，历时9个多月，踏遍名山大川，为后来作画增添了不少素材。囊中羞涩的他返回苏州，妻子因不堪忍受清贫离他而去。他住在吴趋坊巷口临街的一座小楼中，以丹青自娱，靠以卖文鬻画为生。他在一首诗中写道：“不炼金丹不坐禅，不为商贾不耕田。闲来写幅丹青卖，不使人间造孽钱。”以表其淡于名利、专事自由读书卖画生涯之志。

唐伯虎一生道路坎坷，生活穷困潦倒，郁郁不得志，甚感世态炎凉，54岁就辞世而去。他临终时写的绝笔诗表露了他真心留恋人间而又愤恨厌世的复杂心情：“生在阳间有散场，死归地府又何妨。阳间地府俱相似，只当飘流在异乡。”

唐寅是我国绘画史上杰出的画家、文学家。他一生爱茶，与茶结下不解之缘，曾写过不少茶诗，留下《琴士图》、《品茶图》、《事茗图》等茶画佳作。《事茗图》是一幅山水人物画，画的是江南茶乡景色：

青山如黛，巨石峥嵘，古松兀立，远处高山云雾弥漫，隐约可见飞瀑湍流。依山傍水有茅舍数椽，有人正在倚案读书，案头摆着茶壶茶盏，侧室一侍童正在扇火煮茶。屋外小溪板桥上有一老者拄杖走近，身后跟着抱琴的小童。画中人物想必是相约前来弹琴品茗。

画幅左边有唐寅用行书自题五言诗一首：

> 日长何所事，茗碗自赍持。
>
> 料得南窗下，清风满鬓丝。

落款吴趋唐寅，下有印三枚：“唐居士”、“吴趋”、“唐伯虎”。

图卷前有文徵明写的画名“事茗”两个隶书大字，雄浑苍劲。现真迹藏于故宫博物院。画卷前后遍布藏家之印。有清代高宗皇帝题诗：

> 记得惠山精舍里，竹炉瀹茗绿杯持。

解元文笔闲相仿，消渴何劳玉常香。

卷下有“乾隆御赏之宝”。《事茗图》意境深邃，反映了明代茶人隐逸遁世、以山水自娱、气静韵清、淡雅高洁的茶艺意境，因而受到历代茶人的珍爱，成为皇室及名家的珍藏。

这位桃花庵主，经常在桃花庵同诗人画、家品茗清谈，赋诗作画。画家在诗中颇有风趣地写道，若是有朝一日，能买得起一座青山的话，要使山前岭后都变成茶园。每当早春，在春茶刚刚吐出鲜嫩小芽之时，即上茶山去采摘春茶；按照前代品茗大师的烹茶之法，亲自烹茗品尝，闻着嫩芽的清香，听着水沸时发出的松鸣风韵，岂不是人生聊以自娱的陶情之道吗？

一日，老友祝枝山兴致勃勃地去找唐伯虎，然而却被他拦在门口。唐伯虎微笑着说：“祝老兄，你来得正巧。小弟刚作了一则诗谜，正想找你猜猜呢。”祝枝山问：“猜得着怎样，猜不着又怎样？”唐伯虎说：“猜得着，好招待；猜不着，不招待。”“好，一言为定。”

接着，唐伯虎吟起了自己的诗谜，并说每句猜一个字，四字连起来是两句话。诗曰：言有青山青又青，两人土上看风景。三人牵牛少只角，草木丛中见一人。

祝枝山听后，不假思索就迈开大步，径自走进屋内，朝太师椅上一坐，并叫：“茶来！”唐伯虎见状，不但不怪，反而立即奉上香茶一盏，并拱手作揖，连道：“老兄不愧为谜界高手，佩服！”原来，谜底正是：请坐，奉茶！

唐伯虎还和友人一起联句。据《吴门四才子佳话》载，唐伯虎、祝枝山、文徵明、周文宾四人一日结伴同游，至泰顺（今属浙江温州）境地，酒足饭饱之后，昏昏欲睡。唐伯虎说：“久闻泰顺茶叶乃茶中上品，何不沏上四碗，借以提神。”顷刻间，香茶端上。祝枝山说：“品茗岂可无诗？今以品茗为题，各吟一句，联成一绝。”联句如下：

午后昏然人欲眠，（唐伯虎）

清茶一口正香甜。（祝枝山）

茶余或可添诗兴，（文徵明）

好向君前唱一篇。（周文宾）

泰顺茶庄的老板对此联句赞不绝口，祝枝山建议将诗送与老板，以换四包好茶。茶庄老板令伙计取来四种茶叶，分送四人。自此，茶庄便将当地名茶四味，包装成盒，谓之“四贤茶”，并将四才子这首联诗刻印传布，于是，泰顺茶叶也随之名扬四方。

21. 竹符调水

文徵明（公元1470～1559年），初名壁，以字行，后又改字徵仲。长洲

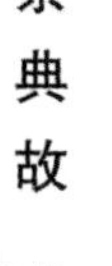

（今江苏苏州）人，明代著名文人、书画家，诗文书画皆出众，与名士祝允明、唐寅、徐祯卿四人，时称“吴中四才子”。文徵明擅长山水、人物、花鸟画，画史上将他列名于沈周、唐寅、仇英之中，合称“吴门四家”。

文徵明爱茶颇深，为人正直，不阿权贵，不交官府，他有诗吟道，“门前尘土三千丈，不到熏炉茗碗旁。”表明自己不受权贵的指使，对自己有着洁身自好的追求，他的乐趣，只在于诗书画和一杯清茶之中。其有诗云：“醉思雪乳不能眠，活火沙瓶夜自煎。”又曾曰：“素性不食杨梅，客食杨梅时，乃以虎丘茶陪之。”

他热衷茶事，著有《龙茶录考》，并对蔡襄的《茶录》进行过系统的考述。

明初，惠山寺高僧普真（性海）于洪武二十八年（公元1395年）请湖州竹工编制用于煮泉的竹茶炉，画家王绂、学士王达参与其事，一时名流唱和，传为盛事，并汇编成《竹炉画卷》，以为镇寺之宝。至正德十三年（公元1518年）清明节，江南才子文徵明与友人蔡羽、汤珍、王守、王宠等游览惠山。泉亭优游，童子煮茶，兴会所之，化作丹青《惠山茶会图》。

画面描绘了文徵明同书画好友游览无锡惠山、饮茶赋诗的情景：半山碧松之阳有两人对说，一少年沿山路而下，茅亭中两人围井阑会就，支茶灶于几旁，一童子在煮茶。该画体现了文徵明早年山水画细致清丽、文雅隽秀的风格。

画前引首处有蔡羽书的《惠山茶会序》，后纸有蔡羽、汤珍、王宠各书记游诗，诗画相映，抒性达意。《惠山茶会图》是以茶会友、饮茶赋诗的真实写照，令人领略到明代文人茶会的艺术情趣，可以看出明代文人崇尚清韵追求意境的茶艺风貌。这一珍贵的画卷现藏于故宫博物院，1997年被印成邮票发行。

文徵明的另一幅名画《茶具十咏图》是幅诗文书画相结合的佳作。画面上空山寂寂，丘壑丛林，翠色拂人，晴岚湿润，草堂之上，一位隐士独坐凝视，神态安然，右边侧屋，一童子静心候火煮茶，气氛和谐，反映了明代文人雅士喜好在书斋之外设“侧室”充当茶寮，流行这种“茶寮”式的饮茶方式。画上自题“咏茶事五言古诗十首”，“十咏”为茶坞、茶人、茶笋、茶籯、茶舍、茶灶、茶焙、茶鼎、茶瓯、煮茶。这幅画抒写了画家向往远离闹市、寄情山水的意愿。

为了躲避当世权贵的干扰，文徵明经常杜门谢客，潜心煮茶吟诗作画，对各门艺术都是精益求精。他有《煎茶》诗，意境拓开，多于联想：“嫩汤自候鱼眼生，新茗还夸翠展旗。谷雨江南佳节近，惠山泉下小船归。山人纱帽笼头处，禅榻风花绕鬓飞。酒客不通尘梦醒，卧看春日下松扉。”由煎茶想到江南初春美丽的风光和茶园中初展翠绿的茶芽，诗中表现出画家不爱喝酒嗜好饮茶的雅兴，体现着一种生活态度、一种精神追求、一种审美情趣。

文徵明与众不同，他饮茶常常是自煎，亲自动手，在另一首茶诗《煮茶》中表达出这种感受：“至昧心难忘，闲情手自煎。”特别是对烹茶用水，他尤其认真，常常是派专人到深山中汲取宝云泉，作为烹茶用水。

有几次，他发觉挑夫送来的水，与以往有所不同，口感不太佳，后来一打听，原来是挑夫贪图省力，随便就近舀了一点其他泉水来敷衍他。于是，文徵明想了一个办法，将一根竹筒，一剖为几片，做成筹码样，预先交给宝云泉边的僧人，作为信物，挑夫每次来这里汲取泉水，必须有僧人的竹符随水一起带走，作为凭证。

从此以后，文徵明烹茶之水的品质有了保证，他自己觉得很有意思，经常作诗反映这个“竹符调水”的趣事。如“竹符调水沙泉活，瓦鼎燃松翠鬣香”、“白绢旋开阳羡月，竹符新调惠山泉”等等。

22. “青藤道士”以扇赌茶

徐渭（公元1521～1593年），字文长，号天池山人，青藤道人，又号田水月。山阴人，明代著名文学家、书画家、戏剧家。是一个文艺上难得的全才、奇才，袁宏道称他为“有明一人”。他的绘画创中国古代青藤画派，以后的扬州八怪、近代的吴昌硕、齐白石都受其影响。其剧论《南词叙录》为我国古代研究南戏的第一部著作，又有《四声猿》等杂剧传世。他自言“吾书一诗二文三画四”。

其诗其文独步明代诗坛文苑，袁宏道在《徐文长传》中说：

> “其胸中又有勃然不可磨灭之气，英雄失路、托足无门之悲。故其为诗，如嗔如笑，如水鸣峡，如种出土……”“先生诗文崛起，一扫近代芜秽之习，百世之下自有定论。”

徐渭长期居于绍兴，又擅长于书画诗文，故除酒外，也与茶结伴。

在浙江上虞曹娥庙，有著名的天香楼藏帖碑廊。这里汇集了沈周、文徵明、唐寅等明清八十多位书法家的墨宝，徐渭的《煎茶七类》墨宝也藏于此。王望霖的跋语从书法上评述了徐文长此碑超凡脱俗、出类拔萃的成就。《煎茶七类》字数不足300，论述茶道。认为“煎茶虽微清小雅，然要须其人与茶品相得，故其法每传于高流大隐、云霞泉石之辈”，徐渭十分重视人品与茶品的关系，将“人品”置于七类之首。

徐渭的茶诗中惠谢友人赠送香茗的诗颇多，著名的如《某伯子惠虎丘茗谢之》，诗曰："虎丘春茗炒烘蒸，七碗何愁不上升。青箬旧封题谷雨，紫砂新罐买宜兴。却从梅月横三弄，细搅松风撷一灯。合向吴侬彤管说，好将书上玉壶冰。"这是一首展示虎丘茶蒸烘技艺的精妙、盛赞虎丘茶的好诗。虎丘茶产于苏州虎丘山，系明代江南名茶，诗人得到友人惠赠的虎丘茶后，极为珍惜，以青色竹箬包装。如此上等的精品，为什么不急着品尝呢？原来是要秉烛独饮，细啜品味。

一把精致的宜兴紫砂茗壶，一曲古韵"梅花三弄"，冲泡的茶汤澄明芬香，清如玉壶冰一般。此刻，诗人完全沉醉在茶香之中，品饮七碗犹同古人卢仝飘飘欲仙，两腋生风。这种茶醉的感受难以用语言来表达，只有借助于这管横笛了。

另一首《谢钟君惠石埭茶》诗云："杭客矜龙井，苏人代虎丘。小筐来石埭，太守赏池州。午梦醒犹蝶，春泉乳落牛。对之堪七碗，纱帽正笼头。"此诗为答谢池州钟太守赏赐"石埭茶"而作。石埭茶产于安徽池州石台县，太守赏赐的石埭茶，令诗人兴高采烈。于是自己动手冲泡品尝，茶味之美，清香可口，伴之以春泉水，宛如刚从牛身上流出来的奶汁，令人午后梦醒，情思蝶飞。

《茗山篇》更是诗人嗜茶痴茶的自我写照，诗人是一位嗜茶的人，茗山产佳茶，他要去茶山安家。茗山还未到达，就想先尝尝小溪涧水；春天刚一降临，便提前摘下嫩芽来制茶，急不可待要试新茶，夜晚躲在陋室的阁楼上独自啜茗，虽无人作伴，却有窗前一树梅花对话。

徐渭的茶画大多有题画诗。《回回马二首》写回族骏马一路风尘奔到内地，反映了明代"马政"、茶马互市的情况。徐渭的咏茶诗画从一个侧面反映了明代的茶市贸易。

"城市或嚣炎，在野心不热。意欲施茶汤，行人他处渴。"这是一幅夏日施茶图，施茶汤是盛行于江浙一带、传承已久的风习。旧时在江南地区总能看到村头路旁、巷口街边、人来人往处，放置一大缸或一水桶的茶水，免费供应过往行人饮用解渴，施茶时间一般自入夏始至秋凉止。

这些施茶点和施茶亭里的施茶人，古时大多是上了岁数的老人，他们煮水、泡茶、送茶，不取报酬，默默地奉献着。"茶精神"是美好的、平等的、亲善的，将茶之甘美洒满人间，在施茶人身上完美地展示出这茶的真性和"茶精神"，徐渭以诗画颂扬这一民间义举。

徐渭的画"水墨淋漓、气势旺畅"，他有不少茶画图。《陶学士烹茶图》

是徐渭茶画的代表作，画了一位嗜茶老者的痴态，上有题诗一首：“醒吟醉草不曾闲，人人唤我作张颠。安能买景如图画，碧树红花煮月团。”徐渭茶画《烹茶图》不是摹写张旭挥毫“醒吟醉草”的狂态，而是用浓墨重彩描绘“碧树红花”的烹茶环境。画中的这位嗜茶老者不是“张颠式”的狂走呼叫，他是在优雅秀美的自然风光环境下烹茶啜茗，显然画家是以“张颠”作反衬，表现烹茶环境和茶艺魅力，是一幅典型的明代文人茶事图。

徐渭晚年孤独一人，贫病交加，正如他自述：“渭无状，造化太苛猛相逼”，“骨脊肱弱”，“贫而多难”。他一生嗜茶，无日不饮茶，与茶结成终身侣伴。他饮的茶多由友人馈赠供给，每得一茶，欣喜之情溢于言表。一次老友钟元毓赠以“后山茶”，他兴奋之余马上复信：“一穷布衣辄得真后山一大筐，其为开府多矣！”

“开府”即中国名茶蒙山茶，徐渭认为产于浙江上虞县后山的后山茶绝不亚于名茶蒙山茶。

他的《与钟公子大赌藏钩……》一诗讲了一则有趣的故事。当时他已71岁高龄了，家境贫苦，孤独一人，仅以卖书画、藏书度日。一日老友钟公子来访。钟公子就是钟元毓，家境豪富，其父曾为知府，钟元毓富才华，慕文长诗画才情，时相过从，两人竟为忘年交。

这日，徐渭兴致大发，竟至大赌藏钩游戏，并由各人写下字条为凭：徐渭要喝茶，钟公子若输则交出后山茶一斤；钟公子喜文长书画，徐渭若输就要替他画18把扇画。赌的结果，钟公子固然要给徐渭后山茶一斤，徐渭却也要为他写上18把扇面。后山茶系当时名茶，产于上虞县后山。明万历《绍兴府志》“山”和“物产”两节中均有说明：“县后山，在县署后北城经，其麓产佳茶。”“茶，上虞后山茶。”

徐渭得到茶很高兴，但当场要立即画18把扇面却并非易事，他毕竟已是71岁的老人了，结果画得他口焦唇燥喉干舌涩，两臂酸痛腰间无力，大约画到最后，确实没力气了，就只好对钟公子说：“你的茶契我烧了吧，我的扇债你也免了吧！”这个以扇赌茶的游戏最后以有趣的求饶作结，真是风雅得可以，足见徐渭为得到佳茗是多么地不顾一切。

23. 张岱与“兰雪茶”

张岱（公元1597～1679年），字宗子，石公，号陶庵，又号蝶庵，山阴（今浙江绍兴）人，侨居杭州。张岱出身仕宦之家，而无意仕途。关心社会，对人间世态，洞悉入微。曾漫游苏、浙、鲁、皖等地区。家里藏书颇丰，自30岁左右，即钻研明史。明亡后，披发入山，避迹山居，展现了高贵的气节。

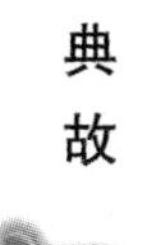

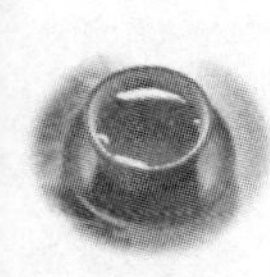

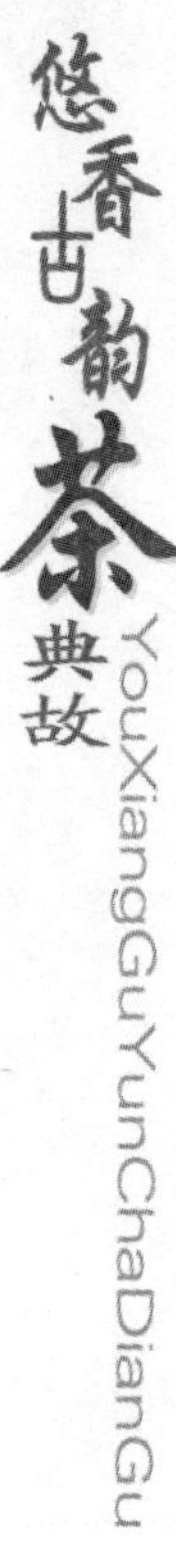

他潜心著书，不问世事。作品以散文见长，题材广泛多样，笔调清新率真，有《石匮书》、《嫏嬛文集》、《陶庵梦记》、《西湖梦寻》、《夜航船》等存世，是明末清初的文学家、史学家，一生以读书著述为乐，为晚明小品文大家，其诗文，初学公安、竟陵，进而融合二体，汲长弃短，诙谐幽默，生动活泼，在明代的小品文作家中，堪称第一。

张岱平素兴趣广博，对世态观察入微，文章题材俯拾即是，描述山水景致、社会生活各方面，无所不写；传记、序跋、像赞、碑铭等各种体裁，在他的笔下，都写得诙谐百出，情趣跃然。在他《自为墓志铭》中，叙述了自己前半生生活优渥、富裕，锦衣玉食，纵情声色，是个十足的“纨绔子弟”；然而当明朝亡国后，性情大变，表现出文人的高尚品格与民族气节。

张岱不仅是一位散文家，更是一位精于茶艺鉴赏的行家，他明茶理，识茶趣，为品茶鉴水的能手，是一位精于茶艺茶道之人。他自谓“茶淫橘虐”，可见其对茶之痴，在《陶庵梦忆》一书中，对茶事、茶理、茶人有颇多记载。

明代时期，品茶已成时尚，而茶品也成为人们生活中的必需品，各地茶馆林立，成为文人雅士聚集的地方。对爱茶的张岱而言，上茶馆似乎也是他生活中的一种休闲。崇祯年间有家名为“露兄”的茶馆，店名乃取自米芾“茶甘露有兄”句，因其“泉实玉带，茶实兰雪，汤以旋煮，无老汤，器以时涤，无秽器。其火候、汤候，亦时有天合之者”，故深得张岱喜爱。

张岱是位识茶辨水的能手，《陶庵梦忆》记载他拜访老茶人的经过，过程十分有趣：一次他慕名前往拜访煎茶高手闵汶水，正好闵老外出，他静心等待，闵老回来后，知道有人来访，才招呼一下，就借故离开，想测试张岱的诚意。张岱虽几经等待，非但未打退堂鼓，反而更下定决心非喝到闵老煮的茶不可。

闵老回来时，见客人还在，知道来者是个有心人，于是才开始煮茶招待他，闵老“自起当炉。茶旋煮，速如风雨”的娴熟技巧，让张岱惊叹不已。之后闵老将张岱引至一室，室内“明窗净几，荆溪壶、成宣窑瓷瓯十余种，皆精绝。灯下视茶色，与瓷瓯无别而香气逼人”。着实让张岱大开眼界，不禁问闵老：“此茶何产?”闵老想考考他说：“阆苑茶也。”

然张岱觉得有异，说：“莫绐余，是阆苑制法，而味不似?”闵老暗笑并反问：“何地所产?”张岱又喝了一口说：“何其似罗齐甚也。”闵老啧啧称奇。张岱又问：“水何水?”闵老说：“惠泉。”张岱又说：“莫绐余，惠泉走千里，水劳而圭角不动，何也?”

闵老知道眼前这位是个品茶高手，遂不敢再欺骗他，过了一会儿，就持一壶满斟的茶给张岱品尝，张岱说："香扑冽，味甚浑厚，此春茶耶！向瀹者的是秋茶。"闵汶水对于张岱神之又神的辨茶功力，不禁赞叹道："余年七十，精赏鉴者无客比。"于是和张岱结成好友。

名噪一时的禊泉，乃绍兴名泉之一。禊泉曾一度被埋没，后因张岱的发现才又重显威名，《陶庵梦忆》记："甲寅夏，过斑竹庵，取水啜之，磷磷有圭角，异之，走看其色，如秋月霜空，噗天为白，又如轻岚出岫，缭松迷石，淡淡欲散，余仓卒见井口有字划，用帚刷之，'禊泉'字出，书法大似右军，益异之。试茶，茶香发，新汲少有石腥，宿三日气方尽，辨禊泉者无他法，取水入口，第挢舌舐腭，过颊即空，若无水可咽者，是为禊泉。"文中提到张岱无意间发现禊泉的经过，同时点出禊泉水质的特点，更以其专业的品茶知识，说明辨识禊泉的诀窍。(《陶庵梦忆·禊泉》)

除了品茶鉴水之外，张岱还改良家乡的"日铸茶"，研制出一种新茶，张岱名之为"兰雪茶"。《兰雪茶》中提到兰雪茶的研制过程：

"……募歙人人日铸。杓法、掐法、挪法、撒法、扇法、炒法、焙法、藏法，一如松萝。他泉瀹之，香气不出，煮禊泉，投以小罐，则香太浓郁，杂入茉莉，再三较量，用敞口瓷瓯淡放之，候其冷，以旋滚汤冲泻之，色如竹箨方解，绿粉初匀，又如山窗初曙，透纸黎光，取清妃白，倾向素瓷，真如百茎素兰同雪涛并泻也。雪芽得其色矣，未得其气，余戏呼之'兰雪'……"

他通过招募安徽歙人，引入松萝茶制法，四五年之后，经张岱的改制，冲泡出来的茶，色如新竹，香如素兰，汤如雪涛，清亮宜人。他把此茶命名为"兰雪"茶。又四五年后，兰雪茶风靡茶市，绍兴的饮茶者多用此。后来，就连松萝茶也改名"兰雪"了。

张岱不仅嗜茶，而且识茶，从饮茶到品茶、评茶，无一不精。他一生兴趣广泛，对各类事物多所涉猎，堪称为博物学家，他爱茶成痴，尝谓："余尝见一出好戏，恨不得法锦包裹，传之不朽，尝比之天上一夜好月，与得火候一杯好茶，祗可供一刻受用，其实珍惜之不尽也。"(《彭天锡串戏》)把看到一出好戏，犹如观赏一轮好月、啜饮一杯好茶般令人愉悦。

若非因身遭家国之变，而改变其人生态度，相信以其读书研究的精神及对茶学的了解，必能为我国的茶学文化留下更多的宝贵资料。

24. 茶情偶记

李渔（公元1610～约1680年），清初戏曲家，取名仙侣，中年改名渔，号天徒，又号笠翁，一字笠鸿、谪凡。兰溪人，自幼聪颖，及长擅古文词。

明崇祯十年（公元1637年），考入金华府。41岁去杭州，后移家金陵，游历四方，广交名士。清康熙十六年（公元1677年），复移家杭州，于云居山东麓修筑层园，约卒于康熙十九年。

李渔多才多艺，他的主要成就，在于他的戏剧理论、戏剧、小说，特别是戏剧理论方面。由《闲情偶寄》中抽编“词曲部”和“演习部”而成的《李笠翁曲话》一书，不仅是我国古代戏曲理论中最成系统的一本，也是最有理论深度的一本。尤为可贵的是，这些理论既不是因袭陈说也不是向壁虚造，而是从他自己的创作实践、演出实践中总结、提炼出来的。具有独创性和原创性。

李渔素有才干之誉，世称李十郎，家设戏班，至各地演出，从而积累了丰富的戏曲创作、演出经验。他的戏曲论著从结构、词采、音律、宾白、科诨、格局六方面论戏曲文学，从选剧、变调、授曲、教白、脱套五方面论戏曲表演，对我国古代戏曲理论有较大的丰富和发展。他所著的戏曲，流传下来的有《奈何天》、《比目鱼》、《蜃中楼》、《美人香》、《风筝误》、《慎鸾交》、《凰求凤》、《巧团圆》、《意中缘》、《玉搔头》（以上十种合刻称《笠翁十种曲》）等19种。

此外，有小说《无声戏》、《十二楼》、《合锦回文传》、《肉蒲团》等。李渔在金陵时，别业称芥子园，倡议编辑了《芥子园画谱》，流传甚广。《闲情偶寄》除戏曲理论外，还有饮食、营造、园艺等方面的内容，足能反映他的文艺修养和生活情趣。

在浙江兰溪夏李村，李渔与乡人于清顺治二年建且停亭，自撰对联：

名乎利乎，道路奔波休碌碌。

来者往者，溪山清静且停停。

表现了他内心的恬淡。有一年李渔到扬州桃花庵游览。中秋之夜，好客的方丈与李渔同登绎经台赏月，并联句作对。

方丈先出一上联：“有月即登台，无论春夏秋冬。”

李渔对：“是风皆入座，不分南北东西。”

方丈又出上联：“无尽山头，到了山头天又远。”

李渔对：“月浮水面，撬开水面月还深。”

普普通通的自然现象，一经诗化，便使人感到格外优美。李渔有《笠翁对韵》，文词巧妙，通俗易懂。书中天文地理，雨雪风霜，人情冷暖，世态炎凉，市井百姓，农工渔商，无所不有，无所不包，按韵脚铺排成华美的韵文，易记易背，朗朗上口，是联句作对不可缺少的工具书。

在李渔的作品中，对茶事有多方面的表现，每每有“茶情偶记”。《明珠记·煎茶》的剧情中，三十多名宫女去皇陵祭扫，途经长乐驿。这个驿站的驿官叫王仙客，听说他的未婚妻亦在其中，便乔装打扮，化妆成煎茶女子打探消息。王仙客坐拥茶炉煎茶，待机而行，恰逢其未婚妻要吃茶，他便趁机而得到了会面。

在其中，煎茶和吃茶成了剧情发展的重要线索，茶，成了促进王仙客和其未婚妻情感的重要媒介。小说《夺锦楼》第一回“生二女连吃四家茶，娶双妻反合孤鸾命”，说的是渔行老板钱小江与妻子边氏有两个极为标致的女儿，可是夫妻俩却像仇敌一般。钱小江要把女儿许人，独断专行，边氏要招女婿，又不与丈夫通气。两人各自瞒天过海，导致两个女儿吃了四家的“茶”。“吃茶”，就是指女子受了聘礼。明代开始，娶妻多用茶为聘礼，所以，女子吃了“茶”，就算是定了亲。

李渔在《闲情偶寄》中，记述了不少的品茶经验。其卷四《居室部》中有《茶具》一节，专讲茶具的选择和茶的贮藏。他认为泡茶器具中阳羡砂壶最妙，对当时人们过于喜爱紫砂壶而使之脱离了茶饮，则大不以为然。他认为：“置物但取其适用，何必幽渺其说。”

他对茶壶的形制与实用的关系，作过仔细的研究：

“凡制茗壶，其嘴务直，购者亦然，一曲便可忧，再曲则称弃物矣。盖贮茶之物与贮酒不同，酒无渣滓，一斟即出，其嘴之曲直可以不论。茶则有体之物也，星星之叶，入水即成大片，斟泻之时，纤毫入嘴，则塞而不流。啜茗快事，斟之不出，大觉闷人。直则保无是患矣，即有时闭塞，亦可疏通，不似武夷九曲之难力导也。”

李渔的生活当中，经常和友人相聚，因而免不了要在茶余饭后，对茶壶品头论足一番：“壶供真茶，正在新泉活火。旋瀹旋啜，以尽色声香味之蕴。故壶宜小不宜大，宜浅不宜深，壶盖宜盎不宜砥。”这些主流价值观念一直深深左右着宜兴陶人的制壶观念，影响深远。

25. 蒲松龄路设大碗茶

清康熙初年的一个盛夏季节，在山东淄川（今属淄博市）的蒲家庄大路口的老树下，一位三十来岁的汉子摆了一个凉茶摊。他长得很瘦，开襟的粗布短衫显现出这人家道的清贫。而这个茶摊除了一小缸粗茶、四五只粗瓷大碗外，让人纳闷的是摊桌上竟搁着笔墨纸砚文房四宝，这与卖茶怎么也不沾边。这位瘦汉便是中国古典名著《聊斋志异》的作者蒲松龄。

蒲松龄（公元 1640 ~ 1715 年），字留仙，一字剑臣，别号柳泉居士，山

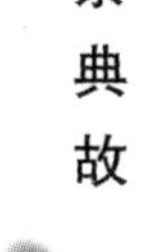

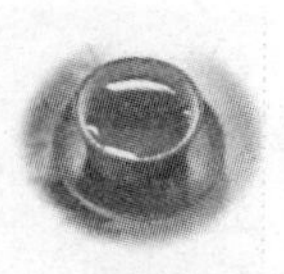

东淄川人，为清代文学家，蒲家号称“累代书香”，蒲松龄出生时正值明末清初的大动乱之时，家道中衰，家境维艰。

蒲松龄一生刻苦好学，但却屡试不第，不得不在家乡农村过着清寒的生活，做塾师以度日。在艰难时世中，他逐渐认识到像他这样出身的人难有出头之日，于是他将满腔愤气寄托在《聊斋志异》的创作中。至康熙十八年（公元1679年），这部短篇小说集已初具规模，一直到暮年方才成此“孤愤之书”。

《聊斋志异》的故事来源非常广泛，有出自蒲松龄的亲身见闻和自己的虚构，还有很多则出自民间传说，其中设置茶摊便是蒲松龄征集四方奇闻轶事的一个办法。他将这个茶摊设在村口大路旁，供行人歇脚和聊天，在边喝茶边海阔天空乱聊中，蒲松龄常能捕捉到故事的题材和素材。

后来蒲松龄干脆立了一个“规矩”，哪位行人只要能说出一个故事，茶钱他分文不收。于是有很多行人大谈异事怪闻，也有很多人实在没有什么故事，便乱造胡编一个。对此，蒲松龄一一笑纳，茶钱照例一个不收。也不知道耗去了多少茶钱，蒲松龄集到许多故事素材，最后以自己丰富的想象和生活经验，将许许多多牛鬼蛇神、妖魔狐仙充实成一篇篇小说。

蒲松龄以茶换故事一事又通过许许多多的行人传播而名闻遐迩，于是又有许多人虽不曾喝过蒲松龄一口茶，却纷纷将自己的珍闻捎寄给他。蒲松龄又几经修改和增补，终于完成了这部不朽的文言短篇小说集。

蒲松龄久居乡间，知识渊博，除写作《聊斋志异》外，他对有关农业、医药和茶事，深有研究，写过不少通俗读物，也算得是我国古代北方的一位茶学家。他的《药祟书》中总结了自己在实践基础上调配的一种寿而康的药茶方。他还身体力行，在自己住宅旁开辟了一个药圃，种不少中药，其中有菊和桑，还养蜜蜂。他广泛收集民间药方，通过种药又取得不少经验，在此基础上形成药茶兼备的菊桑茶，既止渴又健身治病。《药祟书》中菊花有补肝滋肾、清热明目和抗衰老之功效；桑叶有疏散风热，润肝肺肾，明目益寿之效；枇杷叶性平、味苦，功能清肺下气，和胃降逆；蜂蜜具有滋补养中，润肠通便、调和百药之效。四药合用，相得益彰，是一贴补肾、抗衰老之良方。

26. 寒夜客来茶当酒

郑板桥（公元1693～1765年），原名郑燮，字克柔，号板桥，江苏兴化人，清代著名书画家、文学家。卒于乾隆三十年，在“人生七十古来稀”的年代，73岁可以算高寿了，有人认为这和他喜欢喝茶有关。

郑板桥能诗、善画，又懂茶趣，善品茶，他在一生中曾写过许多茶联。

在镇江焦山别峰庵求学时，就写过茶联：“汲来江水烹新茗，买尽青山当画屏。”

名茶好水，青山美景，使他难以忘怀，又都融入茶联。他平生与墨有缘，又与茶有交，为此，又将茶与墨融进茶联：“墨兰数枝宣德纸，苦茗一杯成化窑。”联中将“文房四宝”与茶和茶具联在一起，活脱脱地再现了作者爱墨喜茶的心情。

郑板桥还写过一首宣传越州（今浙江绍兴）日铸茶的茶联：“雷文古泉八九个，日铸新茶三两瓯。”另外，郑板桥还为茶馆写过茶联，在《题真州江上茶肆》中写道：“山光扑面因潮雨；江水回头为晚潮。”

在家乡，郑板桥用方言俚语写过茶联，使乡亲们读来感到格外亲切。其中有一茶联写道：

“扫来竹叶烹茶叶，劈碎松根煮菜根。”

这种粗茶、菜根的生活，是普通百姓日常生活的写照，使人看了，既感到贴切，又富含情趣。他喜以天水煎茶，常饮“瓦壶天水菊花茶”，此茶质清味淡，可清除心肺之热，这正是他的生活与人生观的写照。

作为“扬州八怪”之一的郑板桥，曾当过十二年七品官，他清廉刚正，在任上他画过一幅《墨竹图》，上面题诗：

衙斋卧听潇潇竹，疑是民间疾苦声。

些小吾曹州县吏，一枝一叶总关情。

他对下层民众有着十分深厚的感情，对民情风俗有着浓厚的兴趣，在他的诗文书画中，总是不时地透露这种清新的内容和别致的格调。而茶正是其中的重要部分。

茶是郑板桥创作的伴侣，“茅屋一间，新篁数竿，雪白纸窗，微浸绿色，此时独坐其中，一盏雨前茶，一方端砚石，一张宣州纸，几笔折枝花。朋友来至，风声竹响，愈喧愈静”，“从来名士能评水，自古高僧爱斗茶。白菜青盐粯子饭，瓦壶天水菊花茶。”描述了他粗茶淡饭的清贫生活，这正是他的生活与人生观的写照。

他所书《竹枝词》云：

溢江江口是奴家，郎若闲时来吃茶，

黄土筑墙茅盖屋，门前一树紫荆花。

他的一首“不风不雨正清和，翠竹亭亭好节柯。最爱晚凉佳客至，一壶新茗泡松萝”，曾得到了不少文人的共鸣。对郑板桥而言，这种“寒夜客来茶当酒”、“书画相伴”的生活，已是人生至乐。板桥还擅对联，多有名句流传：

"楚尾吴头，一片青山入座；淮南江北，半潭秋水烹茶。"

郑板桥喜欢将茶饮与书画并论，饮茶的境界和书画创作的境界往往十分契合。清雅和清贫是郑板桥一生的写照，他的心境和创作目的在《题靳秋田索画》中表现得十分清楚：

"三间茅屋，十里春风，窗里幽兰，窗外修竹，此是何等雅趣，而安享之人不知也；懵懵懂懂，没没墨墨，绝不知乐在何处。惟劳苦贫病之人，忽得十日五日之暇，闭柴扉，扫竹径，对芳兰，啜苦茗。时有微风细雨，润泽于疏篱仄径之间，俗客不来，良朋辄至，亦适适然自惊为此日之难得也。凡吾画兰、画竹、画石，用以慰天下之劳人，非以供天下之安享人也。"

他的手卷《扬州杂记》，记述了一段茶缘，一段富有传奇色彩的艳遇：

扬州二月花时也，板桥居士晨起，由傍花村过红桥，直抵雷塘，问玉勾斜遗迹，去城盖十里许矣。树木丛茂，居民渐少，遥望文杏一株，在围墙竹树之间。叩门径入，徘徊花下，有一老媪，捧茶一瓯，延茅亭小坐。其壁间所贴，即板桥词也。

问曰："识此人乎？"答曰："闻其名，不识其人。"

告曰："板桥即我也。"

媪大喜，走相呼曰："女儿子起来，女儿子起来，郑板桥先生在此也。"

是刻已日上三竿矣，腹馁甚，媪具食。食罢，其女艳妆出，再拜而谢曰："久闻公名，读公词甚爱慕，闻有《道情》十首，能为妾一书乎？"

板桥许诺，即取淞江蜜色花笺、湖颖笔、紫端石砚，纤手磨墨，索板桥书。书毕，复题《西江月》一阙赠之。其词曰：

微雨晓风初歇，纱窗旭日才温，绣帏香梦半朦腾，窗外鹦哥未醒。蟹眼茶声静悄，虾须帘影轻明。梅花老去杏花匀，夜夜胭脂怯冷。

母女皆笑领词意。问其姓，姓饶，问其年，十七岁矣。有五女，其四皆嫁，惟留此女为养老计，名五姑娘。又曰："闻君失偶，何不纳此女为箕帚妾，亦不恶，且又慕君。"

板桥曰："仆寒士，何能得此丽人。"

媪曰："不求多金，但足养老妇人者可矣。"

板桥许诺曰："今年乙卯，来年丙辰计偕，后年丁巳，若成进士，必后年乃得归，能待我乎？"

媪与女皆曰能。即以所赠词为订。

明年，板桥成进士，留京师。饶氏益贫，花钿服饰拆卖略尽，宅边有小园五亩亦售人。有富贾者，发七百金欲购五姑娘为妾，其母几动。女曰："已与郑公约，背之不义，七百两亦有了时耳。不过一年，彼必归，请归之。"

江西萝洲人程羽宸，过真州江上茶肆，见一对联云："山光扑面因朝雨，江水回头为晚潮"，旁写板桥郑燮题。甚惊异，问何人，茶肆主人曰："但至扬州问人，便知一切。"

羽宸至扬州，可板桥在京，且知饶氏事，即以五百金为板桥聘资授饶氏。明年，板桥归，复以五百金为板桥纳妇之费。常从板桥游，索书画，板桥略不可意，不敢硬索也。羽宸年六十余，颇貌板桥，兄事之。

时年43岁的郑板桥，正是怀才不遇的落拓之人，大约是艺术家的秉性使然，此间的他，仍不乏访古探幽的雅兴，在僻静的乡村，得茶书交订，续成一段良缘。而饶五娘的贞守盟约，不为富贵所移的真挚情操，在板桥笔下也显得格外动人。

27. 才情茶思写红楼

曹雪芹是文学巨著《红楼梦》的作者。曹雪芹名霑，字梦阮，雪芹是其号，祖籍辽阳，先世原为汉族，后来成为满洲正白旗"包衣"人。曹雪芹是一位见多识广，才气横溢，琴、棋、书、画、诗词皆佳的小说家，更是一名品茶高手，佳茗知音。对茶的精通，更是一般作家所不及。他在百科全书式的《红楼梦》中，对茶的各方面都有相当精彩的论述，光说到茶的地方就有二百六十二处之多！难怪有人说："看了《水浒》想大碗喝酒，看了《红楼梦》想煮泉饮茶。"

在《红楼梦》中，曹雪芹提到的茶的类别和功能很多，有家常茶、敬客茶、伴果茶、品尝茶、药用茶等。《红楼梦》中出现的名茶很多，其中有杭州西湖的龙井茶，云南的普洱茶及其珍品女儿茶，福建的"凤髓"，湖南的君山银针，还有暹罗（泰国的旧称）进贡来的暹罗茶等等。这些反映出清代贡茶在当时上层社会使用的广泛性。

曹雪芹的生活，经历了富贵荣华和贫困潦倒，因而有丰富的社会阅历，对茶的习俗也非常了解，在《红楼梦》中有着生动的反映。第七十八回，宝玉读完《芙蓉女儿诔》后，便焚香酌茗，以茶供来祝祭亡灵，寄托自己的情思。此外，《红楼梦》中还表现了寺庙中的奠晚茶、吃年茶、迎客茶等的风俗。

曹雪芹善于把自己的诗情与茶意相融合，在《红楼梦》中，有不少妙句，如写夏夜的"倦乡佳人幽梦长，金笼鹦鹉唤茶汤。"写秋夜的"静夜不眠因酒渴，沉烟重拨索烹茶"。写冬夜的"却喜侍儿知试茗，扫将新雪及时烹"。写

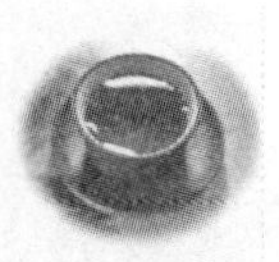

妙玉用五年前收藏梅花上的积雪水，来烹老君眉茶，何其雅也。

曹雪芹在《红楼梦》中写到茶时，处处显出浓重的人情味，即使是在人生诀别的时刻。晴雯即将去世之日，她向宝玉索茶喝："阿弥陀佛，你来得好，且把那茶倒半碗我喝，渴了这半日，叫半个人也叫不着。"宝玉将茶递给晴雯，只见晴雯如得了甘露一般，一气都灌了下去。当83岁的贾母即将寿终正寝时，睁着眼要茶喝，而坚决不喝人参汤，当喝了茶后，竟坐了起来。茶，在此时此刻，对临终之人是个最大的安慰。由此也可见曹雪芹对茶的一往情深。

曹雪芹与品香泉

香山的泉水可多啦！谚曰："香山遍地泉，大小七十眼。"香山三百寺，无寺没泉眼。这里是神州宝地，名泉很多，要说哪一口泉水最好，说法就多啦，如："罗大天的泉养神仙，双清的泉炼过丹"、"喝了水源头儿的泉，养生保平安；常饮品香泉，管保活万年！"正白旗的曹雪芹尝遍了香山的泉水，他的评论是：泉水清、泉水甜，烹茶要属品香泉！

品香泉，源头在香山法海寺南边的一个山洼里，泉水清清，长流不断。曹雪芹和他的朋友鄂比先生，差不多每天早晨都要到这里遛弯儿。回来的时候总要带上一壶品香泉的水，沏茶喝。鄂比直纳闷儿，有一次就问他为什么单喜欢喝这个泉的水？雪芹告诉他："香山大小七十泉，我都品尝过了，独有这品香泉水清洌、味香甜，水质最轻，有益寿延年的功能。不信，你可以尝一尝！"鄂比说："我看水源头儿的泉也不错嘛！"雪芹笑了笑说："老弟可是外行啦！水源头儿的水固然也不错，与品香泉相比，那就不可同日而语了！"鄂比听了，摇摇头说："恐怕也不见得吧！一般泉水，都让你给说神了。"

一天早晨，鄂比先生又来邀曹雪芹到香山闲遛。雪芹写《红楼梦》正写到兴头儿上，不能相陪，就请鄂比顺便给带一壶品香泉的水来。鄂比不负朋友的委托，把泉水捎回来递给雪芹。二人一边聊天，一边烧开了泉水，沏了两碗茶。雪芹刚喝了半碗，就把茶碗放在桌子上，问鄂比先生："这壶水是从哪股泉水打来的？"鄂比一愣，笑着说："这是品香泉的水呀！"

雪芹一听哈哈大笑，说："老兄你真会开玩笑。你不要蒙我啦！这壶里盛的是两股泉的水，一半是水源头儿的，一半是品香泉的水！"

鄂比见雪芹那么肯定，就问："莫非你刚才没有写书，偷偷跟着我上山去了？"

雪芹说："我这碗茶，上边半碗水清味儿正，是品香泉的水；下边半碗水逊色多了，是水源头儿的泉水。是你老兄捣鬼了吧？"

鄂比先生见玩笑被雪芹看破，就如实地告诉了雪芹，他确实是先去水源头儿灌了半壶水，又到品香泉灌了半壶水，想试一试雪芹能不能品尝出来。他称赞雪芹说："你真是茶仙再世，陆羽复生，不光有识别杜康的本领，还是一位品茶的高手啊!"

这个故事传出去，品香泉的水就出了名啦。远近的人都到香山来取水烹茶。有人还说：品香泉的水能医治百病，常年饮用还可以益寿延年哩！后来，乾隆皇帝也知道了，就在品香泉修建了一座小行宫，泉水被皇家独占了，乾隆住在紫禁城里的时候，也有一辆专门运送泉水的龙车，天天把品香泉的水，送到皇宫里去。香山一带的老百姓，谁也喝不上品香泉的水啦！

28. 纪晓岚茶谜救亲家

纪昀字晓岚，一字春帆，晚号石云，道号观弈道人，直隶献县（今河北献县）人，乾隆进士，官至礼部尚书、大学士。他是清代著名学者和文学家。

乾隆年间辑修《四库全书》，他任总纂官，并主持写定《四库全书总目提要》二百卷，显示出扎实渊博的学问根底，其中论述各书大旨及著作源流，考辨文字得失。他撰有《阅微草堂笔记》，是蒲松龄《聊斋志异》后，清代最优秀的文言短篇小说集。

由于负责纂修《四库全书》，使他经常与乾隆皇帝论谈嚼舌头，这也使他具备了机敏善辩的素质，有清一代学者中，长于应变者罕有其比。而民间流传甚广的是，纪晓岚机智、诙谐，经常吊个大烟袋，和社会各界、尤其是朝中大臣逗趣，捉弄人，顺便打抱不平、惩治几个违规不法分子。最有趣的是，他还和乾隆皇帝时不时地斗几下，是个类似"刘罗锅"的传奇人物。

纪晓岚也是个爱喝茶的，他曾以一个"茶谜"作暗示，救了亲家卢见曾，便是他机智敏捷的一个典型例子。

卢见曾，字抱孙，号雅雨，德州（今属山东）人，康熙进士。他和纪昀是亲家，纪昀在京做官，他则外放任职。曾担任两淮转运使。这是个"肥缺"，两淮地区富裕，是清朝的经济中心，转运使手握大权，银子自然大把大把地来。但卢见曾在外应酬多，开销大，其性偏又爱才好客，喜聚四方名士，任两淮转运使时，更是广交名流，义结豪杰，家中常是宾客盈门，座无虚席，铺张挥霍，一掷千金，极一时之盛。加之清朝官场腐败，上司那儿的孝敬数额巨大。后来渐渐财力不济，以至盐税出现亏空。

朝廷得悉这一消息后，决定对他抄家处罚，没收全部资财。纪晓岚知道这件事后，十分为难，如果去通风报信，弄不好救不了亲家反而连累自家。纪晓岚毕竟足智多谋，马上想出了一个万全之计，急忙让心腹赶往扬州送信。

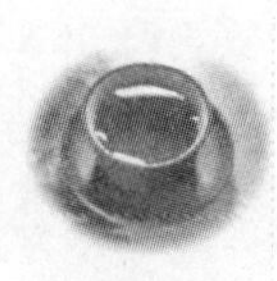

卢见曾收到来信拆开一看，只见一空信封内装着少许茶叶和盐，此外别无他物。卢见曾略作沉思，便悟亲家所示，急忙发动全家人将家财转移寄放他处。不数日，朝廷派来抄家的人赶到时，卢府之中资财已寥寥无几。

原来，纪晓岚这一“茶谜”的“谜底”是：以茶指“查”，意谓“茶（查）盐（盐帐）空（亏空）”。卢见曾知道已东窗事发，便赶忙转移财产，终于未遭倾家荡产。

29. “过江不愧真名士”

袁枚（公元 1716 ~ 1797 年），字子才，号简斋，晚号随园老人，钱塘（杭州）人。乾隆四年（公元 1739 年）进士，入翰林散馆，只因满文不佳，出为县令。他一生致力文学，所为诗文，天才横溢，尤工骈体，是清代乾隆时期的代表诗人和主要诗论家之一。

袁枚生性疏淡洒脱不喜做官，于壮年辞官，卜居南京小仓山，修筑随园，过了五十多年的清狂生活。好友钱宝意作诗颂赞他：“过江不愧真名士，退院其如未老僧；领取十年卿相后，幅巾野服始相应。”

他亦作一副对联：“不作高官，非无福命祗缘懒；难成仙佛，爱读诗书又恋花。”（自嘲）联中表明他“爱书如爱命”的读书志趣及无意于官场中汲汲营营。

袁枚活跃诗坛六十余年，存诗四千余首。同时，袁枚还是一位有丰富经验的烹饪学家，他的《随园食单》一书，是中国清代一部系统论述烹饪技术和南北菜点的重要著作。其中的“茶酒单”一章中，集中记录了他对各种名茶的感受，还记载着不少茶制食品，颇有特色。其中有一种“面茶”，即是将面用粗茶汁熬煮后，再加上芝麻酱、牛乳等佐料制成，面中散发淡淡茶香，美味可口；而“茶腿”是经过茶叶熏过的火腿，肉色火红，肉质鲜美而茶香四溢。由此可以看出袁枚是一个对茶、对饮食有相当研究的人。

65 岁以后，袁枚开始游山玩水，遍游浙江的天台、雁荡、四明、雪窦山，安徽的黄山，江西庐山，广东、广西、湖南、福建等地，喜爱品茶的他自然尝遍各地名茶，并且将之一一记载下来，如阳羡茶、君山茶、六安银针、梅片、毛尖、安化茶等，都有所评述。此外还写下许多茶诗，如《试茶》诗：“闽人种茶如种田，郄车而载盈万千；我来竟入茶世界，意颇狎视心迪然。”描写福建人普遍种茶的情形，置身其中，仿佛进入茶世界。可知他旅游时，除了欣赏群山万壑、山涧溪流的美景之际，亦不忘留意当地的“茶文化”，可看出他对茶的钟爱程度。

他最喜欢家乡的龙井茶，每次品到其他茶，都爱和龙井作比较，如他这样评阳羡茶："茶深碧色，形如雀舌，又如巨米，味较龙井略浓。"对洞庭君山茶，他说："色味与龙井相同，叶微宽而绿过之，采掇最少。"

袁枚尝遍南北名茶，在他70岁那年，游览了武夷山，对武夷茶产生了特别的兴趣。他有一段记述：

> 余向不喜武夷茶，嫌其浓苦如饮药。然，丙午秋，余游武夷，到幔亭峰、天游寺诸处，僧道争以茶献。杯小如胡桃，壶小如香橼，每斟再试其味，徐徐咀嚼而体贴之，果然清芬扑鼻，舌有余甘。一杯之后，再试一两杯，令人释躁平疴、怡情悦性，始觉龙井虽清而味薄矣；阳羡虽佳而韵逊矣。颇有玉与水晶品格不同之故。故武夷享天下盛名，真乃不忝。且可瀹至三次，而其味犹未尽。尝尽天下名茶，以武夷山顶所生，冲开白色者为第一。

袁枚善于品茶，更善于烹茶，他认为有了好茶，还要有好水，有了好水，更要善于掌握火候，对此他也有一段精彩的描述：

> 欲治好茶，先藏好水，水求中泠惠泉，人家中何能置驿而办。然天泉水、雪水力能藏之，水新则味辣，陈则味甘。

袁枚亦有梅花雪水煎茶的雅兴，品时自有一种"秋江欲画毫先冷，梅水才煎腹便清"的感受。他在实践中摸索出烹水泡茶的方法是：

> 烹时用武火，用穿心罐一滚便泡，滚久则水味将变，而停滚再泡则茶叶上浮。应一泡便饮，如加上杯盖则茶味又会变化。

接着他继续提到收藏茶叶的方法：

> 其次，莫如龙井，清明前者号莲心，太觉味淡，以多用为妙。雨前做好一旗一枪，绿如碧玉。收法须用小纸包，每包四两放石灰坛中，过十日则换石灰，上用纸盖扎住，否则气出而色味全变矣。

可说是研究得相当深入。当时，他有一个朋友，在喝了袁枚的茶后，逢人便称"我只有在随园，才吃到一杯好茶"。

武夷山的风光别具一格，吸引了不少游人。武夷山所产的茶叶，品具岩骨花香之胜，味兼红茶绿茶之长。来游武夷山的人，都要品尝一下武夷岩茶。这里流传着一个袁枚品茶的故事。

袁枚一生最喜欢饮茶，一天不饮茶就感到坐立不安。考中进士后，不愿做官，立意周游名山大川。这一天，他风尘仆仆地到了武夷山，沿着羊肠小道攀登幔亭峰，凭吊了太姥、武夷君大宴乡人的遗迹；登上天游峰，站在一览台放眼望去，见云海隐没在山谷峰岩之间，似觉成了神仙中人，怎么也不想离开了。

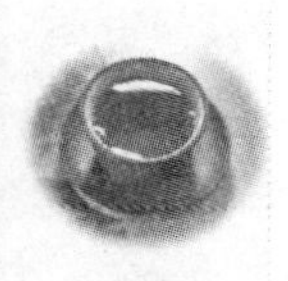

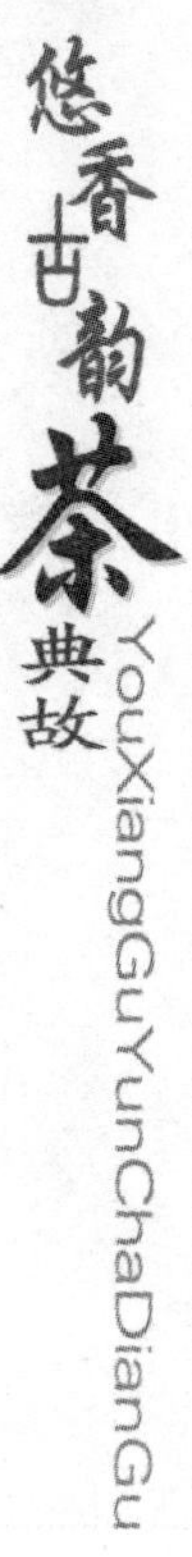

袁枚每到一处，不论是道观的道士，还是寺庙的和尚，看他谈吐风雅，一表人才，无不争相献茶，端出果品，殷勤招待。袁枚急着要品尝一下武夷岩茶，以偿夙愿，可是接过茶杯一看，茶色太浓，叶片又大，第一印象就不好，小试一口，如同喝药，他就放在一旁茶几上，再也不看一眼。几天下来，他跑遍武夷山寺庙，饮的差不多都是一样的茶，不禁自言自语地说“徒有虚名，不过如此”，遂对武夷岩茶失去了兴趣。

但是袁枚对武夷仙境还是很感兴趣的。他乘坐一叶扁舟，逆九曲而上，水随山转，山沿水立，山光溪色尽收眼底，这对他来说还是第一次。

袁枚游览名山大川，不是为了消磨时间，玩一玩就算了；而是要亲临其境，考察花草虫鸟和风物，以扩大眼界，增长才识。因此，他每到一处，凡事都要追根问底，对远近闻名的武夷岩茶，连日来饮过几次，都非佳品，这是为什么？在他临走的前一天，为此事专门拜访了武夷宫的道长。

这武夷宫，历史悠久，规模宏大，有房屋三百余间，周围的祠堂、庙宇、亭台有几十座。南唐保大二年元宗李璟的弟弟李良佐，就在这里修道，一住三十六年，死了葬在宫后面；在宋朝有很多名人，像辛弃疾、陆游、朱熹等一共二十五人，都曾经不定期负责管理武夷宫。袁枚进到宫中，道长亲自出见。袁枚见道长年逾古稀，道貌岸然，俨然神仙中人，肃然起敬，起身相迎。告坐后，尝过童子献上的武夷岩茶，寒暄几句，问道：“陆羽每次饮茶，都要满饮七大碗，还著有一部《茶经》，不知何故?”

老道长领会到他提问的含意，没有立即回答，微微一笑，起身到书橱旁，抽出一书回到原位，指着上面的诗句给袁枚看。袁枚忙起身接过，根据所指，只见上面是范仲淹《斗茶歌》中的几句诗：“年来春自东南来，建溪先暖冰微开。溪边奇茗冠天下，武夷仙人自古栽。”

袁枚早已看过《斗茶歌》，今天再看，想到连日所尝过的武夷岩茶，觉得歌中的“不如仙人一啜好，泠然便欲乘风飞”，有点言过其实，但在老道长面前，又不好直说，只是默不作声。老道长望了他一眼，说道：“武夷岩茶，未见诸《茶经》，陆羽著书立说严谨，非道听途说者可比；据蔡襄考证，陆羽就没有来过武夷，故没有提到武夷岩茶。蔡襄著的《茶录》对武夷岩茶言之甚详，不知先生过目否?”

袁枚听了老道长一席话，不表示赞成，也不表示反对，两眼望着老道长，一言不发。老道长知道，此人不是用言辞可说服的，便说道：“先生如果嗜茶，不妨请先生试一试老朽饮用的茶，如何?”

袁枚一听，连忙起身，表示感谢。老道长命童子重新备茶，不一会儿，童子用精制茶盘，端出崇安遇林窑烧制的黑磁茶具，杯子像胡桃，壶小如香椽。老道长持壶在手，满酌一杯，最多不过一两，请袁枚品尝。袁枚遵照老道长的吩咐，持杯在手。先闻其香，再试其味，一小口一小口地慢慢吞下，顿觉心旷神怡，和这几天饮的茶，大不一样；他又自酌一杯，先闻香后试味，再慢慢吞下去，果然清香扑鼻，舌有余甘，精神倍增，疲劳顿消。他一连吃了五杯，才连声说："好茶，好茶!"他起身谢了老道长，又一连喝了三壶。老道长看袁枚嗜茶如命，一边捋着胡须，一边微笑。

袁枚说："不瞒老道长，袁枚唯一嗜好就是饮茶。天下名茶不少，看来龙井味太薄，阳羡少余味，和武夷岩茶相比，不过是水晶和玉之不同。武夷岩茶，享有天下盛名，真是名不虚传，名不虚传。"

老道长见袁枚赞美不已，就告诉他来武夷数日所饮之茶，那是招待一般游客用的，袁枚听了大笑不止。袁枚来了兴致，第二天也不走了，一直和老道长饮茶论道。

老道长称赞他："事必躬亲，态度严谨。当今之世，难能可贵!"袁枚也笑道："差一点失掉了这个机会，尝到佳茗，实在令人高兴。"袁枚住了三天，才和老道长依依惜别。

30. 吴昌硕戒毒嗜茶

吴昌硕（公元1844～1927年），初名俊，后改为俊卿，字香补，中年字苍石，号缶庐等，海派代表画家，近代艺术大师，他从诗文、篆刻、书法入手转而绘画，尤以书法用笔著称画坛。以诗、书、画、印"四绝"享誉海内外。其作品多为写意花鸟，并将诗书画印冶为一炉，在自然朴实中渗透出深厚的传统笔墨功力和文人情怀。

吴昌硕生于浙江省孝丰县鄣吴村一个读书人家，幼年时好学不辍。十多岁时即嗜刻印，磨石凑刀，反复不已。吴昌硕酷爱读书，为了满足日益增强的求知欲望，他常千方百计去找更多的书来读。有时为了借一部书，往往来回行数十里路，也不以为苦。

29岁那年，他离开家乡，到人文荟萃的杭州、苏州、上海等地去寻师访友，刻苦学艺。他待人以诚，求知若渴，各地艺术界知名人士都很乐意与他交往，其中尤以任伯年、张子祥、胡公寿、蒲作英、陆廉夫、施旭臣、诸贞壮、沈石友等人与他交谊尤笃。

30多岁时，他始以作篆籀的笔法绘画，后经友人介绍，求教于任伯年。伯年要他作一幅画看看，他说："我还没有学过，怎么能画呢?"伯年道："你爱怎么画就怎么画，随便画上几笔就是了。"

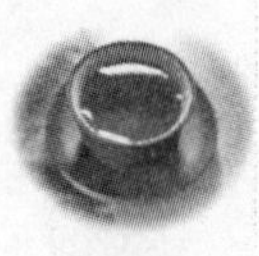

于是他随意画了几笔，伯年看他落笔用墨浑厚挺拔，不同凡响，不禁拍案叫绝，说道："你将来在绘画上一定会成名。"吴听了很诧异，还以为跟他开玩笑。伯年却严肃地说："即使现在看起来，你的笔墨已经胜过我了。"此后吴昌硕对作画有了信心，根据他平日细心观察、体验积累起来的生活经验，再加上广泛欣赏与刻苦学习，他所作的画日臻完美着。

吴昌硕也擅长诗文，苦吟数十年，未尝间断。所作诗篇以傲兀奇崛古朴隽永见长，一般地说用典较多，不甚通俗，但有些绝句纯用白描手法，活泼自然，接近口语，具有明丽俊逸的特点，风格上与民歌很相近。他所作题画诗寄托深远，颇有浪漫主义气息，直到七八十岁的高年，还以读书、刻印、写字、绘画和吟诗作为日课，乐之不疲。诚如他自己在一首题画诗中所描述："东涂西抹鬓成丝，深夜挑灯读《楚辞》；风叶雨花随意写，申江潮满月明时。"

吴昌硕一生爱梅爱茶花也爱茶，喜欢赏梅、品茗两结合。他笔下的茶花均为大写意，气势磅礴、浑厚老到。用笔融入篆籀之法，笔势雄健，其表现似不在形，更侧重于神貌的体现，注重给人以整体的审美感受，意蕴上则生发画意和诗情。他74岁所作《茶花》题跋云："画此嫣红要与山灵争艳"，可窥其心志一斑。

他尤擅长画梅，常将寒梅、清茶置于一图，相映成趣。并作诗书跋如下：

> 折梅风雪洒衣裳，茶熟凭谁火候商。莫怪频年诗懒作，冷清清地不胜忙。雪中拗寒梅一枝，煮苦茗赏之。茗以陶壶煮不变味。予旧藏一壶，制甚古，无款识，或谓金沙寺僧所作也。即景写图，销金帐中浅斟低唱者见此必大笑。

吴昌硕早年由于为生计所累，不胜疲劳，一度染上了吸大烟的毛病，而且烟瘾越来越大。妻子施季仙劝他戒烟，始终没有效果。一天，吴昌硕在外面过足烟瘾，懒懒散散地回家来，妻子实在气不过，冷冷地丢了一席话："这东西有什么好？又花钱，又害身体，不能再吃了！如果你连这都做不到，还治什么印，学什么画！"这席话震动了吴昌硕，深感有负于贤妻。

那是在1865年，劫后余生的吴昌硕回到家乡浙江安吉郭吴村，这时，原配章氏已逝世，他只能与父亲在家耕读打发日子。正在此时，施季仙爱上吴昌硕，嫁给了这个一文不名的农夫，为了支持吴昌硕的艺术事业，她不惜变卖陪嫁首饰，指望吴昌硕事业有成。如今，事业不成，反而吸上了鸦片，想到这儿，吴昌硕下决心戒烟。

从此，吴昌硕远离烟土，就连一般的水烟、纸烟也决不沾手。辛劳之余，他靠的就是一把陶泥小壶，一壶浓浓的茶水。正是它们，伴随着吴昌硕走向了艺术的巅峰。

第三节　现代名人茶故事

不仅中国的古人喜爱饮茶，近现代喜爱饮茶之士也比比皆是，沿习了几千年的茶情茶韵，昭发着新时代的气息。近现代名人与茶的故事更让人受益匪浅。

1. 毛泽东两辞赠茶

毛泽东的饮食非常简单。一天三餐的主食是糙米饭搭配杂粮，副食则包括鱼和肉及蔬菜等。外传他很喜欢吃红烧肉，其实不常吃，而且吃的时候一定是块大量小，单纯是要解馋，反倒是鱼类常吃，因为其中含有不饱和脂肪酸，具有降血脂的功能。另外，他每天一定要摄取不低于500克的蔬菜，有助于消化。他也喜欢吃辣椒和大蒜，而且每餐必备，无形中也提高了免疫功能，还有最重要的就是每天起床一定会喝一杯绿茶，茶中丰富的儿茶素可以降低血清胆固醇。

毛泽东一生离不开茶，对茶叶历史和茶文化也十分熟稔。他认为茶起源于中国，而后传入日本、欧洲和印度，“这是中国人对世界做的贡献”。他曾说过这样一段话，说他的生活里有四味药：“吃饭、睡觉、喝茶、大小便。”能睡、能吃、能喝、大小便顺利，比什么别的药都好。

第一次国共合作时期，毛泽东曾以共产党员身份出任国民党中央候补委员、代理宣传部长。1926年5月，毛泽东与柳亚子相识，并同座饮茶，侃侃而谈。这次“饮茶粤海”，两人都留下了深刻的印象。后来，毛泽东于1949年4月29日写了《七律·和柳亚子》就是以这次饮茶开头，回忆了美好的交往，诗中还委婉地批评柳亚子不要“牢骚太盛”，要“风物长宜放眼量”，暗示共产党不会忘记长期合作的老朋友。

写诗后的第三天，1949年的五一国际劳动节这天，毛泽东从百忙之中抽出时间，带着妻子和女儿乘车到颐和园访柳亚子。在益寿堂，两人喝茶休息，品茗论诗，谈兴甚畅，随后一同乘船游览昆明湖。

在战争年代，茶伴随毛泽东度过那不平凡的岁月，甚至可以说须臾没离也。在陕北时期，沙家店战役一打响，他便守在电话机旁，和前线联系，看

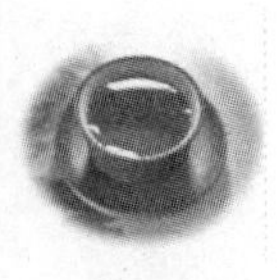

地图，看电报，写电文，烟一根接一根地抽，茶水更是不断。泡过水的茶叶用手一抠便进了嘴，嚼一嚼咽下去。头一天是一包茶叶冲三次水后才吃掉茶叶，到了第三天已经是冲一次水就吃掉茶叶。战役打了三天两夜，毛泽东不出屋，不上床，不合眼。算起来，他一共抽掉 5 包半烟，喝掉几十杯茶。终于，捷报传来。

毛泽东嗜茶如命，终日不离茶水。他茶瘾较大，冲泡的茶水特浓，还时常津津有味地将茶叶吃掉。他这种饮茶吃叶的习惯，不仅是一种节俭的美德，而且也有益于身体健康。这一点，常使刚刚到他身边的卫士“大吃一惊”。在给毛泽东的茶杯里续水时，只见他伸出手一抠，将杯里的残茶塞进了嘴巴，顺势用手背擦了一下沾湿的嘴角，就咀嚼起来。卫士目瞪口呆，赶紧拿起空杯出去换茶。

其实，吃茶叶是毛泽东的一个习惯，每天不论换几次茶叶，残茶必然抠到嘴里吃掉，他认为茶叶像青菜一样也有营养，全吃下去是理所当然的事。毛泽东常常睡觉醒来后并不起床，湿毛巾擦过手脸就开始喝茶。而且还有一个习惯，就是睡前喝的那杯茶不倒掉，起床后加点开水再喝。一边喝茶一边看报，过一小时才起床、吃饭，然后开始一天紧张忙碌的工作。

他爱喝绿茶，尤喜龙井，且要浓、要热，身边工作人员每年都要代他向杭州定购西湖龙井茶叶。他每月喝掉三四斤茶叶是常事，这些都从他的工资中开支。毛泽东外出开会视察时也是自带茶叶，喝过地方上提供的茶叶后一般都会付钱。毛泽东一生喜爱喝茶，也留下了很多令人品味的故事。

广西的桂平西山为南国名山，凡名山必出名茶，诸如武夷的岩茶，黄山的毛峰，庐山的云雾。桂平也出名茶——西山茶。

西山茶始于唐代，到明清已享有盛誉，名闻遐迩；然而，西山茶到了民国后期却衰败落伍了。1949 年，释宽能法师应巨赞法师之邀从广东曲江南华寺来到西山洗石庵任住持的时候，西山茶的年产量只有十几斤，一级好茶不足三斤。尔后，在释宽能法师和佛教徒的努力下，西山茶枯木逢春，又繁盛起来。

到了 1954 年，释宽能法师为了表达对共产党和毛主席的感激之情，把收获的茶叶精选了两斤，寄给了毛主席。毛主席收到茶叶后，立即委托中共中央办公厅秘书室写了一封热情洋溢的鼓励信，信中说，“你们在茶叶生产上获得显著成绩，这是很好的。希望你们今后继续努力，不断地提高产量和质量，以供应人民生活的需要。”

第二年夏天，释宽能法师又给毛主席寄去了两斤茶叶，可是毛主席却不再接受了。他嘱咐秘书室寄回茶叶款，并写信传达了毛主席的指示：“最近，中央已做出决定：国家机关工作人员不准接受礼物。这次寄来的茶叶作价寄回……”

释宽能法师收到信后，感动得热泪盈眶。

另一个故事发生在20世纪50年代。那是为彻底根治淮河水患，1952年至1954年，国家动工兴建了举世闻名的佛子岭水库。当时，大量移民就近移到附近的山上，为解决库区群众长远生活出路问题，位居水库东北部的佛子岭人民响应毛主席的号召，发扬艰苦创业精神，走组织起来的道路，于1954年春办起一个完全社会主义性质的佛子岭林农牧合作社，毛主席看到这个社的材料后，1955年在为《中国农村的社会主义高潮》一书的《大社的优越性》一文作了按语，佛子岭人民受到了莫大鼓舞。

1958年，朱德委员长视察该社后又作出“以后山坡上要多多开辟茶园”的指示。佛子岭人民在毛主席与朱德委员长指示精神鼓舞下，经过近20年的顽强奋斗，各业生产都取得了巨大成绩。

1973年4月30日，中共霍山县佛子岭人民公社委员会给毛泽东主席写了一封热情洋溢的汇报信，详细汇报了佛子岭人民20年来贯彻主席按语精神，各业生产所取得的辉煌成就，并随信寄上霍山黄芽茶一包，以表达佛子岭人民对领袖的热爱之情。信中写道：“……我们所取得的每一个成绩都是您光辉思想的结晶。为了向您老人家汇报我们的劳动成果，表达全社人民对伟大领袖的无产阶级感情，今特献上我社贫下中农自己培植、自己采摘、自己加工的本地特产——霍山黄芽茶一包。这是全社人民的一片心意，恳请收下。”

这年9月15日，毛主席委托中共中央办公厅信访处给佛子岭公社贫下中农回信，全文如下：

佛子岭公社贫下中农：

你们于1973年5月送给伟大领袖毛主席的黄芽茶8斤已收到，谢谢你们！

遵照伟大领袖毛主席关于要艰苦奋斗，厉行节约，反对浪费，勤俭办一切事业的历来教导和中央关于不准向任何单位和个人赠送礼物的规定，希望你们不要再送礼。现将送来的东西折款48元寄给你们，请查收。(注：当时的霍山黄芽价最高也只卖5元1市斤。)

此致

敬礼

中共中央办公厅信访处

一九七三年九月十五日

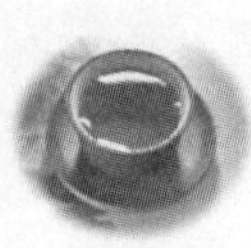

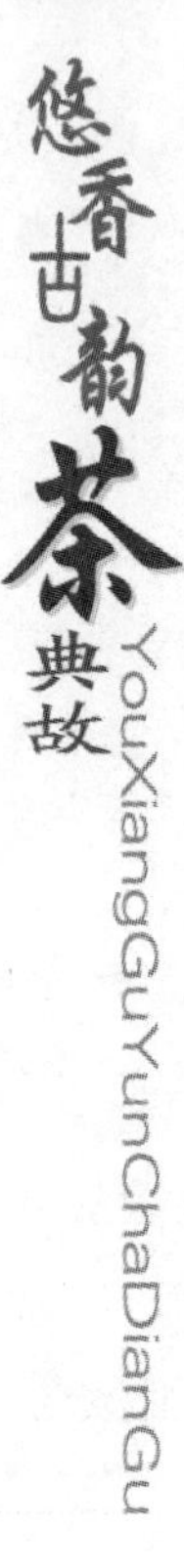

毛泽东喜欢饮茶，也十分关心我国茶叶生产。解放初他到杭州，对梅家坞茶山的印象很深，很关心那里的生产情况。他曾多次到杭州西湖茶园视察，并在刘庄亲自采茶，踏遍了龙井茶区的山山岭岭，对龙井茶了如指掌，耳熟能详。毛泽东还曾嘱咐手下的工作人员，利用荒地，在西湖丁家山麓、刘庄园内开垦一个茶园，种上了茶树，美美地过了一把当"茶农"的瘾儿。后来在安徽农村考察时，一次指着荒山野岭向当地群众说，这里水土条件都很好，如果能在山坡上像杭州西湖边上那样开辟茶园，既可以富了自己，也为国家增加农产品。

2. 茶诗颂龙井

朱德一生日夜操劳国家大事，但仍活到九十多岁，其长寿的秘诀取决于诸多因素，其中喜欢饮茶是重要原因之一。

他尤其喜欢庐山云雾茶，他曾在庐山上写过一首饮茶诗，表达了饮茶与长寿之间的关系。诗云："庐山云雾茶，味浓性泼辣。若得长年饮，延年益寿法。"诗句浅显易懂，却清楚体现了庐山云雾茶的优点及性能。

朱德也非常喜欢狮峰龙井产的名茶，1961 年 1 月 26 日，75 岁高龄的朱德同志来到西湖龙井茶区视察，他兴致勃勃地攀上风篁岭的狮子峰，伫立峰顶，环顾四望，只见远处西湖如镜，钱江如练，江山如画；眼前却是梯田层层，碧茶丛丛，风景迷人。

朱老总凝望着这片如诗如画的景色，十分高兴地说："像这样的荒山都开发出来，种上了茶叶和柑橘，这就叫'地尽其利，物尽其用'呵！"

当天晚上，朱老总浮想联翩，夜不能寐，欣然命笔，挥毫草就了一首七绝诗——《看西湖茶区》。诗中写道：

狮峰龙井产名茶，生产小队一百家。

开辟斜坡四百亩，年年收入有增加。

吟咏此诗，我们不难品味出，那字里行间洋溢着他对龙井茶的深深喜爱。

西湖龙井茶，素来以"色绿、香郁、味醇、形美"这四绝著称于世，驰名天下，深受中外茶客的喜爱和欢迎。因此，朱老总如此喜好龙井茶，是丝毫不足为怪的。

3. 周总理的龙井茶情

西湖龙井茶历史上有"狮"、"龙"、"云"、"虎"、"梅"之分，每个字代表着龙井茶在西湖山区的具体产地，这些字又称为龙井茶的字号。"梅"字号龙井茶产于梅家坞，是西湖龙井的主要产区。来到这里参观游览的人们常常为周总理生前五访梅家坞的事迹所感动。

从 1951 年春天起，周恩来先后五次到梅家坞视察，对龙井茶业作了多次指示，要求提高产量，改良质量。他曾指示："龙井茶是茶中珍品，国内外人士都需要，更要多发展一些。"在他给夫人邓颖超的信中，可以看到他对茶的研究精神。信中说：

"西湖五多，我独选其茶多，如能将植茶、采茶、制作全套生产过程探得，你才称得起茶王，否则不过是茶壶而已。"

周恩来到梅家坞其中有三次是陪同外宾来的。有一次正值清明，接待人员用刚采制的龙井绝品"明前龙井"，用山泉水冲泡，敬献给总理和外宾。总理喝完芬芳甘美的茶汤后，不忍把嫩芽丢弃，便风趣地说："剩下的茶叶倒掉太可惜了，还是把它全部消灭吧。"于是，端起茶杯，津津有味地咀嚼起来茶叶。

还有一次，他在梅家坞停留了 4 个小时，与干部、群众座谈制订龙井茶发展的计划。他亲切地对群众说：

"我要和你们做朋友了，以后要经常到梅家坞来。"

他在茶园与姑娘们一起采茶体验生活时，看到嫩绿整齐的茶树，触景生情地说：

"茶树常年碧绿，种茶本身就是绿化，既美观，又是经济作物，再好没有了。"

1993 年，梅家坞的村民自发筹资修建的周恩来纪念馆开馆。每年清明节，这里的村民都用当年最好的茶叶泡上一杯茶放在周恩来的遗像前。

周恩来特别偏爱龙井茶，有时工作到深夜，就用一杯龙井，几块饼干充当夜宵。他还认为客来敬茶，以茶为赠礼，礼轻情意重，这既不失礼，又能传播中华文明。中美建交时，美国国务卿基辛格博士访华，周总理请他共饮龙井茶，又馈赠他少许。对龙井茶念念不忘的基辛格，在第二次到北京时主动向总理讨要龙井茶。龙井茶现在是款待外宾的茶，并作为礼品馈赠外宾。

周恩来喝茶很有风度。刚进城时，首长们开会，服务员都要马上冲好茶。周恩来一接过服务员递来的盖着盖的茶杯，定要及时揭盖呷两口，然后才放茶杯。休息时，他对服务员说："小鬼，你会喝茶吗？冲好茶水，揭盖要及时，头两口茶香最浓，就是带着热气喝，放久了茶香就差多了。"久而久之，服务员都能恰到火候地将茶水送到周恩来面前。

周恩来召开的会议，会议餐是不变的标准：冬天只有一个大烩菜，夏天限定四菜一汤，几十年没有例外。按当时的工资及物价标准，高级干部须交 8 角饭钱，工作人员交 2 角 5 分饭钱，就是喝一杯茶，也要根据茶叶品种和质

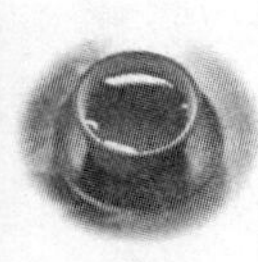

量，交1角钱或2角钱。他说："不在钱多钱少，重要的是不能惯出毛病。"周恩来自己也严格遵守这一不成文的规定。

1972年2月27日，周恩来陪同美国总统尼克松一行访问杭州。为了客人们的安全，他提前半小时赶到杭州笕桥机场，直奔候机大厅。服务员小周见是敬爱的总理光临，忙泡上一杯龙井茶送上，亲切地说："总理，请喝茶！"周恩来边喝茶边和小周交谈，问这问那。临别时在秘书耳边嘀咕了几句。秘书把1角钱递给小周，说："这是总理交的茶水钱。"小周一时愣住了，忙说："我们这里是不收茶水钱的。""这是总理的规矩！"秘书笑着向小周挥挥手，离开了候机大厅。

4. "元帅诗人"与"竹叶青"

陈毅是元帅，是诗人，是文武全才，也是爱茶之士。在陈毅元帅的家中，一年四季总是备有名茶——西湖龙井茶。

20世纪60年代初，正值三年经济困难时期，国民经济陷于困境，物价上涨，龙井茶也涨到60元1斤。陈老总一个月要喝1斤半茶叶，就要花费90元。这对家里人口多而又自律甚严的陈老总来说，确实是个不轻的经济负担，夫人张茜每每为此发愁。于是，他们一家只好强忍茶瘾，暂时"告别"了龙井茶。

困难时期过去之后，1961年8月，陈毅副总理又陪外国贵宾访问梅家坞。茶客访茶乡，心潮逐浪高。耳濡目染茶区那日新月异的新貌，陈老总不禁诗兴盎然，即席挥毫，满怀深情地赋诗，写下了洋溢着对茶区的关注和赞赏之情的五律诗《梅家坞即兴》，诗云：

会谈及公社，相约访梅家。
青山四面合，绿树几坡斜。
溪水鸣琴瑟，人民乐岁华。
嘉宾咸喜悦，细看摘新茶。

陈毅是四川人，四川产名茶。唐代李善《文选注》中就有"峨眉金药草，茶尤好，异于天下"的句子。宋代苏东坡更写下"分无玉碗捧峨眉"的赞颂峨眉山茶的千古佳句。陆游曾有诗赞"雪芽近自峨眉得，不减红囊顾渚春"，将峨眉茶与顾渚紫笋偕美。

在民间传说中，峨眉山峨蕊崮中，住着一位峨蕊仙子，她是一株得道万年的茶树，专心为峨眉山培育仙茶。一日，一勤劳善良的茶农偶遇仙境茶林，不想惊动仙子，仙茶林瞬间消失，化为一捆沾露的茶苗。茶农知是宝物，将茶苗带回，种在峨眉山中精心培植。岁月沧桑，峨蕊香飘千里，峨眉山从此有了峨蕊、峨眉毛峰、云雾毛尖等名茶。其中“竹叶青”就是在总结峨眉山万年寺僧人长期种茶制茶经验的基础上发展而成的。然而，许多人知道有竹叶青酒，但知道竹叶青茶的人为数就不多了。

竹叶青茶产于峨眉山海拔 800 ~ 1200 米的清音阁、白龙涧、万年寺、黑水寺一带。这里茶园地处山谷，群山环抱，竹林茂密，终年云雾缭绕，细雨濛濛，日照时间少，漫射光多，土壤深厚肥沃，有机质含量丰富，适合茶树生长。

茶名“竹叶青”就形取名，贴切悦耳，文字上赏心悦目。其外形扁平光滑，挺直秀丽，翠绿显毫，两头尖细，形似竹叶，一旗一枪，煞是精致。冲泡后茶汤黄绿明亮，鲜醇高爽，滋味浓醇带栗香，经久耐泡。用于制作竹叶青的鲜叶十分细嫩，加工工艺精细。一般在清明前 3 ~5 天开采，标准为一芽一叶或一芽二叶初展，鲜叶嫩匀，大小一致。茶离不开色、香、味，而竹叶青茶还多一“形”：既有成茶时的竹叶形，更有入杯后翠叶劲挺匀直，或如点点浮萍浅缀水面，或似尾尾游鱼翔转水中，大多却是整齐地排列于杯底，随水轻舞摇曳。少顷，水面及水中的茶叶逐渐下沉，加入杯底的舞蹈行列。品茗者的心灵也会随之沉静下来，从容闲逸地溶入竹叶青的“茶舞”之中。

竹叶青是明前茶，系采早春细嫩茶叶制成，属炒青绿茶，其工艺考究，炒茶时低温而适度，投叶量少，每锅 150 克左右，采用抖、抓、撇、压等工艺，一次炒制成形。

竹叶青茶于 1985 年、1988 年分别荣获葡萄牙里斯本第 24 届、中国首届国际食品博览会金奖，1993 年荣获德国斯图加特第 14 届国际博览会金奖以及国内 12 项金奖，是四川名优绿茶中唯一被省政府授予名牌的产品，畅销全国 20 多个省市并出口国外，深受消费者喜爱。在 2000 年中国国际茶博会上，二两竹叶青茶叶拍卖出天价 5.5 万元。

那么，其茶名是怎样得来呢？这里还有一段鲜为人知的故事。

1964 年，陈毅陪周总理出访亚非后，忙里偷闲，与乔冠华、黄镇等同志度假峨眉山。在万年寺，当家和尚以香茶款待陈毅一行。陈老总连啜三口，品后便问：“这是啥茶？很不错嘛！”告之乃寺中自产的无名茶，有人趁势建议陈老总给起个名字。陈老总沉吟片刻，说道：“我是俗人俗口俗语，登不得大雅之堂！我看这茶形如竹叶，汤色亦如竹之翠绿，清秀悦目，味道也如苦竹叶清香回甜，就叫‘竹叶青’吧！”从此，“竹叶青”的芳名便不胫而走。

5. 郭沫若与茶

郭沫若原名郭开贞，乳名文豹，号尚武。笔名除郭沫若外，还有郭鼎堂、

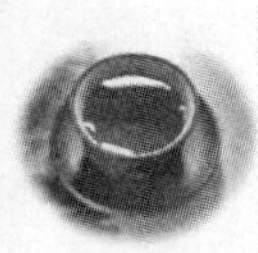

石沱、麦克昂、杜衍等，四川省乐山县沙湾镇人，著名现代文学家。

郭沫若生于茶乡，曾游历过许多名茶产地，品尝过各种香茗。在他的诗词，剧作及书法作品中留下了不少珍贵的饮茶佳品，为现代茶文化增添了一道绚丽的光彩。

郭沫若这位饮酒海量的文豪，对饮茶也十分精通。1903 年他才 11 岁就写下了“闲钓茶溪水，临风诵我书”的《茶溪》一绝。这是他的第一首记游诗，也是他最早写到家乡茶溪的一首诗。在 1940 年，与友人游重庆北温泉缙云山，所作赠诗中，以茶来表达自己的感情。诗曰：

豪气千盅酒，锦心一弹花。

缙云存古寺，曾与共甘茶。

诗中的“弹花”是指赵清阁当时主编的《弹花》文艺月刊。“甘茶”指缙云山上的一种甜味山茶。

四川邛崃山上的茶叶，以味醇香高著称。据史料记载，卓文君与司马相如曾在县城开过茶馆，成为流传千古的佳话。1957 年，郭沫若作《题文君井》诗：

文君当垆时，相如涤器处，

反抗封建是前驱，佳话传千古。

今当一凭吊，酌取井中水，

用以烹茶涤尘思，清逸凉无比。

后来，当地茶厂，便以“文君”为茶名，创制了“文君绿茶”。

1959 年 2 月，郭沫若陪外宾到杭州，在登孤山、六和塔和花港观鱼后，来到虎跑，他以诗记游，这样吟道：

虎去泉犹在，客来茶甚甘。

名传天下二，景对水成三。

饱览湖山胜，豪游意兴酣。

春风吹送我，岭外又江南。

1959 年他陪外宾到武夷山和黄山，在品尝了两山的名茶后写了一首诗：

武夷黄山一片碧，采茶农妇如蝴蝶。

岂惜辛勤慰远人，冬日增温夏解渴。

湖南长沙高桥茶叶试验场在 1959 年创制了名茶新品高桥银峰。5 年后，郭沫若到湖南考察工作，品饮之后倍加称赞，特作七律一首，并亲自手书录赠高桥茶试场，诗的名称是《初饮高桥银峰》：

芙蓉国里产新茶，九嶷香风阜万家。

肯让湖州夸紫笋，愿同双井斗红纱。

脑如冰雪心如火，舌不短钉眼不花。

协力免教天下醉，三闾无用独醒嗟。

高桥银峰茶因郭沫若的题诗一时名声大噪。此外，安徽宣城敬亭山的“敬亭绿雪”，也因郭沫若的题字而身价倍增，一时传为佳话。

郭沫若每到一地，总把品茶看作是生活的一大乐趣。1964 年 7 月，他出席国际会议，途经广州，曾到北国酒家饮茶，诗兴勃发，赋诗一首：

北国饮早茶，仿佛如在家；

瞬息出国门，归来再饮茶。

郭沫若是诗人，又是剧作家，在描写元朝末年云南梁王的女儿阿盖公主与云南大理总管段功相爱的悲剧《孔雀胆》中，郭沫若把武夷茶的传统烹饮方法，通过剧中人物的对白和表演，介绍给了观众。借王妃之口，讲述了工夫茶的冲泡之法：在放茶之前，先要把水烧得很开，用那开水先把这茶杯茶壶烫它一遍，然后再把茶叶放进这“苏壶”里面，要放大半壶光景。再用开水冲茶，冲得很满，用盖盖上。这样便有白泡冒出，接着用开水从这“苏壶”盖上冲下去，把壶里冒出的白泡冲掉。从这段剧情，可以看到郭沫若对工夫茶的冲泡是如此的精通，反映出郭沫若对茶文化的热爱。

20 世纪 70 年代中期的一天，郭沫若驱车北大，造访住在朗润园内的泾县籍著名学者吴组缃。组缃待以家乡茂林的深山茶。几口入喉之后，郭老不无惊异地望着组缃，慢慢吐出四个字来：天下无敌！郭老天性浪漫，他对泾县茶叶的评价或恐不无夸张。但无论怎么说，泾县深山茶的品位之高，毕竟是不争的事实。

同是因为茶事，郭沫若与当代茶圣吴觉农的嫡传弟子刘祖香还有一段交游的佳话。

耄耋之年的刘祖香，凡见过其人者，则怎么也不敢相信他的年龄。问其故，则曰：“饮茶、登山，两者不可或缺。”刘祖香以身许茶，一生事茶，凡六十余年，结茶为缘，人称“茶人”。他在上虞亲手创办了上虞茶场、茶叶技术学校、茶叶科研所；他公开出版 50 多万字的茶叶研究论著，他指导研发了上虞觉农舜毫、龙浦仙毫、觉农龙井三只名茶，并荣获全国金奖。

那还是 1959 年 4 月的一天，在黄山山麓，只身前去黄山考察茶树品种的刘祖香碰到了郭沫若及其夫人于立群。一身素装的郭沫若平易近人、和蔼可亲，刘祖香便主动与其攀谈起来。当郭沫若先生听说他是搞茶叶的，便表现出极大的兴致，问这问那，谈得甚是投机。

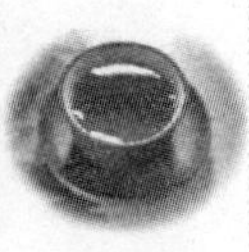

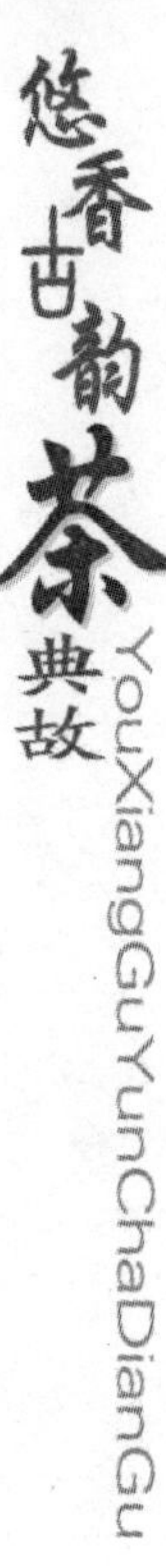

因为要爬山，第二天上午他们又在半山寺相遇。同桌品茗时，刘祖香向他求字，郭沫若先生并没有当即应诺。吃中饭时，郭沫若问刘祖香：“下午到哪里去？天都、北海去不去？”刘祖香实话实说：“下午我就不准备去了。”郭沫若竟心直口快地说：“你一不上天都、二不上北海，辜负了祖国大好河山。”被郭沫若一激，当天下午刘祖香果真上了天都、北海。

那次与郭沫若邂逅，刘祖香颇是激奋。返回家乡，他精心加工制作了一斤一芽两叶初展的针形茶，并用玻璃瓶盛装，外加木盒套装，寄给了郭沫若。过了一月余，刘祖香收到了郭沫若寄来的茶场的题字，他喜出望外，立即请人制作了招牌，挂了出去。

自黄山考察回来，郭沫若鼓励登高览胜之言一直萦绕在他耳际，从此刘祖香竟养成了登山的习惯。登山的速度，令年轻人瞠目结舌，自叹弗如。他曾五上黄山、三上庐山、二上武夷山！有人祝他“健康长寿”，可他说，你应该祝我“健康茶寿”才好。“茶寿”，即一百零八岁之谓。

6. 巴金与工夫茶结缘

巴金，现当代作家。原名李尧棠、字芾甘，笔名佩竿、余一、王文慧等。四川成都人。1920 年入成都外国语专门学校。1923 年从封建家庭出走，就读于上海和南京的中学。1927 年初赴法国留学，写成了处女作长篇小说《灭亡》，发表时始用巴金的笔名。巴金回到上海后从事创作和翻译，创作了《激流三部曲》、《家》、《春》、《秋》、《雾》、《雨》、《电》等中长篇小说，以其独特的风格和丰硕的创作令人瞩目。

解放后，巴金曾任全国文联副主席、中国作家协会主席、中国笔会中心主席、全国政协副主席等职，并主编《收获》杂志。巴金是我国新文学奠基者之一，也是一位蜚声世界的文化名人，他的文学创作成就和在文学史上的地位是举世瞩目，有口皆碑的。

巴金很早就与潮汕工夫茶结缘。据已故作家汪曾祺《寻常茶话》所记：“1946 年冬，开明书店在绿杨村请客。饭后，我们到巴金先生家喝工夫茶。几个人围着浅黄色老式圆桌，看陈蕴珍（萧珊）表演：濯器、炽炭、注水、淋壶、筛茶。每人喝了三小杯。我第一次喝工夫茶，印象深刻。这茶太酽了，只能喝三小杯。在座的除巴先生夫妇，有靳以、黄裳。一转眼，四十三年了。靳以、萧珊都不在了。巴老衰病，大概没有喝一次工夫茶的兴致了。那套紫砂茶具大概也不在了。”

然而，汪曾祺却没有料到，1991 年，巴金先生已 88 岁高龄仍然喝了一次工夫茶。为巴金先生冲工夫茶者，是名闻中外的紫砂壶制壶大师许四海。许四海在成名前当过兵，所在部队就驻在潮汕地区。他对潮汕地区的工夫茶情有独钟，进而留心搜集工夫茶具，常用以物易物的方式收集到民间老紫砂罐，到 1980 年复员回到上海时，随身带回大量壶类古董。后来他不满足于集藏，便到宜兴拜师学制壶工艺，终于成为当代制壶名家。

许四海是因为向上海文学发展基金会捐款而结识巴金老人的，巴老让女儿李小林泡茶给许四海喝。茶泡在玻璃杯里，且有油墨味（因巴金先生将茶叶放在书柜里），所以喝后，许四海表示下次来一定要给大家表演中国茶艺。一个月后，许四海给巴金先生送一只自制的仿曼生壶，还特地从家里带了一套紫砂茶具来，为巴金表演茶艺。

巴金平时喝茶很随意，用的是白瓷杯，四海就用他常用的白瓷杯放人台湾朋友送给巴金的冻顶乌龙，方法也一般，味道并不见得特别。然后他又取出紫砂茶具，按潮汕一带的冲泡法冲泡，还未喝，一股清香已从壶中飘出，再请巴金品尝，巴金边喝边说：“没想到这茶还真听许大师的话，说香就香了。”又一连喝了好几盅，连连说“好喝好喝”。（沈嘉禄《茶缘》）

由此可见，巴金先生至少饮过两次潮汕工夫茶，只不过前后相隔近半个世纪。

7. 老舍茶馆

老舍（1899～1966 年），原名舒庆春，字舍予，老舍是他最常用的笔名，另有挈青、鸿来、絜予、非我等笔名，北京人，著名作家。

饮茶是老舍先生一生的嗜好，他认为“喝茶本身是一门艺术”。他在《多鼠斋杂谈》中写道：“我是地道中国人，咖啡、可可、啤酒，皆非所喜，而独喜茶。”“有一杯好茶，我便能万物静观皆自得。”老舍本人茶兴不浅，不论绿茶、红茶、花茶，都爱品尝一番，兼容并蓄。他也酷爱花茶，自备有上品花茶。我国各地名茶，诸如“西湖龙井”、“黄山毛峰”、“祁门红茶”、“重庆沱茶”，无不品尝。他“茶瘾”很大，称得上茶中瘾君子，喜饮浓茶，一日三换，早中晚各来一壶。老舍先生出国或外出体验生活时，总是随身携带茶叶。

茶助文人的诗兴笔思，有启迪文思的特殊功效，老舍的习惯就是边饮茶边写作。这可能由于饮浓茶能振奋精神，激发创作灵感。据老舍夫人胡挈青回忆，老舍无论是在重庆北碚或北京，他写作时饮茶的习惯一直没有改变过。创作与饮茶成为老舍先生密不可分的一种生活方式，茶在老舍的文学创作活动中起到了绝妙的作用。

在老舍的小说和散文中，也常有茶事提及或有关饮茶情节的描述。他的自传体小说《正红旗下》谈到，他的降生，虽是“一个增光耀祖的儿子”，

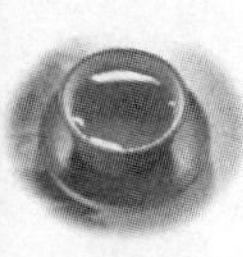

可是家里穷，父亲曾为办不起满月而发愁。后来，满月那天只好以“清茶恭候”来客。那时家里“用小沙壶沏的茶叶末儿，老放在炉口旁边保暖，茶叶很浓，有时候也有点香味。”

老舍好客、喜结交。他移居云南时，一次朋友来聚会，请客吃饭没钱，便烤几罐土茶，围着炭盆品茗叙旧，来个“寒夜客来茶当酒”，品茗清谈，属于真正的文人雅士风度！老舍与冰心友谊情深，老舍常往登门拜访，每逢去冰心家作客，一进门便大声问：“客人来了，茶泡好了没有?”冰心总是不负老舍茶兴，以她家乡福建盛产的茉莉香片款待老舍。

浓浓的馥郁花香，老舍闻香品味，啧啧称好。可见茶情之深，茶谊之浓。老舍后来曾写过一首七律赠给冰心夫妇，首联是“中年喜到故人家，挥汗频频索好茶”，怀念他们抗战时在重庆艰苦岁月中结下的茶谊。到北京后，老舍每次外出，见到喜爱的茶叶，总要捎上一些带回北京，分送冰心和他的朋友们。

话剧《茶馆》是老舍后期创作中最重要、最为成功的一部作品。《茶馆》为三幕话剧，七十多个人物，这些人物的身份差异很大，有国会议员、有宪兵司令部里的处长、有清朝遗老、有地方恶势力的头头、也有说评书的艺人、看相算卦者及农民村妇等等，形形色色的人物，构成了一个完整的“社会”层次。

剧本重现了旧北京的茶馆习俗。热闹的茶馆除了卖茶，也卖简单的点心与菜饭，玩鸟的在这里歇歇腿，喝喝茶，并使鸟儿表演歌唱。商议事情的，说媒拉纤的，也到这里来。茶馆是当时非常重要的地方，有事无事都可以坐上半天。《茶馆》通过裕泰茶馆的盛衰，表现了自清末到民国近50年间中国社会的变革，这是旧中国社会的一个缩影，也展示了中国茶馆文化的一个侧面。

老舍创作《茶馆》是有着深厚的生活基础的。他的出生地小羊圈胡同附近就有茶馆，他每从门前走过，总爱瞧上一眼，或驻足停留一阵。成年后也常与挚友一起上茶馆啜茗。所以，他对北京茶馆非常熟悉，有一种特殊的亲近感。1958年，他在《答复有关<茶馆>的几个问题》中说：“茶馆是三教九流会面之处，可以容纳各色人物。一个大茶馆就是一个小社会……我只认识一些小人物，这些人物是经常下茶馆的。那么，我要是把他们集合到一个茶馆里，用他们生活上的变迁反映社会的变迁，不就侧面地透露出一些政治消息么？这样，我就决定了去写《茶馆》。”

老舍先生谢世后，他的夫人胡絜青十分关注和支持我国茶馆行业的发展。

早在1983年，北京第一家个体音乐茶室“焘山庄”开业时，她曾手书对联一副“尘滤一时净，清风两腋生”送去，并亲自前往祝贺开张。

1988年尾，富有北京茶馆文化特色的“老舍茶馆”建成开业，这是中国茶文化生活中的一件盛事。茶馆坐落在前门西侧“大碗茶”商业大楼三楼，上楼口处迎面是一座老舍先生半身铜像，欣慰地注视着往来宾客。进门是一式仿古梨木大八仙桌，镶贝壳儿的紫檀木椅散发出古朴高雅的气息。

室内大红灯笼高高挂，突出“福寿”“吉祥”的喜庆氛围，方柱方窗，木雕精细，四壁悬挂着名人字画。你在老舍茶馆里可一边品茗、看戏听曲、吃宫廷点心，一边远眺天安门和高高的前门城楼，既可发思古之幽情，也受一番优秀民族文化的洗礼，这正是老舍茶馆独特魅力所在。在北京“老舍茶馆”开业后不久，台湾、深圳陆续建起了“老舍茶坊”和“老舍茶馆”。

8. 梁实秋饮茶有秘传

梁实秋原名治华，笔名秋郎，原籍浙江杭县（今余杭），现代作家、理论批评家和翻译家，新月社的主要成员。

梁实秋自称不善品茶，不通茶经，更不懂什么茶道，从无两腋之下习习生风的经验，但其实他于品茶特讲究。

梁实秋曾说：“凡是有中国人的地方就有茶。人无贵贱，谁都有份，上焉者细啜名种，下焉者牛饮茶汤……茶是开门七件事之一，乃人生必需品。”他在小品文《喝茶》中说：“平素喝茶不是香片就是龙井，在北平时经常自己去买茶，在柜台前面一站，徒弟搬来凳子让座，看伙计称茶叶，分成若干小包，包得见棱见角，那份手艺只有药铺伙计可以媲美。茉莉花窨过的茶叶，临卖的时候再抓一把鲜茉莉放在表面上，叫作‘双窨’。于是茶店里经常是茶香花香，郁郁菲菲。在这样的店里买茶，也是一种品茶和享受。”

梁实秋还介绍了他的私家秘传，外人无由得知的一种特别饮法。他父辈朋友有位叫玉贵的旗人，精于饮馔，经常以一半香片和一半龙井茶混合沏之，既有香片的浓馥，兼有龙井茶的清苦甘美。于是梁家也仿效这种饮茶方法，饮者无不称善，后来梁家便将此茶叫作“玉贵”，列入秘传之物。

梁实秋多次陪同其父亲游览西湖，每次来从不忘记要品尝当地的龙井茶。近处平湖秋月就有上好的龙井茶，开水现冲，风味绝佳，茶后进藕粉一碗，四美具矣。坐赏湖光山色，细啜龙井清茶，读亭前楹联“穿牖而来，夏日清风冬日日；卷帘相见，前山明月后山山”，梁实秋以为风味绝佳。

同样，他到洞庭湖，舟泊岳阳楼下，必购君山茶，以沸水沏之，先观赏杯中每片茶叶如针状直立漂浮，然后再品味其不俗之香。

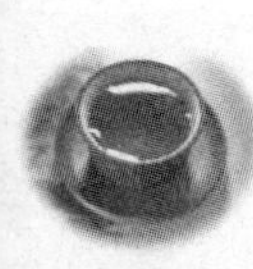

粗粗数来，除了上述几种名茶之外，梁实秋还品饮过天津的大叶、六安的瓜片、四川的沱茶、云南的普洱茶、武夷山的岩茶等名茶。甚至不登大雅之堂的茶叶梗与满天星随壶净的高末儿，都尝试过。

给梁先生留下深刻印象的是潮汕工夫茶，工夫茶是广东潮州汉族人民传统的饮茶风俗，是礼宾待客的第一道习俗。这种茶闻起来香，喝下去苦，回过头甘，苦尽甘来，涩后回爽，有曲径通幽、豁然开朗的妙处，因而喝惯了容易上瘾。因其回甘而有生津止渴之效果，又因其喉底的清爽，忍不住又勾起再喝一杯的欲望。梁先生所说的“喝工夫茶有解酒之功，如嚼橄榄，舌根微涩，数巡之后，好像是越喝越渴，欲罢不能。”

关于工夫茶，梁实秋曾在《喝茶》一文中赞道：“茶之浓酽胜者莫过于工夫茶。”还写道：茶具“极其考究，小壶小盅有如玩具，更有侍候煮茶，烧烟”。“喝工夫茶，要有工夫，细呷细品，要有设备，要有人服侍……”

可见工夫茶茶具精美、秀气，泡工讲究。宜兴小陶壶为茶具，一般一壶三杯。还有瓷合，盖可作碟，同时盘中有小水壶配上小炭炉，一起放在桌上，以便随开随冲。茶叶用工夫红茶，以铁观音为上品。

工夫茶冲泡有“高冲低洒、刮沫淋盖、烫杯热罐、澄清滤歹”的泡制程序，卫生科学。轮冲泡时有“关公巡城”之称，即斟茶时，不能一下冲满，而要来回冲泡，饮茶时，先敬尊长宾客，其他人下一轮喝，泡上三四轮后，再加茶叶，再冲再泡，一边聊天，一边喝茶，一坐就是半天。工夫茶因此而得名。

但真正让梁家秋在饮茶上讲究起来，却是他初到台湾时在买茶中碰到的一件事。有一次，梁实秋想倾已之所有在饮茶上豪华一下，便走进一家茶店，索买上好龙井。店主将他上下打量了一番后，取出八元一斤的龙井茶。梁实秋表示不满。店主便取出十二元一斤的龙井。梁实秋仍然不满。这时店主勃然色变，厉声说：“买东西，看货色，不能专以价钱定上下。提高价格，自欺欺人耳！先生奈何不察?”

店主这番话犹如一记棒喝，让梁实秋顿然有悟。从此以后，他于饮茶但论品味，不问价钱。这种但求茶的本质和内蕴，追求茶的真善美，即是一种更为讲究的饮茶，完全有别于并且更高于他在这之前于饮茶上的所有讲究。

9. 空持百千偈，不如吃茶去

赵朴初，1907 年生，安徽太湖人，自幼酷爱诗词及书法。曾任全国政协副主席，中国佛教协会会长，中华诗词学会名誉会长，西泠印社社长，著名书法家。他关心茶事，对茶文化多所贡献。

赵朴初爱茶，人清如茶，他写了不少有关茶的诗，对茶的研究颇深。1990 年 1 月 3 日，已经 84 岁高龄的他在武夷山御茶园饮茶，还兴致勃勃地向陪同者解释“茶寿”中的“茶”字代表高寿 108 岁的出典与内涵。茶后写下了《武夷山御茶园饮茶》这首诗：

炭炉瓦罐烹清泉，茶壶中坐杯环旋。
茶注杯杯周复始，三遍注满供群贤。
饮茶之道亦宜会，闻香玩色后尝味。
一杯两杯七八杯，百杯痛饮莫辞醉。
我知醉酒不知茶，茶醉何如酒醉耶。
只道茶能醒心目，哪知朱碧乱空花。
饱看奇峰饱看水，饱领友情无穷已。
祝我茶寿饱饮茶，半醒半醉回家里。

诗中描绘的是极为生动的一幅饮“工夫茶”的品茶图：茶壶、茶杯的摆法，使你仿佛身临其境，欣赏那来回巡斟，周而复始，什么“关公巡城”、“韩信点兵”等温文雅致的饮茶艺术，一幕一幕在眼前展现。品茶的过程是：要先嗅其香，再观其色，然后再试其味。

古代品茶，讲“卢仝七碗”，这里却说是一杯、两杯、八九杯，甚至百杯，当然是胡桃样的小杯。茶逢知己，百杯痛饮，虽是小杯，还是醉了，诗人写出醉的感受：祝我茶寿饱饮茶，半醒半醉回家里。这种“茶醉”，是“醉翁之意不在茶”，是山水之醉，友情之醉，是诗情画意，深情厚谊，合岩韵茶味，融为一醉！道前人所未道，真是咏茶醉的绝妙之作！

1989 年，北京举办“中国茶文化展示周”，赵朴初题诗：“七碗受至味，一壶得真趣。空持百千偈，不如吃茶去。”诗化用唐代诗人卢仝的“七碗茶”诗意，引用唐代高僧从谂禅师“吃茶去”的禅林法语自然贴切、生动明了，既是诗人领略茶道的写照，又是体现茶禅一味，茶禅相通的佳作，写得空灵洒脱，饱含禅机，广为世人所传诵。

1990 年秋天，当北京成立中华茶人联谊会时，他当时因病住进北京医院，本来答应要来参加会议，后因外事活动不能前来，特地向大会送来了诗幅：“不羡荆卿游酒人，饮中何物比茶清？相酬七碗风生腋，共吸千江月照心。梦断赵州禅杖举，诗留坡老乳花新。茶经广涉天人学，端赖群贤仔细论。”

“中华茶人联谊会”的会牌，《中华茶人》杂志的书名，都是朴老亲笔所书。作为全国政协副主席、中国佛教协会会长，在百忙中仍如此关心大力支持茶文化活动，实属不易。

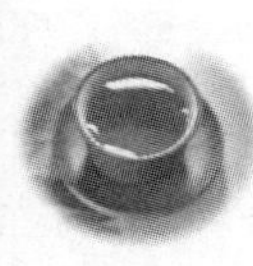

中国是茶的故乡，在对外交往中，赵朴初也常常把中国茶和茶文化介绍给国际友人，特别是为中日茶文化交流做了不少工作。

1991年，他为“中日茶文化交流800周年纪念”题一诗幅：“阅尽几多兴废，七碗风流未坠。悠悠八百年来，同证茶禅一味。”早在1986年10月，他应邀为《中国——茶的故乡》画册题诗：“东瀛玉露甘清香，楞伽紫茸南方良。茶经昔读今茶史，欲唤天涯认故乡。”并在诗后加注：“日本宇治产玉露茶甚佳，斯里兰卡（古称楞伽）产红茶有名于世。”

这首诗从赞颂日本名茶御制玉露茶，斯里兰卡（楞伽）紫茸茶入手，“欲唤天涯认故乡”，题诗一往情深，表述了中国是茶的故乡，写出了中国茶对人类文明的巨大贡献。他曾为许多重要茶事活动题诗，多半写成书幅，诗书兼美，堪称双绝。

特别值得提出的是应邀去日本祝贺“茶寿”的事，那是1982年3月，赵朴初应日本友人的邀请，去京都清水寺访问百八老人大西良庆长老，清水寺赠朴老一木茶盘，上面刻有长老手书的“吃茶去”三字作为茶寿纪念。这次朴老写了《汉俳五首》，表示祝贺，其中第二首是：“茶话又欣同，深感多情百八翁，一席坐春风。”

关于“百八老人”他做了自注：“日本以108岁为‘茶寿’，盖‘茶’字之‘艹’为二十，加上下面其余笔画‘八’、‘十’、‘八’，合为百八。”“茶寿”一词，从《汉俳五首》中初次看到，以后发现为许多地方所引用，这是中日茶谊的一段佳话。

赵朴初逝世后，留下辞世偈：“生固欣然，死亦无憾。花落还开，水流不断。我兮何有，谁欤安息。明月清风，不劳寻觅。”他的高风亮节，将永远活在人们心里！他对茶文化的贡献，也将永远铭记在茶人们的心里！

10. “金庸茶馆”

金庸，本名查良镛，1924年出生于浙江省海宁县袁花镇。入读家乡海宁县袁花镇小学，毕业于浙江省衢州中学。1944年考入中央政治大学外交系，1945年在杭州任报社外勤记者及英语电讯收译员，被调派香港，续任国际电讯翻译。

1955年以“金庸”为笔名，创作第一部武侠小说《书剑恩仇录》，在《新晚报》连载一年，奠定武侠文学基业；随后，《碧血剑》、《射雕英雄传》、《神雕侠侣》、《倚天屠龙记》、《连城诀》、《天龙八部》等陆续在报纸连载。

除了武侠小说的写作，品茗绿茶也是金庸的至爱和常年坚持的养生之道，他对绿茶有一定研究，年过七十的“查大侠”说：“绿茶最好的茶叶是好嫩的，是清明之前便要采下做绿茶。”为了避免喝进含铅质太多的绿茶，金庸建议选择杭州龙井茶，由于名贵的绿茶叶是来自嫩芽，种茶者必不舍得喷上农药破坏。他强调喝茶的分量不宜太多，就如他每日的食量亦很少，尤其是淀粉质食品均会吃少一点。他本人经常喝茶、读书及练习书法，令自己生活变得轻松，达到保持健康的目标。

2003 年，第一本由金庸先生授权的休闲娱乐中文期刊《金庸茶馆》面世。这是为金庸与金庸迷搭建的交流平台，首期刊物图文并茂，雅俗共赏。金庸先生特为首期《金庸茶馆》写了开篇之作《关于 < 金庸茶馆 >》。金庸还到杭州剧院作专题演讲，与 1800 名金庸迷见面交流，答疑解惑。

金庸在文章中说：“我撰写武侠小说，最大的动机是在于我很喜欢武侠小说。从儿童时起，大部分的零用钱就花在购买武侠小说上……自从我写了武侠小说之后，遇到的朋友，不论是旧朋友还是新识的，总是和我谈陈家洛、萧峰、阿朱、小龙女，我不大接口，旁边就有人接上去，谈论不休。有人还兴犹未尽，约了下次再谈。如果有个茶馆，茶客们逢到了，沏一杯茶，谈谈袁承志、青青、阿九，倒也有点味道。

“……上海文汇新民联合报业集团的主持人赵先生、胡先生，文汇报前总编辑石先生，浙江站站长万先生为人厚道热心，都是我的读者兼朋友。承他们好意，发起组织‘金庸书友会’，要开一家茶馆，供书友们谈天说地。我欣然同意……‘金庸茶馆’则小至九岁，老至八九十岁，大家都可来泡一杯龙井，指出金庸小说中的错误，我和各位书友谈天说地，高兴至极。既交朋友，又遣雅兴，岂不快哉！《金庸茶馆》期刊，亦以此为宗旨，只谈小说人物故事，不涉时人时事，岂不快哉！”

11. 陈香梅的中国茶情

陈香梅，1925 年生于北京一个外交世家。陈香梅的父亲陈应荣是著名的教授、编辑与外交家。外祖父廖凤舒与国民党元老廖仲恺是亲兄弟，曾任古巴公使和日本大使。长于乱世的她后来嫁与反法西斯斗士飞虎队将军陈纳德，活跃于美国和中国内地、香港、台湾的政界高层。陈香梅不仅是一位政治风云人物，也是一位杰出的企业家。早在三十年前，她就被评为全美七十位最有影响的人物之一。后来更为中国的改革开放和改善中美两国关系建言献策，身体力行。

陈香梅在她的写作生涯和日常生活中，一直酷爱品啜中国之茶，尤其是香港下午茶。只缘于中国之茶给了她太多的依恋，太多的呵护，太多的追忆与灵感……

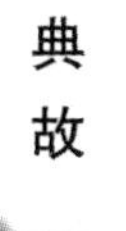

陈香梅初啜香港下午茶，是在香港大学的茶室，下午茶曾经伴着她度过了最难忘的一段大学生活。其时广州沦陷，她就读的岭南大学刚从广州迁到香港，借用香港大学的教室上课。因上课时间安排在午后和晚间，所以上课之前和下课之后，她便常邀上三五学侣、茶侣，茗话于港大的茶寮中。

由于日本侵略军的炮火轰毁了他们的大学生活，所以下午茶失却了往日的温馨和欢欣，掺进了太多的惶恐，太多的愁伤！她永远忘却不了那个灾难的日子：

1941 年 12 月 7 日。适逢周末，她和友人在一处茶座喝下午茶。恰巧遇上了好几位朋友，一时高兴，就坐上火车去大埔郊游，玩得兴起，有人主张索性就在郊外住上一宿。结果日本侵略军当夜直入大埔，留在那里的朋友也惨罹灾祸，只有她和她的朋友两人搭上最后一班返港的火车归来。

此后在战事进行的 18 天中，她和她的朋友则成了患难之交。当此离乱之时，她所能获得的唯一慰藉，便是香港下午茶。因为每天下午，她的朋友仍想办法来陪伴她，共啜清茗，聊以冲淡彼此心头的愁苦与忧伤。五个月后，他俩终于和其他亲友一同离港，取道广州湾而进入内地。临别的时候，她对友人说："将来，有一天，假如你来看我的时候，我将以三春的茶叶并玫瑰花瓣，为你泡一杯可口的茶，如同咱们在香港下午茶座上所啜的茗汁一样清甘，一样清馥！"

香港早年盛行的是广州早茶，并且也不乏广州风味的午茶和晚茶，形成了根深蒂固的中国茶道文化的传统俗风。自从英国占领香港之后，英国下午茶便也推行到了这个华洋杂处之地。那些祖祖辈辈深受中国茶道文化传统熏陶的香港民众，他们对于英国下午茶的种种喝茶方式，却并不以为然，非但没有把它奉若圭臬，而且凭着自身所拥有的中国茶道文化传统之优势，卓有成效地与之抗衡并竞争。

这就是把由广州早茶衍化而来的本埠午茶并晚茶美妙地糅合在一起，从而创造出了独具特色的港式下午茶。此茶正是陈香梅所眷念，所钟爱，所赏鉴的！确实，香港下午茶已成了她的癖爱，已然是无法割舍了。于是，在学校内迁后她依样画葫芦，即模拟香港下午茶的种种规例，试着由自己亲手来沏茶，自斟自饮，聊寄下午啜茗之兴。尤其令她欣喜的是，有一位教授也三天两日邀请她去喝茶。他那里也是悉依香港下午茶的传统吃法，竟煨出了一种"茅舍下午茶"，只因他住的是一所低矮而旧陋的茅舍，故此戏称之。

鉴于陈香梅是专修国文的，所以这位教授每当看到有什么值得赏鉴的好文章，就邀请她去一边品茗，一边品文，确乎得益匪浅。最叫她不能忘怀的是，这位教授煨茶，用的是一把拙朴得不能再拙朴的紫砂小泥壶，每次瀹茗，先塞进半壶茶叶，而后放在炭炉上，烹之至沸，再倒入核桃般大小的微型杯中，不曰喝茶，而曰啜茶。她啜咽之下，则觉得“初觉时，味苦涩，再饮而甘，之后就有点上瘾了”似的。

如此“茅舍下午茶”，每周至少得啜上两三次。其中有一个星期天，更是盛况无比：教授特地邀来了好几位弟子，欣欣然共啜马拉松式的下午茶。一直喝到深夜兴犹未尽。于是索性点起烛火，燃上檀香，啜茗夜话起来。就在此种恬静而亲睦的氛围中，大家啜着酽酽的茶汤，侃侃而谈，谈笑风生。

几十年过去了，在纽约泛美大楼的云天阁的茶室，那是个纸醉金迷的所在，陈香梅偶尔应友人之邀，无法推辞，便不得不去那里的茶室坐憩片刻，有时也啜上一会儿西式下午茶，其实是英国下午茶。这里用的一律是英国名瓷，镶金边的茶杯，令人炫目。此情此景，使她不由想起许久以前那乡间的茶聚。曾经有一位穷教授，用小泥壶泡杭州的龙井茶和几位弟子在茅舍烛光下，从屈原的《离骚》讨论到抗日的剧本，他也写得一手好书法。

有一晚，大家品着小瓷杯中的浓茶，弟子要求老师写对联，老师戏题一副：“几生作到梅花福，添香伴读人如玉。”因联中嵌进了“香”、“梅”二字，女弟子说：“老师该罚。”老师也笑着说：“该罚，该罚。喝浓茶一杯。”此情此景恍如昨日，何处可追寻？凌乱茶烟，昨日胜今日。在陈香梅的眼中，比之她所忆念的那柄紫砂小泥壶，镶金边的茶杯并无赏鉴价值，它经不起人们视觉审美的赏鉴，而英国茶叶是放在纸包里的——她认为放茶包是最煞风景的品茶方式。

至于云天阁茶室所供的茶叶，几乎精品悉备，应有尽有：印度的，斯里兰卡的，日本的，英国的，当然也有中国的。只是绿茶的品种寥寥，红茶则居其大半。陈香梅虽说久居纽约，并且频繁往来于东半球与西半球诸国之间，自然也就常常接触到世界各国的茶道文化及其茶道风俗；然而她在啜茗的审美感情和审美习惯上，却依然纯乎是中国传统的，始终不渝地钟情于中国之茶。她常这么说：“我跑了许多地方，喝过各地所产的茶叶，但我觉得只有中国茶叶所泡的茶，最是可口。在外国的时候，也常听到别人称赞中国茶。”

虽说“三十年在东方，三十年在西方”，然而陈香梅的生命之根却永在中国；而且不论是辗转于东半球，还是辗转于西半球之时，朝朝暮暮始终与之相厮守的，则依然是苦而后甘隽永悠长的中国茶。她平日应酬鸡尾酒会的机会很多，但她从来不像一般美国人那样，把鸡尾酒当作稀世的艺术珍品一样欣赏它；她所欣赏的，则是鸡尾酒后之茶，并且还要是地地道道的中国茶。

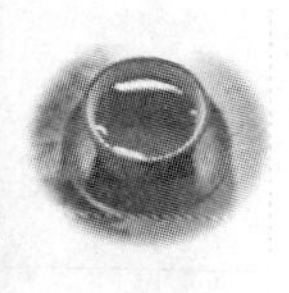

有一次，她去参加在某同事家中举行的鸡尾酒会，大家喝着香槟酒，一边聆听欣赏音乐，一边在紫藤架下跳舞。夜阑之时，兴犹未尽，香槟酒仍喝得不肯罢休。然而此刻的陈香梅呢，却只想喝一杯好茶。可是在那种场合，哪里容易觅得一杯好茶呢。于是她和朋友索性离开，而到她们常去的地方，各人啜上了一杯清心可口之茶，那正是她所嗜啜的中国茶啊。

人们常说“茶味人生”，陈香梅钟情于中国之茶，即是如此。几十年来，茶一直伴随着她的生活。1989 年初春，她和台湾、香港以及美国的朋友携手，组成了一个访问团来到北京，受到了优厚的礼遇，下榻于钓鱼台国宾馆。他们在这里啜得的洗尘之茶，乃是清甘而清馥的茉莉花茶。

这个大陆访问团，由北京而上海，而福州，而厦门，而广州，所到之处，都受到大陆同胞的热情欢迎和盛情款待。每次宴会，陈香梅着意赏鉴的，则是那些品类不凡的宴前茶、宴后茶，并且往往由此而引起她那不能忘怀的啜茗往事。尤其在上海访问期间，则不由忆念起了她和陈纳德将军婚后的一番伉俪茶情……她和陈将军婚后一度寓居上海，生活比较安定，每天下午 5 时左右他俩下班回家之后，照例休息片刻。

夏日是在凉台上，冬日则守在火炉旁边。她是悉依喝下午茶的习惯，沏上一杯茶。而他呢，则照例要喝上两杯酒，让身心都好放松一下。她曾尝试请他一起来喝下午茶，他也曾尝试请她改喝一杯鸡尾酒。然而，他们双方的尝试竟都失败了。她爱喝她的下午茶，他则爱喝他的鸡尾酒。但这又有什么关系呢，无非乃习惯使然也。而在离开上海之后，一直东奔西跑，有清静的环境时，没有安宁的心情；有安宁的心情时，又没有清静的环境。到台湾以后，更是终日忙碌，哪有闲情逸趣去享受下午茶的滋味呢！

其后不久，陈香梅再度亲率访问团来祖国大陆探亲、考察，从而更给海峡两岸搭起了一座常来常往的桥梁。而此时她所啜得的中国之茶，诸如西湖龙井，洞庭碧螺春，六安瓜片，凤凰单枞，茉莉花茶，凡此种种，比之当年她所嗜啜的香港下午茶，自然更蕴含许多味外之味。她酷爱中国之茶，就是要记住：华茶之根，永在中国；华人之根，永在中国。

第四节　名茶掌故

茶是很多人都喜爱的一种饮品，提神解渴、雅俗皆宜。事实就是这样，茶好喝，故事也好听，因为人们对于美好的东西总是不吝溢美之词的。茶是心性高洁、内质纯真之物，它当然会被人们津津乐道、传为美谈。品茶听故事，意趣悠然！

1. *石茶*

早年间，在长白山老林子里，有个姓王名炮的人，靠打猎过日子。

这一年，山下村子里来了一条大虫（蟒蛇），常上村子里吃鸡蛋，大家见了谁也不敢动它。这大虫有丈长，碗口那么粗，黑糊糊的，两只眼比油灯还亮，口一张就跟小盆一样大。

王炮听说这件事，决心下山为民除去这一害。他嘱咐村里人，家家都用木头刻成和鸡蛋一样大的圆球，放在鸡窝里。这一天，天刚晌午，那大虫又来了。它挨户把鸡窝里的木头鸡蛋全吃完了，然后拖着笨重的身子往回爬。

那大虫以往吃完鸡蛋一会儿就化了，这一回吃完以后，觉着肚子非常难受，越爬身子越沉重，大虫知道上了当，掉头朝林子里慢慢地爬去。躲在一边的王炮心想，我看你这祸害还有什么本事。他提着枪悄悄跟在大虫后面。

那大虫费了好大的劲，爬到了一块有四间房子大的石头上。石头上长满了一些像草非草的植物。那大虫使出全身的劲，张着大口，一个劲吃着那些叫不上名的植物，吃着吃着，就看着那大虫肚子鼓起的部位渐渐小了，过了一会儿，肚子鼓起部分全消下去了。

王炮见了，心里非常奇怪。这时他见大虫围着石头转了两个圈，要爬走。

他怕这畜生又去祸害人，便瞄准打了一枪。不料，这一枪没打中要害，大虫忍着疼痛，昂着头四下搜索，一下看见了王炮。大虫张着嘴，喷着信子朝王炮扑了过去。

王炮也来不及换药了，一个人就在石头上和大虫拼了起来。大虫张着大嘴，想把王炮一口吞进肚，王炮见状把枪一扔，赤手和大虫斗起来。

他一会儿跳到大虫的头上，一会儿又跳在大虫的脊梁上。大虫也一蹦一跳地想把王炮甩掉。大虫受了伤，越折腾劲儿越小。王炮也觉得有点累了。他一下爬上一棵大树，觉得身子被大虫吸得直往下坠。只要一松手，就会掉进大虫嘴里去。

他用劲抓住了树杈，从腰里掏出匕首，一使劲投进大虫的嘴里，大虫把嘴一闭，刀尖顺着下巴露了出来。大虫疼得在地上直打滚，周围的小树都被抽打折了。它嘴里往外吐血，不一会儿就不动了。

王炮这才松了口气，跳下树来，一屁股坐在大虫的身上。

过了有一袋烟的工夫，王炮歇过劲儿来，他扒下了大虫的皮，挖下了大

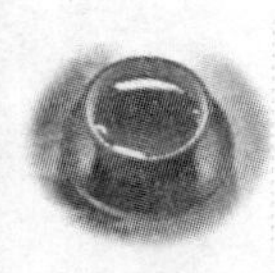

虫的眼，便回到村里，把经过告诉了乡亲。

乡亲们听说大虫被王炮打死了，高兴极了，成群结队地到山上来看，都称赞王炮为民除了一大害。

后来人们把石头上的草弄了回来，谁若肚子发胀，用它冲水喝，一会儿就好了。冲出的水颜色和茶叶色差不多。人们为了感谢王炮，就叫那草为“石茶”。至今，人们还用它来治病呢。

2. 崂山茶

崂山的山根儿上，早年有个小茶馆，掌柜的叫王九富，雇着两个小伙计，一个叫邓山，一个叫张连。当然这邓山、张连，都是生在穷得要命的人家。人穷，人家就说是“老短”，舅舅不疼姥姥不爱，受冻受饿，没有人能拿着当个人待，亲戚也断了。

一天，邓山娘把儿叫到身边说：“儿呀，你也半大不小，十四五岁啦，娘一把屎一把尿把你拉扯这么大，也该给娘争争气，出去干点儿什么，挣个仨把俩的，也好让娘吃个糠饼子什么的。”

邓山一听，说：“娘，行啊，我出去挣点好给你吃。”娘问：“上哪去?”邓山说：“娘，我从小上山打柴，山上的一草一木，一石一瓦我都知道它们姓甚名谁，这身子骨儿练得挺结实。前天听说王九富那个小茶馆要用个跑堂的，看看我去挣个仨把俩的，也好回来养活娘。”

娘一听当然满心欢喜，连说好好好，再说离家也不算远，儿出去娘也放心。

这工夫，娘就给儿的衣服被子等拆洗拆洗，打点得干干净净，就打发儿子上路了。

邓山背着行李，走了一天的路程，就来到了这个财主的茶馆。他大步往里闯，掌柜的寻思是来喝茶的，看他浑身补丁，可穿得倒是干干净净，也没敢怠慢，给他让了座儿。

邓山坐下，也没多话，劈头就问：“掌柜的，我来给你当小伙计的，听说这里用人，要不要我?”

掌柜一听，心想，送上门的小伙计，价钱也准便宜，就问：“你能帮我生财有道啊?”

邓山说：“当然啦，掌柜肯收我，准叫你发财。”

掌柜一喜，三角眼一闭，白眼珠没有了，剩下块黑的，就像粒胡椒一下子安上了，再配上那个上宽下窄的瓜子儿脸，加上个蛤蟆嘴儿，模样儿就再“好看”不过了，当下就说：“好好，再没有这么合适的啦。”邓山也就住下了。

小邓山干活勤快不说，小腿跑得也快，茶客们见小伙计招待得好，都愿意到这里来歇歇脚，泡上壶茶，就这么的，九富的小茶馆客人越来越多，买卖一天比一天强。

茶馆里钱赚多了，就开始捎带着卖茶叶，既是茶馆儿又是茶庄。王九富高兴之余心里盘算：开茶馆开茶庄，依靠卖茶本钱太高，利钱不大，如果自家能想法采茶倒是一本万利。他看了看两个伙计，知道邓山这孩子生在山地，翻山越岭不在话下，再加上邓山人年轻手脚灵，叫他去干这种采茶的活儿满行。

他就把邓山叫到跟前和他说："山，你到我这里也有两年啦，咱光坐吃山空不行，本钱太高，咱养活不起这几张嘴啦，我看咱还得想个法儿才行。"

邓山一寻思："掌柜的要下我的工了？"就说："掌柜的，要下我的工就下吧，不用转弯抹角啦。"

九富说："不不，我是想，你挺勤快，从小又爬惯了山，往后，这个茶咱就自己采吧，这不就省去了一道本钱？家里再雇上个小伙计顶你的差。"

邓山一听倒挺欢喜，就说："掌柜的，崂山里十万大山，可不是一年两年的工夫就能采到好茶。"心想：有两年多没见娘的面了，借这个工夫回去看看娘。

掌柜一看邓山挺欢喜，就说："是的，采茶这个景儿，是得下点工夫，眼下清明快到，茶树也快发芽了，我给你打点了几十两碎银子，进山也好买点儿吃的，住个一年两年，找点儿好叶子带回来，买卖好了，我亏待不了你。"

这邓山再也没有别的说，就打点了个小包袱，往肩上一撂就上路了。

日偏西山的时候，邓山到了家门口儿，叫了几声娘，就见娘眼泪汪汪地迎了出来。两年了，娘想儿也想坏了。

邓山进门先把碎银子交给娘，娘一见银子又哭起来了："儿啊，从你爹过世，你已两年不回，娘眼巴巴地盼你回来，这回可也总算熬到头儿了。从今儿咱就不出去啦。"

邓山说："不行啊，娘，我是回来给东家上山采茶的，不去那银子还得还人家的。"

这么一来，娘就给山子做了一些大饼，叫孩子在家待了两天，絮叨絮叨，就打发孩子上山了。

谁知这小山子一上山就是十年没回来，娘的眼哭瞎了，掌柜的脚也跺裂了，他跺什么脚？疼他的钱呀！他算了算，邓山这些年连吃带穿带捎带，一

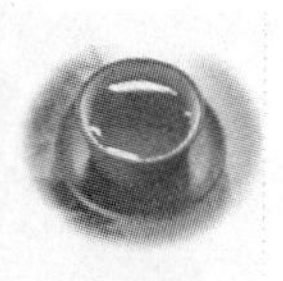

共破费了他一百多两银子的本钱，他那个脚能不跺吗？心想：反正我得跟老婆子要钱！

果然，九富来跟山子娘要钱了，可山子娘上哪儿拿钱还呀？上山找儿吧？小脚上路挪不了几步，十万山，怎么个爬法儿？又怎知山子在哪？瞎眼摸索怎么个过山呀？九富正吵吵，就听大门吱的一声开了，山子回来了！

山子背了一口袋茶叶回来，九富一看就揪住他的袄领子："好小子，你把我害苦了，快还我的银子！"

山子一看娘弄到这个样子，就把一口袋茶往九富身上一摔："还你！"

茶撒了一地，九富一看这茶也不见怎么好，知道穷小子也没有钱，掂了掂这半口袋茶，也能有个十来斤，就气呼呼地背着茶袋儿走了，临走不解气，又把地上的茶叶使脚搓了搓。

山子把地上的茶叶收起来，先给娘做饭吃，等娘吃完饭，他烧开一壶水，抓了几根茶丝丝儿放在泥壶里。开水一冲就斟了一碗，叫娘先品品，娘端过碗来才喝了一口儿，就看到眼前放白儿了，喝了两口就认出山子的模样儿来了，喝了三口眼前就锃明雪亮了。

九富把茶背回去，没好气儿，把口袋往炕旮旯里一扔，再就没去看看它。

转眼半年过去了，有一天，进来一个买茶的人，说要买点好茶。九富左一份右一份往外拿，都不遂客人心，九富说："再不随心没法了，我把'龙肝、凤胆'都拿出来啦。"

那客人摇摇头："掌柜的，我是舍得花钱的，你是有好茶，可就是不往外拿！"

"没有呀，在哪里？"

"在你炕旮旯里！"

九富这才想起那半口袋窝囊茶，就提来往柜台一撂："好，看着给几个钱吧。"

客人问："要多少？"

九富一寻思：为邓山这小子，我赔上一百两银子，快打个哈哈吧，就说："一百两！"

那客人不慌不忙，从钱夹里掏出一百两往柜台上一放："好便宜！"

话没说完，拿起茶叶就走。九富一看光景不对，就问："客，这叫什么茶？"

"嗨，开茶铺的，不知'仙人舌'！我等它大半辈子啦！"

九富一听，叫了一声娘，跺了一跺脚，他的脚又跺裂了。

“怎么，还有呀，再卖，要多少钱给多少钱!”

九富瞪着个胡椒眼儿：“有，有……”

“有就拿来，我的银子在门口儿的驴背上。”

九富一寻思：我领你去找邓山，就凭这点儿心意，还不赏个仨把俩的?也就一五一十地和老客说了。

九富和客人赶着毛驴儿，一路走一路说话：“客，买卖成交能赏个仨俩的?”

客人说：“当然，到那时掌柜的愿拿多少拿多少。”喜得九富瞪起了胡椒眼儿，活像个地老鼠。

一叫门，邓山出来迎进屋，客人问起茶叶来，邓山说有。就烫了壶水，客人回身从驴背上的驮篓里拿出一把泥壶来，抓上一小把茶叶，使开水一冲，焖了一袋烟工夫，说：“尝尝茶叶味儿吧?”

他先把壶盖一揭，就见那热气咕嘟咕嘟往外冒，冒的那些气儿：下面是根柱儿，中间儿是些杈杈儿，上面是些小圈圈儿，九富一看：“哎，活像棵茶树!”

这工夫，就见从茶树后面飘飘摇摇，一个跟一个，跑出七个仙女来！就见这七个仙女围着这棵茶树哈下腰儿使舌头尖儿挑那茶树尖儿上的嫩叶子，一挑，一个嫩叶就从茶树上掉到手提的花篮里，九富看出神儿了，邓山叫了声：“姐姐，我可又看见你啦!”

说话间，就见那七个仙女，一个个从茶树上跳下来，转眼就挤满了屋。那个最小的上来就拉住邓山的手，又问长又问短，再问问娘的眼睛好了不?

这九富心眼儿不正，上去想拉大姑娘的手，就见那大姑娘把袖子一甩，向茶壶一指，就见从茶壶嘴儿里轻悠悠钻出一条小长虫儿，这条小长虫一着地就长，一眨眼就变成两丈来长、瓮口来粗的一条大蛇，张开血盆大口，朝着九富扑去，吓得九富松开手，屁滚尿流地跑了。

这大虫又回过头来向着邓山伸舌头，小七女喝了声：“畜生！你还当在山上?再害我的邓郎!”这么一叫喝，就见那长虫忽忽变小，轻悠悠进茶壶嘴里去了。

客人一看笑了，出去从驴背上拿出三千两银子和邓山说：“出门拿钱少了，凑合着使吧。”

邓山说：“不要这么多，两千两就行了，剩下的你回去也好做个盘缠。”

客人拿茶叶一走，六妹妹就留下小七，给他俩拜了个天地，把老娘喜得闭不拢嘴。

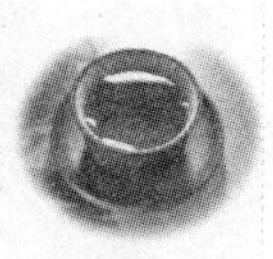

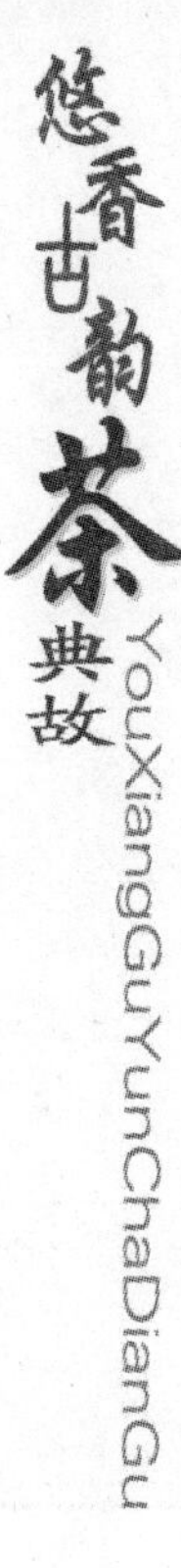

老娘正笑，就见大姐说："哎呀，采茶正忙，看为小妹耽误多大工夫！"

就见她把脚一蹬，那五个也随着一蹬，忽拉忽拉就到云彩上面去了，一瞅眼就不见了。

往后，那小两口儿，小日子过得亲亲热热的。

3. 朵儿茶

传说在很远的年代，安拉手下有个茶童，名叫朵儿茶。由于朵儿茶没有尽守职责，犯了天规，安拉罚他去做些好事，洗刷自己的罪过。一天，安拉把朵儿茶叫到跟前吩咐了几句，便伸出簸箕大的手掌，朵儿茶站在掌心上，安拉就念起经文，并向朵儿茶吹了一口气，只见朵儿茶飘了起来，慢慢地落到回民聚居的马家村沙坡头，就成了一棵高大粗壮、叶子又肥又长的神茶树。

有一年，村民都患了一种病：男女老少打喷嚏，流鼻涕，头痛发烧；一些体力弱的人，口吐白沫，过百天以后就"无常"了，群众叫它"咳咳病"。村头住的第一家是尤素福，病得很重，他挣扎着去找阿訇来家念"讨白"（忏悔），刚走到神茶树前就走不动了，摇摇晃晃地跌倒在茶树下，过了不长时间，就睡着了。

他做了一个梦，只见从浩瀚的沙漠之中，走来了一个巨人，腰间别着把金灿灿的斧头。巨人伸出簸箕大的手掌，抚摸着他的头说："尤素福，我便是众人叫的神茶树，你们村里的人得了病，我受安拉的旨意来搭救你们，你先把这金斧拿上，一挥金斧，我的树叶就飘落下来，你赶快把落地的茶叶收起来，分给病人熬喝，病就好了。为了拯救更多的人免于灾病，你在开春时节，把茶枝栽到沙地里，栽一棵，向地下砍一斧，茶树就会活。有了茶园，就能救治更多的人。"

说完巨人就不见了。尤素福不禁打了个寒颤，猛然从梦中惊醒，头不痛了，浑身有了劲。他正思谋着梦境，忽然对面地上慢慢冒出一块巨石，一见阳光，嗤嗤作响，金光闪耀，渐渐变成了一把金斧头。接着，金斧头向他面前跳了三跳。尤素福惊喜地拿起了斧头，依照梦境中神茶树的嘱托，举斧一挥，果然落了一地叶子，他送给全村的病人熬着喝了。不到一天工夫，众人的病就都好了。

次日，他把栽茶园的事，告诉了乡亲们，大家都主动帮忙栽茶树，不到一天，就栽了一片。入秋时节，满枝都是绿油油的叶子。尤素福把茶叶送给其他村有病的人熬着喝了，病也都好了。这一喜讯，迅速传遍千里，有病的群众翻山越岭而来，求茶治病。

村里有个财主叫马色立子，也想要把这个茶园弄到手，可以发大财，提出要买茶园，尤素福坚决不答应。马色立子又派人偷偷砍茶树，虎口震出了血也没砍动分毫。他听说尤素福有个金斧头，有了它就能有茶树。于是，他就想下毒手。

一天黑夜，马色立子带领打手，趁尤素福在园中熟睡之机，窜进草房里，绑了尤素福，抢去了金斧头。马色立子乐坏了，得意地观赏着金斧头。突然，金斧头从他手中飞向天空，放出金光，马色立子被烧成焦棒。那一帮子打手，吓得魂飞胆丧，各自逃命去了。金斧头又回到了尤素福的手中。

以后，尤素福更加精心抚育茶园，凡有病的人来求茶叶，从不拒绝。茶园救了很多人的性命，人人称赞茶园的好处。安拉见朵儿茶济贫行善，证明他已悔过自新了，便让他回到自己的身边。

朵儿茶临行前，给尤素福托了个梦："我要走了，金斧头也要跟着我走了，你园子里的茶树叶子会自动脱落。你可在第二年把干枯的枝子全部砍掉，它会重新发芽、长叶。可它的治病能力会减弱，但经常喝茶对人有很大好处，你要继续培育好茶树，济贫灭病。"

说完，朵儿茶就不见了，尤素福也突然醒了，他摸摸腰间，金斧头不见了，他赶忙又到园中一看，茶树叶子已经蜷缩，枝干枯黄。他遵照朵儿茶的嘱托，更加精心抚育茶园，果然，第二年又长出了新的茶叶。

4. 午子绿茶

午子绿茶产于中国著名茶乡——陕西省汉中市西乡县，因地处"子午—午子"古道旁的午子山而得名。西乡茶叶始于秦汉，兴于盛唐，在历史上久负盛名，被列为贡品。这里地处北纬33°的秦巴山区，是中国南北气候的结合部，海拔800~1200米之间，四季雨量充沛，气候温和，被誉为"东方宝石"的朱鹮就栖息在这里，是中国最北的产茶区。独特的气候土壤条件形成了"雨洗青山四季春"的宜茶环境，优越的生态环境形成了午子绿茶独特优异的内在品质：富含锌、硒、氨基酸、茶多酚、儿茶素、维生素等多种人体必需的微量元素和有益成分，其含量均超出全国一般绿茶水平。

在西乡汉中一带，伴随午子山迷人的茶香，还流传着一个动人的传奇故事。

据说在很久很久以前，距西乡县城十五里外有一座秀丽而险峻的山峰，不知从什么时候起，山顶上来了一位美丽、善良的种茶姑娘，姑娘说她因为出生于午夜子时，所以人们叫她"午子姑娘"，至于她姓什么，却从无人知晓。这位午子姑娘不但在山顶种植了一片片郁郁葱葱的茶树，还在路旁的紫竹林中搭起了一座茶棚，专门方便过往行人。

每日清晨，午子姑娘便笑眯眯地提出一个泥陶壶，从山腰一个像龙脖子一样形状的山洞里汲来了清泉水，再用青冈木炭把水烧沸，在紫砂杯中放入茶叶，精心冲泡后，敬于客人。坐在山顶茶棚里，阵阵清风吹来，洗去你登山的劳累，放眼望去，山谷的青松翠柏之间翻腾着妩媚的云海，耳旁传来鸟语溪鸣，身边不时出现午子姑娘婀娜多姿的身影。人们一边品饮着异香扑鼻，清醇可口的绿茶，一边欣赏着午子山峰间迷人的风光，此时、此地、此情、此景，清香、甘醇、鲜爽的茶汤直入肠胃，一种安谧祥和之气，油然而生，令人心旷神怡，仿佛置身于人间仙境一般。

午子山，山美、水美、茶美、人更美。

午子姑娘以茶待客，方便民众之事，在方圆几百里被传为佳话，连远处的一些名人雅士、禅师道长、僧侣儒生都慕名而来。登山求茶者品尝后赞不绝口，茶客们你来我往络绎不绝，午子姑娘日复一日，辛勤地忙碌着。

一日，有一从南方专程到此的嗜茶高僧代表众茶客送午子姑娘对联一副，贴在茶棚门框之上。

上联："龙脖洞中水"，下联："午子山顶茶"，横额："仙境双绝"。

他向众人解释道："此'双绝'乃指两双，即茶与水，环境与美女也。"后来被人们称为品饮"四要"。

一些外地茶商也闻讯到此，见如此好茶有利可图，便偷采茶籽，挖去茶苗，运往外地，移栽于自己家乡的山坡之上，精心培育，希望能长出同午子山一样的好茶来。午子姑娘知晓后并不介意，但那些被移栽的茶苗、树种，离开了午子山的土地后却无一成活。

午子姑娘以茶待客的美名，被人们越传越远，正好被出巡在外且嗜茶成癖的皇上知道了，他即令绕道驾临午子山。

当皇上在茶棚里召见了午子姑娘，品饮香茗后，感慨地叹息道："喝遍天下饮料，还数此茶最好。即将此茶为钦定贡品，专供皇宫所用，封午子姑娘为'御前茶侍'，即日一同进宫。"然而皇上怎么也想不到，他的此番"好意"却遭到了午子姑娘的断然拒绝。皇上顿时龙颜大怒，吩咐左右砍去午子山茶林，拆掉茶棚，将午子姑娘押监治罪。午子姑娘拦住毁林砍树的人，不卑不亢地对皇上说："只要皇上能将我带出午子山，我便随皇上一同进宫。"

皇上听罢哈哈大笑道："难道朕还怕你一个小女子飞了不成?"

说罢命御林军将午子姑娘围在当中，前呼后拥，护送返京。当大队人马走至白松崖时，天上突然刮起一阵狂风，午子姑娘借着风势，纵身一跃，跳下了山崖，只见白云之中，姑娘变成一只美丽的金凤凰，展开双翅沿午子山峰的茶园绕飞一圈后，越过对面山头，向天外飞去。

皇上和他的侍卫们已惊得目瞪口呆，半晌才回过神来叹息一声说道："午子姑娘乃是神女茶仙下凡，非凡人所比，看来天意难违，不可冒犯。"说罢便令众人速速摆驾返回京城。

午子山顶的茶园保住了，午子仙女的传说被人们一代又一代的传颂着。据说，每年清明正午时分，人们只要在当年午子姑娘搭起茶棚的石桌石凳上，摆上泥砂陶壶，紫砂茶杯，生起青冈木炭火，汲来"龙脖子洞"中的泉水，午子仙女就会在你不知不觉中降临，像当年一样为你做一次精湛的茶艺表演。当地有不少老人曾有幸观赏到这一人间奇观。

为了纪念美丽善良的午子仙女，人们把每年清明前在山顶所采的新茶嫩芽，看做是午子姑娘的化身，取名为"午子仙毫"。在当年午子姑娘搭起茶棚的地方，修建了一座"道观"，取名为"午子观"，在她曾跳崖的地方栽满了白皮松，还把午子姑娘跳崖后变成一只美丽的金凤凰后飞过的那座山头，取名为"飞凤山"。飞凤山下的那条清澈的小河的源头，据说就是午子姑娘当年取水的那个"龙脖子洞"，于是人们便把这条小河取名为"颈项河"，后被人们讹传为"泾洋河"。

5. 信阳毛尖

信阳毛尖有着悠久的历史。考古证明，信阳种植茶叶源于战国中后期，距今已有两千余年。唐代时，信阳毛尖已成为当时供奉朝廷的贡茶。"茶圣"陆羽在《茶经》中记载，8 世纪全国有 8 大茶区，其中淮南茶区就包括皖北和豫南。相传武则天时因饮信阳茶治好了肠胃病，特赐在毛尖产地车云山上建千佛塔一座，以彰茶功；宋代大文学家苏东坡曾盛赞"淮南茶，信阳第一"。

一

关于信阳毛尖茶有许多动人的传说和美丽的神话，反映了古代劳动人民的美好愿望。

在名茶河南信阳毛尖产地的茶山里，随处可以看见一种尖嘴、大眼，浑身长满嫩黄色羽毛的小鸟。这种鸟叫唤起来可好听啦，因为它爱蹲茶树林，爱捉茶树虫，茶农很喜欢它。据说，茶山上那棵又高又大的老茶树，就是这种鸟儿衔来的种子种活的。在茶乡，流传着这样一个故事：

很久很久以前，这一带山上本来没有茶。官府和老财霸占了山林，强迫老百姓给他们开山造地。乡亲们脸朝黄土背朝天，日出干到太阳落，又累又饿，得了一种叫"疲劳痧"的瘟病，死了很多人。

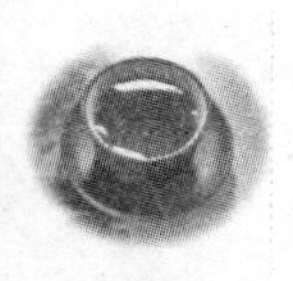

有一个叫春姑的姑娘看在眼里，急在心头，她到处奔走，想访求一位能给乡亲们治病的能人。

一天，春姑在彩云山上遇到了一位采药老人。姑娘向老人说出了心中的苦衷。老人听后，叹息连声，想了一会儿，对姑娘说了一件上辈人讲的奇闻：

还是洪荒时期，神农氏曾经跑了很多地方，尝遍了百草，找到了一种宝树。这种树的叶子片片都是宝贝，只要人们喝了用它煎的汤，便神清目爽、积劳顿消，百病可除。这种宝树在什么地方呢？老人也说不准。他只听说一直往西南方向，翻过九十九座大山，涉过九十九条大江，便可以找到了。

为了搭救乡亲们，春姑历尽艰难险阻，战胜重重困难，终于翻过九十九座大山，涉过九十九条大江。也就在这时，她也得了可怕的瘟病，倒在山泉旁了。神奇的山泉水将漂来的一片树叶送进姑娘口中，顿时，春姑苏醒过来了，不仅苏醒了，还觉得神清目爽，浑身是劲呢！姑娘从口中取出那片树叶，她想，这一定就是那种宝树上的叶子吧，于是她顺着山泉向山上寻去。

果然，在泉水的尽头大山巅上找到一棵大树，树叶和救了她性命的那片叶儿一模一样。春姑爬到树上，摘下一粒金晃晃的种子。心想“乡亲们有救了！”姑娘可高兴啦，她跳起舞、唱起歌，忘记了一路上的疲劳。

她的歌声惊动了一位白须银发的老者——人人敬仰的神农氏。神农氏走到春姑的身边，捋着胡子把姑娘打量了一番，赞许地说：“你真是一位好心的姑娘。这树叫山茶树，种子采下来，必须在十天内播进土里，才能成活！”

春姑一想，糟啦！我来找宝树的时候走了九九八十一天，十天内怎么能送回去呢？便伤心地哭了。

她的泪水感动了神农氏。老人家说：“好姑娘，不要伤心，我给你想个办法！”

神农氏拿出了他的神鞭，“叭叭”抽了两个响鞭，美丽的春姑，立即变成了一只尖嘴巴、大眼、浑身长满嫩黄色羽毛的小画眉。

神农对小画眉嘱咐道：“你赶快飞回去，等到茶籽种上露出芽芽时，只要你忍着不笑，再像刚才那样伤心地哭一场，你就会变回原来的模样。”

春姑可高兴啦，她拍拍翅膀点点头，表示明白了。于是她拜辞了神农氏，衔起那粒金晃晃的种子，就飞上了天空。

小画眉向着西北，向着她的家乡，飞呀，飞呀，一直朝前飞；她飞过了九十九座大山，飞过了九十九条大江，眼看就要飞到彩云山，飞到故乡了。当她看见家乡的山水就在自己的身下，想到乡亲们很快就可以得救了，就甭提心里有多高兴了。

她想唱一支歌，谁知刚一张嘴，那粒金晃晃的种子就掉下去了。她赶忙来了一个鹞子翻身，从空中穿了下来。然而已经晚了，那粒宝贵的种子落到一座陡峭的悬崖上，滚进了的石缝中。小画眉用嘴去啄，啄不住；用爪子抓，也抓不住。急中生智，连忙用嘴啄下一朵牵牛花的花朵，花朵就成了一个精巧的小篮儿。

小画眉衔着小篮儿飞到山下去装土，又飞到山上来，倒进石缝里；一趟一趟，把石缝中的种子埋好。有土了，没水也不成呀，她衔着的牵牛花就变成了一个精巧的小水桶。她又飞到山泉边，取来了山泉水，浇灌石缝中的泥土。一趟一趟，把石缝中的泥土浇得湿润起来。转眼之间一棵嫩绿的茶苗从泥土中露出来了，小画眉高兴得忘记了神农的嘱咐，不仅没有哭，反而笑了。再说，她把自己的全部心血和力气都用光了，她晕倒在茶苗旁，化成了一块似鸟非鸟的石头了

说来真叫人奇怪，这种子埋土浇水之后，马上发芽出土，见风就长，很快就长成一棵又高又大的茶树。一天，山上下了一场大雨。大茶树上不断地滴着雨水，样子像一个满腹心事，而又无法说出的人在淌着眼泪。泪水滴在小画眉变得石头上，石头上竟长出一棵牵牛花的芽芽，一会儿就牵了藤儿，打了骨朵儿，开出朵比向日葵还大的牵牛花，那花蕊里的柱头变成了一个个金黄色羽毛的小画眉。这群小画眉飞上了天空，绕着大茶树飞了三圈，便落在树枝上。用嘴啄下了一片茶叶，便向村里飞去。它们把口中衔的茶叶放进得了瘟病的人嘴里，病人便马上“药到病除”。

从此，人们便知道这种山茶宝树可以治病了，大家十分爱护它。随着种植茶树的人的增多，开始出现了成片的茶园和茶山。茶农们为了不忘变鸟衔茶种的春姑，就给这个小画眉取名叫茶姐画眉。

茶姐画眉是茶农的好助手。茶树长了害虫，它们就帮助茶农抓虫子，还时常衔着金晃晃的茶种，到没有茶树的地方去播种。每到开采春茶的时节，成群的姑娘来到茶山采茶，茶姐画眉就和姑娘们一块唱起悦耳动听的歌，人们说：茶姐画眉像茶乡的姑娘，茶乡的姑娘也像茶姐画眉哩！

二

人们都知道信阳毛尖茶好，但不知道毛尖茶的来历。据传，它开始种在鸡公山上，叫“口唇茶”。这种茶沏上开水后，从升起的雾气中会现出九个仙女，一个接一个飘飘飞去；品尝起来，满口清香，浑身舒畅，能够医治疾病。这口唇茶原是九天仙女种的，她们咋会来到人间种茶呢？这事还得从鸡公山谈起。

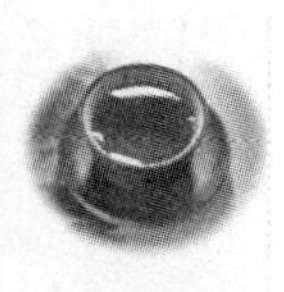

先前，鸡公山没有名字。有一年，山上害虫成灾，不知从哪里飞来一只神鸡，把害虫叼了个一干二净，住了下来。它天天报晓，啼叫一声，响遍天下，因此人们就给这座山起名鸡公山。各种害虫再不敢在这里逞凶了，鸡公山上从此草绿树旺，鸟语花香，成了人间仙境。

瑶池的仙女们听说人间的鸡公山胜过仙宫的百花园，都想一饱眼福，便向王母娘娘提出请求。王母娘娘也是个爱游山玩水的人，理解宫女们的心情，答应分批让她们下凡，一批限定三日。但有一条，一旦有人下去后产生邪念，与人婚配，除了惩罚本人，这轮流下凡的事立即还会停止。仙女们都想下去看看，生怕轮不到头上，她们向王母娘娘保证严守法规。

王母娘娘爱喝茶，对司管仙茶园的九个仙女另眼看待，让她们首批离开了瑶池。

九个仙女来到鸡公山，拜见鸡公后便住下了。天上一日，人间一年，王母娘娘限他们三日就是人间三年。众仙女把鸡公山的怪石奇峰、山泉瀑布、名茶异草的春夏秋冬四时景色都看遍了，离回去的时限还有二年呢。她们商量要办件好事，给鸡公山留下纪念。办啥好事呢？为首的大姐说："鸡公山应有的都有，有的都好，唯有一点不足。"

众姐妹齐问："哪一点？"

"我倒有个想法，咱九姐妹化做九只画眉鸟，回到咱那仙茶园里衔来茶籽儿，不就补上了这个不足嘛！不知众位姐妹愿不愿出这把力？"

众仙女一听无不叫好。她们又问："衔来茶籽儿不难，交给谁种呢？"

大姐手往山脚下一指，大家看见一片竹林里有几间茅屋，心里都明白了。

那间茅屋里住着一个年轻人叫吴大贵，是个读过书的人。只因爹妈先后去世，剩他独自一人。他白天种地砍柴，晚上还要温习功课，准备科场应试。屋里墙上贴张白纸，上边写着"寂寞独有，清贫无双"。这天夜里，他做了个梦，梦见一个仙女从鸡公山上下来对他说："鸡公山水足土肥，气候适宜种茶。从明天开始，有九只画眉鸟从仙茶园里给你衔来茶籽儿。你在门口的一棵大竹子上系个篮子，把茶籽儿收下，开春种到坡上。到采茶炒茶的时候，我和姐妹们来给你帮忙。"

吴大贵醒来心里好喜：哎呀，是我吴大贵勤奋读书感动了神仙啊！可种茶能给我带来多大好处呢？别急别急，有道是天机不可泄露，内中定有一番用意，叫种就种吧。

第二天一大早，吴大贵起床，半信半疑地拿个篮子，系到门口那棵大竹上。系好，他扭头要回屋，只见一只画眉鸟箭一般飞来，把嘴里衔的东西往篮子里一放，又飞走了。吴大贵很惊奇，取下篮子一看，果然是一颗种子，虽没见过，他相信就是梦中所说的茶籽儿。接着，一只只画眉鸟穿梭般地飞来飞去。

九只画眉鸟各衔来一颗种子后，稍停一会儿，又是一轮。如此衔了三天三夜，共衔来茶籽儿九千九百九十九颗。吴大贵很高兴，小心地把茶籽儿收藏起来。

第二年一开春，吴大贵把九千九百九十九颗茶籽儿全种到山上。清明过后茶籽儿发芽，见风就长，几天长成了茶林。这时仙女又给吴大贵托梦，让他准备炒茶的大锅。

吴大贵准备停当，来到茶林一看，又惊又喜。只见九个仙女正在采茶，个个柳眉杏眼，面如桃花，不胖不瘦，不高不低。她们采茶不用手，而是用口唇，看那红艳艳的小口唇一张一合，又轻又快，采下了一个个油嫩的茶尖。前边刚采过，后边又长了出来。采了一会儿，九个仙女甩开衣袖，一边舞，一边唱起了《茶歌》。只见她们一人一句地唱道：

茶树本是仙宫栽，姐妹衔籽人间来。

头采（茬）采完二采旺，早采是宝晚是柴。

春茶苦来夏茶涩，秋茶好喝不能摘。

细紧光直多白毫，又提精神又消灾。

千家万户笑颜开！

歌罢舞毕，为首的大姐走到吴大贵跟前说："这位大哥，俺姐妹采的不少啦。我给你烧火，咱去炒吧！"吴大贵笑着去了。他不知道咋炒，大姐到竹林砍一把竹子扎成扫帚，让他在锅里不停地搅动。吴大贵只觉得茶香扑鼻，快把他熏醉了。现在茶乡炒茶还是女的烧火，男的掌锅；采茶也是女的，边采边唱，这都是那时传下来的习惯。

就这样，她们采着炒着，一直忙到谷雨。仙女们走后，吴大贵沏上一杯新茶品尝。开水一倒，只见慢慢升起的雾气里现出九个仙女，一个接一个地飘飘飞去。吴大贵端起茶杯一尝，满口清香，浑身舒畅，精神焕发。这样好的茶，起个啥名呢？吴大贵想：茶籽儿是画眉鸟用嘴衔来的，茶是仙女用口唇采的，就叫"口唇茶"吧。

消息一传开，义阳知州听说了，马上派人来要茶，拿回去泡上一看，搭口一尝，拍案叫绝。当即定为贡品，要孝敬朝廷老子。

那时是大唐的江山，当朝皇上就是唐玄宗。知州把口唇茶亲自送到朝里，又禀明了它的来历，玄宗大喜。朝中第二个喝到口唇茶的是皇上最宠爱的妃

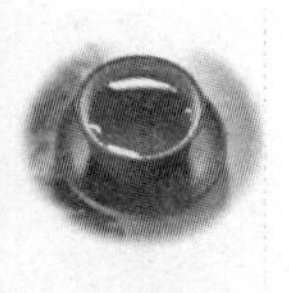

子杨贵妃。她当时精神不爽，一杯口唇茶喝下去，病体痊愈。唐玄宗高兴了，对口唇茶大加赞赏，传下圣旨：一要在鸡公山上修千佛塔一座，感谢神灵；二规定“口唇茶”年年进到朝廷，民间不得饮用；三是赐吴大贵黄金千两，要他用心护理茶林；四是给义阳知州升官加俸。

吴大贵这一下子发大财了，又是买田地，又是建宅院，成了鸡公山的首富。地方上的大小官吏谁敢小看？这一来他腰杆硬了，便欺邻害户，压榨百姓。吴大贵没成亲，不少喜欢攀高结贵的人都去说媒，快把门槛给踢折了。但不论是大家闺秀，还是名门千金，他一个也看不上眼。因为和那九个仙女相比都差得太远了。

这时候，他再也读不进去书了，赶考的事早丢到脑后。吴大贵想：仙女们托梦叫我种茶，准是让我先发了财，然后再和我成亲。现在我金钱有了，只等明年采茶时，九个仙女一来，就都是我的啦。牛郎也不过配个织女，我吴大贵要独占九个仙女，这真是天意呀天意！

第二年清明前，吴大贵把九个新娘的洞房和成亲的一应事物早筹备好了。过了清明，他天天到茶林等候。茶叶该采那天，仙女们准时来了。吴大贵上前打躬作揖道：“九位姐妹，您劳神出力让我发财，我知道大家的美意。今后这茶不劳姐妹们采了，我已雇了人，让他们干吧。诸位也该跟我享福了。我把婚礼都准备好啦，咱们下山拜堂成亲吧。”

九个仙女自从离开瑶池，哪敢忘了王母娘娘的法规？不论哪个纵有思凡之意，为了不坏姐妹们轮流下来观看的机会，也不愿意在这时候私配情郎。她们没想到一年前还在发奋读书的吴大贵，有了金钱便丧志贪色，变得这样快。姐妹们又羞又恼，转身去找鸡公去了。

鸡公听仙女们说后大怒：“当年我到此山，就是为了消灭害虫，想不到又出一条！”

鸡公翅膀一闪，飞下了山头。它飞到吴大贵的院子上空，振翅一扇，下面成了火海。鸡公又飞到茶林，伸出巨爪一扒，挖出三条深沟，九千九百九十九棵茶树毁掉了九千九百九十七棵。剩下两棵留个种子，现在还在深沟上边的悬崖上长着。

这时候，唐玄宗敕建的千佛塔上的千块神浮雕已由监工从长安送到离鸡公山不远的车云山下。监工得知吴大贵死于火海，“口唇茶”茶林被毁，也不去鸡公山了，把千块浮雕放在车云山下，回京交旨去了。

后来，车云山栽上“口唇茶”茶籽儿，长得特别好，又代替吴大贵的“口唇茶”年年进贡，成了唐朝有名的“义阳土贡茶”。后人就把千佛塔建在了车云山上，现在还保存着。“口唇茶”再也没有了，只留下这个故事，传为美谈。

6. 苏仙黄尖茶

信阳市名茶——苏仙黄尖，以其芽壮满毫、清香持久、汤色嫩黄明亮、滋味甘醇而饮誉豫南。苏仙黄尖茶产于大别山脚下的商城县苏仙石乡。该乡境内有一条“子安河”，河边几块硕大的巨石上，至今还留有“仙人”的两个脚印，清晰可见。它有一个美丽的传说。

相传西汉末年，有个姓苏名耽字子安的人，其父早逝，母子相依为命，住在商城县境内的大苏山北麓。苏宅紧依石槽河东岸，门前怪石嶙峋，宅后绿竹满园，黄鹤纷至。

苏耽幼秉天赋，天资聪颖，5岁习文，7岁善剑，成年后精通天文地理，立志为天下人荡邪恶，扶正气。但时逢战乱，兵祸连年，民不聊生，加之瘟疫流行，田园荒芜，十室九空。苏耽欲酬心志，拜别慈母，踏遍青山，寻师学艺，普渡众生。

有一得道真仙，道号“朝阳真人”，隐居大苏山朝阳洞中。这天，正静坐洞府，忽感心血来潮，屈指一算，知是苏耽来访。便将拐杖抛出洞府，变成一只猛虎，一口衔住苏耽，腾空而起，直落洞内真人座前。苏耽从惊恐中睁开眼，见到真人忙跪拜于地，口称师父，向真人诉说诚心拜师、求学仙术、拯救苦难百姓的心思。

真人听后，顿生恻隐之心，取出金丹数粒，交给苏耽后说：“求学仙术非一日之功，拯救百姓乃当务之急，你先将此丹拿回，用大缸化水，让邻里百姓都喝上一匙，便能解除眼前瘟疫。”

苏耽按真人指点施行，果然灵验。待乡邻们饮服后，苏耽将缸中所剩残渣余水泼洒宅旁空地，不久便生出无数棵嫩黄叶芽小树，摘下嫩叶放入口中，甚觉甘甜清凉。苏耽屡试，还有清凉解毒之效。其实，这就是最初的“黄尖”茶树。

此后，苏耽求仙学术之心更坚，再次辞母上山拜师。行前他嘱咐母亲，教乡邻们遍种茶树，瘟疫如再发生，可用井水煮茶饮服，以避疫害。两年后，瘟疫复泛。苏母日夜奔走，煮茶救民，终因劳累过度，以致油尽灯灭。乡民们深感厚德，筹资把苏母葬于苏家宅后，并把苏耽所住之地改名“子安镇”，宅前河流更名“子安河”。

苏耽从师三年，学成炼丹术后返回故里，闻母已故，悲痛欲绝，当夜在母坟前守孝，突然雷雨交加。第二天雨过天晴，有数十只黄鹤飞临苏门，苏

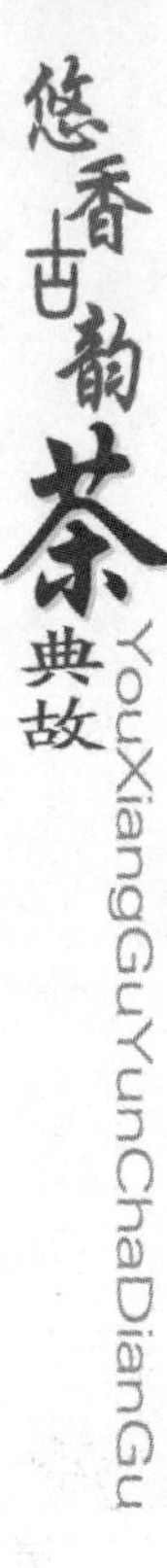

耽在母亲坟前三拜之后，于门前岩石跨上鹤，升仙而去，在石上留下两只深深的脚印，至今犹存。

人们怀念苏耽母子，将此石叫做“苏仙石”，“子安镇”改为“苏仙石镇”，今苏仙石乡因此得名。苏耽乘黄鹤去，留下“足迹”在人间。可是，苏氏母子留下的岂止“足迹”，他们留下的昔日避邪驱疫的茶树，如今已长得漫山遍野，经当地茶农精心炒制，生产出“苏仙黄尖”、“苏仙银峰”等名茶，成为当地人民取之不竭、用之不尽的一笔财富。

7. 黄山毛峰

黄山坐落在安徽歙县、太平、休宁、黟县之间，奇松，怪石，山泉，云海，引人入胜。黄山植物覆盖率达56%，种类多达1452种，是华东植物荟萃之地，尤以产黄山松和名茶“黄山毛峰”、名药“灵芝草”驰名中外。黄山地区由于山高，土质好，温暖湿润，“晴时早晚遍地雾，阴雨成天满山云”，云雾缥缈，很适合茶树生长，产茶历史悠久。黄山毛峰就是其中的佼佼者。

黄山毛峰是我国的名茶之一，其中的特级毛峰，曾经多次选送国际博览会，得到各国友人很高的评价。

讲起这种珍贵的茶叶，还有一段有趣的传说呢！

明朝天启年间，江南黟县新任县官熊开元带了书童来到黄山春游。四月的黄山细雨纷纷，漫山云雾，山峰若隐若现。这天午后，主仆二人来到罗汉峰下，迷了路，正在山峰下的小溪边徘徊，心里不免有些着急。

这时，一阵山风吹过，远处响起悠扬的钟声。循着钟声方向望去，只见竹林深处走出一位老和尚，他身穿黄色袈裟，斜挎竹篓，一串佛珠拈在手中，身材高大，阔嘴大耳，笑容可掬。

熊知县于是带了书童迎上前去，施礼道：“长老在上，下官有礼了。”

和尚合掌还礼，念声：“阿弥陀佛！”

“请问长老，这里可有借宿的地方？”

长老回身细看，见熊知县文质彬彬，一副书生模样，便答道：“我乃云谷寺慧能长老，寺院就在前面。眼看天色将晚，二位请随我去。”

熊知县连忙作揖答谢。主仆二人便随长老朝云谷寺走去。一路上，长老身挎的竹篓里不时散发出阵阵清香，知县问道：

“长老，篓中是何物，为何如此幽香？”

长老递过竹篓，微微一笑。

知县见篓中尽是翠嫩茶芽，感到惊奇，又问道：“此茶为何这般幽香？”

长老笑着回答：“客官没听说过高山出名茶吗？”

三人边说边走，不觉来到了云谷寺。红墙绿瓦的云谷寺，松杉掩映，山泉丁冬，这是深山里的一座幽静禅院。慧能长老进了山门，徒弟司清和尚接过茶篓，长老领着知县走进禅房，席地而坐，司清和尚提了一把青铜水壶进来，长老亲自动手泡茶敬客。知县一看，这茶叶每片长约半寸，绿中略带微黄，色泽细润光亮，尖芽紧偎叶中，好像雀舌一般；芽端布满了绒细的白毫，叶芽下还托着一小片金黄色的叶。等沸水冲泡下去，只见热气绕碗边转了一圈，转到碗中心后就直线升腾，约有一尺高，然后在空中转一圆圈，化成一朵白莲花。那白莲花又慢慢上升化成一团云雾，最后散成一缕缕热气飘荡开来，顿时幽雅清香充满禅房。熊知县看得目瞪口呆，好久才清醒过来称赞道："真是山中珍品，世上神奇之物。"

"客官请用茶。"长老端起细瓷茶杯让道。

熊知县双手接过茶杯一边细细品尝，一边问道："请问长老，这茶叫何名称?"

长老喝了一口茶，微笑道："这茶乃黄山特产，名叫黄山毛峰。因为茶树长在高山之上，终年云蒸雾绕，所以又叫黄山云雾茶。相传当年神农氏到黄山尝百草，不幸中毒，黄山山神急令茗茶仙子圣水冲泡云雾茶，献给神农饮服解毒。神农十分感激，离山时便把白莲花宝座送给茗茶仙子留作纪念。从那以后，黄山毛峰冲泡时便出现白莲奇景了，据说这就是茗茶仙子得到的宝座云朵。"

长老说得津津有味，熊知县听得如痴如醉，二人谈得十分投机。从黄山珍奇说到天下大事，长老无一不知，熊知县心中十分敬佩。

熊知县在云谷寺住了数日，游罢黄山，一日清晨带着书童来向长老告辞。临行时，长老赠送熊知县一包黄山毛峰和一葫芦黄山泉水，并嘱咐道："黄山毛峰只有用黄山泉水冲泡，才会出现白莲奇景。"熊知县再三拜谢，辞别了长老，回到了黟县。

熊知县刚回到县衙，就有同窗旧友太平知县来访。二人相见畅叙友情。熊知县命书童冲泡黄山毛峰招待同窗，只见沸水冲泡下去，热气绕碗边转了一圈，转到碗中心后就直线升腾约一尺光景，又在空中转一圆圈，化成一朵白莲花，那白莲花又慢慢上升化成一团云雾，最后散成一缕缕热气飘荡开来，顿时幽雅清香荡满屋内，把个太平知县看得目瞪口呆。

熊知县叫书童拿出慧能长老赠送的黄山毛峰，分了一半送给太平知县，说道："年兄，这是黄山神茶，你我共同分享吧。"

太平知县大喜，收下了黄山毛峰茶，立即告辞而去。上快马进京，一心

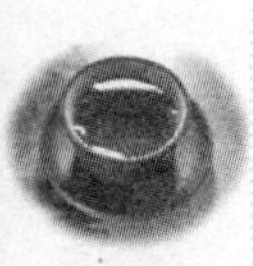

想向皇帝邀功请赏。不一日来到京城皇宫门外，下了马请门官禀奏皇帝："太平知县特来向陛下敬献仙茶。"

门官连忙郑重报奏，于是皇帝传旨下来，叫太平知县献茶。那太平知县来到金銮殿，献上黄山毛峰，又奏明开水泡茶时会出现白莲奇景。皇帝听了喜形于色，太平知县洋洋得意，等着加官领赏。这时，早有宫女递过茶杯、水壶，太平知县满心欢喜，连忙冲泡毛峰茶。哪知开水冲入茶杯，只见茶叶上下沉浮，并不见白莲奇景。皇帝在龙案之上双手一按，大怒道："为何不见白莲奇景？小小知县，竟敢欺君！"

太平知县吓得冷汗直冒，浑身发抖，慌忙双膝跪下，战战兢兢地说道："启奏万岁，这茶乃是小人当年同窗好友黟县知县熊开元所献，实在不干小人之事，乞望万岁宽容。陛下将熊知县传进京来就知分晓了。"

皇帝听了，传旨命黟县知县熊开元昼夜兼程火速进京。

熊开元接到圣旨，一路上马不停蹄，人不歇息，赶到京城，来到金銮殿上拜见了皇帝。皇帝一言不发，衣袖一挥，左右禁军便上来要绑。熊知县挺立殿上，伸手挡住禁军叫道："慢来！"又回身说道："启奏万岁，小人犯了何罪？"

这时皇帝抛下黄山毛峰，怒气冲冲地说："这乃山岭野物，你却让太平知县拿来进贡与我；谎称冲泡时会出现白莲奇景，你犯了欺君之罪！"

熊知县这才恍然大悟，想到自己一片真心对待太平知县，谁知他却贪图高官厚禄，反而陷害自己，心中十分愤慨。但他来不及思考这些，只是胸有成竹地向皇帝奏道："启禀陛下，黄山毛峰茶素质清高，不肯迎合浊流。只有那圣洁的黄山天泉，才能与它融合一体，冲泡时才有白莲奇景出现。京城混浊的井水怎配得上这仙茶呢？若陛下准小人去到黄山取来泉水，定会出现白莲奇景。如若不实，小人听任惩处。"

皇帝听了，说道："既然如此，准你一月假期，命你即去黄山取来泉水面试，若是再无白莲奇景出现，灭你九族！"

熊知县于是脱下官袍玉带，换上青衣布帽，离开京城，往黄山云谷寺赶来。见了慧能长老，便将太平知县献茶，自己遭到诬陷的事细细说了一遍。长老听了，心中十分不平，又劝熊知县不必担心。说着，把熊知县带到寺院后一棵古松下的泉水边。这时，太阳刚跃出云海，就见一葫芦从山泉中飘荡而来，长老于是接在手中，对熊知县说道："这是山中珍泉。葫芦里盛的是圣泉峰下的清泉，你带上这葫芦泉水，就可以上京交差了。"

熊知县望着长老，眼中泪花翻滚，再三向长老拜谢。长老扶起熊知县，递过葫芦和黄山毛峰茶道："不必谢了，我们后会有期。"

熊知县这才一步一回首，慢慢下山去了。

熊知县来到京城，皇帝传旨进宫。金銮殿上文武百官站立两边，殿下布满了刀斧手。熊知县一手提着葫芦，一手拿了黄山毛峰茶，从容上了大殿。皇帝笑道：

"小小知县果不失信，快快泡茶看来。"

早有宫女将熊知县手中的葫芦取去烧水，不一会儿又呈上开水和玉杯。熊知县将黄山毛峰茶放进玉杯，把圣泉沸水冲泡下去。只见热气绕玉杯周围转了一圈，转到杯中心后就直线升腾一尺高，在空中转一圆圈，化成一朵白莲花，再慢慢上升化成一团云雾，最后散成一缕缕热气飘荡开来，顿时幽雅清香充满金銮殿内。见了这般奇景，皇帝看得笑眯了眼，百官齐声祝贺皇上洪福齐天。皇帝心中十分高兴，便对熊知县说道："孤王念你献茶有功，升你为江南巡抚，三日后就上任去吧！"说罢，起身退朝。

熊知县心里像打翻了五味瓶，说不清是什么滋味。他既喜又恼，喜的是黄山毛峰茶重现白莲奇景；恼的是这满朝文武一个个对皇帝奉承拍马，一副趋炎附势的丑态。熊知县心情沉重，回到驿馆后，心中感慨万端，暗自语道："黄山名茶尚且品质清高，何况为人呢？"于是脱下官服玉带，决心隐居。

熊开元离开驿馆，直奔黄山而来，不一日到了云谷寺。慧能长老热情接待他。二人推心置腹，谈到五更。从此，熊开元便和慧能长老一起，在云谷寺出家做了和尚，法名正志。

如今苍松入云、修竹夹道的云谷寺下的路边，有一檗庵大师的塔基遗址，相传就是正志和尚的坟墓。

8. 太平猴魁茶

一

太平猴魁产于黄山市黄山区太平湖畔的猴坑一带，境内最高峰凤凰尖海拔750米。这里依山濒水，林茂景秀，湖光山色交融映辉。茶园多分布在25～40度的山坡上，具有得天独厚的生态环境。这里年平均温度14℃～15℃，年平均降水量1650～2000毫米，土壤多为千枝岩、花岗岩风化而成的乌沙土，土层深厚肥沃，通气透水性好，茶树生长良好，芽肥叶壮，持嫩性强。当地茶树品种多是分枝稀、节间短、叶片大、色泽绿、茸毛多的品种，是制猴魁的良种资源。太平猴魁为茶之极品。

猴魁的得名，据说缘起是在清末，南京太平春、江南春等茶庄，纷纷在太平产区设茶号收购茶叶加工尖茶，运销南京等地。江南春茶庄从尖茶中拣

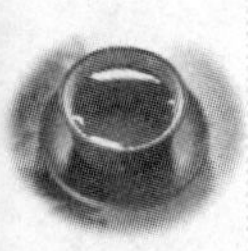
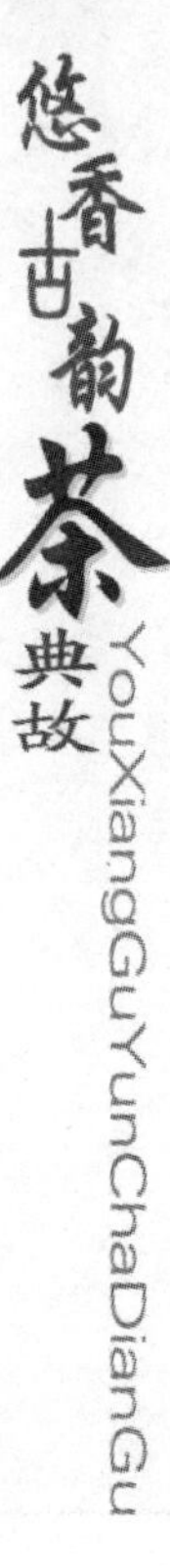

出幼嫩芽叶作为优质尖茶供应市场，获得成功。猴坑茶农王老二（王魁成）在凤凰尖茶园，选肥壮幼嫩的芽叶，精工细制成王老二魁尖。由于猴坑所产魁尖风格独特，质量超群，使其他产地魁尖望尘莫及，特冠以猴坑地名，叫"猴魁"。1912年在南京展出，荣获优等奖。1915年又在美国举办的巴拿马万国博览会上荣膺一等金质奖章和奖状，从此蜚声中外。

这只是一种说法，提起猴魁茶的来历，民间还流传着不同的说法。

传说古时候，在风景秀丽的黄山，居住着一对白毛猴。有一年，它们生了一只小毛猴。老猴对小猴非常疼爱，经常带着小毛猴在黄山的各个山峰觅食嬉戏。后来，小毛猴逐渐长大，独自外出玩耍，到了黄山北麓的太平县境内，平地上突然起了云雾，使初次外出玩耍的小毛猴迷失了方向，没有再回到黄山。

小毛猴没有回黄山，急坏了老毛猴。它们一个下山来寻找，一个留在黄山守候家门。一天、两天、三天……老毛猴跑遍了整个太平县都没有找到。由于寻子心切，劳累过度，老猴病死在太平县东北方向的一个山坑里。

就在这里住着一个老汉，名叫王老二。老汉是个善良淳厚的人，他以采野茶和药材为生。一天，老汉上山采茶，忽然发现白毛猴死在山坑。他心地善良，老汉就把毛猴移到山冈上，用双手挖了个坑埋葬了，并用山石垒了个墓基，挖来了野茶棵和山花栽在墓的四旁。当老汉埋好准备离开时，忽然间出现了讲话声。老汉四处张望，不见有人影。再细听，分明有人在对他讲话，说："老伯，您为我做了好事，我一定感谢您……"老汉仍不见说话的人，这事也就没有放在心上。

第二年春天，老汉又到这个山冈采茶，发现山冈变了样：墓地旁及整个山冈都长满了绿油油的茶棵，棵棵枝壮叶茂。老汉心想："不见有人来种茶，哪来的这么多好茶棵呢?"突然，老汉又听见山间有人在对他说："这些茶树是我送给您的，您好好耕作，将来就可以不愁吃不愁穿了……"此时，老汉才明白他头年埋葬的毛猴不是一般的猴，是一只神猴，一定是这只神猴赐给他的。从此，老汉有了一块很好的茶山，再也不需去翻山钻刺采野茶了。

为了纪念神猴，感谢神猴赐茶，老汉就把神猴墓地的山冈叫做猴冈，把自己住的山坑叫做猴坑，把从猴冈采制的茶叶叫做猴茶。

二

山东济南府有一间小小的茶叶店，主人陈氏，丈夫早年亡故，只有一个独子，名叫鲁义。母子俩相依为命。

陈氏为人热情、厚道，她的茶叶生意越做越好。一天，她把鲁义叫到跟前，说："儿啊，听人说，安徽池州、太平一带的茶叶有名，你何不去安徽买些来，我们好做生意。"鲁义向来对老娘十分孝敬，连忙说："孩儿遵命!"陈氏好不高兴，立即变卖了金银首饰，加上平日的积蓄，凑足了二百两银子，千叮咛万嘱咐，送鲁义上了路。

鲁义拜别老母，离了济南府，一路晓行夜宿，往安徽而去。一天，他走到一个险要去处，但见一片古老森林，无边无际，阴风嗖嗖。鲁义正有几分害怕，忽听一声吆喝，从树林里"腾"地跳出几个人来，一个个脸上涂得漆黑，手中握着大刀，凶神恶煞地拦住了去路。鲁义自出娘胎以来还没经过这个架势，吓得三魂掉了两魂，大叫一声昏了过去。

待鲁义醒过来时，包袱衣物被抢劫一空，二百两银子未留下分文。莫说茶叶买不成，就连吃饭的钱也没有了，怎么回去见那苦命的母亲呢？鲁义好不伤心，他解下腰带，往树上一挂，泪流满面地说："娘啊，娘，孩儿对不起你呀!"说完一狠心，将腰带往颈上一套……

这时偏偏腰带"咔嚓"一声断了。他睁眼一看，见面前站着一位白须、白眉的老和尚。老和尚问道："你年纪轻轻，为何走此绝路?"鲁义于是把奉老母之命到安徽买茶叶，不幸路遇强盗的事说了一遍。老和尚将拐杖往东南方向一指，说："你不必忧虑，那边有善人相助。"说完，突然不见了。鲁义甚为奇怪。

原来那和尚是光仁寺的妙真大师，早已得道升天，今天正好神游此处，见鲁义要自尽，特意前来相救，并给他指点了生路。这些，鲁义当然是不知道的。

却说鲁义按照老和尚的指点，登上了蚂蚁岭，只见一个小和尚早在那里等候，说："贵客光临，师傅有请!"鲁义想起了老和尚"自有善人相助"的话，便跟着小和尚走进了一座寺庙。庙里的妙明和尚亲自离座来迎接。原来，妙明和尚得到师傅妙真大师托的梦，要他某日在蚂蚁岭迎接一位上山的贵客，因而特地派小和尚将鲁义接进了寺庙。

妙明和尚亲自作陪，以礼相待并安慰他说："出家人以慈悲为本，如先生决意去做茶叶生意，贫僧愿资助你二百两银子。"鲁义一听大喜，当即叩谢，在庙里留宿一夜。

第二天一早，鲁义告别了妙明和尚，动身往太平镇去。黄昏，来到太平镇附近的剑劈山下，突然狂风骤起，大雨倾盆。他只好站在一家茶店的屋檐下躲雨。眼看着大雨下个没完没了，天又渐渐黑下来。鲁义身上带着银子，怕出意外，想找个地方歇宿，便敲开了这家的门。

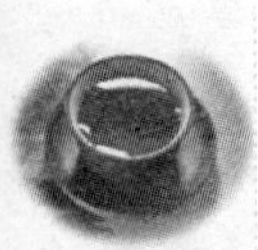

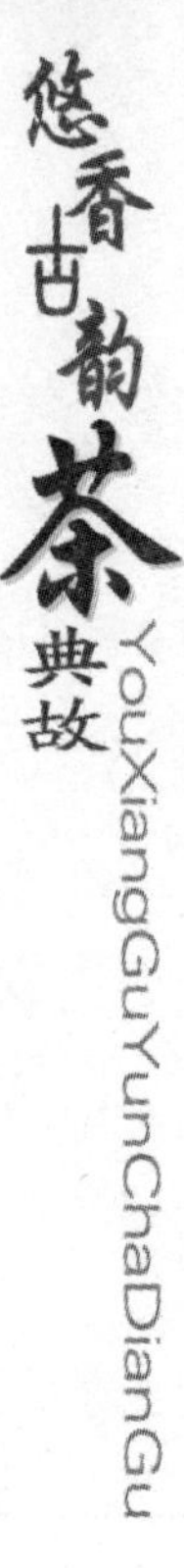

开门的是一位四十多岁的妇女。鲁义施礼道："大嫂，我是外地过路之人，天色已晚，特来借宿，明日一早即刻登程。"大嫂一听，面有难色，说："先生，很对不起，我们孤女寡母的，实在不便，请另找他家吧！"说完，"咣当"关上了大门。

此时依然大雨倾盆，行动不得。鲁义想了想，决定在这屋檐下暂过一宿，明日再作理会。

半夜时分，突然屋内隐隐传来哭声，牵动了鲁义的情思。想到自己途中遇盗，差点丧命，方知人世间还有这许多苦事，"唉!"他不禁长叹了一声。这一声长叹却惊动了一个人。谁？大嫂的女儿。

原来，这家大嫂田氏是个寡妇，有个独养女儿叫做侯魁，年方一十六岁。长得窈窕清秀，温柔贤惠。不料被当地罗财主的四少爷看中，立逼成亲。田氏想想自己势单力薄，不觉伤心起来，母女俩在这风雨之夜抱头痛哭。鲁义一声长叹，惊动了侯魁。她透过门缝朝外一看，见这位过路客人还缩在屋檐下，就产生了恻隐之心。只是家里没一个男人，实在不便，也只好把他拒之大门之外了。

第二天天亮，侯魁打开大门，见这位客人挨过一夜的风雨，脸色苍白，浑身打颤，心里委实过意不去，便邀他进来。此时雨还在下着，也不便赶路，鲁义只好进去暂息一时。

田氏给他泡了一杯热茶，还端了一些点心。问起，才知这位客人是来太平镇买茶叶的。母女俩见他举止庄重，忠厚老实，也就很客气地留他在家吃饭。

俗话说：天有不测风云，人有旦夕祸福。正当鲁义要离店赶路的时候，田氏却突然得了急病，肚腹绞痛，呕吐不已，把个侯魁急得手脚无措。鲁义见状，不忍离去，连忙帮着找医生就诊，并留在店里照料。几天过去，请医抓药，不知不觉把二百两银子全花光了，而田氏的病却仍未痊愈，怎么办呢？救人救到底啊！鲁义想：唯一的办法，只有回光仁寺去，向妙明和尚再借点银子，一来可治好田氏的病，二来也好买了茶叶回济南府去，免得母亲挂念。

鲁义向侯魁讲了自己的打算，便返身回到光仁寺，把救田氏的情况跟妙明和尚说了一遍。但借银一事却怎么也说不出口来，妙明和尚早看透了他的心事，说："救人一命，胜造七级浮屠。先生不必介意，贫僧再助二百两纹银，买了茶叶也好早日归去。"鲁义惊喜万分，深深感谢这位大慈大悲的菩萨。

却说田氏在鲁义的真心帮助下，身体果然一天天好了起来。这一来，田氏母女对鲁义自有说不出的感激，尤其是侯魁，心里早生爱慕之心。花了那么多银子，连茶叶也没买着，总不能让他空手回去呀！怎么办呢？侯魁想啊想，想起了“一线天”悬崖上的望云针仙茶。

原来，当年侯魁的父亲侯忠是个攀山摘茶的好手。光仁寺的妙真大师听说他为人乐善好施，给他托了个梦，告诉他后山上一线天的峭壁上有几棵长了百年的望云针茶，每日可摘到十几片，焙干以后，开水一冲会冒起一缕青烟，还能显出自己亲人的身影。这种茶能医百病，喝了它长命百岁。侯忠按照妙真大师的指点，每日越岭攀崖，采摘仙茶嫩尖，焙干收存，不料被财主知道了，以讨债为名，抢走了侯忠焙好的仙茶，还逼他冒雨上山崖采茶，结果摔死在剑劈岭下。

上一线天的山路，现在只有侯魁一个人知道。为了报答鲁义的恩情，侯魁以照应母亲为名，一再挽留鲁义，暗里却冒着生命危险，悄悄攀上一线天，采摘当年父亲摘过的望云针仙茶。就这样，侯魁终于焙制了两包望云针仙茶。当鲁义要离开的时候，田氏母女恋恋不舍地送了一程又一程。临别时，侯魁泪如雨下，把那两包珍贵的望云针仙茶送给了鲁义，说：“前些日子多亏你照应，这两包茶叶请你收下，这是我们母女的一点心意。但不知先生此去何时才能相见！”说完，早已哭成了泪人儿一般。鲁义捧着这两包茶叶，心也碎了。但一想到母亲还在家里等着自己，只得狠狠心，含泪而去。

鲁义经过光仁寺，又去拜别妙明和尚。妙明和尚把茶叶打开一看，嚯！薄嫩如竹叶，针细若幼芽，色润纯正，清香扑鼻，连声说：“好茶，好茶，这两包茶叶，吮吸了侯魁姑娘全身的元气，凝聚了侯魁姑娘毕生的心血，表达了侯魁姑娘一片深情厚谊，日后自有大用处！”

鲁义一听有这么珍贵，越发怀念多情多义的侯魁姑娘，不禁长叹一声：“唉！但不知何日才能重新相见啊！”

妙明和尚说：“你要见侯魁姑娘也不难，我自有办法。”

说着，取了几片望云针仙茶，放进古瓷壶里，用滚沸的开水一冲，只见一股青烟从壶里冒了出来。青烟起处，一位苗条清秀的姑娘出现在鲁义的面前。

鲁义又惊又喜，连声喊道：“侯魁姑娘！侯魁姑娘！”

侯魁姑娘含情脉脉地望着鲁义微笑，不觉流下两行热泪。鲁义正要向前，突然，青烟散去，姑娘的影子也消失了。

鲁义急得大声喊道：“侯魁姑娘！你别走哇！”

妙明和尚在一旁叹了口气，说：“唉！你再也看不到侯姑娘啦！”

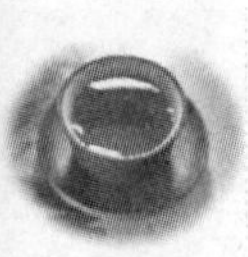

鲁义大惊，忙问什么缘故。妙明和尚告诉他："自你走后，罗财主的四少爷就去侯家逼婚。侯姑娘至死不从，她登上一线天，口含望云针仙茶，跳崖自尽了。"

啊！这简直是晴天霹雳！鲁义当即昏厥过去，病倒了。好心的妙明和尚便留他在寺里调养。

数日之后，鲁义渐渐病愈。这时，恰逢朝廷出了一张告示，说皇上最心爱的公主得了一种十分奇怪的病，终日饭不思，茶不饮，虽经各路名医医治，仍不见好转。现贵体日渐消瘦，眼看生命难保。凡有能治好公主病者，即招为东床驸马，或赐以重金。

妙明即对鲁义说："侯姑娘送你的茶叶，现在有大用处了。"并如此这般地交代了一番。

鲁义按照妙明和尚的指点，揭了告示，被带进了宫里。一个公公对他说："你年纪轻轻，也敢来揭皇告？这可不是闹着玩儿的，犯了欺君之罪，定当满门抄斩！"

鲁义说："我自有仙丹妙药，管叫药到病除，请公主一用便知。"

于是，鲁义用几片望云针仙茶，泡给公主喝，果然一喝便精神大振，再喝食欲大增，三喝贵体康健。皇上龙颜大喜，当即招鲁义为东床驸马，倍加喜爱。

鲁义进宫以后，接来自己的老娘。他深深怀念侯魁姑娘，把她妈妈田氏也接进皇宫。还给光仁寺拨了一笔巨款扩建寺庙，以报当日赠银之恩。

从此以后，侯魁茶叶便扬名各地，流芳至今。

9. 茶女红

安徽的"屯绿"闻名世界，被誉为"绿色的金子"、"首屈一指的好茶"。黄山毛峰是"屯绿"中的上品，产在美丽的黄山，每年谷雨前三天后四天采摘，又名"谷雨尖子"。上等的毛峰叫"茶宝"，又叫"茶女红"。它似根绿针，泡在杯中一小会儿，就舒展成一个完整的叶片。汤色碧绿喜人，香气四溢，而且还有养气颐神的功效。更可贵的是，在清晨，用山泉水沏，在杯中缭绕的热气中，可以看到一个美丽的姑娘，跪在茶树旁，采摘那迎着朝阳长出的第一枚叶子的情景。关于茶女红，还有个故事呢。

从前，在黄山有个孤女叫萝香，长得如花似玉。萝香美丽、善良、灵巧、歌声动人，常常边采茶边唱歌。邻村有个年轻的打柴汉叫石勇。每天早上上山，他要绕路从萝香屋前经过，听听萝香唱歌；下山也从萝香屋前经过，喝杯香茶，香沁肺腑。他偷偷地爱着萝香，可是他怕姑娘受委屈，不敢言明。

每天，他都悄悄地放一捆柴在萝香屋边；再累，也要把萝香的水缸挑满。

萝香渐渐大了，越发苗条标致。求婚的踏平门槛，可萝香总是摇头不允。

一天，一下来了好多求婚的，有县官的公子，有武生、书生，有店铺的小老板，有财主的少爷。他们在萝香的茅屋前会面，亮出珠宝金银、绫罗绸缎。公子说：

“我爸是一县父母官，我最有资格娶萝香。”

武生说：“我武艺高！”

书生说：“我文才好！”

小老板说：“我家有钱！”

少爷说：“我家有地！”

就像捣了麻雀窝，聒聒噪噪，吵个不止。萝香没有正眼瞧他们，说：“你们哪，都不够格！”

众人一惊愕，停下吵声，互相瞅着。忽然，公子说：“你不嫁我们，看哪个野小子敢娶你？”

众人附和说：“对！”

由狗咬狗到狗帮狗。众人就坐到萝香屋前，死皮赖脸不走。

萝香冷冷一笑，就离开了。她走到村里，找到德高望重的白胡子鲍老汉，说：

“鲍老爹，我有一事想烦您。我要用茶宝决定婚事。”

鲍老汉一听，说：“萝香好姑娘，只要你信得过老汉，这事我能办。”

于是，鲍老汉走到萝香屋前，对众人宣布说：

“有耳朵的听好：三月初八，萝香在黄山以茶择婿。”

“以茶择婿”，这事轰动了四乡八镇，消息不胫而走，都等着三月初八来看热闹。

这天，东方刚白，人们已挤在萝香的屋前，人山人海的。只见萝香在屋前，迎着太阳，摆了几条长凳，凳子上一排放了二十多只杯子。每个求婚者都站在一只杯子前。

萝香像往日一样，大大方方地一手提壶，一手拿着茶叶走出来。用眼一扫，那群求婚的公子少爷小老板一个不缺，就是不见天天见面的石勇哥。于是，她张口唱起来。

石勇像往日一样，扛着扁担绳子，提着砍刀正在路上。一听萝香的歌声，他加快了步伐，歌声未停，他已来到萝香屋前。怎么恁多的人？他赶忙挤进去，但条凳那里已没了位置，他只得在旁边站着。萝香向他嫣然一笑。鲍老

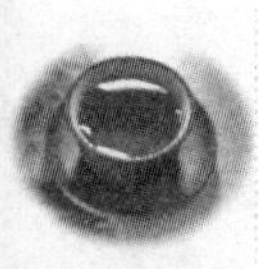

汉就会意了，拿了只茶杯给他。他放下扁担、砍刀，紧紧捧着茶杯。

鲍老汉宣布择婿开始，嘈杂的人声停顿。于是，萝香在每只杯子上放了茶叶，然后，沏上开水，对天祈祷说：

“萝香今日择婿，望神灵保佑。萝香精气已郁结于茶，谁的杯中显现萝香的身影，谁就是萝香的丈夫。”

一会儿，茶叶在杯中舒展开来，成了一枚完整的叶子。茶杯上热气盘绕。人们瞅着，看姑娘的影子在谁的杯上显现，看看谁是最有福气的人。说也怪，竟在石勇杯上的热气里出现了萝香迎着初露的太阳，跪在茶棵前，用舌尖卷采的图画。

众人看到这神奇现象，个个屏住了呼吸。只见萝香喜滋滋地走到石勇面前，从杯里掏出一小包茶叶，说：

“石勇哥，茶宝是属于你的。”

石勇仍捧着茶碗，目不转睛地望着热气上的图画。萝香只得把茶宝塞到他的手心。

看着石勇捧着茶碗，随萝香进屋了，其他求婚的才怏怏不快地散去。

知县公子满肚子坏水，路上就想好了歹计。一回到县衙，就说：

“爸爸，今天求婚未成，可看到茶宝了。你要是把它搞到手，进贡给皇上，爸爸，高官尽你做，大福尽你享！”

知县眉开眼笑地说：

“好儿子，亏你想得周到。你马上派兵去拿那打柴的，搞到茶宝去进贡，待皇上赏赐下来，再把萝香抢给你。”

公子带着衙役，悄悄地包围了石勇住处。石勇被五花大绑押到县城。知县亲自审问，要石勇交出茶宝。可这是石勇的命根子，任凭知县严刑拷打，他都一字不吐。知县只得把他收监。

萝香姑娘赶忙跑到县城去探监。看到石勇体无完肤，血肉淋漓地躺在地上，萝香止不住哭道：“石勇哥，你受苦啦！”

石勇一见萝香，一下坐了起来，说：

“萝香妹，他们要夺走你送给我的茶宝，他们是白日做梦。我宁死不给！”

萝香也气狠狠地说：

“这个狗官，比强盗还坏！他们不会有好下场的。”

石勇说：“萝香妹，你快回去吧！不要管我！”

萝香说：“哥啊，我等着你。你先把茶宝交给狗官……”然后，放低声音说：“没有山泉水，那图画是现不出来的。”

石勇坚定地说：“萝香妹，为了你我死也不交出茶宝。”

忽然，“哈哈”一阵狞笑，两人抬头一看，原来知县父子站在面前。知县凶恶地说：

“石勇，你如果不交出茶宝，我就杀掉萝香。来人啊！”

“喳！”

上来几个如狼似虎的差役，把萝香按倒。石勇忙说：

“不，你们不要杀她，我交！”

知县冷冷一笑，说：“早这样，也省得皮肉吃苦。交出来，献给皇上，你也可以得点奖赏。嘿嘿！”

知县得到茶宝异常高兴，忙收拾了东西，带着公子赴京城进贡。不过，他并没有放掉石勇。

知县来到京城，把茶宝献给皇上。皇上亲手把一枚茶宝放到杯里，沏上水。一会儿，茶叶在杯中舒展开来，杯上也出现了腾腾热气，周围清香异常。

皇上和大臣们等待着那奇异现象的出现。可是他们不知道要用清澈的山泉水泡。所以过了一会儿，热气一去了，还不见那图画出现。皇上大怒，吩咐把欺君的知县父子斩首了。

皇上派个新知县来到歙县。这个家伙也是一肚子污水，心想，茶宝一定有些来历，只是前任发财心切，仓促送给皇上，才丢了性命。他决定从石勇嘴里掏出秘密来，就命人在牢中拷打石勇。石勇咬紧牙关，任啥不说，最后竟气绝在衙役的杖板之下。凶狠的新知县就命衙役把石勇的尸体抛到黄山坳里。

这时萝香已逃到深山坳里，她时时想念着石勇，对着茶树洒泪。后来，她听说新知县打死了石勇，又抛尸山野，顿时昏了过去。人们一阵忙活，她才苏醒过来，哭着说：

“伯叔婶娘们，请你们把石勇的尸体放到我的茶棵边。我用汗水浇灌茶树，我也要用心血浇活我的石勇哥。就是死，我们也要在一处啊！”

乡亲们明知萝香说的是痴话，还是答应了她的要求，把石勇的尸体放到茶棵边。

萝香看着面色如土、骨瘦如柴的石勇，止不住哗哗泪下。泪珠扑簌扑簌地落在石勇的身上，与血迹相融，变成血水流淌下来，湿润了茶树的根。石勇生前最爱听萝香唱歌，最爱喝萝香制的绿茶。如今悲不欲唱，只有茶水能浇灌石勇。可是茶宝已叫皇上糟蹋了，如何办呢？萝香把新采的叶片放到自己的心窝上，哭喊着，就晕倒在石勇身上。

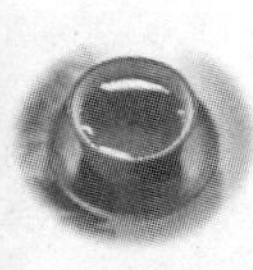

太阳落山了，月亮冉冉升上来了。萝香似睡非睡，似醒非醒，觉得那叶片儿在心口蠕动，渐渐地卷起来，那茶宝竟制成了。萝香一下坐起来，拿起那茶宝直奔茅屋。她提着水罐儿去汲那带露的山泉，用松球烧开，沏上。此时天已鱼肚白色，她顾不得那显现的姑娘采茶图画，直奔石勇身旁，说：

"石勇哥，你喝下这杯水吧，算是妹妹对你的心意。我不能没有你啊，哥啊！"

于是，她撬开石勇的牙齿灌下去。说也怪，这茶醇厚清爽的香气，就从石勇的嘴里一直渗到心里，石勇竟动了一下，说："真香！"

萝香姑娘一惊，喜上心头，说："石勇哥！香，你就多喝些吧！"

她就扶着石勇把茶喝完。石勇觉得茶到肚，有种说不出的东西渗透到每一根汗毛孔里。他动了动手，伸了伸腿，说："好怪啊，我还没有死吗？萝香姑娘，你从哪儿弄来这起死回生的灵丹？"

萝香姑娘见石勇活了，快活得心都要跳出来，眼里滚动着亮晶晶的泪珠说："石勇哥，你躺着不要动。这灵丹有的是，我给你采去！"

萝香姑娘又快乐得像春天树林里的小鸟，不断地唱着歌，采叶，制茶……

石勇喝了七天茶后，居然渐渐恢复了元气，身体像以前一样壮实。

萝香姑娘虽然瘦了，但是她的精诚使石勇死而复生，心里异常高兴。

从此，他俩便在山上过着自由自在的美满生活。茶宝的秘密始终保存着，新任知县也是"狗咬尿泡——一场空"。打那儿以后，茶宝便作为采茶姑娘的爱情信物而流传下来。

10. 兰花茶

在安徽泾县盛产一种兰花茶。这里山峦起伏，云雾缭绕，绿树蔽日，清泉奔泻，兰草丛生，兰花茶就生长在有名的里坞坑。每到初春，里坞坑到处盛开着兰花，幽香阵阵。经过精心采制的兰花质地极好，色泽碧绿，银毫显露，滋味醇厚，闻之清香宜人，饮之回味无穷。

兰花茶起源于唐朝，最早由里坞寺的僧人栽植。传说，当时的皇帝被头痛困扰，偶遇一僧，曰："山中有兰茶，煎服可愈之。"皇帝按僧人所说饮后即愈。后来此事传到民间，人们争饮此茶。兰花也被列为贡茶。

关于兰花茶，还有一个故事：

相传在很久以前，齐云山脚下有一座大庄院，庄院主叫李占山。他家财万贯，奴婢成群。侍女中有一小丫头，叫兰花，十四五岁的年纪，窈窕得像一朵出水的芙蓉。李占山见她长得出色，便起了歹心。小兰花性格倔强，不畏强暴，宁死不从。李占山非常恼恨，经常借故骂她、打她、罚她。

小兰花实在忍受不了非人的折磨，在姐妹们的帮助下，逃出了虎口。兰花逃进了深山老林。她走呀走，爬了一座山又一座山，翻了一个岭又一个岭，突然前面一座山峰挡住了去路。她小时听老人说过，这齐云山顶上有个蝙蝠洞，洞里住着一个蝙蝠仙姑，播云降雨，保佑人间五谷丰登。兰花想，仙姑一定肯帮穷人讲话，不如上山去求她保佑。于是，她心头一阵高兴，飞也似的向山顶攀去。

齐云山高万仞，岩悬壁峭，气势磅礴。到了半山腰，就如坠入万里雾中。越往上走，丛林越密，云雾越浓，嶙峋怪石，犬牙交错，凉风嗖嗖，令人不寒而栗。小兰花一点也不怕，攀藤附崖，一直爬上了山顶。山顶上是一块平地。她往下一看，绝壁之上伸出一巨石，巨石的缝隙之中，长着一株茶树，茂密的枝叶向四面张开，郁郁葱葱，酷似一把撑开的大绿伞，覆盖着巨石下的一个岩洞。兰花攀着藤蔓爬到洞前，洞很大很深。

她探身进去。洞门石壁上，丁冬丁冬地滴着泉水。她喝了几滴，甘美可口。再往里进，一群一群的小蝙蝠，倒挂在石壁之上。兰花便赶忙退了出来，没有惊动它们。兰花是太累了，她靠在山洞洞口边上便睡着了。朦胧中，她看见一朵祥云飘飘而来。云头之上立着蝙蝠仙姑，和自己一样美丽的姑娘。她高兴极了，一下子扑倒在仙姑的怀里叫着姐姐。

忽然，一阵凉风将她惊醒，她睁眼一看，已是月上西天，伸头向洞外一瞧，呀？成千上万的蝙蝠飞舞在巨石上的茶树四周。

就这样，她以树叶野果充饥，与野兽百鸟为伴。春天，她撷百花遮体；夏日，掬山泉解渴；中秋，采百果收藏；隆冬，借岩洞栖身。她很快就习惯了这野人般的山林生活。

秋去冬来，转眼春风又至。清明过后，万物复生，百草吐翠。蝙蝠洞上的那棵茶树，依于绝壁上，背北朝南，烟笼雾绕，早早地抽出了又绿又翠的肥嫩新芽。

这天，小兰花又来到蝙蝠洞顶的绝壁上，对着茶树怔怔地看了一会儿。突然，她像想起了什么，迅速脱下了自己穿的破衫罩住了一根葛藤攀上了茶树。她非常熟练地采摘着嫩芽，不一会儿，就摘满了一衣兜。她把这一兜嫩芽背到山下的一个孤老太太家里，借锅炒了炒，烤干后，便拎到街上去卖。开始，无人问津。

在这产茶的山区，人们怎么看中这爹爹蓬蓬，像死树叶子似的粗茶呢？这时，过来了一个衣衫褴褛的穷汉。他抓把茶叶看了看，闻了闻，就买下了。

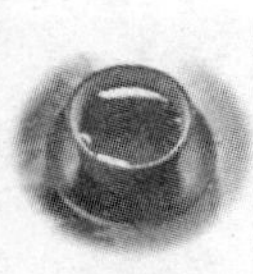

兰花非常感激，高高兴兴地回到了蝙蝠洞里。

再说这个穷汉，买了兰花的茶，进了茶馆，买了滚开的水泡了一杯。谁知这茶非同一般，当壶中沸水倒进茶杯后，杯口陡然冲出一股雾气，飘飘然成螺旋状上升，聚而不散；飘出一阵阵扑鼻的清香，喝了一口，味纯甘美，沁人肺腑。顿时，茶客们争先恐后来品尝。

这消息迅速传遍了山前山后，人们甚至还添枝加叶地说："那卖茶的姑娘是齐云山的蝙蝠仙姑。好心人喝了她采的仙茶，就能长命百岁。"

这个消息也传到了李占山的耳朵里。他想：我种茶园千亩，远近茶客无一不晓，还未听说过这种好茶呢。于是，就吩咐家丁，四处探查，寻找卖茶的姑娘。

过了几天，兰花又炒了一兜茶来到街上叫卖，冷不防被李占山的管家抓住，拖回庄院。李占山得知卖仙茶的仙姑就是他家使唤的丫头兰花，顿时喜上心头。他亲自询问兰花道："听说你在山上采到了好茶，是真的吗？"

"是真的。"

"好茶长在高山上，不容易采到呀！"

"说难也不难，东山摘一片，西山采一片，高山千万座，野茶到处生。"李占山熟知兰花的脾气，知道强迫她说出来是不可能的，就心生一计，将兰花关到牲口房，嘱咐家丁们，故意疏忽，留一小门不锁，让她逃走，然后暗暗跟踪。

小兰花到底还是个孩子，没有心计。那棵茶树的秘密很快就被跟踪的家丁们发现了。当即，兰花就被家丁们推下了悬崖。一张早已写好的布告贴到了茶树上。李占山宣布：这棵茶树是他家的丫头首先发现，理应归李家所有，不准任何人采摘一片叶尖。

李占山占了这棵茶树后，派人采摘了很多芽尖，经过精制，亲自送给县官。县官品了一杯，果是好茶，就责令李占山速速精制二斤，派驿官火速送到知府家里。

知府也是个茶客，品尝了这茶后，啧啧称赞不已。于是，连夜修书一封，派心腹家丁日夜兼程，送往京城。

皇帝在金銮宝殿与文武大臣们一起品尝。皇上使用的是金杯玉盏，再用甘泉玉露一泡，那茶叶在杯中嗞嗞作响，一股云雾直冲銮霄，香气袅袅，飘溢金殿。

皇上见状，龙颜大悦，要来文房四宝，御笔亲书"齐山云雾"四个大字。李占山献茶有功，被封为齐云山七品制茶监官。

可是，第二年，那棵茶树枯死了。李占山因为无齐山云雾茶进贡，以假乱真，犯了欺君之罪，被杀了头。而在兰花坠岩的石缝中，却长出了一片小茶树。当地百姓为了纪念兰花，将茶叶采摘下来进行精制，取名为“小兰花”。后来，人们又慕名采制，小兰花茶便遍及大别山区，而皇帝御笔亲书的“齐山云雾”却早已被人们遗忘。

11. 碧螺春

碧螺春是我国名茶的珍品，以形美、色艳、香浓、味醇“四绝”闻名中外，产于江苏省吴县太湖的东洞庭山和西洞庭山。因其形状卷曲如螺，初采地在碧螺峰，采制时间又在春天而得名。洞庭山不但是碧螺春产茶之地，也是盛产水果之乡，茶树与果林相间；茶树吸收果树散发的花果香气，碧螺春天然芬芳亦由此而生，形成一种独特的品质。茶树种植在两山，遥对洞庭湖又有另一番雅致。这里全年气候温和，冬暖夏凉，云雾弥漫，环境十分适合茶树生长。

太湖一带，流传有许多关于碧螺春的美丽传说，其中以碧螺春由来的故事最脍炙人口。

一

清康熙年间，当地人在洞庭湖东碧螺峰石壁上发现了一种野茶，便采下带回作饮料。有一年，因产量特多，竹筐装不下，大家便把多余的放在怀里。不料茶叶沾了热气，透出阵阵异香，采茶姑娘嘟囔着：“吓煞人香!”这“吓煞人香”是苏州方言，意思是香气异常浓郁。于是众人争传，“吓煞人香”便成了茶名。

清康熙三十八年（公元1699年），康熙皇帝南巡到太湖。康熙认为“吓煞人香”这个名字不雅，便赐名为“碧螺春”，从此沿用至今。

二

太湖洞庭东山的“碧螺春”，嫩绿叶卷曲得像小小的螺蛳一样，绿油油、毛茸茸，闻闻清香，喝喝清凉，是一种名贵的茶叶。它最早出在莫厘峰上。

传说，有一年东山莫厘峰上妖精作怪。接连有几个樵夫上了莫厘峰砍柴，都不见回来。老百姓弄不清这妖精到底怎么来的，但谁也不敢再上去，于是把莫厘峰当作了禁地。当时有个没爹没娘的渔家姑娘，名叫碧螺。这姑娘性格倔强，胆子又大，想看一看这妖精究竟生的啥模样，有什么妖术。所以人家不敢去，她倒偏要行。

这一天，她就上莫厘峰砍柴去了。走到半山腰，闻到一股香味。这香味香得出奇，熏得她晕乎乎的。她就坐下来歇一歇，对着山顶细看。看来看去，

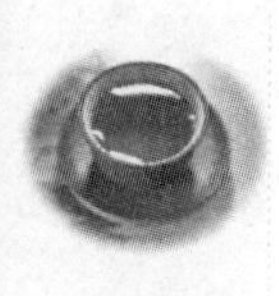

也没有看到有啥妖精，却见山峰悬崖的石缝里，长着一棵油绿闪亮、生气勃勃的野树苗。那股股奇异的香味也就是从那扑鼻而至的。她奇怪起来，是啥东西，香得真有点吓人？于是冒着危险，爬上悬崖。

这悬崖在山峰顶上，爬上那里，只见蓝天变低，脚下白云飞绕。越接近这棵树，香味也越浓。把碧螺姑娘熏得昏沉沉，浑身像中了邪一样，她急忙用手捂住鼻子。碧螺是打鱼人，整天同鱼打交道，手上的鱼腥味洗也洗不掉。她用有鱼腥味的手捂住鼻子后反倒觉得蛮舒服，脑子顿时也清醒了不少。她这才想到原来毛病就出在闻那个香味上，鱼腥味可以克那个醉人的香味，后悔没带个鱼篓来。

碧螺姑娘这时候觉得肚子有点饿了，身边又没有干粮，正好发现一丛野大蒜，拔起来就往嘴里塞。不料一把大蒜下肚，饥也解了，头脑也清了。就一口气爬到小树旁。不过到了它旁边，人却再也受不了了。一阵阵异香又使她昏沉沉的，她好不容易转到了上风头，才避开了那股浓重的香味，头脑稍稍清醒一点。她想：不是什么妖精作怪，原来是这棵树发出的香味！便采了些嫩叶塞在怀里。哪知这嫩叶得了人身上的热气，香得格外厉害了。碧螺姑娘连声嚷道："吓煞人哉！吓煞人哉！"就用劲拿起柴刀，想把它砍断，省得它再害人；再一想又有些舍不得，就把这棵树连根拔起，带下山来了。

碧螺姑娘把它带回船上，种在一只破缸里，每天给它浇点水，看它究竟怎么样。这棵树的叶子固然香得醉人，但是渔船上腥气重，再加碧螺姑娘天天挖野大蒜吃，所以倒也没啥。有一天，猛然一阵风把叶子吹落到她那没盖盖儿的水壶里。碧螺姑娘正好累得浑身是汗，嘴里干得像火烧，拿起水壶，"咕噜噜"喝了个底朝天，顿觉喉头清凉，满口芳香，消除了疲劳。

奇事！今朝的水为啥特别好吃？她仔细一看，壶里有许多香树叶。看来这小树移植以后，水土变了，毒性也解了，不但清香可口，还能提精神。这树叶原来是个宝贝！碧螺从心里感到欢喜，于是动起脑筋来，决心栽培起来。种到哪里去呢？

后来，她想起太湖当中，洞庭西山的徐石山脚下，有一个没人住的破庵。就带着那棵小树来到庵堂，把它种在天井里。她捉鱼度日，每天留一点小鱼垩防备树香伤人。这样经过几年的栽培，天井里长满了小香树，香味吸引来了乡邻。碧螺姑娘就把叶子采下来送给大家泡开水喝。乡邻们喝了这泡叶的水，个个称赞，问碧螺姑娘，这小树叫啥名字，碧螺姑娘随口说："吓煞人香！"从此，小树就有了名字，成为茶叶中一个名贵的品种。

后来采叶泡茶，也就风行起来。碧螺姑娘采茶，也十分讲究，不仅只采最嫩的，而且采茶前，先要到河里洗了澡，穿一身干净衣服；采茶不用篮装，而是塞在怀里。她眼明手巧，两手跳动采摘嫩叶，好像凤凰点头一样。她每一次采茶回来，就分送给大家。

有一次，采茶回来，正好阴雨连绵。眼看大堆叶子要霉烂了，她便把叶子放在锅子里炒干了再送人。出乎意料，炒干的叶子竟比不炒的还要清香，还要好吃，又可以长期保存，啥时候想吃就啥时候泡，非常方便。从此以后，炒茶就风行起来，一直传到现在。

“吓煞人香”茶，不久就被大家栽种起来了，没有几年工夫，就种遍了整个洞庭的西山和东山。不过，经过几次移植，它的香味再也不会熏煞人了。

后人为了纪念碧螺姑娘，就把这种茶叶叫做“碧螺春”；还把她生前住过的无名破庵，整修一新，叫做“碧螺庵”；把最初采到“吓煞人香”的那座山峰，叫做“碧螺峰”。

三

传说在很早以前，在洞庭山上住着一个美丽、勤劳、善良的姑娘，名叫碧螺。姑娘有一副清亮圆润的嗓子，十分喜爱唱歌。她的歌声像甘泉，给大家带来欢乐。大家十分喜爱她。

与西洞庭山隔水相望的东洞庭山住着一个小伙子，名叫阿祥。小伙子以打鱼为生，水性好，办事公正，武艺高强，又乐于帮助人，因而深得远近人们的爱戴。阿祥在打鱼路过西洞庭山时，常常听见碧螺姑娘那优美动人的歌声，也常常看见她在湖边结网的倩影，心里深深地爱上了她。

但是，还没等阿祥向碧螺表示自己的感情时，一场灾难突然降到了太湖人民的头上。太湖中出现了一条恶龙，它要太湖人民为它烧香摆供，每年送一对童男童女供它奴役，还要碧螺姑娘做它的妻子。如果不答应，它就要刮恶风，下暴雨，掀巨浪，拔树摧房，打翻渔船，让太湖人民不得安宁。

这个消息传到阿祥耳里。他气得咬牙切齿，下决心要杀死恶龙，保护人民的生命财产，保护他那心爱的姑娘。

一天夜里，阿祥手持鱼叉，潜到湖底，趁恶龙不备，用鱼叉猛刺恶龙。恶龙张开血盆大口，直扑阿祥。这场惊心动魄的恶战，从晚上杀到天明，又从天明杀到晚上。杀得天昏地暗地动山摇。山上、海里都留下了奋战的血迹。最后，阿祥的鱼叉终于刺进了恶龙的咽喉，杀死了恶龙，但勇敢的阿祥也因流血过多昏过去了。

乡亲们怀着无限感激和崇敬的心情，把为民除害的小伙子抬回了家。碧螺姑娘更是因为小伙子杀死恶龙，免除了她的灾难而十分敬重他。她把阿祥

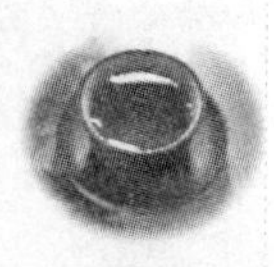
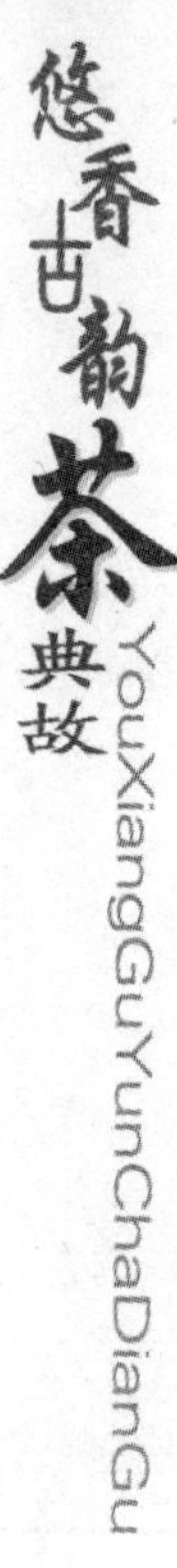

抬到自己家中，亲自照料。姑娘给阿祥做了饭菜，唱着最动听的歌，一心希望阿祥早日恢复健康。可是，由于伤势过重，阿祥的病情一天天恶化。尽管有心爱的姑娘在身边，但虚弱的身体却使他讲不出一句话。

碧螺十分伤心。为了救活阿祥，她踏遍洞庭山，到处寻找草药。有一天，姑娘来到阿祥与恶龙搏斗过的山顶发现有一棵小茶树长得特别好。尽管还是早春，天气很冷，小树却长出了许多芽。茶树周围有许多暗红色的血迹。姑娘知道这是阿祥鲜血淋淋的结果。她十分爱惜这棵小茶树，每天给小树浇水。早上怕茶树冻坏，便用自己的嘴把芽苞一个个含一遍。

清明过后不几天，小树长出了第一片嫩叶。这时阿祥已水米不进，危在旦夕。姑娘泪珠直流，她来到茶树旁边，看到嫩绿的茶叶，心里想：这些茶叶是用阿祥的鲜血，是我的口含着长成的，我采几片叶子给阿祥泡水喝，也表一表我的心意吧。于是姑娘采下几片嫩芽，泡在开水里送到阿祥嘴边。醇正而清爽的香气，一直沁入阿祥的心脾。本来水米不进的阿祥顿觉精神一振，一口气把茶喝光，紧接着就伸伸腿伸伸手，逐渐地清醒了过来。

姑娘一见阿祥这样了，高兴异常。她把小茶树上的叶子全采了下来，用一张薄纸裹着放在自己胸前，让体内的热气将嫩茶叶暖干。然后拿出来在手中轻轻搓揉，泡茶给阿祥喝。阿祥喝了这茶水后，居然完全恢复了健康。他激动地向姑娘诉说了自己对她的爱慕之情，姑娘也羞答答地接受了阿祥的真情。

可是，正当两人陶醉在爱情的幸福之中时，碧螺姑娘却一天天憔悴下去了。原来，姑娘的元气全凝聚在嫩叶上了。嫩叶被阿祥泡茶喝后，姑娘的元气却再也不能恢复了。

姑娘带着甜蜜幸福的微笑，倒在了阿祥的怀里，再也没有睁开眼睛。阿祥悲痛欲绝，他把姑娘埋在洞庭山顶上。

从此，这儿的茶树总是比别的地方的茶树长得好。为了纪念这位美丽善良的姑娘，乡亲们便把这种名贵的茶叶，取名为“碧螺春”。

12. 君山银针

君山银针是有一千多年历史的传统名茶，产于烟波浩渺的洞庭湖中的青螺岛。君山茶历史悠久，唐代就已生产、出名。文成公主出嫁西藏时就曾选带了君山茶。从五代的时候起，银针就被作为“贡茶”，年年向皇帝进贡，以后历代相袭。

关于君山银针，有很多美好的传说。据说它的第一颗种子，还是四千多年前娥皇、女英播下的。后唐的第二个皇帝明宗（李亶），第一回上朝的时候，侍臣为他捧杯沏茶。开水向杯子里一倒，马上看到一团白雾腾空而起，慢慢地出现了一只白鹤。这只白鹤对明宗点了三下头，便朝蓝天翩翩飞去了。再往杯子里看，杯中的茶叶都齐崭崭地悬空竖了起来，就像一群破土出来的竹笋。

过了一会儿，又都慢慢下沉，就像是落雪花一样。明宗就问侍臣是什么原因，侍臣回答说："这是君山的（即柳毅井）水泡黄翎毛（即银针）的缘故。白鹤点头飞入青天，是表示万岁洪福齐天；翎毛竖起，是表示对万岁的敬仰；黄翎缓堕，是表示对万岁诚服。"

明宗听了，心里很高兴，马上下旨把君山黄翎毛定为贡茶。侍臣的话原是讨好帝王，但是银针茶能"悬空而立"，并且像落雪一样下沉又上升，倒是极为美观的。

下面是两则关于君山银针的美丽传说。

一

很早以前，洞庭湖属楚国管辖。当时楚国国都就在现在湖北江陵县地面，叫做郢都。国王是个孝子，可他母亲却是个病秧子。请遍京城名医国手，怎么诊治，太后的病也不见轻。最后，国王只好叫人写了几百张求医告示，在长江南北到处张贴。

这天，宫门外来了个白胡子道士，自称能治好太后的病。国王见他长的相貌古奇，一脸忠厚，知道是个有本事的人。便把他领进后宫，为太后诊治。道士为太后看完病回到前殿，对国王说："大王，太后的病，看来是因饮食不周引起的呀!"

国王满脸不高兴地说："道长，这话就奇怪了。我身为一国之王，富有四海，太后想吃什么就有什么，怎么会饮食不周呢?"

道士笑了笑说："大王，请原谅我实话实说。那些山珍海味，熊掌、猴头、燕窝、鱼翅，当然都是上好的大补之物。可好物不可多用，长年累月，光吃这种东西，就难免肠胃受亏，肝火上升，血脉不活，百病缠身。何况太后这样高龄的老人呢?"

国王不由连连点头说道："是这个道理。那太后的病怎样才能治好呢?"那道士说："病来如山倒，病去如抽丝。太后的病，日积月累，已成顽症。加上她年老体弱，更不能操之过急，只有慢慢调治。"说着，道士从腰间解下来个青皮葫芦，双手递给国王："大王，药方就刻在葫芦上面，只要你能照办，太后的病就会慢慢好起来的。"说罢，就要告辞，国王连忙让人拦住，要重重赏他，道士摆了摆手说："别忙，一个月后再说吧。"

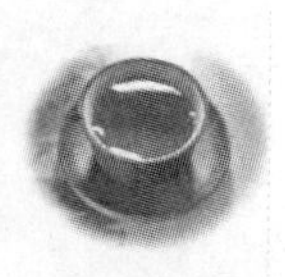

道士走了以后，国王拿起那个葫芦，反复端详。只见上边刻着几行小字：

“一天两遍煎服，三餐多吃清素；要想益寿延年，饭后走上百步。”

下边落款：洞庭道人。

国王看罢，把葫芦晃了一晃，听了一听，里边装的好像是水！就连忙打开葫芦，凑上去用舌头尖咂了一咂，顿觉一股清香甘甜，直冲五脏六腑。霎时浑身轻爽，舒服极了，不禁连声称赞：“神水，神水！”急忙抱起葫芦，跑到后宫，向太后报喜去了。

从这天起，国王每天午后。晚上，从葫芦里倒出一点水来，烧开让太后饮用。一日三餐，不动腥荤。无非瓜果蔬菜下饭。每顿饭后，又让宫女们搀着太后，到花园里转悠转悠。

就这样，过了二十多天，太后的病疾果然轻了不少！母子俩高兴极了。可是，那葫芦里的神水却越来越少，眼看就要见底了。太后又发起愁来，国王想了想说：“母后不要着急，我去找道士再要些就是。”

太后说：“你到哪里去找他呢?”

国王说：“这不要紧，他这葫芦上刻着‘洞庭道人’，我就到洞庭去寻他好了。”

次日一早国王登殿，就向文武大臣们说，自己要亲临洞庭，寻找道士。下边走出令尹，说道：“大王，你为太后治病，不惜跋山涉水，亲下洞庭，当然很好。可是‘国不可一日无君’呀！这样吧，让老臣替你走上一趟，大王觉得怎样?”

令尹说罢，大臣们都说这个办法不错，国王也就同意了。

当时的令尹，就好比后来的一品宰相，朝廷内外，数他的官儿大。第二天，令尹就带上五百兵丁，装了些金银珠宝，绫罗绸缎，分乘五只大船，顺流直下，浩浩荡荡，日夜兼程，向东进发。

不几天，船队开进洞庭湖口。令尹站在船头，放眼望去，只见八百里湖面，风平浪静，远处烟波浩渺，水天一色。湖心深处，影影绰绰现出一个小岛。岛上绿树掩映，三两点红叶点缀，仔细看去似乎有一片青堂瓦舍，坐落其中。令尹想一想，就让船队向小岛开去。

这小岛便是君山。船队靠岸以后，只见山上古木参天，斑竹摇曳，竹林深处原来是一处道观。令尹命兵丁暂在船上等候，自己带了随从上岸。离那道观还有百十步远近，有一位白胡子老道，笑呵呵地迎出门。

令尹仔细一看，正是那位洞庭道人！便急忙紧走几步，上前拉住老道的双手，连声夸奖：“道长，你真有妙手回春的本领啊！太后自从吃了你的神药。病疾大为好转，大王十分感激，命我带上礼物，前来致谢。顺便再向道长求些神水，又要麻烦您了。”

“好说，好说！”那老道客客气气地回答，“太后只要照着我那药方去办，自能绝处逢生，去病消灾，身体慢慢好起来。”

令尹一年四季闷在京城里，来到这山青水绿的地方，觉得十分新鲜，便领着随从，让一个小道士带路，殿前殿后，山左山右，四处游看。他沿着石级，走到后山，转过山嘴，一阵异香扑鼻而来。只见前面闪出两棵合抱老松树，浓荫如盖，遮天蔽日。一汪清水，约半亩大小，池中微波荡漾，香味就是从池里飘来的。

陪同的小道士说：“这池子里水可好了，闻着香喷喷的，喝着甜丝丝的。师傅说，“久用此水，不但能祛病消灾，还可益寿延年哩！”

令尹听罢，快步走到池边，弯下腰去用手捧了一些，咕噜咽下肚去。觉得满嘴甘甜清香，余味无穷。浑身上下十分舒畅。于是回头问道：“你师傅献给太后的神水，就是这个吧？”

小道士说：“不错，就是它呀！”

这时，有个随从说：“大人，若将这神水用坛子装回去，为太后除掉病根儿，岂不是大功一件？”

令尹一想，觉得有理，便当场吩咐随从，马上下山，准备坛子，次日上山装水。

第二天大清早，令尹带着兵丁，抬上坛子，爬到后山。可等他们来到池边一看，全都傻眼了！那满满的一池神水，隔夜工夫竟被人淘了个净光，连底儿都露出来了。池子周围水迹哩哩啦啦，一直通向后面。令尹低头一想，明白了大半。他怒气冲冲地把手一挥，带着随从，走下山来，闯进观内，见了那老道，劈头就问：“道长，那池子里的水是你弄走的吗？”

“不错。”老道士平心静气地说。

“哼哼！”令尹冷笑一声，又问道，“你就不怕犯欺君之罪吗？”

“哈哈哈！”老道士放声大笑，“这欺君之罪我没想到，不过，我还真担心有欺民之罪哩！”

“你这是什么意思？”令尹不解地问。

“大人，俗话说，一方水土养活一方百姓，我这观里的五百道士，吃的穿的，指望的就是每年派出一些人带上神水，为洞庭周围四乡八镇的老百姓治病消灾。百姓们打心眼里感谢，送来钱财粮米，五百道士才得温饱。大人把神水全都运往京城，只不过好了几家王公大臣，却使一方百姓受难，观里道

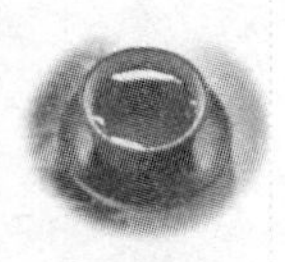

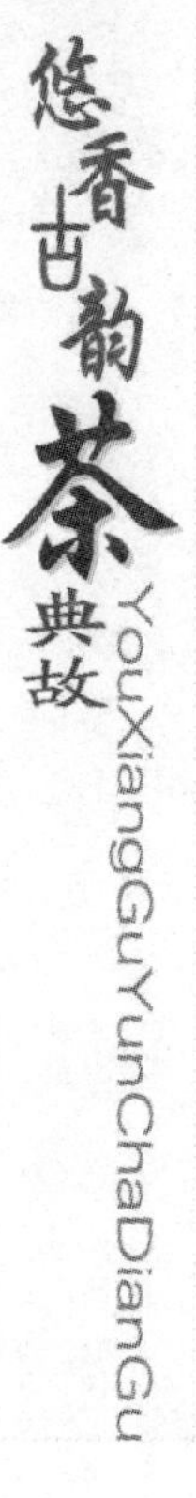

士受冻挨饿。所以我就连夜吩咐观里道士带上家什，把那池水舀得一干二净，全数洒到后山草坡上了。”

令尹气得脸红脖子粗，他想了又想，长叹一声说道：“既然是这样，也难得你一番苦心。那神水被洒在何处，能不能领我去看看？”

老道一听这话，就喊出几个道士领路，自己陪着向后山走去。他们刚刚到昨晚倒水的地方，前边领路的几个道士，就一齐惊叫起来。原来那草坡上，一夜之间，竟然平地蹿出黑压压、绿油油的一片小树，晓风一吹，满坡飘着一股清香！

令尹急忙走到树丛里面，掐下两片嫩叶儿，放在嘴里一嚼，不觉又惊又喜。他眼珠子转了转，亲自动手掐了一把嫩叶儿，带着随从下了山。

刚刚回到观内，令尹就急忙吩咐道士煎上开水端了上来。他把那树芽儿往水中一泡，不大一会儿，那水就变得绿莹莹的，十分可爱，一股清香也随着那缕缕热气飘了出来。他轻轻咂了一口，不觉拍案叫绝：“妙哇，这甘甜醇美的味道，真与神水一般呢！”

接着，他让在场的人，每人一口，都品尝品尝。大家喝了之后，都夸赞不已，连连称奇。

于是，令尹吩咐地方官员，在洞庭周围的水乡渔村，征集一百名未出闺阁的姑娘，到君山听用。又与老道商量，要他从今往后，把这片神树，看管起来，细心照料，不得出岔。五百道士的吃穿用项，全由地方官府供应。道士想了想，答应了下来。

几天以后，地方官员带着那一百名姑娘，坐上大船，来到君山。还没有靠岸，就有几十个小道士把事先烧好的热水，挑到船上，并传下令尹的话，让姑娘们先把通身洗得干干净净，换上专门赶制的红衣红裙儿，然后，由小道士领到后山去。姑娘们被分成二十人一组，小心翼翼地走进树丛下采那片片绿叶。

令尹举目望去，万绿丛中，姑娘们红衣红裙儿，交相辉映，十分好看。禁不住吟起诗来：“万绿丛中一点红，采叶人在草木中哎，人在草木中，倒很有些意思，就叫它作茶吧！”

打这以后，才有了茶树和茶字。不信，把“茶”字拆开，二十人下边加一个木字，这就是当初令尹看到姑娘们二十人一组，在小树中间出没，取下的这个名儿。这个称呼传到今天，已经有两千多年了。

再说，那些采茶姑娘们知道茶叶的珍贵后，谁不想带点儿回去？可下去坐船的时候，还得把衣服换下来，一点儿也不让带，聪明的姑娘们终于想出了办法，她们悄悄地把茶叶含在嘴里，带出君山。那些有钱人一听说这玩意儿能延年益寿，就争先恐后地跑到洞庭湖边，出大价钱，向姑娘们购买。这就是后世人所说的口噙茶的来历。

二

从前，君山脚下有个打鱼的后生，名叫张顺，和母亲住在一间小茅屋里。张顺每天清早下湖打鱼，然后把打来的鱼拿到市上卖掉，买点粮食、油盐回家。不论严寒酷暑，每天如此。

有一天，张顺在湖里撒了半天网，连一只虾子也没有捞到。本想多撒几网再回去，不巧天色骤然变了，只好收网回去，当他刚刚把网收上船头，只见渔网里有一条活蹦乱跳的金丝鲤鱼，眼睛圆溜溜的，像对夜明珠似的闪闪发光；红嫩嫩的大嘴巴，微微地一张一合，仿佛在和人说话；嘴角上还有两根短短的肉须须，配上一身金红金红的鳞片，真像个披着金红铠甲的武士。

张顺高兴极了，他八岁就跟父亲下湖打鱼，可从还没见过这种金丝鲤鱼呢。他把鲤鱼轻轻地放进水盆，桨也忘记划了，喜滋滋地坐在舱里看着它。

忽然，一阵南风吹来，把他的渔船正好吹到岳州城的南阳坡。张顺走进城，打算买点米回去，可是，除了这条金丝鲤鱼，再没有别的了。他捧着鱼盆在粮店门口走来走去，一时拿不定主意。许多人都想买他的金丝鲤鱼，有人愿出十串钱，还有人愿出二十串钱。后来有个财主拿出五十串钱，在张顺的眼前晃了几下，说：

"看你这可怜的样子，我就多出点吧，给你五十串钱，总没叫你吃亏吧。明天你就可以拿出四十串去放债，往后吃利息就够了，再也不必去干那风浪里的买卖了。"

那财主装出大慈大悲的模样，张顺觉得受了极大的侮辱，气愤地端起鱼盆就走了。

天色晚了，张顺妈妈饿着肚子，站在门口望呀，盼呀，谁知张顺口袋空空的，一粒米也没有买回来。

张顺把金丝鲤鱼的事一五一十地告诉了妈妈。他妈妈含着眼泪说："儿呀，我们是靠打鱼过活的，当然不能放债吃利息！你爷爷在时，借了财主一担三斗谷子，打了一世鱼，都没有还清那笔阎王账呢。我们情愿捆紧肚子过日子，也不做那吃人家血汗的事呀。"

她又看了看盆里的金丝鲤鱼，想了想，说："我听你外公说过，金丝鲤鱼是洞庭龙王的三太子变的，你快些放它回去吧。它的妈妈应该也像我盼你回来一样地着急呢。"

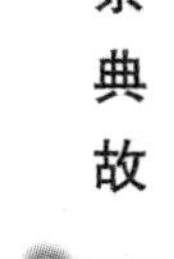

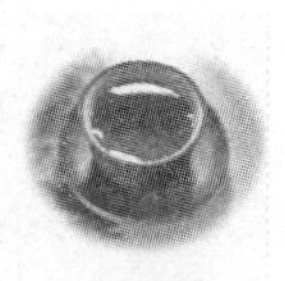

张顺听妈妈讲的话正合自己的心意，便端着鱼盆向乌龙嘴的湖滩走去。只听远处湖面上浪涛汹涌，发出撕心裂肺的吼声。张顺站在一汪水里，把金丝鲤鱼轻轻地放在湖里。它那金红的鳞片，立刻把一片湖水映红了。

说也奇怪，那金丝鲤鱼好像舍不得和张顺分手似的，老是在他面前摇头摆尾地游来游去。它那小嘴巴仿佛在说：感谢你呀，我的好朋友。忽然，它从嘴里吐出一颗溜圆溜圆、晶亮晶亮的珍珠，那一闪一闪的亮光，叫人眼睛都发花了。

张顺把这颗通明透亮的珍珠带回家里，霎时间，把那又矮又黑的茅屋照耀得像天一样亮堂了。夜里张顺醒来的时候，只见那颗珍珠还在手里闪光。他想：这一定是颗宝珠，想到这他高兴得再也睡不着了。

第二天清早，张顺捧着珍珠，在门前地坪里看了又看，摸了又摸。只见珠子里面有几根细小的血丝丝，游来游去，非常有趣。正在这时，天上忽然飞来一只拖着一条花花绿绿长尾巴的大鸟，伸长脖子，“啪”地一下，把那颗珍珠啄跑了。

张顺拔腿就追，追过湖滩，追过芦苇荡，又在君山上追过了七十一个山峰。最后，那只大鸟落到青螺峰的悬崖顶上。张顺爬到一棵大树顶上，清楚地看见它把那颗珍珠吐在石头上，用脚爪子拨弄着。

张顺气坏了，顺手折断了一截树杈，想向那只大鸟掷去。可是，又怕把珍珠打碎，更怕大鸟衔着珍珠再往别处飞。真是打不得，追不到，只好爬下树来，从后面悄悄地爬上悬崖去。

陡峭的悬崖上，有许多裂缝，条条岩缝里都不停地流着褐色的锈水；岩壁上长着一层深绿色的苔藓，滑溜溜的，要是失足跌下来，肯定会粉身碎骨。

张顺紧了紧裤带，咬着牙关，使劲往上爬，爬着爬着，时而一块岩石“轰隆隆”从头顶上滚下来，时而岩缝里蹿出一群马蜂，狠狠地向他蜇来……他的手指被石头划破了，流着血；脸被马蜂蜇了，又肿又痛，但他还是拼命地往上爬，终于爬到崖顶边了。

那只大鸟的长尾巴正好站在他的头顶上。张顺把手一伸，抓住了大鸟的尾巴。那大鸟猛地张开翅膀，“啪哒啪哒”地扇了几下飞起来，差点儿把他也带到天上去。

张顺爬上岩顶一看，那颗珍珠没有被衔走，正在岩石上滚着。他不顾一切地扑过去，但他用力太猛，那颗珍珠一下滚到岩石缝里去了。张顺长长地叹了口气，呆呆地望着深不见底的石缝，伤心地哭了起来。

从这以后，每隔两天，张顺就要到青螺峰的悬崖去看看，总希望他那颗心爱的珍珠从岩缝里蹦出来。一天，两天……一月，两月……还是没有看见那颗珍珠的影子。

冬去春来，又是桃红李白的时候了。在那个掉进珍珠的岩石缝里，长出一株鲜嫩的茶苗，青枝绿叶，十分可爱。张顺看见茶苗越长越好，心里想：这一定是我那颗心爱的珍珠变得。他看了又看，摸了又摸，闻了又闻，不觉自言自语起来："丢失了一颗珍珠，得来一株好茶苗，倒也不错呀。"

转眼间，夏天来到，太阳像一团烈火，把湖洲上的芦苇都烤黄了。张顺担心茶苗旱死，就给茶苗搭了一个凉棚。每天清早从柳毅井里把水挑到崖顶上去，浇灌茶苗。

奇怪的是，他还没浇，茶苗蔸上已是水淋淋的了。是谁帮助浇的水呢？他决定弄个明白。

第二天，天还没亮，他就躲在崖底下的树林里。当东方露出鱼肚白的时候，他看见那只长尾巴大鸟又扑棱棱地飞下来，嘴巴对着茶苗喷出一股清亮清亮的水。然后，又扑棱棱地张开翅膀向东方飞去。

张顺望着它那漂亮的长尾巴说：

"啊，原来是你呀！我以为你是个坏家伙，看样子你还是我的好朋友呢。"

张顺回到家里，又把那只长尾巴的大鸟的样子给妈妈细说了一遍，然后问道："妈，你知道那是什么鸟吗？"

张顺妈静静地想了想说："我小时候听你外公说过，有只花羽毛、长尾巴的大鸟，叫做凤凰，它和洞庭龙王的三太子结拜过兄妹。"

张顺听了很高兴，从此更加精心地培养那株茶苗了。

冬天来了，山上山下一片白皑皑的，连那苍松翠竹都被白雪压弯了腰。张顺生怕把茶苗冻死，就把妈妈做给他的芦花背心给茶苗穿上了。又抱了一些稻草去盖茶苗蔸，谁知那茶苗蔸下花花斑斑地早已堆了一大层。他走近一摸，原来又是那只叫凤凰的大鸟把它身上最漂亮的羽毛啄下来，盖在茶蔸上了。张顺望着凤凰飞去的方向，自言自语地说：

"你真是我的好朋友呀，比我勤快多啦！"

冰化雪消了，迎春花绽开了笑脸。张顺把茶苗从崖顶上移到了自己的菜园里。那只长尾巴的凤凰，也跟着飞到菜园旁边的一株大橘树上。一场春雨过后，茶苗一夜长高了三尺多，圆滚滚的像个绿茸茸的大绣球。

张顺和他妈妈高高兴兴地摘下第一批茶叶。片片茶叶，叶柄朝下，叶尖朝上，三沉三浮，然后悬立在杯水之间。接着，每片茶叶周围渐渐泛出一朵金红色鱼鳞似的小花，看上去俨然金丝鲤鱼的鳞片；又仿佛是凤翎上的花斑。

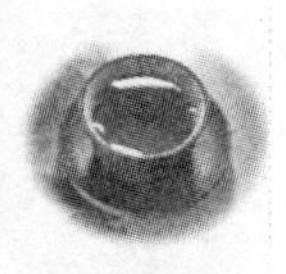

最后，它们慢慢地汇成一团，好像是一龙一凰在杯中腾跃。张顺母子看得目不转睛，张顺妈高兴地说：

“儿呀，这真是龙鳞、凤羽一样的好茶呀！”

碰巧这时君山周围有许多人得了重病，面黄肌瘦，浑身无力，不思饮食。张顺抓了一把茶叶说：“妈妈，这些茶叶对病人一定是有好处的，我去送给他们尝尝好吗？”

张顺妈听了满心欢喜，连忙叫张顺把茶叶分送给各家病人。几天以后，凡是喝过张顺的茶叶的病人，都觉得浑身舒坦，精神倍增，就像吃了对症的良药似的。他们纷纷到张顺家里来酬谢。

张顺苦心培育出来的细茶，从此世世代代在君山生长。后来人们给它取过许多漂亮的名字：什么“龙鳞”、“凤羽”、“雀舌”、“千里香”……到宋朝的时候，又取名“银针”。

13. 鸠坑毛峰

传说，古时候，在淳安鸠坑源的鸠岭上，住着一对青年夫妻，男的叫金龙，女的叫毛凤。男的开山种苞罗（玉米），女的挖地种茶，俩人苦吃苦作，日子倒也将就过得下去。那时，鸠坑源是睦州通徽州的要道，往来商旅、肩担脚夫，到了鸠岭上，都要坐下来歇歇力，喝口茶，抽筒烟。金龙、毛凤待人热情，凡是过路客人讨茶，总是笑眯眯地冲上一碗热茶给人喝。有的过路客人给他铜钱，有的商旅送她头巾、针线啦，他俩都谢绝不收。所以，他家的火塘里仍然是一年三百六十五日炭火不灭，铜壶里开水不断。

一日三，三日九，过往客人讨茶喝的多起来了，毛凤在屋后岗上种的那点茶叶就不够用了，于是夫妻商量，由金龙再到老山崖去开一块茶园。但因为他俩待人热情，过往客人讨茶喝的越来越多，采的茶叶还是不够，夫妻俩真为此事发愁了。

这年冬天，来了一位过路客人，只见他须发雪白，弯腰驼背，身穿道袍，拄着拐杖。金龙、毛凤热情地冲茶待客，可茶叶越来越少了，夫妻俩暗暗在厨房里商量这件事。突然，老人走进厨房，问道：“二位主人为何发愁？”

金龙、毛凤连忙含笑回答：“老大伯，你路过到我们家来讨茶喝，是看得起我们。只是过往客人多，我俩种的茶叶不够用了，正为这事为难哩！”

老人听了哈哈大笑，拍着金龙、毛凤二人的肩膀说：“我老汉也懂点种茶的手艺，你们带我到你家茶园里去看看。”

二人伴着老人到了屋后老山崖茶园，只见老人在茶园里一边走，一边抚摸着茶树，口里念着：“好茶好茶，凤蕊龙团，施茶待客，名垂金榜。”

说也奇怪，打从老人去后，鸠岭上一连半月又是闪电又是打雷，金龙、毛凤心中着急，跑去一看，那些茶树非但没有死掉反而更加碧绿粗壮，连地上的“黄皮塌”也变成了松软肥沃的“香灰”土了。

真是奇怪!

第二年，采下的茶叶碧绿如翠，清香扑鼻，足足有一千斤。过往的客人喝了，都连声说：“好茶，好茶!”

金龙、毛凤将多余的茶叶挑到市上去卖，买主一看，真如雀舌云片，凤蕊龙团，忙问：“这是什么茶?”

金龙随手指着从老山崖采来的茶说：“这是金龙茶。”

又指着从屋后岗采来的茶说：“这是毛凤茶。”

买主连连点头，夸说：“好！高山产名茶，果然名不虚传。”

结果，一担茶叶卖了几担的价。就这样，金龙、毛凤家的生活也一年一年好起来了。

金龙、毛凤种茶待客变富的事，很快被大家知道了，整个鸠坑源的人都学他俩的样，种茶待客，不几年，大家就都富了起来。

后来，鸠坑的金龙、毛凤茶还被皇帝选为贡茶，在京城里名声大噪，真是个“名垂金榜”。不过，皇帝老爷忌讳龙呀凤的，便下令将“金龙”、“毛凤”茶改成了“鸠坑毛峰”茶。

14. 庐山云雾茶

庐山云雾茶，香爽而持久，味醇厚而含甘，历来被饮者视为珍品。云雾茶系我国十大名茶之一，始产于汉代，已有一千多年的栽种历史，宋代列为“贡茶”。

提起云雾茶，那真是“色香幽细比兰花”。而关于云雾茶，还有着其动人的传说。

传说孙悟空在花果山当猴王的时候，一天，端坐在水帘洞内高台上，大声嚷嚷：“孩儿们，你们有何物孝敬我老孙啊?”

一个主事的老猴上前说：“禀告大王，我们有美酒、天桃、野果、香瓜，还有……”

“好了，好了!”孙悟空打断老猴的话说，“可惜就是没有茶叶!”

“茶叶?”老猴眨巴眨巴眼睛问，“大王，茶叶是什么样儿的？怎么我们见也没见过?”

孙悟空得意起来，说：“哈哈哈，茶叶就是香茗，用来泡水，清香无比，能够提神明目，连玉皇大帝和王母娘娘也喜欢喝它呢!”

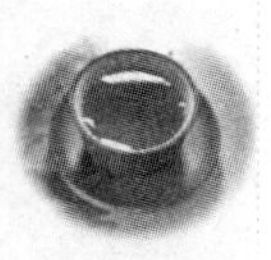

众猴一听，无不羡慕，可老猴却说："启禀大王，茶叶再好，我们喝不上也是枉然哪！"

孙悟空说："孩儿们不要着急，待我去弄点儿来给你们尝尝。"

孙悟空一个跟斗上了天，驾着祥云向下一望，见九州岛南国一片碧绿，仔细看时，果真是茶树。此时正值金秋，茶树已经结籽儿，孙悟空挠挠耳朵有点发愁：茶树倒是有，可我老孙不会采种呀！他在云端里跳来舞去，不知如何是好。

这时候，"呱呱呱"天空中飞来一群多情鸟，它们见猴王驾着祥云，忽而东，忽而西，不知何故，便飞上前去问道："猴大哥，你这是干什么呢？"

孙悟空见是一群多情鸟，便说："众姐妹有所不知，我那花果山没有茶树，想从南国采一些去，可又不知如何采种，因而心里着急。"

众鸟一听，嘻嘻笑着说："这等小事，用不着焦心，我们来给你采种吧！"

孙悟空连忙拱手道谢说："有劳众姐妹帮助，老孙我感激不尽！"

只见多情鸟告别大圣，展开双翅，向南国飞去。飞呀，飞呀，飞了几天几夜，才飞到南国。这时，茶籽儿已经成熟。众鸟一齐飞了下去，一个个衔了茶籽儿，又从南国往花果山飞去。

多情鸟嘴里衔着茶籽儿，穿云层，飞蓝天，越高山，过大河，一直往前飞，谁知飞过庐山上空时，巍巍庐山胜景把她们深深吸引住了，领头鸟竟情不自禁地唱起歌来。领头鸟一唱，其他鸟一和。茶籽儿便从它们嘴里掉了下来，直掉进嬉峰岩隙之中。从此云雾缭绕的庐山便长出了棵棵茶树，出产清香袭人的云雾茶。

15. 十八片茶叶

赣州城里的选缸坡，有家茶馆，先生是个博学多才的老人，姓蔡名明源，性情豪放，待人至诚，结交了不少朋友。他认为，"真心方有友"，在他的客厅里高悬"心交"二字。万松古刹贤宏和尚就是他的挚友，经常来往，品茶聊天，吟诗作画，不到兴尽不散。一天，明源过江来万松古刹会贤宏和尚。古刹坐落在万松怀抱之中，山风过时，碧波万顷，松涛阵阵。他徒步登山，进了山门，两个老友见面，不知有多高兴。小和尚捧上茶来，他们便从"茶"谈起。贤宏和尚本有喝茶的嗜好，一提到茶更津津乐道：

"你晓得九龙茶吗？福建的九龙江畔，产的是九龙红茶，畅销南洋，驰名中外；江西的九龙山上，产的是九龙青茶，这茶由官商经办，大多供宫廷受用，饮来先苦后甘，大有清神醒智之功哩！"

他们从九龙茶谈到杭州的龙井茶，又谈到八百里洞庭的君山毛尖……

谈呀谈，一直谈到茶清水淡，明源才说起来意：

“我今日是特来向禅师辞行的，不才想到闽广游学，增些见识，不知禅师有什么需我代办的事？”

贤宏略一思索，回道：“顺便带些九龙茶来。”

明源满口应承，两位老友就此分了手。

谁知明源一去就是十八年，去时两鬓乌黑，归时白发如霜，已是年过花甲的老人。这些年，他十分想念好友，回到赣州，放下行李就前往万松古刹。

贤宏和尚听了小和尚禀报，急忙迎出门来，老友久别重逢，分外亲热，携手步入方丈。贤宏和尚当即设下素宴，为明源洗尘，二人各叙别后情况。然而明源只谈出外游学所见所闻，却不提十八年前应允的诺言，贤宏和尚便问道：

“不知贤弟路过九龙山，有没有品尝名茶？”

“看我高兴的，不是禅师提起，险些忘了。茶叶我已随身带来。”说话间，他从衣袋里取出一个小纸包，打开三六一十八层包纸，才现出十八片茶叶，双手捧在贤宏和尚面前：

“茶叶虽少，心意至诚，请禅师收下。”

贤宏一见就这点茶叶，心里顿觉不悦，心想：数十年知己，只送我十几片茶叶，亏你拿得出手！但出家人涵养好，也不计较，接过纸包，随手搁在桌上，并不道谢。

客人走后，贤宏和尚把那包茶叶掷进字纸篓，进后殿打坐去了。小和尚烧废纸时，发现了这一包茶叶，拣了起来，放到橱中。

之后贤宏和尚也没回访明源，两个老友之间有了隔阂。

一天，庙里茶叶用完，小和尚拿出那一小包茶叶，沏了一壶，送到老和尚面前：

“师父，请用茶。”

贤宏揭开茶碗盖，一阵醉人的清香扑鼻而来，沁人肺腑，只见从碧青的茶水中旋起一缕白雾般的水汽，当中似有一位妙龄女子随之冉冉升腾，又渐渐消隐。贤宏见了，半晌回过神来，不由拍案称奇，这茶叶非同一般呀！他屏声息气，双手捧起茶来，呷了一口，顿觉满口生津，神爽心怡。急忙叫来小和尚问道：“这神茶是哪里得来？”

小和尚说出这是他丢弃的十八片茶叶。贤宏和尚后悔莫及，仰天长叹一声：“唉！我错怪了老友。”

当夜，老和尚登门负荆请罪，明源毫不计较，二人重归于好。喝着茶，

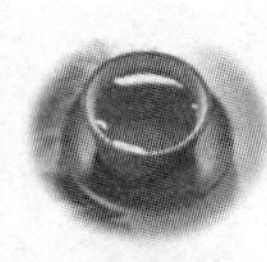

老和尚问道：

“这等神茶，不会是你自己攀上南天门，到御花园采摘的吧？”

明源这才颔首拈须，说出了一番经过：

“十八年前，我路过九龙山，为了给你买茶叶，绕道去九龙村，忽听得路边有婴儿啼哭之声，循声找去，见凉亭里放一襁褓，旁边一个汉子在轻声抽泣。我上前问他为何丢弃婴孩，他回说灾荒连年，青茶歉收，一家人难以糊口，偏偏这时又添一口，实在无法养活，只好出此下策。

“我听了怦然心动，读圣贤书的人，怎能见危不救？于是掏出一锭银子给那汉子，嘱咐他买些粮食糊口，添些农具、肥料，种好茶叶。

“那汉子听了，‘扑通’一声跪在地上磕头，我慌忙扶起他来，他指着不远处的茅舍，要我进去歇息。当时为了赶路，我谢绝未去，抱起地上的婴孩一看，倒也长得五官端正，眉清目秀，便交给那个汉子，要他好生抚养。

“这次我返回故里，路过九龙山，想看看那茶农日子过得如何，也为了给禅师买几斤好茶，又绕道去九龙村。寻到那汉子的茅舍，一进柴门，茶农便认出了我，一家人欢喜若狂，把我按在上座，一个年轻女子走到我面前，倒身便拜，口称：‘恩公在上，请受小女子一拜。’原来这就是当年那个女婴。茶农还说，他每年给我留下一包最好的谷雨茶，一年盼不来，两年盼不来，足足盼了十八年，留下了十八包茶叶，要我带回赣州。接着，茶娘双手捧着一小包茶叶，诚恳地说：‘请恩公收下这十八片茶叶。’

“我暗暗感到奇怪，既然有十八包好茶相送，为何又来这十八片茶叶呢？便问他们，这是什么茶。

“那茶农回答：‘听上人传说，用童女之心烘制的茶叶，清香不散，最为珍贵。因此，我每年都将开春第一芽新茶，在女儿心窝烘制，十八年，才存下这十八片茶叶，数量虽少，是我一家人的诚心，请您老收下。’

“我听了甚为感动，当即收下这十八片茶叶，将那十八包好茶送那姑娘备办嫁妆。”

贤宏和尚听了这席话，很是感动，十八片茶叶虽少，正是明源待友的至诚之心。明源的待友，正如他悬在客厅的两个字：心交。

这正是：茶女报恩心烘茶，朋友交心留美谈！

16. 大红袍

在武夷山天心岩九龙窠旁边的岩壁上，至今仍保留着1927年天心寺和尚所镌刻的“大红袍”三个大字。这里已成为著名景点，吸引着远道而来的游人。只见悬崖峭壁间有一石罅，生有三株一米高的茶树。这茶树倚岩据壁，茹露饮泉，与幽兰为伴得山水灵气，所以气象森然，芳洁迥出尘表，茶的品质超凡人圣，是历代贡茶中的极品，而这就是远近闻名的大红袍。

这里土质优良，多反射光，昼夜温差大，岩顶有细泉浸润终年滴水，因而此茶红而厚，芽叶微微泛红，再经制茶师的精工制作，才使其达到冲泡九次而不脱桂香之原味，令品尝者无不称奇。大红袍只有三棵，产量极少，每年产量不足一公斤，被称为第一代大红袍，真是比金还贵，比玉还珍。在2002广州茶博览交易会暨第二届（秋季）优质茶评比大赛上，武夷山母树大红袍茶20克拍卖起拍价为3万元，经过买家的激烈竞买，最后以18万的天价成交。

大红袍因其产量极少，所以鲜为人知，虽经过十几年的努力，目前第二代、第三代的大红袍已可商品化生产，在当地市面上所能见到的最好的茶则是二代大红袍，即通过嫁接而生长的茶叶，并且分为若干等级。

蜚声中外的“大红袍”，是武夷山名茶中的珍品。有关它的来历，民间有几种不同的传说。

一

说不清什么朝代哪个年间，武夷山闹了一场大旱灾，连着三百六十五天没落过一点雨星，天干干，地旱旱——山上的草木枯黄了；田里的庄稼旱死了；岩上的流泉干竭了。

那山里的百兽渴得直喘气，村里的百姓也饿得直发愁；旱死了庄稼，收不到稻谷，靠什么来度日呢？百姓们只好越岭爬坡地去剥树皮、掘草根来充饥。可是，没多久，树皮、草根也吃完了，饿得人难受呀，只好挖观音土来填肚子了。这观音土，那难吃的滋味就别说了，咽进肚里又磁实实、鼓胀胀的，不消化哩！于是，人们的肚子便一天天地胀起来了。

再说，山北慧婉村里有一个年过半百的老婆婆，是个百里难挑一的好人。她没儿没女没老伴儿，一个人孤苦伶仃地过活，还常帮乡邻乡亲缝缝补补，洗洗浆浆，大家见她人勤心好，都亲热地叫她“勤婆婆”。

这天，勤婆婆打老远老远的山上，好不容易采来了一把绿绿黄黄的树叶。她又饥又渴，便熬了碗树叶汤，刚想喝下，忽然门外传来一阵“哎哟，哎哟”的呻吟声。勤婆婆连忙放下汤碗，出门一看，见门口石墩上坐着一个拄着龙头拐杖的白发老头，正有气无力地喘着粗气，他干渴得嘴角唇边都裂开了一道道口子。勤婆婆急忙把老头扶进屋里，端起那碗热气腾腾的树叶汤，送到老人面前说：“大旱年头，没什么好吃的，这碗树叶汤，你趁热喝下吧！”

老头感激地接过汤，咕噜咕噜几口就喝下了，喝下汤后顿时红光满面，

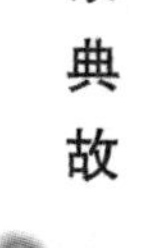

精神抖擞。他笑呵呵地举起手中的龙头拐杖，对勤婆婆说：“好心的妇人呀，感谢你救了我，老汉没什么报答，就把这龙头拐杖送给你。”老头说着，就把拐杖递给了勤婆婆。

勤婆婆看那拐杖，黄溜溜亮闪闪的，龙嘴里还含着一颗明晃晃的夜明珠，真是个无价宝呀！勤婆婆是个实心人，她想：喝碗树叶汤，怎么能让人家还礼呢？

勤婆婆刚想把拐杖还给老头，老头像看穿她心思似的说：“好心的妇人呀，你在那地上挖个坑，把拐杖插上，再浇碗清水就行啦！它会给你带来幸福的。”

老头手一指，勤婆婆顿时觉得有一股清风扑面吹来，她回过头一看，啊！白发老头不在了，只见一个身穿大红锦袍的道人驾着一股清风远去了！直到这时，她才知道自己遇上神仙了！

勤婆婆依照老道人的叮嘱，在院子当中挖了个坑，插上龙头拐杖，又浇上碗清水。第二天清晨，她起来一看，立刻被那奇异的景象惊呆了：只见黄溜溜的拐杖已长成一棵绿葱葱的大茶树，满树勃发出一簇簇嫩芽芽。晨风一吹，缕缕清香飘荡，引来了村里的百鸟，引来了溪边的彩蝶和山上的蜜蜂，也引来了村里村外的男女老少。院子里熙熙攘攘，可热闹呢！

勤婆婆热心招呼大家，把那团团簇簇、亮亮绿绿的茶叶采下来。说奇也真奇，大家一边采，茶叶一边长，怎么也采不完哪！

勤婆婆高兴极了，连忙烧热水，熬了一大锅浓浓的茶叶汤，分给乡亲们喝。大家喝下茶叶汤，直觉得清香沁脾，荡气回肠；肚疼的不疼了，鼓胀的胀消了。人们笑呵呵的，乐得勤婆婆也跟着后生们围着茶树跳起舞来。

俗话说：“天下没有不透风的墙，”不久，这株神奇茶树的传说，就飞到了京城，传到了皇帝的耳朵里。这皇上可是个狠毒贪心的人呐，在他眼里，什么人间的瑶草琼花，奇珍异宝，都只能姓“皇”，更何况这株盖世无双的神茶树呢！

皇上很快就派来了大臣和兵丁，连挖带抢地把勤婆婆的茶树移进了皇宫，恭恭敬敬地种在后花园里。

皇上得到了神茶，不禁喜笑颜开，请来了朝廷的文武百官，举行了隆重的品茶盛会。一曲笙歌荡起，宫女翩翩起舞。皇上在乐曲中绕着香气诱人的茶树，左看右瞧，右瞧左看，笑得合不拢嘴。忽然，鼓乐大作，呼声四起，皇上要亲自采茶啦！他刚伸出那双苍白枯瘦、指甲尖尖的手来，那茶树却像有意捉弄他似的，“忽啦啦”地向上长高了一大节。

皇上跷起脚跟，伸出手臂还是采不到，只好叫人搬来龙虎凳。皇上刚登上凳子，茶树又“呼啦啦”地向上长高了几丈，气得皇上吹胡子瞪眼，忙叫文武百官抬来一架长梯。

皇上颤抖抖地爬上竹梯，茶树向上长高一节，皇上就又爬一层，茶树又长高一节……就这样，皇上爬呀爬呀，茶树长呀长呀，一直长入高空，插入了云天。

皇上摘不到神茶，怒发冲冠，只好下令砍掉茶树。谁知巨斧落下，寒光一闪，顶天茶树哗啦倾倒，压塌了皇宫，砸死了皇上，惊得文武官员纷纷抱头逃窜。

这时，天空忽地飘下一朵红灿灿的云彩，悠悠荡荡地降落在茶树上；茶树顿时长出粗壮的茶杆，绽出了油绿的嫩叶。红云飘呀飘呀，又围着茶树飘了三圈，茶树竟连根带须地卷着红云飞出了京城，越过高山，跨过溪流，向勤婆婆居住的武夷山飞去。

再说，自那日皇上派兵抢走茶树以后，勤婆婆伤心极了，她日里哭，夜里想，想来哭去渐渐地想白了头发，哭红了眼睛，愁病了身子。这天，勤婆婆躺在床上，忽然听见喜鹊在窗口“喳喳喳”地叫唤，她拄着拐杖起来一看：哟！在一朵红云下，成群成群的鸟雀和蜂蝶正拥着一株青翠的茶树，在瓦蓝瓦蓝的天空里翩翩飞舞。

茶树！茶树！这不是自己日思夜想的神茶树吗？勤婆婆一高兴，病也好了，愁也没了，眼也明了，扔掉拐杖就跑了过去。哪晓得茶树在勤婆婆院子里打了个圈，又恋恋不舍地飞走了；它掠过慧婉岩，飘过流香涧，飞进了九龙窠……

等勤婆婆和乡亲们赶来一看，九龙窠半天腰上那朵飘浮着的红云彩已落到了大茶树上。勤婆婆忙叫后生哥搀扶着她爬岩壁仔细一瞧：哟，这哪是红云呀！那是仙人穿的大红锦袍呀！她掀开锦袍，只见原来青翠的茶树已变得闪闪烁烁，满树红艳艳的了。

从此，人们就把这株茶树叫做“大红袍”了。后来，这茶树又发芽，长成了三棵。那白发仙人为什么要让茶树扎根在九龙窠的半天腰呢？原来，传说半天腰是个“宝地”。那岩壁上有终年不断的清泉涓涓滴下，那就是龙头拐杖嘴里的夜明珠渗出来的“仙水”。人们又说，那无路可攀的绝壁，只有勇敢勤劳的人才能上去，才能摘下神茶，获得幸福和欢乐！

二

传说古时，有个穷秀才上京赶考，路过武夷山时，病倒在路上，被下山

化缘的天心庙老方丈看见，忙叫两个和尚把他抬回了庙中。

老方丈见秀才脸色苍白，体瘦腹胀，便从一个精致的小锡罐里抓出一撮茶叶，放在碗里用滚水泡开，送到秀才跟前说："你喝下它去，病就会好的。"

秀才见那茶叶在碗中慢慢舒展，露出绿叶红镶边，染得水色黄中带红，如琥珀一样光亮，清澈见底，芬芳飘溢，一股带有桂花的清香味钻心透肺，人感到舒服了很多。他啜了几口觉得那茶味涩中带甘，立时口中生津，香气回肠，"咕咕"发响，腹胀渐渐消退，人也不感到烦躁了，精神更是爽利起来。秀才连忙起身，向老方丈拜了三拜说："多谢老方丈见义相救，倘若小生今科得中，定返此地修整庙宇，重塑金身!"

秀才在庙里歇息了几天，便告辞了老方丈及众和尚，又上路赴京赶考去了。

果然不久，秀才金榜题名，得中头名状元。皇上见他人品出众，才华过人，当即招为东床驸马。按理说，秀才身居高官，又招为皇婿，应该春风满面，喜气洋洋才是。可是，状元虽日夜有美丽的公主相伴，但还是闷闷不乐，似有重重心事。

一天上朝，皇上见他紧锁双眉，便问他为何这样？状元把赶考如何落难，老方丈如何搭救的事一一作了禀告。皇上知他欲往武夷山谢恩，便命他为钦差大臣前去视察。

一日，状元一行人离开了京城。只见状元骑着高头大马，随从前呼后拥，一路鸣锣开道，忙煞了沿途驿站官员。那武夷山的老方丈接到快马通报，忙召集庙里大小和尚焚香点烛，夹道欢迎，恭候钦差大臣亲临视察。

行行走走，走走行行，状元威风凛凛来到武夷山天心庙前，一见老方丈，立即下马，上前拱手作揖道："久违！久违！本官特前来报答老方丈大恩大德!"

老方丈又惊又喜，双手合掌地打量着状元说："状元公休要过谢，救人乃贫僧本德，区区小事，不必介怀。"

在寒暄中，状元问起当年治病的事，说要亲自去看看那株救命的神茶。

老方丈点头从命，领着新科状元从天心岩南下，过象鼻岩到山脚，再向西行，走进一条幽深的峡谷，只见九座岩峰像九条龙盘绕在沟壑峭壁之间，谷里云雾漫漫，涧水淙淙，凉风簌簌，坡上岩下那一片片、一层层的茶树在风里吐芳流香。

状元陶醉在天然的景色里，深深地吸了口气，又见陡峭的绝壁上还有一道小石座，座里长着三株丈四尺高的大茶树。树干曲曲弯弯，长满苔藓，树下泉水滴滴，土黑而肥润，又浓又绿的叶片，吐出一簇簇的嫩芽芽来，在阳光下闪着紫红的光泽，煞是逗人喜爱！绝壁上还有一道岩缝，轻风薄雾就从缝里徐徐吹拂茶树，真是天生地造的巧呀！

老方丈看状元惊叹不已，就说："这里名叫九龙窠。当年状元因食生冷之物，犯了鼓胀病，贫僧就是取这半天腰的茶叶，泡汤给状元饮服的。"

状元兴味更浓，在九龙窠浏览到日头偏西，回到寺里，又听老方丈讲起这三棵大茶树的古老传说：

很早很早以前，这茶种是晶亮晶亮的，是武夷神鸟从蓬莱仙岛衔来的，丢在九龙窠的岩壁土上，就长出了这三棵绿油油、粗壮壮的茶树。因为它高呀，高高地长在云雾缭绕的半山腰上，每年阳春，庙里就打响钟鼓，召集山猴来开山果会。给每个猴子穿上红衣红裤，让它们爬上绝壁，摘下茶叶来放好。有人病了，就施赠三五片泡汤，喝下去病就好了。因为叫不出树的名字，山里的人就称它为"茶王"。

状元听了哈哈大笑，对老方丈说："如此神茶，能治百病，请老方丈精制一盒由本官带京进贡皇上，何如?"

老方丈连连应承。此时正值春茶开采季节，第二天老方丈高兴而隆重地披上四十二条袈裟，点起香烛，击鼓鸣钟，召来庙里大小和尚，按职称穿上条数不同的红、黄、赭各色袈裟。侍者端过茶盘，盘里装着香菇、木耳、金针等六碗斋菜和酒饭，由老方丈领头，后跟首座和尚、都监、纠察、临院、府寺、知客、维那、悦众和清众等大小和尚。有托香炉檀香的，有端茶具的，有拿拂尘的，有提灯笼的，排成一队，鱼贯而行，浩浩荡荡地列队来到九龙窠。焚香点烛，钟钹齐鸣，和尚们合掌念经，唱起香赞，由老方丈带头，左三步，右三步，对茶树上香礼拜，在烟火缭绕中大家齐声高喊："茶发芽！茶发芽！"就开始采起茶来。

采过茶叶，老方丈回到庙里请来最好的茶师，用最好的茶具，将茶叶精工制作以后，装入特制的小锡盒里，由状元用一方丝帕小心包好，藏在怀里。此后，状元差人把天心庙整修一番，又塑一个金身菩萨，便打马回京去了。

状元到了皇宫，见宫廷一片忙乱。一打听，才知是皇后患病，终日肚疼鼓胀，卧床不起。请遍了京城名医，用尽了灵丹妙药，都不见效，急得皇上和大小宦臣坐立不安。状元见这情景，就把那包茶叶呈到皇上面前，奏道："小臣从武夷山带回九龙窠神茶一盒，能治百病。敬献皇后服下，准保玉体康复。"

皇上接过茶叶，郑重地说："倘若此茶真能显灵，使皇后康复，寡人一定

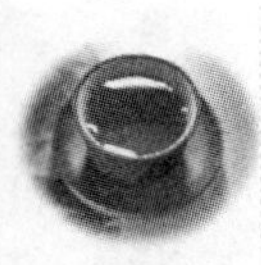

前往九龙窠赐封、赏茶。”皇后喝了茶后身体果然康复。

古话说，“国不可一日无君”。因为朝廷政事很多，皇上只好将一件大红袍交给状元，由他亲自带往武夷九龙窠，以示皇上光临。

崇安衙门官员，武夷和尚道士，听说状元代表皇上亲临九龙窠，纷纷出来迎候，老百姓也赶来看热闹。十里山路上人声鼎沸，九龙窠里熙熙攘攘，礼炮轰响，火烛通明。半天腰上那三株大茶树罩在一片烟火里，卷起了叶子，惊得状元急忙从笼车里取出大红袍，命一名樵夫爬上半天腰，把大红袍盖在三株茶树上。说奇也真奇，等烟消火灭时，掀开大红袍一看，三株茶树已变得满树通红了。有人说这是烟熏火烤的，也有人讲这是大红袍染的。

后来，人们就把这三株茶树叫做大红袍了，有人还在石壁上镌刻了“大红袍”三个红艳艳的大字。渐渐地，不少游客茶商慕名前来观赏，贪心的皇上怕有人夺走茶王，就派了专人看守，还下了道圣旨，要大红袍年年岁岁进贡朝廷。

从此，大红袍就成了珍品，成了“茶中之王”，与武夷的碧水丹山一起驰名于天下。

17. 白毫银针

白毫银针产于福建省福鼎、政和两县，故又名政和白毫银针，是全国白茶之魁首。历史记载宋代已纳为贡品之一，古时，民间也有在茶农之间流传颇广的说法，就是“嫁女不慕富豪家，只问茶叶与银针”，可见白毫银针的珍贵之处。

在闽浙交界政和县，至今流传着一个关于“银针”茶的动人传说。

说不清是何年何代了，那时候，政和这一带地方还是一个十分荒凉偏僻的所在，七山八坳，散乱地住了些农户人家。俗话说，山高皇帝远，只要风调雨顺，山里人靠一身力气，勤耕苦织，粗茶淡饭，倒也能够将就着生活。

可是，有一年老天爷变了脸，春雨不下，夏风不发，到秋天又吹起火烧风。这一旱整整旱了个三百六十五天。田干了，河涸了，莫说收成，就连吃的水也难找到了。再加上瘟疫四起，死人无数。看到这个情景，老辈人都难过地说：“老天爷要收七山八坳的人了，赶快逃活命去吧！”就这样，逃的逃，死的死，留下的人也多是病魔缠身。七山八坳连一声鸡啼也难听到了。

苦日月难熬啊！山民们都盼着哪一天有“福星”降临，替苦难的人们禳灾解难。就在这时候，人们纷纷传说，在那东方云遮雾挡的洞宫山上有一口龙井，龙井旁长着几株仙草。只要采得仙草，揉出草汁，不但能治百病，而且将草汁滴进田里田水满，滴到河里河水流。要救七山八坳的人，除非采得仙草来。

于是，有些勇敢的小伙子打起背囊，带上干粮，朝着日头升起的方向，去寻找那洞宫仙草了。

可是，只见有人去，不见有人回，看来这洞宫仙草难找啊！山民们的心渐渐沉下去了。

那时候，在铁山仑有一人家，父母早亡，只有兄妹三人，靠开山打猎为生。大哥志刚，是个烈性汉子，一斧头能砍断碗口粗的榛子树。二哥志诚，虽然文静，却射得一手好弓箭。三妹志玉，既学到了大哥的刀剑武艺，又学到了二哥的射箭本领，是个出众的姑娘。

这一天，志刚拿出那把祖传的鸳鸯宝剑，对弟妹们说："为救苦难的乡亲们，我无论如何都要找到洞宫仙草。你们在家守着这把剑，每天拔出鞘来看两次，如果发现它生了锈，就是我不在人世了，你们就接替我去找仙草。"说完，他就操起一把斧头，直奔洞宫山去了。

志刚走呀走，走了六六三十六天，终于走到了洞宫山下。他紧了紧草鞋带，正要往山上爬，忽然路旁一位白发银须的老爷爷喊住了他：

"勇敢的小伙子，你可是要上山采仙草？"

"是的，老爷爷，再采不到仙草，乡亲们就活不下去了。"志刚回答说。

老爷爷指点着云雾弥漫的山顶说："小伙子，你看，仙草就长在那上面，可你上山千万记住，只能向前，切不可回头看，一回头，你就采不到仙草了。"

志刚听了点点头，正要感谢老爷爷的指点，一转身老人不见了。

志刚一口气爬上了半山腰，只见眼前满山是一人多高的乱石，阴森恐怖，每走一步，身后就传来奇怪的声音。起初，他记住上山时老爷爷的话，只是向前走。可是，当他快走出乱石岗的时候，忽听身后传来一声炸雷般的喊声：

"大胆的志刚，还敢往上闯！"

志刚一愣，以为有人拦挡，顿时忘了老爷爷的话。回转身来向后一看，便立刻变成了这乱石岗上一块新的大石头。

这一天，志诚兄妹忽见鸳鸯剑失了光，生了锈，大惊失色，知道大哥是不在人世了，便决定去接替大哥寻找仙草。

第二天，志诚拿出一支铁镞箭交代妹妹志玉说："我去洞宫山寻仙草，你如果发现这箭镞生了锈，寻找仙草的事就得由你接替我去做了。"说完，志诚挎起弓箭走了。

志诚走呀走，足足走了七七四十九天，终于走到了洞宫山下。他喘喘气，

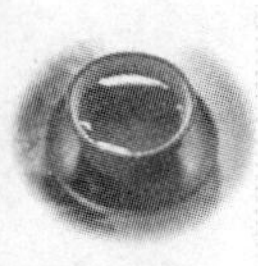

连草鞋带也没紧就开始往山上爬。这时，一位白发银须的老爷爷拉住了他。

“勇敢的小伙子，你可是要去山上采仙草?”老人问。

“是的，我大哥为救苦难的乡亲们，上山去采仙草，可再也没有回来。这回我无论如何都要把仙草采回来。”志诚恭敬地回答说。

老爷爷又指着云雾弥漫的山顶说：“小伙子，你看，仙草就长在那上面，可你得记住，只能向前，切不可回头，一回头，你就采不到仙草了。”老爷爷说完就不见了。

志诚爬呀爬，爬到了半山腰，但见满山乱石，寒气袭人，越往上走越觉得阴森可怕。他壮了壮胆，还是继续往上爬。这时候，他忽然听到背后四处传来各种怒骂声，但他记着白发老爷爷的吩咐，任凭身后骂声四起，就是不回头。眼看就要爬过乱石岗了。突然，他听到大哥志刚那撞钟般的声音从背后传来：“志诚弟，志诚弟，快来救我！快来救我！”

志诚这时再也耐不住了，急忙回头一看，就这一回头，他立刻变成了一块大石头，牢牢地屹立在那乱石岗上。

正在家里盼望哥哥回来的三妹志玉，忽见二哥的箭镞上出现了斑斑锈迹，知道二哥也遇了难，流下了悲怆的眼泪。但她是个意志坚强的姑娘，想到两个哥哥的嘱咐，如今采仙草、救乡亲们的重担落在自己肩上了，就算有千难万险也要把仙草采回来！

第二天，志玉持剑挎弓，拜别众乡亲，直奔洞宫山而去。

志玉走呀走，因她毕竟是个姑娘，足足走了九九八十一天才走到了洞宫山下。她心里只想快些采回仙草去救乡亲们，所以她气也没歇一口就要朝山上爬。这时，忽见一位白发银须的老爷爷，正坐在路旁生火烤糍粑，于是，她便走过去恭恭敬敬地问道：

“老爷爷，请问这条路可到得山顶?”

老人像没听见一样，连看也不看她一眼，依旧烤他的糍粑。

志玉见老人不理她，并不见怪，便坐下来一边帮老人生火，一边又恭敬地问道：

“请问老爷爷，这山顶上可有一口龙井?”

老人这才抬起头来看她一眼：

“小姑娘，你可是想上山去采仙草?”

“是的，为救七山八坳的乡亲们，我就是拼着一死，也要把仙草采回来！”姑娘回答说。

“好姑娘！”老人听了很高兴，指着山顶对志玉说，“你看，那云雾遮挡的地方就是龙井，三株仙草就长在龙井边。但是你得记住，上山时无论听到什么喊声，都不能回头。”

“谢谢老爷爷，我记住了。”

“还有，”老人拉住就要上山的姑娘，又嘱咐道，“那龙井中有一条小黑龙日夜守着仙草，你到山顶后，先要用箭射瞎黑龙的两只眼睛，再去采下仙草的叶芽，然后用龙井的水浇仙草，仙草马上就会开花结籽儿。你把种子带回家去，撒在山坡上，它就长出来了。用它那尖尖的叶芽来熬汤，喝了就能治百病；把它的汁滴在田里田水满，滴到河里河水流，就再也不怕老天不下雨了。”

姑娘谢过老人正要上山，老人又嘱咐说：

“记住：下山时别忘了用仙草汁在乱石岗的每块大石头上滴上一滴。”老人说着，随手拿起一块烤糍粑塞给姑娘，说，“把这个带上，它会对你有用的。”

姑娘接过糍粑，向老人深深一躬。当她抬起头来时，白发老人不见了。

姑娘爬上了乱石岗，只听见身后不断传来各种怒骂声，但她没有理会，继续向上爬去。这时，身后又传来一阵阵凄楚的啼哭声，姑娘有点毛骨悚然，但她还是没有回头，依旧大着胆子向上爬。快爬过乱石岗了，这时，她突然听到大哥志刚在背后拼命叫她。姑娘的心动了，脚步慢了，但她定了定神，还是往上爬去。

就在这时，姑娘又听到二哥志诚在背后连声喊她。这一下姑娘的心更乱了，脚步停下来了。但她牢牢记着上山时白发爷爷的嘱咐，想着七山八坳正盼她采回仙草去的苦难乡亲，所以她坚决不回头。姑娘连忙用手捂住怦怦乱跳的心。这时，她的手触到怀中一团软绵绵的东西。

“糍粑！”姑娘忽然有了主意，赶忙从怀中掏出白发爷爷送她的那团糍粑，撕下一小块来，搓成两个团团，然后塞进两只耳朵里。这可真灵呀，什么声音也听不到了。于是姑娘振作了一下精神，爬过了乱石岗，直向山顶那云雾弥漫的地方冲去。

姑娘一爬上山顶，立即挽弓搭箭向龙井走去。这时果见一条小黑龙张牙舞爪地向她扑来。她急忙左右开弓，连发两箭，只见被瞎双眼的黑龙，顿时化作一团黑气向西天飘去。

姑娘奔到井边，照白发爷爷的嘱咐迅速采下仙草的叶芽，然后掏起龙井水浇到仙草上，那仙草果然在顷刻间开花、结籽儿。姑娘采下种子装好，便下山了。在乱石岗上，她又按白发爷爷的交代，抓出一把仙草来揉出草汁，

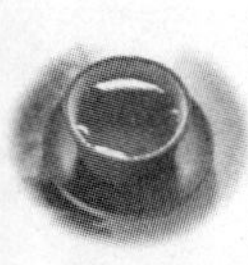

并在每块大石头上滴上一滴。也真神，草汁一滴到石头上，石头马上变成了人，其中有两个就是她的大哥和二哥，原来他们都是上山采仙草遇难的勇敢小伙子。

志玉兄妹和伙伴们回到村里，便连夜分头把采回的仙草种子撒在山坡上。第二天早晨大家起来一看，但见满山遍野都长起了半人多高的仙草。于是大家立刻摘下草芽，拿去熬汤给病人喝，果然一喝病除；拿去草汁往田里滴，果然一滴田水满。这一来，七山八坳的人得救了，荒废的农田种上了庄稼。那仙草年复一年，也就越发越多了。

山里人心好，他们想，七山八坳之外的穷苦人也难免会遇上个三灾四难，于是每年都把那仙草芽采来晾干，分送给四乡八邻的穷兄弟。这一来，仙草芽的名声就到处传开了。又因为这晾干的草芽，满身带着白茸茸的毫毛，一根根像银针一样，因此人们都称它为“银针”。据说这就是今天“白毫银针”名茶的来历。

18. 茶　姑

在福建福清县的东张镇，云雾深处有个山村，叫南湖顶。从前这里没有一株茶树，也没有别的树木。自从出了个茶姑，这里才成为著名的茶乡。另外，还有一段优美的故事流传至今。

很久以前，南湖顶山高水冷，一片荒芜。山下的东张村住着百来户穷农家，无衣无食，许多人流落他乡找生路。

茶姑是个聪明、俊美、善良、能干的姑娘。这时她才十来岁，母亲病故，靠父亲打猎为生。常言道：穷人家的孩子早当家。还没成年的茶姑，不管是犁、耙、担、割，田园事样样都会。

一天，她父亲打猎归来，两手空空，长叹一声：“我老了，眼花了，打不到野兽了。你又是女孩子，能顶什么用？我们父女也该离开这儿了！”

茶姑听罢，就说：“爹，稻草扎个人，在田里也能赶麻雀。我是个活蹦乱跳的人，有什么事不能做！”

第二天，她就背起父亲的弓箭和铁叉，直奔南湖顶去，没多久，居然挑着不少野味回来。不到几个月，茶姑就成了远近闻名的好猎手了。

有一天，她在半山腰见到一只色彩斑斓的雉鸡被一只狐狸踩在脚下，她立刻拉开弓箭，“嗖”地一声，狐狸应声倒毙。雉鸡脱身飞走了。那雉鸡是武夷山玉女变成的。这天她偷空飞到南湖顶游玩，不料碰上了冤家对头狐狸精，幸亏茶姑救了她。

过了几天，茶姑梦见一群雉鸡衔着一块块翡翠宝玉，铺在光秃秃的南湖顶上，一霎时绿树葱茏，美丽极了。彩色的雉鸡化做一群仙女，在绿树丛中翩翩起舞，她们还频频向茶姑微笑招手哩。

第二天一早，她把昨夜梦中所见的奇迹告诉阿爸。阿爸说：“那碧玉般的绿林就是茶树啊，它是大宝贝哟，有了它，要金有金，要银有银，山村人也不必饿着肚子去逃荒了。”茶姑一听，高兴得跳了起来，赶紧跑到南湖顶去她要寻找梦中的奇迹。可是，这里依旧是荒草满山。哪有什么茶树。她真扫兴，有气无力地走回家里，饭也吃不下，觉也睡不成，每天都跑到南湖顶去愣呆呆地想着茶树。

有一天，她坐在南湖顶的石头上想得入神的时候，忽然一只非常美丽的彩色雉鸡落在她的面前，雉鸡开口说话了：“姑娘，跟我来!”

说着，这雉鸡低低地飞着，茶姑紧紧地跟着。她趟过了九十九条溪，爬过九十九座山，到了闽北武夷玉女峰前面。

这时雉鸡不见了，眼前出现了一位文雅端庄的女人，笑着对茶姑说：“我就是玉女峰的女神玉女，我也该报答你的救命恩情啦。姑娘，你需要什么，尽管开口，我送你一斗金子好吗?”

茶姑摇摇头，“我送你一担银子好吗?”

茶姑还是摇摇头，“那你想要什么?”

玉女不解地问她：“我想要一株茶树，带回去做乡亲们的摇钱树!”茶姑终于说出了自己的要求。

玉女说：“这好办。”她信手拔了一株武夷名茶的苗子递给茶姑，说，“好好培植它，它会给你的乡亲带来好处的。”玉女还给茶姑传授了许多种茶的好经验。

茶姑拜谢了玉女，喜滋滋地带着茶苗跑回故乡，乡亲们听说是仙女送宝，不知有多高兴。大家跟着茶姑一起上了南湖顶小心地栽下武夷茶苗，全村人日夜轮流守护它。这茶苗真不寻常，一年成树，三年成林。从此，南湖顶成了出名的茶乡，不久逃荒穷人全都回来了。

19. 御茶园

在武夷山的九曲溪四曲南岸，有一块依山傍水，杂草丛生的地方，那就是过去专门为封建皇朝种茶的御茶园遗址。

说起御茶园，还有一个血泪斑斑的传说呢!

元朝初年，江西茶贩赖文治起义，抗击元军失败后，和他一块起义的赖思安东藏西躲，带着妻子和独生女儿赖小兰，跑到福建崇安武夷山中。那时武夷山人烟稀少，山深林茂，容易躲避官军的搜捕。他隐姓埋名，在附近打

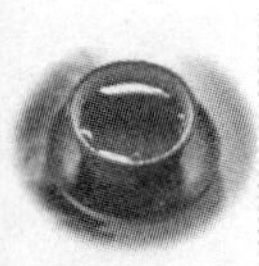

点儿短工，做点儿零活，暂时混碗饭吃。

赖思安正当壮年，生得膀粗腰圆，做活肯出力气；加上为人正直，喜欢帮助人，当地人都喜欢和他亲近。他原来是一个茶贩，早就听说武夷茶远近知名，销路很广，逐渐爱上了这个地方。他开始零星地开垦了一点茶园，也搭起了一间茅屋，看着小女儿一天天长大起来，逗人喜爱，生活虽然苦一点，缺吃少穿，但总算有了个安身之地。

赖思安想靠自己的一双手，过一个平平安安的日子，可是在那个“苛政猛如虎”的年代里，哪能做得到？

元朝至元十六年，也就是公元1279年，浙江省平章有个名叫高兴的，趁奉调上京之际，绕道至武夷山游玩，看到武夷山千山竞秀，万壑争流，赞不绝口。他饮的武夷岩茶，清香扑鼻，舌有余甘，好不喜欢。

这个高兴最会投皇帝之所好，在朝陷害忠良，贪赃枉法，和他同朝做官的人也怕他三分；他在地方鱼肉百姓，搜刮民财，民众敢怒而不敢言。这次，他认为又是一个好机会，找到崇安知县要了几斤茶叶，这种茶叶冲出来略带乳白色，开水泡开，清香扑鼻，就给它起了个很动听的名字——“石乳”，并做了一个精制的盒子装好。

回到朝廷，他毕恭毕敬地奉献给世祖皇帝忽必烈。忽必烈习惯吃肉食，饮过“石乳”茶后，不仅异香扑鼻，而且能帮助消化，感到神智清爽，食欲大增，龙心大悦，传令嘉奖。高兴笑在眉梢，甜在心里，从此官越做越大，连他的儿子高久住，也到福建邵武府做了官，而且是带兵的武官。

第二年，皇帝诏书下来，命令崇安知县每年奉献武夷山“白乳”茶二十斤，作为贡品。

知县借此机会，一共勒索了八十斤，除二十斤进贡皇上外，其余六十斤都奉送给各级官吏，好作为他升官发财的进见礼物。

知县带衙役到武夷山索取贡茶，横行霸道，引起民众纷纷不平，赖思安主张说：

“这些狗官，贪得无厌，皇帝老爷只要二十斤，他们却要八十斤，明年不知还要增加多少？给他粗茶，好的茶一点不给，让他知道老百姓不是好惹的！”

这一来，崇安县知县奉献给忽必烈的茶，茶名还是“石乳”，可是色、香、味都不如高兴奉献的，皇帝大为不悦。好在有的大臣收到了崇安县知县的茶叶，替他在皇帝面前说了不少好话，没有治以欺君之罪，不然，这个知县的狗头，恐怕早就保不住了。

高兴不愧是讨好巴结皇上的老手，连忙启奏皇上，为防止以假乱真，由他儿子高久住就近在武夷山监督制茶。

不久，高久住捧着皇帝的诏书，威风凛凛地由邵武来到崇安武夷山，弄得茶农从此就更苦了。高久住在四曲划出了一块平地为御茶园，把房屋也拆了，把零星茶园也毁了，修起了“焙局”；建起了仁风门、拜发亭、清神堂、思考亭、培芳亭、燕嘉亭、宜寂亭、浮光亭、碧云桥；又有通仙井，上面建龙亭覆盖着，所有亭台楼阁，雕龙画凤，盛极一时，并委派了两名官员管理御茶园。

为了要茶农听他们的摆布，高久住在通仙井旁边还筑了一座高五尺、方一丈六尺的高台，名曰喊山强。他规定每年惊蛰这一天，崇安县所有官吏及附近茶农都要齐集台前，杀猪宰牛、鸣锣击鼓，祷告上天；还要齐声高喊：“茶发芽！茶发芽！”以为这样，茶叶就会发芽，制的茶就会好，并且可以愚弄老百姓。

御茶园一带地方，原来产茶就不多，值钱的好茶，每年就是那么一千多斤。

建园的第二年，高久住勒索贡茶三百六十斤，制“龙团”五千饼，第三年就猛增到九百九十斤！茶农一听，怨声四起。

有的说：“我一天到晚，由早干到黑，所产的茶叶，还不够缴纳贡茶呢！”

有的说：“这是什么世道啊！只有死路一条啦！”

赖思安和大家说：“看来我们这个地方，不是长久安身之地，大家要早拿定主意！”

那一年春季雨水很多，阴雨绵绵，加之茶农没有心思去管理，茶叶长势不盛，过了谷雨，还没有开始采摘，茶园冷冷清清的。高久住听到这个消息，从邵武带着兵丁来到武夷山督促制茶。

官兵与土匪，在民众眼里，并没有什么区别。官兵所到之处奸淫烧抢，无恶不作，稍有不满，除拳打脚踢外，还要送崇安县衙内关押拷打，比土匪更厉害，民众叫天不应，喊地不灵，过着惶惶不可终日的生活。

高久住带着兵丁进了武夷山，赖思安就带着一批青壮年躲进了深山。官兵一到，有的妇女被糟踏了，有的茶农被抓去关押拷打，大家听了，个个咬牙切齿，恨不得与官兵拼了。最后又传来说因为赖思安参加过抗元起义，粗茶进贡皇上，崇安知县就派人到武夷山悬赏捉拿；他的女儿小兰也被官兵奸污，悬梁自尽了。赖思安听到以后两眼鼓得圆圆的，把桌子一拍，吼道：“这个世道反正活不下去，跟他们拼了！”

那时候，百姓哪个没仇，谁个无恨？大家见赖思安拿起扁担、柴刀往外奔给大家带了头，就个个义无反顾，也不管天黑，紧跟着他摸下了山。这天晚上，正巧崇安知县在迎嘉亭设宴款待高久住，是寻欢作乐，喝得酩酊大醉。

赖思安一伙人乘其不备就闯进了迎嘉亭，大喝一声，众人一拥而上宰了几个狗官，兵丁们不是被当场宰了，就是夹着尾巴逃跑了。最后赖思安放了一把火把御茶园烧得片瓦无存，茶农扶老携幼，连夜都逃到了山上。

从此四曲溪南边的这片茶园就成了一片废墟，直到现在，人们还习惯地叫它“御茶园”。

20. 绿雪芽

福建东北与浙江毗邻，群山叠翠，峰峦争奇，云蒸霞蔚，福鼎市境内的太姥山，乃汉武帝所封“三十六名山”之一，以山海大观素称“海上仙都”，以“峰、石、洞、雾”四绝闻名江南，景色秀丽，是我国的东南胜地，崖林之间茶树丛生，所产“绿雪芽”在清代就被视为茶中珍品。

绿雪芽茶是中国十大名茶之一——大白毫的始祖，关于它的来历，还有一个美丽的传说。

相传尧帝时，太姥山下有一农家女子，因避战乱，逃至山中，以种兰为业，乐善好施，人称蓝姑。那年太姥山周围麻疹流行，乡亲们成群结队上山采草药为孩子治病，但都徒劳无功，罪恶的病魔夺去了一个又一个幼小的生命，山村里处处闻凄哭，山坡上日日添新坟，蓝姑那颗善良的心在流血。

一天夜里，蓝姑在睡梦中，见到南极仙翁。仙翁发话：“蓝姑，在你栖身的鸿雪洞顶，有一株树，名叫茶，它的叶子晒干后泡开水，是治疗麻疹的良药，你赶快去采给乡亲们吧！”

蓝姑一觉醒来，一骨碌起床，趁月色攀上鸿雪洞顶。顶上岩石垒垒，杂草丛生，荆棘密布。但她全然不顾，一心寻找到那株茶树。

突然，她发现榛莽之中有一株与众不同、亭亭玉立的小树，眼睛一亮：“啊！是茶树！是茶树！”

遵照仙翁的嘱咐，她迫不及待地将树上的绿叶采下来，装进揽身裙兜。

当采满一兜后，她回过头，惊奇地发现，树上又长出了新叶——原来这是仙翁赐的仙树啊！

为了普救穷苦的农家孩子，蓝姑拼命地采茶、晒茶，然后把茶叶送到每个山村，教乡亲们如何泡茶给出麻疹的孩子们喝，最后终于胜了麻疹恶魔。

岁去年复，秋归春回，蓝姑从没有停止过对穷人的帮助，晚年遇仙人指点，于农历七月七日羽化升天，人们怀念她，尊之为太姥娘娘。

蓝姑得道成仙了，但一颗心依然挂念着父老乡亲，每年七月七，都要回来，站在仙桥上看望他们。每次见到乡亲们还是那般衣衫褴褛，面黄肌瘦的模样，回到天上，就大哭一场。有一回，被南极仙翁撞见。仙翁问她因何啼哭，她如实以告："我不能给乡亲们一点帮助，心里难受啊！"

仙翁笑道："仙姑差矣！天下之大，众生芸芸，连玉皇大帝、观音菩萨都不能普救，更何况是你？"

仙姑说："话虽如此，可我毕竟是那一方水土养大的。"

仙翁点头称是："其实你也可以让乡亲过得好一点，你还记得那株茶树吗？它的好处多着哩，不仅能治麻疹，更有祛病强身的功能。你瞧我，人称老寿星，就是因为我长年喝这种茶。你回去告诉乡亲们，把树枝剪下扦插，待树枝长成树了，再剪下，再插，如此反复不已，太姥山周围便都种上了茶，茶可卖钱，种多了不就富起来了？"

仙姑听了破涕为笑，容颜大展。

再说太姥山中的竹栏头村，有个姓陈名焕的年轻人。他家上有年老多病的父母，下有未成年的孩子，生活全靠他夫妇上山砍柴维持。一天，夫妻俩砍柴时，妻子不慎崴了左脚踝，陈焕背起妻子，走进鸿雪洞。他想，人说上山求太姥，下海求妈祖，我干吗不为乡亲们向太姥娘娘讨个生计呢？

于是，夫妻俩舀起丹井的水，净手上香，在娘娘像前膜拜，他们又饿又累，不知不觉就睡着了。太姥娘娘见到这一对年轻夫妇很高兴，就将种茶的秘密传授给他们。陈焕夫妇得了娘娘的秘传后，不但自己种茶，还教四周的乡亲一起种，经过几年的努力，整个太姥山区就变成了茶乡，农民们因茶而增收，茶商们更是因茶而发财。

太姥山的茶因为品质上乘，很快名扬四海。茶商们觉得好茶应该有个好名，便邀请了几个文人共同商议。他们一边啜着香茗，一边把玩着茶叶细长的尖尾，分明是一条绿色的雀舌；一身雪茸，又分明是一根洁白的银针。那么，就叫雀舌？或叫银针？但雀舌有其形而无其色，而银针突出了白却少了绿。有个文人提议，叫"绿雪芽"，大家细细品味，愈品愈觉得妙极了。

于是，一个独特的茶品牌就这样诞生了。清朝郭柏苍的《闽产录异》载"福宁府（闽东旧称）茶区有太姥绿雪芽。"可见绿雪芽在清之前就已出名了。风霜雨雪不知年，太姥山鸿雪洞顶那株茶祖绿雪芽至今仍生机勃勃地生长着，与武夷山的大红袍齐名，成为茶中极品。

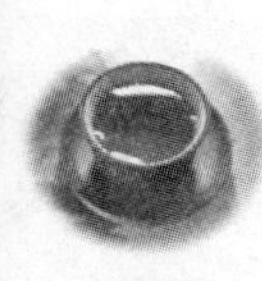

21. 云雾茶与凤凰泪

云雾山中有个上坝寨，上坝寨后面有座凤凰坡。凤凰坡上有一对凤凰，披着五彩缤纷的羽毛，好看极了。凤凰经常在茶树下，蘸着清清的泉水梳洗羽毛；站在茶枝上，向着满天的云霞昂首鸣唱。

清朝乾隆年间，乾隆皇帝按照历朝的惯例，向云雾山的苗家索取“贡茶”，各级地方官也纷纷勒索“敬茶”，而且都指名要凤凰坡的茶叶。开始，官府放出话来：只要缴足了茶叶，就可以免缴“皇粮”。可是到后来，不仅“皇粮”要缴，茶叶也越要越多。苗家辛辛苦苦采制的茶叶全部上缴还不够。

灾难落到了苗家头上。哪家缴不起，就会被链子套去坐牢。云雾山不再有歌声，也不再有欢笑，就连那对凤凰也不经常出现了。可是官府还是一年比一年逼得紧，苗家怎样生存下去啊！有个叫雷阿恩的老人对大家说：“这些家伙们只盯住茶叶，现在我们只能把茶树毁掉了！”

听说要毁掉茶树，乡亲们像挖了心肝。大家想了又想，议了又议，但没有别的办法，只能走这条路。这时正是浓秋季节，经常下霜，云雾山上只有茶树还是青幽幽的，芭芽野草都挨霜打得白花花一片。雷阿恩说：“我们浇开水把茶树浇死，对官家说是挨晚霜打死的。”

于是在阿恩的带领下，家家户户烧开了水，抬到凤凰坡上，忍住心痛，含着眼泪，把开水浇进茶树根。人们浇着自己亲手栽种的茶树，心里恨着官家的霸道。

过了几天，阿恩带着两三个人到县城去，对县官说茶树挨晚霜打死了，请免掉“贡茶”和“敬茶”。县官不信，坐着八抬大轿亲自到云雾山来看。轿子向山上爬，路越来越陡，八个轿夫气喘吁吁，汗水长流。抬到帮柔坳上，正好是块平地，轿夫想停下来歇口气，可是县官不准，命令继续往上抬。这时，凤凰坡上突然传来凤凰低沉的哭声，声音是那样悲伤，像咬在人的心上。轿夫们又累又惊，周身无力，把轿子放了下来。

县官无法，只得走出轿子，向凤凰坡上望去，果见满坡的茶树都枯黄了，不由得气朝上涌，大声骂道：“往年也下霜，为什么打不死？莫非有人想造反！来人哪……”

话没说完，只见四面八方拥上来很多苗民，一个个睁大眼睛，咬着嘴唇，有的拿着棒，有的提着刀。县官顿时吓得像筛糠，忙对雷阿恩说：“好！好！我禀报皇上，从今年开始免去‘贡茶’和‘敬茶’。”说着，连忙坐进轿子，叫轿夫抬着朝山下跑去。

为了防止官府反悔，不久，苗家在云雾山上立起了一块不再缴纳茶叶的石碑。

茶叶是免缴了，但是茶树也枯死了，人们心里在哭泣。那对凤凰鸟也很伤心，在云雾山上一边飞一边哭。说也奇怪，凤凰泪滴在哪棵茶树上，哪棵茶树就转青复活；滴在哪片茶山上，哪片茶山就青枝绿叶。云雾茶就这样传了下来。

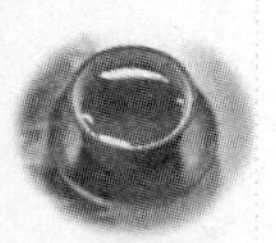

第四章　品茶赏艺

茶不仅作为国饮广泛融入了人们的日常生活，而且在历史上的各个朝代都有一些学术著作出现。自唐代陆羽撰写了世界上第一部茶书《茶经》以来，一直到清末，这期间中国出了许多茶书，对中国茶文化和茶科技做出了很大贡献。文人学者们不仅著书立说，也创作了大量关于茶的诗文书画，以及关于茶的文艺戏剧，为百姓所喜爱。

第一节　历代茶书

古代茶书按其内容分类，大体可分为综合类、专题类、地域类和汇编类四类。

综合类：综合类茶书主要是记述论说茶树植物形态特征、花名汇考、茶树生态环境条件，茶的栽种、采制、烹煮技艺，以及其具茶器、饮茶风俗、茶史茶事等。如陆羽的《茶经》、赵佶的《大观茶论》、朱权的《茶谱》、许次纾的《茶疏》和罗廪的《茶解》等。

地域类：地域类茶书主要是记述福建建安的北苑茶区和宜兴与长兴交界的岕茶区，北苑茶区有丁谓的《苑茶录》、宋子安的《东溪试茶录》、赵汝砺的《北苑别录》和熊蕃的《宣和北苑贡茶录》等；罗茶区有熊明遇的《罗茶记》、周高起的《洞山茶系》、冯可宾的《茶笺》和冒襄《岕茶汇钞》等。

专题类：专题类茶书有专门介绍咏赞碾茶、煮水、点茶用具的审安老人的《花具图赞》；有杂录茶诗、茶话和典故的夏树芳的《茶董》、陈继儒的《茶话》和陶谷的《茗荈录》等；有记述各地宜茶之水，并品评其高下的如张又新的《煎茶水记》、田艺蘅的《煮泉小品》和徐献忠的《水品》等；有专讲煎茶、烹茶技艺，述说饮茶人品、茶侣、环境等的，如蔡襄的《茶录》、苏庆的《十六汤品》、陆树声的《茶寮记》和徐渭的《煎茶七类》等；有主要讨论茶叶采制搀杂弊病的，如黄儒的《品茶要录》；还有关于茶技、茶叶专卖和整饬茶叶品质的专著，如沈立的《茶法易览》、沈括的《本朝茶法》和程雨亭的《整饬皖茶文牍》等。

汇编类：汇编类的茶书，有把多种茶书合为一集的，如喻政的《茶书全集》；有摘录散见于史籍、笔记、杂考、字书、类书以及诗词、散文中茶事资料，作分类编辑的，如刘源长的《茶史》和陆廷灿的《续茶经》等。

一、唐代茶书

唐代陆羽著的《茶经》首次开创编著茶书之先河。在唐上元初（公元760年），陆羽隐居苕溪（今浙江吴县），开始闭门著书，有时一人走到野外，“育诗声木，徘徊不得意或渐车哭而归”。他特别喜好茶，著《茶经》一书，于是天下尚茶成风，后世遂尊之为“茶圣”。

《茶经》全面总结记录了唐代及其以前的茶事，全书分一之源、二之具、三之造、四之器、五之煮、六之饮、七之事、八之出、九之略、十之图共十章。

一之源：开篇说“茶者，南方之嘉木也”，概述茶的产地和特性，该章介绍了“茶”字的构造及其同义字，茶树生长的自然条件和栽培方法，鲜叶品质的鉴别方法以及茶的效用等。

二之具：“具”是指采制饼茶的工具，包括采茶工具、蒸茶工具、捣茶工具、拍茶工具、焙茶工具、穿茶工具和封藏工具等19种。

三之造：该章记述的是饼茶的采摘和制作方法，以及对茶的品质鉴别方法。从采摘到封藏有采、蒸、捣、拍、焙、穿和封七道工序。

四之器：“器”是指煮茶和饮茶用具，分为生火用具，煮茶用具，烤茶、碾茶和量茶用具，盛水、滤水和取水用具，盛盐、取盐用具、饮茶用具，盛器和摆设用具，清洁用具等，共8类计28种。

五之煮：该章介绍茶汤的调制步骤。先是用火烤茶，再捣成末，然后烹煮，包括煮茶的水，以及如何煮茶。

六之饮：该章记述了饮茶的现实意义、饮茶的沿革和饮茶的方式方法。而且还介绍了茶之造、之器、之煮以及茶之饮中的“九难”即：一曰造，二曰别，三曰器，四曰火，五曰水，六曰炙，七曰末，八曰煮，九曰饮。

七之事：该章全面收集了从上古至唐代有关茶的历史资料，共有48条，具体内容涉及医药、史料、神异、注释、诗词歌赋、地理和其他等7类。

八之出：该章记述了唐代的茶叶产地，遍及山南、江南、浙东、浙西、淮南、剑南、岭南、黔中8个道的43个州郡和44个县。

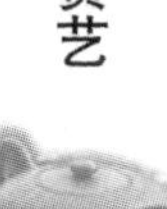

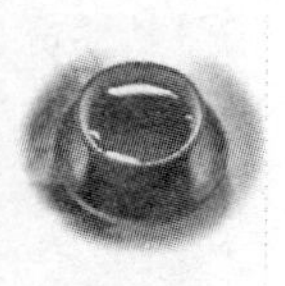

九之略：“略”是指“二之具”所列的19种制茶工具和“四之器”，所列的28种器具，在一定的条件下，有的可以省略。

十之图：是把《茶经》全文在白绢上抄录下来，挂在室内，便于观看和经常阅读。

《茶经》系统地总结了自古至唐朝的茶叶生产经验，很详细的搜集历代的茶叶史料，并认真的记述亲身调查和实践的结果，成为中国古代最完备的一部茶书。直至今日，其内容还是值得学习和借鉴的。

唐代的茶书除陆羽的《茶经》外，还有以下一些著作：

《茶述》：作者裴汶，裴汶曾任湖州刺史，《茶述》的原书已佚，现仅从清陆廷灿《续茶经》卷上看到一些辑录的文字。

《采茶录》：作者温庭筠，此书在北宋时期即已佚失。现仅从《说郛》和《古今图书集成》的食货典中可看到该书包含辨、嗜、易、苦和致五类六则。

《茶酒论》：作者王敷，该书中茶与酒各执一词，从多种角度夸耀已功。此书曾失传多时，直到敦煌壁文及其他唐人的写古籍被发现后，人们才重新得以认识。

《煎茶水记》一书，是唐宪宗元和九年（公元814年）时，张又新所作。张又新，唐陆泽人，字孔昭，元和进士。他是工部侍郎张宪的儿子，又是当年阴险的宰相李逢吉的手下，是所谓“八关十六子”的才子型人物，宦游狡诈的官场，留下一个不好的声名，官做到尚书省左司郎中而止。

《煎茶水记》原称为《水经》，但又怕和北魏郦道元所著的《水经注》相混，所以改成《煎茶水记》。这本书的内容系根据唐代陆羽《茶经》“五之煮”这一部分略加发挥，而着重水品。他采取各论的方式加以展开，先批评某些茶人将各地适于煮茶的水分为七等，并力主陆羽的“煮茶之水，用山水者上等，用江水者，井水者下等”之观点，又新将各地的茶水扩大为二十种，重新品评为“庆山康王谷之水兼第一，无锡惠山泉水第二，蕲州兰溪之石下水第三，……雪水第二十。”

综观《煎茶水记》之论，北宋欧阳修在《大明水记》中曾大加批评，认为《煎茶水记》是不正确的，又批评他将各地的茶水也按一、二、三分成等级，是一种错误的举动。

《十六汤品》一书，为唐朝苏庆所著，仅一卷。苏庆的传记不明，书中内容是因陆羽《茶经》五之煮，将茶水煮沸的情况分为“第一沸（鱼目），第二沸（涌泉连珠）、第三沸（腾波鼓浪），所以也分为十六汤品，认为决定茶味的，就在汤之增减。

苏庆说："所谓十六汤品，根据开水滚沸的情况，可分为三品；由于灌注开水的缓急，也分三品；由于沸汤器的种类不同，可分五品。一共是十六品。"苏庆对这"十六品"各给予一个美称："第一品得一汤，第二品婴汤，第三品百寿汤，第四品中汤，第五品肠脉汤，第六品大壮汤，第七品宝贵汤，第八品秀碧汤，第九品压一汤，第十品缠口汤，第十一品减价汤，第十二品法律汤，第十三品一面汤，第十四品宵人汤，第十五品贼汤，第十六品大魔汤。"

《十六汤品》与《煎茶水记》在唐、宋时颇为流行；到元、明时，由于淘汰固型茶，水与汤既失它的神秘性，也就没有任何的价值了。

二、宋代茶书

宋代茶书大致可分：一类是地域性的，如《北苑茶录》和《东溪试茶录》；一类是专题性的，或专述烹试之艺，或专访化采制弊病，或专介烹试器具，或专记税赋茶法等；综合性的，如《大观茶论》、《补茶经》等。

1. 宋代地域类茶书

宋代贡茶产地从浙江湖州的顾渚移到了福建建安的北苑，由此记述北苑贡茶的著作颇多，而这些茶书的作者大多数是参与制造贡茶的官员。

《北苑茶录》：作者丁谓，字谓之，苏州长洲（今江苏苏州）人，曾任福建路转运使，主持北苑官焙贡茶。《北苑茶录》已佚，如今只能从《事物纪源》、《东溪试茶录》和《宣和北苑贡茶录》中看到辑存的数条佚文。

《北苑别录》：作者赵汝砺，是福建路转运司的主管账司，同时也是北苑贡茶的亲历者。该书是为补充熊蕃的《宣和北苑贡茶录》而作，他认为"是书（指《宣和北苑贡茶录》）纪贡事之原委，与制作之更沿，固要且备矣。惟水数有赢缩，火候有淹亟、纲次有先后、品色有多寡，亦不可以或阙"。

《东溪试茶录》：作者宋子安。该书称是"集拾丁蔡之遗"，即补丁谓《北苑茶录》和蔡襄《茶录》所没有的。该书的主要内容分为总叙焙名、北苑、佛岭、沙溪、壑源、茶名、采茶、茶病等八目。"茶名"篇指出白叶茶、柑叶茶、细味茶、稽茶、早茶、晚茶、丛茶等七种茶的区别；"采茶"篇叙述采叶的时间和方法；"茶病"篇记述采制方法和采制不合法会怎样损害茶的品质。

《宣和北苑贡茶录》：作者熊蕃，字叔茂，建阳（今属福建）人。他在书中详细叙述了北苑茶的沿革和贡茶的种类。其子熊克，在他书中绘38幅图附上，又将其父的《御苑采茶歌》十首也附在篇末。此书录下的北苑贡茶茶模

图案，还有大小尺寸，是目前可以考证当时贡茶形制的唯一书籍。

2. 宋代专题类茶书

《茶录》：作者蔡襄，福建仙游人，字君谟，在19岁时考中进士，是仁宗、英宗朝代的一流政治家；特别是在书法方面，他和苏轼、黄庭坚、米芾并列为四大家。累官知谏院，出知开封府，压知福州、泉州、杭州。因为“陆羽的《茶经》不第建安之品，丁谓的《茶图》独论采造之本，至于烹试，曾未有用”，遂著《茶录》，大都是论述烹试方法和所用器具。该书不足800字，分上下两篇，上篇论茶，分色、香、味、藏茶、炙茶、碾茶、罗茶、候汤、点茶等十目；下篇论器，分茶焙、茶笼、砧椎、茶钤、茶碾、茶罗、茶盏、茶匙、汤瓶十目。在《茶录》一书里，除强调茶的色、香、味，还弥补陆羽《茶经》许多不足的地方，同时说明，到宋朝时，饮茶不仅普及化，甚至在追求品茗的艺术境界了。

《品茶要录》：作者黄儒，字道辅，北宋建安人。他所著《品茶要录》约1900字，前有总论、后有后论各一篇，中间主要叙述茶叶在采制过程中的弊病，分为采造过时、白合盗叶、蒸不熟、过熟、人杂、压黄、焦釜、渍膏、伤焙、辨壑源沙溪等十目。书后有苏轼《书黄道辅<品茶要录>后》一篇，并评黄儒“作《品茶要录》十篇，委曲微妙，皆陆鸿渐以来论茶者所未及……今道辅无所发其辩而寓之于茶，为世外淡泊之好，以此高韵辅精理者”。

《茶具图赞》：作者审安老人，其姓名和生平事迹不详。《茶具图赞》记录了宋代12种茶具的形制，并各为图赞，借以职官名代称，该书对于考证古代茶具的形制演变有很高的价值。

《本朝茶法》：作者沈括，字存中，浙江钱塘（今浙江杭州）人，沈括的学识广博，他著有《梦溪笔谈》、《长兴集》、《苏沈良方》等。其中《本朝茶法》属于《梦溪笔谈》卷一二中的第八、第九两条，记述了宋代茶税和榷茶的情况。

3. 综合类茶书

《大观茶论》的作者是北宋皇帝徽宗赵佶，他精于茶艺，还亲自编著了《大观茶论》一书。《大观茶论》对茶的产制、烹试品鉴方面叙述甚详。主要内容分为天时、地产、采择、蒸压、制造、鉴辩、白茶、罗、碾、筅、杓、盏、瓶、水、味、点、香色、品名、藏焙、外焙等20目。对点茶及罗、碾、盏、筅的选择与应用都十分讲究入理，认为“撷茶以黎明，见日则止。用爪断芽，不以指揉”。对茶的制造要“茶之美恶，尤系于蒸芽压黄之得失……蒸芽欲及熟而香，压黄欲膏尽亟止”。对茶的品尝要“茶以味为上，甘香重滑，为味之全……卓绝之品，真香灵味，自然不同”。

三、明代茶书

《茶疏》：作者许次纾，明代浙江钱塘（今浙江杭州）人，其人诗文清丽，好蓄奇石，一生喜欢品泉烹茶。《茶疏》的主要内容分为产茶、采摘、炒茶、齐中制法、今古制法、置顿、收藏、取用、包裹、日用置顿、择水、舀水、贮水、煮水器、火候、烹点、秤量、汤候、瓯注、荡涤、饮啜、论客、茶所、洗茶、童子、饮时、宜辍、不宜用、不宜近、良友、出游、权宜、虎林水、宜节、辨讹和考本等36则。产茶这一项，完全摒弃前代的文献，而专门陈述当时的事；今古制法这一项，则批评宋朝时代的团茶，反对茶叶混入香料以图抬高茶价，以致丧失茶的真味；采摘这一项，对于几种被人喜好的茶书里所没有的，都有详细的记述。可见，《茶疏》不但是明代茶书中最好的一本，而且也可说是超出历来成就的一本茶书。

《茶录》：作者张源，字伯渊，江苏包山（江苏洞庭西山）人。《茶录》全书约1500字，内容分为采茶、辨茶、造茶、藏茶、火候、汤辨、泡法、投茶、汤用老嫩、饮茶、色、香、味、点染失真、茶变不可用、品泉、井水不宜茶、贮水、拭盏布、茶盏、茶具、分茶盒、茶道等。

《制茶新谱》：从元朝到明朝，饮茶的方法有很大的转变，固型茶逐渐没落，继之而起的，是流行喝末或以茶叶冲泡，通称散型茶，所以《制茶新谱》也就应运而生。《制茶新谱》是明钱椿年于明考宗弘治间（公元1488～1505年）所编著的，作者钱椿年，字宾桂，人称友兰翁，江苏常熟人。《茶谱》主要内容分为茶略、茶品、艺茶、采茶、藏茶、制茶诸法、煎茶四要（即择茶、洗茶、候汤、择品）和点茶三要（即涤器、烙盏、择果）和茶效等共9目，全书约1200字。这一本书主要根据陆羽《茶经》、蔡襄《茶录》两本书，期间夹杂一些其他的著作，并没有新的内容，但在“制茶诸法”项下，提供了不少新的见解和主张，侧重末茶和叶茶的制法。如“烹茶时，先用热汤洗茶叶，去除其茶叶的尘垢、冷气，然后烹之”，是相当现代化的说法。

《茶寮记》：作者陆树声，字与吉，号平泉，华亭（今上海松江）人。《茶寮记》全书约500字，首为引言，漫笔记录他与适园的无净居士、五台僧演镇、终南僧明亮在茶寮中的烹茶情况。次为煎茶七类，有人品、品泉、烹点、尝茶、茶候、茶侣和茶勋等7目，主要叙述了烹茶的方法以及饮茶的人品和兴致。

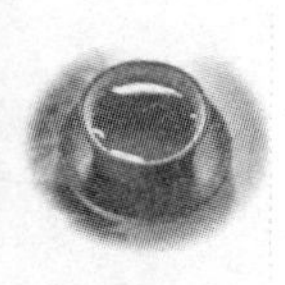

《茶说》：作者屠隆，字长卿，浙江郭县人，明万历时进士，曾任颖上知县、礼部主事等职，后因遭谗言而罢归。《茶说》本名《茶笺》是其所著《考槃余事》中的一章，记述了茶的品类、采制、收藏以及如何择水和烹茶等。

《茶解》：作者罗禀，字高君，浙江慈溪人。他在书前的总论中说："余自儿时，性喜茶，顾名品不易得，得亦不常有。乃周游产茶之地，采其法制，参互考订，深有所会。遂于中隐山阳，栽植培灌，兹且十年。春夏之交，手为摘制，聊是供斋头烹嗓。"表明书中所记的都是亲身经验。《茶解》全书约3000字，在总论后的内为原（产地）、品（茶的色、香、味）、艺（栽茶）、采（采茶）、制（制茶）、烹（沏泡）、藏（收藏）、水（择水）、禁（在采制藏烹中不宜有的事）和器（采制藏烹中所用器具）等。

四、清代茶书

清代的茶书大多是摘抄汇编性质的，共有茶书17种，现存8种。其中规模最大的茶书是陆廷灿的《续茶经》。陆廷灿，字秩昭，一字幔亭，江苏嘉定（今嘉定属上海）人。《续茶经》近十万字，分为上、中、下三卷，目次依照《茶经》，附茶法一卷。清代的茶书除了陆廷灿的《续茶经》外，主要还有：

《龙井访茶记》：作者程淯，字白葭，江苏吴县人。《龙井访茶记》是程淯于清末宣统三年所撰，全书分为土性、栽植、培养、采摘、焙制、烹瀹、香味、收藏、产额、特色等十目。以"焙制"所述龙井茶的炒法看，当时的龙井茶已是扁形。这是最早记述龙井茶扁形制法的文字。

《茶史》：作者刘源长，字介祉，淮安（今属江苏）人。《茶史》卷一分茶之原始、茶之名产、茶之分产、茶之近品、陆鸿渐品茶之出、唐宋诸名家品茶、袁宏道《龙井记》、采茶、焙茶、藏茶、制茶；卷二分品水、名泉、古今名家品水、贮水、候汤、茶具、茶事、茶之隽赏、茶之辨论、茶之高致、茶癖、茶效、古今名家茶咏、杂录、志地等共30目。

《虎丘茶经注补》：作者陈鉴，字子明，广东人。《虎丘茶经注补》全书约3600字，仿陆羽《茶经》分为十目，每目摘录《茶经》原文话题，在下面加注有关虎丘的茶事。该书记茶的产地、采、鉴别、烹饮等。

五、当代茶书

现代茶书的特征分工明确，大体可分三类：一类是关于茶业经济研究的，如吴觉农和胡浩川合撰的《中国茶叶复兴计划》、赵烈撰写的《中国茶业问题》；一类是关于种茶、制茶的，如吴觉农撰写的《茶树栽培法》和程天绶撰写的《种茶法》；一类是关于茶叶文史的，如胡山源编的《古今茶事》和王云五编的《全书集成初编茶录》。

由陆宗懋主编的《中国茶经》是一部集茶叶科技与茶文化之大成的茶业百科全书，全书分为茶史、茶性、茶类、茶技、饮茶、茶文化六大篇章，后有附录，共140余万字。

其中：茶史篇主要记述了我国各个主要历史时期茶叶生产技术和茶文化的发生、发展过程；茶性篇叙述了茶的属性、品种、栽培、加工、贮运、饮茶，以及茶与人健康关系；茶类篇介绍了中国六大茶类的形成和演变，详尽说明了名优茶、特种茶的历史渊源和品质特点；茶技篇包括茶树选种、育种、栽培、采摘和加工技术，以及茶叶品质的审评检验、茶业机械、茶的综合利用等；饮茶篇具体而生动描述了各类茶的饮用方式，特别是具有浓郁地方和民族特色的品饮方法和礼仪；茶文化篇记述了茶与民俗、名人与茶、茶事掌故、茶的传说等。

第二节　茶诗、茶词与茶画

茶与文艺有着密切的关系，茶性恬淡，提神益思，古往今来文人雅士无不嗜茶，并将茶作为表达对象，予以热情的歌颂，于是，茶几乎涉入到诗、词、歌、舞等一切文学艺术领域。在我国古代和现代文学作品中与茶有关的茶诗、茶词、茶画比比皆是，这些作品大都已成为我国文学宝库中的奇葩。

一、茶诗

千百年来，我们的祖先为后代留下的茶诗、茶词，不下数千首。中国历代咏茶诗词具有数量丰富、题材广泛和体裁多样的特征，是中国文学宝库中的一支奇葩。在我国数以千计的茶诗、茶词中，各种诗词体裁一应俱全：有五古、七古；有五律、七律、排律；有五绝、六绝、七绝；还有不少在诗海中所见甚少的体裁，在茶诗中同样可以找到。

1. 最早的咏茶诗

我国是源远流长的诗之国，又是茶叶的故乡，在这样的国度里，茶与诗结缘是再自然不过了。古往今来，有多少骚人墨客、志士仁人把茶作为自己

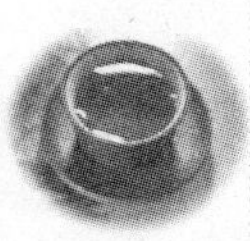

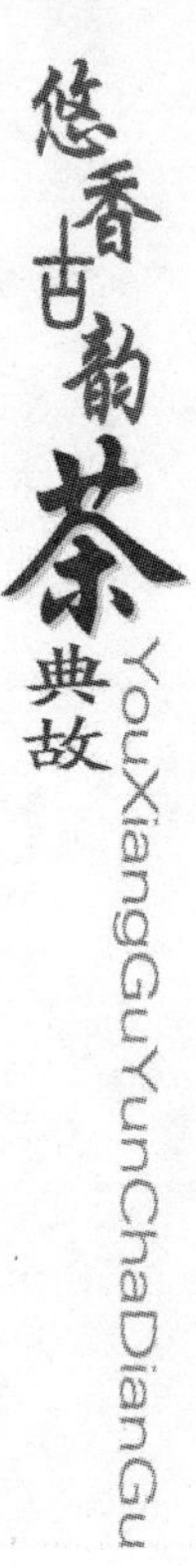

吟咏的题材，留下了大量的诗词歌赋，这是我国诗歌艺术瀚海中一宗彪炳千古的宝贵文学遗产。

我国利用茶叶的历史久远，咏茶诗出现也很早。最先在诗歌中表现茶的，可以追溯到2700年前的《诗经》。不过在《诗经》产生的时代还没有“茶”字。“茶之始，其字为荼。”“茶”字是到了唐代才有的，《诗经》中，写到“荼”的有7处。

由于“荼”一字多义，有人说这7处的“荼”都不是茶；有人则认为虽不全都是茶，但也不是全然非茶，苏轼于神宗元丰五年（公元1082年）在黄州，作过一首《问大冶长老乞桃花茶栽东坡》诗，开头有两句：“周诗记荼苦，茗饮出近世。”苏轼认为饮茶虽盛行在唐宋，但《诗经》中早已有茶的记述了。

也有人认为西晋左思的《娇女》诗是中国最早的茶诗。诗中写有左思的两位娇女，因急着要品香茗，就用嘴对着烧水的“鼎”吹气。与左思此诗差不多年代的还有两首咏茶诗：一首是张载的《登成都白菟楼》，用“芳茶冠六清，溢味播九区”的诗句，赞成都的茶；一首是孙楚的《孙楚歌》，用“姜、桂、茶出巴蜀，椒、橘、木兰出高山”的诗句，点明了茶的原产地。到唐宋以后，茶的诗词骤然增多，这些茶诗茶词既反映了诗人们对茶的宝爱，也反映出茶叶在人们文化生活中的地位。

《诗经》及张载、左思的诗，其实都只是在咏唱中吟到了茶，还不是专题的咏茶诗。

2. 唐代茶诗

唐代，随着茶叶生产与贸易的发展，涌现了大批以茶为题材的诗篇。如李白的《答族侄僧中孚赠玉泉仙人掌茶》：“茗生此中石，玉泉流不歇”；杜甫的《重过何氏五首之三》：“落日平台上，春风啜茗时”；白居易的《夜闻贾常州、崔湖州茶山境会亭欢宴》：“遥闻境会茶山夜，珠翠歌钟俱绕身”；卢仝的《走笔谢孟谏议寄新茶》：“唯觉两腋习习清风生”，“玉川子乘此清风欲归去”，有的赞美茶的功效，有的以茶寄托诗人的感遇，而广为后人传诵。

诗人袁高的《茶山诗》：“氓辍耕农耒，采采实苦辛。一夫旦当役，尽室皆同臻。扪葛上欹壁，蓬头入荒榛。终朝不盈掬，手足皆鳞皴……选纳无昼夜，捣声昏继晨”，则表现了作者对顾渚山人民蒙受贡茶之苦的同情。

李郢的《茶山贡焙歌》，描写官府催迫贡茶的情景，也表现了诗人同情黎民疾苦和内心的苦闷。此外，还有杜牧的《题茶山》、《题禅院》等，齐已的《谢湖茶》、《咏茶十二韵》等，以及元稹的《一字至七字诗・茶》、颜真卿等六人合作的《五言月夜啜茶联句》等等，都显示了唐代茶诗的兴盛与繁荣。

唐代茶诗选读：

咏茶诗出现在唐代。李白那首《答族侄僧中孚赠玉泉仙人掌茶》，按诗作年代排列该是最早的咏茶诗。

《答族侄僧中孚赠玉泉山仙人掌茶诗》

李　白

常闻玉泉山，山洞多乳窟；仙鼠如白鸦，倒悬清溪月。
茗生此中石，玉泉流不歇；根柯洒芳津，采服润肌骨。
丛老卷绿叶，枝枝相连接；曝成仙人掌，似拍洪崖肩。
举世未见之，其名定谁传；宗英乃禅伯，投赠有佳篇。
清镜烛无盐，顾惭西子妍；朝坐有馀兴，长吟播诸天。

这首诗写名茶“仙人掌茶”，也是“名茶入诗”最早的诗篇。作者用雄奇豪放的诗句，把“仙人掌茶”的出处，品质、功效等作了详细的描述。因此这首诗成为重要的茶叶资料和咏茶名篇。

《宝塔诗》或曰《一言至七言诗》

元　稹

茶

香叶，嫩芽。

慕诗客，爱僧家。

碾雕白玉，罗织红纱。

铫煎黄蕊色，碗转曲尘花。

夜后邀陪明月，晨前命对朝霞。

洗尽古今人不倦，将知醉后岂堪夸！

诗人元稹与白居易交好，常常以诗唱和，所以人称“元白”。元稹的宝塔诗体裁，不但在茶诗中颇为少见，就是在其他诗中也是难得一见的。

在古人的咏茶诗中，影响最大的要数卢仝的《走笔谢孟谏议寄新茶》，或曰《饮茶歌》。在这首诗中，作者极道饮茶之乐，淋漓尽致地抒发了连续喝七碗茶的不同感受和七碗茶入腹后飘飘欲仙的绝妙境界。

《走笔谢孟谏议寄新茶》（部分）

卢　仝

日高丈五睡正浓，军将打门惊周公。
口云谏议送书信，白绢斜封三道印。
开缄宛见谏议面，手阅月团三百片。

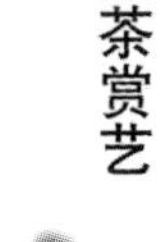

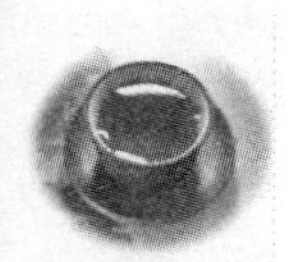

闻道新年入山里，蛰虫惊动春风起。

天子须尝阳羡茶，百草不敢先开花。

仁风暗结珠琲瓃，先春抽出黄金芽。

摘鲜焙芳旋封裹，至精至好且不奢。

至尊之馀合王公，何事便到山人家。

柴门反关无俗客，纱帽笼头自煎吃。

碧云引风吹不断，白花浮光凝碗面。

一碗喉吻润，二碗破孤闷，三碗搜枯肠，惟有文字五千卷。

四碗发轻汗，平生不平事，尽向毛孔散。

五碗肌骨清，六碗通仙灵，七碗吃不得也，惟觉两腋清风生习习。

《送陆鸿渐栖霞寺采茶》

皇甫冉

采茶非采菉，远远上层崖。

布叶春风暖，盈筐白日斜。

旧知山寺路，时宿野人家。

借问玉孙草，何时泛宛花。

《重过何氏五首》（选一）

杜　甫

落日平台上，春风啜茗时。

石阑斜点笔，桐叶坐题诗。

翡翠鸣衣桁，蜻蜓立钓丝。

自今幽兴熟，来往亦无期。

这首诗是写一个春日的傍晚，作者在何氏家的平台上饮茶，兴致来时，便倚着石阑在桐叶上题起诗来。旁边还有翡翠鸟，蜻蜓与之作伴。此情此景，简直可以绘成一幅雅致的“饮茶题诗图”。

《会稽东小山》

陆　羽

月色寒潮入剡溪，青猿叫断绿林西。

昔人已逐东流去，空见年年江草齐。

陆羽曾到绍兴监制过茶叶，他当然会到以“剡溪茗”出名的嵊县去做一番调查考查工作。从诗中得知，他是在一个夜里到嵊县去的。月光如水，青猿哀鸣，加上怀念古人，这样便自然地引起陆羽一些伤感情绪，从而有“空见年年江草齐”之叹。

《六羡歌》

陆　羽

不羡黄金罍，不羡白玉杯。

不羡朝入省，不羡暮入台。

惟羡西江水，曾向竟陵城下来。

陆羽是世界上第一部茶书的作者，他在国内外都享有崇高的声誉，人们称他为“茶圣”。他也很会写诗，这首《六羡歌》表明了陆羽的恬淡志趣和高风高节，他不羡慕荣华富贵，他所羡慕的是故乡的西江水。

《谢李六郎中寄新蜀茶》

白居易

故情周匝向交亲，新茗分张及病身。

红纸一封书后信，绿芽十片火前春，

汤添勺水煎鱼眼，未下刀圭搅麹尘。

不寄他人先寄我，应缘我是别茶人。

李六郎中寄给作者一包“火前春”，一是由于他们之间交情很深，二是由于白居易是一个品茶行家：“不寄他人先寄我，应缘我是别茶人。”白居易由于常常得到亲友们馈赠的茶叶，他本人还在江西庐山亲自种过茶树，不断的实践，使他成为一个茶叶行家。

《夜闻贾常州、崔湖州茶山境会亭欢宴》

白居易

遥闻境会茶山夜，珠翠歌钟俱绕身。

盘下中分两州界，灯前各作一家春。

青娥递舞应争妙，紫笋齐尝各斗新。

自叹花时北窗下，蒲黄酒对病眠人。

这是一首常为人们所传诵的咏“紫笋茶”名篇，描写两郡太守在境会亭欢宴的情景。

《萧员外寄蜀新茶》

白居易

蜀茶寄到但惊新，渭水煎来始觉珍。

满瓯似乳堪持玩，况是春深酒渴人。

作者用渭水煎四川茶，认为这是好茶配好水，这样才觉珍贵。以“渭水”作为“名泉”入诗，此为仅见。煎好了茶，作者一边欣赏，一边饮尝，显得闲适自在。

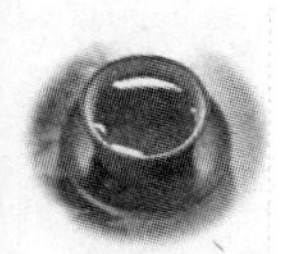

《山泉煎茶有怀》

白居易

坐酌冷冷水，看煎瑟瑟尘。

无由持一皿，寄与爱茶人。

《煮茶》

皮日休

香泉一合乳，煎作连珠沸。

时有蟹目溅，乍见鱼鳞起。

声疑松带雨，饽恐烟生翠。

傥把沥中山，必无千日醉。

这首诗形象地描写煮茶的过程，兼述茶的功用：煮茶，观其状，则为“莲珠”、“蟹目”、“鱼鳞”；听其声，则为“松带雨”；茶汤的饽沫又呈现“翠”色；饮了这种茶，即使“千日醉”那样的酒，它也可以解。

《五言月夜啜茶联句》

颜真卿等六人

泛花邀坐客，代饮引情言。（陆士修）

醒酒宜华席，留僧想独园。（张荐）

不须攀月桂，何假树庭萱。（李萼）

御史秋风劲，尚书北斗尊。（崔万）

流华净肌骨，疏瀹涤心原。（颜真卿）

不似春醪醉，何辞绿菽繁。（皎然）

素瓷传静夜，芳气满闲轩。（陆士修）

联句是旧时作诗的一种方式，几个人共作一首诗，但需意思联贯，相连成章。这首啜茶联句，由六人共作，他们是：颜真卿，著名书画家，京兆万年（陕西西安）人，官居吏部尚书，封为鲁国公，人称“颜鲁公”；陆士修，嘉兴（今属浙江省）县尉；张荐，深州陆泽（今河北深县）人，工文辞，任吏官修撰；李萼，赵人，官居庐州刺史；崔万，生平不详；皎然，即僧皎然。

其中陆士修作首尾两句，这样总共七句。作者为了别出心裁，用了许多与啜茶有关的代名词。如陆士修用“代饮”比喻以饮茶代饮酒；张荐用的“华宴”借指茶宴；颜真卿用“流华”借指饮茶。因为诗中说的是月夜啜茶，所以还用了“月桂”这个词。用联句来咏茶，这在茶诗中也是少见的。

3. 宋代茶诗

宋代，尤其是北宋时期茶文化相当繁荣，不仅士人茶文化和宫廷茶文化得到了很大的发展，市民茶文化也逐渐兴起。他们对茶的使用价值以及审美意识的差异，形成了绚丽多彩的茶文化，而其中文人阶层的茶诗和饮茶最能体现宋代的茶文化精神。

北宋由于在“靖康之变”前的近百年中，有过一个经济繁荣时期，加之当时斗茶和茶宴的盛行，所以茶诗、茶词大多表现以茶会友，相互唱和，以及触景生情、抒怀寄兴的内容。最有代表性的是欧阳修的《双井茶》诗：

西江水清江石老，石上生茶如凤爪。

穷腊不寒春气早，双井芽生先百草。

白毛囊以红碧纱，十斤茶养一两芽。

长安富贵五侯家，一啜尤须三日夸。

苏轼的《次韵曹辅寄壑源试焙新茶》诗中“从来佳茗似佳人”和他另一首诗《饮湖上初晴后雨》中“欲把西湖比西子”两句构成了一副极妙的对联。范仲淹的《斗茶歌》、蔡襄的《北苑茶》，更为后世文人学士称道。

南宋由于苟安江南，所以茶诗、茶词中出现了不少忧国忧民、伤事感怀的内容，最有代表性的是陆游和杨万里的咏茶诗。陆游在他的《晚秋杂兴十二首》诗中谈到：

置酒何由办咄嗟，清言深愧谈生涯。

聊将横浦红丝碨，自作蒙山紫笋茶。

反映了作者晚年生活清贫，无钱置酒，只得以茶代酒，自己亲自碾茶的情景。

而在杨万里的《以六一泉煮双井茶》中，则吟到：“日铸建溪当近舍，落霞秋水梦还乡。何时归上滕王阁，自看风炉自煮尝。”抒发了诗人思念家乡，希望有一天能在滕王阁亲自煎饮双井茶的心情。

宋代茶诗选读

《武夷茶歌》

范仲淹

年年春自东南来，建溪先暖冰微开。

溪边奇茗冠天下，武夷仙人从古栽。

《和蒋夔寄茶》

苏　轼

我生百事常随缘，四方水陆无不便。

扁舟渡江适吴越，三年饮食穷芳鲜。

金奩玉脍饭炊雪，海螯江柱初脱泉。
临风饱食甘寝罢，一瓯花乳浮轻圆。
自从舍舟入东武，沃野便到桑麻川。
剪毛胡羊大如马，谁记鹿角腥盘筵。
厨中蒸粟埋饭瓮，大杓更取酸生涎。
柘罗铜碾弃不用，脂麻白土须盆研。
故人犹作旧眼看，谓我好尚如当年。
沙溪北苑强分别，水脚一线争谁先。
清诗两幅寄千里，紫金百饼费万钱。
吟哦烹嘗两奇绝，只恐偷乞烦封缠。
老妻稚子不知爱，一半已入姜盐煎。
人生所遇无不可，南北嗜好知谁贤。
死生祸福久不择，更论甘苦争同蚩妍。
知君穷旅不自释，因诗寄谢聊相镌。

《问大冶长老乞桃花茶栽东坡》

苏　轼

周诗记苦荼，茗饮出近世。
初缘厌粱肉，假此雪昏滞。
嗟我五亩园，桑麦苦蒙翳。
不令寸地闲，更乞茶子蓺。
饥寒未知免，已作太饱计。
庶将通有无，农末不相戾。
春来冻地裂，紫笋森已锐。
牛羊烦诃叱，筐筥未敢睨。
江南老道人，齿发日夜逝。
他年雪堂品，空记桃花裔。

《种茶》

苏　轼

松间旅生茶，已与松俱瘦。
茨棘尚未容，蒙翳争交构。
天公所遗弃，百岁仍稚幼。
紫笋虽不长，孤根乃独寿。
移栽白鹤岭，土软春雨后。

弥旬得连阴，似许晚遂茂。

能忘流转苦，戢戢出鸟咮。

未任供臼磨，且可资摘嗅。

千团输大官，百饼衔私斗。

何如此一啜，有味出吾囿。

《次韵曹辅寄壑源试焙新茶》

苏　轼

仙山灵草湿行云，洗遍香肌粉末匀；

明月来投玉川子，清风吹破武林春。

要知玉雪心肠好，不是膏油首面新；

戏作小诗君勿笑，从来佳茗似佳人。

《烹北苑茶有怀》

林　逋

石碾轻飞瑟瑟尘，乳香烹出建溪春。

人间绝品应难识，闲对《茶经》忆古人。

《伯坚惠新茶》

刘　著

建溪玉饼号无双，双井为奴日铸降。

忽听松风翻蟹眼，却疑春雪落寒江。

《尝新茶》

曾　巩

麦粒收来品绝伦，葵花制出样争新。

一杯永日醒双眼，草木英华信有神。

《茶灶》

朱　熹

仙翁遗石灶，宛在水中央。

饮罢方舟去，茶烟袅细香。

《寄茶与和甫》

王安石

彩绛缝囊海上舟，月团苍润紫烟浮。

集英殿里春风晚，分到并门想麦秋。

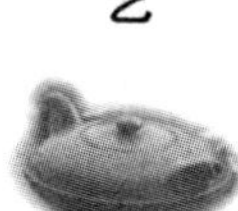

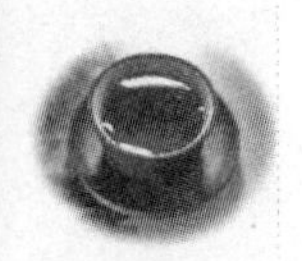

《寄茶与平甫》

王安石

碧月团团堕九天，封题寄与洛中仙。
石楼试水宜频啜，金谷看花莫漫煎。

《啜茶示儿辈》

陆　游

围坐团栾且勿哗，饭余共举此瓯茶。
麤知道义死无憾，已迫耄期生有涯。
小圃花光还满眼，高城漏鼓不停挝。
闲人一笑真当勉，小榼何妨问酒家。

《烹茶》

陆　游

麴生可论交，正自畏中圣。
年来衰可笑，茶亦能作病。
噎呕废晨飧，支离失宵瞑。
是身如芭蕉，宁可与物竞。
免瓯试玉尘，香色两超胜。
把玩一欣然，为汝烹茶竟。

《试茶》

陆　游

苍爪初惊鹰脱鞲，得汤已见玉花浮。
睡魔何止避三舍，欢伯直知输一筹。
日铸焙香怀旧隐，谷帘试水忆西游。
银缾铜碾俱官样，恨欠纤纤为捧瓯。

《奉同六舅尚书咏茶碾煎烹三首》

黄庭坚

要及新香碾一杯，不应传宝到云来。
碎身粉骨方余味，莫厌声喧万壑雷。
风炉小鼎不须催，鱼眼长随蟹眼来。
深注寒泉收第一，亦防枵腹爆乾雷。
乳粥琼糜雾脚回，色香味触映根来。
睡魔有耳不及掩，直拂绳床过疾雷。

《寄新茶与南禅师》

黄庭坚

筠焙熟香茶，能医病眼花。

因甘野夫食，聊寄法王家。

石钵收云液，铜缾煮露华。

一瓯资舌本，吾欲问三车。

《戏答荆州王充道烹茶四首》

黄庭坚

三径虽锄客自稀，醉乡安稳更何之。

老翁更把春风椀，灵府清寒要作诗。

茗椀难加酒椀醇，暂时扶起藉糟人。

何须忍垢不濯足，苦学梁州阴子春。

香从灵坚垄上发，味自白石源中生。

为公唤觉荆州梦，可待南柯一梦成。

龙焙东风鱼眼汤，个中即是白云乡。

更煎双井苍鹰爪，始耐落花春日长。

4. 元代茶诗

元代也有许多咏茶的诗文，著名的有耶律楚材的《西域从王君玉乞茶，因其韵七首》、洪希文的《煮土茶歌》、谢宗可的《茶筅》、谢应芳的《阳羡茶》等等。元代的茶诗以反映饮茶的意境和感受的居多。

元代茶诗选读

《游龙井》

虞　集

杖藜入南山，却立赏奇秀。

所怀玉局翁，来往絇履旧。

空余松在涧，仍作琴筑奏。

徘徊龙井上，云气起晴昼。

入门避沾酒，脱屐乱苔甃。

阳岗扣云石，阴房绝遗构。

澄公爱客至，取水挹幽窦。

坐我薝蔔中，余香不闻嗅。

但见瓢中清，翠影落群岫。

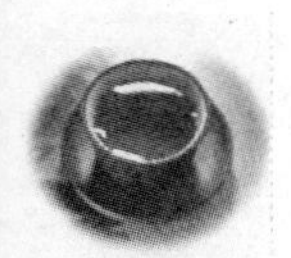

烹煎黄金芽，不取谷雨后。
同来二三子，三咽不忍嗽。
讲堂集群彦，千蹬坐吟究。
浪浪杂飞雨，沉沉度清漏。
今我怀幼学，胡为裹章绶。

《游虎丘》

郭麟孙

海峰何从来？平地涌高岭。
去城不七里，幻此幽绝境。
芳游坐迟暮，无物惜余景。
树暗云岩深，花落春寺静。
野草时有香，风絮淡淡影。
山行纷游人，金翠竞驰骋。
朝来有爽气，此意独谁领。
我来极登览，妙灵应自省。
遥看青数尖，俯视绿万顷。
逃禅问顽石，试茗汲憨井。
竟行忘步滑，野坐怯衣冷。
聊为无事饮，颇觉清昼永。
藉草方醉眠，松风忽吹醒。

《尝云芝茶》

刘秉忠

铁色皴皮带老霜，含英咀美入诗肠。
舌根未得天真味，算观先通圣妙香。
海上精华难品第，江南草木属寻常。
待将肤腠侵微汗，毛骨生风六月凉。

《新样团茶》

李俊民

春风倾倒在灵芽，才到江南百草花。
未试人间小团月，异香先入玉川家。

《雪煎茶》

谢宗可

夜扫寒英煮绿尘，松风入鼎更清新。
月圆影落银河水，云脚香融玉树春。

陆井有泉应近俗，陶家无酒未为贫。
诗脾夺尽丰年瑞，分付蓬莱顶上人。

《西域从王君玉乞茶，因其韵七首》（选三）

耶律楚材

积年不啜建溪茶，心窍黄尘塞五车。
碧玉瓯中思雪浪，黄金碾畔忆雷芽。
卢仝七碗诗难得，谂老三瓯梦亦赊。
敢乞君侯分数饼，暂教清兴绕烟霞。
长笑刘伶不识茶，胡为买锸漫随车。
萧萧幕雨云千顷，隐隐春雷玉一芽。
建郡深瓯吴地远，金山佳水楚江赊。
红炉石鼎烹团月，一碗和香吸碧霞。
啜罢江南一碗茶，枯肠历历走雷车。
黄金小碾飞琼雪，碧玉深瓯点雪芽。
笔阵阵兵诗思勇，睡魔卷甲梦魂赊。
精神爽逸无余勇，卧看残阳补断霞。

《咏贡茶》

林锡翁

百草逢春未敢花，御花葆蕾拾琼芽。
武夷真是神仙境，已产灵芝又产茶。

《煮土茶歌》

洪希文

论茶自古称壑源，品茶无出钟灵泉。
莆中苦茶出土产，乡味自汲井水煎。
器新火活清味永，且从平地休登仙。
王侯第宅斗绝品，揣分不到山翁前。
临风一啜心自省，此意莫与他人传。

《阮郎归·焙茶》

洪希文

养茶火候不须忙。温温深盖藏。
不寒不暖要如常。酒醒闻箬香。
除冷湿，煦春阳。茶家方法良。
斯言所可得而详。前头道路长。

《阮郎归·咏茶》

谭处端

阴阳初会一声雷。灵芽吐细微。
玉人制造得玄机。烹时雪浪飞。
明道眼，醒昏迷。苦中甘最奇。
些儿真味你还知。烟霞独步归。

《瑞鹧鸪·咏茶》

马　钰

卢仝七碗已升天，拨雪黄芽傲睡仙。
虽是旗枪为绝品，亦凭水火结良缘。
兔毫盏热铺金蕊，蟹眼汤煎泻玉泉。
昨日一杯醒宿酒，至今神爽不能言。

5. 明代茶诗

明代的咏茶诗比元代为多，著名的有黄宗羲的《余姚瀑布茶》、文徵明的《煎茶》、陈继儒的《失题》、陆容的《送茶僧》等。此外，特别值得一提的是，明代还有不少反映人民疾苦、讥讽时政的咏茶诗。如高启的《采茶词》：

雷过溪山碧云暖，幽丛半吐枪旗短。
银钗女儿相应歌，筐中采得谁最多？
归来清香犹在手，高品先将呈太守。
竹炉新焙未得尝，笼盛贩与湖南商。
山家不解种禾黍，衣食年年在春雨。

诗中描写了茶农把茶叶供官后，其余全部卖给商人，自己却舍不得尝新的痛苦，表现了诗人对人民生活极大的同情与关怀。又如明代正德年间身居浙江按察佥事的韩邦奇，根据民谣加工润色而写成的《富阳民谣》，揭露了当时浙江富阳贡茶和贡鱼扰民害民的苛政。这两位同情民间疾苦的诗人，后来都因赋诗而惨遭迫害，高启腰斩于市，韩邦奇罢官下狱，几乎送掉性命，但这些诗篇，却长留在人民心中。

明代茶诗选读

《送茶僧》

陆　容

江南风致说僧家，石上清香竹里茶。
法藏名僧知更好，香烟茶晕满袈裟。

《伯自子惠虎茗谢之》

徐　渭

虎丘春茗妙烘蒸，七碗何愁不上升。
青箬旧封题谷雨，紫砂新罐买宜兴。
却从梅月横三弄，细搅松风炧一灯。
合向吴侬彤管说，好将书上玉壶冰。

题《品茶图》

唐　寅

买得青山只种茶，峰前峰后摘新芽。
烹煎已得前人法，蟹眼松风朕自嘉。

6. 清代茶诗

清代也有许多诗人如郑板桥、金田、陈章、曹廷栋、张日熙等的咏茶诗，亦为著名诗篇。特别值得提出的是清代爱新觉罗·弘历，即乾隆皇帝，他六下江南，曾五次为杭州西湖龙井茶作诗，其中最为后人传诵的是《观采茶作歌》诗：

火前嫩，火后老，惟有骑火品最好。
西湖龙井旧擅名，适来试一观其道。
村男接踵下层椒，倾筐雀舌还鹰爪。
地炉文火续续添，干釜柔风旋旋炒。
慢炒细焙有次第，辛苦工夫殊不少。
王肃酪奴惜不知，陆羽茶经太精讨。
我虽贡茗未求佳，防微犹恐开奇巧。

皇帝写茶诗，这在中国茶叶文化史上是少见的。

清代茶诗选读

《采茶歌》

陈　章

凤凰岭头春露香，青裙女儿指爪长。
度涧穿云采茶去，日午归来不满筐。
催贡文移下官府，那管山寒芽未吐。
焙成粒粒比莲心，谁知侬比莲心苦。

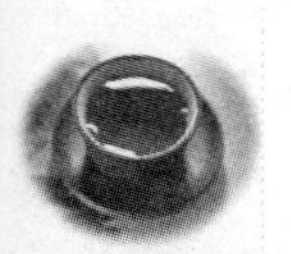

《坐龙井上烹茶偶成》

乾　隆

龙井新茶龙井泉，一家风味称烹煎。

寸芽出自烂石上，时节焙成谷雨前。

何必凤团夸御茗，聊因雀舌润心莲。

呼之欲出辨才在，笑我依然文字禅。

《荷露烹茶》

乾　隆

秋荷叶上露珠流，柄柄倾来盎盎收。

白帝精灵青女气，惠山竹鼎越窑瓯。

学仙笑彼金盘妄，宜咏欣兹玉乳浮。

李相若曾经识此，底须置驿远驰求。

乾隆皇帝不但到茶区观看采茶，他对烹茶也颇有研究，非常讲究水质和茶具。他在1759年游无锡时作了这首诗，诗作不但赞赏用无锡第二泉水冲泡的玉乳名茶和唐宋官窑越瓷茶具，也指斥了汉武帝妄想成仙以秋露为饮之事，更讥讽了李林甫不识玉乳，为讨好皇上而千里劳累选送荔枝的愚蠢。

《余姚瀑布茶》

黄宗羲

檐溜松风方扫尽，轻阴正是采茶天。

相邀直上孤峰顶，出市都争谷鱼前。

两筥东西分梗叶，一灯儿女共团圆。

炒青已到更阑后，犹试新分瀑布泉。

《谢南浦太守赠雨前茶叶》

袁　枚

四银瓶锁碧云英，谷雨旗枪最有名。

嫩绿忍将茗碗试，清香先向齿牙生。

7. 现代茶诗

中国现代也出现了一些爱茶者写的诗歌，有不少老一辈无产阶级革命家的茶兴都不浅，在诗词交往中，也每多涉及茶事。1941年，柳亚子先生在一首诗中说："云天倘许同忧国，粤海难忘共品茶。"1949年，毛泽东同志的七律诗《和柳亚子先生》中，就有"饮茶粤海未能忘，索句渝州叶正黄"的名句。

现代茶诗选读

《和柳亚子先生》

毛泽东

饮茶粤海未能忘，索向渝州叶正黄。

二十一年归旧国，落花时节读华章。

牢骚太盛防肠断，风物长宜放眼量。

莫道昆明池水浅，观鱼胜过富春江。

《元旦口占用柳亚子怀人韵》

董必武

共庆新年笑语华，红岩士女赠梅花。

举杯互敬屠苏酒，散席分尝胜利茶。

只有精忠能报国，更无乐土可为家。

陪都歌舞迎佳节，遥称延安景物华。

《和柳亚子先生》

林伯渠

骇浪惊涛四海哗，新时世界叹花花。

百年岁月流如矢，几度兴亡话与茶。

士到危时方见义，国无净土忘为家。

岿然南社风流在，珍重文章报国华。

《茶诗论长寿》

朱　德

庐山云雾茶，味浓性泼辣。

若得长年饮，延年益寿法。

朱德一生日夜操劳国家大事，仍然能活到九十多岁，其长寿的密诀取决于诸多因素，其中喜欢饮茶是重要原因之一，他尤其喜欢庐山云雾茶，他曾在庐山上写了这首饮茶诗，表达了饮茶与长寿之间的关系。诗句浅显易懂，却清楚体现了庐山云雾茶的优点及性能。

《访梅家坞》

陈　毅

会谈及公社，相约访梅家。

青山四面合，绿树几坡斜。

溪水鸣琴瑟，人民乐岁华。

嘉宾咸喜悦，细看摘新茶。

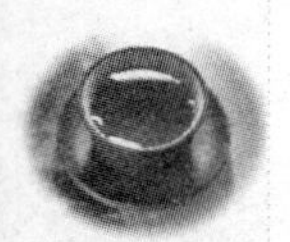

《初饮高桥银峰》

郭沫若

芙蓉国里产新茶，九嶷香风阜万家。

肯让湖州夸紫笋，愿同双井斗红纱。

脑如冰雪心如火，舌不豆丁眼不花。

协力免教天下醉，三闾无用独醒磋。

《茶诗入禅二首》

赵朴初

（一）吃茶

七碗受至味，一壶得真趣。

空持百千偈，不如吃茶去。

诗中，赵朴初化用唐代诗人卢仝的“七碗茶”诗意，引用唐代高僧从谂禅师“吃茶去”的禅林法语自然贴切、生动明了，既是诗人领略茶叶的写照，又是体现茶禅一味、茶禅相通的佳作。

（二）中国——茶的故乡

东赢玉露甘清香，椤伽紫茸南方良。

茶经昔读今茶史，欲唤天涯认故乡。

赵朴初在诗后加注：“日本宇治产玉露茶甚佳，斯里兰卡（古称椤伽）产红茶有名于世。”这首诗从赞颂日本名茶玉露茶、斯里兰卡（椤伽）紫茸茶入手，道出了中国茶对人类文明的巨大贡献：“欲唤天涯认故乡”。

8. 茶诗妙句

中国的茶诗很多，本书不再一一列举，这里选取一些著名的茶诗妙语共读者欣赏。

(1) 著名茶诗妙语

半壁山房待明月，一盏清茗酬知音。（佚名）

待到春风二三月，石炉敲火试新茶。（魏时敏）

卧云歌德，对雨著“茶经”。（詹同）

小桥小店沽酒，初火新烟煮茶。（杨基）

蚕熟新丝后，茶香煮酒前。（杨基）

春风修禊忆江南，酒榼茶炉共一担。（唐寅）

寒灯新茗月同煎。浅瓯吹雪试新茶。（文徵明）

草堂幽事许谁分，石鼎茶烟隔户闻。（浦瑾）

平生于物之无取，消受山中水一杯。（孙一元）

加起炊茶灶，声闻汲井瓯。（吴兆）
幽人采摘日当午，黄鸟流歌声正长。（佚名）
竹灶烟轻香不变，石泉水活味逾新。（蓝仁）
冷然一啜烦襟涤，欲御天风弄紫霞。（潘允哲）
济人茶水行方便；悟道庵门洗俗尘。（周杏村）
闲是闲非休要管，渴饮清泉闷煮茶。（选自《金瓶梅》）
风流茶说合，酒是色媒人。（选自《金瓶梅》）
春风解恼诗人鼻，非叶非花自是香。（杨万里）
潞公煎茶学西蜀，定州花瓷琢红玉。（苏轼）
寒夜客来茶当酒，竹炉汤沸火初红。（杜耒）
磨成不敢付僮仆，自看雪汤生玑珠。（苏轼）
坐客皆可人，鼎器手自洁。（苏轼）
蜀土茶称圣，蒙山味独珍。（文同）
何须魏帝一丸药，且尽卢仝七碗茶。（苏轼）
茶映盏毫新乳上，琴横荐石细泉鸣。（陆游）
寒涧挹泉供试墨，堕巢篝火吹煎茶。（陆游）
更作茶瓯清绝梦，小窗横幅画江南。（陆游）
长安酒价减千万，成都药市无光辉。（范仲淹）
银瓶泻油浮蚁酒，紫碗铺粟盘龙茶。（苏轼）
春烟寺院敲茶鼓，夕照楼台卓酒旗。（林逋）
茶鼓适敲灵鹫院，夕阳欲压赭圻城。（陈选）
寒泉自换菖蒲水，活火闲煎橄榄茶。（陆游）
黄金碾畔绿尘飞，碧玉瓯中翠涛起。（范仲淹）
小石冷泉留翠味，紫泥新品泛春华。（梅尧臣）
样叠鱼鳞碎，香分雀舌鲜。（佚名）
绿甲蝉膏泛，红丁蟹眼遮。（佚名）
舌本芳频漱，头纲味最佳。（佚名）
瀹泉尝玉茗，泼乳试金瓯。（佚名）
茶甘酒美汲双井，鱼肥稻香派百泉。（黄庭坚）
青青翠竹尽是法身，郁郁黄花无非般若。（佚名）
兼然幽兴处，院里满茶烟。（佚名）
吟诗不厌捣香茗，乘兴偏宜听雅弹。（佚名）
茶香高山云雾质，水甜幽泉霜当魂。（佚名）

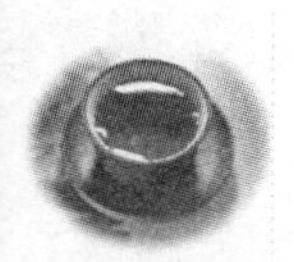

心随流水去，身与风云闲。（佚名）
茶鼎夜烹千古雪，花影晨动九天风。（黄镇成）
欲试点茶三味手，上山亲汲云间泉。（韩奕）
入社陶公宁止酒，品泉陆子解煎茶。（韩奕）
玉杵和云春素月，金刀带雨剪黄芽。（耶律楚材）
舌底朝朝茶味，眼前处处诗题。（张可久）
诗床竹雨凉，茶鼎松风细。（张可久）
乘兴诗人棹，新烹学士茶。（张可久）
媚春光草草花花，惹风声盼盼茶茶。（张可久）
花笺茗碗香千载，云影波光一楼。（何绍基）
一瓯解却山中醉，便觉身轻欲上天。（崔道融）
味为甘露胜醍醐，服之顿觉沉疴苏。（葛长庚）
国不可一日无君，君不可一日无茶。（乾隆与大臣联）
竹露松风蕉雨，茶烟琴韵书声。（张鳌）
坐，请坐，请上坐，茶，敬茶，敬香茶。（郑板桥）
烹调味尽东南美，最是工夫茶与汤。（冼玉清）
试院煎茶并饮甘泉一勺水，仙潭分竹常平苦海万重波。（王师俭）
润畦舒茶甲，暧树拆花枪。（黄遵宪）
拣茶为款同心友，筑室因藏善本书。（张延济）
白菜青盐糁子饭，瓦壶天水菊花茶。（郑板桥）
墨兰数枝宣德纸，苦茗一杯成人窑。（郑板桥）
楚尾吴头，一片青山入座；淮南江北，半潭秋水烹茶。（郑板桥）
山光扑面因朝雨，江水回头为晚潮。（郑板桥）
雷文古泉八九个日铸新茶三两瓯。（郑板桥）
（2）佚名茶诗：

细浪百壶鱼眼生，春风在手茗如婴。
赵州茶客来相见，恨断红尘念佛名。
推窗听雨和琵琶，最笑陈抟不识茶。
三昧来时关不住，报知此兴满天涯。
一衣一水一壶遐，人道扶桑此物佳。
钵破浑然终未解，带将梦里问樱花。
独依山舍爱烟霞，醒睡行时忘绿芽。
紫笋缘无三片叶，化来一片种僧家。

白石垂杨处处家，云间二月绿鹰芽。
山中莫道无佳味，待客潇然七碗茶。
金陵城下西江水，惹得此生羡不回。
嘉木清凉神不解，无香真味佛难猜。
真水无香观自在，绿衣浸罢浸红袍。
茶烟梧月书声里，竹雨松风古韵高。
紫醉砂红煅炼成，夜凉如水水波横。
回看星斗壶中落，碎玉冲开万古情。
吴娘缘是别茶人，不盼郎归盼木春。
素手点开泉瑟瑟，紫芽初试小樊唇。
包罗万象一杯茶，欲解菩提心却遮。
只笑稽山浑不语，枉将春露湿袈裟。
紫蕊含丹下碧泉，春衣离落醉龙眠。
来时不负温柔梦，一淬销魂日月旋。
坐君坐也君高坐，茶上茶哉上好茶。
我劝人间多事客，再观一笑学拈花。
竟陵翰墨最风流，寄意云腴羡鹤游。
自古文章难济世，茶经一部韵神州。
茗津七碗腋生风，自在逍遥驾日虹。
嘉木佳人思二水，江南最喜雨如绒。
人言苛政是榷茶，妻子衣衫未敢加。
秋粒春芽颜色好，欧王枉费议官家。
夜阑无语对空杯，茗嗅随风唤不回。
欲借邻家人去我，妪怜叟怨几徘徊。
梅下红衣玉蕊怜，一池春水一池烟。
青禽羡我山居客，半是茶人半是仙。
人问解茶何解之，孑然木纳我无辞。
云中滋味云中解，自是危岩第一枝。
梅笑春风沾雨露，一生看尽是浮云。
西窗剪炷拈红袖，雪月花时谁忆君。
李杜文章读几行，有兴无句断柔肠。
一杯在手诗魂爽，吟得江山万里长。
梅轩听雨漏如纱，燕子飞来觅旧家。

我向村翁曾借酒，疏篱不远是茶花。
柴门此日冷黄昏，沽酒煎茶染月痕。
野径迷人花一树，且将心事付诗魂。
满轩芳气破人禅，三昧无缘拜玉川。
我问君心何所似，一芽一啜一神仙。
论壶思茗笑屏前，索字寻章觅薛笺。
兴浅未能诗鹤友，笔闲何处佐伯研。
初采薪樗日铸红，农夫食我为年丰。
何当拦得春风驻，醉在江南一笑中。
谁谓苦茶难解愁，其甘似荠怯心忧。
一丹紫雀人间味，不入蓬莱下九州。
江南暮雨细如纱，寒日杯茶待客家。
惟我无言观世界，梅花开尽是桃花。
竹溪桥下钓黄昏，茶隐松间二水痕。
浣女清歌来月后，一声未了动芳魂。
朱泥未染一枝栽，壶醉春芽鹤醉梅。
丹笑婵娟成竹段，心缘有佛去尘埃。
飘摇风雨欲何求，只任平生学楚囚。
自古英雄多劫难，一杯在手洗千愁。
一佛莲花笑老禅，二毛逋客醉甘泉。
三危玉露终邂逅，四季清风重九天。
红芽捣碎溢春津，袖拂如来瑟瑟尘。
添勺我怜双豆润，香泉谁点问怀人。
绿泉滴透九重纱，浅水池横几处家。
夜醉浑然归梦里，醒时身上被梅花。
吟鼎吹炊小灶昏，娇儿也学洗茶痕。
欲尝半勺桃花乱，翁唤留知一水魂。
名壶阳羡有供春，纹隐指螺颜色匀。
如果谁人曾得见，拿来与我共香尘。
临风独看斗西斜，休笑当年作井蛙。
我问池中莲下鲤，还当一跃欲谁家。
分璜合璧地人天，织彩雕文五帝传。
谁遣春温盈梦里，龙溪一水九千年。

浮生如意总相违，放浪形骸世事非。
情寄壶中容万品，管它水瘦与茶肥。
两三寸水泛惊涛，藻涧蟾光倒二毛。
谁敌供春砂一片，图腾如意古风高。
几行旧句写缠绵，青鸟逍遥二老眠。
最是一弯心月在，依窗点茗数归船。
朱壶怎解寄丹心，一把成全万古吟。
素手如兰砂似梦，春霖几许惹瑶琴。
碧海银沙一点斜，椰林深处是人家。
落帆时候炊烟里，月下瓜棚啜老茶。

二、茶　词

词是中国文学的重要形式之一。词又称长短句，因为大多数的词为适应演唱的需要，所以其句子是参差不齐的。宋代是词鼎盛时期，以茶为内容的词也应运而生。著名的词人黄庭坚、苏轼、陈师道、秦观等，都有茶词问世。宋人的茶词多以茶作为歌咏对象，如苏轼的《行香子·茶词》：

"倚席才终，观意犹浓。酒阑时，高兴无穷。共夸君赐，初拆臣封。看分香饼，黄金缕，密云龙。斗赢一水，功敌千钟。觉凉生，两腋生清风。暂留红袖，少却纱笼。放笙歌散，庭馆静，略从容。"

这首词笔法细腻，感情酣畅，词中惟妙惟肖地刻画了作者酒后煎茶、品茶时的从容神态，淋漓尽致地抒发了轻松、飘逸、"两腋清风"的神奇感受。

江西诗派的代表人物黄庭坚嗜茶咏茶，多有茶词问世。如《西江月·茶》、《看花回·茶词》、《阮郎归·茶词二首》、《满庭芳·茶》等等，都是宋代茶词中质量最高、影响最大的。这些茶词抒发了黄庭坚在饮茶品茗过程中的深切感受和淡淡的雅兴。其中，他的《阮郎归·茶词二首》其二最为脍炙人口。这首词的上阕描绘了制茶、烹茶的情景："摘山初制小龙团。色和香味全。碾声初断夜将阑。烹时鹤避烟。"

制茶时的一夜忙碌，色香味俱全的小龙团制成后的欣喜，烹茶时袅袅茶香对人和物的引诱和刺激，通过精炼优美的文字被描摹出来。下阕则出神入化地叙述出饮茶时的情景和感受："消滞思，解尘烦。金瓯雪浪翻。只愁啜罢水流天。余清搅夜眠。"其中"金瓯雪浪翻"一句可谓神来之笔，活画出茶叶在金瓯中如凌霄仙子翩翩起舞的优美姿态和雪浪翻滚的诱人汤色，作者喜好品饮的欢愉之意跃然纸上。

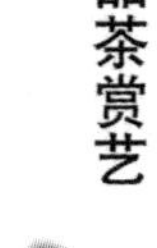

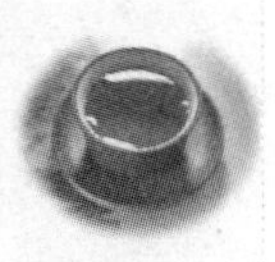

元代佚名氏所作的《瑶台第一层·咏茶》以粗犷、豪迈的笔触，生动形象地描写了采茶、制茶的过程以及饮茶的神奇功效：

"一气才交，雷震动一声，吐黄芽。玉人采得，收归鼎内，制造无差。铁轮万转，罗撼渐急，千遍无查（渣）。妙如法用，工夫了毕，随处生涯？堪夸。仙童手巧，泛瓯春雪妙难加。睡魔赶退，分开道眼，识破浮华。赵州知味，卢仝达此，总到仙家。这盏茶，愿人人早悟，同赴烟霞。"

读罢词篇，人们眼前呈现了一派热火朝天的采茶、制茶的生动场景。精美的词篇将人们自然而然地带入了饮茶时睡意顿消、亲临仙境的美妙意境。

古代茶词选读：

在古代诗词中，宋词最为发达，因此宋代的茶词也最为丰富，其他朝代的茶词相对较少，下面选取一些茶词供读者欣赏，每个朝代不再作一一介绍，仅部分词作做些简单说明。

1. 唐代茶词

《东风第一枝·咏茶》

作者：姬翼

折封缄、龙团斗破，柏树机关先见。

玉童制、香雾轻飞，银瓶引、灵泉新荐。

成风手段，虬髯奋、击碎鲸波，仗此君、些子功夫，琼花细浮瓯面。

这一则、全提公案，宜受用，不烦笼劝。

涤尘襟、静尽无余，开心月、清凉一片。

群魔电扫，莹中外、独露元真，会玉川、携手蓬瀛。留连水。

《解佩令·茶肆茶无绝品至真》

作者：王哲

茶无绝品，至真为上。相邀命、贵宾来往。

盏热瓶煎，水沸时、云翻雪浪。轻轻吸、气清神爽。

卢仝七碗，吃来豁畅。知滋味、赵州和尚。

解佩新词，王害风、新成同唱。月明中、四人分朗。

2. 宋代茶词

从宋代起，诗人把茶写入词中，留下了不少佳作，其中，以黄庭坚《品令》最为有名。

《品令》

黄庭坚

凤舞团团饼。恨分破、教孤令。金渠体净，只轮慢碾，玉尘光莹。汤响松风，早减了、二分酒病。　　味浓香永。醉乡路、成佳镜。恰如灯下，故人万里，归来对影。口不能言，心下快活自省。

这首《品令》是作者咏茶词的奇作了。开首写茶之名贵。宋初进贡茶，先制成茶饼，然后以蜡封之，盖上龙凤图案。这种龙凤团茶，皇帝也往往以少许分赐从臣，足见其珍，“分破”即指此。接着描述碾茶，唐宋人品茶，十分讲究，须先将茶饼碾碎成末，方能入水。“金渠”三句形容加工之精细，成色之纯净。如此碾成琼粉玉屑，加好水煎之，一时水沸如松涛之声，煎成的茶，清香袭人，不须品饮，先已清神醒酒了。

词中用“恰如”二字，明明白白是用以比喻品茶，其妙处只可意会，不能言传。这几句话，原本于苏轼《和钱安道寄惠建茶》诗：“我官于南（时苏轼任杭州通判）今几时，尝尽溪茶与山茗。胸中似记帮人面，口不能言心自省。”但作者稍加点染，添上“灯下”、“万里归来对影”等字，意境又深一层，形象也更鲜明。这样，作者就将风马牛不相及的两桩事，巧妙地与品茶糅合起来，将口不能言之味，变成人人常有之情。

黄庭坚这首词的佳处，就在于把人们当时日常生活中心里虽有而言下所无的感受情趣，表达得十分新鲜具体，巧妙贴切，耐人品味。“恰如灯下，故人万里，归来对影。口不能言，心下快活自省”是这首词的出奇制胜之妙笔，尤耐人寻味。

《满庭芳》

黄庭坚

北苑春风，方圭圆璧，万里名动京关。碎身粉骨，功合上凌烟。尊俎风流战胜，降春睡，开拓愁边。纤纤捧，研膏溅乳，金缕鹧鸪斑。　　相如，虽病渴，一觞一咏，宾有群贤。为扶起灯前，醉玉颓山，搜搅胸中万卷，还倾动三峡词源。归来晚，文君未寝，相对小窗前。

《看花四》

黄庭坚

夜永兰堂醺饮，半倚颓玉，烂熳坠钿堕履，是醉时风景。花暗触残，欢意未阑，舞燕歌珠成断续，催茗饮，旋煮寒泉，露井瓶窦响飞瀑。　　纤指缓，连环动触。渐泛起，满瓯银粟，香引春风在手，似粤岭闽溪，初采盈掬。暗想当时，探春连云寻篁竹。怎归得，鬓将老，付与杯中绿。

《满庭芳·咏茶》

陈师道

闽岭先春，琅函联璧，帝所分落人间。绮窗纤手，一缕破双团。云里游

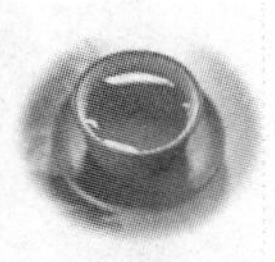

龙舞凤，香雾起、飞月轮边。华堂静，松风竹雪，金鼎沸湲潺。　　门阑，车马动，扶黄藉白，小袖高鬟。渐胸里轮，肺腑生寒。唤起谪仙醉倒，翻湖海、倾泻涛澜。笙歌散，风帘月幕，禅榻鬓丝斑。

《试院煎茶》

苏　轼

蟹眼已过鱼眼生，飕飕欲作松风鸣。蒙茸出磨细珠落，眩转绕瓯飞雪轻。银瓶泻汤夸第二，未识古人煎水意。君不见昔时李生好客手自煎，贵从活火发新泉。　　又不见今时潞公煎茶学西蜀，定州花瓷琢红玉。我今贫病长苦饥，分无玉碗捧蛾眉。且学公家作茗饮，砖炉石铫行相随。不用撑肠拄腹文字五千卷，但愿一瓯常及睡足日高时。

《西江月》

苏　轼

龙焙今年绝品，谷帘自古珍泉。雪芽双井散神仙，苗裔来从北苑。汤发云腴酽白，盏浮花乳轻圆。人间谁敢更争妍，斗取红窗粉面。

《诉衷情》

张　抡

闲中一盏建溪茶，香嫩雨前芽，砖炉最宜石铫，装点野人家。　　三昧手，不须夸，满瓯花。睡魔何处，两腋清风，兴满烟霞。

《风流子》

王千秋

夜久烛花暗，仙翁醉、丰颊缕红霞。正三行钿袖，一声金缕，卷茵停舞，侧火分茶。笑盈盈，溅汤温翠碗，折印启缃纱。玉笋缓摇，云头初起，竹龙停战，雨脚微斜。　　清风生两腋，尘埃尽，留白雪、长黄芽。解使芝眉长秀，潘鬓休华。想竹宫异日，衮衣寒夜，小团分赐，新样金花。还记玉麟春色，曾在仙家。

《谒金门》

吴　潜

汤怕老，缓煮龙芽凤草，七碗徐徐撑腹了。庐家诗兴渺，　　君岂荆溪路杳，我已泾川梦绕。酒兴茶酣人语悄，莫教鸡聒晓。

《浣溪沙》

程大昌

水递迢迢到日边，清甘夸说与茶便，谁知绝品了非泉。　　旋挹天花融湩液，净无土脉污芳鲜，乞君风腋作飞仙。

3. 元代茶词

《长思仙·茶》

马 钰

一枪茶，二旗茶，休献机心名利家，无眠为作差。

无为茶，自然茶，天赐休心与道家，无眠功行加。

《踏云行·茶》

马 钰

绝品堪称，奇名甚当，消磨睡思功无量。

仲尼不复梦周公，山侗大笑陈抟强。

七碗卢仝，赵州和尚，曾知滋味归无上。

宰予若得一杯尝，永无昼寝神清爽。

《喜春来·赠茶肆》

李德载

茶烟一缕轻飞飏，搅动兰膏四座香，烹煎妙手胜维扬。非是谎，下马试来尝。
黄金碾畔香尘细，碧玉瓯中白雪飞，扫醒破闷和脾胃。风韵美，唤醒睡希夷。
蒙山顶上春光早，扬子江心水味高，陶家学士更风骚。应笑倒，销金饮羊羔。
龙团香满三江水，石鼎诗成七步才，襄王无梦到阳台。归去来，随处是蓬莱。
一瓯佳味侵诗梦，七碗清香胜碧筒，竹炉汤沸火初红。两腋风，人在广寒宫。
木瓜香带千林杏，金橘寒生万壑冰，一瓯甘露更驰名。恰二更，梦断酒初醒。
兔毫盏内新尝罢，留得余香在齿牙，一瓶雪水最清佳。风韵煞，到底属陶家。
龙须喷雪浮瓯面，凤髓和云泛盏弦，劝君休惜杖头钱。学玉川，平地便升仙。
金樽满劝羊羔酒，不似灵芽泛玉瓯，声名喧满岳阳楼。夸妙手，博士便风流。
金芽嫩采枝头露，雪乳香浮塞上酥，我家奇品世间无。君听闻，声价彻皇都。

《浣溪沙·试茶》

洪希文

独坐书斋日正中，平生三昧试茶功，起看水火自争雄。

势挟怒涛翻急雪，韵胜甘露透香风，晚凉月色照孤松。

《品令·试茶》

洪希文

旋碾龙团试，要着盏无留腻。彩云献瑞，乳花斗巧，松风飘沸。为致中情，多谢故人千里。　　泉香品异，迥休把寻常比。啜过惟有，自知不带，人间火气。心许云谁，太尉党家有妓。

《鹦鹉曲·陆羽风流》

冯子振

儿啼漂向波心住，舍得陆羽唤谁父。杜司空席上从容，点出茶瓯花雨。

散蓬莱两腋清风，未便玉川仙去。待中泠一滴分时，看满注黄金鼎处。

三、茶画

1. 茶画史

绘画是对自然景物、社会生活的一种描摹或再现。中国绘画起源甚早，早在旧石器时代人类居住的山洞中，洞壁就留有早期人类的画作。茶在我国也是一种史前即饮的饮料，但是，关于饮茶和茶的有关画卷，迟至唐朝才见提及。据称，在现存的史册中，能够查到的与茶有关的最早绘画，是唐朝的《调琴啜茗图卷》。

不过，也有人提出，我国画中的茶，不应比诗词中的茶迟这么久；同是取材或反映社会生活，诗词中西晋有多篇作品提到茶或专门吟茶，在这时的画卷中，不应也不可能没有茶的反映。西晋著名画家卫协、张墨作品的题材很广，他们画作中究竟有无画到过茶？因无记载，史证难找；但是，在东晋王廙、顾恺之、戴逵、夏瞻、孙尚子和晋明帝司马绍这些人中，他们生长或长期生活在以茶为“素业”的江南，所以，根据常理推测，我国绘画中的茶事内容，当在东晋以前就有，只是这种画和有关这种画的记载没有传存下来而已。

同样，唐朝以茶为题材的画，也不只《调琴啜茗图》等极少的几幅，应该和唐朝茶叶诗词的情况一样，在开元以后，有一个日甚一日的发展过程。因为开元年间，不只是茶和诗的蓬勃发展时期，也是我国画的兴盛时期。如开元时，我国的著名画家就有李思训、李昭道父子（俗称大李和小李将军），以及卢鸿、吴道子、卢楞伽、张萱、梁令瓒、郑虔、曹霸、韩干、王洽、韦天忝、陈闳、翟琰、杨庭光、范琼、陈皓、彭坚、杨宁、王维、杨升、张璪、周昉、杜庭睦、毕宏等数十人。而这时，如《封氏闻见记》所载：寺庙饮茶，已“遂成风俗”；在地方及京城，还开设店铺，“煎茶卖之”。

上述这么多绘画名家，特别是他们在为寺庙作壁画中，如当时杰出画家吴道子，曾为长安、洛阳的两地道观寺院绘制壁画三百余幅，他们不可能不把当时社会生活和宗教生活中新兴的饮茶风俗吸收到画作中去。

五代时，西蜀和南唐，都专门设立了画院，邀集著名画家入院创作。宋代也继承了这种制度，设有翰林图画院，在国子监也开设了画学课。所以在宋代以后，特别是与今较近的明清，以茶为题材的绘画，不仅有关记载，而且存画也逐渐多了起来。下面，择要介绍几幅。

宋代现存最完整的茶事美术作品，首推北宋的《妇女烹茶画像砖》。北宋时，除李成、范宽、郭熙、米芾在山水画上有较大发展外，壁画、版画也颇兴盛。如其时汴梁大相国寺的门庑四廊，就都由画院待诏高文进等画了佛教人物故事，并以此盛名于时。这时，木刻版画随印刷业的发达也流行了起来。画像砖是汉以前就流行的一种雕画结合的形式，但唐代以后渐趋稀少，北宋这件妇女烹茶画像砖，显然是受民间木刻影响企图恢复砖画的一件力作。画像砖画面为一高髻宽领长裙妇女，在一炉灶前烹茶，灶台上放有茶碗、茶壶，妇女手中还擦拭着茶具。整个造型显得古朴典雅，用笔细腻。

此外，据记载，南宋著名画家刘松年还曾画过一幅《斗茶图卷》。刘松年是南宋钱塘（今杭州）著名的杰出画家。淳熙年间学画于画院，绍熙时，任职画院待诏，因其家居清波门（当时俗称“暗门”），故有“暗门刘”之称。他擅长山水，兼工人物，施色妍丽，和李唐、马远、夏珪并称“南宋四家”。可惜的是，这幅《斗茶图卷》没有传存下来。不过，刘松年的《斗茶图卷》虽然不见，但元代著名书画家赵孟頫所作的同名画《斗茶图》则流传了下来。

赵孟頫，字子昂，号松雪道人和水精宫道人。湖州（今浙江吴兴）人，宋宗室，人元官至翰林学士丞旨，封魏国公。其画一脱南宋“院体”，自成风格，评者以为“有唐人之致去其纤，有北宋之雄去其犷”，对当时和后世的画风影响很大。《斗茶图》中共画四个人物，旁边放有几副盛放茶具的茶担，左前一人手持茶杯，一手提一茶桶，袒胸露臂，显出满脸得意的样子，身后一人手持一杯，一手提壶，作将壶中茶水倾入杯中之态，另两人站立一旁，双目注视前者。由衣着和形态来看，斗茶者似把自己研制的茶叶，拿来评比，斗志激昂，姿态认真。斗茶始见于唐，盛行于宋，元朝贡茶虽然还是沿袭宋制进奉团茶、饼茶，但民间一般多改饮叶茶、末茶，所以，赵孟頫的《斗茶图》，也可以说是我国斗茶行将消失前的最后留画。

明代以茶为题材的画，一般以唐寅的《事茗图》、文徵明的《惠山茶会图》和丁云鹏的《玉川烹茶图》为代表。唐寅的《事茗图》，画面绘一山青水秀的山村，在一椽茅屋中，一人作置茗而待，近旁小桥上一须翁拄杖而行，翁后一童子抱琴相随，细看侧屋，隐约中还有一人在精心烹茗。整个画面显得十分幽静。唐寅在画上题诗称：“日长何所事，茗碗自赍持；料得南窗下，清风满鬓丝。”这也可说是此画的意境所在。文徵明的《惠山茶会图》，画面无楼无室，也非围坐品茗，而只是在岩边树阴下绘一竹炉，人物有烹茗者，

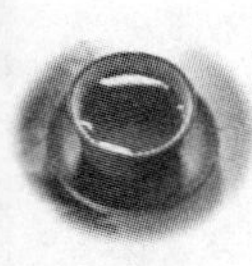

有作歇或观赏山景者，看来是取景茶会处于“将开未开之际”。丁云鹏的《玉川烹茶图》是故事画，取材唐代诗人卢仝（号玉川子）嗜茶的传闻。

据明喻政《茶集》线索，唐寅还曾绘过一幅《陆羽烹茶园》，据说是画在万历间，被喻政收进《茶集》的烹茶图，当时已附有不少题咏。由唐寅的《陆羽烹茶图》，到明末丁云鹏的《玉川烹茶图》，不难看出，在明代诸画家中，曾一度兴起过以历史上茶叶名人为题的茶事画；丁云鹏的《玉川烹茶图》，显然是效学唐寅《陆羽烹茶图》而来的。

清代的茶事画因距今时间较近，传留下来的更多，无论是清初的“四王”（王鉴、王翚、王时敏、王原祁）“六家（四王加吴历、恽寿平），还是后来的扬州“八怪”，在他们传世的作品中，都能找到茶叶题材和有茶事器物的画作。不过，现在常被提到的，还是乾隆年间薛怀所画的《山窗清供》图。此图清远透逸，画中有大小茶壶及茶盏各一，并自题五代胡峤诗“沾牙旧姓余甘氏，破睡当封不夜侯”一句。全图用枯笔勾勒，明暗向背层次非常清晰，富有立体感，类似现在的素描。

2. 茶画德

将学术性与趣味性和谐共处于一幅作品中，这就是茶画艺术不同于其他绘画艺术的根本所在；深入探讨茶画艺术的学术性针对茶画艺术家来说尤为重要。茶画艺术的学术性，其涵量是巨大的，姑且抛开茶经济、茶产业不说，就文化角度而言，其包容量也是巨大的。探讨茶文化的学术性，必先从茶德的研究入手。

德是伦理学的范畴，茶德，即发掘茗事活动中所蕴藏或表现的伦理思想。唐代刘贞亮曾有“茶十德”之说，即：以茶散闷气，以茶驱睡气，以茶养生气，以茶除疠气，以茶利礼仁，以茶表敬意，以茶尝滋味，以茶养身体，以茶可雅心，以茶可行道。此“十德”概括虽广，但缺乏精到，没有充分把“理”的蕴义阐发出来；当代著名茶学家庄晚芳教授将“中国茶德”概括为“廉、美、和、敬”，浅释为：廉俭育德，美真康乐，和诚处世，敬爱为人。

当然，对于中国茶德的确定也没有一个绝对的公论，但在某种程度上也对中国茶文化思想作了总体性的归纳和阐发。一杯苦茶，在与文人的默默对视中，相互之间已完成了一种相濡相融的默契，文人借茶以养德，借茶以修身，借茶而开悟，茶借文人以升华。探寻茶文化灵魂的主旨，还得从中国传统文化的主线说起，这条主线即儒、道、释，茶文化的历史就是与儒、道、释共存共荣的历史。

3. 茶画魂

儒家讲品德，道家讲道德，释家讲功德，我们不妨说茶家讲“和”德。先师孔子创立儒家学说，其终极目标即建立一个“和”的大同社会。《中庸》指出：“喜怒哀乐之未发，谓之中，发而皆中节，谓之和。中也者，天下之大本也；和也者，天下之达道也。致中和，天地位焉，万物育焉。”《学而》也有“礼之用，和为贵”的论断，“温、良、恭、俭、让”，“仁、义、礼、智、信”等诸多信条的提出就是为建立一个“和”的大同的社会而准备的理论基础。

道家讲“天人合一”，“天人合一”的思想正是中国茶文化的精髓，“我无为，而民自化；我好静，而民自正；我无事，而民自富；我无欲，而民自朴”。（《老子》七十五章）道家也是追求在“无为而为”之下的“民化、民正、民富、民朴”的大“和”之境。“中华民族所追求的真理，经常表现在民生日用之中，这不仅是贯通于儒家老庄，亦是佛教的走向。”（柳田圣山《禅与中国》），禅家讲“静虑”，静以生悟，悟以化民，然后推及“民生”，“民生”宜和。

同时禅家也是中国茶文化的三大支柱之一，“禅茶一味”之“味”即“和”味，包括时下中央建设“和谐社会”的方针都是归于一个“和”字。“和”是儒、道、释三教共通的哲学思想理念，是中华民族繁衍生息经年不衰的智慧法宝；茶以名山秀水为宅，以清风雨露为伴，得宇宙之灵气，掬乾坤之精和，保合太和、阴阳调和、五行调和、以茶育和等理念是中国茶文化的哲学基础，茶的尚静与佛道之静更有异曲同工之妙。

茶文化是集人文、美学、伦理、道德、哲学等学术体系为一身的综合文化载体，其主旨就是一个“和”字，由个体的人推及整个国家、民族，“和”的理念无处不在。所以说中国茶画艺术走到现在，已不满足于纯中国画笔墨意义上的表现，更重要的是在创作中嵌入茶文化的灵魂——“和”。

“和”的理念应是左右茶画创作的主线所在，只有在这个“和”的主线统领之下，中国茶画艺术才得到真正意义上的发扬光大。以心运笔，以笔画茶，以茶育和，以和生静，以静生悟，以悟而开茶画艺术之门，这是一条良性循环的创作思路，只有这样才能创作出具有文化价值的茶画作品，也才能达到学术性与趣味性的和谐统一。

“境由心造”，茶境乃“和”之大境，营造这一大美之境，就需要一颗内蕴深厚，学养丰富的“心”，这个“心”是茶画艺术创作的源泉所在。如何营造茶境，是茶画艺术家首先面临的一大课题，要求画家在重“技”的基础

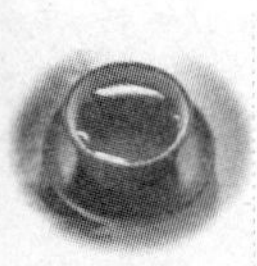

上更要发挥“道”的张扬，技寄于道，技道相依相存。

一幅好的茶画作品，技法、构图固然重要，然更重要的是将画中的每一物象都赋于其特定的文化含义，画中的茶壶是茶文化的代言者，周围的人物、景物都是为茶境这一主题服务的，他们都是与茶相关的文化个体，多个文化个体相依相融才构成了一个完整的文化载体，这个载体就是真正意义上的茶画艺术作品。

茶境的构成由人境、物境组成，人境就是品茶者的身份、品格以及品茶者的多少而构成的一种人文环境。明代张源在《茶录》中也对品茶者的多少作了精辟的分析：“饮茶以客少为贵，客众则喧，喧则雅趣乏矣。独啜曰幽，二客曰胜，三四曰趣，五六曰泛，七八曰施。”

所谓物境：就是品茗时的客观环境，大到山野溪畔，小到茶屋、茶轩、茶亭；还有品茗的佐物（艺境），诸如：古琴、书本、木鱼、棋局、茶壶、茶灶等；再到植物配景，诸如：松、竹、梅、兰、菊、秋树、蕉叶、荷花等；都是营造物境的重要因素。

在一幅茶画作品中，人境与物境都有其特定的文化含义。如：画中置一僧人，僧人倚松而品茗，僧人、茶壶、松树，构成了一幅很简约的茶画作品，此作品中的每一个物象都代表了各自的文化特质，僧是禅的化身，松（松竹梅兰菊等，我谓之性情植物）所承载的是一种精神，是一种旷达、清寂、正直向上的人格象征，茶壶恰恰融入了前两者的生命特质，是茶文化的化身，此三者自然地构成了“禅茶一味”的空逸、大虚、大和之境，“茶笋尽禅味，松杉真法音”的落款更增强了作品的艺术感染力。

再如：于画面右下方画一隐士，以茶壶、古琴伴之，左上方探一枯枝，枯枝上立一小鸟，小鸟愚拙而可爱，鸟看人，人看鸟，人与鸟视线的对话完成了作品所要表达的主题：人与哑然的生灵之间的相互关爱，相生相存的默契，寥寥数笔，体现的是一种茶文化润泽之下的人文关怀的“和”境。

营造茶画作品中的茶境，对于作者综合素质的要求也是极高的，如书法造诣、构图能力、文学功底等都制约着作品品位的高下。茶境的营造是一个漫长的积累过程，只有认知了茶画艺术的起源、发展与现状，以及茶画艺术的灵魂所在，才能知道自己如何去将茶画艺术发扬光大。

4. 茶画艺术的表现题材

(1) 茶与四季

春茶图配以春树，春光普照之下的人与茶和谐共处的画面。夏茶图配以孤莲一枝，在莲与人的对语中，茶得到了理性的升华。秋茶图配以落叶，人在品茗之余，感悟时光荏苒，叹时光飞逝，映衬一种茶化的人生况味。冬茶图配以飞雪、白梅，“知我平生清苦癖，清爱梅花苦爱茶”此句道出画中品茗观梅者的磊落胸怀。

（2）茶与文人四艺（琴、棋、书、画）

琴作为高雅的文案清供，品格最古雅，声情最清穆，最符合文人的审美情趣，也最宜茶境。“琴里知闻唯渌水，茶中故旧是蒙山”（白居易），“夜思琴语切，昼情茶味新”（孟郊），这种琴茶联咏，既可入书又可入画。弈棋是古代文人闲居必备之事，棋茶相咏的诗句如：“幽香入茶灶，静翠直棋局”（唐陈陶），“堂空响棋子，盏小聚茶香”（陆游）。

另外，书法艺术与挂画赏画是古代文人的必修课，研习书法，品评书画，墨香佐以茶香，实乃文人清事也。“唤人扫壁开吴画，留客临轩试越茶”，此联道出一番文人雅怀。

（3）茶与性情植物

性情植物包括：松、竹、梅、兰、菊等，因为这些植物具备了人的性情与品格，选择哪种植物入茶画，关系着茶画之茶境的文化品位及对茶境文化意蕴的理解导向。如：松代表了坚毅、挺拔向上的人格；竹代表了正直、虚心、劲节的人格；梅代表了坚忍、耐寒的人格；兰代表了审慎独立的人格；菊代表了散淡清逸的人格。所有这些性格都与茶的秉性有着实质意义的联系，所以这些植物与茶共处是相辅相成的和谐关系，相互渗透、相互融合。

（4）茶与文人生活四艺

焚香、点茶、挂画、插花。

（5）茶与友情

一杯清茗，融洽了人与人之间的关系，烹一瓯香茶与友人共品，是人间乐事。

（6）茶与文人大隐的生活状态

如闲睡、清谈、垂钓、观鱼、登高、策杖、访友、读书、消暑、观月、观鸟、归隐、玩壶等等。以茶养性，以茶寄傲，以茶悟道，以茶修德。茶与文人的渊源是说不尽道不完的，茶的清、静、逸、俭、真等秉性，深深影响着文人禅士的生活，并深深植根于他们的生活中。

（7）茶与禅家

因茶与禅的特殊因缘，茶与禅是茶画艺术创作的重中之重，茶境与禅境相通相融，茶在禅境中的表现是一个永恒的主题：那就是禅茶一味的大和之境。

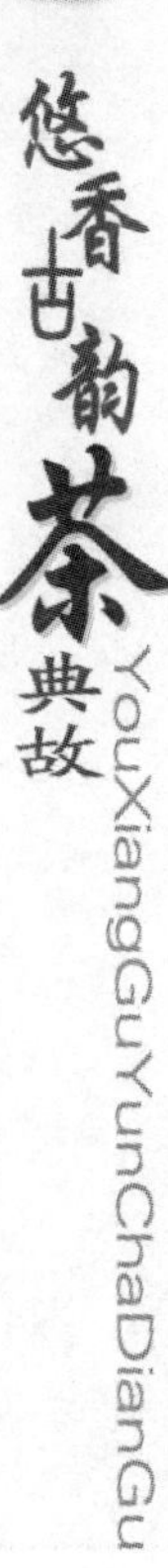

（8）茶与儒家

此类作品多以儒家警句体现，以书法配以茶壶、茶境小品为之，给观者以品茶论道的警示。

（9）茶与道家

此类作品突出茶文化与道家“天人合一”的思想精髓，阐述一种无为、散淡的人生境界。

（10）茶与茶诗

以茶诗为创作对象。

（11）茶与茶联

茶联是茶事文艺当中的一束奇葩，在平仄对仗当中体现了茶文化的博大与俊美，茶联可入画，也可以书法为之。

（12）茶与明清清言小品

清言小品是一种清逸俊朗、言简意赅的文言小品，它们的作者不乏禅净双修、定慧俱足的高士，也不乏琴棋书画诸艺皆精的才子，他们谈玄论禅，评诗品画的资本，发之口吻为清淡，诉诸笔端为清言，寥寥数言，切中要害，是茶画创作不可多得的素材库。如明代洪应明的《菜根谭》，清代张潮的《幽梦影》，明代陈继儒的《小窗幽记》。

（13）中国历史上的著名茶人造像

如茶圣陆羽、亚圣卢仝、茶僧皎然、别茶人白居易以及陆龟蒙、皮日休、欧阳修、蔡襄、苏轼、陆游等中国历史上的著名茶人。

（14）《茶经》

《茶经》的创作宜图文并茂，以书法为之，间以茶境小品及各式茶壶，图文相依，有张有弛。

第三节　茶联、茶歌、茶舞、茶戏

除茶诗、茶词、茶画外，在中国还有许多咏茶的茶联、茶舞、茶歌、茶戏等。这些茶文化的表现形式，都充分反映了中国人民对茶的厚爱。

一、茶　联

在茶文化的百花园中，茶联更是一朵绚丽的奇葩。各地的茶馆、茶楼、茶室、茶叶店、茶座的门庭或石柱上，茶道、茶艺、茶礼表演的厅堂墙壁上，甚至在茶人的起居室内，常可见到悬挂有以茶事为内容的茶联。茶联常给人古朴高雅之美，也常给人以正气睿智之感，还可以给人带来联想，增加品茗情趣。茶联可使茶增香，茶也可使茶联生辉。茶联字数多少不限，但要求对仗工整，平仄协调，是诗词形式的演变。从某种意义上说，茶联是茶艺的升华，是茶文化的瑰宝，是文学艺术与社会生活的有机结合。大凡茶馆、茶庄、庭院、书斋，茶联无处不在，无处不有。人们在清谈品茗之余，欣赏联语，评论文字，确实能使茶客兴味盎然，使悬联之所增光添彩。

1. 茶联趣谈：

古往今来，很多骚人墨客与茶结缘，留下不少妙趣横生的茶诗、茶联，遍及神州名山大川、茶楼、茶馆、茶社和茶亭。当我们游览这些地方时，边品茗边欣赏茶联，会顿觉静中有动，茶中有文，眼界大开。在茶文化宝藏中，茶联是一颗璀璨的明珠，那洗炼精巧的茶联含蓄蕴藉，或吟茶以遣兴，富有诗情画意；或唱茶以见趣，充满幽默机趣；或咏茶以言理，饱含生活哲理，无不给人带来思想和艺术美的享受。

茶联独出心裁地将多音字镶嵌其中，使得出句和对句对仗更为精巧，其高超的艺术功力令人拍案叫绝。有这样一幅在民间广为流传的茶联：

“一杯香茶，解解解解元之渴；两曲清歌，乐乐乐乐师之心。”

相传从前有一个解（jiè）元（明清科举考试时，乡试的第一名为解元），姓解（xiè），全名叫“解解元”。盛夏的一天，他外出归来，又热又渴，侍女见状急忙端来一杯香茶，并风趣地说出一联：“一杯香茶，解解解解元之渴”。

解元一听，竟忘了喝茶，连声赞叹道：“妙对！妙对!”

此上联妙在何处？妙就妙在巧妙地运用了多音字。出句共用了四个“解”字，前两个“解”是解渴之“解”（jiě）；第三个“解”字是姓；第四个“解”字是“解元”之“解”。

解学士绞尽脑汁，却无从相对，于是只好向诸生求对，但京城诸生也无一人能对出下联。从此，“绝对”之名传遍了京城。

无独有偶，京城里有一个姓乐的乐师，一天从外边回来，不见妻子，只闻清唱之声，乐师心中不悦，就唤妻子到跟前，责备道：“一个妇道人家，不理家事，唱什么?”

妻子满脸堆笑以联语作答：“两曲清歌，乐乐乐乐师之心。”

乐乐师一听，不快之情顿消，对妻子的联语大大称奇：“妙哉，此联!”

原来，乐师的妻子不经意中竟对上了那绝对。

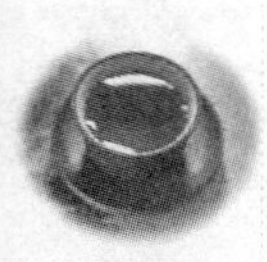

这下联中也用了四个多音字，前两个“乐”字是快乐之乐；第三个“乐”字是姓（yuè）；第四个“乐”字则是“乐师”之“乐”（yuè）。上下联对仗极其工整，尤其是四个多音字竟对得精妙绝伦，天衣无缝，使人叹为观止。

现在社会上流传的茶联，很多已经找不出作者来了。目前有记载的，而且数量又比较多的，乃出自清代；而留有姓名的，尤以郑板桥为最。

郑板桥能诗、会画，又懂茶趣、喜品茗，他在一生中曾写过许多茶联。在镇江焦山别峰庵求学时，就曾写过茶联：

汲来江水烹新茗，买尽青山当画屏。

将名茶好水，青山美景融入茶联。

在家乡，郑板桥用方言俚语写过茶联，使乡亲们读来感到格外亲切。其中有一茶联写道：

扫来竹叶烹茶叶，劈碎松根煮菜根。

这种粗茶、菜根的清淡生活，是普通百姓日常生活的写照，使人看了，既感到贴切，又富含情趣。郑板桥生与墨有缘，但又与茶有交，为此，将茶与墨融进茶联：

墨兰数枝宣德纸，苦茗一杯成化窑。

联中将“文房四宝”与茶和茶具联在一起，活脱脱地再现了作者爱墨喜茶的心情。

郑板桥还写过一首宣传越州（今浙江绍兴）日铸茶的茶联：

雷文古泉八九个，日铸新茶三两瓯。

另外，郑板桥还为茶馆写过茶联，如：

山光四面因潮雨，江水回头为晚潮。

杭州的“茶人之家”在正门门柱上，悬有一副茶联：

“一杯春露暂留客，两腋清风几欲仙。”

联中既道明了以茶留客，又说出了用茶清心和飘飘欲仙之感。

进得前厅入院，在会客室的门前木柱上，又挂有一联：

“得与天下同其乐，不可一日无此君。”

这副茶联，并无“茶”字。但一看便知，它道出了人们对茶叶的共同爱好，以及主人“以茶会友”的热切心情。使人读来，大有“此地无茶胜有茶”之感。

在陈列室的门庭上，又有另一联道：

“龙团雀舌香自幽谷，鼎彝玉盏灿若烟霞。”

联中措辞含蓄，点出了名茶、名具，使人未曾观赏，已有如入宝山之感。

杭州西湖龙井处有一名叫“秀翠堂”的茶堂，门前挂有一幅茶联：

“泉从石出情宜冽，茶自峰生味更圆。”

该联把龙井所特有的茶、泉、情、味点化其中，其妙无比。

扬州有一家富春茶社的茶联也很有特色，直言：

“佳肴无肉亦可，雅淡离我难成。”

当年绍兴的某茶亭曾挂过一副茶联，曰：

“一掬甘泉好把清凉洗热客，两头岭路须将危险话行人。”

此联语意深刻，既有甘泉香茗给行路人带来的一份惬意，也有人生旅途的几分艰辛。

福建泉州市有一家小而雅的茶室，其茶联这样写道：

“小天地，大场合，让我一席；论英雄，谈古今，喝它几杯。”

此联上下纵横，谈古论今，既朴实，又现实，令人叫绝。

福州南门外的茶亭悬挂一联：

“山好好，水好好，开门一笑无烦恼；来匆匆，去匆匆，饮茶几杯各西东。”

该联通俗易懂，言简意赅，教人淡泊名利，陶冶情操。

北京前门“北京大茶馆”的门楼两旁挂有这样一副对联：

“大碗茶广交九州宾客，老二分奉献一片丹心。”

这不仅刻画了茶馆“以茶联谊”的本色，还进一步阐明了茶馆的经营宗旨。

贵阳市图云关茶亭有一副茶联：

“两脚不离大道，吃紧关头，须要认清岔道；一亭俯着群山，站高地步，自然赶上前人。”

既明白如话，又激人奋进。

旧时广东羊城著名的茶楼“陶陶居”，店主为了扩大影响，招揽生意，用“陶”字分别为上联和下联的开端，出重金征茶联一副。终于作成茶联一副。联曰：

“陶潜喜饮，易牙喜烹，饮烹有度；陶侃惜分，夏禹惜寸，分寸无遗。”

这里用了四个人名，即陶潜、易牙、陶侃和夏禹；又用了四个典故，即陶潜喜饮，易牙喜烹，陶侃惜分和夏禹惜寸，不但把“陶陶”两字分别嵌于每句之首，使人看起来自然、流畅，而且还巧妙地把茶楼饮茶技艺和经营特

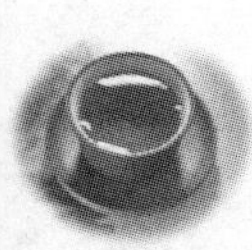

色恰如其分地表露出来，理所当然地受到店主和茶人的欢迎和传诵。

茶联不但可增添品茶情趣，还能招揽茶客。据说，从前成都附近一个小场上，有个茶馆兼酒店的铺子，老板姓张，名为“富才”，由于他的铺子简陋，生意萧条，最后只好由他儿子接手经营。他儿子请了一位叫高必文的知识分子写了一副对联，联语是：“为名忙为利忙忙里偷闲且喝一杯茶去；劳心苦劳力苦苦中作乐再倒一碗酒来。”

联语幽默机趣，生动贴切，朗朗上口，雅俗共赏。引得过路人停步，观看之余，都想“偷闲、作乐”一番。主人张贴对联后，生意就日益兴隆了。

最有趣的恐怕要数这样一副回文茶联了，联文曰：

“趣言能适意，茶品可清心”。

倒读则成为：

“心清可品茶，意适能言趣”。

前后对照意境非同，文采娱人，别具情趣，不失为茶亭联中的佼佼者。

2. 茶联选读：

在我国，以茶为题材的楹联，数量很多，内容广泛，意味深长。摘编部分如下：

一杯春露暂留客，两腋清风几欲仙。

诗写梅花月，茶煎谷雨春。

扁乎？不扁，不扁亦扁！圆耶？是圆，是圆非圆！

菜在街头摊卖，茶在壶中吐香。

龙井云雾毛尖瓜片碧螺春，银针毛峰猴魁甘露紫笋茶。

美酒千杯难成知己，清茶一盏也能醉人。

茗外风清赏月影，壶边夜静听松涛。

秀萃明湖游目客来过溪处，腴含古井怡情正及采茶时。

3. 有趣的茶回文

所谓回文，是指可以按照原文的字序倒过来读、反过来读的句子。在我国民间有许多回文趣事。茶回文当然是指与茶相关的回文了。

有一些茶杯的杯身或杯盖上有四个字：“清心明目”，这是最简单的、也是很有名的茶回文，随便从哪个字读皆可成句：

“清心明目”——“心明目清”——“明目清心”——“目清心明”。

而且这几种读法的意思都是一样的。正所谓“杯随字贵、字随杯传”，给人美的感受，增强了品茶的意境美和情趣美。有些茶碗上也有这样的字。

“不可一日无此君”，是挺有名的一句茶联，它也可以看成是一句回文，从任何一字起读皆能成句：

不可一日无此君，

可一日无此君不？

一日无此君不可，

日无此君不可一，

此君不可一日无，

君不可一日无此。

我们把这几句横读、纵读能够得到同样的结果，似乎是一首怪诗。

北京“老舍茶馆”的两副对联也是回文对联，顺读倒读妙手天成。一副是：

“前门大碗茶，茶碗大门前”。

此联把茶馆的坐落位置、泡茶方式、经营特征都体现了出来，令人叹服。

另一副更绝：“满座老舍客，客舍老座满”。

既点出了茶馆的特色，又巧妙糅进了人们对老舍先生艺术的赞赏和热爱。

宋代诗人苏东坡有两首回文七绝，

其一是：

空花落尽酒倾缸，

日上山融雪涨江；

红焙浅瓯新火活，

龙团小碾斗晴窗。

其二是：

酡颜玉碗捧纤纤，

乱点余光唾碧衫；

歌咽水凝云静院，

梦惊松雪落空岩。

若是倒读过来，也能读出两首颇具韵味的茶诗来，大家不妨一试。

二、茶　歌

在以茶为主题的喜闻乐见的民间文艺形式中，悦耳动听的茶歌是最基础、最常见、最朴实、最富有生活气息的。茶歌又称“采茶歌”，最早兴于茶叶采摘之时。每当阳春三月，茶林片片葱绿，一首首优美的采茶歌就会在东山上飘荡，令人心旷神怡。我国的茶歌主要来源是由谣而歌，即民谣经过文人的整理配曲再返回民间。

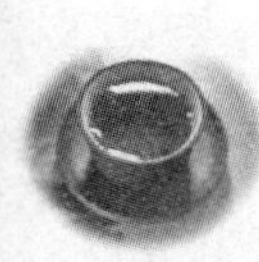

茶乡人民的生活是清苦的，但采茶姑娘的歌声却使清苦的生活涂上了一层甜蜜蜜、美滋滋的味道，如流传于陕西阳山一带的茶歌，歌词为："云在天上浮，水在山下流；采茶姑娘上山哟，茶歌飞上白云头！鱼儿荡清波，山雀离了窝，獐子蹦出了芽草坡，要听高山采茶歌。"这首民歌用拟人反衬的手法，表现了采茶姑娘对生活浓烈、纯朴的热爱。

1. 龙井采茶歌

龙井茶乡人有首《采茶舞曲》其歌词是："溪水清清溪水长，溪水两岸好风光。春天呀，满山新茶吐芬芳。社员呀，个个喜把春色迎。采呀，采呀，快采茶，采茶姑娘学先进，采呀，采呀，快采茶呀，东山西山歌不停，你追我赶争先进哎，你追我赶争呀么争先进。左采茶来右采茶，两手采茶一齐下，一手先来一手后，好比那两只公鸡争米上又下。两个茶篓两边挂，两手采茶要分家，摘了一会停一下，头不晕来眼不花，多又多来快又快，年年丰收龙井茶。"这首茶歌充分表露了她们对新生活的无限热爱。

2. 赣南采茶歌

赣南采茶，是一个富有乡土生活气息的地方戏剧种，是一种地道、纯正的赣南民俗文化。它的起源与茶叶生产有着密切关系。赣南茶事兴盛，历史悠久。赣县王母渡下邦乡《李氏族谱》记载："开园摘茶前夕，皆有唱茶歌、舞茶灯之古习。"清乾隆年间，陈文瑞《南安竹枝词》中曰："淫哇小唱数营前，妆点风流美少年，长日演唱三脚戏，采茶歌到试茶天。"综上史料可见，宋、明、清三代，赣南均有名茶列为贡品，为繁荣"茶事"载歌载舞，是茶事兴盛、茶园享有声誉之时。

"蠢采茶春日长，白白茶花满路旁。大姨回家报二姨，头茶不比晚茶香。""秋来采茶渐渐凉，家家裁剪做衣裳。别家做起郎装着，我家做起入空箱。"采茶歌，清闲朴实，内容活泼，实为赣南一道别开生面的民间民俗风景线。

采茶歌与民间舞蹈相结合，常常在新春之际随民间各种灯彩在乡村表演，即形成采茶灯的演出。明代，赣南安远县有座著名的九龙山，盛产名茶，传说因有九株特别好的茶树而得名。这里是赣南采茶戏的摇篮，从安远到信丰、赣县等地，采茶灯极为流行。

采茶灯中所演唱的采茶歌为"十二月采茶歌"，主要有三种形式：一是"顺采茶"，从正月唱到十二月；二是"倒采茶"，从十二月唱到正月；三是"四季茶"，则唱一年的春夏秋冬。演唱时，舞者口唱"茶歌"，手提"茶篮"作道具，载歌载舞，从而形成具有独特风格的采茶灯，俗称"茶篮灯"。其演出形式只有两个茶女和一个男角，男角称"茶童"，手摇纸扇，穿插其间，表演一些比较简单的与摘茶有关的生活小事，名曰《姐妹摘茶》。这就是形成赣南采茶戏最初的原始节目，也是“三肢班”的雏形阶段。后来，这种表演已不局限于表现“茶”，而出现了大批生活小戏时，采茶戏便宣告诞生了。

3. 安溪茶歌茶

安溪茶乡人民千百年来种茶、品茶、唱茶，处处茶香处处歌。每逢采茶季节，茶园里的采茶姑娘与忙碌在田间的英俊小伙子边劳动边对唱茶歌，茶山成了对歌台。清初同安诗人阮曼锡就作有《安溪茶歌》，为清乾隆《泉州府志》所收录。

古老的安溪茶歌以闽南方言及安溪歌调演唱，语言通俗，曲调优美，内容丰富，形象鲜明。这些茶歌或表述茶乡的生活感触，或体现爱情生活中的悲欢离合，或反映茶乡今昔的巨大变化，特别是反映爱情生活为主题的茶歌，从初识、盘问、赞慕、相思、规劝、结婚、离别等环节的唱词含蓄隽永、感人肺腑。

安溪茶歌世代相传，妇孺能唱，在全县主要产茶区广泛流传，不少茶歌被录为音乐资料片，现已收集整理《种茶歌》、《茶山情歌》、《日头歌》、《满山茶叶满山香》、《请茶歌》等民间茶歌50多首，收录在《中国歌谣集成·福建卷》（安溪县分卷）中，其中《茶乡组歌》还荣获福建省第三届“武夷之春”音乐会创作奖。

1988年，安溪县举办“铁观音杯”全国征歌大奖赛，由时任中国音协主席的李焕之担任大赛评委会主任，征得现代茶歌2054首，并由海峡文艺出版社出版《飘香的歌》选集。

1988年10月，“飘香的歌”大型演唱会在安溪举行，著名歌唱家关牧村、姜家锵等同台演出，其中由石祥、胡强、张丕基等著名词曲作家创作的《想念乌龙茶》、《南音与铁观音》、《安溪人待客茶当酒》、《人到安溪不想走》、《敬你三杯铁观音》、《观音韵》等佳作名曲在茶乡大地广为传唱。

近年来，安溪县委、县政府邀请国内名家、专家深入安溪采风，组织本县文化工作者深入基层，体会生活，创作了大量的现代茶歌。由名家阎肃作词、孟庆云作曲、毛阿敏首唱的《铁观音》更是家喻产晓。歌词如下：

一缕醇香捧与君，甜了友谊醉了心。借问茶香来何处，安溪乌龙铁观音。

安溪乌龙铁观音，千年茶都育芳魂。倾倒天下闻香客，纯雅礼和结知音。

结知音，伴着关公巡城，陪着韩信点兵，滴滴送温馨。

送温馨，伴着清风香露，陪着明月瑶琴，杯杯都是情。

20世纪90年代以来，随着茶文化的发展和舞台表演的需要，安溪县文艺

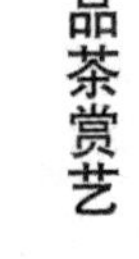

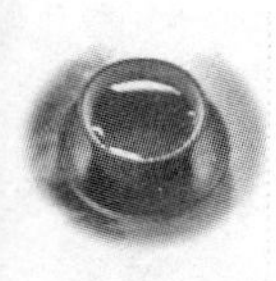

工作者创排了大量群众喜闻乐见、文艺质量高的茶文艺节目，比较突出的有舞蹈《乌龙茶的传说》、《采茶扑蝶》、《欢乐的制茶姑娘》、《品茶王》，答嘴鼓《斗茶》，现代戏《迎茶王》，小品《茶乡情韵》，韵谣《凤凰山，出观音》以及南音作品等，其中不少茶舞多次参加北京和福建省大型文艺活动演出，在泉州、安溪多次参加大型的广场文艺表演和踩街活动，深受广大观众的好评。

4. 云南茶歌

在云南，所有的好东西都有歌跟在后面，如娶亲嫁聚，如远走他乡之前的合家席，就是一杯茶放到你面前，也会有一首关于茶的歌。

茶歌无处不在。春天的芽叶刚刚萌发，就有身着素色棉麻料短裙的女孩上山，在高高低低浓浓密密的茶树林里，对着渐行渐远的白云唱一曲，对着越来越肥的茶芽唱一曲。茶歌出自女孩子山水滋润的歌喉，清幽、质朴。每一个音符的婉转，每一句歌词的深情，都在茶园里从起到落。这个过程中，茶叶一片片被玉指采摘到竹编的箩筐，再交到说不上准不准的铁秤上，就是一家人一年里的大部分开支。

茶歌基本上没有固定的歌词，唱的人根据自己的心情填充充满情感的文字。更多的时候，茶歌表现的是采茶人渴望的爱情。“春回大地沐春阳，阿妹我们上山冈，山冈茶叶正萌芽，我们爱情早开花。”不知哪位诗人说过，每一株茶树前，都有一段爱情的长歌短吟，那么中国现有茶园面积百万公顷，该有多少茶的歌谣。

应该这样说，茶歌是由茶叶生产、饮用这一主体文化派生出来的一种茶文化现象。茶歌的另一主要来源即完全是茶农和茶工自己创作的民歌或山歌。

采茶时的茶歌更多的是爱的旋律，制茶的茶歌则多表现茶农艰难的生活情形。“年年制茶心欢喜，不知市面价已低，茶叶做得比炭黑，哪防茶贩心比炭还黑”。山区商品经济正在萌动，市场规则没有人执行，短斤少两的黑秤像没有登记管理的猎枪。茶叶在市场黑心茶贩手里一转身就成了掺上红木叶紫茎泽兰的假茶，把滇西盛产的优质大叶种茶变成劣质的代名词。然而，茶歌没有因此像冬天里凋萎的茶芽，仍然在茶园里顽强生长，只是有人唱着茶歌离开故乡的时候，两眼的泪水。

5. 斗茶歌

《和章岷从事斗茶歌》是范仲淹写的一首描写宋代武夷斗茶的长歌，歌中将屈原、刘伶、卢仝、陆羽等名家在斗茶中的情趣，描写得淋漓尽致。

《和章岷从事斗茶歌》

范仲淹

年年春自东南来，建溪水暖冰微开。
溪边奇茗冠天下，武夷仙人从古栽。
新雷昨夜发何处，家家嬉笑穿云去。
露芽错落一番荣，缀玉含珠散嘉树。
终朝采掇未盈襜，唯求精粹不敢贪。
研膏焙乳有雅制，方中圭兮圆中蟾。
北苑将朝献天子，林下雄豪先斗美。
鼎磨云外首山铜，瓶携江上中泠水。
黄金碾畔绿尘飞，碧玉瓯中雪涛起。
斗茶味兮轻醍醐，斗茶香兮薄兰芷。
其间品第胡能欺，十目视而十手指。
胜若登仙不可攀，输同降将无穷耻。
吁嗟天产石上英，论功不愧阶前蓂。
众人之浊我可清，千日之醉我可醒。
屈原试与招魂魄，刘伶却得闻雷霆。
卢仝敢不歌，陆羽须作经。
森然万象中，焉知无茶星。
商山丈人休茹芝，首阳先生休采薇。
长安酒价减千万，成都药市无光辉。
不如仙山一啜好，冷然便欲乘风飞。
君莫羡，花间女郎只斗草，赢得珠玑满斗归。

6. 其他茶歌选读：

《富阳江谣》

富春江之鱼，富阳山之茶。
鱼肥卖我子，茶香破我家。
采茶妇，捕鱼夫，官府拷掠无完肤。
昊天何不仁？此地一何辜？
鱼何不生别县，茶何不生别都？
富阳山，何日摧？
富春水，何日枯？
山摧茶亦死，江枯鱼始无！

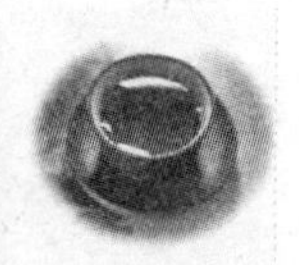

呜呼！山难摧，江难枯，我民不可苏！

《龙井谣》

龙井龙井，多少有名。
问问种茶人，多数是客民。
儿子在嘉兴，祖宗在绍兴。
茅屋蹲蹲，蕃薯啃啃。
你看有名勿有名？

《伤心歌》

鸟叫出门，鬼叫进门。
日里摘青，夜里炒青。
手指起泡，眼睛发红。
种茶人家，多少伤心。

《武夷山茶歌》

采茶可怜真可怜，三夜没有两夜眠。
茶树底下冷饭吃，灯火旁边算工钱。

《台湾茶歌》

（一）

好酒爱饮竹叶青，采茶爱采嫩茶心；
好酒一杯饮醉人，好茶一杯更多情。

（二）

得蒙大姐按有情，茶杯照影景照人；
连茶并杯吞落肚，十分难舍一条情。

（三）

采茶山歌本正经，皆因山歌唱开心；
山歌不是哥自唱，盘古开天唱到今。

（四）

茶花白白茶叶青，双手攀枝弄歌声；
忘了日日采茶苦，眼上情景一样好。

《采茶歌》

凤凰岭头春露香，青裙女儿指爪长。
渡洞穿云采茶去，日午归来不满筐。
催贡文移下官府，都管山寒芽未吐。
焙成粒粒比莲心，谁知侬比莲心苦。

《采茶歌》

三月春风长嫩芽，村庄小妇解当家。
残灯未掩黄粱熟，枕畔呼郎起采茶。
茶乡生计即山农，压作方砖白纸封。
别有红笺书小字，西商监制自芙容。
六水三山却少田，生涯强半在西川。
锦官城里花如许，知误春归几少年。
深山春暖吐萌芽，姊妹雨前试采茶，
细叶莫争多与少，筐携落日共还家。
头遍采茶茶发芽，手提茶蓝头戴花，
姐采多来妹采少，采多采少早回家，
莫让爹妈把心挂。二遍采茶正当春，
采罢茶叶绣手巾，两边绣的茶花朵，
中间绣的采茶人，姐妹绣花用了心。
三遍采茶忙又忙，又要采茶又插秧，
去插秧来茶叶老，去采茶来秧要黄，
采茶插秧两头忙。

《采茶歌》

采茶去，去入云山最深处。
年年常作采茶人，飞蓬双鬓衣褴褛。
采茶归去不自尝，妇女烘焙终朝忙。
须臾盛得青满筐，谁其贩者湖南商。
好茶得入朱门里，瀹以清泉味香美。
此时谁念采茶人，曾向深处憔翠死。
采茶复采茶，不如去采花。
采花虽得青钱少，插向鬓边使人好。

《锣鼓茶歌》

歌手拿上锣鼓，两人对唱，每人两句，夹以锣鼓，一韵到底。或一人唱一人和，或一人唱众人和，形式不拘一格。

日上山顶正偏斜，远望大姐来送盅茶，左提米泡盐蛋酒，右提一壶花椒茶，喝了盅茶再来挖。

远望大姐来送茶，米泡盐蛋手中拿，男女老少加把劲，插到田边好喝茶。

郎在高山砍竹麻，姐在山窝喊喝茶，一日砍倒三捆竹，三日砍倒九捆麻，

哪有闲工吃姐茶。

《男女对歌》

正月里是新年，郎把皇历翻几翻，
哥，看个好日子上茶山。
出个什么门贩个什么茶，就在我家种庄稼，
哥，外种庄稼内安家。
六月里太阳大，田难种来地难挖，
姐，一心只想贩紫茶。
中隔儿壁有个王老八，年年进山贩紫茶，
哥，没有几个银钱带回家。
我要走来你就走，你要走来我不留，
哥，留在我家结冤仇。
送郎哥到箱子边，打开箱子拿银钱，
哥，常把小妹记心间。
送郎哥到大门庭，大门庭前一对纱灯，
哥，要学蜡烛一条心。
送郎哥到大门口，双手扯着我郎手，
哥，实是难舍又难丢。
送郎哥到稻场边，脚踏石磙发誓愿，
哥，九年不回等十年……

《茶茗词》

酒食芯芳，芬茗清香。克湮克祀，是蒸是烹。
甘露之美，璧玉之精。既清且洁，神其来韵。

《彩茶歌》

彩茶清洁笑颜开，香透玉兰郎莫猜。
红粉佳人早有意，风流才子抱琴来。

《传茶词》

执茶者执茶，司杯者捧杯。
当茶一献，礼性三让，
夫妻相和好，琴瑟与笙簧。

《赞茶歌》

说赞茶，就赞茶，我把茶籽说根芽……
人也好，水也甜，水里加糖比蜜甜，
恭喜你夫妻结百年……

茶男茶妇，成双成对。

姜盐泡茶，多滋多味。

之子于归，茶喝双杯。

宜室其家，再要糖茶。

《哭茶歌》

爷哎……你莫喝阴家的亡魂汤，来喝阳雀没开口的细叶茶。

爷哎……你起来陪客喝杯茶，保佑你的儿孙享荣华……

《献茶歌》

百节裙，细细开，折折打开有茶叶，

清明茶儿针针尖，茶香送爷见佛勒……

川芎茶，香又香，一头走，一头唱，

糕点粮食加烟酒，西去路上莫作渴……

《茶茗词》

恭祝致告，茗献清芬。

仙人掌设，瑞草魁号。

龙团解渴，雀舌生津。

雨前云雾，珠宝味歆。

《奠茶歌》

一奠茶兮茶芬芳，龙团雀舌味异常，

愿吾父（母）兮来嗜此，嗜饮庶几乐无疆。

二奠茶兮茶新鲜，习习清风达九天，

愿吾父（母）兮来嗜此，嗜饮庶几乐无边。

三奠茶兮茶满杯，青果黄芽瑞草魁，

愿吾父（母）兮来嗜此，嗜饮庶几乐悠哉。

《节庆茶歌》

正（罗啊火）月摘（也）茶是新年（呀喂儿唷），

奴找东家佃茶（儿）园（哪荷嘿）。

一（罗啊火）佃茶（唷）四十二亩（呀喂儿唷），

管家面前讨价（呀啊）钱（哪嗬嘿）

……

正月采茶（呀啊）是新年，

姐妹采茶（唷）进茶园，

一佃茶园十二（啊）亩（罗唉），

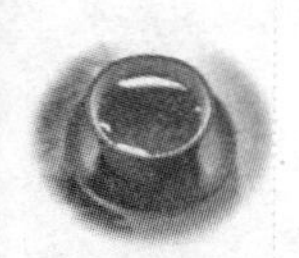

当官（的呀）许下两吊钱（乃唉）

……

《赞茶歌》

良言报喜独生花，出了那家来这家。

这家老板笑哈哈，出门就喊请喝茶。

吃了茶来多谢茶，吃茶不能算打发。

老板打发出了手，游春好去拜别家。

《祭祀茶歌》

四月采茶茶满园，茶树底下小蛇盘，

多烧香烛黄表纸，保佑茶山得平安。

七月采茶七月七，各处乡亲来祭祖，

摘些细茶丢篮内，祖宗来把郎保佑。

十月采茶茶叶黄，姐在房中许猪羊，

猪和羊来都许过，卖罢茶叶早回乡。

九月过了十月忙，十月家家焚宝香，

十月有个香茗会，香茗大会谢玉皇。

《茶工歌》

本歌是清代流传在江西每年到武夷山采制茶叶的劳工中的歌。其歌词称：

清明过了谷雨边，背起包袱走福建。

想起福建无走头，三更半夜爬上楼。

三捆稻草搭张铺，两根杉木做枕头。

想起崇安真可怜，半碗腌菜半碗盐。

茶叶下山出江西，吃碗青茶赛过鸡。

采茶可怜真可怜，三夜没有两夜眠。

茶树底下冷饭吃，灯火旁边算工钱。

武夷山上九条龙，十个包头九个穷。

年轻穷了靠双手，老来穷了背竹筒。

三、茶舞

茶舞是综合的艺术形式，比较著名的茶舞是流行于中国南方地区如广东、广西、福建、浙江、江苏、安徽、湖南、湖北、云南、贵州等汉族地区的“采茶”，亦称“茶歌”、“采茶灯”等。我国少数民族盛行的盘舞、打歌往往以敬茶和茶事为内容，从一定角度来说也可以看作是一种舞蹈。

如彝族打歌时，客人坐下后，主办打歌的村庄或家庭，老老少少，恭恭敬敬，在大锣和唢呐的伴奏下，手端茶盘或酒盘，边舞边走，把茶酒献给每一位客人，然后边舞边退。云南洱源白族打歌时，人们手中端着茶或酒，在领歌者的带领下，弯着膝，绕着火堆转圈圈，边转边抖动和扭动上身，以歌纵舞，以舞狂歌。

采茶歌的通常表演形式为一男一女或一男二女舞，后发展为数人或十多人集体歌舞。表演者身着彩服，腰系彩带，男的手拿钱尺（鞭）以做扁担、锄头、撑杆等道具，女的或手拿花扇，以做竹篮、雨伞、茶器具，或擒着纸糊的各种灯具，载歌载舞。表演内容为种茶的全部过程，如《桂南采茶》中有“恭茶、参拜”，预祝茶叶的丰收；“十二月采茶”、“摘茶”、“炒茶”、“卖茶”等，表现从种茶到采摘加工等过程。采茶的舞蹈动作一般是摹拟采茶劳动中的正采、倒采、蹲采以及盘茶、送茶等动作，有时也摹仿生活中梳妆、上山以及表示男女爱慕之情的姿态。根据福建采茶灯改编的《采茶扑蝶舞》是茶舞中最著名的，其歌词清新，动作优美。

茶舞《月夜茶香》，表现的是一群村姑劳动之余，在月夜竹影下细品慢尝香茗的情景。这情景如诗似画、美不胜收，正如舞曲歌词所唱的那样：“红泥炉，紫砂壶，羽扇轻摇徐徐煮。借问谁家茶最好，回味三日忆不足。一叶留住四季春，细品农家丰乐图。”

舞蹈具有浓郁的吴越文化特色，反映了江南特有的茶风、茶俗，具有一种娴雅超俗的审美意蕴。舞蹈中茶乡姑娘缓缓的小幅度动作，以胸腰带动胯的曲线立姿和出胯伏地的跪态形成了柔美的外形，透出一股江浙妇女特有的含蓄和雅韵。生活之美，形象之美，融于富有水乡茶文化特色的舞风中。

舞蹈中九位姑娘身着彩绘的真丝服装，以洁白的羽毛扇、古朴的石泥炉和九只造型各异的紫砂壶作为道具，其娴雅的舞姿与月夜竹景和优美的江南田歌相伴，使得“月夜茶香”的舞蹈始终萦绕着一种淡淡的、雅雅的抒情氛围，从而使人们深切感受到茶文化所特有的高雅、深沉、平和的意境。《月夜茶香》是一个向人们昭示茶文化博大精深、高雅脱俗的好剧目。

四、茶　戏

茶戏联姻由来已久，我国古代戏曲中就有不少剧目表现了茶事活动的内容。如宋元南戏《寻亲记》中有一出“茶访”，元代王实甫有《苏小卿月夜贩茶船》的剧目，无名氏的《鸣凤记》中有一出“吃茶”，明代计自昌《水

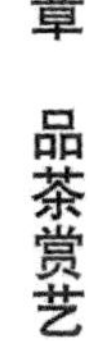

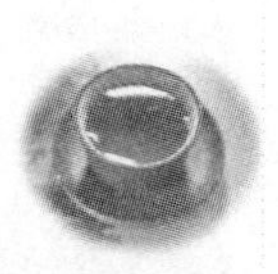

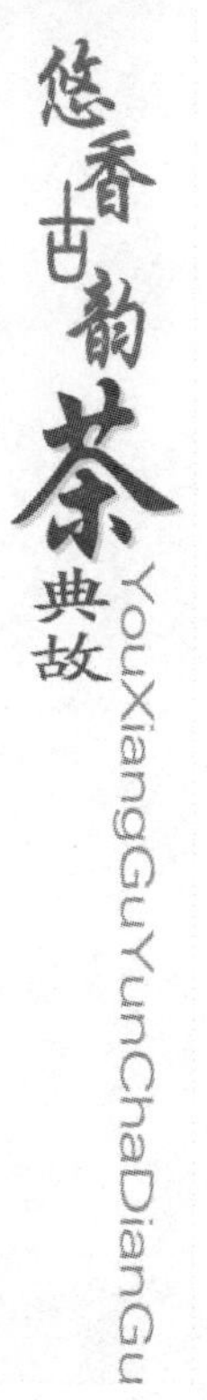

浒记》中有一出“借茶”，高濂的《玉簪记》中有一出“茶叙”，清代洪昇的《四婵娟》第三折为《斗茗》。此外，元代马致远的杂剧《陈抟高卧》，清代孔尚任《桃花扇》，明汤显祖的《牡丹亭》中“劝农”一出，均在一定程度上涉及到茶事。

近现代戏剧中，也有一些涉及到茶事的内容。如20世纪20年代初，我国著名剧作家田汉创作的《环璘与蔷薇》中，就有不少煮水、泡茶、斟茶的场面。50年代，我国出现老舍先生创作的著名话剧《茶馆》。全剧以旧时北京裕泰茶馆为场地，通过茶馆在先后不同的三个时代的兴衰及剧中人物的遭遇，揭露了旧中国的腐败和黑暗。同时，《茶馆》还重现了旧北京茶馆的习俗：茶馆中既卖茶，又卖简单的点心与菜饭。玩鸟的在这里歇歇腿、喝喝茶，并让鸟儿表演歌唱。商议事情的，说媒拉纤的，也到这里来。茶馆在当时是非常重要的地方。

地方剧种中也有许多优秀的茶戏剧目。深受广大群众欢迎的黄梅戏原名就为《黄梅采茶戏》，它是由黄梅县流行的山歌、采茶小调等与民间歌舞和说唱文学结合而成的一种民间小戏，其中有不少是反映茶文化的传统剧目，较著名的有《姑娘望郎》、《送茶香》、《金莲送茶》、《陈妙嫦送茶》等。

《姑娘望郎》中的嫂嫂名何氏，是张德和之妻，姑娘叫张德英，是张德和之妹。何氏在采茶时不断地张望，企盼在南京卖茶的丈夫早日归来。德英是尚未出嫁的少女，尽管她在心中日夜牵挂远在汉口做买卖的未婚夫叶五，希望早日被有情人迎娶，但却装作在茶园中盼望哥哥的样子。这出戏载歌载舞，演唱形式活泼，是一出具有田园风味，表现青年男女真挚爱情的精彩剧目。

1. 赣南采茶戏简介

赣南采茶戏是著名的客家戏，它源于赣南的地方民间歌舞采茶灯。明代中后期逐步发展成为“茶灯戏”。赣南茶戏中亦有一些以种茶、采茶、茶业贸易、茶农爱情生活以及茶山人民与茶商的斗争为题材的剧目。其中以茶取名的就有《姐妹摘茶》、《送哥卖茶》、《小摘茶》、《九龙山摘茶》等。剧中人物的名称也多与茶有关，如“茶童”、“茶妹”、“茶姐”、“茶娘”、“茶公”、“茶婆”、“茶仙姐”、“茶郎子”、“茶老板”等。

赣南自古盛产名茶，安远九龙山茶为清朝贡品。每年阳春三月，九州八府的茶商，云集于九龙，采购春茶。靓丽采茶女边唱采茶歌边采茶，一唱采茶歌，歌声此起彼伏，一唱众和。随着茶业发展，采茶歌也不断流传与发展。

早在明万历年间，《插秧采茶歌》已进入了绅吏的“大雅之堂”。

据石城县崖岭熊氏卞修宗谱《熊体甫先生传》记载：“每月夕花晨，座上常满，酒半酣则率小奚唱《插秧采茶歌》，自击竹附和，声呜呜然，撼户牖。时有联唱《十二月采茶歌》。”

此后，始源于同为客家人大本营——闽粤赣主要组成部分之一的粤东的采茶灯传入赣南，其与九龙茶区民间灯彩结合，演变成有简单情节与人物歌舞动作结合的采茶小戏《姐妹摘茶》。后经改编并加入纸扇等道具，创造了《卖茶》、《板凳龙》等剧目。剧中人物演变为二旦一丑，即“三角班”。继而发展到有十三场、四十多折、十余人演出的《九龙山摘茶》等茶灯戏剧，采茶灯演变成了赣南采茶戏。

这种由民间歌舞发展而成的戏种，具有浓厚的生活气息，鲜明的地方特色，以及欢快的载歌载舞的演出形式，因此迅速发展。

2. 台湾三脚采茶戏

三脚采茶戏是客家地区最为人熟悉的小戏，另外尚有其他的小戏，如相褒戏和抛采茶；三脚采茶戏的形式由大陆传过来，因所有故事场景都仅由二旦一丑呈现，故名“三脚”，在台湾所演出的戏码，多离不开《张三郎卖茶》的故事情节，因为剧情涉及采茶、卖茶，因此习惯称之“三脚采茶”。最初三脚采茶班的成员完全是男性，每个不到十人的小团体，在北部客家地区游走于各个客家乡民聚落，不搭戏台，不备砌末，在旷地广场里卖艺赚取赏钱，跑江湖，称为“落地扫”。

由客家山歌演变成三脚采茶戏经改良戏时期，再到采茶戏广播节目时期的王禄仔卖药型态，到今天的文化场（民间对政府文教预算补助演出活动的说法），其间三脚采茶戏表演的音乐及基本故事内容变化并不大（不断改变的是表演的空间环境与观众），仍然只有简单的人物、故事情节和丰富的客家民谣。

三脚采茶戏中以一个茶郎的故事为轴，形成各个小段戏出，主要有上山采茶、送郎、籴酒、茶郎回家等几出；其余像桃花过渡、十送金钗、抛采茶、扛茶等几出则是另外再由茶郎的故事衍生而来，如扛茶则是籴酒再发展出来的，另外像病子、问卜、公背婆、开金扇、初一朝、闹五更、苦力娘等则是以这种情节为发展模式另外形成的。

经历过改良戏时期，三脚采茶戏在采茶戏广播节目时期，不论采茶戏广播节目，或在外促销药品的露天表演，所用的音乐伴奏乐器编制，和当时其他大戏所用乐器组合多已大致相同，也是以壳弦为主要的旋律伴奏乐器，另

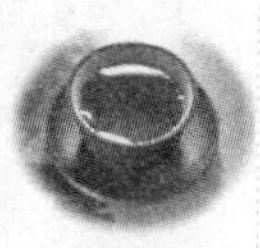
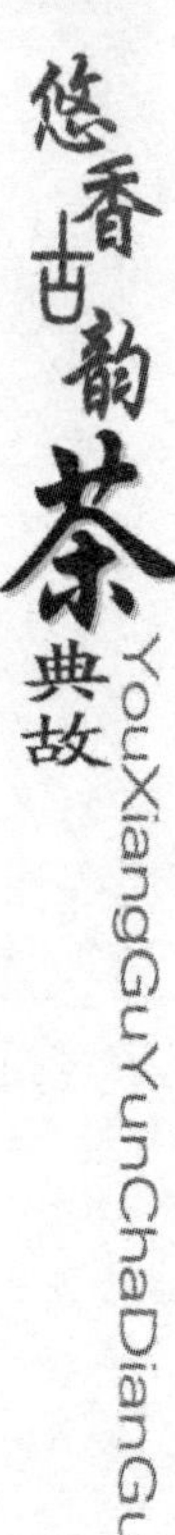

外以和弦（帕士）、大广弦、扬琴、笛为副；再加上一组打击乐器提点戏剧进行演奏。

戏剧进行中，打击乐器所用锣鼓点虽借自其他剧种，但演员所唱仍以客家民谣为主，且每出不同的段子多只用几种民谣曲调，并以其中一种为名，有的以该段出名为其中某一曲调之名。这些许多同时是剧名的民谣，多是在三脚采茶戏这种小戏出现之后才渐渐发展出来的地方小调，当然其中也有相当古老，传播区域相当广，不限于只在客家地区流传的小调民谣，或发展时间到相当晚近之后才成型的新歌谣。

至于原在山野中传唱的山歌，被吸纳到三脚采茶戏中，除曲调保留外，歌词与音乐性格则进行了改变，不但降低了原本环境中所特有的歌词即兴和随兴的曲调节奏特征，原本不用伴奏的歌唱形式，也加入乐器伴奏扩大音色上的变化，以适应戏剧表演加强效果；如老山歌、老腔山歌等皆是。另外客家民歌中的平板，除运用在三脚采茶戏中，同时也使用于单人故事说唱或劝世文演唱的江湖卖艺表演。

3. 祁门采茶戏

它是流传于祁门县的一带的地方剧种。源自江西，原名叫“饶河调”。清初流传至闪里、历口、奇岭等地，经过老艺人的继承和发展，形成具有茶乡特色的祁门采茶戏。采茶戏曲调优美，有西皮、唢呐皮、二凡、反二凡、拨子、秦腔、高二凡吹腔、文词、南词、北词、花调等数十种。

4. 黄梅采茶戏

黄梅县的紫云、龙坪、多云等山区，早在唐宋时就盛产茶叶。每年春天采茶时，茶农们习惯于一边采茶一边唱着山歌小调和民歌。就在这种漫山遍野歌声不绝的氛围中，黄梅采茶戏孕育成熟。

黄梅采茶戏在自身不断地发展过程中，积极向外地拓展，约清朝康熙至乾隆年间，黄梅采茶戏随着黄梅县的逃荒难民和说书艺人大量入赣而流传到安徽，并形成成熟的黄梅戏。

5. 阳新采茶戏

阳新采茶戏，至今已有两三百多年的历史。早在清康熙年间，阳新就出现了以茶歌和民歌小调为唱腔的“花灯戏”，这是采茶戏的雏形。

在“花灯戏”发展为“采茶戏”的过程中，黄梅戏和汉剧的传入，在道白、表演、板式等方面给予阳新采茶戏很多影响，至清咸丰年间，它已成为独具风格、行当齐全的地方剧种，剧目多达一百多个，还涌现出如李盛满、徐世怀、陈新岩等名演员。

阳新采茶戏音乐由正腔、彩调、击乐组成，正腔包括“北腔”、“汉腔”、“叹腔”、“四平”等，可塑性大，板式变化多，表现力强。彩调节奏明快，包括民歌、灯歌、田歌以及从说唱音乐中吸收过来的道情。

采茶戏的演唱形式是“时唱时和，锣鼓伴奏”，唱、念、做、打融为一体，配合默契。